AF876766

Georg Dazinger

Chemie? Durchschaut!

Chemie endlich prüfungsrelevant und schnell verstehen

© 2017 Dipl.- Ing Dr. techn. Georg Dazinger

Autor: Georg Dazinger
Grafiken: Georg Dazinger
Handzeichnungen: Thomas Burgstaller, Georg Dazinger
Lektorat: Pia Mörth
Technische Assistenz: Lorenz Breier

Verlag: Buchschmiede von Dataform Media GmbH, Wien
ISBN: 978-3-99070-324-3
Printed in Austria

Die Erläuterungen und Tipps in diesem Buch sind vom Autor sorgfältig erhoben und geprüft worden. Dennoch kann keine Garantie übernommen werden.

Aus Gründen besserer Lesbarkeit wir auf die Verwendung männlicher und weiblicher Sprachformen verzichtet. Sämtliche Personenbezeichnungen gelten selbstverständlich für beiderlei Geschlecht.

Das Werk, einschließlich seiner Teile, ist urheberrechtlich geschützt. Jede Verwendung ist ohne Zustimmung des Verlages und des Autors unzulässig. Dies gilt insbesondere für die elektronische oder sonstige Vervielfältigung, Übersetzung, Verbreitung und öffentliche Zugänglichmachung.

Inhaltsverzeichnis

Vorwort – Bitte lesen Sie das nicht!

Sie lesen es trotzdem? Sehr gut! Viele Lernhemmungen werden durch Angst vor Autoritäten ausgelöst, durch Lehrer, Universitätsprofessoren oder durch den Lernstoff an sich. Gerade die Drohung „Chemie“ reicht aus, um viele in Angststarre zu versetzen. Dabei ist diese Angst nicht nötig. Nachdem Sie schon einmal angefangen haben, sich der „Autorität“ des Autors dieser Zeilen zu widersetzen, wird es von nun an ganz un-autoritär und entspannt weitergehen. Dieses Buch ist ein dickes Buch mit vielen Seiten. Aber es liest sich flüssig, fast wie ein Roman. *Und wenn man damit fertig ist, kann man Chemie.*

Kennen Sie diese Art von Lehrbuch, bei denen man einige Seiten liest, bis man zu einem Absatz oder auch nur einer Zeile kommt, die vollkommen unverständlich ist? Man weiß: Dieser Absatz ist für das weitere Verständnis entscheidend. Ohne diesen Absatz verstanden zu haben, liest man umsonst weiter. So landen die Leser solcher Lehrbücher in einer absolut frustrierenden Sackgasse. Das passiert gerade in der Chemie sehr oft. Vollkommen zu Recht sagt sich ein durch solche Lehrbücher gequälter Schüler oder Student: „Chemie ist absolut unverständlich.“ Hier ist das anders.

Chemie? Durchschaut! ist auf sehr unkonventionelle Art entstanden. Jedes Kapitel dieses Buches ist Dipl. Päd. Thomas Burgstaller vorgelegt worden, der zeit seiner Schülerkarriere schlechtester in Chemie, Mathematik und Physik war. Wenn er etwas nicht verstanden hat, hat er es sogleich „zurückgeworfen“. Die Aufgabe des Autors war es dann, es so lange umzuschreiben, bis er es verstanden hat. Das war zuweilen eine ziemliche Herausforderung, aber es hat sich gelohnt. Der ehemalige Klassenschlechteste in Chemie ist heute in der Lage, fortgeschrittene Reaktionen der organischen Chemie selbstständig herzuleiten. Darum sei an dieser Stelle Dipl. Päd. Thomas Burgstaller mein besonderer Dank ausgesprochen, der neben seiner Rolle als Versuchskaninchen auch die Mehrzahl erheiternden Cartoons in diesem Buch beigesteuert hat.

Die erklärungstechnischen Sackgassen konventioneller Chemiebücher werden in *Chemie? Durchschaut!* umgangen, indem die Lernstufen extrem niedrig gehalten werden. Das Problem beim Verständnis naturwissenschaftlicher Stoffe liegt darin, dass die Lernenden an immer wieder an eine Stufe kommen, die sie nicht überwinden können. Wenn man kein Athlet ist, kann man eine Zwei-Meter-Stufe nicht aus dem Stand überspringen. Für das Verstehen von Chemie gilt dasselbe. *Chemie? Durchschaut!* löst solche Stufen auf, indem sie mit leicht verständlichen

Bildern und Gleichnissen in kleine Stufen zerlegt werden, die bequem bewältigt werden können. Dadurch werden die Erklärungen zwar länger, aber auch frustfrei. Selbst komplexere Themen werden dadurch ganz zwanglos erfassbar.

Eigentlich sind es keine Stufen mehr, sondern nur Weg leicht bergauf, *stufenlos von der Volksschule bis zur Matura und zum Studium.*

Dadurch eignet sich dieses Buch ideal für die Matura und die Chemieprüfungen von Studienrichtungen mit Chemie als Nebenfach. Für Studienrichtungen mit sehr hohen Anforderungen in Chemie, etwa Pharmazie, bietet *Chemie? Durchschaut!* einen guten Einstieg.

Es werden nur Kenntnisse in Volksschulmathematik vorausgesetzt. Wo mehr Mathematik benötigt wird, wird diese mitgeliefert. Von Interesse für Studenten, die einen Zugang zu den komplexeren Themen pH-Rechnung und Redox-Gleichungen suchen, sind die beiden Fortgeschrittenen-Kapitel, für die etwas mehr Mathematik vorausgesetzt werden müssen. Allerdings sind diese beiden Kapitel nicht zum Verständnis des restlichen Buches notwendig. Wer pH-Berechnungen schwacher Säuren und Redox-Gleichungen nicht zu lernen braucht, kann die Fortgeschrittenen-Kapitel einfach weglassen.

Um keine Langeweile aufkommen zu lassen, werden abwechselnd stoffliche Eigenschaften und chemische Konzepte behandelt.

Daher empfiehlt es sich, dieses Buch von vorne nach hinten zu lesen, wobei es dem Leser unbenommen sei, Stellen, die *zu leicht* erklärt werden, zu „überfliegen", soferne er den Eindruck hat, diesen oder jenen Stoff schon verstanden zu haben. In diesem Fall wäre es aber sinnvoll, mit den bereitgestellten Übungen das Verständnis zu überprüfen. Da man die Fortgeschrittenen-Kapitel nicht zum sonstigen Verständnis des Buches benötigt, kann das Lesen dieser Kapitel auf später verlagert werden.

Weiters sei Fräulein Pia Mörth der Dank ausgesprochen für ihr Lektorat, sowie Dipl. Ing. Christoph Valentin, dem der Titel dieses Buches eingefallen ist. Herrn Lorenz Breier danke ich für die Gestaltung des Covers. Schließlich sei noch Mag. Gunter Galle für seinen juristischen Beistand gedankt.

So wünsche ich allen Lesern viel Vergnügen und viel Erfolg,

Georg Dazinger

1. Aller Anfang ist leicht

Was ist eigentlich "Chemie"? Wenn man von Chemie hört, denkt man an einen verrückten Wissenschaftler, der in einem finsteren Labor geheimnisvolle bunte Flüssigkeiten mischt. Das ist gar nicht so falsch.

Die Chemie ist nämlich die Lehre der Stoffe. Stoffe, das sind nicht nur Dinge die sich angreifen lassen, wie Eisen, Holz, Zucker, Plastik, sondern auch Flüssigkeiten wie Wasser oder Alkohol. Auch Gase, wie Luft, das grüne Chlorgas (der typische Schwimmbeckengeruch!), Kohlendioxid (das Gas, das wir ausatmen), und vieles anderes mehr, zählt zu den Stoffen.

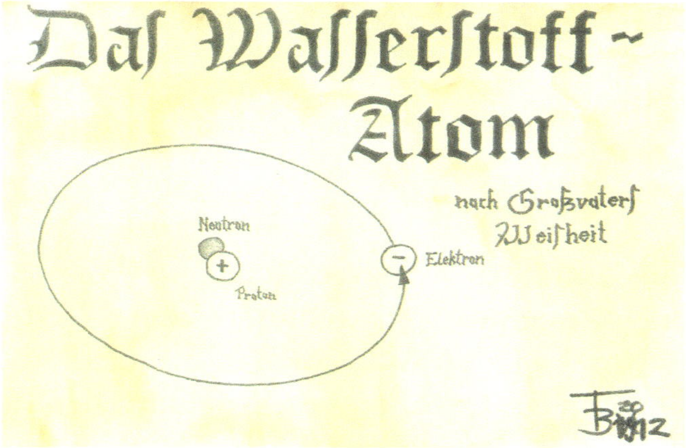

Die Chemie beschäftigt sich mit der Frage: **Woraus bestehen Stoffe?** Wie kann ich neue, interessante Stoffe herstellen? Und ehrlich gesagt, Chemie ist wie Lego. Wer Lego versteht, versteht Chemie auch. Wenn wir uns mit Chemie beschäftigen wollen, müssen wir einen dieser Lego-Steine näher kennenlernen: **Das Atom**.

1.1 Das Atom

Alle Stoffe sind aus **Atomen** zusammengesetzt. Atome, das sind winzig kleine Teilchen. Und jeder Stoff, wirklich jeder, besteht aus Atomen: Holz besteht aus Atomen, Wasser besteht aus Atomen, Eisen besteht aus Atomen, Himbeermarmelade besteht aus Atomen, Luft besteht aus Atomen - und wir Menschen bestehen aus Atomen.

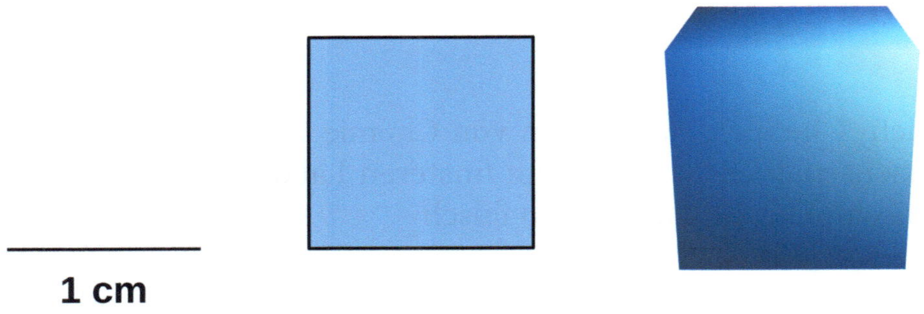

Auf diese Linie passen 5 000 000 Atome!

Auf diese Fläche passen 5 000 000 mal 5 000 000 Atome, das sind 25 000 000 000 000 Atome!

In diesen Würfel passen 5 000 000 mal 5 000 000 mal 5000 000 Atome, das sind 125 000 000 000 000 000 000 Atome!

Atome sind unfassbar winzige Teilchen: Würde man Atome so aneinander reihen, dass sie eine 1 Zentimeter lange Kette ergeben, bräuchte man 5 Millionen Atome! Oder: Würde man ein Schnapsglas voll mit Atomen ganz gleichmäßig in allen Ozeanen der Erde verteilen, und dann ein Wasserglas voll mit Ozeanwasser herausnehmen, wären in dem Glas immer noch vier Atome!

Würden wir 5 Millionen Atome aneinander reihen, gäbe das eine Länge von nur einem Zentimeter. In einen Würfel mit einem Zentimeter Seitenlänge passen also

5 000 000 mal 5 000 0000 mal 5 000 000 Atome,

das sind:

125 000 000 000 000 000 000 Atome!

Lange Zeit glaubte man, die Atome seien die kleinsten Teilchen überhaupt, so dass sie nicht weiter in noch kleinere Teilchen zerlegt werden können (griech. „*atomos*" heißt „*unteilbar*"). Heute wissen wir, dass das nicht stimmt.

Atome bestehen nämlich aus **Protonen, Neutronen und Elektronen** (und tatsächlich lässt sich ein Atom auch in diese drei Teilchen zerlegen).

Protonen sind positiv geladen und werden als p^+ abgekürzt,
Neutronen sind nicht geladen und werden als n abgekürzt,
Elektronen sind negativ geladen und werden als e^- abgekürzt.

Was sind eigentlich positive Ladungen und negative Ladungen? Es sind **elektrische Ladungen**. Wir kennen elektrische Ladungen vom Strom aus der Steckdose. Die elektrischen Ladungen sind der Grund dafür, dass es elektrischen Strom gibt. Das brauchen wir nicht genau zu wissen.

Eines ist aber wichtig zu verstehen: eine positive Ladung (Abkürzung: +) und eine negative Ladung (Abkürzung: -) z**iehen einander an**; und darum werden die negativ (-) geladenen Elektronen von den positiv (+) geladenen Protonen angezogen.

Zwei gleiche Ladungen stoßen einander ab: Zwei +-Ladungen stoßen einander ab, und zwei --Ladungen genau so.

Merkregel:
Protonen sind **P**ositiv geladen
und **N**eutronen **N**icht,
Eins bleibt über: das negative **E**lektron

Die Protonen und die Neutronen sind **im Inneren des Atoms** und bilden daher den „**Atomkern**", das Elektron befindet sich außerhalb des Atomkerns, und wir können es uns – fürs erste - so vorstellen, dass die Elektronen um den Atomkern kreisen (wie dieses „Kreisen" der Elektronen tatsächlich aussieht, erfahren wir später). Die Elektronen bilden also eine schwirrende **Elektronenhülle**.

Die Neutronen und Protonen haben ungefähr die gleiche Masse (sie wiegen ungefähr gleich viel), das Elektron ist aber **viel leichter**: Es hat nur ungefähr die 1/1800stel Masse eines Neutrons!

Sehen wir uns unsere ersten beiden Atome an:

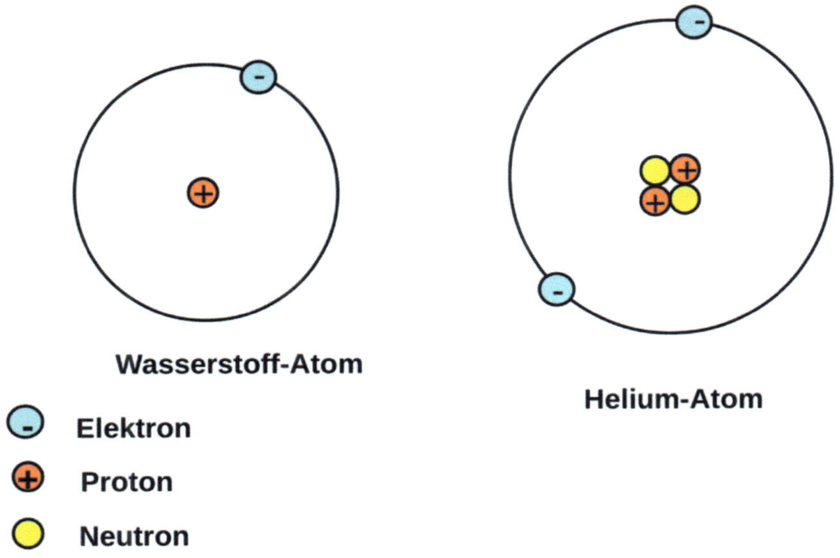

So sehen unsere ersten beiden Atome aus: Das **Wasserstoff-Atom** hat **ein** positiv geladenes **Proton** und **ein** negativ geladenes **Elektron**, wobei das Elektron außen ist, das Proton aber sitzt im Atomkern.

Das **Helium-Atom** hat **zwei** Protonen und **zwei** Neutronen im Atomkern, und zwei Elektronen außen.

Und ganz ähnlich sind auch die anderen Arten von Atomen aufgebaut, die wir uns jetzt ansehen. *Dabei lassen wir vorerst die Neutronen weg.*

Das **Wasserstoff-Atom** hat 1 Proton und 1 Elektron,
Das **Helium-Atom** hat 2 Protonen und 2 Elektronen,
Das **Lithium-Atom** hat 3 Protonen und 3 Elektronen,
Das **Beryllium-Atom** hat 4 Protonen und 4 Elektronen,
Das **Bor-Atom** hat 5 Protonen und 5 Elektronen,
Das **Kohlenstoff-Atom** hat 6 Protonen und 6 Elektronen,
Das **Stickstoff-Atom** hat 7 Protonen und 7 Elektronen,
Das **Sauerstoff-Atom** hat 8 Protonen und 8 Elektronen,
Das **Fluor-Atom** hat 9 Protonen und 9 Elektronen,
Das **Neon-Atom** hat 10 Protonen und 10 Elektronen,

und so weiter.

1.2. Isotope

Aber wo sind da die Neutronen geblieben? Die gibt es ja auch noch!

Ja, die gibt es! Zwar haben zum Beispiel die meisten Wasserstoff-Atome gar keine Neutronen, aber manche Wasserstoff Atome (etwa jedes 10 000ste) habem ein Neutron, und noch viel weniger Wasserstoff-Atome haben zwei Neutronen.

Nur: **Egal, wie viele Neutronen ich in meinem Wasserstoff-Atom habe,** es ändert eigentlich nichts an den chemischen Eigenschaften, e**s bleibt ein Wasserstoff- Atom**.

(Würde ich dem Wasserstoff-Atom hingegen ein positiv geladenes Proton dazugeben, hätte ich kein Wasserstoff-Atom mehr, sondern ein Helium-Atom mit einem Elektron zu wenig, und das ist ganz etwas anderes, dazu kommen wir später!).

Unser Neutronen-gemästetes Wasserstoff-Atom wird schwerer, sonst ändert sich kaum etwas. **Wir können also die Neutronen fürs erste fast vergessen**, solange uns nicht das Gewicht der Atome interessiert.

Ob ein Atom ein Wasserstoff-Atom ist, oder ein Helium-Atom, oder ein Lithium-Atom......, hängt nur davon ab, wie viele Protonen und Elektronen es hat! Wie viele Neutronen das Atom hat, ist gleichgültig!

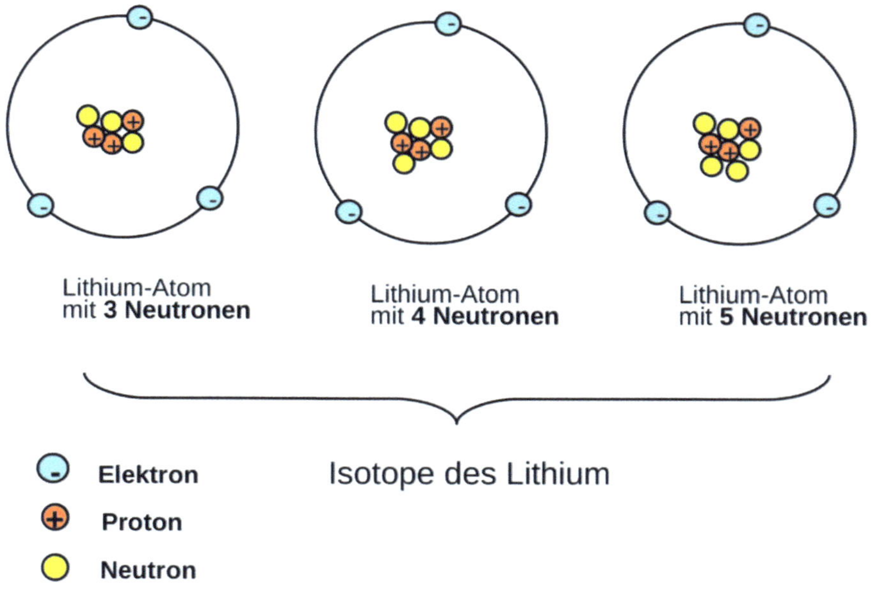

Zum Beispiel: Ein Atom mit 3 Protonen und 3 Elektronen und **drei** Neutronen ist ein Lithium-Atom.

Ein Atom mit 3 Protonen und 3 Elektronen und **vier** Neutronen ist **auch** ein Lithium-Atom!

Ein Atom mit 3 Protonen und 3 Elektronen und **fünf** Neutronen ist **auch** ein Lithium-Atom! und so weiter.

Diese drei sind **Lithium-Atome,** weil sie **drei Protonen und drei Elektronen** haben.

Und alle diese Lithium-Atome riechen gleich und schmecken gleich (bitte trotzdem nicht kosten!!!), und tun chemisch das gleiche.

Nur soviel: Man kann sich merken, dass jedes Atom (bis auf Wasserstoff) *ungefähr so viele Neutronen wie Protonen hat.*

Zum Beispiel: Sauerstoff hat *acht* Protonen, also hat ein Sauerstoff-Atom meistens auch *acht* Neutronen, aber nicht immer. So kann das Sauerstoff-Atom auch neun oder zehn Neutronen haben, aber das findet man viel seltener. (Im Regelfall haben Atome *mehr* Neutronen als Protonen, sehr selten haben sie aber auch weniger.) Man nennt Atome mit unterschiedlich vielen Neutronen, aber gleich vielen Protonen **Isotope**.

Isotope sind also, wenn man so will, *chemische Brüder.* Sie sind sogar chemische **Zwillingsbrüder,** die man praktisch nicht unterscheiden kann, weil sie chemisch genau das gleiche tun! Das einzige, was sie unterscheidet, ist das Gewicht: Das Lithium mit 4 Protonen ist ein bisschen schwerer als das Lithium mit den 3 Neutronen. Weil sie aber **beide** Lithium-Atome sind, sind sie chemisch nicht zu unterscheiden.

Das Wort "*Isotop*" verwendet man also wie das Wort "*Bruder*".

Man sagt: Friedrich ist der **Bruder von** Heinrich.

Genau so sagen wir: Das Sauerstoff-Atom mit 8 Neutronen ist das **Isotop von** dem Sauerstoff-Atom mit 9 Neutronen.
Friedrich ist nur deshalb ein Bruder, weil es auch den Heinrich gibt!

Wir können auch umgekehrt sagen: Heinrich ist der **Bruder von** Friedrich.
Und genauso ist auch das Sauerstoff-Atom mit 9 Neutronen das **Isotop von** dem Sauerstoff-Atom mit 8 Neutronen.

Und genau so gibt es auch Isotope von vielen anderen Atomen, die sich untereinander nur in der Zahl der Neutronen unterscheiden.

Ein letztes Beispiel: **Wasser** besteht aus zwei Wasserstoff-Atomen und einem Sauerstoff-Atom (Kurz gesagt: H_2O). In einem Glas Bier (enthält Wasser) haben wir also Sauerstoff-Atome mit meistens 8 Neutronen, wobei einige 9 oder 10 Neutronen besitzen können. Hätte das Wasser im Bier nur Sauerstoff-Atome mit sagen wir, 9 Neutronen, würde das Bier auch nicht anders schmecken (oder reagieren). Es wäre nur ein bisschen schwerer (im Sinne von: Es wiegt mehr).

Wir merken uns: Die Zahl der Protonen bestimmt, um welche Art von Atom es sich handelt. Ein Atom mit 2 Protonen ist immer Helium, ganz egal, wie viele Neutronen es hat. Ein Atom mit 5 Protonen ist immer Bor, ganz egal, wie viele Neutronen es hat, und so weiter.

Und damit kennen wir auch schon die Atome, mit denen wir uns in der nächsten Zeit beschäftigen werden. Damit wir aber in Zukunft nicht mehr „*Arten von Atomen*“ sagen müssen, wenn wir Wasserstoff, Helium, Bor, und so weiter, meinen - das ist uns nämlich zu mühsam – sagen wir fortan einfach **Element**: Also: Wasserstoff ist ein Element, Helium ist ein anderes Element, Stickstoff ist ein Element, Sauerstoff ist ein Element, und so weiter.

1.3. Elemente

Das Wort „*Element*“ ist viel älter als das Wort „*Atom*“. Man hat gewusst, dass es Elemente gibt, aus denen die ganze Welt besteht, bevor man gewusst hat, dass Elemente eigentlich Atome sind. Die alten Griechen haben zum Beispiel geglaubt, dass alle Stoffe der Welt aus den vier Elementen Feuer, Wasser, Erde und Luft zusammengesetzt sind, ohne von Atomen etwas gewusst zu haben.

Wie viele Elemente gibt es tatsächlich? Es gibt **92 natürliche Elemente.**

Das kleinste ist der **Wasserstoff**, mit 1 Proton und 1 Elektron. Der Wasserstoff hat entweder kein Neutron, oder ein oder zwei Neutronen. Alle diese Isotope kommen in der Natur vor. Das größte Element ist das **Uran**, mit 92 Protonen und 92 Elektronen. Es gibt mehrere Uran - Isotope, zum Beispiel eines mit 92 Protonen und 92 Elektronen und 143 Neutronen. Ein anderes Uran – Isotop kommt auf 146 Neutronen.

Dann gibt es (zur Zeit) **28 künstliche Elemente** (die alle noch größer als das Uran sind), also insgesamt 115 Elemente, wobei die künstlichen Elemente von Zeit zu Zeit eines dazu bekommen: Diese existieren nicht in der freien Natur, sondern werden von **Atomphysikern** erzeugt, und zur Zeit ist man eben bei dem Element mit der Protonenzahl 115. Diese künstlichen Elemente halten aber meistens nur sehr kurze Zeit, soll heißen: wenige Milliardstel Sekunden, dann sind sie wieder in natürliche Elemente zerfallen. Darum sind sie für uns Chemiker nicht interessant.

1.4. Atome können sich verbinden!

Gäbe es nur so viele Stoffe, wie es Elemente gibt, so würden wir auf der Welt nur 92 Stoffe finden.

Aber jetzt seht euch einmal in dem Raum um, in dem ihr gerade seid: Finden wir hier wirklich nur 92 verschiedene Stoffe? **Nein! Wir finden viel mehr verschiedene Stoffe!**

Tatsächlich ist die Vielfalt an Stoffen eine viel größere: Es existieren **abermillionen Stoffe**, die dadurch entstehen, indem sich **Atome miteinander verbinden**.

Wenn sich zum Beispiel die gefährlichen Natriumatome mit den auch sehr gefährlichen Chloratomen verbinden, so entsteht nicht etwa ein doppelt gefährliches Gemisch, sondern **Natriumchlorid**, welches wir als **Kochsalz** kennen und völlig harmlos ist, also ein ganz neuer Stoff, der nichts mit den Stoffen zu tun hat, aus denen er gemacht ist.

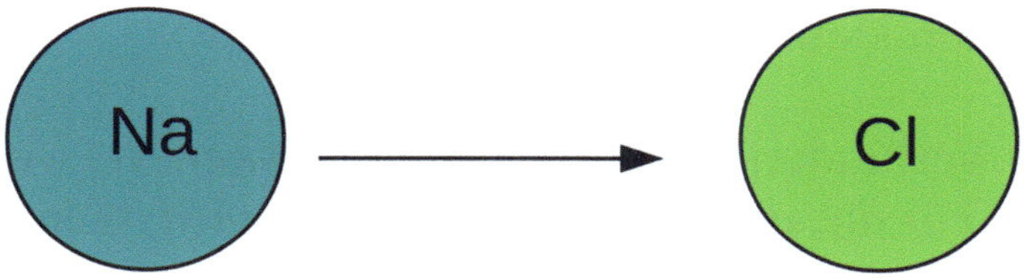

Ein gefährliches Natrium-Atom (abgekürzt: Na) verbindet sich mit einem gefährlichen Chlor-Atom (abgekürzt: Cl).....

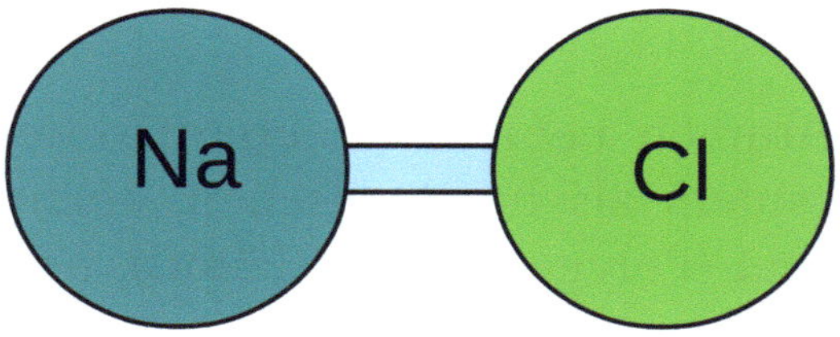

....heraus kommt ein neues Molekül: Das Natriumchlorid. Dieses Molekül ist völlig harmloses Kochsalz!

Wie sich die Atome verbinden, werden wir später genau lernen. Für jetzt reicht es vollkommen aus, zu wissen: **Atome können sich miteinander verbinden** (sie "heiraten"!), und dadurch entsteht ein **Molekül**. (Also ein "Ehepaar".) Das Molekül ist etwas anderes als die einzelnen Atome. (Ein Ehepaar ist ja auch etwas anderes als ein zwei unverheiratete Personen!)

Kochsalz besteht aus vielen Milliarden Kochsalz-Molekülen.

Und wie könnten wir Kochsalz selber herstellen?

Indem wir viele Milliarden Natriumatome mit vielen Milliarden Chloratomen verbinden. Wir organisieren sozusagen eine Massenhochzeit.

Dazu nehmen wir einfach einen Luftballon mit **Chlorgas**. Da sind Milliarden von Chloratomen drinnen. Das Chlorgas leiten wir über ein Stückchen **Natriummetall**. Da sind viele Milliarden Natriumatome drinnen. Dann lassen wir das Chlorgas über das Natriummetall strömen. Der Rest passiert von allein: Unter heftigem Glühen verbinden sich die beiden Atome zu Kochsalz.

(**Diesen Versuch dürft ihr keinesfalls selber durchführen**, da er sehr gefährlich ist! Sowohl Chlor als auch Natrium sind hochgefährliche Stoffe, und die Reaktion kann explosionsartig ablaufen!)

Wie die Verbindung von Atomen funktioniert, werden wir noch viel genauer ansehen. *Für die, die es nicht erwarten können*, hier eine ganz kurze und einfache Erklärung (aus der wir aber noch nicht alles verstehen können):

Atome verbinden sich miteinander, indem ein Atom ein (oder mehrere Elektronen) abgibt und ein anderes Atom diese Elektronen aufnimmt. Oder indem sich Atome Elektronen teilen, so dass diese Elektronen zwei (oder mehreren) Atomen zusammen gehören. Wir können uns das so vorstellen, als würden Atome heiraten. Haben die unverheirateten Atome ihr eigenes Elektronen-Bankkonto gehabt, so wird das Elektronen-Konto der verheirateten Atome zusammengelegt, und dieses Konto gehört jetzt beiden gemeinsam....

Diese „Heirat“ zwischen Atomen nennt man **chemische Bindung**, und das Atom-Ehepaar, das aber, anders als bei Menschen, auch aus mehreren oder vielen Atomen bestehen kann (Polygamie ist erlaubt!), nennt man, wie gesagt, **Molekül.**

1.5. Moleküle und chemische Bindung

Wir merken uns: Ein Teilchen, das aus mehreren Atomen besteht, ist ein **Molekül**, und *alle Stoffe dieser Welt bestehen aus Atomen oder Molekülen.*

Wir werden in diesem Kapitel unsere ersten Moleküle basteln. Eines dieser Moleküle haben wir schon kennengelernt: Das **Wasser-Molekül**. Das Wassermolekül besteht aus zwei Wasserstoff-Atomen (abgekürzt: H, von *„Hydrogren“ = „Wasserbildner“*), die an ein Sauerstoff-Atom (abgekürzt: O, von *„Oxygen“ = „Säurebildner“*) gebunden sind.

Das sieht so aus: H-O-H. Der Chemiker schreibt das kurz als: $\mathbf{H_2O}$. Die tiefgestellte 2 bedeutet offensichtlich, dass im Wasserstoff-Molekül **zwei** Wasserstoffe vorhanden sind. Nach dem O steht keine Zahl. Wenn keine Zahl nach einem Element steht, bedeutet das, dass genau **ein** Atom dieses Elements im Molekül vorhanden ist. Wir könnten also schreiben: H_2O_1. Wir schreiben aber H_2O, das ist kürzer.

Auch im Wasser (H_2O) sind die Atome durch Elektronen verbunden, die sich der Sauerstoff mit den Wasserstoffen teilt.

Ein anderes Beispiel für Moleküle: Methan CH_4 besteht aus einem Kohlenstoff – Atom (C) und aus vier Wasserstoff-Atomen (H). N_2H_4 (Hydrazin) besteht aus 2 Stickstoff-Atomen (N) und vier Wasserstoff-Atomen (H).

Diese tiefgestellten Zahlen nennt man **Index** (in der Mehrzahl: Indices).

Warum aber wollen sich Atome überhaupt Elektronen teilen, bzw. warum wollen manche Atome ihre Elektronen gleich ganz loswerden, und andere diese Elektronen haben? Wir werden das noch genauer erklären, jetzt erklären wir es erst einmal nur ungefähr, so dass man es sich im Hinterkopf behalten kann: **Elektronen wollen Energie verlieren**. Was heißt das? Man stelle sich einen Ziegel vor, den man im fünften Stock eines Hauses aus dem Fenster hält. Wenn wir den Ziegel jetzt loslassen, bleibt der nicht im fünften Stock, sondern er fällt hinunter.

Das tut er, weil er, wie das Elektron, **Energie verlieren will**. Wir haben in den Ziegel Energie gepumpt, indem wir den Ziegel in den fünften Stock getragen haben.

Indem wir ihn jetzt fallen lassen (und der Ziegel unten ankommt), verliert er diese Energie wieder: Der Ziegel landet am Boden und zerbricht, das wird auch Lärm machen, möglicherweise fällt der Ziegel auch jemandem auf den Kopf, dann ist nicht nur der Ziegel, sondern auch der Kopf kaputt.

Das bedeutet: **Energie wird frei.** Ganz ähnlich ist es auch, wenn Elektronen bei einer chemischen Bindung Energie verlieren: Es wird heiß, manchmal explodiert auch etwas, und wieder macht es Lärm, und wieder wird etwas kaputt, manchmal auch ein Kopf, der sich nicht rechtzeitig in Sicherheit gebracht hat, und wieder ist Energie freigeworden.

Aber kommen wir noch einmal zurück zu unserem Ziegel: Warum verliert der Ziegel Energie? Weil er von der Erde durch ihre Gravitationskraft angezogen wird. Würde er nicht von der Erde angezogen werden, würde er ewig auf der Höhe des fünften Stocks schweben bleiben, und eben keine Energie verlieren.

Und warum verliert das Elektron bei einer chemischen Bindung Energie? **Weil es vom Atomkern angezogen wird**. Wir erinnern uns: Im Atomkern sitzen die positiv geladen Protonen , außen die negativen Elektronen. **Und die ziehen einander an**.

In unserem Vergleich ist also der Atomkern die Erde und das Elektron der Ziegel. Das Elektron ist also, sagen wir, im fünften Stock, und wird von seinem Atomkern angezogen. Wenn jetzt also ein zweites Atom kommt (natürlich hat auch das einen Atomkern), wird das Elektron von diesem Atomkern angezogen, es fliegt auf das zweite Atom zu, „landet" auf ihm, und Energie wird frei.

Das Elektron verliert also, wie es gewollt hat, Energie. Insofern ist unser Vergleich mit dem Ziegel nicht ganz richtig: Eigentlich müssen wir uns die Sache so vorstellen, dass der Ziegel, anstatt in der Luft zu schweben, auf dem Fensterbrett im fünften Stock liegt.

Das heißt, das Elektron wird von seinem Atomkern angezogen, fällt aber nicht herunter. Dann kommt das zweite Atom, also ein anderer Planet, und der hat eine so hohe Schwerkraft, dass der Ziegel von der Erde zu dem anderen Planeten gezogen wird, und irgendwo auf diesem anderen Planeten einschlägt. Und Energie wird frei.

Wer das jetzt nicht verstanden hat: Keine Sorge, das müssen wir jetzt noch nicht genau verstehen. Das wird wieder einfacher.

Bevor wir mit dem Basteln von Molekülen anfangen, müssen wir noch einem Missverständnis vorbeugen: Alle chemischen Reaktionen finden **nur in der Elektronenhülle** und nicht im Atomkern statt. Der Atomkern spielt nur wegen der Elektronen-Anziehung eine Rolle, a**ber sonst ändert sich der Atomkern nicht!** Weder gewinnt, noch verliert der Atomkern Protonen oder Neutronen, noch werden Atomkerne verschmolzen oder geteilt. Darum ist die Chemie eigentlich als die **Physik der Elektronenhülle** zu verstehen.

In der Chemie ändern sich die Atomkerne nicht, alles läuft nur über die Elektronen!

Die Reaktionen des Atomkerns fallen in das Gebiet der Kernphysik. Ganz ähnlich den Elektronen, wollen auch Protonen und Neutronen Energie verlieren, aber in einem viel größeren Maßstab. Reaktionen von Atomkernen finden wir bei Explosionen von Atombomben. Auch die Radioaktivität entsteht bei Reaktionen im Atomkern, hat aber nichts mit Chemie zu tun.......

1.6 Atomares Händchenhalten oder eine Einführung in die organische Chemie

1.6.1. Professor T.Rottels erster Auftritt

Die Tür knarrte. Sie öffnete sich. Erschrockene Fledermäuse flogen kreischend weg, als Professor T. Rottel sein geheimes Labor betrat. Igor, sein buckliger und klumpfüßiger Assistent, humpelte hinter ihm her. „Leg das Gehirn auf die Seite und komm her, ich muss dir etwas erklären!“, sagte Professor T. Rottel und öffnete den Giftschrank. "Heute werde ich die Weltherrschaft an mich reißen! Ich werde das tödlichste Gift aller Zeiten schaffen! Damit werde ich Kontinente ausradieren! An ein Stickstoff-Atom werde ich sieben Wasserstoffe binden! Das ist ganz logisch!“, sagte er mit einem Lächeln überlegenen Wissens. Seine Hand deutete auf ein altes vergilbtes Periodensystem, auf dem riesige Spinnen ihr Dasein fristeten: „N hat sieben Elektronen! Deshalb kann N mit sieben Ziegeln auf sieben Planeten werfen, das heißt fachlich: Es kann sieben Elektronen auf sieben Atomen hineintun! Und das, mein Freund, heißt HÄNDCHEN HALTEN! Da bin ich eine Kapazität!"

Igor wusste schon, was das bedeutete. Seit Professor T.Rottel einen Thermostaten in sein eigenes Gehirn eingebaut hatte, um durch Gedankenübertragung die Wohnungstemperatur zu regeln, war es im Schloss

kalt und das Gehirn zeitweise abgeschaltet. „Ich werde ein NH_7 bauen! 7 H's hängen an einem N!“ Igor schüttelte den Kopf. **Er wusste, dass das nicht geht**. Er hatte nämlich dieses Buch hier gelesen, er wusste auch schon, wie das da jetzt ausgeht, weil er hat auch diese Geschichte da gelesen, und holte schon mal einen Besen. „Mit einem Hammer werde ich die H's an das N dranklopfen!“, sagte der Professor, „Und da ist ja die Flasche wo N.....und noch so was... draufsteht! Sehr gut! Also hau ich auf die Flasche!“ Sprach's, und hat leider nicht geschaut, was sonst draufsteht: NITROGLYCERIN, und darunter: EXPLODIERT DURCH SCHÜTTELN UND STOSSEN, holte weit aus und schlug zu......(*im zehn Kilometer entfernten Dorf hört man ein Donnern, aber seltsam, kein Gewitter*)
.....eine halbe Stunde später räumt Igor den Schutt weg, da und dort ein Körperteil des Professors T. Rottel. Macht nichts, Igor weiß, wie man den Professor wieder zusammensetzt, schön mit Thermostat im Gehirn. Wie immer. Igor sagt: „**NH_7 geht nicht. Es geht nur NH_3.**“

Was hat Igor gelesen? Er las:

1.6.2. Atomares Händchenhalten

Es ist soweit! **Wir basteln unsere ersten Moleküle!**
Die sollen zwar vorerst nur aus **Wasserstoff H**, aus **Sauerstoff O**, aus **Stickstoff N** und aus **Kohlenstoff C** bestehen, aber das reicht aus, um eine riesige Zahl von organischen Molekülen zu verstehen. Tatsächlich sind die meisten Verbindungen der **organischen Chemie** aus nur diesen vier Elementen zusammengesetzt. Die organische Chemie ist die Wissenschaft der organischen Stoffe, also der Stoffe von Pflanzen, Tieren Menschen....., oder, anders gesagt, von Molekülen, in denen das Kohlenstoff-Atom vorkommt, welches *der* Grundbaustein für das Leben schlechthin ist.

(Im Gegensatz dazu gibt es die **anorganische Chemie**, die die Wissenschaft der Stoffe ist, die nicht in Organismen vorkommen, also Metalle, Mineralien, und aller Moleküle, in den Metalle enthalten sind. Ein anorganisches Molekül kennen wir schon, das Natriumchlorid (NaCl), besser bekannt als Kochsalz.)

Allerdings sind die Grenzen zwischen organischer und anorganischer Chemie in den letzten 20, 30 Jahren immer unschärfer geworden. So gilt zum Beispiel CO_2, das Kohlendioxidgas als anorganisches Molekül, obwohl es offensichtlich ein Kohenstoffatom enthält und damit zur organischen Chemie zu zählen wäre.

Umgekehrt gibt es in der modernen Chemie Moleküle, die aus Metallen bestehen, an denen organische Moleküle hängen, die sogenannten *metallorganischen* Moleküle. Auf der anderen Seite hat die organische Chemie

Konkurrenz durch die **Biochemie** bekommen, die das Bindeglied zwischen Biologie (und Medizin!) und organischer Chemie darstellt. Aber auch hier sind die Grenzen fließend....)

Um also aus unseren vier Elementen H, O, N und C organische Moleküle zu basteln, brauchen wir nur folgendes zu tun:

Erstens: Wir stellen uns vor, jedes Element hat eine bestimmte Anzahl von Händen, die sozusagen aus dem Atom herauswachsen. Dann hat H eine Hand, O hat zwei Hände, Stickstoff hat drei Hände und Kohlenstoff hat 4 Hände.

Als Merksatz:
***H* hat eine *H*and,**
***O* hat *O*lle beide**
***N* – *N*iemand hat 3 Händ'**
***C* hat 4 Zehen (*C*-ehen)**

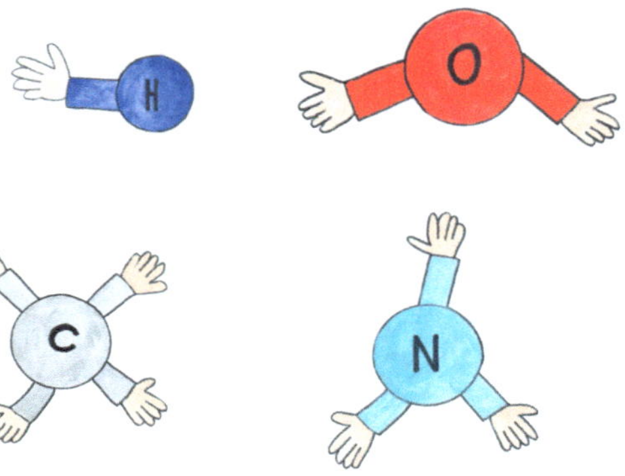

Zweitens: Die Atome können sich die Hand geben. Und zwar so, dass jede Hand nur *eine* Hand hält. Wie bei Menschen: Wir können auch nicht mit einer Hand gleichzeitig zwei andere Hände schütteln! Es gibt aber im Gegensatz zu den Menschen keine linken und rechten Hände, alle Hände sind "gleich".

Drittens: Die Hände können gedreht werden, wie wir wollen. Ob oben oder unten, links oder rechts, das ist alles ganz egal.

Viertens: In einem Molekül muss **jede** Hand **eine** andere Hand halten. Das heißt: Es darf keine Hand geben, die frei bleibt.

Fünftens: Selbstverständlich darf nur **ein zusammenhängendes** Molekül herauskommen, nicht mehrere kleine.

Und damit können wir loslegen:

Wie verbinden sich 4 Wasserstoffe H mit einem Kohlenstoff C?

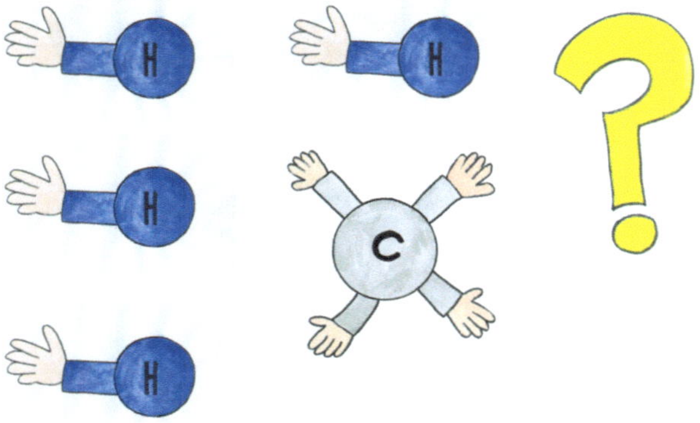

Antwort - So!

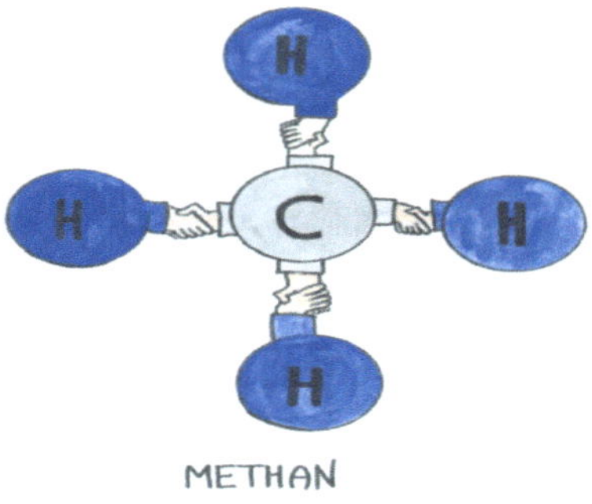

Das ist das **Methan**-Molekül. Wir brauchen uns diese Namen vorläufig nicht zu merken, ich schreibe sie nur der Vollständigkeit halber hin. Das ist übrigens das "**Erdgas**", das aus dem Gasherd kommt. (Oder aus der menschlichen Verdauung....).

Die chemische Formel von Methan ist **CH_4.** Die niedrig gestellte 4 bedeutet, dass das Methan-Molekül **vier** H beinhaltet, und dann natürlich noch **ein** C. Wir könnten eigentlich schreiben: C_1H_4, aber die 1 lässt man weg. Steht keine Zahl unter dem Atom, bedeutet das immer: 1.

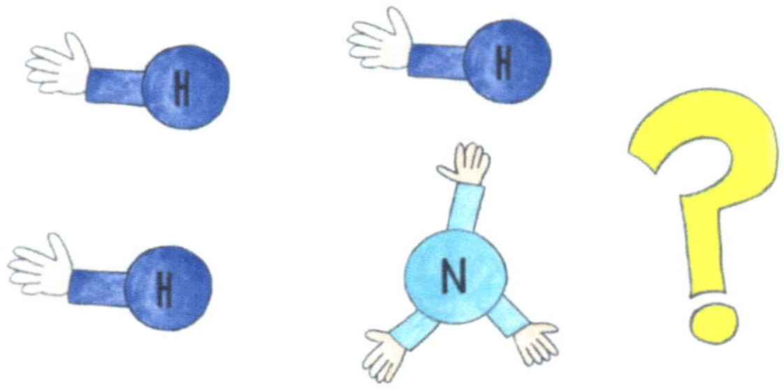

Nächstes Beispiel: Wie verbindet sich ein Stickstoff N mit drei Wasserstoff H?

Antwort: So!

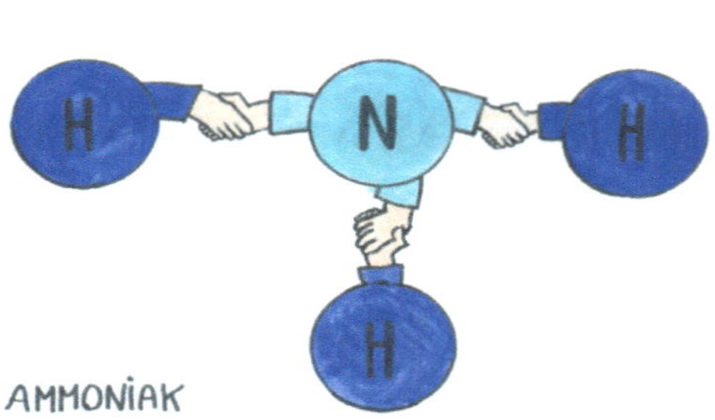

Das ist **Ammoniak,** ein harmloses, aber stechend riechendes Gas. Es entsteht als Abbauprodukt von Urin. Latrinen, in denen schon lange nicht mehr geputzt wurde, riechen nach Ammoniak NH_3.

Nächstes Beispiel: Wie verbinden sich zwei Stickstoff (N) -Atome?

Antwort - so:

Wir sehen an diesem Beispiel, dass wir die Hände drehen können, wie wir wollen. Das **Stickstoff-Molekül N_2** finden wir in der Luft: Luft besteht zu vier Fünfteln aus Stickstoff und zu einem Fünftel aus Sauerstoff O_2. Weil sich die beiden Stickstoff-Atome mit drei Händen halten, kann man sie nur sehr schwer auseinander bringen. Das bedeutet, dass sie (fast) nichts tun. Man nennt das übrigens "**Dreifachbindung**".

N_2 ist ungiftig, man riecht ihn nicht, man schmeckt ihn nicht. Wir atmen ununterbrochen N_2 ein, er tut in unseren Lungen nichts. Wir atmen ihn umsonst ein. Was wir aus der Luft zum Leben brauchen, ist der Sauerstoff O_2.

Wir können die Luft höchstens eine Minute anhalten (Taucher, die das üben, vielleicht ein bisschen länger), dann braucht unser Körper unbedingt wieder Sauerstoff. N_2 braucht er aber nicht. Die eigentliche Bedeutung, die das Stickstoff-Molekül hat, ist, dass es den Sauerstoff in der Luft **verdünnt**: Würde die Luft aus purem Sauerstoff bestehen, wäre das sehr, sehr ungesund für uns.....

Und wie verbinden sich diese drei Atome?

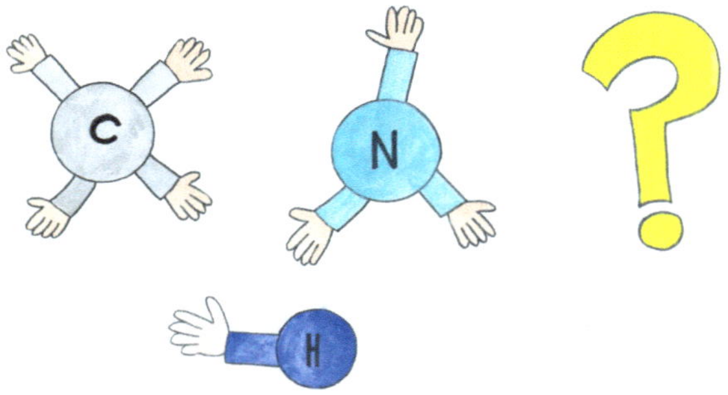

Antwort:

BLAUSÄURE

Dieses Molekül sieht dem N_2 ähnlich, aber es reagiert ganz anders: Die **Blausäure HCN** ist hochgiftig! Ein tieferer Atemzug vom Blausäure-Gas, und nach zwei Minuten tritt der Tod ein. Blausäure heißt deshalb so, weil Menschen, die an HCN gestorben sind, tatsächlich eine blaue Farbe im Gesicht aufweisen.

Jetzt wieder etwas weniger Giftiges:
Wie verbinden sich folgende Atome?

Antwort:

DIHYDROGENOXID (=WASSER)

Das ist ein alter Bekannter: Wasser! **Dieses Molekül merken wir uns**, wir werden es noch sehr oft brauchen. Die Formel von Wasser lautet H_2O.

Nur zur Wiederholung: Die **2** unter dem H bedeutet, dass **zwei H** im Molekül vorhanden sind. Das merken wir uns auch. Wir können Wasser auch Di-Hydrogen-Oxid nennen. "*Di*" heißt *zwei*, *Hydrogen* heißt *Wasserstoff*, und "*Oxid*" kommt von "*Oxygenium*", und das heißt Sauerstoff. Also ein zwei-Wasserstoff-Sauerstoff. Na ja, bleiben wir besser beim Wort "Wasser"......

Und das nächste Beispiel: Wie verbinden sich die folgenden Atome?

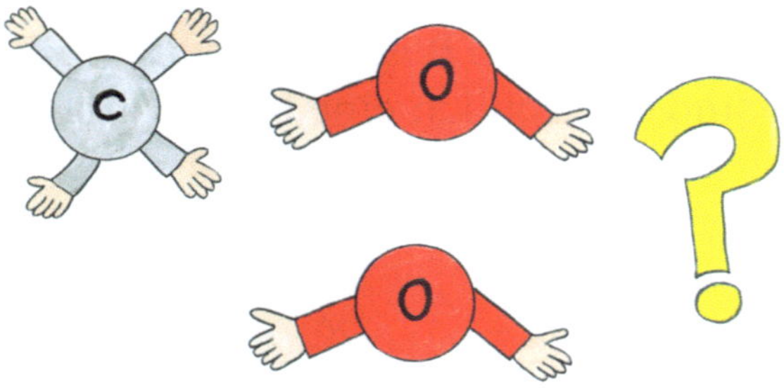

Antwort: so!

KOHLENDIOXYD

Wir sehen hier das **Kohlendioxid CO_2**. Es besteht also aus einem C und zwei O, darum sehen wir auch den Zweier hinter dem O. Und darum heißt es Kohlen- di -oxid. "Kohlen" deshalb, weil das Molekül ein C beinhaltet, "*di*" heißt "*zwei*", und das "*oxid*" kennen wir schon, das kommt vom Sauerstoff O.

Das Kohlendioxid ist ein schweres, unsichtbares Gas. Es ist jenes Gas, das wir ausatmen! Wir haben hier in der Zeichnung "Kohlendiox**y**d" geschrieben, mit y. Das ist die alte Schreibweise, die sollten wir auch einmal gesehen haben. In Zukunft schreiben wir aber lieber "Kohlendioxid".

Nächstes Beispiel: Wir verbinden folgende Atome:

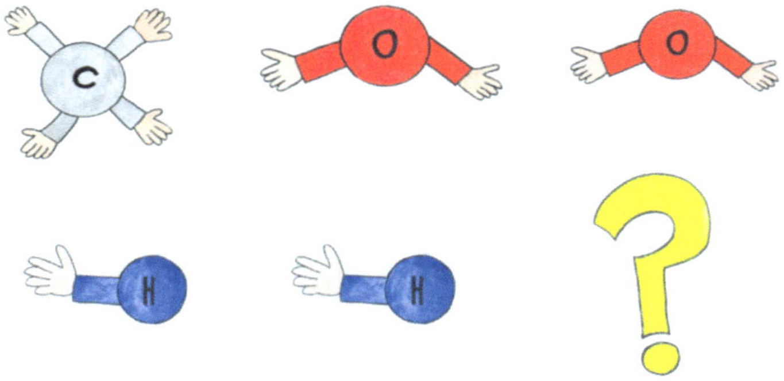

Antwort: so!

Und das ist die **Ameisensäure H_2CO_2.** Wir Chemiker schreiben die Formel aber so auf (das ist jetzt nicht so wichtig, nur für später): HCOOH. Warum wir das so aufschreiben, hat traditionelle Gründe, das wird später erklärt.

Das nächste Beispiel: was ergibt sich aus

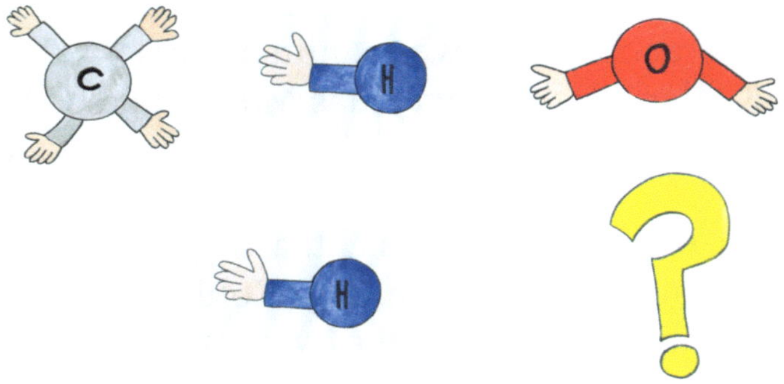

Antwort:

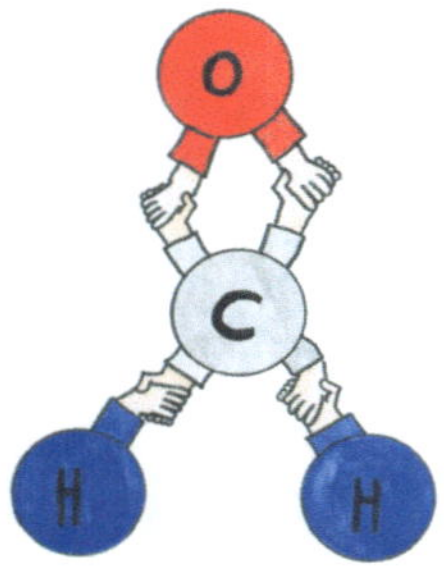

FORMALDEHYD

Dieses Molekül ist das **Formaldehyd**. Man spricht es übrigens **Form-Aldehyd** *und nicht* Formal-Dehyd aus. Aldehyde sind Verbindungen, wo ein Sauerstoff mit zwei Händen an ein Kohlenstoff bindet, und mindestens ein H am C hängt.

Langsam können wir uns aber fragen, ob man Moleküle nicht auch einfacher zeichnen könnte. Ja, natürlich kann man das. Wir können zum Beispiel miteinander verbundene Hände als einen Strich zeichnen.

Dann sieht Formaldehyd so aus:

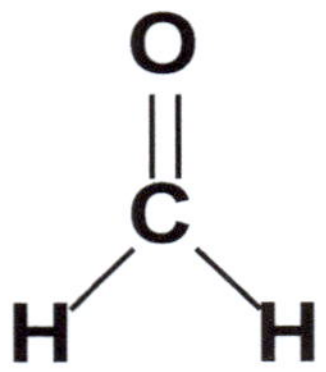

Aus den verbundenen Händen werden also Striche. Das kann man viel schneller zeichnen. Da das C dem linken H nur eine Hand gibt, wird auch nur ein Strich daraus. Ebenso gibt es zwischen C und dem rechten H nur einen Strich.

Das C gibt dem O aber **zwei Hände**, damit werden **zwei Striche** daraus.

Nächstes Beispiel. Was ergibt sich aus:

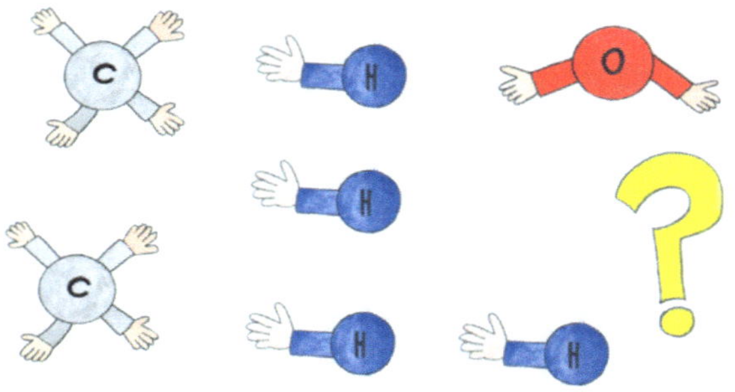

Antwort:

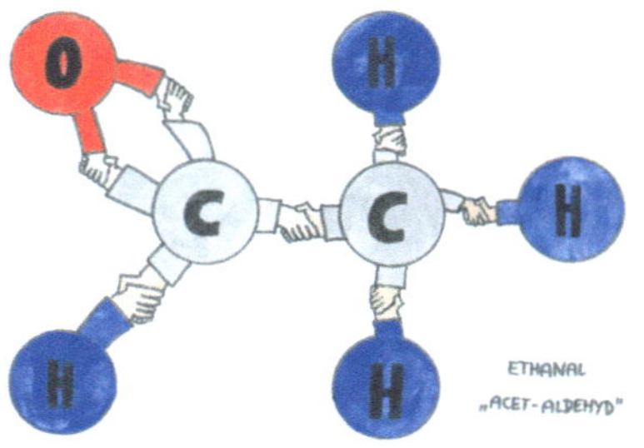

Das ist das **Ethanal**, oder (ein anderes Wort dafür) das **Acet-Aldehyd**. Es ist also verwandt mit dem Form-Aldehyd, es ist aber größer: Das rechte H am Form-Aldehyd ist durch ein C ersetzt, an dem dann drei H hängen. (Bitte vergleichen!) Aber es ist auch ein Aldehyd, weil ein O mit zwei Händen an einem C hängt. Das müssen wir uns aber vorerst nicht merken.

Und vereinfacht sieht dieses Molekül so aus:

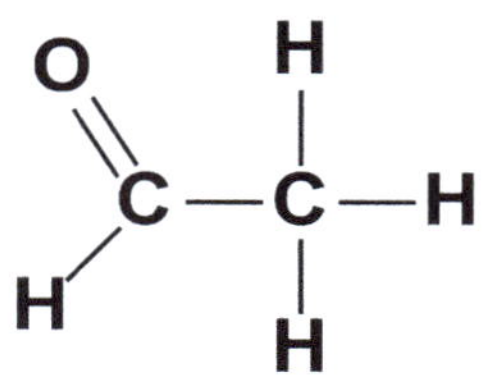

Für dieses Beispiel gibt aber auch eine andere Lösung:

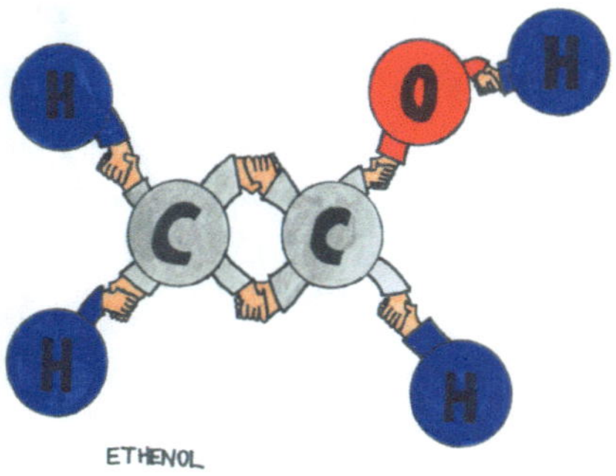

Wir sehen: Es kann mehrere Lösungen geben. Und auch dieses Molekül existiert wirklich!

Nächstes Beispiel. Was ergibt sich aus:

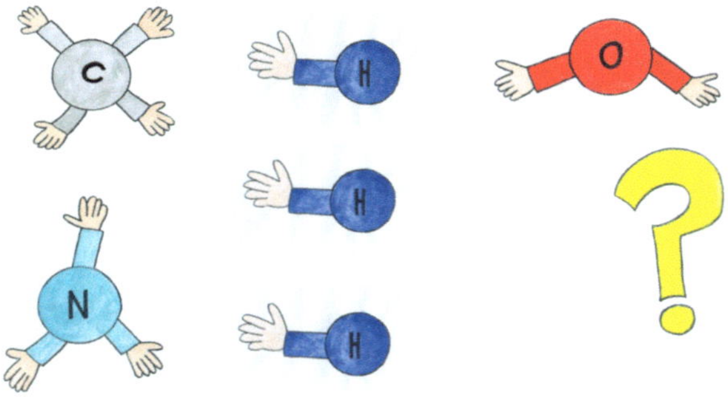

Antwort:

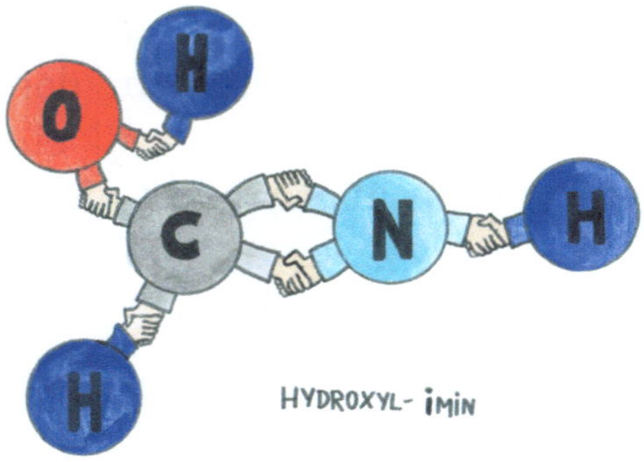

Das ist das **Hydroxyl-Imin**. Einfach geschrieben, sieht das so aus:

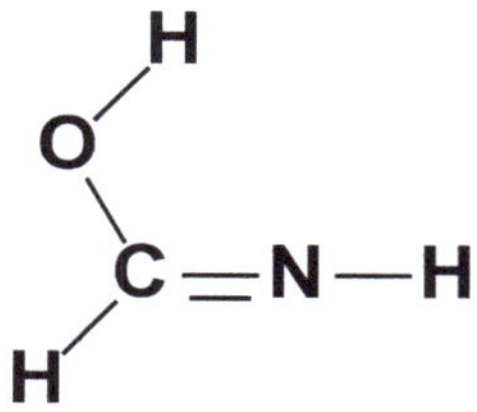

Euch wird schon aufgefallen sein, dass wir aus den gleichen Atomen (einem C, einem O, einem N und drei H) auch andere Moleküle basteln können, zum Beispiel:

OXIM

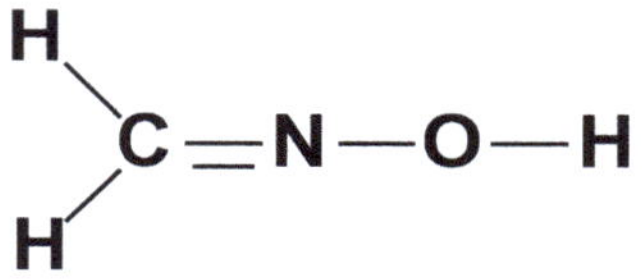

Das ist ein **Oxim**. Wir sehen wieder, es gibt mehrere Lösungen. Das bedeutet aber: **Nur weil ich weiß, aus wie vielen und welchen Atomen ein Molekül besteht, weiß ich nicht, wie es tatsächlich aussieht!**

Moleküle, die, wie hier, aus den gleichen Atomen bestehen, nennt man **Isomere**. Oxim und Hydroxyl-Imin sind also Isomere. Es gibt aber noch ein Isomer zu Oxim und Hydroxyl-Imin:

Antwort:

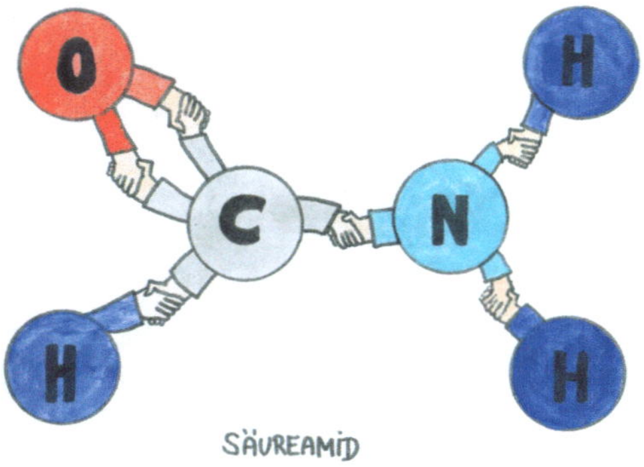

SÄUREAMID

Das ist ein **Säureamid**. Isomere haben meistens ganz unterschiedliche Eigenschaften. Die Art, wie ein Molekül zusammen gesetzt ist, also seine **Struktur,** ist für ein Molekül von entscheidender Bedeutung. Säureamid etwa ist ein friedliches, stabiles Molekül, während Hydroxylimin höchst unfriedlich und instabil ist.

Übungen:
1) Zeichne dieses Molekül mit der „Strich-Formel“ auf!
2) Bastle ein Molekül aus zwei C und vier H!
3) Bastle ein Molekül aus zwei C und zwei H!
4) Bastle ein Molekül aus zwei O und zwei H!
5) Bastle ein Molekül aus zwei C und sechs H!
6) Eine Aufgabe mit mehreren Lösungen (Isomeren): Bastle ein Molekül aus zwei O, zwei C, und vier H!
7) Auch diese Aufgabe hat mehrere Lösungen: Bastle ein Molekül aus zwei C, einem O, und 4 H!

Alle Übungen gelöst!

Damit sind wir schon sehr weit gekommen.

Wir wissen, dass Atome aus **Protonen (p^+), Elektronen (e^-)und Neutronen (n)** bestehen.

Wir wissen auch, dass sich Atome mit Hilfe der Elektronen miteinander **verbinden** können.

Und wir wissen, dass **sich Elektronen miteinander verbinden**, weil sie Energie verlieren wollen.

Wir können daher sehr viele Moleküle basteln.

Aber immer, wenn man Fragen geklärt hat, tauchen neue Fragen auf.....
Zum Beispiel:

Wie verbinden sich die Atome?

Oder: Wir haben gehört, dass sich die Atome verbinden wollen. Wir wissen noch nicht, *warum*. Wir wissen auch nicht, *warum* der Stickstoff 3 Hände hat, der Wasserstoff eine Hand.....Das müssen wir noch herausfinden.

Darum wissen wir auch noch nichts über die **Reaktivität** von Atomen und Molekülen, d.h. wir wissen nicht, *was* sie tun können, und *warum* sie das tun.......

...und darum müssen wir uns mit der Frage beschäftigen, *wie* diese Hände Atome verbinden können. Wir ahnen bereits, dass das irgendwas mit den Elektronen zu tun hat, denn der Atomkern tut bei chemischen Reaktionen gar nichts. Der sitzt im inneren des Atoms und schaut zu.

Welche Rolle spielen aber die Elektronen? Um das zu verstehen, müssen wir etwas ausholen:

1.7. Die Atomschalen

Auch Elektronen haben ihre Wohnungen, und sie haben ihre „Stockwerke", in denen diese Wohnungen untergebracht sind. In einem Stockwerk können auch mehrere Wohnungen sein! Die Wohnungen heißen **Orbitale**, und die Stockwerke, in denen sie untergebracht sind, sind die **Atomschalen.**

Und wie es in Wohnungen nicht unendlich viel Wohnraum gibt, so ist es auch mit den Orbitalen. I*n jedes Orbital passen nur zwei Elektronen*. Orbitale sind also **Zweizimmerwohnungen**, und für jedes Elektron gibt es ein Zimmer. Die Atome sind dann das ganze Haus, in dem die Elektronen wohnen, oder sogar ein Hochhaus!

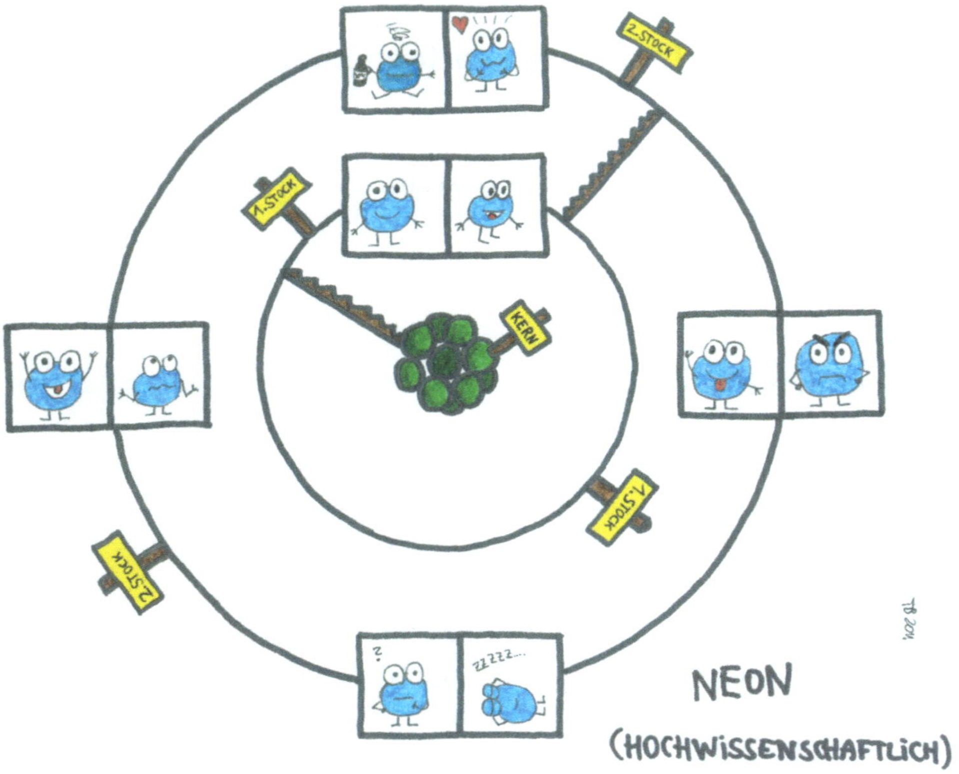

Sehen wir uns dieses Neon-Atom genauer an: Es hat eine **innere Schale**, und die ist sozusagen der erste Stock. Dieser erste Stock ist nahe dem Atomkern (hier: grün eingezeichnet). Im ersten Stock gibt es **eine** Wohnung mit **zwei** Zimmern. Diese beiden Zimmer werden von zwei Elektronen bewohnt: das sind die kleinen blauen Kerlchen. Um den ersten Stock gibt es einen größeren Ring: das ist der **zweite Stock**. In diesem zweiten Stockwerk gibt es, wie wir sehen, **vier Wohnungen**. Jede dieser Wohnungen hat **zwei Zimmer**. Also hat der zweite Stock insgesamt **acht Zimmer**. Das bedeutet: **Der zweite Stock hat Platz für acht Elektronen,** weil in jedem Zimmer ein Elektron wohnen kann. Ein Chemiker bezeichnet diesen 2. Stock als **2. Schale**. Und diese Zweizimmerwohnungen bezeichnet der Chemiker als **Orbital**.

Auch alle anderen Atome sehen wie das Neon aus! Jedes Atom hat eine **erste Schale mit einer Wohnung und eine zweite Schale mit vier Wohnungen.** Unterschiede gibt es nur in der Besetzung der Schalen mit Elektronen. Das macht die Sache einfach!

Der Begriff „*Orbital*" leitet sich von „*Orbit*"- die Umlaufbahn – ab. Man dachte sich früher, dass die Elektronen um den Atomkern kreisen. Heute wissen wir, dass diese Sichtweise irreführend ist (wenn auch nicht ganz falsch). Der Name „**Orbital**" ist aber geblieben. Interessant also, dass die Elektronenwohnungen etwas mit Umlaufbahnen zu tun haben! Seltsame Wohnungen irgendwie, aber Elektronen sind schließlich auch keine Menschen.

Uns braucht das jetzt nicht zu beunruhigen, wir vergessen die Sache mit der Umlaufbahn gleich wieder und betrachten die Orbitale weiterhin als kleine Wohnungen.

Kommen wir zurück zu den „Stockwerken":
Die Atomschalen sind, wie wir gesehen haben, unterschiedlich groß. Eine kleine Atomschale besteht aus wenigen Orbitalen, eine Große aus vielen.

Das passt jetzt nicht unbedingt in unser Bild von einem Hochhaus: Weil: wenn unser Atom sozusagen das **ganze Hochhaus** ist, dann haben die „unteren" Stockwerke **weniger Wohnungen** als die oberen! (Im Gegensatz zu unseren menschlichen Wolkenkratzern.)

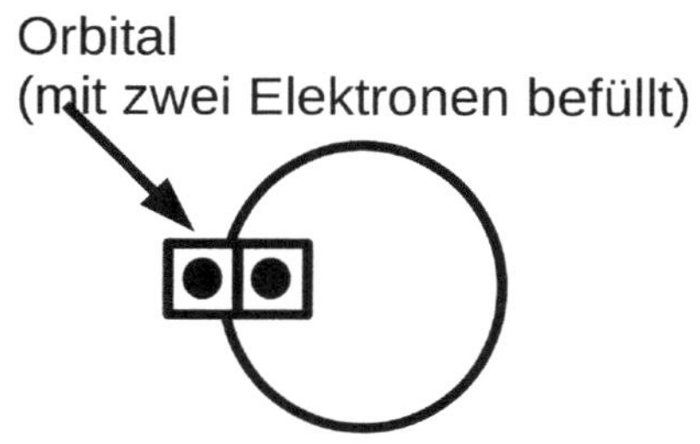

1. Schale

Wir stellen uns die Schalen, also unsere „Stockwerke", wie Schalen einer Zwiebel vor. Jetzt sind die äußeren Schalen, wenn man sie ausbreitet, dementsprechend größer als die inneren Schalen. Und es ist auch klar, dass man auf den äußeren Schalen mehr Platz hat für unsere „Wohnungen", also für unsere Orbitale, als in den inneren Schalen.

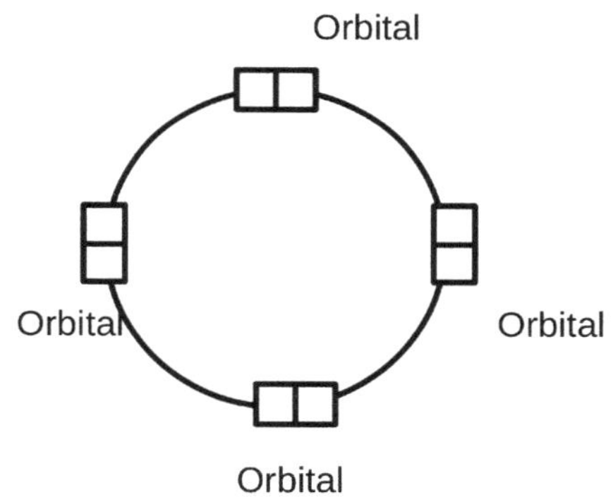

2. Schale mit 4 Orbitalen
und Platz für 8 Elektronen

So hat die **1.Schale** (auch *K-Schale* genannt), nämlich die Schale, die dem Atomkern am nächsten ist, **ein Orbital**, also Platz für **zwei** Elektronen.

Die 2. Schale (*L-Schale*) hat **vier Orbitale** (also Platz für **acht** Elektronen), die 3. Schale (*M-Schale*) kommt auf **neun** Orbitale und hat Platz für 18 Elektronen.

Die 4. Schale brauchen wir vorerst nicht, obwohl wir noch unendlich viele Schalen hätten....

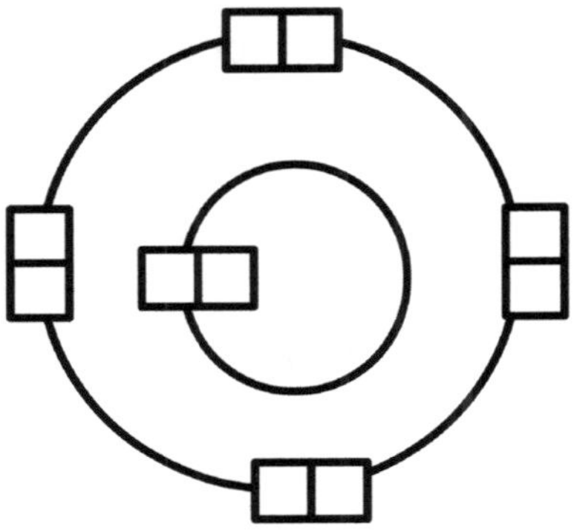

die ersten beiden Atomschalen
haben insgsamt Platz für 10 Elektronen!

(Die Bezeichnungen K- L und M- Schale sind veraltet, man findet sie jedoch hin und wieder in alten Lehrbüchern. Die Bezeichnung ist alphabetisch von K an bis Z.)

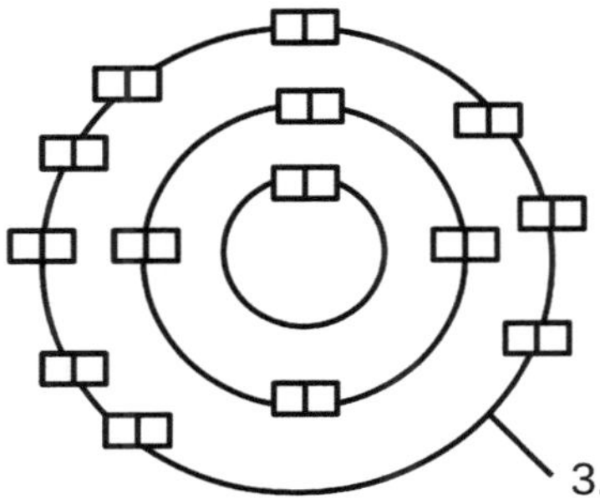

Merkregel:
Ein Orbital, das hat 2 Zimmer!
Merk dir diese Regeln immer:
Niemals 08/15- sondern 2/8/18!

Wir haben bis jetzt nur von den „Wohnungen“ der Elektronen gesprochen, aber noch nicht, ob diese Wohnungen auch bewohnt sind! **Ganz wichtig: Jedes Atom hat unendlich viele Schalen, aber nur die untersten Schalen sind normalerweise besiedelt!!!** (Das ist wie ein Glas Wasser: Das füllt sich auch nur von unten nach oben voll, in unserem Fall ist das Glas aber unendlich hoch!)

Sehen wir uns das Wasserstoff-Atom noch einmal an:

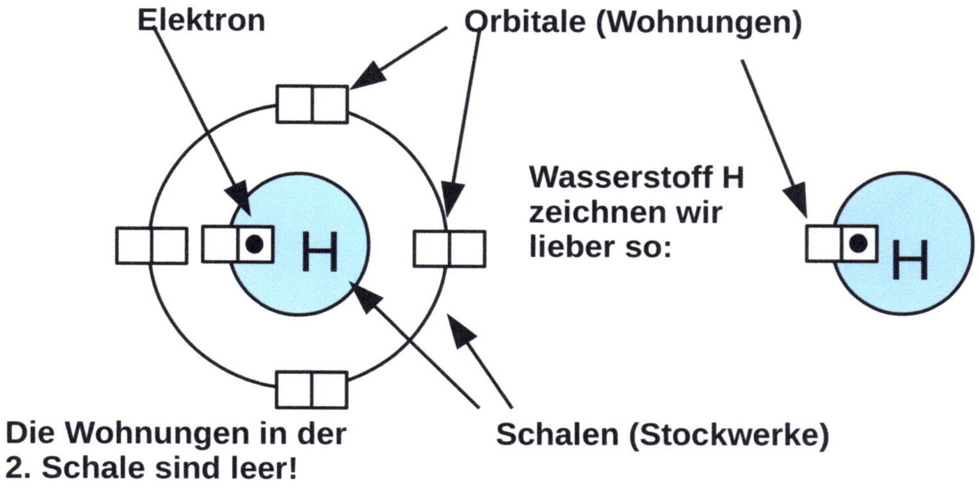

Wir könnten das Wasserstoff-Atom H genau wie das Neon-Atom zeichnen: Mit zwei Stockwerken und insgesamt 5 Wohnungen. (Eine Wohnung im 1. Stockwerk und vier Wohnungen im zweiten Stockwerk).

Nun hat aber das Wasserstoff-Atom nur **ein** Elektron. Und dieses Elektron wohnt im 1. Stock (in der 1. Schale). Das bedeutet, der 2. Stock ist leer! Da wohnt niemand!

Wasserstoff hat also, wie das Neon, eine 2. Schale. Beim Wasserstoff ist diese Schale aber **leer**. Und leere Schalen sind uns eigentlich egal. Wir brauchen sie nicht. **Darum zeichnen wir sie auch nicht ein**. Außerdem hat das Wasserstoff-Atom auch eine dritte, vierte, fünfte....und viele weitere Schalen, aber die sind auch alle leer. Und darum zeichnen wir auch diese Schalen nicht ein. Genau so haben auch alle anderen Atome viele Schalen, also höhere Stockwerke, die aber alle leer sind. Besiedelt werden immer nur die untersten Stockwerke (die innersten Schalen).

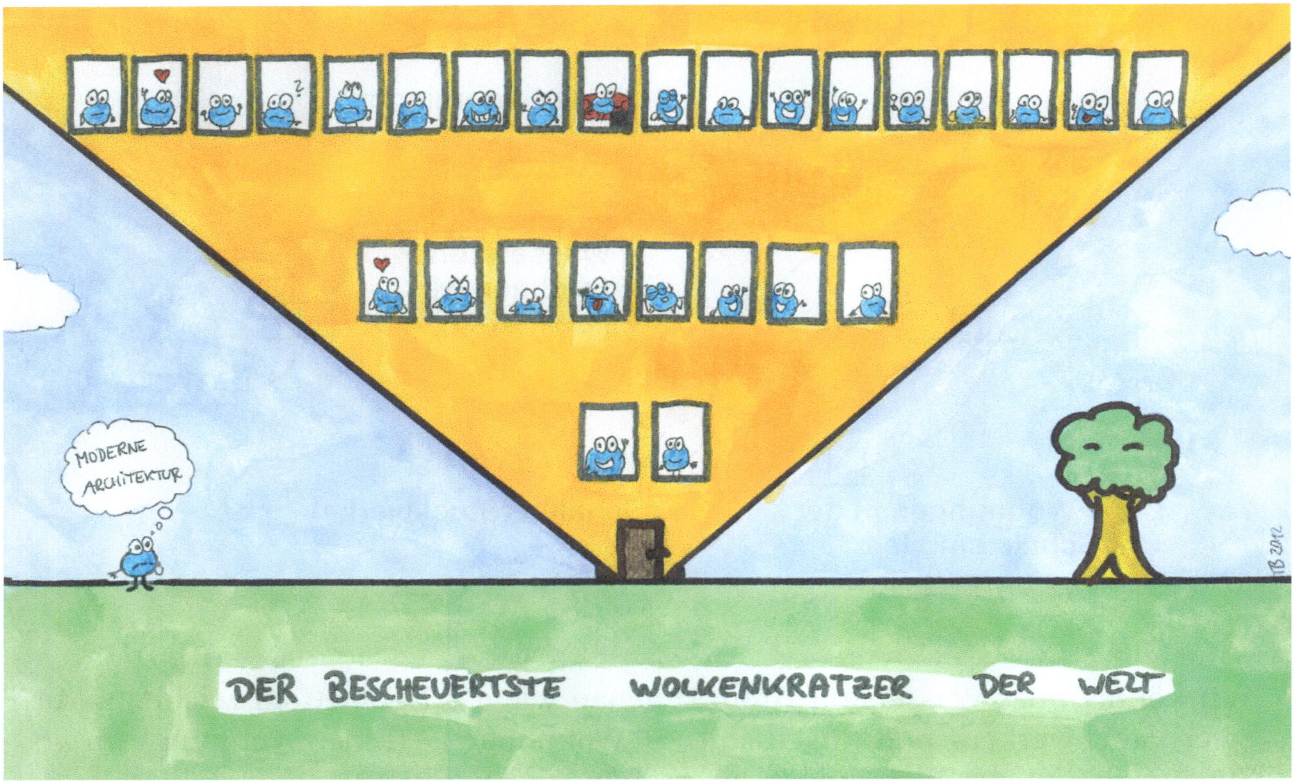

In der Chemie gelten also diese schiefen Wolkenkratzer: Warum verwenden wir eigentlich so ein eigenartiges Bild? Weil der Vergleich mit dem Ziegel, der vom 5. Stock fällt (oder von mir aus auch vom 2. der 3.), auch für unsere Schalen passt! Das bedeutet: **Der 1. Stock, also die 1. Schale, ist wird lieber von den Elektronen bewohnt, als der zweite Stock!** Wenn es sich das Elektronen aussuchen kann, dann wohnt es im ersten Stock. **Elektronen wollen nicht Stiegen steigen.**

Für die, die es interessiert:
Warum nennt man die Atomschalen „*Hauptquantenzahl*"? Ist denn die Schale eine Zahl? Nein. Sondern: Alle diese diese Dinge über Elektronen weiß man aus der Quantenphysik, vor allem aus der berühmt-berüchtigten **Schrödinger-Gleichung**. Diese Gleichung ist von dem österreichischen Physiker **Erwin Schrödinger** aufgestellt worden. Keine Gleichung schaut so einfach aus und ist dann so kompliziert zu lösen:

$$\mathbf{H\Psi = E\Psi}$$

(sprich: Ha Psi ist E Psi). Nun hat die Schrödingergleichung natürlich viele Lösungen, und die 1. Lösung ergibt dann die erste Schale, die 2. Lösung die 2. Schale, und so weiter.

Unsere Atomschalen sind Resultate dieser Gleichung.
Und dann gibt es für die Hauptlösungen noch Nebenlösungen, da werden dann die Nebenquantenzahlen daraus, und, und, und....aber keine Angst, wir werden die Schrödingergleichung nicht durchrechnen. Wer sich näher dafür interessiert, muss sich mit der **Theoretischen Chemie** befassen. Die theoretischen Chemiker schreiben diese Gleichung gerne auf ihre Institutstür, dann wissen die weniger theoretischen Kollegen, dass hinter der Türe gerechnet wird, und zwar auf Großcomputern, und immer geht es nur um die Schrödingergleichung....

Für die **Lösungen** der Schrödingergleichnung (aber auch nicht für alle Lösungen), interessieren wir uns hingegen sehr wohl.

In Zukunft wollen wir für die Schalen die vorher verwendeten Zeichnung anwenden. Die Schale ist sinnvollerweise dargestellt als Ring um den Atomkern, die Kästchen sind die Orbitale, und jedes Kästchen ist in zwei „Zimmer“ unterteilt, um zu zeigen, dass in jedem Orbital zwei Elektronen Platz haben.

1.8. Auffüllen der Atomschalen

Und wie werden diese Schalen nun befüllt? Wir ahnen es bereits: **Von unten nach oben**, also von der ersten Schale angefangen, wird fortgesetzt bei der zweiten, dann kommt die dritte, und so weiter.

Der Grund ist klar: Warum sollten die Elektronen Stiegen steigen, wenn sie auch unten bleiben können? Also: Wasserstoff H hat **ein** Elektron (und natürlich ein Proton im Kern), und dieses Elektron siedelt sich in der ersten Schale an. Helium hat zwei Elektronen, und nachdem es noch Platz gibt, siedelt sich das Elektron ebenfalls in der ersten Schale an, zwangsläufig im selben Orbital, aber im zweiten Zimmer.

Wasserstoff Helium

Jetzt ist die erste Schale voll. Die Elektronen des Wasserstoffs H und des Heliums He machen es sich in der ersten Schale gemütlich: Sie müssen nicht Stiegen steigen!

Das **Lithium Li** hat drei Elektronen, also wird das dritte Elektron in der zweiten Schale angesiedelt. Bei den nächsten Elementen müssen wir aufpassen: **Beryllium hat vier Elektronen,** also gehen zwei Elektronen in der erste Schale, die anderen zwei Elektronen müssen in die zweiten Schale.

Wir setzen die beiden Elektronen in der 2.Schale nicht zusammen in ein Orbital, sondern in zwei Orbitale. **Jedes Elektron will zuerst einmal ein Orbital für sich allein**, dann, wenn alle Orbitale der gerade anzufüllenden Schale mit einem Elektron gefüllt sind, werden die Orbitale doppelt mit Elektronen besetzt.

Das ist irgendwie logisch: Auch wir wohnen lieber alleine in einer Wohnung, als uns die Wohnung mit irgend jemandem zu teilen!

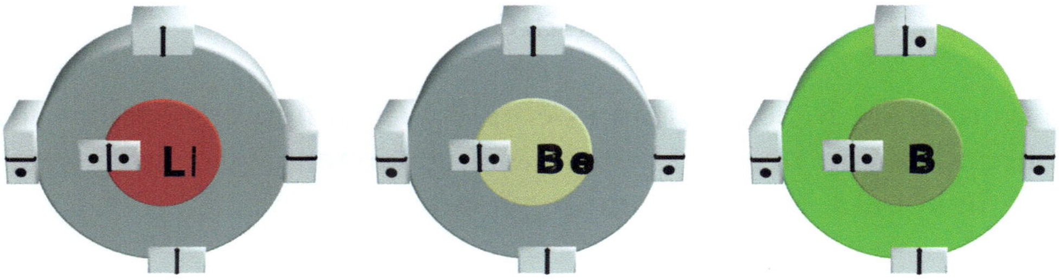

Lithium Beryllium Bor

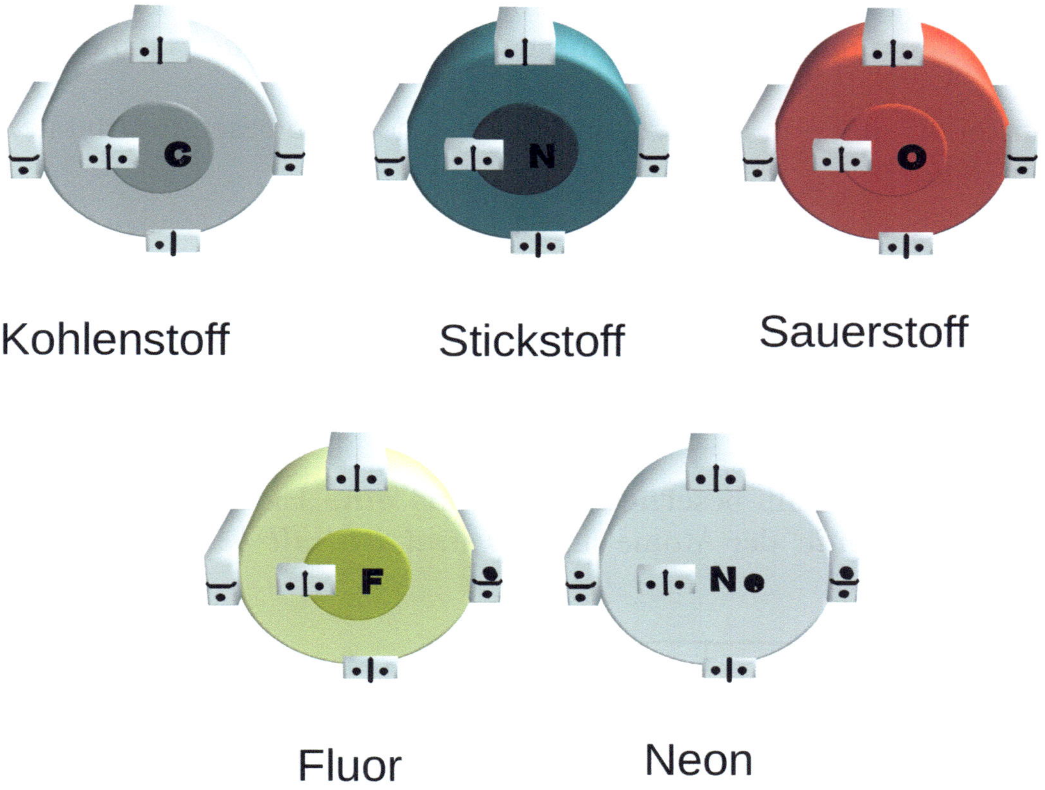

So geht es mit dem Auffüllen weiter: C hat sechs Elektronen, von diesen sitzen **zwei** in der ersten Schale und **vier** Elektronen siedeln sich in der zweiten Schale an. Jedes Elektron der zweiten Schale hat ein ganzes Orbital für sich!

Der Stickstoff N hat zwei Elektronen in der ersten Schale und fünf Elektronen in der zweiten. Von diesen fünf Elektronen müssen sich zwei Elektronen eine Wohnung teilen. Also: In der zweiten Schale gibt es ein voll besetztes Orbital, drei weitere Orbitale sind halb voll.

Beim Sauerstoff O mit insgesamt 8 Elektronen (bitte nachzählen!) sitzen wieder zwei Elektronen innen, sechs Elektronen sitzen außen in der zweiten Schale. Nur mehr zwei Elektronen haben ein Orbital (also eine Zweizimmerwohnung) für sich allein.

Beim Fluor F gibt es nur mehr noch ein Elektron, das alleine in einem Orbital sitzt (der letzte Junggeselle, sozusagen!).

Beim Neon schließlich sind, wie wir schon am Anfang dieses Kapitels gesehen haben, alle Orbitale der ersten beiden Stockwerke voll besetzt.

Wir sehen uns jetzt einige Atome genauer an:

Das Wasserstoff (H) Atom hat **ein** halb besetztes Orbital, also **ein** Orbital mit einem Elektron, und wir erinnern uns, dass Wasserstoff **eine** Hand hat.

Kohlenstoff (C) hat – in der zweiten Schale – **vier** halb besetzte Orbitale, und es hat **vier** Hände!

Stickstoff (N) hat nur **drei** halb besetzte Orbitale, weil ein Orbital in der 2. Schale ganz gefüllt ist. Und Stickstoff hat **drei** Hände!!

Sauerstoff hat **zwei** halb besetzte Orbitale, weil nämlich die anderen beiden Orbitale in der 2. Schale ganz gefüllt sind, und es hat **zwei** Hände!!!

Und Fluor hat **ein** halb besetztes Orbital und **eine** Hand! Damit wissen wir jetzt, was die ***„Hände“*** der Atome sind: ***Es sind die halb besetzten Orbitale!***

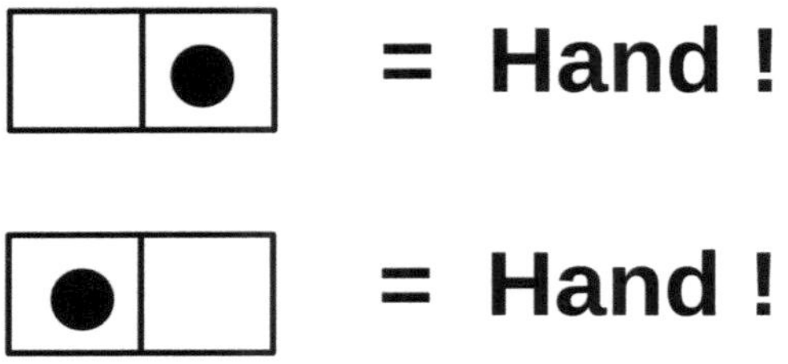

Wir wissen damit auch, **warum NH_7 nicht existiert**, obwohl N doch sieben Elektronen hat: Die beiden Elektronen in der 1. Schale tun gar nichts. Die sind glücklich im ersten Stockwerk, bleiben, wo sie sind. Das eine Orbital in der zweiten Schale ist voll besetzt und kann nicht in der Art binden, wie wir es bisher kennen gelernt haben (Es kann schon etwas tun, aber etwas anderes. Dazu kommen wir bald), **nur die drei halb besetzten Orbitale** können als „Hände“ binden.

1.9 Die chemische Bindung

Jedes Atom ist bestrebt, eine **abgeschlossene (also gefüllte) äußerste Elektronenschale** zu haben. Das bedeutet, es will keine unvollständig gefüllte Schale, und wird entweder Elektronen aufnehmen oder abgeben, bis es eine vollständig gefüllte Schale hat.

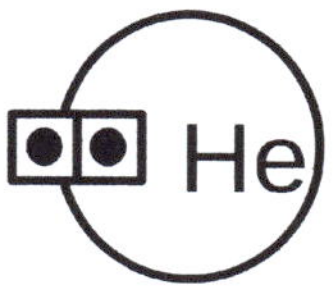

Helium He hat eine gefüllte 1. Aussenschale

Zum Beispiel: *Lithium Li* hat 3 Elektronen. Die 1. Schale ist gefüllt, in der zweiten sitzt **ein** Elektron, **acht** Elektronen würden hineinpassen. Jetzt hat das Lithium zwei Möglichkeiten: Entweder es nimmt **sieben** Elektronen auf, dann hat es acht Elektronen in der zweiten Schale, und diese ist abgeschlossen, oder aber **das Lithium gibt ein Elektron ab**. Dann ist kein Elektron mehr in der 2. Schale, aber die erste Schale ist abgeschlossen. Lithium hat somit eine abgeschlossene äußere Schale (die jetzt die erste Schale ist!). Jetzt kann man sich schon denken, dass es wesentlich einfacher ist, ein Elektron abzugeben, als sieben aufzunehmen. **Und tatsächlich gibt das Lithium das eine Elektron einfach und gerne ab** (*und es nimmt niemals sieben Elektronen auf*).

Neon Ne hat eine gefüllte 2. Aussenschale

Umgekehrt hat das *Fluor F* **sieben** Elektronen in der zweiten Schale. Es hat zwei Möglichkeiten, um zu einer abgeschlossenen Schale zu kommen: Entweder es gibt **sieben** Elektronen ab und hat dann eine abgeschlossene erste Schale, **oder es nimmt ein Elektron auf, und hat dann eine abgeschlossene zweite Schale**. *Natürlich ist es für das Fluor viel einfacher, ein Elektron aufzunehmen, als sieben abzugeben.* Es nimmt dieses eine Elektron sogar unglaublich begierig auf: Diese Gier nennt man **Elektronegativität**. (Ein nobleres Wort für Gier ist „Affinität", also: Fluor hat eine hohe Elektronenaffinität).

Fluor hat sogar die **höchste Elektronegativität aller Elemente** und ist darum **extrem reaktiv.** Fluor (eigentlich: F_2) ist ein gelbes, hochgiftiges, extrem ätzendes Gas, das mit allem und jedem reagiert, auch Beton und Glas haben keine Chance; sozusagen der kleinere, aber umso gefährlichere Bruder des grünen *Chlorgases* (das hat nämlich auch sieben Elektronen in der äußersten

Schale und will **nur noch ein Elektron**!; und darum sind beide aus der Familie der „*Halogene*“). Jedem Atom und jedem Molekül, das ihm über den Weg kommt, reißt das Fluor ein Elektron heraus und nimmt es sich, meistens unter ungeheurer Hitzeentwicklung....

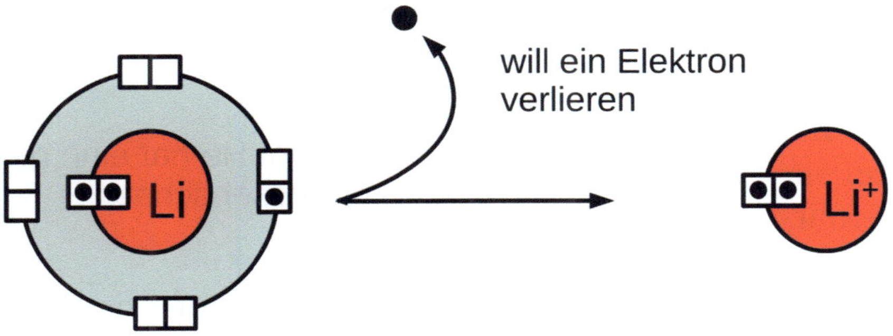

Das am wenigsten elektronegative Element ist das **Cäsium**, ein Verwandter des Lithium aus der Familie der „*Alkalimetalle*“. Wie das Lithium hat es nur ein Elektron und das will es loswerden. Wer nun glaubt, Cäsium sei, im Gegensatz zum Fluor, das friedlichste aller Elemente, irrt gewaltig. Tatsächlich will das Cäsium sein äußeres Elektron mit einer derartigen Gier loswerden, dass es dem Fluor in Sachen Gefährlichkeit das Wasser reichen kann: Ein Zuckerwürfel-großes Stückchen elementares Cäsium-Metall in eine große Schüssel voll Wasser geworfen, ergibt eine Reaktion mit Wasser und eine Explosion, die die Schüssel zerfetzt....Die Familie der Alkalimetalle und die Familie der Halogene sind tatsächlich die radikalsten Familien im Periodensystem.

Aber wo finden wir dann die friedlichen Elemente? Die friedlichen Elemente sind zum einen die, die eine abgeschlossene Schale haben, ohne etwas dafür tun zu müssen, und das sind die „Edelgase“, da kennen wir bislang zwei: Das **Helium** und das **Neon**. Edelgase tun chemisch rein gar nichts, sie riechen nach nichts, sie schmecken nach nichts, sie sind völlig ungiftig, sie reagieren nicht. Nicht einmal das Fluor kann dem Helium ein Elektron entreißen. Fast scheint es, als würde sie der Rest der Welt langweilen. Und insofern sind sie tatsächlich edel, denn auch sehr edle und vornehme Menschen tun so, als würden sie sich für nichts interessieren, weil sie schon alles haben. Und sie sind darum oft auch ein bisschen fade.

Zum anderen sind friedliche Elemente jene, die eine ungefähr **halbvolle Außenschale** haben. Die sind einerseits zu faul, die Elektronen abzugeben, weil sie doch noch recht viele haben, andererseits wollen sie aber auch keine Elektronen aufnehmen. Denen reicht es aus, wenn sie sich mit anderen Atomen die Elektronen friedlich teilen. Zu diesen braven Elementen gehören d**er Kohlenstoff C, das Silizium Si, oder Germanium Ge**. Auch Gold, Silber, Palladium und Platin sind friedlich, man nennt sie bezeichnenderweise „*Edelmetalle*". Sie sind auch edel, aber nicht so edel wie die Edelgase. Hie und da lassen sie sich herab, mit anderen Elementen zu reagieren. (z.B. mit Fluor.)

1.10 Die Ionenbindung und die Metallbindung

Damit können wir uns die erste Bindungsart ansehen: Die **Ionenbindung**!
Kommen wir zum Lithium und zum Fluor zurück, die beiden Elemente kennen wir schon besser: Das Lithium will also ein Elektron loswerden, und das Fluor nimmt es sich:

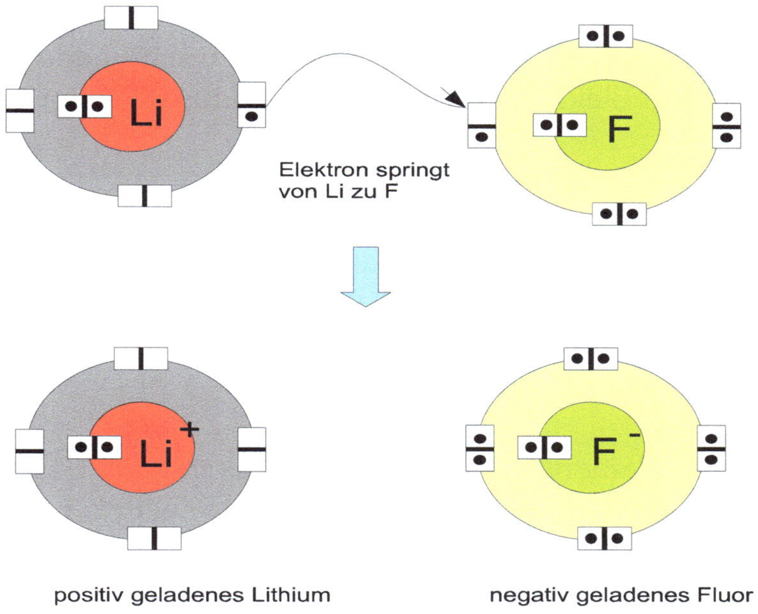

Und fertig! Was ist nun mit dem Lithium los? Es hat ein Elektron weniger, das heißt, es ist jetzt **positiv geladen**.

Denn: Bis jetzt hat das Lithium 3 Protonen und 3 Elektronen gehabt. Ein Proton ist positiv, hat also eine Ladung von +1, **drei** Protonen haben also eine Ladung von **+3**. Ein Elektron hat eine Ladung von -1, also haben 3 Elektronen eine Ladung von -3. Um auf die Ladung des Atoms zu kommen, zählen wir Protonen und Elektronen zusammen, das sind:

$$+3+(-3) = 0,$$

also war das Lithium-Atom bis jetzt ungeladen. Jetzt aber hat unser Lithium-Atom drei Protonen (Ladung: +3) aber nur mehr 2 Elektronen (Ladung: -2), das heißt, unser Lithium hat jetzt eine Ladung von

$$+3+(-2)=+1,$$

also ist unser Lithium-Atom jetzt einfach positiv (soll heißen: +1) geladen!

Solche geladenen Atome und Moleküle nennt man **Ionen**. Positiv geladene Ionen nennt man **Kationen.** Unser einfach positiv geladenes Lithium-Kation schreibt man abgekürzt so: Li^+. Klarerweise bezieht sich das + auf die Ladung des Lithium. Wir könnten auch Li^{1+} schreiben, aber Li^+ ist kürzer. *Nicht vergessen: die **Ladungen** schreibt man **hochgestellt** hinter das Element!* Das Beryllium –Kation schreibt man also Be^{2+}, und so weiter.....

Mit dem **Fluor** funktioniert das genauso: Es hat ein jetzt ein Elektron mehr, also hat das Fluor jetzt 9 Protonen im Kern und 10 Elektronen. Neun Protonen haben eine Ladung von +9, 10 Elektronen eine Ladung von -10, und wenn wir Protonen und Elektronen zusammenzählen, kommen wir auf eine Ladung von

$$+9 +(-10) = -1$$

Also ist das Fluor einfach negativ geladen. Soll heißen: -1. **Negativ** geladene Ionen nennt man **Anionen**. Allerdings sagt man, wenn man ganz bestimmte Anionen meint, nicht „Fluor-Anion", sondern man sagt **„Fluorid-Ion"**, und schreiben es kurz als F^- .

Das ist eine Namensregel. Wenn man das negativ (-1) geladene Chlor-Ion meint, sagt man **Chlorid-Ion** (kurz: Cl^-), und so weiter, nur beim Sauerstoff – Anion (O^{2-}) sagt man **„Oxid"**, und nicht „Sauerstoff-id".

Man hängt also an den *Elementnamen* ein **„id"**. Das dreifach negativ geladene Stickstoff-Ion wird zum **Nitrid-Ion** (kurz: N^{3-} ; von Nitrogenium), und nicht zum „Stickstoff-id". Übrigens folgen auch geladene Moleküle dieser Kurzschreibweise, zum Beispiel das oder das Am**id**-Ion (NH_2^-).
Ich gebe zu, ich finde Namensregeln fad. Das ist wie im Latein: Da gibt es Ausnahmen und Ausnahmen der Ausnahmen.... Aber man braucht sie einfach.

Und da gibt es noch eine Namensregel, die man sehr oft braucht - bitte nicht **„id"** mit **„it"** verwechseln! Denn anionische (negativ geladene) Moleküle, **wo Sauerstoff mit im Spiel ist**, enden auf **„it"**, zum Beispiel NO_2^- ist das Nitr**it** –

Ion (Da steckt einerseits Nitrogenium, also Stickstoff drinnen, andererseits „**it**", weil zwei Sauerstoffe dabei sind) oder SO_3^{2-} das Sulf**it** (Sulfur ist der Schwefel); wenn gar keine Sauerstoffe am Anion hängen, ist es ein „**id**", wenn einige Sauerstoffe am Anion hängen, ist es ein „**it**".

Nächste Namensregel:
Anionische Moleküle, in denen die **höchstmögliche Anzahl an Sauerstoff-Atomen** an ein Atom gebunden sind, enden auf „**at**", zum Beispiel NO_3^- ist das Nitr**at** – Ion (*und mehr als drei Sauerstoffe bekommt man nicht auf einen Stickstoff!*) oder SO_4^{2-} das Sulf**at** (wieder sind 4 Sauerstoff-Atome am Schwefel das Höchstmögliche). (Jedoch: Versucht noch nicht, Nitrat oder Sulfat zu basteln!! Die „at" brechen die „Händeregel" ! Wie, erfährt ihr später!)

Weil man dauernd mit Ionen dieser Art zu tun hat, sind diese Regeln sehr praktisch, man sollte sie unbedingt lernen!!
(Endlich) letzte, aber einfachste Namensregel:
Bei den positiven Kationen, wie zum Beispiel bei unserem Lithium, sagt man einfach **Lithium-Ion**, beim positiv geladenen Cäsium sagt man **Cäsium-Ion**, das zweifach positiv geladene Calcium wird zum **Calcium-Ion,** und so fort.

MERKREGEL:
*Bei den **positiv** geladenen Kationen hängt man **keine** Silbe an.*
*Hängt an einem Element- oder Molekülnamen ein **id, it** oder **at**, ist es also ein **negativ** geladenes Anion.*

Der Stoff, der aus Lithium und Fluor besteht, nennt man einfach nach den beiden Ionen **Lithium und Fluorid, also Lithiumfluorid**, oder kurz **LiF**. LiF ist, wie das Natriumchlorid, das wir schon kennen, ein **Salz**. Salze entstehen also immer dann, wenn sehr schwach elektronegative Elemente, die ihre Elektronen gerne abgeben, auf sehr stark elektronegative Elemente treffen, die diese Elektronen sehr begierig aufnehmen.

Was sind nun die Eigenschaften von Salzen? Nachdem nun das Lithium sein Elektron abgegeben und Fluor das Elektron aufgenommen hat, sind beide recht glücklich. Darum sind Salze im allgemeinen auch sehr friedliche Stoffe, sie explodieren nicht (bis auf ein paar Ausnahmen), können meistens nicht brennen und sind höchstens dann gefährlich, wenn man sie isst. LiF ist, aufgrund des Fluorids, giftig. Andererseits wird Li^+ gegen Depressionen angewendet. Wenn man also Lithiumflourid in großen Mengen verzehrt, stirbt man vermutlich glücklich (ich würde es trotzdem nicht probieren).

Wie dem auch sei, weil sowohl das Lithium als auch das Fluor zufrieden sind, und sie die Elektronen nicht miteinander teilen, wollen sie nicht mehr allzuviel voneinander wissen, und sind nur schwach aneinander gebunden. Allerdings ziehen das positiv geladene Lithium und das negativ geladene Fluor einander an, und bleiben beieinander. Sie arrangieren sich so, dass jedes Lithium-Ion mehrere Fluorid-Ionen anzieht, und umgekehrt jedes Fluorid-Ion mehrere Lithium-Ionen.

So entsteht ein **Ionengitter,** das nichts anderes ist, als **Lithiumfluorid-Kristall**, also ein Salzkristall. Salzkristalle sind **Nichtleiter**, das heißt, sie leiten keinen elektrischen Strom, im Gegensatz zu den **Metallen**: Strom kann fließen, wenn sich die Elektronen frei bewegen können.

In einem Metallstück ist das der Fall, weil Metalle **wenig elektronegativ** sind und daher ihre Elektronen **nicht gerne behalten**. Jedes Metallatom hat also Elektronen, die es gerne loswerden will und kein anderes Metallatom will sie haben. Die Elektronen sind also regelrecht obdachlos, wo sie hinkommen, werden sie hinausgeworfen. Und was machen die obdachlosen Elektronen? Sie vagabundieren herum und sind also frei beweglich. Wenn nun von einer Stromquelle neue Elektronen in das Metall fließen, können die vagabundierenden Elektronen leicht vertrieben werden; sie fließen am anderen Ende des Metalls heraus und der Strom fließt.

Ganz anders ist es bei den Salzen: **Das extrem elektronegative Fluor gibt seine Elektronen nicht mehr her!** Die Elektronen in ihren Fluorid-Luxuswohnungen (also: Orbitalen) mit extrem günstiger, sprich: niedriger Energie, denken überhaupt nicht daran, jemals wieder dort auszuziehen und als Obdachlose durch die Gegend zu wandern. Also sind die Elektronen in Lithiumfluorid- aber auch in anderen Salzkristallen **nicht frei beweglich**, Lithiumfluorid leitet keinen Strom. Ebenso geht es natürlich auch in allen anderen Salzen zu.

Salzkristalle sind, im Unterschied zu Metallen *zerbrechlich*: Wird auf einen Salzkristall geschlagen, dann verschieben sich die Ionen. Dann kommt ein positiv geladenes Lithium-Ion auf ein anderes Lithium -Ion und die beiden positiv geladenen Teilchen stoßen einander ab, und genauso geht es den negativ geladenen Fluorid-Ionen, auch sie kommen einander durch die Verschiebung näher und stoßen dann einander ab.

DER MANN AUS SALZ AM ELEKTRISCHEN STUHL

Beim Metall ist es anders: Die vagabundierenden Elektronen halten den Metallblock, auch wenn er verbogen wird, zusammen, denn eben dadurch, dass sie sich frei bewegen, also in keiner Wohnung festsitzen, *gehen sie einfach dorthin, wo sie gerade gebraucht werden* und halten so das Metallstück zusammen.

1.11 Die Atombindung

Jetzt kommen wir zu jener Bindung, in der sich zwei Atome zwei Elektronen (also ein **Elektronenpaar**) teilen. Diese Bindungsart kommt dann vor, wenn zwei eher elektronegative Elemente, also Elemente, die *relativ gierig auf Elektronen sind*, zusammentreffen. Nehmen wir als Beispiel zwei Wasserstoff-Atome.

Wir wissen, Wasserstoff hat **ein** Elektron. Das bedeutet, im Orbital, also in der Zweizimmerwohnung, *ist noch ein Platz frei.* **Das ist wichtig, denn die Elektronen wollen bei der Atombindung in eine Wohnung zusammenziehen**. Jetzt stellen wir uns das so vor: Das eine Elektron hat in seiner Zweizimmerwohnung ein schönes funkelnagelneues Sofa, aber einen alten, schlechten Fernseher. Das andere Elektron hat in seiner Wohnung (also logischerweise im Orbital) ein altes Sofa, aus dem schon die Federn springen, dafür aber aber einen High-End-Breitbild -Fernseher der Extraklasse. Bitte dazu das Bild anschauen!!

Und was werden die Elektronen machen, wenn sie nun zusammenziehen? Ganz klar: Das eine Elektron bringt sein schönes Sofa mit in die Wohnung des anderen Elektrons und lässt den alten Fernseher dort, wo er war.

Das andere Elektron hingegen nimmt nun das alte, hässliche Sofa und rangiert es aus. Es kommt in die Wohnung, in der schon der alte Fernseher steht. Während also die eine Wohnung schön eingerichtet ist, dient die andere nur noch als Abstellkammer.

Jetzt darf man raten, in welche Wohnung die Elektronen wohl einziehen werden: Natürlich in die schön eingerichtete. Diese schön eingerichtete Wohnung nennt man das **bindende Orbital**, während man die Abstellkammer das **antibindende Orbital** nennt. Und diese beiden neuen Orbitale gehören nun zu beiden Wasserstoffatomen zugleich, weshalb man sie auch

Molekülorbitale nennt: Durch sie sind aus zwei Wasserstoff**atomen** ein Wasserstoff**molekül** (H_2) geworden.

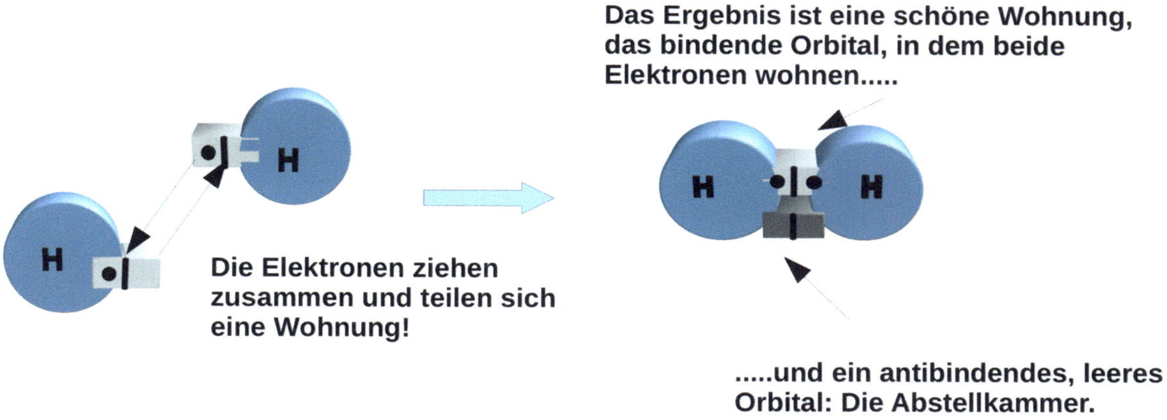

Und auf genau diese Art verbinden sich auch alle Moleküle, die „sich die Hand geben", die wir im Hände-Kapitel kennen gelernt haben, und viele andere mehr. Was sehen wir noch? Wir erinnern uns, dass Atome abgeschlossene Schalen, also entweder ganz mit Elektronen gefüllte oder ganz leere Schalen, haben wollen. Nun haben Wasserstoff-Atome **ein** Elektron in der ersten Schale, das heißt, sie wollen entweder ein Elektron dazu, oder dieses eine Elektron abgeben.

Zweiteres geht eher schwierig, ist aber auch nicht unmöglich, das werden wir im Kapitel *„Säuren und Basen"* besprechen (woraus wir schon jetzt schließen können, dass elektronenlose H^+-Ionen etwas mit Säuren zu tun haben).

Sehen wir uns zum Beispiel ein **Wasser-Molekül** an, wie es aus zwei H (Wasserstoff) und einem O (Sauerstoff) gebildet wird. Wasserstoff hat **ein** Orbital, in dem ein Elektron sitzt, und daher **eine** Hand. Sauerstoff hat **zwei** Orbitale, in dem jeweils nur ein Elektron sitzt und daher **zwei** Hände. Wie sehen also die Atombindungen in H_2O aus? Im Grund so wie im H_2-Molekül:

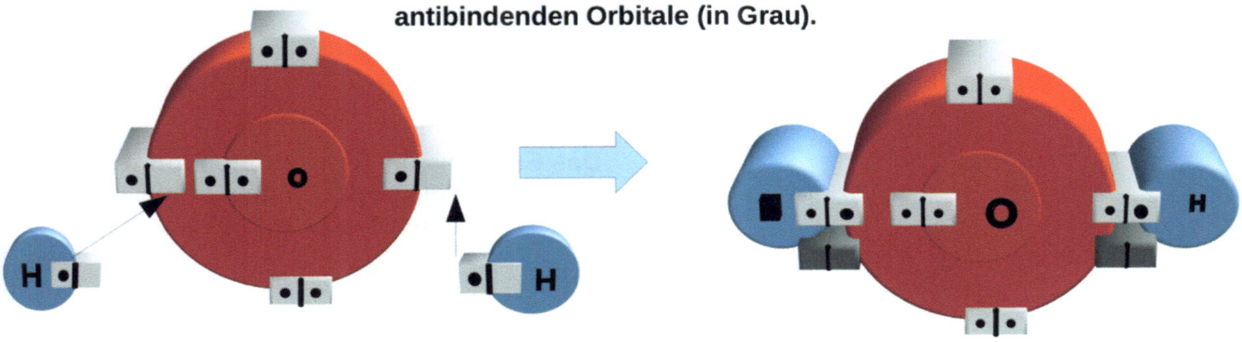

Jeweils zwei Elektronen ziehen in eine „Wohnung" zusammen! Übrig bleiben die beiden leeren Abstellkammern, die antibindenden Orbitale (in Grau).

Natürlich gibt es es in den Orbitalen nicht wirklich Sofas und Fernseher (wer hätte das gedacht?), aber es ist doch so, dass die beiden Orbitale miteinander kombiniert werden, um eine sehr schöne (also eigentlich: eine energetisch günstige) Zwei-Elektronen-Wohnung zu erhalten, und übrig bleibt ein schlechter Elektronen-Aufenthaltsraum, was aber den Elektronen gleichgültig ist, weil sie ohnehin nicht mehr dort wohnen......

Man könnte es sich auch so denken, und das trifft es noch besser, dass *die Wohnungen gänzlich auseinander genommen und wieder neu zusammengebaut werden*, so, dass jedes der beiden neuen Molekülorbitale aus Mauerteilen der beiden alten Atomorbitale besteht. So kann nämlich auch die Form der Wohnungen verändert werden kann! Das passiert auch, dazu kommen wir im nächsten Kapitel.

1.12 bindend - nichtbindend antibindend

Aber sehen wir uns noch einmal das obige Wasser-Molekül H_2O an.

Da finden wir nun verschiedene Arten von Wohnungen – also Orbitalen: Der Sauerstoff (O) teilt sich mit den Wasserstoffen H jeweils eine Wohnung (also insgesamt zwei Orbitale), die mit Elektronen besetzt sind. Das sind die **bindenden Orbitale,** also die Luxuswohnungen (wie wir schon vorhin gesagt haben).

Dann bleiben zwei Rumpelkammern übrig, auch die gehören dem Sauerstoff und jeweils einem Wasserstoff gemeinsam. Das sind, wie schon gesagt, die **antibindenden Orbitale**, die eine hohe (also ungünstige) Energie haben.

Dann hat der Sauerstoff noch ein Orbital, das in der inneren Schale liegt und voll besetzt ist. Wir haben gesagt, dass die Orbitale in den inneren Schalen die günstigsten sind. Und tatsächlich ist also dieses innere Orbital eine absolute *Luxuswohnung*, noch viel besser als die beiden bindenden Orbitale.

Das heißt, dieses Orbital hat noch eine **viel tiefere Energie**, und die Elektronen, die dort wohnen, haben überhaupt keine Lust, irgendetwas zu verändern. Sie haben die mit Abstand beste Wohnung im ganzen Molekül. Und diese Elektronen nennt man **innere Elektronen** oder *„core electrons"*. Ihr Orbital nennt man **inneres Orbital** oder „core orbital". Und weil es ihnen so gut geht, gehen sie niemals chemische Bindungen ein.

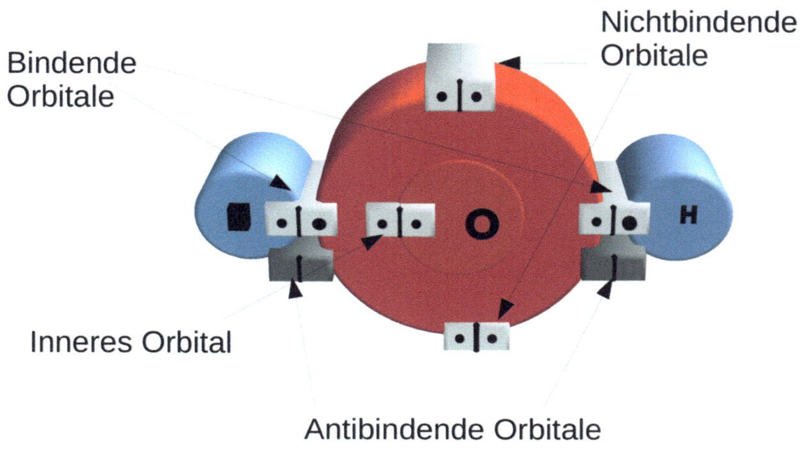

Allgemein kann man es so formulieren: **core electrons oder innere Elektronen** sind solche, die tief unter den äußeren, chemisch reaktiven Schalen liegen, daher eine sehr tiefe Energie haben, daher sehr zufrieden mit ihrer Lage sind und daher an keiner chemischen Bindung teilnehmen. Daher interessieren sie den Chemiker auch nicht weiter – so lange er weiß, dass es sie gibt! (Wichtig sind sie natürlich, wie wir schon wissen, zum „Auffüllen" der Atome).

Und dann sehen wir, dass der Sauerstoff noch **zwei weitere Orbitale** hat: Sie liegen in der äußeren Schale, und sind *voll mit Elektronen besetzt,* nehmen aber nicht an der Bindung mit dem Wasserstoff teil. Sie werden die **nichtbindenden Orbitale** genannt, die dort wohnenden Elektronen **nichtbindende Elektronen**.

Ganz einfach deshalb, weil sie an einer Atombindung nicht teilnehmen. Trotzdem ist der Name irreführend: In gewissen Fällen können auch diese Elektronen Bindungen eingehen (dazu kommen wir bald.) Das hat damit zu tun, dass die nichtbindenden Elektronen nicht besonders luxuriös (also energetisch

nicht besonders günstig) untergebracht sind. Die nichtbindenden Orbitale sind zwar besser als die antibindenden, aber deutlich schlechter als die bindenden Orbitale (und natürlich viel schlechter als die inneren Orbitale).
Reihen wir also die Orbitale nach ihren Energien, von hoch (ungünstig) bis tief (günstig)

1. Antibindende Orbitale
2. Nichtbindende Orbitale
3. Bindende Orbitale
4. Innere Orbitale („core orbitals“)

Noch eines: Bitte nicht die antibindenden mit den nichtbindenden Orbitalen verwechseln!!!! Das kommt leider sehr häufig vor.....

1.13 Beispiele für die Atombindung

Nächstes Beispiel: Ammoniak NH_3:

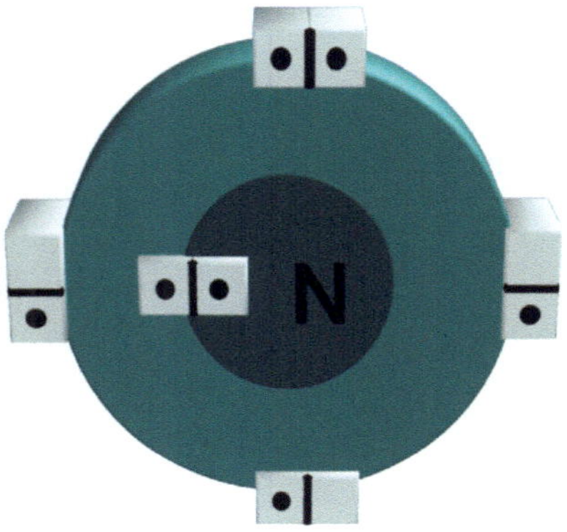

Der Stickstoff N hat 7 Elektronen, also 3 halbvolle Orbitale, das bedeutet: 3 Hände. Also kann Stickstoff 3 Wasserstoff-Atome (H) binden (mit Atombindungen). Das funktioniert genauso wie beim Sauerstoff O, nur dass dieses mal ein H mehr bindet (beim Sauerstoff waren es 2 H).

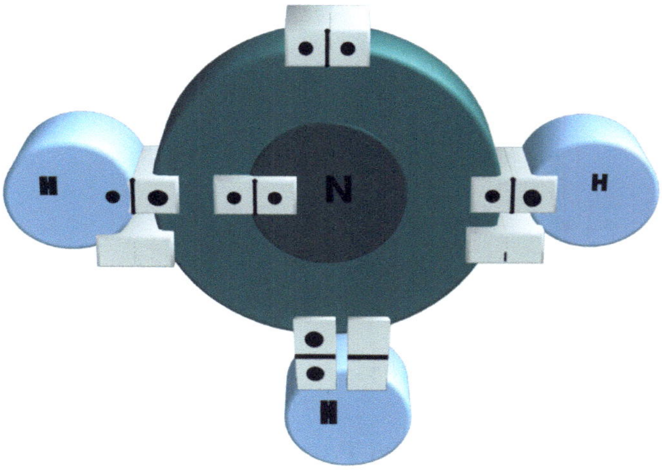

Wir sehen: der Ammoniak hat **ein** inneres Elektronenpaar, **ein** nichtbindendes Elektronenpaar, **drei** bindende Elektronenpaare und **drei** antibindende Orbitale. (Zur Erinnerung: wir können immer statt "*Elektronenpaar*" auch "*vollbesetzte Orbitale*" sagen, das ist das selbe. Die leeren antibindenden Orbitale heißen immer nur "antibindende Orbitale", weil ja keine Elektronen drinnen sind!)

Versuchen wir das nächste Beispiel - **Wer glaubt, er hat es verstanden, soll nur die Angabe lesen, und es alleine lösen!**
Wie viele Wasserstoff-Atome kann ein Fluor-Atom (F) binden? Wie viele bindende, nichtbindende und antibindende Orbitale besitzt eine Verbindung aus Fluor-und Wasserstoff-Atomen? Anmerkung: Fluor hat die Ordnungszahl 9!

Lösung:
Zuerst bauen wir das Fluor-Atom.
Da die Ordnungszahl des Fluor 9 ist, hat es -im neutralen Zustand- 9 Elektronen. Es sieht folglich so aus:

Wir sehen, dass das Fluor ein halbvolles Orbital besitzt. Also hat Fluor eine "Hand", es kann also mit einem H binden.

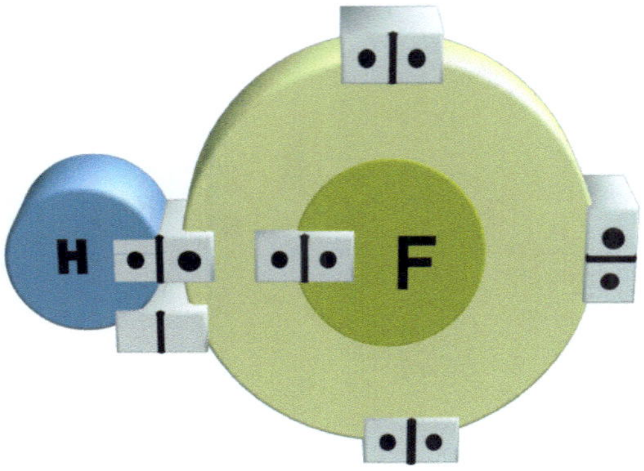

Jetzt basteln wir unser Molekül, dessen Formel HF sein muss:

Wir sehen: HF hat **ein** bindendes Elektronenpaar (gemeinsam mit dem H), **ein** antibindendes Orbital (natürlich auch gemeinsam mit dem H) **drei** nicht-bindende Elektronenpaare und **ein** inneres Elektronenpaar. Beispiel gelöst.

HF ist übrigens die Flusssäure, eine der gefährlichsten Säuren der Welt. Sie zerfrisst und ätzt so ziemlich alles: Glas, Metall und Menschenfleisch! Wer Flusssäure auf die Finger bekommt, merkt zuerst von der Verätzung nichts. Nach ein paar Stunden fängt der Finger zu brennen an, dann ist es aber meistens zu spät: Die Flusssäure hat sich durch den Finger gefressen und der Finger muss -meistens- amputiert werden. Zumindest bleiben aber schwere Verätzungen zurück.

Nächstes Beispiel: Bor hat 5 Elektronen. Mit wie vielen H kann sich Bor verbinden? Wie viele bindende, nicht bindende, und antibindende Orbitale hat eine Verbindung aus Bor und Wasserstoff?
Wir basteln zuerst das Bor-Atom:

Das Bor-Atom hat 3 halb besetzte Orbitale, also 3 Hände, und kann daher mit 3 Wasserstoff-Atomen binden. Die Formel für eine Verbindung aus B und H muss

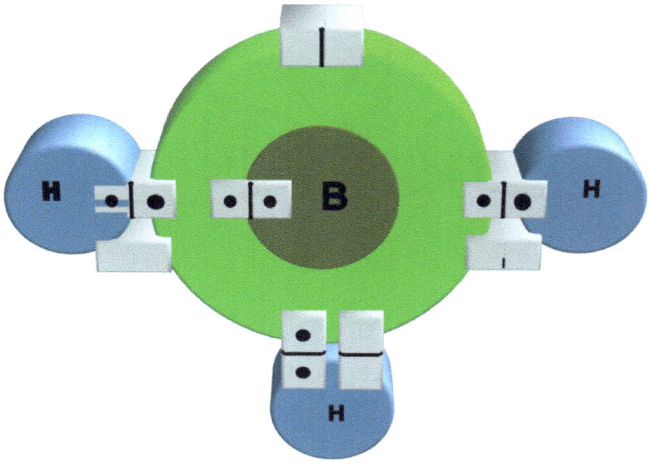

daher BH_3 lauten:

BH_3 hat also **drei bindende und drei antibindende Orbitale,** und keine nicht bindenden Elektronen, sondern einfach ein leeres Orbital. *Beispiel gelöst.*

Wir sehen hier: BH3 hat ein leeres Orbital! Wir erinnern uns: wenn ein Atom seine Außenschale nicht voll bekommen kann, dann versucht es wenigstens, die halb gefüllten Orbitale ganz voll zu bekommen. Das ist hier auch geschehen. So eine Verbindung nennt man Elektronenmangelverbindung. Wie solche Elektronenmangelverbindungen ihre Schale doch noch voll bekommen, erfahren wir im Kapital „dative Bindung".

Zum Abschluss kommt nun ein Molekül mit Doppelbindungen: Wo also ein Atom mit **zwei** Bindungen an ein anderes Atom gebunden ist. Unser Beispiel ist das Kohlendioxid CO_2. Der Kohlenstoff C hat **vier** halb besetzte Orbitale, kann also **vier** einfache Atombindungen eingehen. Er kann aber auch **zwei Doppelbindungen** eingehen. Der Sauerstoff O hat **zwei** halb besetzte Orbitale, und kann also entweder zwei einfache Bindungen eingehen, oder **eine** Doppelbindung. Also können sich zwei O mit einem C verbinden, und jedes O hat mit dem C eine Doppelbindung:

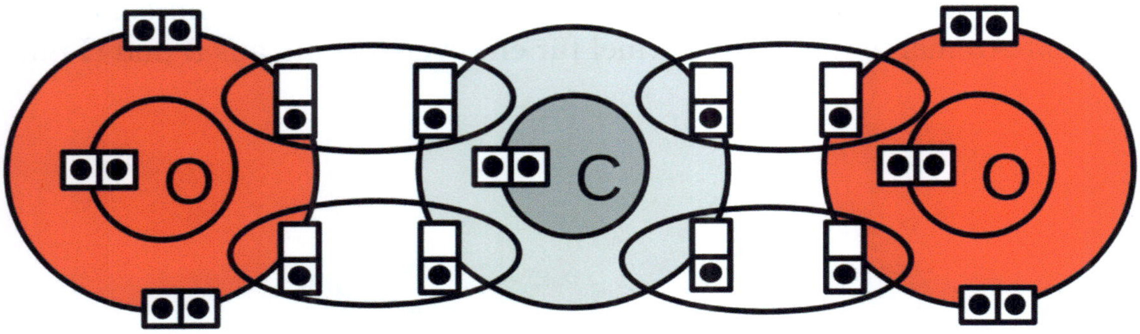

Zuerst haben wir die halb besetzten Orbitale so angeordnet, dass wir die Bindungen schön einzeichnen können. Wir dürfen ja alle Orbitale drehen und wenden, wie wir wollen. Wir sehen: Für jedes halb besetzte Orbital der beiden Sauerstoffe O stehen halb besetzte Orbitale am Kohlenstoff C zur Verfügung. Kein halb besetztes Orbital bleibt übrig. Das streben die drei Atome an, und darum werden sie binden:

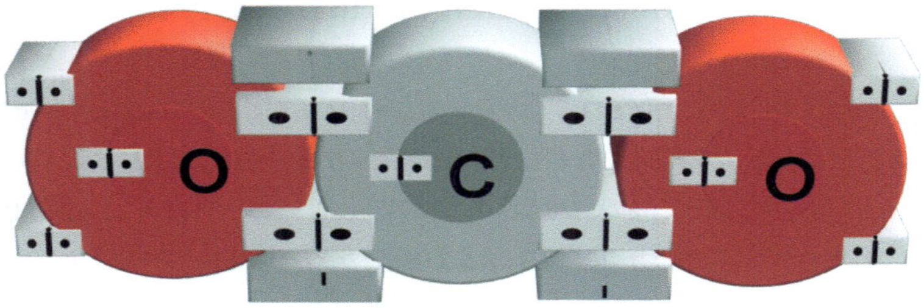

Und wieder bilden sich, wie wir gewohnt sind, bindende und antibindende Orbitale, nur: In diesem Fall hat jedes O mit dem C zwei gemeinsame Bindungen!
Wir sehen aber auch, dass unsere Moleküle schön langsam unübersichtlich werden.

1.14 Die Lewis-Schreibweise:

Jetzt wird es Zeit, eine neuere, "schnellere" Schreibweise für unsere Moleküle kennen zu lernen: Die *Lewis-Schreibweise.*

Die Moleküle für alle Zeiten mit solchen Ringen und Kästchen einzuzeichnen kann ja nicht der Weisheit letzter Schluss sein. Für größere Moleküle würde man da ziemlich lange brauchen.
In der Lewis-Schreibweise werden aus vollbesetzten Orbitalen einfach Striche:

Und zwar so: Die *bindenden Orbitale* werden zu *Strichen zwischen* den Atomen; die *nichtbindenden Orbitale* werden zu *Strichen an* den Atomen (oberhalb, unterhalb, seitlich usw.); die *antibindenden Orbitale* werden **nicht** eingezeichnet; *leere Orbitale* und auch die *inneren Elektronen* werden nicht eingezeichnet:

Sehen wir uns das am Beispiel H_2O an:

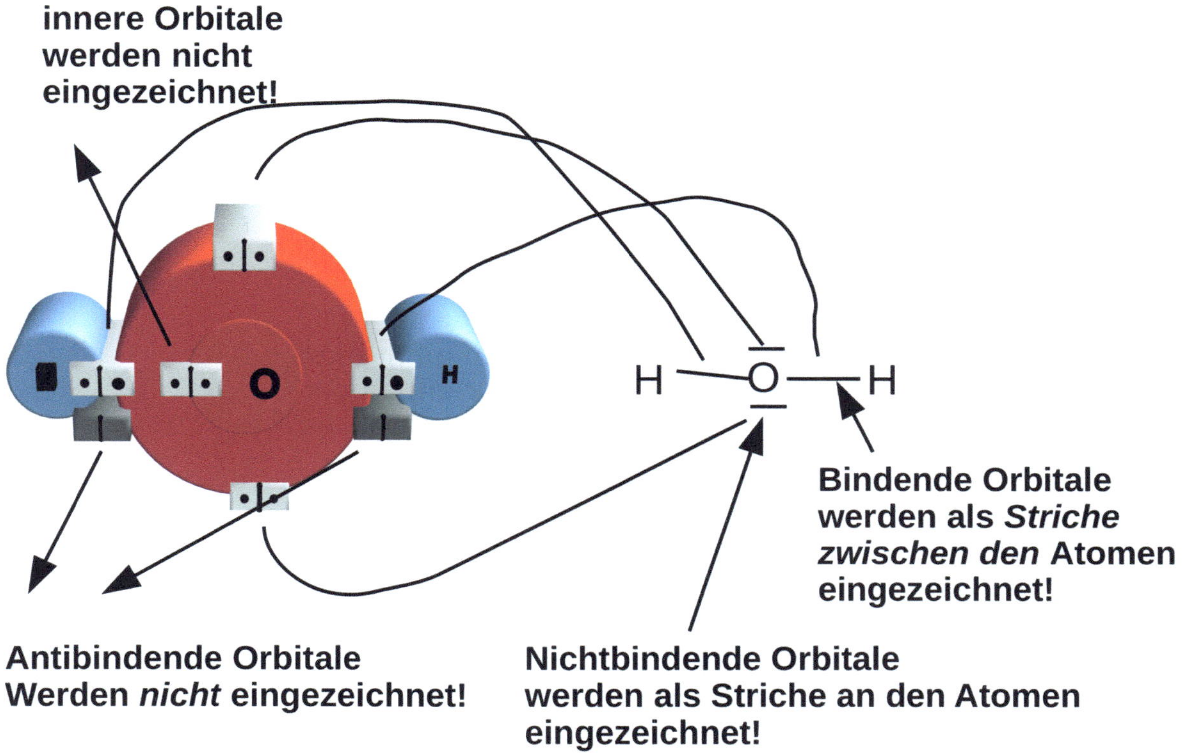

Man sieht, da spart man sich einiges an Schreibarbeit.......

Man muss natürlich wissen, dass in der Lewis-Schreibweise nicht alles eingezeichnet ist, die inneren und antibindenden Orbitale muss man sich dazu denken. **Man muss also aufpassen, dass man die inneren Elektronen**

nicht "vergisst", wenn man zum Beispiel die Elektronen eines Moleküls zählen will. (Das passiert sogar alten Profis....)

Wir haben noch eine Regel für die Lewis-Schreibweise-
aus halb besetzten Orbitalen werden Punkte:

Beim Sauerstoff sieht das dann so aus:

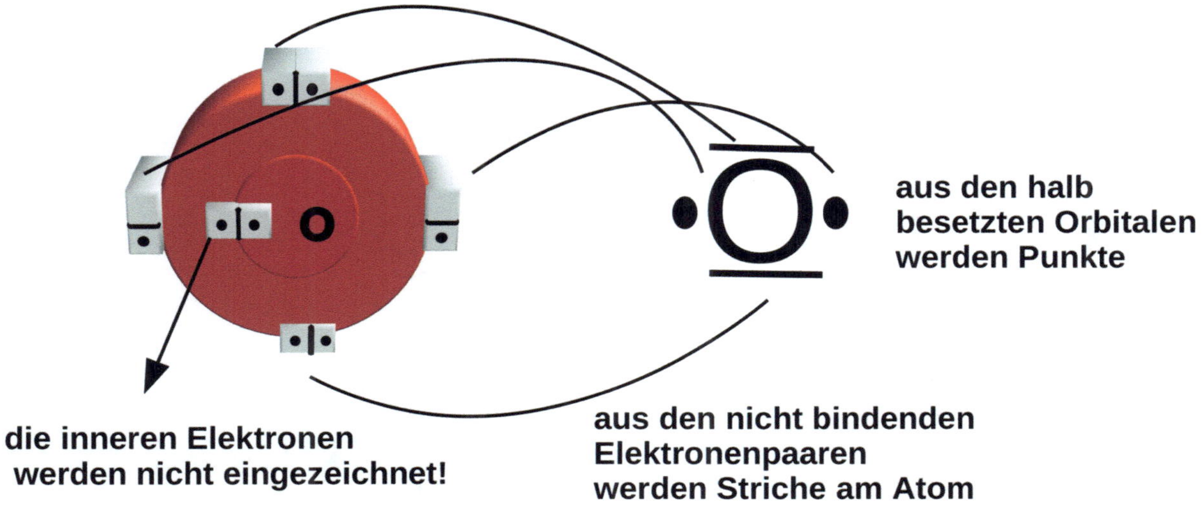

Ich kann die Punkte natürlich einzeichnen, wie ich will, etwa auch so, das ist alles ein und derselbe Sauerstoff:

man kann das Sauerstoff-Atom so zeichnen:

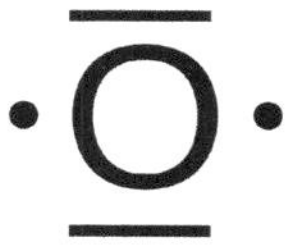

oder so: **oder so:**

und so weiter....

Wichtig ist nur (dieser Fehler wird oft gemacht), dass ich die beiden Elektronenpunkte *nicht* als einen Strich zeichne!

falsch! **falsch!**

Wem das nicht klar ist, soll sich diese beiden Sauerstoff-Varianten wieder in dem alten "Kästchen-Bild" ansehen: Zwei halb besetzte Orbitale sind etwas anderes als ein nichtbindendes Orbital!!

falsch

richtig

Beispiel: wie sieht NH_3 in der Lewis-Schreibweise aus? Bitte selber versuchen!
Lösung:

beides richtig

Beispiel: Wie sieht BH_3 in der Lewis-Schreibweise aus?
Lösung:

beides richtig

Beispiel: Wie sieht das Fluor-Atom in der Lewis-Schreibweise aus?
Lösung:

Jetzt ein schwieriges Beispiel: **Wie sieht BF_3 in der Lewis-Schreibweise aus?** Das F-Atom macht (genau wie das H) eine Einfachbindung, da es genau **ein** halb besetztes Orbital besitzt. Die drei voll besetzten Orbitale machen bei der Bindung nichts, aber sie müssen eingezeichnet werden.

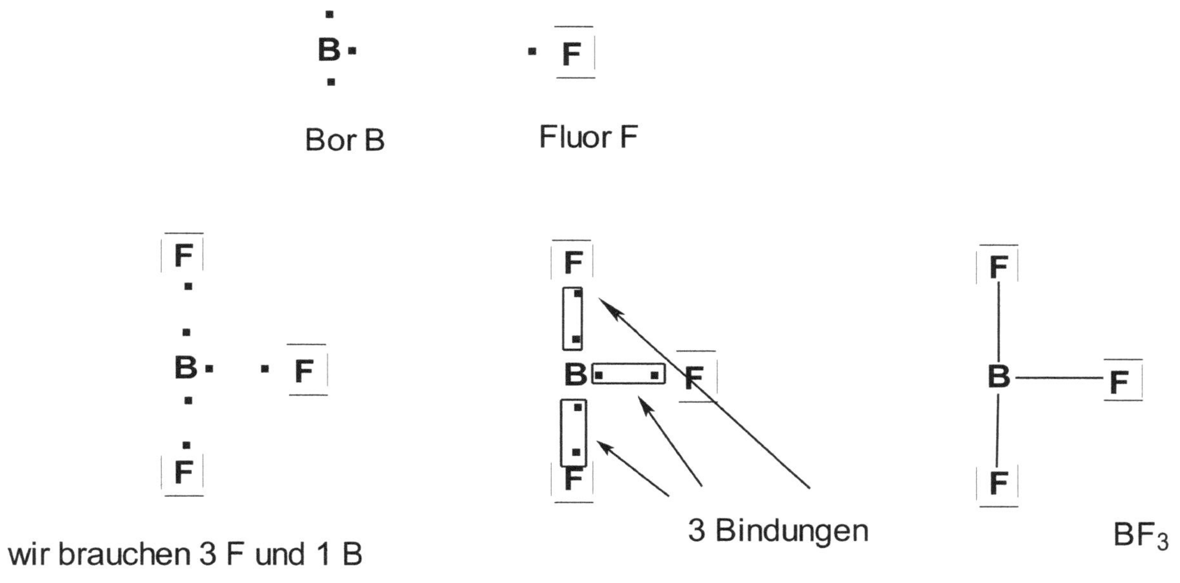

Wie binden zwei O-Atome mit einem C? Dieses Beispiel kennen wir schon, heraus kommt das CO_2. Dieses Mal aber in der Lewis-Schreibweise:

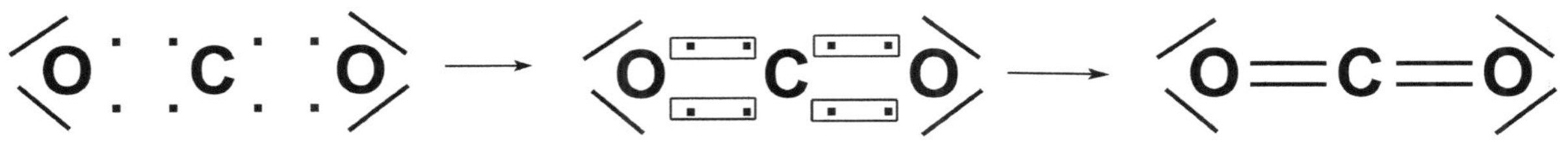

Bis auf die Doppelbindungen gehen wir genauso vor, wie sonst auch: Aus je 2 Pünktchen werden Striche!

Leider halten sich Chemiker nicht allzu streng an diese Vorschriften, manchmal zeichnen sie die nichtbindenden Elektronen (also die Striche an den Atomen) ein, manchmal nicht.

Das kann man dann machen, wenn man ohnehin weiß, wie viele nichtbindende Elektronen die Atome (zB ein Fluor, ein Sauerstoff...) haben.
Manchmal zeichnen Chemiker auch zwei Punkte für ein nichtbindendes Elektronenpaar ein, obwohl dies eigentlich nicht korrekt ist (sie müssten einen Strich einzeichnen!), und zwar dann, wenn klar ist, dass die beiden Elektronen zwangsläufig in einem Orbital sitzen *müssen.*

Umgekehrt allerdings zeichnen auch Profis zwei ungepaarte Elektronen (also solche, die alleine in je einem Orbital sitzen), **nie** als einen Strich ein, sondern, wie wir, als zwei Punkte.

Auch wir werden, wenn wir in einem fortgeschrittenen Level sind, ab und zu die nichtbindenden Elektronen weglassen.

In Zukunft nennen wir unsere alte, umständliche (aber genauere!) Schreibweise die "*Kästchen-Schreibweise*", um sie von der neuen *Lewis-Schreibweise* zu unterscheiden.
(Ich finde, "Kästchen-Schreibweise" passt ganz gut, weil die Orbitale da wie Kästchen aussehen!)

Professor T. Rottel liest in der neuesten Fachzeitung für verrückte Wissenschaftler und für durchgeknallte Weltherrscher folgendes: "Gifte gehen oft die ***dative Bindung*** *ein. Zum Beispiel Blausäure oder Kohlenmonoxid."*
Professor T. Rottel weiß schon, dass die dative Bindung etwas mit den nicht bindenden Elektronen zu tun hat. "Ich möchte Superkräfte entwickeln, wie der Batman oder der Chuck Norris, also werde ich ein Anti-Gift entwickeln, dass mich SUPERGESUND macht. Der Stickstoff hat 2 Elektronen innen und 5 außen, und

daher ein nichtbindendes Elektronenpaar. Daher muss Stickstoff giftig sein. IMMER!"
"So ein Geistesmüll! Der hat schon wieder das falsche Gehirn eingesetzt", murmelt sein Assistent, der bei ihm Doktorarbeit schreibt. "Es kommt drauf an, womit ich den Stickstoff verbinde, na ja, egal." Solche Kleinigkeiten können Professor T. Rottel nicht aufhalten. Er folgert: "Wenn Moleküle mit nichtbindenden Elektronenpaaren giftig sind, dann sind Moleküle ohne solche extrem gesund." Jetzt schaut er in DIESES Buch hinein, das Du gerade in der Hand hältst, und findet: Beryllium (Be). Das 4 Elektronen: 2 innen, 2 außen. Die äußeren zwei sind allein in ihrer Wohnung, also kein nicht bindendes Elektronenpaar. Nur lauter Wellness - Yoga - Kristall - Energie- ganzheitlich-positiv-Denken-Elektronen, also sehr gesund. Und T. Rottel macht ein schönes Berylliumchlorid- ($BeCl_2$). Der Assistent bringt schon mal das Buch weg, weil ihr es noch vollständig bekommen sollt.
Professor T. Rottel trinkt das Berylliumchlorid- und eigenartig, er wird ein bisschen bleich. Dann fängt zu zittern an. Er zuckt. Ein bisschen Schaum tritt aus seinem Mund. Igor schüttelt den Kopf. Professor T. Rottel fragt ächzend: "Warum muss ich denn schon wieder sterben?" Igor sagt nichts, schüttelt den Kopf und holt den Sarg. "Jetzt geh ich auf Urlaub", sagt Igor, "nachher flicke ich ihn wieder zusammen.", und schiebt den Sarg in die Tiefkühltruhe.

Igor wusste: Beryllium ist hochgiftig, viel schlimmer geht es nicht. Arsen ist nichts dagegen. Sogar die routiniertesten Profis haben Respekt davor. Dann ging in die Küche, und trank zur Entspannung Schwefelsäure (Das darf NUR Igor!!!!!! Die ist zwar harmlos gegen Beryllium, aber noch gefährlich genug, nämlich extrem ätzend!) Aber Igor hat eine Speiseröhre aus Gold.

1.15 Die dative Bindung

Unsere letzte Bindungsart! Wenn wir die verstanden haben, haben wir einen ersten Gipfelpunkt erreicht, mit Aussicht über die gesamte Chemie.

Wer sich nicht mehr so genau an die **Atombindung** und an die **Ionenbindung** erinnern kann, sollte sich jene Kapitel noch einmal durchlesen, denn eigentlich ist die dative Bindung nichts anderes, als eine Kombination aus den beiden.

"D*ativ*" kommt vom lateinischen "*geben*", weil wieder ein Elektron hergegeben wird. Bei einer dativen Bindung reagiert eine Verbindung (oder Ion), die ein **leeres Orbital** hat, mit einer Verbindung (oder Ion), die ein **nichtbindendes Orbital** hat.

Wie das geschieht, sehen wir uns jetzt an. Dabei erklären wir uns jetzt die dative Bindung vereinfacht und müssen dann aber einen aus dieser

Vereinfachung entstehenden Fehler korrigieren. Das soll uns für das erste nicht stören.

Ein H^+- Ion, (also: ein positiv geladenes Wasserstoff-Atom; oder, anders gesagt: ein Wasserstoff-Atom, dem ein Elektron fehlt), nähert sich dem NH_3. Es hat ein leeres Orbital, und will daher - was wohl? - Elektronen! Es hat sozusagen Hunger.

Auf der anderen Seite hat das NH_3-Molekül (auch: **Ammoniak** genannt) **genügend Elektronen, nämlich 10, und genügend äußere Elektronen, nämlich 8.** (Bitte nachzählen!)

Und diese Zahl von Elektronen will es behalten, da es nur so eine volle Schale hat (und wir wissen schon, dass das jener Zustand ist, den die Atome anstreben).

Was also tun? Zuerst gibt der Stickstoff ein Elektron aus **seinem nichtbindenden Orbital** an das H^+-Ion ab- aber dabei wird es nicht bleiben. Was geschieht durch die Elektronen-Abgabe? Sehen wir uns das Bild an:

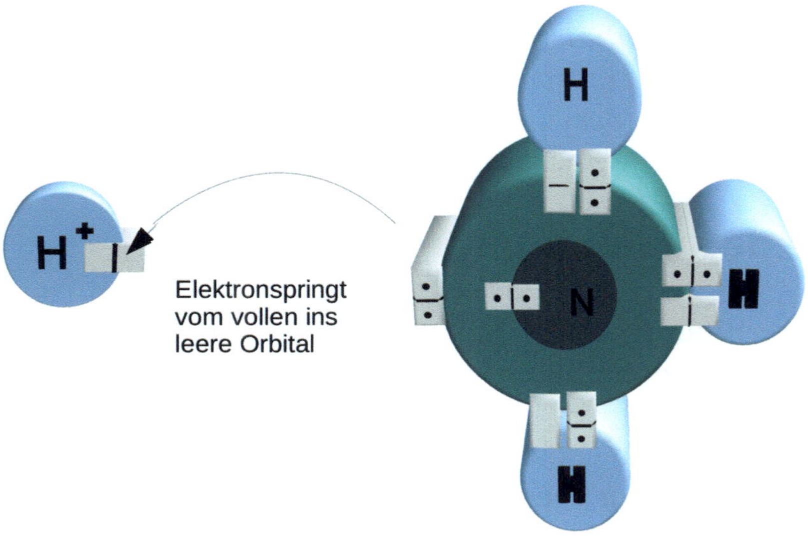

Vom nichtbindenden Elektronenpaar des Stickstoffs springt ein Elektron in das leere Orbital des H^+. *Woran erinnert uns das Springen von Elektronen? Natürlich an die Ionenbindung!*

Sehen wir uns die Ausgangssituation an:
Vor diesem Elektronenwechsel ist das NH_3 ungeladen. Das ist klar: N hat 7 Protonen im Kern, jedes H hat ein Proton im Kern, also hat NH_3 insgesamt 10

postiv geladenene Protonen. Also haben alle Protonen des NH_3 zusammen eine **Ladung von +10**. Dann hat das NH_3 aber auch 10 Elektronen, die haben eine **Ladung von -10**. Wenn wir die Ladungen der Protonen und der Elektronen zusammenzählen, kommt

$$\mathbf{+10 + (-10) = 0}$$

heraus, das heißt, das NH_3 ist **ungeladen** oder **neutral**. (Wie übrigens *alle* Moleküle neutral sind! Sobald ich weiß, dass eine Verbindung auch ein Molekül ist, weiß ich, dass es neutral ist.)

Kommen wir jetzt zum H^+-Ion:
Das H^+-Ion hat 1 Proton und kein Elektron. Daher ist dieses Ion +1 geladen.
Wie sind nun das H^+-Ion und das NH_3-Molekül *zusammen* geladen? Darauf kommt man, indem wir die Ladungen von NH_3 und H^+ addieren:

$$\mathbf{0 + 1 = +1}$$

Zusammen haben die beiden also eine Ladung von +1.

Man könnte das auch anders rechnen: alle 4 H und das N zusammen haben 11 Protonen (bitte nachzählen!), also 11 Plus-Ladungen, und 10 Elektronen, also 10 Minus-Ladungen. Die zählen wir zusammen:

$$\mathbf{+11 - 10 = +1.}$$

Wir kommen also wieder auf +1, wie nicht anders zu erwarten.

Und solange kein anderes Atom oder Proton oder Elektron dazu oder weg kommt, kann sich diese Ladung auch nicht ändern!

Wie ist die Situation, nachdem das Elektron seinen Besitzer gewechselt hat? Sehen wir uns das nächste Bild an:

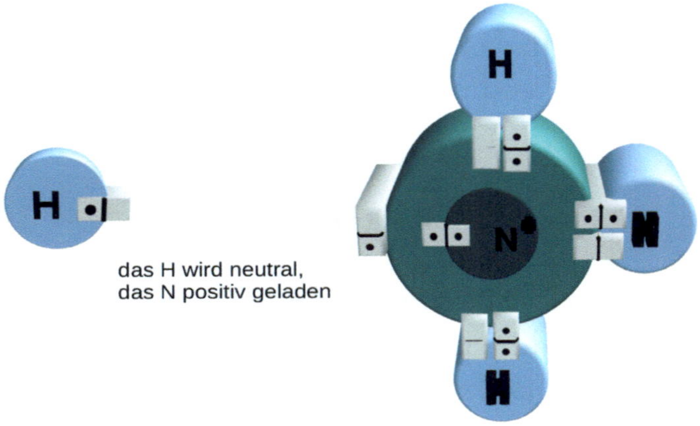

Das Elektron ist vom Stickstoff N zum Wasserstoff H gesprungen. Das einsame H hat also jetzt ein Proton und ein Elektron und hat daher eine Ladung von null. Es ist also kein H^{+}-Ion mehr, sondern ein neutrales H-Atom.

Und wie sieht das NH_3 aus? **Es hat jetzt 9 Elektronen, aber nach wie vor 10 Protonen**. Wollen wir also die Ladung errechnen, addieren wir:

$$+10 - 9 = +1$$

Jetzt ist also NH_3 **positiv geladen**: NH_3^{+}.

Und wie groß ist die Ladung von NH_3^{+} und H zusammen?

Wir zählen wieder die Ladung der beiden Teilchen zusammen:

$$0 + 1 = +1$$

Wieder sind beide zusammen +1 geladen. Das ist klar, und hätten wir auch einfacher wissen können: *Es ist weder ein Proton noch ein Elektron noch ein Atom insgesamt dazu gekommen, also kann sich auch die Ladung nicht ändern!*

Jetzt fühlt sich aber der Stickstoff N nicht wohl: Es fehlt ihm ein Elektron, er hat nur 7, hätte aber gerne 8 Elektronen in seiner Außenhülle.
Auch das einsame H fühlt sich nicht wohl, da es nur ein halb besetztes Orbital hat.

Dagegen gibt es eine Strategie, die wir schon kennen: Die beiden teilen sich die Atome in **einem Orbital, das beiden gemeinsam gehört**. *Genau dasselbe passiert auch bei der Atombindung!*

Nur, dass jetzt ein *positiv* geladenes Teilchen, nämlich NH_3^+, an der Bindung beteiligt ist.

Das ändert aber nichts am Prinzip: Wie bei der Atombindung ziehen die beiden Elektronen in eine Luxuswohnung zusammen (**bindendes Orbital**), und ein **antibindendes Orbital** (Rumpelkammer) bleibt leer zurück.
Es entsteht - wir sehen es im nächsten Bild, eine gemeinsame Verbindung aus 4 H und dem einen N.

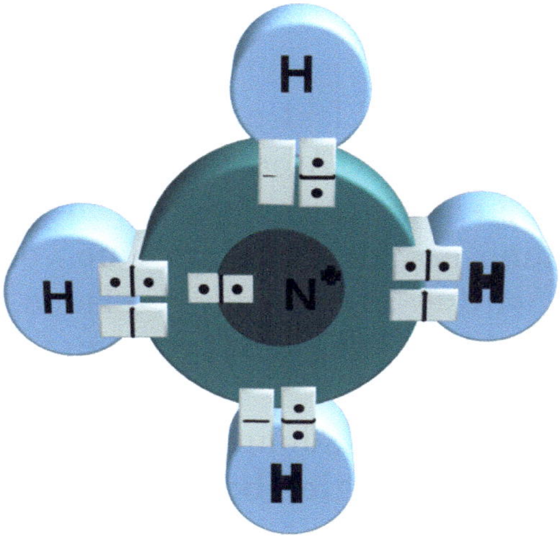

Wie ist diese Verbindung geladen? Nachdem kein Elektron, kein Proton oder kein Atom insgesamt dazu- oder weg gekommen ist, **muss die Ladung gleich geblieben sein: +1.**

Wer das nicht glaubt, kann es gerne nachrechnen. Wir haben immer noch 4 H mit insgesamt 4 Protonen, und 1 N mit 7 Protonen.

$$\mathbf{4 + 7 = +11.}$$

Wir haben immer noch 10 Elektronen, also eine Ladung von -10. Wir zählen die Ladungen zusammen, und kommen auf +1.

Es handelt sich bei unserer Verbindung um ein NH_4^+- Ion, das **Ammonium-Ion**.

Dieses sehr wichtige Ion kommt in vielen Salzen, und z.B. auch - in abgewandelter Form - im Eiweiß, Seife, Sprengstoff usw.... vor.

Jetzt stellt sich die Frage: *Warum geht NH_3 und H^+ die dative Bindung ein, wenn sich die positive Ladung, also der Elektronenmangel, nicht ändert?*

Weil es sich für die 4 H und das N in der dativen Bindung mit dem Elektronenmangel leichter leben lässt. Denken wir uns das so: Die Elektronen sollen jetzt das "*Geld*" der Atome sein, die Protonen die "*Schulden*". Wenn nun das H^+ -Ion ein Proton und kein Elektron hat, so hat es Schulden von 1.

Das NH_3 hat genauso viel Geld wie Schulden, ist also auf null. Wenn nun das H^+ das N heiratet (das schon mit drei anderen H verheiratet ist), dann werden zwar die Schulden nicht weniger (das NH_3 hat ja auch nichts übrig), aber man kann das vorhandene Geld (nämlich die 10 Elektronen) wenigstens so verteilen, dass es sich für alle ganz gut leben lässt.

Alle H und alle N haben jetzt nämlich eine volle Elektronen-Außenschale, weil sie die Elektronen miteinander teilen - wie in der Atombindung! Und das hat eben *nichts* mit der Ladung zu tun. Denken wir zum Beispiel an das Fluor-Atom: Es nimmt sich in der Ionenbindung ein Elektron, um eine volle Schale mit 8 Elektronen zu besitzen! Dadurch wird es zwar negativ geladen, aber das ist ihm allemal lieber, als mit nur 7 Außen-Elektronen sein Leben zu fristen.

Man kann es auch anders erklären: Die positive Ladung des H^+-Ions, also der Elektronenmangel, wird durch die dative Bindung **gleichmäßig auf das ganze - viel größere - NH_4^+-Ion verteilt**. Und das ist in Summe viel angenehmer (also energetisch günstiger) für alle Beteiligten, weil jeder nur eine kleine Last trägt.

Man kann den Vorteil der dativen Bindung auch so erklären: Das nichtbindende Elektronenpaar des Stickstoffs fühlt sich auch nicht allzu wohl. Es hätte gerne ein leeres Orbital zum binden - und findet es im leeren Orbital des H^+-Ions! - *Obwohl sich also die Gesamtladung nicht ändert, wird die Situation durch die dative Bindung verbessert.*

Fassen wir zusammen: Für die dative Bindung braucht man eine Verbindung mit nichtbindenden Elektronen, und eine mit leerem Orbital.
Dann "hüpft" ein Elektron vom vollen in das leere Orbital - hierbei ändert sich die Ladung beider Verbindungen, bei der einen um +1, bei der anderen um -1.
Beide Verbindungen haben jetzt ein halb volles Orbital - und die gehen eine Atombindung ein.

Sehen wir uns dieses Beispiel in der Lewis-Schreibweise an:

nach dem Elektronensprung liegt die Ladungsänderung vor:

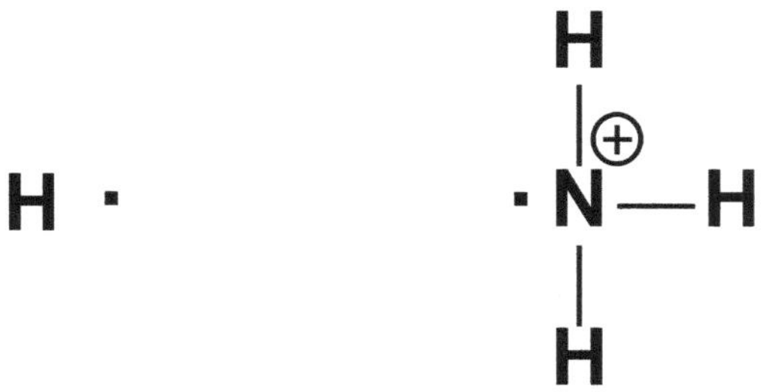

Und die beiden verbinden sich zu NH_4^+:

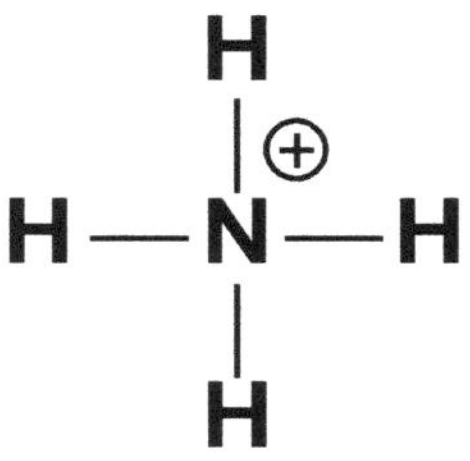

Wir sehen: Wieder ersparen wir uns mit der Lewis-Schreibweise viel Schreibarbeit.

Jetzt müssen wir aber noch den vorhin angesprochenen Fehler in unserer Vereinfachung aufklären: Tatsächlich springt nämlich kein Elektron vom nichtbindenden ins leere Orbital, sondern, das volle nichtbindende Orbital vom N "schiebt sich" in das H^+-Ion, und bildet dadurch das NH_4^+:

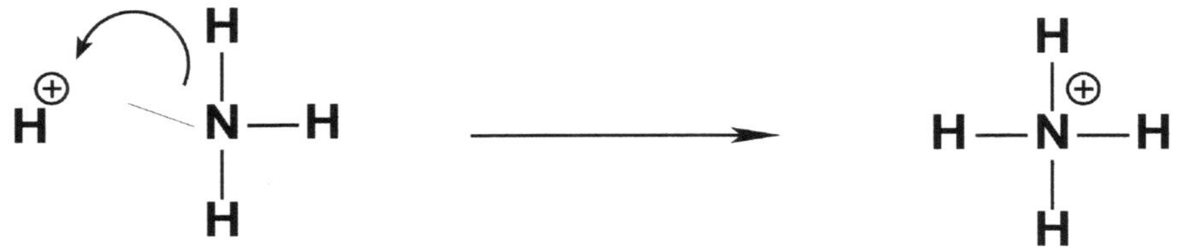

das nichtbindende Elektronenpaar
schiebt sich in das H+

Das ist ja eigentlich einfacher als unsere vorherige Erklärung!
Warum haben wir dann die dative Bindung nicht gleich so einfach erklärt?
Weil wir sonst die Sache mit der Ladung nicht verstanden hätten: Dass (und warum) das N bei der dativen Bindung positiv geladen ist. Oder, anders gesagt, warum sich die Ladung des Atoms mit dem nichtbindenden Elektronenpaar (in dem Fall: N) um +1 ändert, und sich die Ladung des Atoms mit dem leeren Orbital um -1 ändert (in dem Fall: H^+).

Sehen wir uns noch ein zweites Beispiel an, die dative Bindung zwischen NH_3 und BH_3.

In dem Fall ist das Bor (B) in BH_3 jenes Atom mit dem leeren Orbital. *Versucht, das BH_3 in "Kästchen"- und Lewis-Schreibweise zu zeichnen! Warum hat BH_3 ein leeres Orbital?* Es wird sich also eine dative Bindung zwischen N und B ergeben. Aber: Das BH_3 hat, im Gegensatz zu H^+ eine Ladung von Null! Das macht aber nichts, die dative Bindung funktioniert genau so:

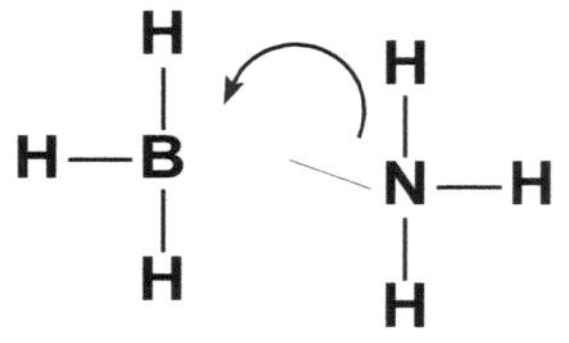

das nichtbindende Elektronenpaar
schiebt sich in das BH_3

heraus kommt:

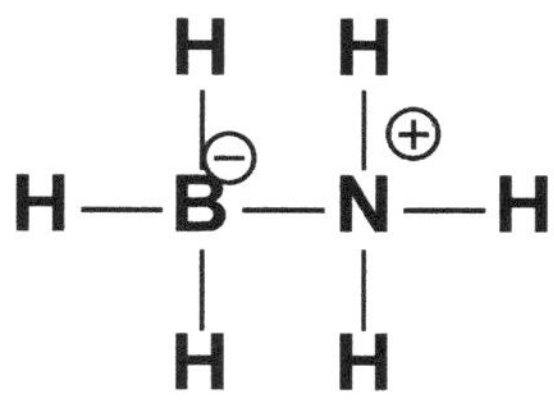

Man sieht, dass das N, genau so wie im ersten Beispiel, +1 geladen ist, das B ist nun -1 geladen. Das ist klar: es hat jetzt ein Elektron mehr, (zuvor war die Ladung null), und muss jetzt also -1 geladen sein.

Wem nicht einleuchtet, warum, der soll auf die "vereinfachte Erklärung" zurückgreifen:

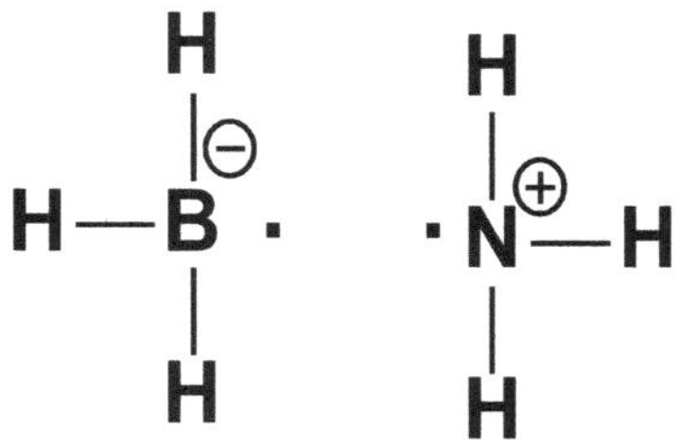

Da das Bor jetzt ein Elektron mehr hat, ist es -1 geladen, das N, wie im ersten Beispiel, +1.
Das N hat dem B das Elektron sozusagen "geschenkt". Auch wenn sich, im nächsten Schritt, N und B miteinander verbinden, ändert das die Ladung nicht mehr!
Weil: N und B nützen die beiden Elektronen zwar gemeinsam (sie teilen sich die Elektronen), aber das vom N "geschenkte" Elektron "gehört" immer noch dem B! Darum bleibt das N positiv, und das B negativ geladen.

Oder, anders gesagt: Für die Ladung ist entscheidend, wem das Elektron "gehört", trotzdem können verschiedene Atome Elektronen gemeinsam nutzen, zum Beispiel in der Atombindung. Und diese gemeinsame Nutzung bewirkt dann, dass jedes Atom eine volle Außenschale hat!

Stellt Euch vor, der Herr Atom Meier hat eine Ehefrau, und der Herr Atom Müller auch. Jetzt verliebt sich die Frau Elektron Meier in den Herrn Atom Müller, und die Frau Elektron Müller in den Herrn Atom Meier, und haben was miteinander. Zugleich aber lebt die Frau Elektron Meier immer noch beim Herrn Atom Meier, und die Frau Elektron Müller lebt immer noch beim Herrn Atom Müller.

Also kann der Herr Atom Meier jetzt über sich sagen: "Ich habe zwei Frauen", obwohl ihm nur eine "gehört", nämlich die Frau Elektron Meier!
Umgekehrt kann der Herr Atom Müller sagen: : "Ich habe zwei Frauen", obwohl ihm nur eine "gehört", nämlich die Frau Elektron Müller!
Genau so ist es bei der Atombindung!

Und bei der **dativen Bindung** ist es so, dass eben der Herr Atom Meier am Anfang zwei Frau Elektron Meiers gehabt hat, der Herr Atom Müller gar keine. Also schenkt der Herr Atom Meier eine Frau Elektron Meier an den Herrn Atom Müller. Die ändert ihren Nachnamen und wird eine Frau Elektron Müller. Sie "gehört" also jetzt dem Herrn Atom Müller. Und dann geht es weiter wie oben, die Herren Atome teilen sich die Frauen.

Jetzt werdet ihr sagen: "Moment, erstens leben wir im Zeitalter der Gleichberichtigung, Frauen gehören den Männern nicht mehr! Und überhaupt gehört sich das nicht!"

Das ist natürlich richtig. Aber Atome sind eben keine Menschen......
Es ist also wichtig, zu unterscheiden,wem das Elektron "gehört", denn das bestimmt die Ladung, und wer die Elektronen gemeinsam nützt, da die Atome eben auch mit Elektronen, die nicht die ihren sind, ihre Schalen auffüllen!

2. Das Geheimnis des Elektrons

2.1 Philosophische Einführung

Wir wissen jetzt schon einiges! Wir können alle wichtigsten Bindungsarten erklären, wir wissen, was Protonen, Elektronen und Neutronen sind, und sind, was die Bindungsarten betrifft, schon fast auf Reifeprüfungs – Niveau.

Aber jetzt müssen wir uns das Elektron näher ansehen. Weil: das Elektron ist mehr als nur ein schwarzes Pünktchen in unseren Zeichnungen. Die Wissenschaft, die sich mit dem Wesen des Elektrons beschäftigt, ist die **Quantenphysik**. Wieso Physik? Weil ja die Chemie *die Physik der Elektronenhülle* ist. Und so wollen wir uns in die mystischen Innereien des Elektrons vertiefen.

Damit kommen wir aber zu einem philosophischen Problem: *Wir können uns das Aussehen eines Elektrons nicht vorstellen.* Und zwar niemand von uns. Ich nicht, Ihr nicht, der Chemie-Nobelpreisträger nicht. Da werden einige fragen: "*Ja, aber wie können wir dann weitere Erkenntnisse über das Elektron gewinnen?*"

Na ja, es gibt schon Dinge, die unvorstellbar sind, und wir können trotzdem damit arbeiten. Zum Beispiel "*Wie viel sind drei unvorstellbare Bananen plus zwei unvorstellbare Bananen?*" Antwort: "*Fünf unvorstellbare Bananen.*"! Und schon haben wir mit unvorstellbaren Dingen gearbeitet.

Ein anderes Beispiel für unvorstellbare Dinge sind *Zahlen.* Wer von uns kann sich die Zahl 5 vorstellen? Ich kann mir zwar 5 Finger vorstellen, oder 5 Äpfel, aber wer kann sich die Zahl 5 ohne irgendetwas vorstellen? Probiert es einmal! Ich schaffe es nicht. Selbst wenn ich mir 5 Leerräume vorstelle, so ist dann dieser "Leerraum" doch noch "etwas".

Und trotzdem können wir ganz leicht mit der Zahl 5 arbeiten und umgehen! Und viel schwieriger wird es mit dem Elektron auch nicht werden. Es handelt sich also um ein philosophisches, und, im weiteren, um ein psychologisches Problem: Wie Volksschulkinder die Unvorstellbarkeit der Zahl 5 wissend *akzeptieren* und dann damit arbeiten, so geht es nun darum, dass wir uns von gewissen unvorstellbaren Aspekten des Elektrons *einfach nicht stören lassen. Unser Geist ist über der Unvorstellbarkeit!* Man kann den unvorstellbaren Aspekt des Elektrons in einem einzigen Satz zusammenfassen, und den sag ich Euch jetzt:

Das Elektron ist Teilchen und Welle gleichzeitig.

Hm. Ich kann mir das nicht vorstellen. WAAAAAAAH! HILFE! DAS IST EINE FRECHHEIT! Wie kann die Natur es wagen, Dinge zu beinhalten, die nicht in mein Gehirn passen?

So oder ähnlich war auch meine Reaktion, als ich diesen Satz zum ersten Mal gehört habe, aber zugleich hat es mich auch fasziniert. Und tatsächlich ist ja eine Natur, in der wir uns *nicht* alles vorstellen können, doch viel interessanter als eine von vornherein klare.

Jetzt könnten wir sagen: "*Ich habe die Lösung: Das Elektron ist ein Pünktchen, das auf einer Welle auf - und abschwingt!*" **Aber das ist falsch.** Das ist nicht Teilchen *auf* einer Welle, sondern es ist *nur* Welle. Und es ist *nur* Teilchen. Punkt. Aus. Auf diese Einwände gehen wir später ein.

Elektronen sind also Teilchen und Welle gleichzeitig. Wie sind die Wissenschaftler darauf gekommen? Ganz einfach: Man hat mit dem Elektron Experimente vorgenommen, die man normalerweise nur mit Teilchen machen kann, und da hat sich das Elektron als Teilchen verhalten.

Also war man sicher: "**Das Elektron ist ein Teilchen.**" Dann haben aber Wissenschaftler Experimente mit dem Elektron gemacht, die man normalerweise nur mit Wellen machen kann. Und siehe da: **Das Elektron hat sich als Welle verhalten. Also ist das Elektron Welle und Teilchen gleichzeitig.** Oder, anders gesagt, es ist etwas, das sich wie ein Teilchen *und* wie eine Welle verhalten kann, und das können wir uns nicht wirklich vorstellen.

Wir stellen uns vor, das Elektron sei ein Elefant. Ein Blinder steht vor dem Elefant, ein zweiter Blinder hinter dem Tier. Sie sollen ertasten, was denn ein Elefant ist. Derjenige, der nun vor dem Elefanten steht, wird sagen: "*Der Elefant ist ein Tier mit einem Rüssel und Stoßzähnen, und sonst ist da nichts*." Der andere Blinde wird sagen: "*Der Elefant ist sooooo ein Hinterteil, ein dünner Schwanz und sonst ist da nichts*." Uns geht es wie den Blinden: Wir können das Elektron entweder als Teilchen oder als Welle verstehen, aber wir haben kein Bild für die Gesamtheit des Elektrons, was ebenso viel heißt wie: "Wir können es nicht sehen."

Das macht aber nichts! Indem wir das Elektron abwechselnd als Welle und dann als Teilchen betrachten, werden wir das Verhalten des Elektrons verstehen.
Im folgenden Kapitel wollen wir das Elektron als einen **Nebel** interpretieren. Das ist ein Bild, in dem viele Teilchen- und Welleneigenschaften des Elektrons vereinigt sind. Es ist zwar nicht perfekt, erklärt aber schon sehr viel.

Und damit legen wir los.

2.2 Form und Energie der Elektronen

Bis jetzt haben wir so getan, als wären die Wohnungen, in denen die Elektronen wohnen, die Orbitale, alle gleich. Wir haben nur unterschieden, in welchen „*Stockwerken*", also **Schalen,** die **Orbitale** sitzen. Aber innerhalb der Schalen haben wir keine Unterschiede gemacht. Das wollen wir jetzt ändern.

Tatsächlich **unterscheiden sich die Orbitale in der Form und auch in der Energie voneinander**. Stellen wir uns das vielleicht so vor, dass die Orbitale, die in einer Schale sind, sich zwar im selben Stockwerk befinden, aber das eine unmittelbar beim Stiegenaufgang ist, und das andere am Ende eines langen Ganges. Und dieser Gang kann sogar so lang und mühsam werden, dass die Orbitale lieber ein Stockwerk hinaufgehen, als bis an das Ende des Ganges! (Aber dazu kommen wir noch.)

2.2.1. Quantenmechanik und Elektronengier

Wir wissen: Das Fluor ist elektronegativer als das Lithium. Die Erklärung, dass dem Fluor „*nur ein Elektron fehlt zur vollen Schale*", ist natürlich recht bildhaft, aber der **eigentliche Grund** kann das kaum sein. Es muss vielmehr damit zu tun haben, dass die Protonen im Kern die Elektronen anziehen, und *wie stark* sie sie anziehen. Wie stark die Elektronen angezogen werden, hängt aber auch von ihrer **Form** ab. Aus der *Form* der Elektronen werden wir verstehen können, *warum* manche Elemente sehr elektronegativ sind und andere weniger.

Wir haben die Elektronen bis jetzt als Kugeln oder Pünktchen oder Comicfigur oder irgendso etwas betrachtet, die in ihren Zimmern wohnen. Tatsächlich aber kommen wir mit der Vorstellung des Elektrons *als ein Nebel* viel weiter:

Ein Nebel kann an manchen Stellen dicht sein, da sieht man kaum durch, da ist sozusagen viel vom Elektron da, dort haben wir eine hohe negative Ladung, anderswo ist der Nebel wieder weniger dicht, dort ist dann weniger vom Elektron. Auch dieses Nebel-Bild ist noch nicht ganz richtig, aber wir kommen schon sehr weit damit. *Ein Nebel kann sich nämlich der Form des Zimmers, in dem er ist, perfekt anpassen.* Und so macht es auch das Elektron. Es passt sich dem Orbital perfekt an. Jetzt wird es auch Zeit, das Bild des Orbitals als Zimmer etwas zu verfeinern: Das ist natürlich kein Zimmer mit Mauern und Fenster (Mist!), sondern ein Leerraum, in dem zwei Elektronen Platz haben. Und dieser Leerraum gibt eigentlich weniger Zimmer-Grenzen vor, sondern sagt, wie dicht das Elektron (als Nebel!) an welcher Stelle des Zimmers sein kann.

Oder von mir aus so, falls jemand noch ein anderes Bild dafür will: Das Zimmer besteht aus sehr dicken, sogar unendlich dicken Mauern, die aber den Elektronen-Nebel in sich einsickern lassen; durchlässige Mauern sozusagen. Und an manchen Stellen ist die Mauer sehr durchlässig, wie ganz lockere Watte, und anderswo ist die Mauer sehr dicht, fast undurchlässig, wie Beton. Und diesen Mauern passt sich das Elektron genau an, es sickert in die Leerräume des Betons ein, ist an der Stelle der Watte ein dichter, dann wieder, im Beton drinnen, ein dünner Nebel, oder ein sehr dünner Nebel (naja, im Beton wird der Nebel nicht gerade dicht sein).

2.2.2. Die Form der Elektronen

Natürlich hat das Orbital nicht wirklich Mauern, aber es beschreibt genau, **wie dicht das Elektron wo sein darf**. Das bedeutet: *kenne ich das Orbital, so kenne ich auch das Elektron.* Die Orbitale sind eigentlich die mathematische

Beschreibung der Elektronen, man erhält sie, ebenso wie die Schalen, als Lösungen der Schrödinger-Gleichung.

Und damit wollen wir uns die Elektronen-Formen anschauen:

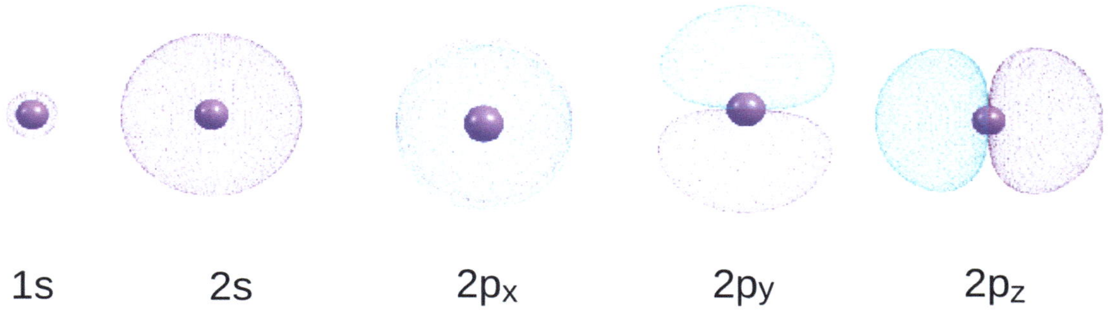

Die Orbitale in durchsichtiger Darstellung.
Die violette Kugel in der Mitte ist der Atomkern (vergrößert)

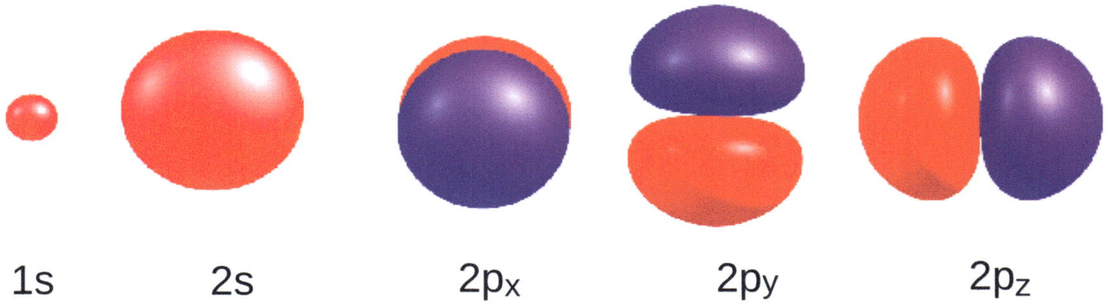

Die Orbitale in undurchsichtiger Darstellung

Was sehen wir da? Das sind die ersten zwei "Stockwerke". Also die Wohnungen für die ersten 10 Elektronen, von denen wir bis jetzt gesprochen haben! Wir müssen uns aber nun überlegen, was diese Formen bedeuten.

*Ob wir diese Formen nun „**Elektron**“ nennen oder „**Orbital**“, ist vorerst egal. Der einzige Unterschied ist, dass Orbitale auch leer sein können. Die leeren Orbitale sagen uns, welche Form ein Elektron hätte, wenn in diesem Orbital ein Elektron säße.*

Wir sehen die Wohnungen in einer durchsichtigen und in einer undurchsichtigen Abbildung. Es sind aber die selben Wohnungen. Also zum Beispiel: Das "durchsichtige" 1s ist genau das selbe wie das "undurchsichtige" 1s. Der Vorteil der "durchsichtigen" Darstellung liegt darin, dass wir den Atomkern sehen können.

Beide Darstellungen haben jedoch den Nachteil, dass sie die Elektronen **nicht wirklich als Nebel zeigen**. Sehen wir uns nun ein **s – Orbital** und das **p_y - Orbital** als Nebel an:

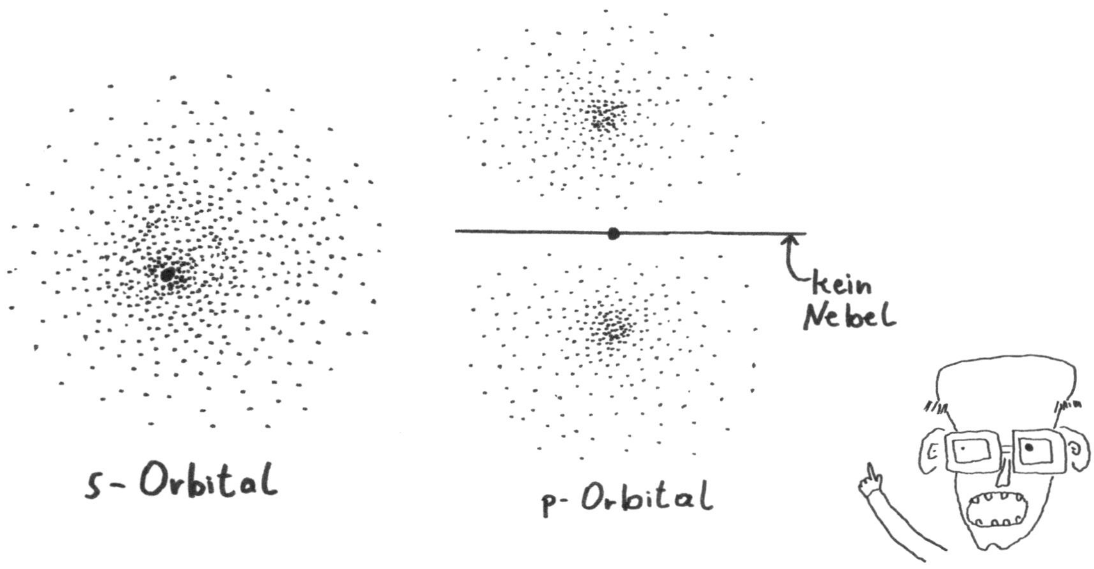

Der dick bebrillte Professor zeigt es uns: Auch Nebel können Formen haben! Das s-Elektron ist ein kugelrunder Nebel. Das p_y - Elektron ist 8er – förmig. Wir sehen: an manchen Stellen ist der Elektronen – Nebel **dichter**, an anderen Stellen ist er **weniger dicht**. Es gibt auch Stellen, wo **gar kein Nebel** ist, wie etwa die Linie im p-Elektron. Das werden wir uns noch genauer ansehen..

2.2.3. Die Elektronen der ersten Schale

Die kleine blaue Kugel ganz links, „**1s**" genannt, ist das Orbital in der ersten Schale, also die eine Wohnung im ersten Stockwerk:

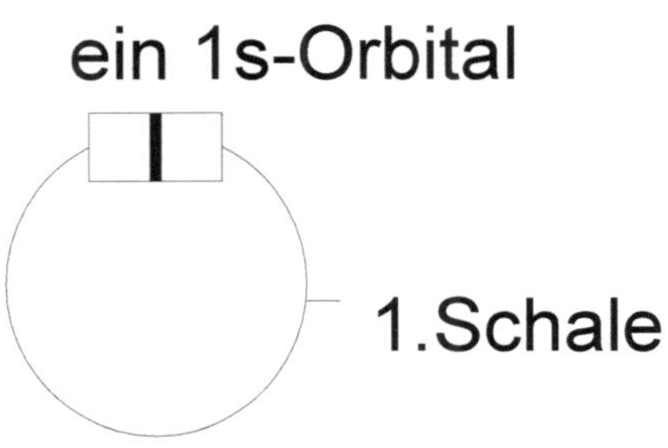

Dieses Bild kennen wir jetzt schon sehr gut; neu ist, dass wir das Orbital der 1. Schale ab sofort **1s-Orbital** nennen werden. Wir betrachten es forthin auch nicht mehr als diese kastenförmige Wohnung, sondern in der wirklichen Form. Wir sehen, dass das 1s-Orbital **kugelrund** ist; eine Kugel um den Atomkern, dargestellt durch den kleinen Punkt. Diese kugelrunden Orbitale nennt man **s-Orbitale**. Die „**1**" steht dafür, dass das Orbital in der **ersten Schale** ist, also der "*erste Stock*". Also: das **1s-Orbital**. *Da ist Platz für 2 Elektronen.*

Und wir sehen noch etwas: **Der s - Nebel hat keine scharfe Grenze!** Seht Euch dazu die Elektronen-Nebel im Bild noch einmal an.

Tatsächlich müssen wir uns vorstellen, dass dieser Nebel immer weniger dicht wird, und schon 5 Atomlängen weiter so extrem dünn ist, dass er praktisch keine Wirkung mehr hat. **Aber: der Nebel ist nicht ganz weg**. Und sogar noch nach einer Milliarde Atomlängen (das sind ein paar Meter) ist der Elektronen-Nebel zwar ganz unglaublich extrem schwach, aber nicht ganz null. Wirklich: **Jedes Elektron reicht von hier bis zum Ende des Universums!** Nur ist der Nebel dann ganz ganz ganz unglaublich extrem ultra-super-schwach. Aber nicht Null.

Nur: wie soll ich so ein Nebelelektron zeichnen? Ich kann ja nicht bis zum Ende des Universums Punkterln machen! (Da regen sich die Nachbarn auf).

Wir machen daher Folgendes: **Wir kümmern uns nur um den Nebel, der noch einigermaßen dicht ist.** Um den herum zeichnen wir eine Kugel und tun so, als wäre das Elektron dort zu Ende, im Wissen freilich, dass das nicht ganz stimmt.

Den Rest schneiden wir sozusagen weg (im Fachenglisch: „*cutoff*"). Und das ist die 1s-Kugel, die wir oben sehen. In dieser **1s**-Kugel sind tatsächlich 90% des Elektronen-Nebels enthalten. (Oder 95% oder 80%, je nachdem, wie wir ihn abschneiden.) Wir können uns das so vorstellen: Nebel besteht aus Wassertröpfchen.

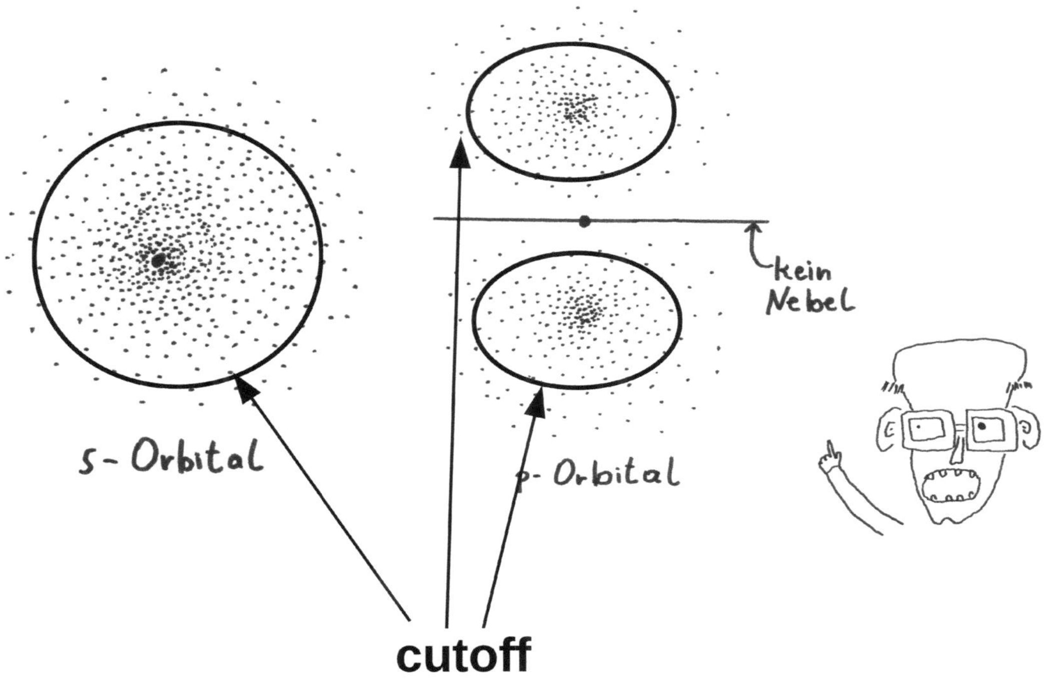

Dort, wo der Nebel dicht ist, ist viel Wasser, wo er dünn ist, wenig Wasser. Und so ist im Zentrum des Nebels, **obwohl es viel kleiner ist** als die schwachen Nebel-Ausläufer (die im Falle des Elektrons bis zum Ende des Universums reichen), **viel mehr „Wasser"** enthalten als in den Nebelausläufern! Oder, in unserem Fall, ist viel mehr von unserem Elektron vorhanden. Wie wir sehen, sind auch alle anderen Orbitale ein solcher „Nebel", also unendlich in der Ausdehnung.

Wenn wir beim p-Elektron den weniger dichten Nebel „abschneiden", kommen wir auf zwei voneinander getrennte Kugeln, oder eben auf die Form des p_y – Orbitals, wie wir es im zweiten Bild von Kap. 2.2.2. sehen.

Damit wissen wir, was die Orbitalformen aus Kap 2.2.2. bedeuten: Sie sind die „abgeschnittenen" Elektronennebel. Der Vorteil dieser Darstellung ist natürlich ihre schöne Übersichtlichkeit und Zeichenbarkeit!

2.2.4. Die Elektronen der zweiten Schale

Die nächsten vier Orbitale, im Bild, also 2s, $2p_x$, $2p_y$ und $2p_z$ sind die vier Elektronenwohnungen der zweiten Schale! Auch diese kennen wir schon sehr gut, aber jetzt können wir die einzelnen Wohnungen benennen:

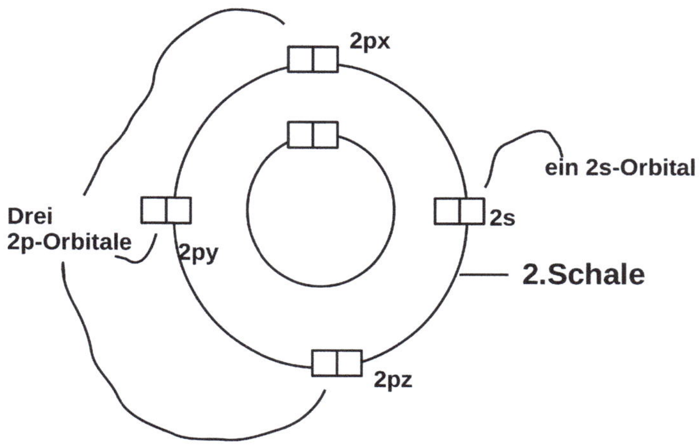

Also passen in das 2s-Orbital zwei Elektronen, in das $2p_x$ Orbital zwei Elektronen, in das $2p_y$-Orbital zwei Elektronen, und in das $2p_z$-Orbital zwei Elektronen, also in Summe **acht Elektronen,** wie wir gesagt haben. Aber schauen wir uns diese Orbitale ein wenig genauer an:

Das **2s-Orbital** ist das runde s-Orbital in der **2. Schale**. Darum schreibt man: **2s**. Also: Das 1s-Orbital ist rund, das 2s Orbital ebenso, **wie überhaupt alle s-Orbitale rund sind**. Das ist ihr Markenzeichen (im Fachchinesisch: „*kugelsymmetrisch*").

Dieses Orbital ist **ausgedehnter** als das **1s,** aber der Nebel ist dafür auch **weniger dicht.** Da sind auch zwei Elektronen drinnen. Wir sehen auch, dass das 2s Orbital „über" dem 1s-Orbital liegt, oder: **das 1s-Orbital liegt "in" dem 2s-Orbital**.

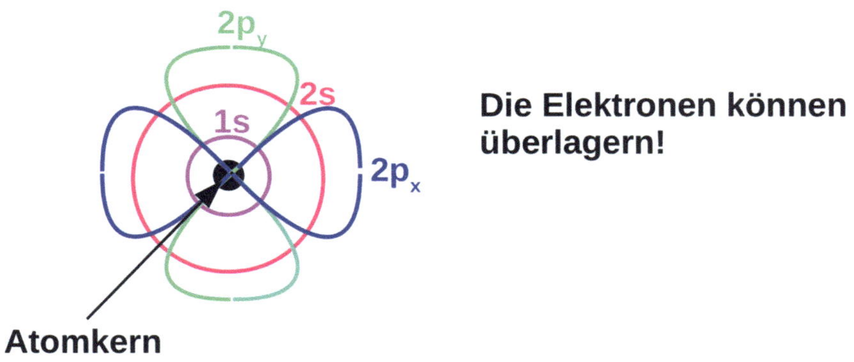

Das funktioniert! Es kann sich ja ein Nebel in den zweiten mischen, trotzdem bleiben es zwei Elektronen-Nebel. Im Bild oben haben wir die Elektronen im cutoff (also abgeschnitten) eingezeichnet. Wir sehen: Die Elektronen können sich überlagern! Auch die p_x -, p_y -, und p_z - Orbitale überlagern sich

miteinander und mit den s-Orbitalen! Die p-Orbitale werden wir in kürze kennen lernen.
Zurück zu den s-Orbitalen:

Wenn wir uns den Elektronennebel wieder als Wassernebel vorstellen wollen, **dann enthält der Nebel des 2s-Orbitals genauso viel „Wasser“ wie jener des 1s-Orbitals, nur anders verteilt!**

Das ist sehr wichtig zu verstehen. Wir haben gesagt, **in jedes Orbital passen genau zwei Elektronen**. Das heißt, jedes Orbital muss gleich viel Platz bieten. Ist jetzt ein Orbital ausgedehnter als ein anderes, muss es dafür **weniger dicht** sein.

Oder so: Ein Elektron stellen wir uns nun als einen Kübel Wasser vor. Zwei Elektronen als zwei Kübel Wasser. **Und jeder Elektronen-Nebel, der aus zwei Elektronen besteht, muss also auch aus zwei Kübeln Wasser bestehen, egal, wie dieses Wasser verteilt ist!** Dieser Elektronen-Nebel ist ja ein Nebel aus negativer Ladung. Wenn da mehr Nebel wäre, dann wären das nicht genau 2 Elektronen, sondern 2,4 Elektronen, oder 1,8, usw. – und das geht nicht.

Wir wissen bereits, dass Elektronen in der 2.Schale eine höhere Energie haben – also weniger gerne dort sitzen, als die Elektronen in der 1. Schale sitzen. Und so ist das **2s- Orbital höher in der Energie als das 1s-Orbital**.

Generell können wir sagen, dass diese kugelrunden s-Orbitale die **Luxuswohnungen** unter den Orbitalen sind. Nirgendwo kann es sich ein Elektron so bequem machen.

Da aber Elektronen nicht gerne Stiegen steigen, wird es passieren, dass sich Elektronen lieber weniger luxuriöse Wohnungen im **unteren Stockwerk** (also Schale) aussuchen, und lieber in eine p-Orbital-gehobene-Mittelklasse-Wohnung siedeln. Also: **Elektronen gehen lieber in ein p-Orbital der 2. Schale als in ein s-Orbital der 3. Schale**. Jaja, Elektronen haben Rheumatismus....Aber wer weiß? Vielleicht sind in Wirklichkeit nicht die Elektronen menschlich, sondern die Menschen elektronisch....?

Die nächsten Orbitale in der 2.Schale sind also die **drei p-Orbitale**. Diese Orbitale haben die gleiche Form, so ungefähr 8-er förmig, nur schauen sie in andere Richtungen: das **$2p_x$-Orbital** schaut in die x-Achse eines Koordinatensystems („*links und rechts*“), das **$2p_y$-Orbital** schaut in die y-Achse („*vorne und hinten*“), das **$2p_z$-Orbital** schaut in die z-Achse („*oben und unten*“).

Sonst sind sie gleich, sie haben auch die gleiche Energie. Also: Im p_x-Orbital ist Platz für 2 Elektronen, im p_y-Orbital ist Platz für 2 Elektronen, und im p_z-Orbital ebenso für 2 Elektronen.

Und damit haben wir die gesamte 2. Schale, also das zweite Stockwerk, beschrieben! Weil wir gesagt haben, die 2. Schale hat 4 Wohnungen, also 8 Elektronen, und in jede Wohnung passen 2 Elektronen.

Und jetzt kennen wir diese Wohnungen mit *Form und Namen*: Das erste Wohnung des 2. Stockwerks (Schale) ist das 2s-Orbital, die 2.Wohnung ist das $2p_x$-Orbital, die 3. Wohnung ist das $2p_y$-Orbital, und die 4.Wohnung das $2p_z$-Orbital.

Aber: Die 2p-Orbitale sind höher in der Energie als das 2s-Orbital, und werden erst *nach* dem 2s-Orbital befüllt. Die Elektronen besetzen also zuerst das 2s-Orbital, und dann die p-Orbitale.

Warum? Die p-Orbitale sind, wie wir gesagt haben, nicht mehr Luxus-Top-Standard, sondern nur gehobene Mittelklasse. Und wenn ich einmal im zweiten Stockwerk bin, und die Wahl habe, suche ich mir die Luxuswohnung aus. Wie alle s-Orbitale kugelrund sind, **so sind alle p-Orbitale (im cutoff gezeichnet) 8-er förmig.**

Und man kann sich schon vorstellen, dass sich ein Elektron ziemlich verrenken muss, um da hinein zu passen (natürlich können Profichemiker das genauer erklären, auch auch wir werden zumindest noch etwas genauer). **Es ist nämlich nicht so, dass das eine Elektron in dem oberen (im Bild: roten) Teil sitzt, und das andere Elektron im unteren (blauen), sondern beide Elektronen sind in beiden Nebeln!**

Das wird immer wieder falsch verstanden. Also: Ein einziges Elektron im p-Orbital besteht aus zwei *voneinander getrennten* Nebeln, während der Atomkern nebelfrei ist. Zwischen dem einen und dem anderen Nebel ist eine Fläche, in der der Nebel null ist (also klare Sicht!) Und das Elektron ist *sowohl* im einen *als auch* im anderen Nebel! Die Fläche trennt die beiden Nebel voneinander. Das verstehen wir nicht! Wie kann es sein, dass *ein* Elektron aus *zwei* Nebeln besteht?
Das entzieht sich tatsächlich unserer bildhaften Vorstellung. Und es hängt damit zusammen, dass das Elektron **Teilchen und Welle zugleich ist**. Es ist aber wirklich so: **Ein** p-Elektron besteht aus **zwei Nebeln**, die voneinander getrennt sind.

Dazwischen liegt eine Ebene, wo kein kein Nebel ist. Dort herrscht sozusagen "klare Sicht". Wir können uns diese Ebene als Glasscheibe vorstellen, und wollen sie in Hinkunft **Knotenebene** oder **Knotenfläche** nennen. Diese teilt das eine Elektron in zwei Nebel, und es gibt **wirklich keine Verbindung zwischen diesen beiden Nebeln!** Das müssen wir einfach akzeptieren. Das heißt, solange wir das p- Elektron nur als Teilchen betrachten, verstehen wir diese Eigenschaft nicht, weil wir solche Teilchen nicht gewohnt sind.

Wir werden das p-Elektron aber bald auch als Welle betrachten, und dann werden wir diese Trennung in zwei Nebel verstehen. Jetzt einmal nur so viel: Das Wort **Knotenfläche** kommt aus der Physik der Wellen.....und alles weitere kommt später.

Es ist tatsächlich unbequem in seine Wohnung eingequetscht, und daher ist eine

„DANN BINDE DIR HALT NICHT DEN GÜRTEL AUF NULL."

Wohnung der p-Art bestenfalls gehobene Mittelklasse.

2.2.5. Bevor wir weiter gehen, müssen wir noch einen Widerspruch aufklären, der vielleicht dem einen oder anderen von Euch aufgefallen ist:

Wir wissen nun, dass **s-Orbitale energetisch tiefer liegen als p-Orbitale.** Also müsste Bor B (mit 5 Elektronen insgesamt) so aussehen wie das Atom unten links. Zuerst wird das 1s-Orbital innen gefüllt, dann das s-Orbital in der 2. Schale (das 2s-Orbital) und das letzte Elektron kommt in ein p-Orbital.

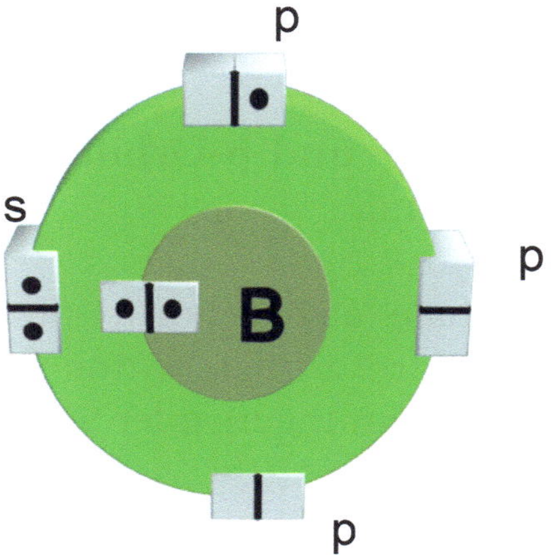

Grundzustand

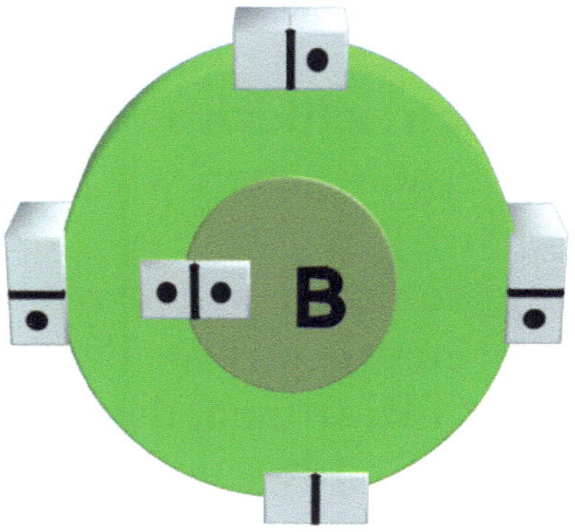

hybridisierter Zustand

Also: zwei Elektronen im 2s, ein Elektron in einem der p-Orbitale. (Welches p-Orbital wir auffüllen, ist egal, da sie alle gleich in der Energie sind.) Diese Auffüllung nennt man den **Grundzustand**. *Dann könnte das Bor B aber nur eine Atombindung eingehen, weil es dann nur ein halb besetztes Orbital hätte. Tatsächlich aber geht es bekanntlich drei Atombindungen ein!* Das lässt sich wieder nur aus dem Zustand links erklären, den wir den "**hybridisierten Zustand**" nennen wollen.

Welcher dieser Zustände ist nun der richtige?

So lange das Bor **allein bleibt**, ist das Bor B tatsächlich im Grundzustand. Darum heißt er auch "Grundzustand", weil er der günstigste Zustand ist.

Aber das Bor kann in diesem Zustand nur eine Atombindung eingehen. Weil es nur ein halb besetztes Orbital hat. *Es würde aber viel lieber drei Atombindungen eingehen!* **Dafür gibt das Bor sogar den Grundzustand auf**. Wenn sich also Atome nähern, mit dem das Bor Atombindungen eingehen kann, dann "hüpft" ein Elektron aus dem vollen 2s-Orbital in ein leeres p-Orbital- und hat damit drei halb besetzte Orbitale. Es kann also drei Atombindungen eingehen. Darum ist in der Praxis der hybridisierte Zustand wichtiger, als der Grundzustand.

Für uns ist die Frage, ob wir den Grundzustand, oder den hybridisierten Zustand vorliegen haben, fürs erste nicht so wichtig. Es ist mir jetzt nur darum gegangen, dass wir keinen Widerspruch haben. Weil: Widerspruche sind, so empfinde ich es, wie Sand im Getriebe des Denkens, und machen das Lernen unangenehm. So, ich hoffe, der Sand ist verschwunden....

Zurück also zu unseren Atomschalen!

2.2.6. Die Elektronen der dritten Schale

Es **gibt noch schlechtere Wohn-Standards als s- und p-Orbitale.** Um die kennenzulernen, gehen wir jetzt ein Stockwerk hinauf.

Oben angekommen, sehen wir uns jetzt die 3. Schale (also das dritte Stockwerk) an: Wir erinnern uns an die Merkregel: 2/8/18. Also: in der dritten Schale ist Platz für 18 Elektronen, das macht 9 Zweizimmerwohnungen, oder 9 Orbitale:

Wie kommt das zustande? In der 3. Schale gibt es wieder **ein s-Orbital**: das 3s-Orbital (3 steht für die 3. Schale), und das wieder ist kugelrund, aber ausgedehnter. Also der Luxus-Standard im dritten Stockwerk. Es gibt wieder **drei p-Orbitale**, also die drei 3p-Orbitale, nämlich $3p_x$, $3p_y$ und $3p_z$, sie sehen den 2p-Orbitalen sehr ähnlich, also auch 8er-förmig (mit „Gürtel"). Sie sind aber (wie erwartet) etwas ausgedehnter, dafür aber weniger dicht.

Die gehobene Mittelklasse, die p - Orbitale, ist also auch im 3. Stock vertreten, und, das ist auch interessant, es sind wieder 3 p-Wohnungen, wie im 2. Stock (der 2. Schale). *Aber dann kommt etwas neues dazu:* Die untere Mittelklasse! Diese Wohnungen der unteren Mittelklasse nennt man die **d-Orbitale** und sie sehen so aus:

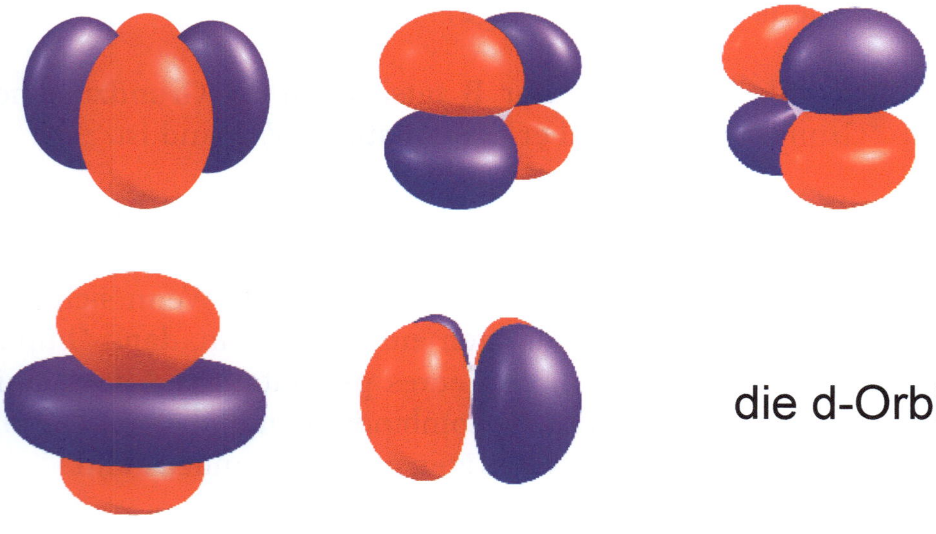

die d-Orbitale

-

Von diesen Wohnungen der unteren Mittelklasse, den d-Orbitalen, gibt es 5 Stück. Und wieder passen in jede dieser Wohnungen des Standards zwei Elektronen. **In Summe können die d-Orbitale, da es 5 von ihnen gibt, also 10 Elektronen aufnehmen**. Und tatsächlich sind die Elektronen hier noch etwas verrenkter als in den p-Orbitalen. Die einzelnen d-Orbitale heißen: d_{xy}, d_{xz},

d_{yz}, d_{xx-yy}, und d_{zz}, aber das ist im folgenden egal und wir vergessen es gleich wieder. Im Kästchenmodell sieht die dritte Schale also so aus:

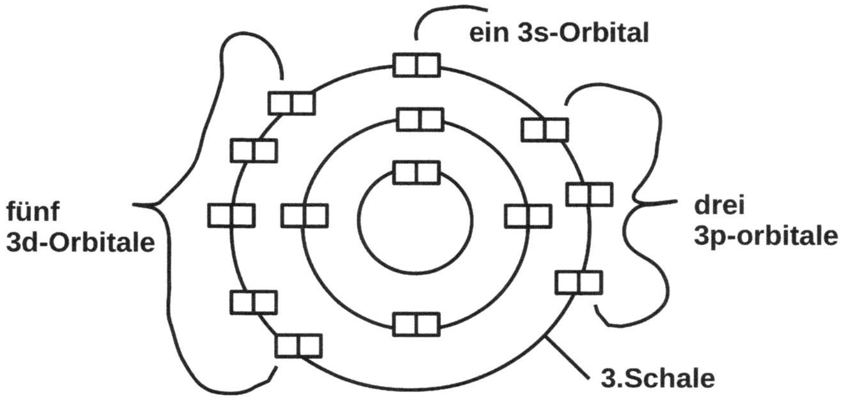

Man kann es sich so merken: **Der erste Stock ist der nobelste,** hier steigt man am wenigsten Stiegen. Und die wirklich noblen Gegenden sind immer klein (weil: viele Millionäre gibt es nicht!). Natürlich stellt man sich in dieser Gegend kein Kellerloch, sondern ein Luxusappartement auf (das 1s-Orbital) (Übrigens: Früher, so um 1900, waren die nobelsten Wohnungen wirklich im ersten Stock, man nannte sie "Belle Etage").

Der zweite Stock ist schon weniger nobel, aber auch nicht schlecht. Dort finden wir zwar auch eine Luxuswohnung, aber die Mehrzahl sind doch die gehobenen Mittelklasse-Wohnungen (also drei p-Orbitale).

Der dritte Stock ist noch etwas schlechter, aber weil die Stockwerke in unserem schiefen Wolkenkratzer namens Atom auch immer größer werden, gibt es trotzdem ein *abgelegenes Viertel für die s-Luxuswohnung*, und die *p-gehobenen Mittelklassewohnungen* sind auch dort. Aber das Übergewicht liegt bei den *d-Orbital-Wohnungen des unteren Durchschnitts*, weil es von denen fünf gibt.

Interessant ist, dass die **d-Orbitale doch schon so schlechte Unterkünfte sind, dass es die Elektronen bevorzugen, einen Stock weiter in den 4.Stock zu gehen** (in die 4. Schale) und dort erst einmal die s- und die p-Orbitale besiedeln.

Das jetzt nur so nebenbei, in der Anorganischen Chemie braucht man diese Information aber. Denn die Elemente, in denen gerade die fünf d-Orbitale angefüllt werden, (wo also die d-Elektronen die höchsten befüllten sind), nennt man die **„Übergangsmetalle“** (Weil sie in der Mitte des Periodensystems stehen, also den Übergang darstellen). Und zu denen gehören wichtige

Elemente wie Eisen, Silber, Kupfer, Cobalt, Gold, Palladium, Titan und viele andere mehr.

Generell sind die Übergangsmetalle, (also die Elemente, in denen die d-Elektronen die äußersten sind, und damit für die Bindungen verantwortlich), chemisch recht ähnlich. Das heißt, die Übergangsmetalle unterscheiden sich nicht so stark voneinander, wie Elemente, in denen die s- und p-Orbitale ganz außen liegen. Das sieht man alleine schon daran, **dass alle Elemente, in denen gerade d-Orbitale aufgefüllt werden, Metalle sind**. Obwohl: Unterschiede gibt es schon, das merkt man alleine schon daran, dass sich die meisten Mädchen mehr über einen Goldring als über einen Eisenring freuen...

Übrigens stimmt das gar nicht, dass Gold das teuerste aller Metalle ist. Osmium ist 10 bis 15 mal teurer, der Preis schwankt. Wenn du also Eindruck schinden willst, dann schenke deinem Schatz einen Osmium-Ring. Sag deinem Liebling aber dazu, was das ist, weil von außen sieht er nur wie ein Eisenring aus....

2.2.7. Die weiteren Atomschalen

Fassen wir einmal das zusammen, was wir bis jetzt über die Stockwerke und Wohnungen (die Schalen und Orbitale) gesagt haben, und versuchen wir, **daraus Rückschlüsse für die weiteren Schalen abzuleiten:**

In der **ersten Schale** haben wir **ein** s-Orbital, (oder Luxusstandard), in der **zweiten Schale** (dem zweiten Stockwerk) kommen zu **einer** s-Wohnung noch **drei** p-Wohnungen (hoher Mittelstandard) *dazu.* Und: von den p-Wohnungen gibt es also *zwei mehr* als von den s-Wohnungen. Weil: Es gibt im 2.Stock **eine** s-Wohnung, und **drei** p-Wohnungen. Fassen wir das einmal zusammen:

1. Schale: 1 mal s
2. Schale: 1 mal s, 3 mal p

In der **dritten Schale** finden wir wieder die Wohnungs-Standards, die wir im zweiten Stock schon gehabt haben, also wieder **ein** s-Orbital und **drei** p-Orbitale. Und es ist wieder ein neuer Wohnungs-Standard, etwas schlechter, dazugekommen, nämlich die **fünf** d-Orbitale, und wieder gibt es von diesem Wohnungs-Standard *zwei mehr* Wohnungen als in den p-Orbitalen, macht, wie gesagt, **fünf** verschiedene Wohnungen! Fassen wir das wieder zusammen:

1. Schale: 1 mal s
2. Schale: 1 mal s, 3 mal p
3. Schale: 1 mal s, 3 mal p, 5mal d

Und ich kann euch verraten, **das geht ewig so weiter**., also: **1** Wohnung im **s-Orbital, 3** Wohnungen im **p-Orbital**, **5** Wohnungen im **d**, von der nächsten Wohnungsart gibt es **7,** dann **9,** dann **11**, dann **13**.... etc. **Mit jeder höheren Schale kommt zu den Wohnungs-Arten (also s, p, d...), die wir schon in der Schale darunter gehabt haben, *eine* neue Wohnungsart dazu.**
Und wieder hat diese neue Wohnungs-Art **zwei Wohnungen mehr** als die zuletzt dazugekommene. In der 3. Schale sind die zuletzt dazugekommenen Orbitale die d-Orbitale mit 5 Wohnungen. Also muss die neue Wohnungsart, die in der 4. Schale dazu kommt, 7 Wohnungen haben. Und wieder wird diese Wohnungsart etwas schlechter sein. Die Wohnungsart, die in der 4. Schale dazukommt, jetzt schon Substandard, werden wir **f-Orbitale** nennen. Allerdings interessieren uns die f-Orbitale kaum mehr. Die sind schon so verzwickt, dass die Elektronen mehrere Stockwerke hinauf wandern, um nicht in einem f-Orbital wohnen zu müssen.

1. Schale: 1 mal s
2. Schale: 1 mal s, 3 mal p
3. Schale: 1 mal s, 3 mal p, 5mal d
4. Schale: 1 mal s, 3 mal p, 5mal d, 7 mal f

Die Elemente, in denen gerade die f-Orbitale aufgefüllt werden, sind sehr groß und nennt man "**seltene Erden**". Zu diesen Elementen gehören einige hochberühmte Stoffe wie Dysprosium, Praesodyn, Ytterbium oder Gadolinium. Ein alter Chemikerwitz besagt, dass sie so heißen, weil sie selten von Interesse sind. Das stimmt zwar heute nicht mehr, diese Elemente werden u.a. in der Halbleitertechnik gebraucht (Handies usw.), aber für uns sind sie uninteressant. Sie unterscheiden sich chemisch noch weniger voneinander als die d-Orbital-Übergangsmetalle.

Zurück zu den Schalen: Damit können wir uns zusammenbasteln, wie viele Wohnungen jede weitere Schale hat, für wie viele Elektronen es Platz gibt, und wir können herausfinden, wie viele verschiedene Wohnungsarten in einer bestimmten Schale sprich: Stockwerk, vorhanden sind.

Probieren wir das gleich bei der fünften Schale:
In der **fünften Schale** finden wir alle Orbitale und Orbitalarten (Wohnungen und Wohnungsarten), die wir schon in der vierten Schale gefunden haben: also ein s-Orbital, drei p-Orbitale, fünf d-Orbitale, und 7 f-Orbitale. **Und jetzt muß noch eine Wohnungsart dazukommen.** Und das sind die **g-Orbitale**. Und wie viele verschiedene Wohnungen gibt es von dieser Wohnungsart f? Immer um *zwei mehr* als bei der zuletzt dazugekommenen Wohnungsart.

Die zuletzt dazugekommene Wohnungsart waren die f-Orbitale mit 7 Wohnungen. Weshalb die Substandard **g-Wohnungen auf neun an der Zahl sind** (sieben plus zwei). Und damit haben wir die fünfte Schale! Sie hat **ein** s-Orbital, **drei** p-Orbitale, **fünf** d-Orbitale, **sieben** f-Orbitale, und **neun** g-Orbitale, macht in Summe 25 Orbitale oder Platz für 50 Elektronen.

Damit haben wir alle für uns wichtigen Orbitale kennen gelernt. Wir wollen jetzt die Orbitale wieder als Nebel betrachten. Wenn wir dann alle p-Orbitale in einer Schale, also zum Beispiel die der 2. Schale, zusammenzählen, das heißt: wenn wir p_x, p_y und p_z übereinander legen, so ergibt sich ein runder Nebel! Das gilt auch für alle anderen Orbitale**. Jedes Orbital ist also Teil einer Kugel!**

Bevor wir selbständig alle weiteren Stockwerke basteln können, wobei uns die Form der weiteren Wohnungsarten (schon f ist uns egal) nicht interessiert, sondern nur, wie viele Elektronen dort Platz haben, brauchen wir die Namen der Wohnungsarten, also eine Namensregel.
Die Orbitale heißen:
s, **p**, **d**, **f**, und ab **f** geht es **alphabetisch weiter, also g, h, i,**....Orbitale, die wir aber nie brauchen werden.
Wer traut sich, das 5. Stockwerk zu konstruieren? Die Lösungen sind gleich darunter.
Hier stehen die Schalen, die Namen der Wohnungsarten (also der s, p, d...Orbitale) und die Zahl der jeweiligen Orbitale.
1. Schale: 1 mal s
2. Schale: 1 mal s, 3 mal p
3. Schale: 1 mal s, 3 mal p, 5 mal d
4. Schale: 1 mal s, 3 mal p, 5 mal d, 7 mal f
5. Schale: 1 mal s, 3 mal p, 5 mal d, 7 mal f, 9 mal g
6. Schale: 1 mal s, 3 mal p, 5 mal d, 7 mal f, 9 mal g, 11 mal h
7. Schale: 1 mal s, 3 mal p, 5 mal d, 7 mal f, 9 mal g, 11 mal h, 13 mal i

Und so weiter....

Übungen:
1. Wie viele verschiedene Orbitale vom Typ f gibt es in einer Schale?
Ich weiß, vom s-Orbital gibt es nur eines, und dann weiß ich, von jedem weiteren Orbital gibt es zwei mehr. Also, es gibt zwei mehr p-Orbitale als s, macht drei Orbitale, und dann zähle ich immer 2 dazu, also zwei mehr d-Orbitale als p, macht 5 Orbitale, und zwei f-Orbitale mehr als d, macht 7 Orbitale, fertig!
2. Gibt es g-Orbitale in der 4. Schale?

In der ersten Schale gibt es eine Orbitalart, nämlich s, und mit jeder Schale kommt eine Orbitalart dazu, also gibt es in der zweiten Schale zwei Orbitalarten, nämlich s und p, in der dritten drei: s, p, d, und in der vierten vier: s, p, d, f, und ab da alphabetisch weiter. Die ersten vier Orbitale sind sind zugleich die Orbitale in der vierten Schale, nämlich s, p, d, f, und kein g.

g gibt es nicht in der 4. Schale. Fertig!

2.2.8. Die Quantenzahlen

Diese Konstruktionsregeln für Schalen lassen sich auch mathematischer und allgemeiner formulieren, sie sind nämlich auch **Resultate der Schrödingergleichung**.

Als Schüler braucht man das eigentlich nicht, sofern es der Lehrer nicht ausdrücklich verlangt. Wozu man es überhaupt verlangt, ist freilich die Frage, wenn wir mit unseren einfachen Abzählregeln alle wichtigen Schalen konstruieren können. Wie dem auch sei, wollten wir uns die 20 000ste Schale berechnen, kämen wir mit unserer Abzählregel nicht weit. Darum seien hier die hochoffiziellen Formeln aufgeführt. Im Anschluss folgen dieselben Übungen, die wir oben durchgenommen haben, und wir werden sehen, dass die Ergebnisse dieselben sind.

Wir haben gesagt, dass die Atomschalen die **Hauptquantenzahlen** (kurz: *n*) sind. "*Hauptquantenzahl*" ist nur ein anderes Wort für "*Atomschale*". Also: Ist die Hauptquantenzahl gleich 1, so meinen wir die **1. Schale**. Ist die Hauptquantenzahl gleich 2, so ist es die **2. Schale**, ist die Hauptquantenzahl gleich 3, ist es die 3**. Schale**, und so weiter.

Frage: Ist die Hauptquantenzahl gleich 4, welche Schale ist es?
Und wir haben gesagt, dass die erste Hauptquantenzahl die erste „Hauptlösung“ der Schrödingergleichung ist: Und diese Lösung, also dieses Ergebnis besagt, dass es eine 1.Schale gibt, die zweite Hauptlösung besagt, dass es eine 2.Schale gibt, und so weiter.

Auch die "Formen" der Orbitale, also s, p, d, f…..haben einen mathematischen Namen: Das sind die "**Nebenquantenzahlen**" (kurz: *l*). Diese Namen sind zwar sehr furchterregend, aber, wie man sieht, es ist nichts Schlimmes dahinter.

Also: Ist die Nebenquantenzahl gleich **null,** so ist es das **s-Orbital**. Ist die Nebenquantenzahl gleich **1**, so ist es das **p-Orbital**, ist die Nebenquantenzahl gleich **2**, ist es das **d-Orbital**. Und so weiter.

Und genau so ist die Nebenquantenzahl keine Zahl, sondern die „Nebenlösung" der Schrödingergleichung. Nämlich: Setze ich an einer gewissen Nebenstelle der zu einer riesigen (aber sehr interessanten) Mathematikwurst aufgeblähten Schrödingergleichnung die Zahl **Null** ein, so erhalte ich als Nebenlösung die s-Orbitale, und wie sie aussehen. (*Und aus gewissen Gründen, die weit über das, was wir hier besprechen können, hinausgehen, wissen wir, dass wir die Zahl Null einsetzen dürfen!*)

Setze ich die Zahl 1 an derselben Stelle der Schrödingergleichnung ein, erhalte ich die p-Orbitale, und so weiter, setze ich die Zahl 2 ein, erhalte ich die d-Orbitale, setze ich 3 ein erhalte ich die f-Orbitale, und so weiter. Und darum sagt man auch: **Das s-Orbital hat die Nebenquantenzahl Null, die p-Orbitale haben die Nebenquantenzahl eins**, und so weiter. Nachdem man die Begriffe „Hauptquantenzahl" und „Nebenquantenzahl" sehr oft hört, und die Leute glauben, die Orbitale seien eine Zahl, was natürlich nicht stimmt, ist es gut zu wissen, woher diese Zahlen kommen.

Wir merken uns: *s-Orbitale (egal in welcher Schale) haben die Nebenquantenzahl 0, die p-Orbitale (egal in welcher Schale) die Nebenquantenzahl 1.*

Wir brauchen noch so eine Zahl, um die p-Orbitale voneinander unterscheiden zu können- weil es ja p_x, p_y und p_z-Orbitale gibt. Und diese Zahl nennt man **Magnetquantenzahl** (kurz: *m*).
Ist die Magnetquantenzahl **null**, so ist es das **p_z-Orbital,** ist die Magnetquantenzahl **1**, so ist es das **p_x-Orbital,** ist die Magnetquantenzahl **-1**, so ist es das **p_y -Orbital**.

Auch das s-Orbital hat eine Magnetquantenzahl, da es aber bei einer Kugel keine "Richtung" gibt, in die sie schaut, gibt es nur eine Magnetquantenzahl für dieses Orbital, und die ist 0 (warum ausgerechnet null, ist uns leider zu kompliziert, wir merken es uns auswendig).

Auch die **fünf verschiedenen d-Orbitale** haben **verschiedene Magnetquantenzahlen, nämlich -2, -1, 0, 1, und 2.** Welche Magnetquantenzahl zu welchem d-Orbital gehört, soll uns aber egal sein.

Ebenso haben die 7 f-Orbitale ihre Magnetquantenzahlen, nämlich **-3, -2, -1, 0, 1, 2, 3**. Die Magnetquantenzahlen der 9 g-Orbitale lauten: -4, -3, -2, -1, 0, 1, 2, 3, 4.

Ihr seht also, wie das funktioniert: ich suche mir die Nebenquantenzahl der gesuchten Orbitale heraus (bei g ist diese 4), und dann gehe ich von -4 bis 4 alle ganzen Zahlen inklusive Null durch. Also gibt es 9 verschiedene g-Orbitale.

Verschaffen wir uns einen Überblick über Haupt- Neben- und Magnetquantenzahlen in der folgenden Übungstabelle!

Bitte überprüft, ob ihr das, was ihr lest, versteht:

offizieller Name:	Das bedeutet:
Hauptquantenzahl n	Atomschale
$n = 1$	1. Schale
$n = 2$	2. Schale
$n = 3$	3. Schale
Nebenquantenzahl l	"Form" des Elektrons oder Orbitals
$l = 0$	s-Orbitale
$l = 1$	p-Orbitale
$l = 2$	d-Orbitale
$l = 3$	f-Orbitale
Magnetquantenzahl m	"Ausrichtung" des Elektrons oder Orbitals
$l = 0$, $m = 0$	s-Orbitale (das hätten wir mit $l = 0$ auch ohne Magnetquantenzahl gewußt)
$l = 1$, $m = 0$	p_z-Orbitale
$l = 1$, $m = 1$	p_x-Orbitale
$l =1$, $m = -1$	p_y-Orbitale
$n = 1$, $l = 0$	das s-Orbital der 1. Schale
$n = 2$, $l = 1$	die p-Orbitale der 2. Schale
$n = 4$,, $l = 0$	das s-Orbital der 4. Schale
$n = 3$, $l = 1$, $m = 0$	das p_z-Orbital der 3. Schale
$n = 4$, $l = 1$, $m = 1$	das p_x-Orbital der 4. Schale
$n = 5$, $l = 2$	die d-Orbitale der 5. Schale
$n = 5$, $l = 3$	die f-Orbitale der 5. Schale
$n = 5$, $l = 2$, $m = 0$	eines der d-Orbitale der 5. Schale (in dem Fall das d_{zz},das ist uns aber egal)
$n = 1$, $l = 1$	**gibt es nicht!** Das wären p-Orbitale in der 1. Schale!
$n = 2$, $l = 3$	**gibt es auch nicht!** Das wären f-Orbitale in der 2. Schale!

$l = 2$, $m = 3$	**gibt es auch nicht!** Für d-Orbitale gibt es die Magnetquantenzahlen -2, -1, 0, 1, 2, und nicht 3. (Weil die d-Orbitale auch nur 5 an der Zahl sind!)
$n = 17566$, $l = 0$	das s-Orbital in der 17566. Schale
$n = 25343$, $l = 1$, $m = 0$	das p_z-Orbital in der 25343. Schale.
$n = 6555$, $l = 5884$, $m = 15$	irgendein sehr seltsames fortgeschrittenes Orbital, in der 6555. Schale, für das es keinen Namen mehr gibt
$n = 10$, $l = 8$	j-Orbital in der 10. Schale (brauchen wir nie)
$n = 10$, $l = 9$	k-Orbital in der 10. Schale (genau so uninteressant)

Jetzt sollten wir genügend geübt haben, dass wir uns vor den mathematisch formulierten Zusammenhängen zwischen Schale, Form und Ausrichtung, nicht mehr fürchten müssen. Wir machen jetzt also nichts anderes, als alles das, was wir schon wissen, kurz und prägnant zu formulieren. Wir werden sehen, dass in beiden Fällen dasselbe heraus kommt.

Die Hauptquantenzahl (kurz: *n*) ist immer um eins größer als die Nebenquantenzahl *l*, (wobei die kleinste Haupquantenzahl 1 ist, die kleinste Nebenquantenzahl ist daher 0):

$$n-1 \geq l$$

Beispiel: Die erste Schale hat die Hauptquantenzahl 1. Die Nebenquantenzahl muss um 1 kleiner sein, also null. Nur das s-Orbital hat die Nebenquantenzahl null, daher gibt es in der ersten Schale nur ein Orbital, nämlich ein s-Orbital.

Alles das wissen wir längst! Nur dieses Mal leiten wir uns das anders, sozusagen auf die hochoffizielle mathematische Methode her!

nächstes Beispiel: Ist die Hauptquantenzahl n gleich 6, so kann die Nebenquantenzahl nur die Werte 0, 1, 2, 3, 4 und 5 annehmen.

Das bedeutet: In der sechsten Atomschale (n=6) gibt es nur die Orbitale mit den Nebenquantenzahlen von 0 bis 5, also s-Orbitale (l=0), p-Orbitale (l=1) d-Orbitale (l=2) f-Orbitale (l=3) g-Orbitale (l=4) und h-Orbitale (l=5).

Hat die Nebenquantenzahl den ganzzahligen Wert *l*, so durchlaufen die Magnetquantenzahlen (kurz: *m*) alle ganzzahligen Werte von $-l$ bis *l*, also existieren für jede Magnetquantenzahl m 2 l+1 mögliche Werte.

*Dieser Satz sagt nichts anderes aus, als das, was wir schon wissen: Dass es **ein** s-Orbital, **drei** p-Orbitale, **fünf** d-Orbitale, usw. gibt. Es ist die mathematische Ausformulierung von dem, was wir bereits über die Magnetquantenzahlen gesagt haben.*

Beispiel: Die d-Orbitale haben die Nebenquantenzahl 2 (d.h.: l=2). Dann durchlaufen die Magnetquantenzahlen m alle ganzzahligen Werte von -2 bis 2, also -2, -1, 0, 1, 2.

Das bedeutet: Es existieren in jeder Schale, in der d-Orbitale sein können, d-Orbitale mit folgenden Magnetquantenzahlen: -2, -1, 0, 1, 2. Das macht 2 mal 2+1, also 5 verschiedene d-Orbitale.

Jetzt kommen genau die Übungen, die wir oben gerechnet haben, aber diesmal in der offiziellen Art. Wir werden sehen, es kommt dasselbe heraus.

1. Wie viele f-Orbitale gibt es in einer Schale?

Wir müssen also herausfinden, wie viele Magnetquantenzahlen m es für die f-Orbitale gibt, dann haben wir die Anzahl der verschiedenen f-Orbitale. Da das aber von der Nebenquantenzahl l abhängt, müssen wir zuerst die Nebenquantenzahl der f-Orbitale herausfinden.

Die Reihenfolge der Orbitale mit steigender Nebenquantenzahl lautet:
s p d f

für die s-Orbitale ist die Nebenquantenzahl l gleich 0, für p gleich eins, für d gleich zwei, und für f gleich 3. Also: l=3.

m durchläuft alle ganzzahligen Werte von $-l$ bis $+l$, also von -3 bis +3. Das sind: -3, -2, -1, 0, 1, 2, 3. Das sind sieben verschiedene Werte. Also existieren in einer Schale sieben f-Orbitale.

2. Gibt es in der 4. Schale g-Orbitale?

Hier die offizielle Version des vorigen Beispiels:
Hier müssen wir die Hauptquantenzahl der 4.Schale mit der Nebenquantenzahl der g-Orbitale vergleichen. Nur wenn die Nebenquantenzahl von g um eins kleiner ist, kann es g-Orbitale in der 4.Schale geben.

Die Hauptquantenzahl der vierten Schale ist 4 (n = 4). Wir wissen, dass die Nebenquantenzahl l um mindestens eins kleiner als die Hauptquantenzahl sein

muss. Dann müssen wir die Nebenquantenzahl *l* für die g-Orbitale herausfinden.
Die Reihenfolge der Orbitale lautet:

s p d f g

für s ist *l* gleich 0.....für g ist *l* gleich 4. Die größtmögliche Nebenquantenzahl l für die 4. Schale ist aber 3, weil die Nebenquantenzahl *l* um eins kleiner als die Hauptquantenzahl sein muss.

Also existieren keine g-Orbitale in der 4. Schale. (Die g-Orbitale kommen erst in der 5. Schale).

So, das war es für die Interessierten (und die, die es brauchen).

Uff! Jetzt waren wir fleißig. Wir haben uns einen Urlaub verdient! Also zum Beispiel auf Hawaii. Mit Surfen und Ananas-Cocktail und Hula-Hula-Tanzen und so. Wir liegen also in der Hängematte. Über uns der blaue Himmel, unter uns der Strand. Palmen. Wir hören des Rauschen des Meeres und oben am Himmel fliegt ein Flugzeug. Unter einer Palme sitzt einer und spielt auf einer Ukulele (das sind diese mini-Gitarren!) und da geht gerade ein Surfer vorbei. Was brauchen wir jetzt noch, um glücklich zu sein?

Richtig! Einen Cocktail! Hier also ein Rezept: Man nehme ein kleines Schnapsglas voll Grenadine (das ist ein roter Fruchtsirup, meistens aus Granatäpfeln); und jeweils ein großes Schnapsglas voll mit: Mangosaft, Maracujasaft, Ananassaft, Orangensaft, und ein wenig Zitronensaft. Mit Eiswürfeln schütteln-fertig! Und jetzt trinken. Zum Wohl!

PS.: Notfalls tut's auch ein Glas Orangensaft aus dem hauseigenen Kühlschrank.
So gestärkt, erkennen wir nun das wirklich wahre Wesen des Elektrons:

Jetzt gleich wieder etwas für Interessierte, nämlich:

2.2.9. Weitere Unterschiede zwischen den Schalen:

Wir haben gesagt, der Hauptunterschied zwischen den s-Orbitalen verschiedener Schalen liegt hauptsächlich in der Größe. Deren Nebel sind ausgedehnter, aber weniger dicht. Da gibt es aber *noch einen Unterschied,* auf den wir jetzt zu sprechen kommen wollen. Dieser Unterschied ist für unser chemisches Verständnis nicht wichtig, man muss es nicht wirklich wissen.

Andererseits ist es für jene, die sich tiefer mit dieser Materie beschäftigen wollen, gut, wenn sie es schon einmal gehört haben. *Wenn man nämlich eine Sache zu stark vereinfacht, kann man in Verwirrung geraten, wenn man auf einmal die kompliziertere Wahrheit hört.* Und das soll verhindert werden. Es geht also jetzt nicht darum, diesen Unterschied bis auf das letzte zu verstehen, sondern nur um die Erkenntnis: "*Aha, das gibt es auch.*"

Worin also unterscheiden sich die s-Orbitale in den verschiedenen Schalen noch? Wir haben gehört, dass es **Knotenebenen** gibt: Das sind Flächen, auf denen der **Elektronen-Nebel null ist**. Die p-Orbitale haben Knotenebenen, die von der Form tatsächlich Ebenen sind, also wie Glasscheiben oder ein Blatt Papier, aber unendlich weit.

So weit so klar.

Nun haben aber auch die 2s-Orbitale solche Knotenebenen, aber in einer anderen Form, nämlich in der Form einer **hohlen Kugel** um den Atomkern herum! Wie soll man sich das wieder vorstellen? Wir stellen uns also einfach wieder unseren Nebel vor, und wir halten in den Nebel eine hohle Glaskugel hinein. Außerhalb der Glaskugel ist Nebel, aber wir haben auch das Innere der Glaskugel mit Nebel befüllt! Also ist außerhalb der Glaskugel ein Nebel, und innerhalb der Glaskugel auch. Und im Zentrum dieser hohlen Glaskugel liegt der Atomkern. Genau dort, wo die Glasschicht der Glaskugel ist, ist natürlich kein Nebel. Da kann man durchsehen.

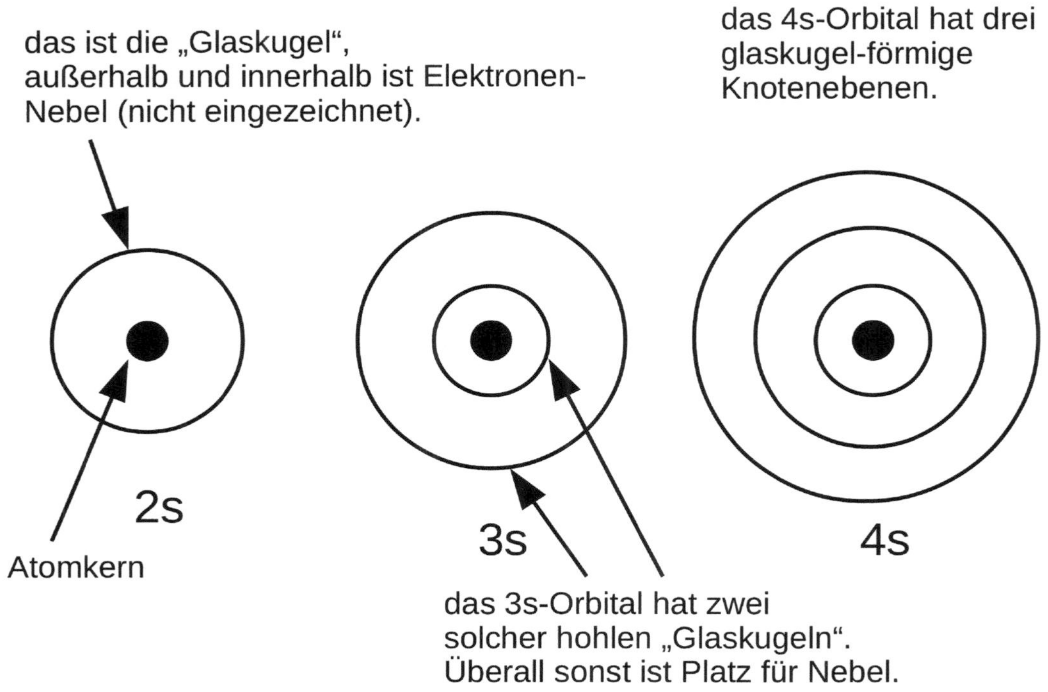

Der Nebel außerhalb der Glaskugel ist viel größer, als der Nebel innen, und kugelrund. Das ist die Form des 2s-Orbitals. Aber, wie gesagt, chemisch tut das nicht viel zur Sache. Das 3s -Orbital hat hat zwei solcher Glaskugeln: Eine größere, in der die kleinere Glaskugel ist. Und außerhalb und innerhalb dieser Glaskugeln ist überall Nebel. Im 4s-Orbital sind es 3 Glaskugeln, und so weiter.

Und jetzt wird es noch schlimmer: Das 3p-Orbital hat auch so eine kugelförmige Knotenfläche, und zwar zusätzlich zur flachen glasscheibenähnlichen Knotenebene. Man kann es sich so vorstellen: Beim 3p-Orbital geht die Glasscheibe so durch die Glaskugel hindurch, dass die Kugel in zwei Halbkugeln getrennt wird.

Das heißt: Das Innere der Glaskugel wird in zwei gleich große Innenräume getrennt, und natürlich ist in beiden auch Elektronen-Nebel. Diese Glaskugel schaut aus der Fensterscheibe heraus: Die eine Hälfte nach oben, die andere nach unten. Wie eine Beule nach oben und nach unten. Und oberhalb des ausgebeulten Fensterglases ist Nebel, und unterhalb auch. Nachdem der Nebel außerhalb der Kugel viel größer ist, als der Nebel innerhalb, bleibt eine ungefähre 8-er Form erhalten. Wer sich das vorstellen kann, soll es tun, wer nicht, soll es einfach lassen. **Es ist nicht so wichtig.**

Wie geht es weiter? Das 4-p Orbital hat zwei solcher Kugel-Oberflächen, das 5p deren drei, und so weiter. Das selbe passiert auch mit den den d- und f-Orbitalen der höheren Schalen. Aber das ist dann schon so umständlich zu zeichnen, oder es sich vorzustellen, dass auch ich keine Lust mehr dazu habe. Wie dem auch sei: Das 4d-Orbital hat eine zusätzliche Kugeloberfläche, das 5d-Orbital zwei, und so weiter, und so fort.

Das haben wir nur der Vollständigkeit halber erwähnt. Denjenigen, denen diese Sache zu mühsam war, sollen sie gleich wieder vergessen.

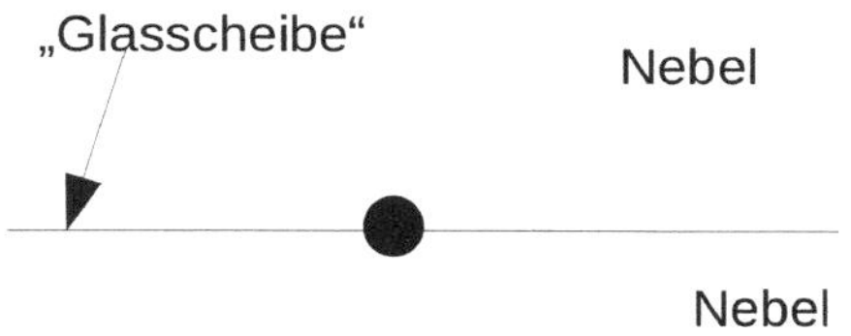

Das ist das **2p-Orbital,** das wir schon kennen: Die Knotenebene, (die wir mit einer „Glasscheibe“ vergleichen wollen), geht durch den Atomkern durch. Oberhalb und unterhalb der Glasscheibe ist Elektronen-Nebel, in der Glasscheibe nicht. Es gibt also zwei von einander getrennte Nebel.

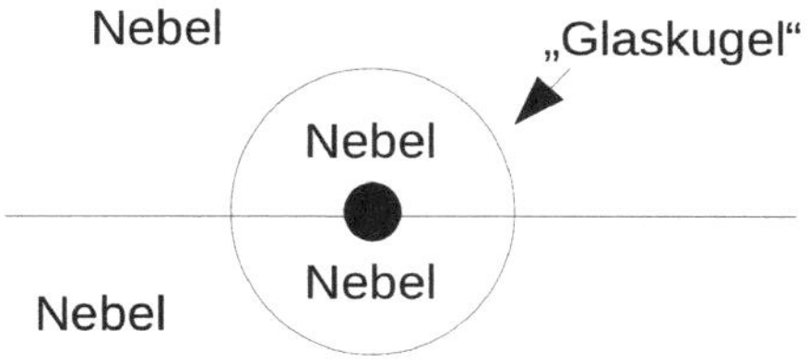

Im **3p-Orbital** gibt es eine zusätzliche Knotenfläche, die aussieht wie eine hohle Glaskugel. Durch diese Glaskugel geht die die „Glasscheibe“ hindurch: Sie trennt den Innenraum der Glaskugel in zwei Teile. Nebel ist überall dort, wo kein Glas ist. Aber der Nebel ist in 4 Räumen getrennt.

Wir können jetzt die Schalen richtig mit Elektronen füllen. *Für die Zukunft merken wir uns vor allem die ersten 3 Schalen und die* ***s, p*** *und* ***d****-Orbitale, aber ohne die kugelförmigen Knotenflächen.*

Jetzt haben wir schon sehr viel verstanden, aber manches ist noch unklar: **Warum sehen p-Orbitale aus, wie sie aussehen?** Wie kann ein Teilchen aus zwei Nebeln bestehen? Was sind eigentlich diese Knotenebenen wirklich?

Und noch etwas ist bis jetzt unklar: Warum sitzen Elektronen nur in dieser und jener Schale, und nur in diesem oder jenem Orbital? Warum gibt es keinen eineinhalbten Stock, in der das Elektron sitzen kann? Warum sind chemische Bindungen energetisch günstig?

Die Antwort lautet, wir kennen sie schon: **Das Elektron ist Welle und Teilchen gleichzeitig.** Und damit beginnen wir die *Quantenmechanik.*

2.3. Elektronen und Licht: Der Quantensprung

Um alle diese und noch viel mehr Fragen vollständig zu lösen, müssten wir die Schrödingergleichung durchrechnen. Das ist uns aber erstens zu mühsam, zweitens machen das nicht einmal alle Chemiker, und drittens kann man die Schrödingergleichnung schon für das extrem einfache H_2-Molekül nicht mehr genau lösen.

Weltweit arbeiten Theoretische Chemiker und Quantenphysiker daran, diese Gleichung so gut wie möglich näherungsweise zu lösen, und schon diese Näherungsverfahren sind so kompliziert, dass für ihre Entwicklung regelmäßig Nobelpreise vergeben werden. Und hat man ein Näherungsverfahren, so benötigt man leistungsstarke Computer, um diese auch anzuwenden....

Wir beschränken uns also auf eine vereinfachte Sicht der Dinge, es reicht uns, eine "Ahnung" davon zu haben - wie das übrigens auch den meisten Chemikern reicht. Selbst die besten Chemiker arbeiten meistens mit einfachen Bildern und Modellen. **Die Kunst der Chemie ist es, zu wissen, wann man welches Bild anwenden kann**.

Wenn Elektronen von einer Schale in die nächste wandern wollen, so brauchen sie **Energie.** Wie man in unseren Ziegel, indem man ihn in das nächste Stockwerk trägt, Energie pumpt, so lässt sich auch in das Elektron Energie pumpen, und zwar in Form von **Licht**. Das Elektron nimmt Licht auf und geht in das nächste oder übernächste Stockwerk. Während aber unser Mensch, der den Ziegel hinauf trägt, zwischen den Stockwerken verschnaufen und den Ziegel einfach auf die Stiegen legen kann, **ist das dem Elektron unmöglich**. Man muss dem Elektron **genau** die Portion Energie mitgeben, dass es genau von einem Stockwerk in das nächste kommen kann. **Gibt man ihm zu wenig Energie** mit, so dass es auf den Stiegen stehen bleiben müsste, **tut es gar nichts**, es sind sozusagen keine Stiegen: **das Elektron nimmt das Licht nicht auf, und bleibt wo es ist**. Übrigens nützt es auch nichts, wenn man dem Elektron zwei halbe Portionen hintereinander verabreicht. Es braucht genau eine Lichtportion,und diese nennt man **Lichtquantum** (oder einfach **Quantum**). Daher der Name "Quantenmechanik".

Wie verabreiche ich nun dem Elektron die nötige Lichtportion? Mit einem **Lichtteilchen**, das genügend Energie hat! Wie das Elektron, ist nämlich auch das Licht Welle und Teilchen gleichzeitig. Das Lichtteilchen nennt man **Photon**.

Das Elektron schluckt ein Photon und geht damit ins nächste Stockwerk. Wenn nun das Elektron wieder hinunterfällt, gibt das Elektron genau das gleiche Licht, das heißt: genau das gleiche Photon, wieder ab. Wir können also sagen - das bedeutet das selbe! - ein Elektron nimmt Licht auf, oder: ein Elektron nimmt ein Photon auf. Das Licht nimmt also ein Photon auf, und springt in das 2., 3., oder 4. Stockwerk usw.

Wir merken uns: Ein Photon muss genügend Energie haben, um das Elektron von einer Schale in eine höhere zu befördern. Diesen Sprung eines Elektrons nennt man den **Quantensprung**. Quantensprünge sind die *kleinstmöglichen Sprünge*, die es in der Physik gibt. (Daher ist es auch seltsam, wenn Politiker "Quantensprung" sagen, und damit einen großen Fortschritt meinen!)

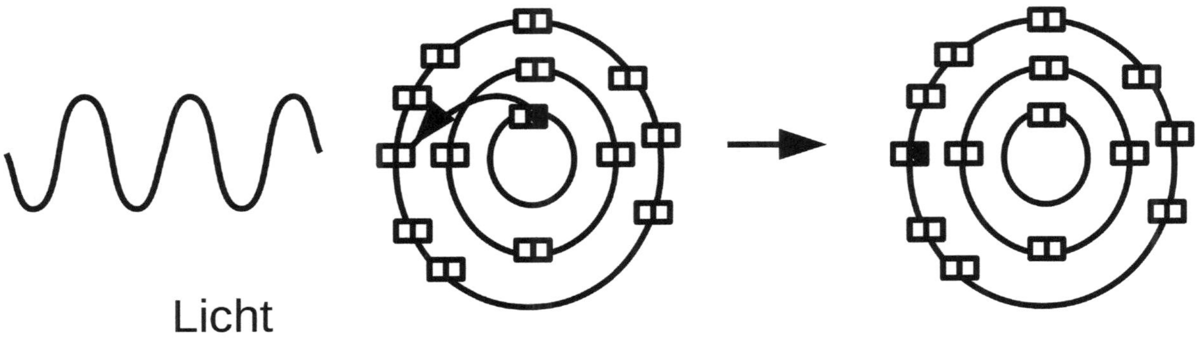

das Elektron nimmt Licht auf, und springt von der 1. in die 3. Schale: ein Quantensprung!

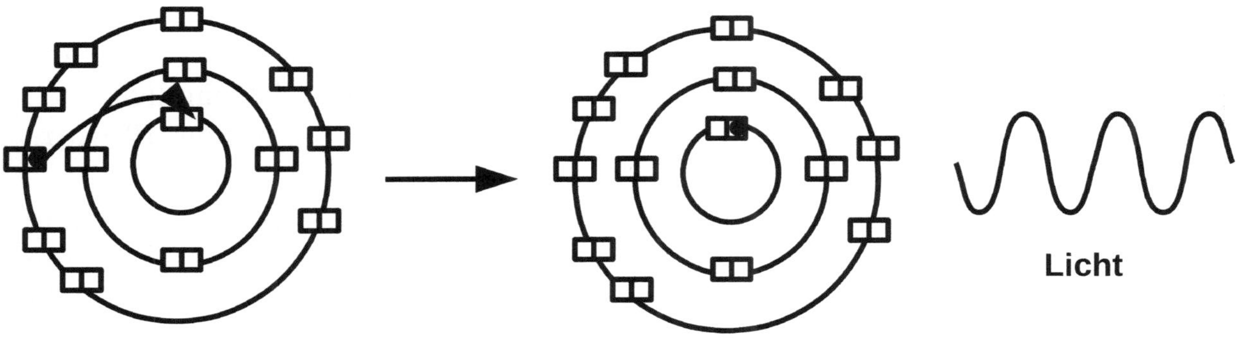

wenn das Elektron zurück springt,.....

sendet es genau das selbe Licht wieder aus!

Wir können uns das so vorstellen: Unser Elektron sei ein Fußball, der, sagen wir,, im 1.Stock (=1.Schale) liegt. Das Photon ist ein Fußballer, der den Ball hinauf schießt. Wenn der Fußballer nun den Ball zu schwach kickt, dass er nicht in das Fenster des 2. Stocks fliegen kann, kommt der Fußball wieder zurück. Umgelegt auf das Elektron bedeutet das: **Wenn das Elektron kein Photon bekommt, das genügend Energie hat, tut das Elektron nichts, und bleibt in seiner Schale. Das Licht fliegt am Elektron vorbei, und tut sonst nichts.**

Ein Atom, von dem ein (oder mehrere Elektronen) in eine höhere Schale gesprungen sind nennt man ein **angeregtes Atom.**

Da stellt sich die Frage: **Was ist denn ein energiereiches Photon?** Wie unterscheidet sich ein energiereiches von einem energiearmen Photon? Antwort: **die Farbe**! Ein Photon, das man blauem Licht gleichsetzen kann,hat mehr Energie, als ein Photon, das man grünem Licht gleichsetzen kann, dieses wiederum hat mehr Energie als ein gelbes, und dieses hat mehr Energie als ein rotes Photon.

Die Energie eines Photons, das wird oft nicht verstanden, hat nichts mit der Helligkeit zu tun, sondern mit der Farbe!

Eigentlich würde man eher glauben, dass blaues Licht schwach ist, weil man es mit Eis und Schnee und Kälte verbindet, rotes Licht aber mit Glut und Feuer, aber das stimmt nicht. Ein Blick ins Weltall bestätigt uns das. Wenn man genau schaut, sieht man, dass die Sterne in unterschiedlichen Farben funkeln. Und tatsächlich sind die roten Sterne die kühlsten, mit "nur" 3000℃, gefolgt von den gelben Sternen (wie unsere Sonne) mit ca. 6000℃, dann kommen die weißen Sterne mit 10 000℃, und, als heißeste, die blauen Sterne mit bis zu 30 000℃.

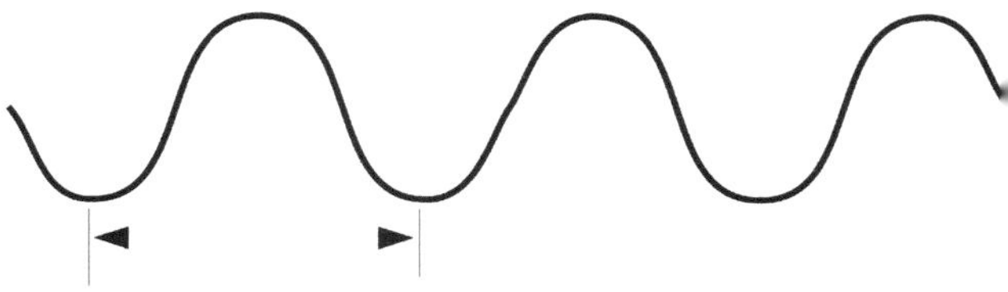

große Wellenlänge – rotes Licht

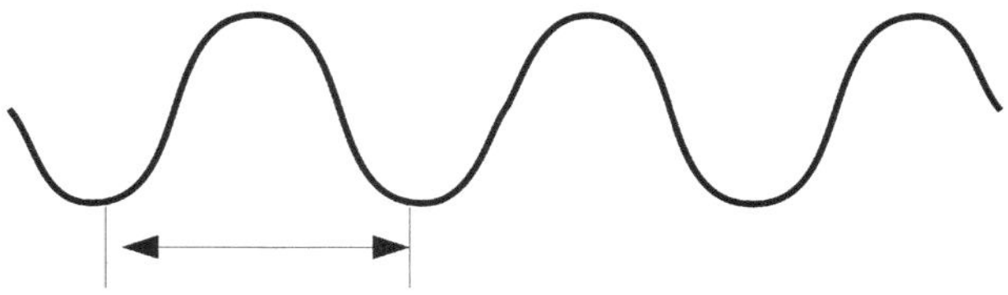

mittlere Wellenlänge – grünes Licht

Sehen wir uns das Licht nun wieder als Welle an: Was unterscheidet das Licht verschiedener Farben? Die **Wellenlänge.** *Je* ***energiereicher*** *das Licht, desto* ***geringer*** *ist die Wellenlänge.* Also: **blau hat eine geringere Wellenlänge als rot.**

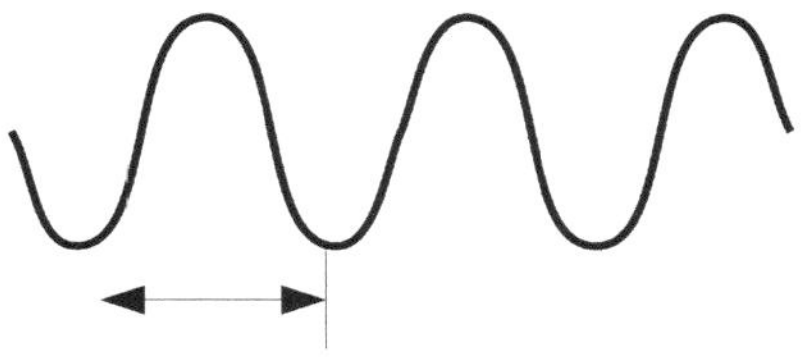

kleine Wellenlänge – rotes Licht

Umgekehrt hat energiereiches Licht (also blau) eine höhere **Frequenz** als energiearmes Licht (rot). Die Frequenz besagt, wie viele Wellenberge pro Sekunde ausgestrahlt werden. Und nachdem rotes und blaues Licht gleich schnell ist, werden pro Sekunde **mehr** von den **schmalen blauen** Wellenbergen ausgesendet, als von den **breiten roten** Wellenbergen. Mathematisch betrachtet, ist also die Frequenz Wellenberge pro Sekunde.

Merksatz: **Blau: hohe** Frequenz und **hohe** Energie, **rot: niedere** Frequenz und **niedere** Energie.

Nun sind jene Lichtfrequenzen, die Menschen sehen können, nur ein kleiner Teil aller möglichen Frequenzen, des so genannten **Lichtspektrums**. Im nicht sichtbaren Bereich hat **Ultraviolett** (abgekürzt: **UV-A und UV-B**) eine noch höhere Frequenz (und Energie) als blau, dann folgt die **Röntgenstrahlung**, die aufgrund ihrer hohen Energie nicht nur Körper durchleuchten kann, sondern in höheren Dosen auch sehr gefährlich ist, dann kommt die noch gefährlichere **Gammastrahlung**, und schließlich, als Höhepunkt, die kosmische Strahlung. (Batman - Strahlen gibt es nicht.)

Und natürlich kann ich alle diese Strahlungen auch als Photonen betrachten: Es gibt UV-Photonen, Röntgen-Photonen, Gamma-Photonen und Photonen kosmischer Strahlung. Letztere sind so stark, dass *ein einziges* kosmisches Photon die Energie eines Faustschlages hat! Natürlich spürt man dieses Photon nicht wie einen Faustschlag. Aber so ein kosmisches Photon zerschmettert die menschliche DNA (das sind die Erbanlagen), und man kann Krebs bekommen. (Aber Batman - Photonen gibt es noch immer noch nicht!)

Weniger Energie als rote Photonen haben IR (**Infrarotstrahlung**), **Mikrowelle** (die vom Mikrowellenherd), und **Radiowellen**: dazu gehören **UKW** (Ultrakurzwelle) **MW** (Mittelwelle) und **LW** (Langwelle). Langwellen-Photonen sind also die energieschwächsten.

Wenn nun aber die Energie der Photonen die Farbe bestimmt, was macht dann die *Helligkeit* des Lichtes aus? **Die Anzahl der Photonen! Viele** Photonen ergeben **helles Licht**, **wenige** Photonen ergeben **dunkles (schwaches) Licht.**

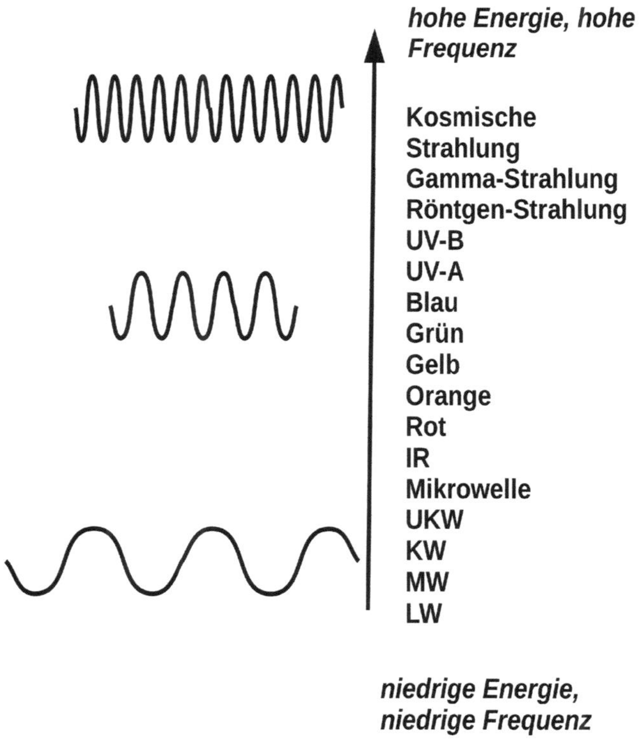

Was also ist *dunkles blaues Licht*? Antwort: *wenige blaue Photonen* (also wenige, aber starke Photonen)! *Was ist helles rotes Licht?* **Viele rote Photonen.** (Also viele, aber schwache Photonen). Was ist *helles blaues Licht? Viele blaue Photonen.*

Wie können wir das nun in unsere Wellen-Vorstellung vom Licht übertragen? Hat das Licht eine **hohe Amplitude**, so ist es **hell** (zb. hellgrün), hat es eine **geringere Amplitude,** so ist es **schwach** (zb. dunkelgrün). Amplitude könnten wir als die Höhe der Welle betrachten:

niedrige Amplitude: schwaches Licht

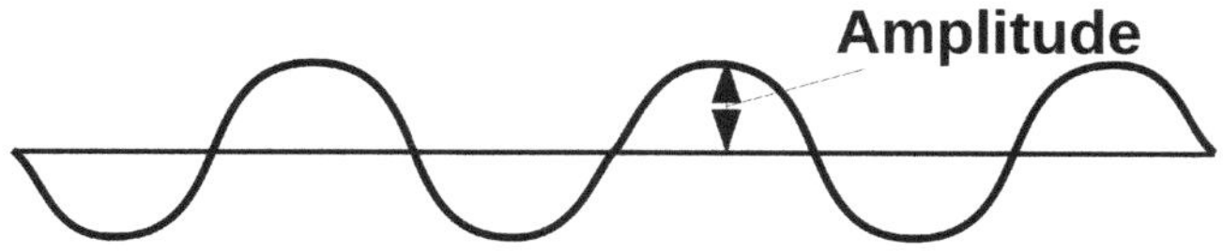

hohe Amplitude: helles Licht

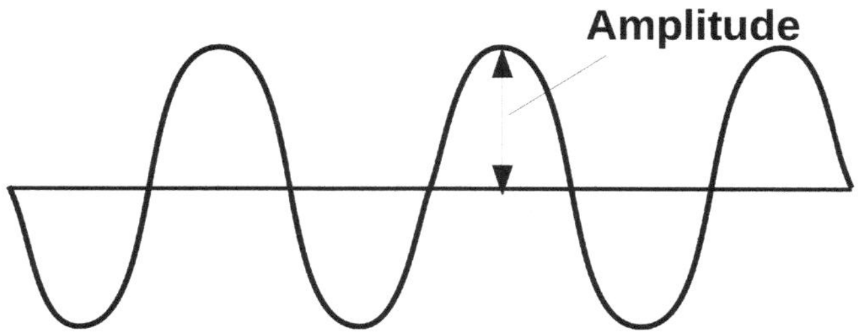

Beantworte nun folgende Fragen (*und mache es wirklich, das ist eine gute Übung!!!*)
Was ist helles grünes Licht?
Was ist dunkles gelbes Licht?
Was ist starke IR-Strahlung?
Was ist schwache Gamma-Strahlung?
Welche Amplitude hat starkes gelbes Licht?
Welche Amplitude hat schwaches blaues Licht?

2.3.1. Konsequenzen des Quantensprungs

Frage: Angenommen, wir wollen ein Elektron in eine energetisch weit entfernte Schale springen lassen. Man bräuchte ein blaues Photon hierfür. Kann ich dieses Elektron auch mit intensivem hellrotem Licht in jene Schale befördern? Was glaubt ihr?

Antwort: **Nein**.

Kommen wir zu unserem Fußball-Gleichnis zurück: Angenommen, unser Fußball (das Elektron) liegt im 1. Stock, und jener Stock, in den ich den Fußballschießen will, ist 2 Meter darüber. Mit einem starken Schuss (einem blauen Photon) könnte ich das schaffen. Mit einem schwachen roten Photon aber kicke ich den Ball nur einen Meter hoch, dann fällt der Ball sofort wieder herunter. Auch wenn ich den Ball tausend mal schwach in die Höhe schieße, er wird das andere Stockwerk niemals erreichen.

Frage: Wie sieht ein Stoff aus, dessen Elektronen durch keine sichtbaren Photonen angeregt werden können?

Antwort: Alle Photonen wandern durch diesen Stoff, ohne Hindernis: Der Stoff ist also *durchsichtig*. Beispiele sind: Diamant, Glas, manche Kunststoffe.....

Jetzt müssen wir unser Wissen um Quanten noch um eine Sache erweitern: Ein Elektron kann *zuerst* ein Photon aufnehmen, und zum Beispiel von der 1. in die 2. Schale springen, und dann noch ein Photon aufnehmen, und von der 2. in die 3. Schale springen. Es kann also ein Elektron *nacheinander mehrere Photonen aufnehmen*, und von Stockwerk zu Stockwerk springen. Das ändert aber nichts an der Tatsache, dass ein Elektron nicht *zwischen* die Schalen springen darf!

In unserem Fußball-Bild sieht das so aus: Der Fußballer kickt den Ball (das Elektron) vom 1. in das 2. Stockwerk. Dort bleibt der Ball einmal liegen. Warum auch nicht? Es ist ja ein Stockwerk mit allem drum und dran. Und von dort kickt dann ein anderer Fußballer den Ball vom 2. in den 3. Stock. Das ist kein Problem. Wichtig ist nur, das der Ball so stark geschossen wird, dass er es in den 3. Stock schafft, genau so, wie bei unseren Beispielen zuvor.

Und dann kann es passieren, dass das Elektron von der 3. Schale gleich in die 1. Schale zurück fällt. Das ist natürlich auch kein Widerspruch zu dem, was wir bis jetzt gehört haben.

Es kann also geschehen, dass ein Elektron erst ein rotes Photon aufnimmt, und in die 2. Schale springt, dann noch ein rotes Photon aufnimmt, und in die 3. Schale springt, und dann *direkt* von der 3. Schale in die erste zurückfällt, und dabei viel Energie auf einmal abgibt, also zum Beispiel ein blaues Photon.

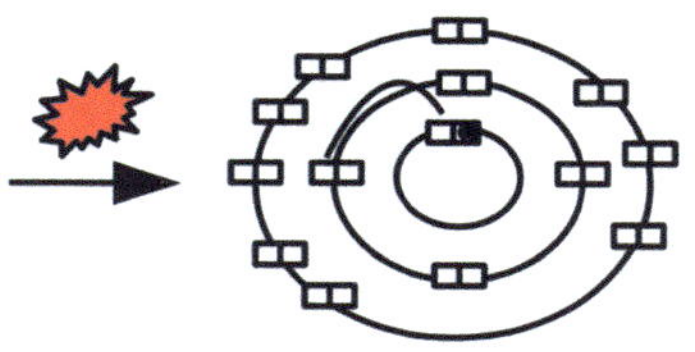

Das Elektron nimmt ein rotes Photon auf und springt in die 2. Schale

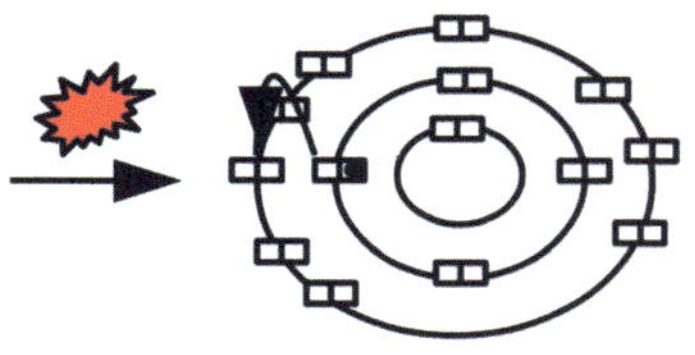

Das Elektron nimmt ein weiteres rotes Photon auf, und springt in die 2. Schale

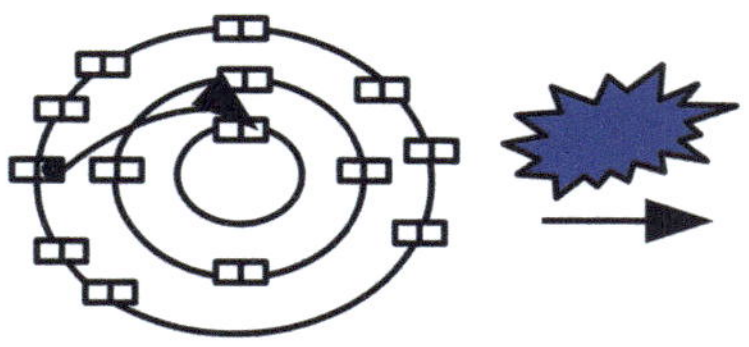

Das Elektron springt direkt von der 3. in die 1. Schale zurück, und gibt dabei ein blaues Photon ab.

Natürlich können Elektronen nicht nur zwei rote Photonen nacheinander aufnehmen, sondern auch ein rotes und dann ein grünes, oder ein gelbes und dann ein blaues, oder zwei gelbe hintereinander, usw. Und natürlich können die Elektronen dann nicht nur ein blaues Photon abgeben, sondern auch ein gelbes, oder ein UV-Photon, usw.

Umgekehrt funktioniert dieses Prinzip genauso: Ein Elektron kann zuerst in den 3. Stock springen, und dann nacheinander in den 2. und in den 1. Stock zurückfallen, und dabei zwei energieärmere Photonen hintereinander abgeben.

So erklärt sich die Färbigkeit der Stoffe!

Angenommen nämlich, ein Stoff nimmt ein blaues Photon auf, und gibt zwei rote Photonen ab. Dann wird der Stoff rot erscheinen.

Für jene, die die Mathematik dahinter wissen wollen: Das Lichtteilchen hat eine Energie E, die abhängt von der Frequenz des Lichtes (f). Die Frequenz wird in Wellen pro Zeit, meistens pro Sekunde, angegeben. Die Formel lautet:

$$\mathbf{E=h^*f,}$$

wobei *h* das **plancksche Wirkungsquantum** ist, eine Konstante ($h = 6.6^*10^{-34}$ Joule*Sekunden) Wichtig für uns ist: Die Energie des Lichtteilchens hängt von seiner Welleneigenschaft -nämlich der Frequenz- ab! Je mehr Wellen pro Sekunde, desto mehr Energie hat das Lichtteilchen!

2.4. Die Quantenmechanik

Die Experimente, die diese Aufnahme von Energie in **Quanten** (also **Portionen**) bestätigt haben, haben lange vor der Erkenntnis, dass Elektronen Wellen und Teilchen sind, stattgefunden (durch *Frank und Hertz* im Jahr 1911), und konnten noch nicht richtig interpretiert werden.

1913 postulierte (*postulieren: ein schönes Wort für: etwas annehmen und damit recht haben wollen!*) Niels Bohr, dass die Elektronen in fixen Bahnen um den Atomkern kreisen, und deshalb nur gewisse Energien annehmen können. Eigentlich war diese Erkenntnis kein besonders großer Schritt, nach den Versuchen von Franck und Hertz sind sie auf der Hand gelegen.

Nur hat sich kein Physiker getraut, die daraus resultierenden Konsequenzen auch auszusprechen, bis Niels Bohr, einer der mächtigsten und einflussreichsten Physiker seiner Zeit, die Sache in die Hand genommen und gesagt hat, dass es eben so sei. Oft ist Erkenntnis nichts anderes, als der Mut, die Dinge auszusprechen, und in der Naturwissenschaft ist das nicht anders, nach dem Motto: *autoritär sein ist alles.*

Aber auch Niels Bohr hat das Elektron nur als Teilchen betrachtet, und das hat sich alsbald als zu wenig erwiesen. Erst Louis de Broglie (ausgesprochen: de Bräul) ist auf die Idee gekommen, dass, wenn Lichtwellen zugleich auch Teilchen sind, **ja umgekehrt alle Teilchen auch Wellen sein könnten, einschließlich Elektronen.**

Diese Idee hat Erwin Schrödinger aufgegriffen: Er hat in eine der wichtigsten Gleichungen für elektromagnetische Wellen, die Maxwell-Gleichung, Teilchen-Eigenschaften eingesetzt, und erhalten hat er die Schrödinger-Gleichung. Tatsächlich schauen sich die beiden Gleichungen auf den ersten Blick recht ähnlich. Als sich Schrödinger diese von ihm geschaffene Gleichung näher ansah, hat er den Ausspruch "*Ach, könnte ich doch mehr Mathematik!*" getätigt. Das denken sich Quantenphysiker und theoretische Chemiker bis heute. Interessant ist zum Beispiel, dass Schrödinger sich anfangs nicht vorstellen konnte, was diese Gleichung eigentlich bedeutet.

Als Schüler weiß man meistens, wie man ein Mathematikbeispiel interpretieren soll: "Ein Auto fährt immer gleich schnell. In einer Stunde fährt es 100 km/h. Wie lange braucht es für 500 km?" Na ja, 500 km durch 100 km/h, macht 5 Stunden. *Das Auto braucht 5 Stunden.* Da ist das Interpretieren leicht. In den

Naturwissenschaften ist es anders. Da ist die Interpretation oft schwieriger als das Rechnen. Erst ein Jahr nachdem Schrödinger seine Gleichung vorgestellt hat, und nachdem sich die wichtigsten Physiker 1927 beraten hatten, war man sich über deren Interpretation einigermaßen im Klaren: Sie ist als *Kopenhagener Deutung* in die Geschichte eingegangen.

2.5. Elektronen als Welle und Teilchen

Elektronen sind also **Teilchen** und **Welle** gleichzeitig. Das nennt man auch **Welle-Teilchen-Dualismus** oder **Welle-Korpuskel-Dualismus**. Nur kann sich das kein Mensch vorstellen (Darum gilt die Quantenmechanik auch als schwierig). Es ist aber so. Je nachdem, ob wir das Elektron als Welle oder Teilchen betrachten, gibt es sich als Welle oder Teilchen zu erkennen....

Und darum müssen wir uns angewöhnen, d**as Elektron einmal als Welle und dann wieder als Teilchen anzuschauen,** wir müssen also eine *Wellen-Sicht* (wo wir das Elektron als Welle sehen) und eine *Teilchen-Sicht* einführen (wo wir das Elektron als Teilchen sehen) einführen. Und dann werden wir *Misch-Sicht* einführen, von der wir wissen, dass sie nicht ganz richtig ist, mit der wir uns das Elekron aber am besten vorstellen können.

Wir haben gesagt, dass das „Zimmer“ des Elektrons seine **Umlaufbahn** ist, weil sich das Orbital von „**Orbit**“ ableitet. Dieses Bild kommt eindeutig aus der Teilchen-Sicht: Wir stellen uns das Elektron auf gewissen Bahnen um den Atomkern rasend vor, wobei das Elektron in manchen Gegenden häufiger herum rast als in anderen (wir sprechen von der „Aufenthaltswahrscheinlichkeit“ des Elektrons).

Das Elektron sitzt also in seinem Ferrari und fährt mal in den Wald, dann wieder in die Stadt.....aber wenn wir das Elektron so, aus der Teilchen-Sicht sehen, dann hat es ja gar kein Zimmer, sondern nur einen Ferrari, und nicht einmal den hat es, das Elektron genügt sich selbst. Das „Zimmer“ ist ein Bild, das eher der Wellen-Sicht des Elektrons entspricht, aber auch nicht ganz. Wir haben mit dem Zimmer eigentlich schon eine Misch-Sicht auf das Elektron. *Obwohl jedem von uns klar ist, dass „Umlaufbahn“ und „Zimmer“ etwas ganz anderes sind, haben wir akzeptiert, dass es für das Elektron dasselbe ist!*

Wir haben also, freilich ohne es zu wissen, von der Teilchen-Sicht zu einer Misch-Sicht gewechselt, und es hat uns keine Probleme gemacht. **Wir haben diese beiden Sichten, einfach indem wir sie akzeptiert haben, auch schon verstanden**.

Genau das selbe werden wir in diesem Kapitel tun: **Zwischen Teilchen- und Wellen-Sicht wechseln**, nur werden wir es öfter – und bewusster - tun, das heißt, wir werden genauer zwischen diesen beiden Sichten unterscheiden. Wir werden uns so einige wichtige Eigenschaften des Elektrons erklären, und zwar solche, die wir nur dann verstehen, wenn wir das Elektron als Welle betrachten, und solche, die wir nur aus der Teilchen-Sicht verstehen können.

Jetzt waren wir wieder fleißig. Also auf nach Hawaii.

Wir liegen am Strand. In der Hängematte. Unter Palmen. Und von ferne hören wir das Rauschen des Meeres. Ein Wellenreiter surft. Da kommt eine größere Welle. Hm. Wellen. Wir schlürfen unseren Cocktail. Wir denken uns: Komisch, die Wellen da sind ja in Schalen! Die sind ja in Orbitalen! Und das ist ja gar kein Wellenreiter! das Ist ein Teilchenreiter! Nein, das ist ein Wellen- und Teilchenreiter! Hilfe! Ist das ein Horrorfilm? Da kommt nämlich ein Zombie auf uns zu, der untote Erwin Schrödinger! „Nur Zombies", sagt er, „können die idealen Quantenphysiker sein! Sie haben ein Wellen- und ein Teilchenauge!"

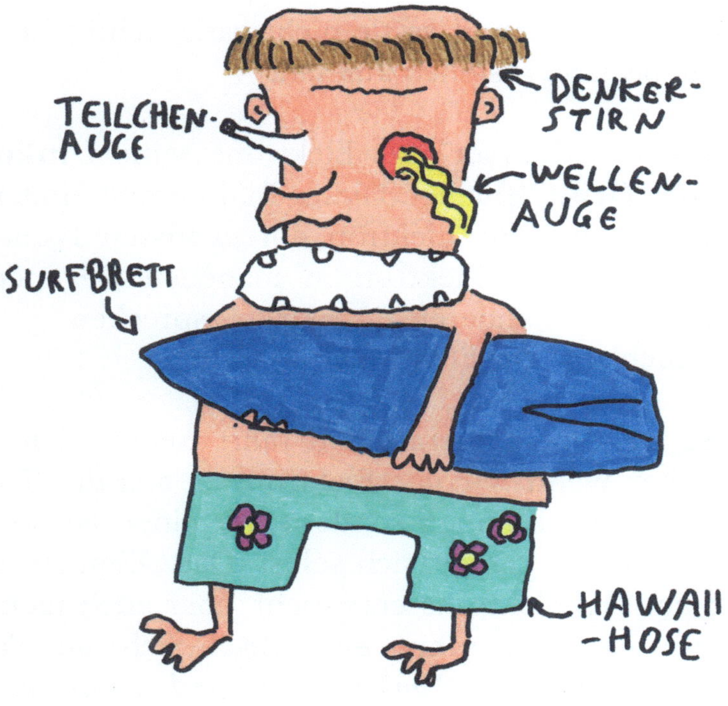

Na schön, machen wir weiter.....

2.6. Das Elektron in der Wellen-Sicht

Was ist überhaupt eine Welle? Wir kennen Wellen aus dem Alltag: Wasserwellen, Radiowellen, Schallwellen, aber auch: Grippewellen, Modewellen, aber auch: schwingende Gummibänder, vibrierende Gitarrensaiten, und, und, und....und Elektronen.

Natürlich ist eine Modewelle keine Welle im streng physikalischen Sinn, klar. (Der Physiker bezeichnet Wellen als eine periodische Form der Energieübertragung, und ob eine Modeerscheinung jetzt Energie ist, darüber kann man natürlich streiten.)

Was haben alle diese Wellen gemeinsam (inklusive Mode-und Grippewellen)? Sie übertragen irgendwas (zum Beispiel Energie oder die Grippe). Sie ändern irgendwas. Sie sind in irgendeinem Sinn eine Auf-und Abbewegung. Bei den Wasserwellen ist die Sache klar: Das Wasser bewegt sich auf und ab. Bei den Schallwellen ist es die Luftdichte, die einmal größer und einmal kleiner wird, also Luftdichte steigt und Luftdichte fällt, wieder ein auf und ab.

Dann die Grippewellen: Drei Menschen haben die Grippe, und die stecken andere an. Die Zahl der Grippekranken steigt, sie bewegt sich also aufwärts, dann hat die Grippewelle ein Maximum erreicht, jetzt sinkt die Zahl der Grippekranken wieder. Auch die Gitarrensaite schwingt auf und ab, und die Modewelle fängt an, wenn sich einige Insider rote Jeans kaufen, steigt, wenn es ihnen jeder nachmacht, und sinkt, wenn fast alle rote Jeans haben, und sie dann nur mehr wenige kaufen. Wellen sind immer eine Auf-und Abbewegung. Was sich allerdings auf- und abbewegt, ob die es die Höhe des Wassers ist, die Zahl der Grippekranken oder die Beliebtheit von roten Jeans, ist völlig unterschiedlich. Daran kann man die Wellen unterscheiden.

Wir überlegen uns: Eine Wasserwelle ohne Wasser kann nicht sein, ebenso wenig eine Grippewelle ohne Grippekranke. Dieser Stoff, oder dieses „etwas“, ohne das die Welle nicht existieren kann, also Wasser (für Wasserwellen), Grippekranke (für Grippewellen), Luft (für Schallwellen) oder rote Jeans (für Modewellen) nennt man **Medium**.

Es gibt aber auch Wellen, die kein Medium brauchen; Wellen, die ohne irgend etwas existieren. Dazu gehören zum Beispiel die Lichtwellen und die Radiowellen. Lange Zeit hat man geglaubt, dass auch diese beiden Wellen ein Medium brauchen, und dieses Medium nannte man „*Äther*“. Allerdings hat ein Experiment von Michelson und Morley im Jahre 1909 gezeigt, dass Äther nicht existiert, Radio- und Lichtwellen brauchen tatsächlich nur sich selbst und nichts anderes, um zu existieren. (Übrigens hat dieses Experiment auch die

Grundlagen für Albert Einsteins Relativitätstheorie geliefert, aber die besprechen wir hier nicht.)
Da sie kein Medium brauchen, kann man solche Wellen nicht sehen, aber vorstellen sehr wohl: Nämlich einfach als eine **Auf- und Abbewegung**! Auch die Welle der Grippekranken, kann man, obwohl sie ein Medium braucht, in dem Sinne nicht sehen, aber sich ganz leicht vorstellen: wenige Grippekranke, immer mehr Grippekranke, viele Grippekranke, wieder weniger Grippekranke, keine Grippekranke, fertig!

Nun ist das Elektron, wie das Licht, eine Welle, die kein Medium braucht. Es existiert aus sich heraus. Aber das schreckt uns nicht mehr.

2.7. Das Elektron in der Teilchen-Sicht:

Das Elektron in der Teilchen-Sicht lässt sich recht einfach denken: Es ist ein Teilchen, das im Raum durch die Gegend rast, wobei man es in manchen Stellen öfter, anderswo seltener findet. Es ist zwar der ganze Raum Umlaufbahn für das Elektron, dennoch bewegt es sich in manchen Gegenden öfter als in anderen, das heißt, die Aufenthaltswahrscheinlichkeit ist an manchen Orten größer als an anderen. Das hat natürlich mit der Dichte des Elektrons als Nebel zu tun. **Dort, wo der Nebel dichter ist, hält sich das Elektron - aus der Teilchen-Sicht - auch öfter auf**. Das werden wir uns im Folgenden genauer ansehen. Wir werden aber mit stark vereinfachten Elektronen arbeiten, und von diesen Rückschlüsse auf unsere tatsächlichen Elektronen ziehen.

2.8. Der Zusammenhang zwischen Teilchen- und Wellensicht des Elektrons

2.8.1. Zuerst die Teilchen-Sicht:

Wir vereinfachen jetzt unser Elektron so, dass wir uns seine Umlaufbahn nicht mehr als dreidimensionale, also im Raum, sondern als eindimensionale Umlaufbahn denken. Das heißt, die Umlaufbahn des Elektrons ist jetzt einfach ein Strich:

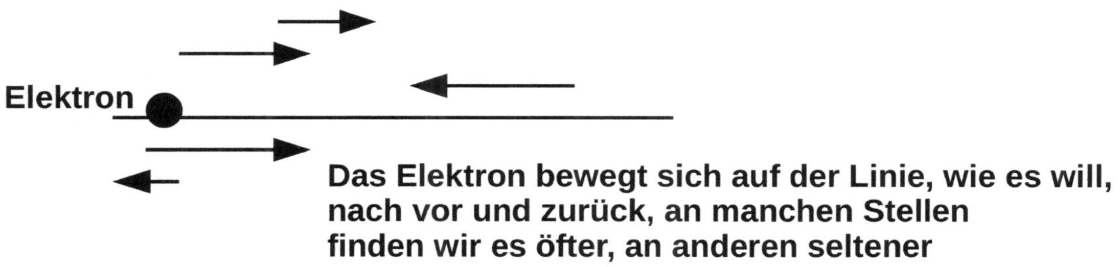

Auf diesem Strich kann das Elektron, wie es will, nach vor- und zurückfahren, es kann auch mitten auf dem Strich seine Bewegungsrichtung wechseln. Dann wird sich das Elektron an manchen Orten des Striches lieber und öfter aufhalten, an anderen weniger.

Wir wollen das so darstellen: Hält sich das Elektron auf einem Punkt der Linie **öfters** auf, zeichnen wir um diesen Punkt einen **größeren** Kreis (so dass der Punkt in der Mitte des Kreises liegt). Wo sich das Elektron **seltener** aufhält, zeichnen wir einen **kleineren** Kreis um das Elektron herum, immer sind klarerweise die Elektronen-Orte auf der Linie, also auf der Umlaufbahn. Wir können nicht zu jedem Punkt, wo sich das Elektron aufhalten kann, einen Kreis einzeichnen, sonst hätten wir unendlich viele Kreise, und dann wird es unübersichtlich. Trotzdem hält sich das Elektron natürlich auch zwischen den mit einem Kreis umzeichneten Punkten auf. Dann kann die Aufenthaltswahrscheinlichkeit eines Elektrons zum Beispiel so aussehen:

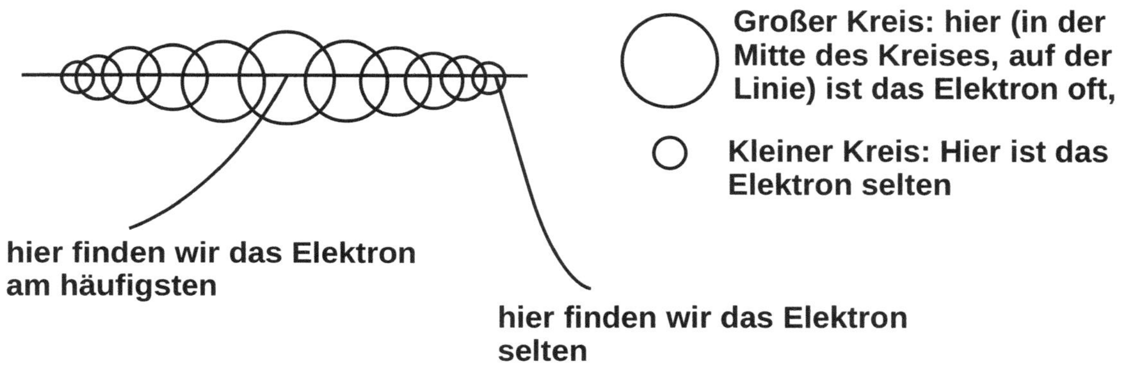

Nennen wir dieses Elektron, um es von anderen zu unterscheiden, **Elektron A:** Wir sehen also, dass die Aufenthaltswahrscheinlichkeit des Elektrons A in der Mitte am höchsten ist (das Elektron befindet sich im Mittelpunkt des großen Kreises), gegen den Rand hin wird sie schwächer, man findet das Elektron dort seltener. Könnte man das als Nebel darstellen, wäre der Elektronen-Nebel in der Mitte am dichtesten. Leider kann man aber Nebel in Form einer Linie schlecht darstellen, daher habe ich Kreise gewählt. Ich darf jetzt schon verraten, dass die Umlaufbahn des Elektrons A, das wir oben sehen, den Elektronen in s-Orbitalen recht ähnlich ist. Ein anderes Elektron (nennen wir es Elektron B) kann wieder eine solche Aufenthaltswahrscheinlichkeit haben:

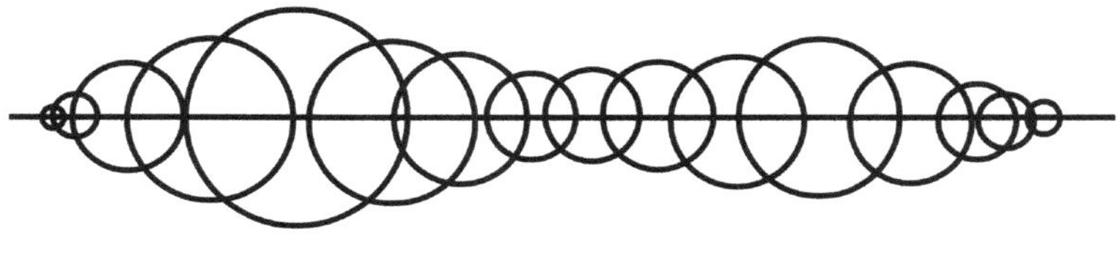

Das Elektron B ist wieder ein reines Phantasie-Elektron, sozusagen ein pädagogisches Elektron, das uns helfen soll, die Elektronen allgemein zu verstehen. Es kann auch jeder sein eigenes Phantasie-Elektron basteln, die Regeln sind bekannt: Das Elektron muss auf der Linie bleiben, **großer Kreis** bedeutet **hohe Aufenthaltswahrscheinlichkeit**, ein **kleiner Kreis geringe Aufenthaltswahrscheinlichkeit**, und natürlich: gar kein Kreis - kein Aufenthalt des Elektrons, (wobei wir immer den Mittelpunkt des Kreises meinen).

Wir sehen, dass das Elektron B auf der linken Seite (Mitte) der Umlaufbahn eine hohe Aufenthaltswahrscheinlichkeit hat (sehr großer Kreis um den Punkt auf der Umlaufbahn), und dann wieder in der Mitte der rechten Seite, aber nicht so groß wie auf der rechten Seite. Wir werden uns gleich die dazu gehörende Schwingung ansehen. Bis jetzt können es auch überaus phantastische Elektronen sein, um den physikalischen Sinn kümmern wir uns nicht. Es geht jetzt nur darum, wie die Teilchen-Sicht mit der Wellen-Sicht zusammenhängt.

2.8.2. Und jetzt die Wellensicht:

Und damit sehen wir uns jetzt an, wie unsere ein-dimensionalen Elektronen in der Wellensicht aussehen.

In der Wellensicht ist **genau auf der Umlaufbahn** ein Gummiringerl, eine Gitarrensaite oder ähnliches gespannt. Und das bringen wir jetzt zum Schwingen. Wir sehen irgendeine Auf- und Abbewegung unserer Gitarrensaite. Die Gitarrensaite ist also das Medium der Welle. Wir haben aber gesagt, dass das Elektron kein Medium hat! Also ziehen wir jetzt in Gedanken die Gitarrensaite aus der Schwingung heraus, ohne an der Schwingung etwas zu ändern: Die Auf- und Abbewegung bleibt:

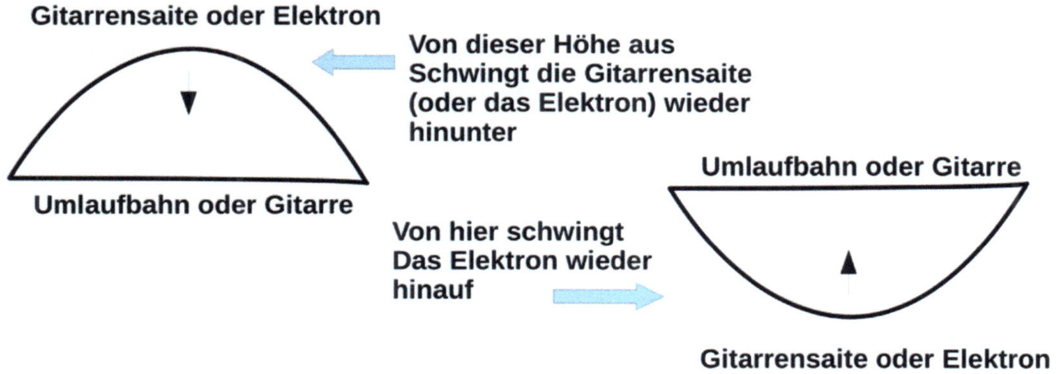

Das ist natürlich nur eine von vielen möglichen Schwingungen!

Wichtig: Wir stellen es uns auch nicht so vor, dass das Elektron als Teilchen auf der Welle sitzt, und von dieser mitbewegt wird, sondern das Elektron *ist* die Welle und sonst nichts! Wir können das Teilchen vollkommen weglassen!

2.8.3. Und jetzt führen wir Teilchen- und Wellensicht zusammen!

Wir sehen: An manchen Punkten unserer Umlaufbahn, hier also in der Mitte, ist die Auf- und Abbewegung der Schwingung (wir sagen: **Amplitude**) stärker, an den Rändern schwächer. **Und jetzt das Wichtige:** *Dort, wo, im Wellenbild die Auf- und Abbewegung des Elektrons* ***größer*** *ist, dort ist im Teilchenbild die* ***Aufenthaltswahrscheinlichkeit*** *des Elektrons eine* ***größere****, dort, wo die Auf- und Abbewegung* ***kleiner*** *ist, ist die Aufenthaltswahrscheinlichkeit auch eine* ***kleinere****.* Und damit können wir unseren Elektronen im Teilchenbild auch das richtige Wellenbild zuordnen. Zu unserem ersten Elektron A passt folgende Welle:

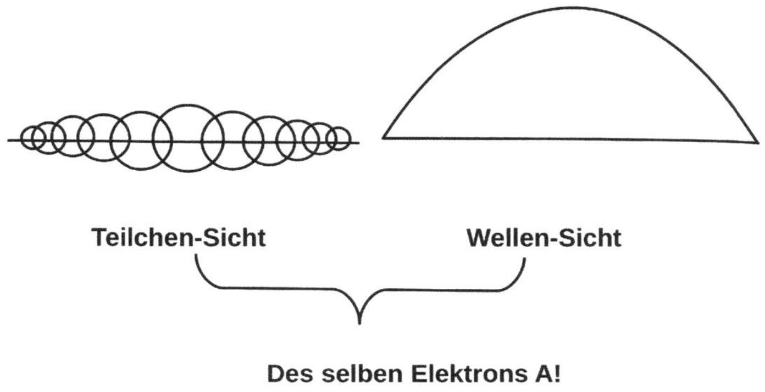

Wenn wir das Wellen- und das Teilchen-Bild aufeinanderlegen, damit wir sie besser vergleichen können, sehen wir, was wir zuvor gesagt haben:

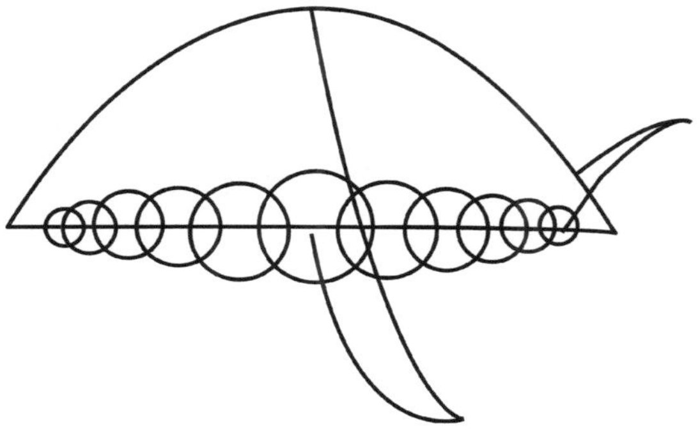

Wichtig ist:

Wo eine **große Schwingungshöhe** ist, da ist eine **hohe Aufenthaltswahrscheinlichkeit**, wo eine **geringe Schwingungshöhe** ist, da ist **geringe Aufenthaltswahrscheinlichkeit**.

Mathematisch wird die Aufenthaltswahrscheinlichkeit als der Betrag der Wellenfunktion zum Quadrat, also Ψ^2, beschrieben. Das müssen wir nicht verstehen; nur der Vollständigkeit halber.

Sehen wir uns jetzt unser Phantasie-Elektron B an:

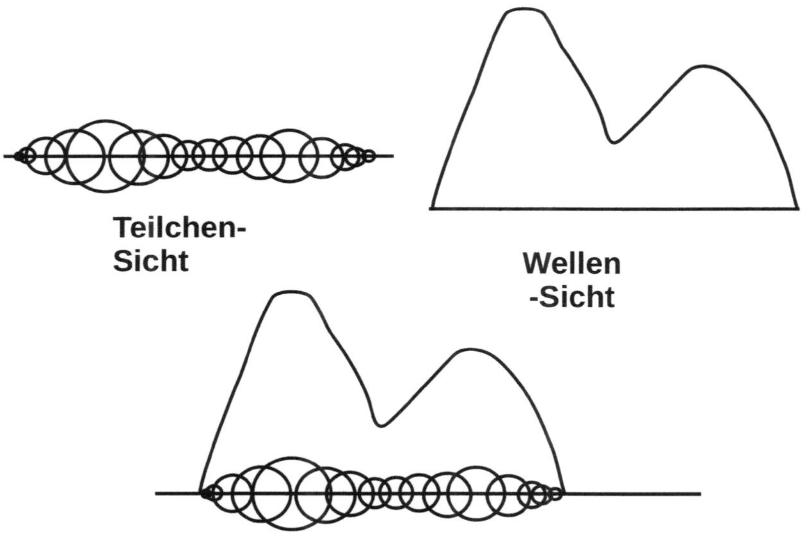

Es ist wieder dasselbe: Wo die Aufenthaltswahrscheinlichkeit groß ist, ist auch die Schwingungshöhe (Amplitude) hoch.

Das ist eine der wichtigsten Konsequenzen der Schrödingergleichung. Nachdem die besten Physiker der Welt erst nach monatelangen Beratungen zu diesem Schluß gekommen sind, leiten wir dieses Ergebnis nicht her, sondern wir akzeptieren einfach, dass es so ist. Auch wenn man tiefer in die Physik dieser Dinge eintaucht, kann man sich diese Gleichzeitigkeit von Elektronen als Wellen und Teilchen nicht vorstellen. Im Grunde sind auch jene physikalischen Deutungen der Schrödingergleichung nichts anderes, als jenes Unvorstellbare zu akzeptieren.

Kommen wir jetzt zum Elektron im Teilchenbild zurück:

Wie sieht ein Elektron im Wellenbild aus, das als Teilchen eine solche Aufenthaltswahrscheinlichkeit hat?

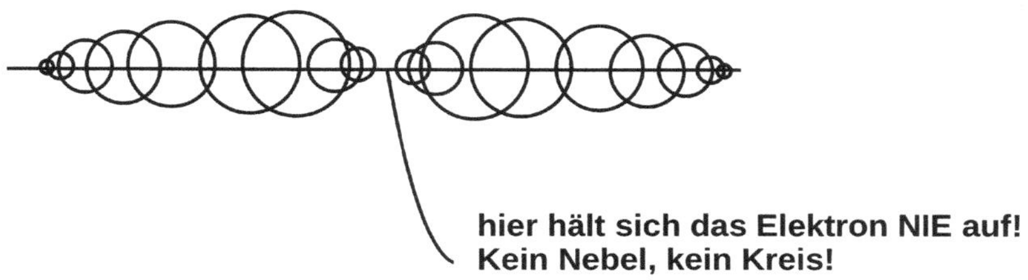

In der Mitte der Umlaufbahn ist die Aufenthaltswahrscheinlichkeit des Elektrons gleich null. Diesen Punkt, wo wir das Elektron niemals sehen werden, nennt man **Knotenpunkt.** Aber wie kann es dann von der einen Seite zur anderen kommen?! Wir sehen schon, mit dem Teilchenbild werden wir das niemals verstehen.

Übrigens erinnert uns dieses Elektron schon sehr an **Elektronen in p-Orbitalen,** da haben wir ein ähnliches Problem gehabt: Auf der einen Seite ein Nebel, auf der anderen Seite ein anderer Nebel, und beide durch eine Knotenebene, wo sich das Elektron niemals aufhält, voneinander getrennt. Mit dem Wellenbild ist das ganz leicht zu verstehen. So sieht unser Elektron nämlich als Welle aus:

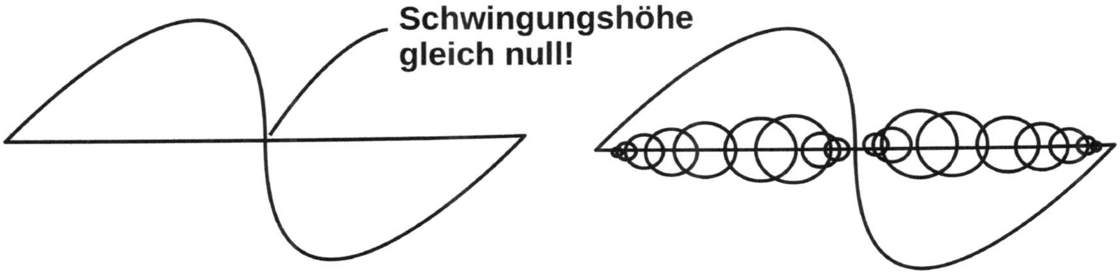

Wir sehen also: dort, wo das Elektron (als Welle) hoch auf- und abschwingt, ist die Aufenthaltswahrscheinlichkeit **hoch** (als Teilchen), und in der Mitte ist die sowohl die Aufenthaltswahrscheinlichkeit als auch die Schwingung gleich **null**. **Und genau damit erklären wir auch die eigenartige Form des p-Orbitals.** Dort, wo das p-Orbital ein dichter Nebel ist, ist die Schwingung hoch, also eine hohe Aufenthaltswahrscheinlichkeit, und in der Knotenebene, wo der Nebel null ist, ist auch die Schwingungshöhe null. ***Wir verstehen also diese zwei "voneinander getrennten Nebel" nur im Wellenbild!***

Jetzt würde ich euch gerne die tatsächliche Schwingung des p-Orbitals aufzeichnen. **Aber das geht leider nicht! Warum?** *Für unser vereinfachtes Elektron mit einer eindimensionalen Umlaufbahn (ein Strich) brauchen wir zwei Dimensionen, um die Schwingung einzuzeichnen, also die Papierfläche.* Jetzt bewegt sich - Teilchen-Sicht - das p-Orbital Elektron (wie überhaupt alle realen Elektronen) im **dreidimensionalen Raum**.

Und wir bräuchten vier Dimensionen, um das p-Orbital als Schwingung zu zeichnen. Und die haben wir nicht. Das macht aber auch nichts, weil wir schon so verstehen können, worum es geht: Wie im eindimensionalen Elektron geht auch im p-Orbital die Schwingung auf der einen Seite nach oben, auf der anderen Seite nach unten. Dort, wo es stark nach oben und stark nach unten schwingt, ist die Elektronendichte hoch, und in der Mitte ist sie null. Wir zeichnen die Orbitale also eher aus der Teilchensicht, aber ich versuche jetzt trotz der uns fehlenden 4. Dimension, euch die Wellen-Sicht des p-Orbitals zu verdeutlichen:

Wir stellen uns das p-Orbital als Nebel vor. Wir wissen: an manchen Stellen ist der Nebel dichter, an anderen Stellen ist der Nebel dünner. Und dort, wo der Nebel dicht ist, schwingt das Elektron (als Welle) höher, wo der Nebel weniger dicht ist, schwingt das Elektron weniger hoch. Aber um das richtig zeichnen zu können, bräuchten wir eine **4-dimensionale Zeichnung**! Und das schafft nicht einmal unser Zeichner......

Wir können also sagen, dass unsere Elektronen-Abbildungen eher der Teilchen-Sicht entsprechen. Der ganze Raum dient als Umlaufbahn, und wo das Elektron öfters anzutreffen ist, wird der "Nebel" dichter, wo es seltener ist, wird er dünner. Verstehen können wir die beiden "voneinander getrennten Nebel" aber nur, wenn wir die Wellensicht im Hinterkopf behalten!

Und zur Ablenkung jetzt ein wenig Chemiegeschichte!
Wir waren nämlich bis jetzt sehr fleißig, und haben uns ein wenig Entspannung verdient.
Louis de Broglie (ausgesprochen: Luiii de Bräul), der die Idee gehabt hat, Elektronen nicht nur als Teilchen, sondern auch als Welle anzusehen, ist noch viel weiter gegangen. Er hat gesagt, dass eigentlich jedes Teilchen eine Welle ist. Also auch: Ein Tischtennisball ist eine Welle, ein Tisch ist eine Welle, und wir Menschen sind selbstverständlich auch eine Welle. Nur ist eben bei so großen Teilchen wie Tischtennisbällen (und der ist eben viel größer als ein Elektron), der "Wellencharakter" im Hintergrund. Und das Irre ist: er hatte recht!

Wie beim Licht, so hängt die Frequenz jeder Welle von ihrer Energie ab: Je höher die Energie, desto höher die Frequenz (wissen wir). Nun gut, aber welche Energie hat denn so ein Tischtennisball oder Tisch oder Mensch? Und hier kommt uns Albert Einstein zu Hilfe. Seine berühmte Formel $\mathbf{e = mc^2}$ *besagt, dass Masse und Energie das selbe ist! Das auch noch.*

$\mathbf{e}$ *ist die Energie,* $\mathbf{m}$ *ist die Masse, und* $\mathbf{c^2}$ *ist das Quadrat der Lichtgeschwindigkeit.* ***Ein Tischtennisball ist, weil er Masse hat, Energie!*** *Und ein Tisch auch! Und ein Mensch auch!*

Wenn ich also eine Masse mit der Lichtgeschwindigkeit multipliziere, und das dann noch einmal mit der Lichtgeschwindigkeit multipliziere, kommt heraus, wie viel Energie eine bestimmte Masse ist. Nun ist aber die Lichtgeschwindigkeit eine riesige Größe: 300000 Kilometer pro Sekunde! Und das Quadrat der Lichtgeschwindigkeit ist also eine noch viel gigantischere Größe! Wenn ich also eine Masse mit dem Quadrat der Lichtgeschwindigkeit multipliziere, und wenn es nur ein Kilogramm ist, so kommt eine unvorstellbar große Energie dabei heraus. Das heißt, sogar ein kleiner Tischtennisball hat (oder ist) eine riesige Energie. Nur so als Beispiel: Ein 90 Kilogramm schwerer Mensch besteht aus so viel Energie, wie 100 000 Hiroshima-Atom-Explosionen!

Zurück zu de Broglie: Jedes Ding ist eine Welle. Je höher die Energie der Welle ist, desto größer ist die Frequenz. Nun hat also ein normaler Mensch eine gigantisch hohe Energie. Das heißt: Jeder Mensch ist eine Welle mit extrem hoher Frequenz! Wenn Du das nächste Mal einem Freund gegenüber sitzt, denk daran: Du sprichst mit einer extrem hochfrequenten Welle! Du sitzt auf einer hochfrequenten Welle, nämlich einem Sessel! Und so fort. Am besten merken wir uns das mit einem "EMO-Satz". EMO-Sätze sind Sätze "Emotionalsätze" wie "positiv denken" oder "alles wird gut", und unser EMO-Satz heißt: ***We are all waves!****" Wir sind alle Wellen! Yeah!*

Und natürlich können wir uns einen Sessel als Welle wieder einmal nicht vorstellen. Müssen wir auch nicht. Auch die Interpretation der Frage: "Was tut ein großes Teilchen als Welle?" ist sehr schwierig, und macht bis heute den Wissenschaftlern Kopfzerbrechen. Dieses Thema gehört zu den aufwändigsten und interessantesten Gebieten der Quantenphysik.......

Also, ihr Wellen, die Ihr das lest, weiter im Stoff!

2.9. Die Quantelung

Auch eine andere Frage kann man nur aus der Wellen-Sicht klären, nämlich warum Elektronen "gequantelt" sind, das heißt, warum Elektronen nur in der 1. oder 2. Schale und so fort, sitzen können, aber nicht "dazwischen". Das Elektron kann man nämlich mit einer **stehenden Welle** vergleichen: Stehende Wellen sind zum Beispiel unsere Gitarrensaiten, die auf beiden Enden eingespannt sind.

Und diese Gitarrensaiten können nicht schwingen, wie sie wollen, (wenn man nicht Gitarre spielen kann), weil sie an beiden Seiten fixiert sind.

Genauso wenig können das die Elektronen. Wenn ich also eine Gitarrenseite anzupfe, pumpe ich Energie in sie hinein, und sie schwingt. Die Energie, die sie nicht zum Schwingen braucht, nimmt sie, genau wie unser Elektron, einfach nicht auf. Es sei denn, ich zupfe sie **so stark an, dass sie eine andere, stärkere Schwingung einnehmen kann.** Genauso, wie wenn ich in ein Elektron deutlich mehr Energie pumpe, und es gleich in das zweite Stockwerk befördere. Die ersten drei Schwingungen, die unsere Gitarrensaite annehmen kann, sind folgende:

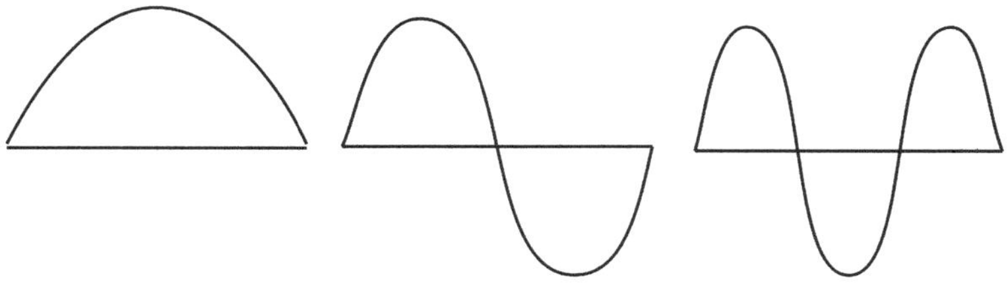

Wir sehen schon, wie gesagt, dass uns die erste Schwingung ein bisschen an das s-Orbital erinnert: Auch im **s-Orbital** wird es gegen die Mitte immer dichter, wie hier die Aufenthaltswahrscheinlichkeit des Elektrons immer größer wird.

Die zweite Schwingung erinnert uns, wie wir schon gesagt haben, ein bisschen an das **p-Orbital:** Wie bei unserer einfachen Schwingung ein Punkt in der Mitte existiert, wo die Auf- und Abbewegung gleich null ist, wo sich das Elektron - als Teilchen - nie aufhält, so hat auch das p-Orbital eine Ebene durch den Atomkern gehend, also durch die "Mitte", wo die Elektronen(Nebel)dichte gleich null ist.

Leider erinnert die dritte Schwingung nicht mehr wirklich an die d-Orbitale. Aber in einem sind auch sie sich ähnlich: Wie die dritte Schwingung **zwei Knotenpunkte** ohne Auf- und Abbewegung hat (wenn wir einmal von der Einspannung absehen, mit ihr kämen wir auf 5 solcher Knotenpunkte), so haben auch **d-Orbitale zwei solcher Knotenebenen**, die man aber schwerer erklären kann, wir glauben das einfach einmal. Wir sehen also, es existieren nur

Schwingungen, die aus einem Wellenberg bestehen, oder aus 2, 3, 4, 5, und so weiter, aber keine Schwingung kann aus, zum Beispiel, *eineinhalb* Wellenbergen bestehen!

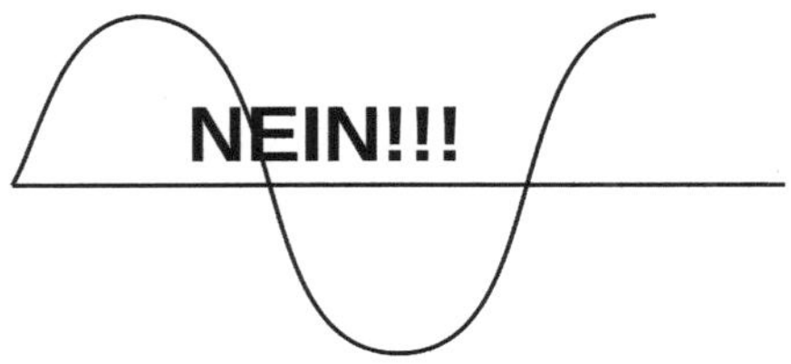

Das geht nicht, denn dann würde die Saite aus ihrer Verankerung gerissen werden, und die Schwingung würde sofort abbrechen. Ebenso kann auch das Elektron nur bestimmte Formen einnehmen: Nämlich die Form des s-Orbitals in der ersten Schale, die Form des s-Orbitals in der 2. Schale, die Form der p-Orbitale, und so weiter. Sie können aber nichts "*dazwischen*" werden! Ein würfelförmiger Elektronennebel z.b. kann nicht existieren. Und da Elektronen also nur bestimmte Formen einnnehmen können, können sie auch nur bestimmte Energien einnehmen. Die Energie des s-Orbitals, des p-Orbitals,.....

Die Elektronen im Atom verhalten sich also wie stehende Wellen und können daher nur ganz bestimmte "Quanten" von Energie aufnehmen.

Für mathematisch Interessierte:
Wir haben gesagt, dass man die Schalen und Orbitale erhält, wenn man in die Schrödingergleichungsmathematikwurst die an der "richtigen" Stelle die "erlaubten" Zahlen einsetze, also zum Beispiel für die Hauptquantenzahl 0, 1, 2....also ganze Zahlen. Setze ich aber zum Beispiel 0,5 (in Worten: Null komma fünf) ein, dann löscht sich das Elektron einfach aus, es wird Null, oder, anders gesagt, die Schwingung bricht, wie bei unserer Gitarrensaite, einfach zusammen.

Es gibt nur eine Möglichkeit, wie Elektronen doch noch ihre Form ändern können: Die chemische Bindung! Bevor wir aber dazu kommen, wollen wir unser eindimensionales Elektron den wirklichen, dreidimensionalen Elektronen noch etwas ähnlicher zu machen: Elektronen sind, das haben wir bereits festgestellt, **in ihrer Ausdehnung unendlich.** Wenn ich sie als Nebel betrachte, so reicht der Nebel unendlich nach außen, wird dabei aber immer weniger dicht.

Das wollen wir jetzt auch bei unseren eindimensionalen Elektronen einführen. Dazu stellen wir uns einfach vor, die Gitarrensaite wäre unendlich lang, und auf zwei Punkten in der Unendlichkeit eingespannt, sozusagen auf einer **unendlich großen Gitarre**. Sonst ändert sich nichts. Das Elektron bleibt nach wie vor eine stehende Welle, es kann nach wie vor nur eine bestimmte Energiemenge aufnehmen, es bleibt also nach wie vor gequantelt, und wieder stellen wir uns *nicht die Gitarrensaite an sich* als das Elektron vor, sondern nur ihre Auf-und Abbewegung.

Ist das wichtig? Viele Leute glauben, nachdem sie das Elektron als stehende Welle kennengelernt haben, dass das Elektron nicht unendlich sein kann. Weil, es ja -als Welle - wo eingespannt sein muß, wie unsere Gitarrensaite. Also muß -so glauben die Leute - irgendwo eine Gitarre da sein, auf der man die Elektronen "aufspannen" kann, und die Schwingung kann daher nicht unendlich lang sein.

Und dann geraten sie in Widerspruch mit der unendlichen Ausdehnung der Elektronen ! Tatsächlich kenne ich einige Chemiker, denen dieser Widerspruch bis weit ins Studium hinein Kopfzerbrechen bereitet hat. Dem beugen wir jetzt hoffentlich vor, indem uns klar wird, dass auch eine stehende Welle unendlich nach links und nach rechts gehen kann, sich also verhaltet wie eine unendliche lange Gitarrensaite. Und ebenso stellen wir uns das Elektron vor: *Es ist eine stehende Welle, aber aufgespannt in der Unendlichkeit.* Die Mitte ist der Atomkern. Und darum haben wir eine Schwingung des Elektrons bis in die Unendlichkeit, die aber freilich immer schwächer wird. **Das kein Widerspruch zu der Tatsache, dass sich das Elektron wie eine stehende Welle verhält!**

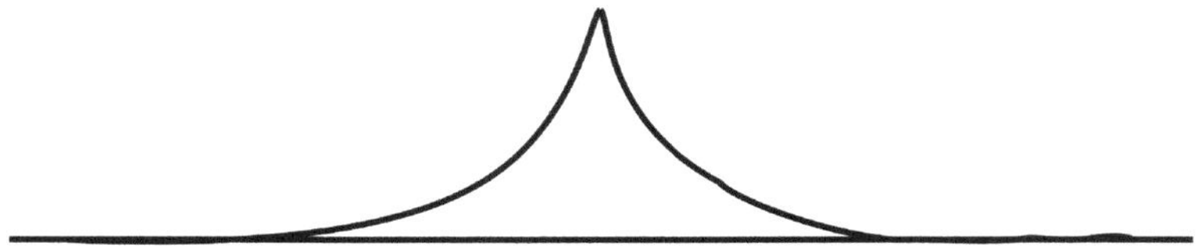

Noch eine Kleinigkeit: Wir können unser dem s-Orbital ähnliches Elektron A dem tatsächlichen s-Orbital noch ein bisschen ähnlicher machen, wenn wir es als Welle so zeichnen:

Tatsächlich würde ein s-Orbital -als Welle - so aussehen, wenn es eindimensional wäre! Wieder geht die Schwingung unendlich nach beiden Seiten, wird aber sehr schnell schwächer. Der größte Unterschied zu unserer Gitarrensaiten-Welle ist jener, dass das s-Orbital „spitz“ schwingt (was die Gitarrensaite nicht kann).

2.10. Die Bindung aus quantenmechanischer Sicht

So, und damit wissen wir genug, um die chemische Bindung aus quantenmechanischer Sicht zu verstehen. Aus der Teilchen-Sicht versteht man die chemische Bindung nicht besonders gut. Wie sollen sich zwei Elektronen verbinden, die auf Umlaufbahnen getrennt voneinander heraumrasen? Diese Sichtweise macht Probleme.

Aus der Wellensicht sehen wir das viel einfacher. **Elektronen verbinden sich miteinander, indem sie - als Wellen - überlappen**. Und zwar positiv überlappen. Was heißt das? Wir kennen Überlappungen von Wellen - auch **Interferenz** genannt - bei Wasserwellen.

Wenn ein Wasserwellenberg auf einen anderen Wasserwellenberg trifft, so kommt ein neuer Wasserwellenberg heraus, der so hoch ist wie beide Wasserwellenberge zusammen. Wenn die "Berge" einer Schwingung zusammenkommen, so nennt man das **positive Interferenz**, das heißt, die Berge verstärken einander. Und eben das tun auch Elektronen gerne.

Wenn aber ein Wellenberg auf ein Wellental trifft, so geschieht das Gegenteil: Berg und Tal löschen einander aus. Das nennt man **negative Überlappung**. Und Elektronen tun das nicht gerne. Natürlich gibt es nicht nur positive Überlappung, wenn ein Wellenberg genau auf einen anderen trifft. Auch wenn sie nur ein bisschen aufeinander treffen, haben wir eine positive Überlappung (aber eben keine so gute).

Wenn wir wissen wollen, wie eine neue Welle aussieht, die aus der Überlappung von zwei alten Wellen entstanden ist, so müssen wir die alten Wellen einfach zusammenzählen, und zwar Punkt für Punkt. Sehen wir uns das gleich für zwei von unseren eindimensionalen Elektronen an:

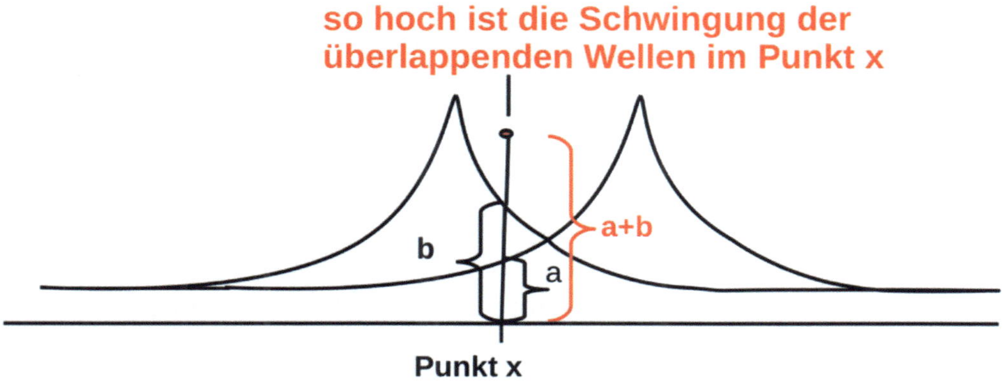

Wir zählen also einfach Punkt für Punkt die Schwingungshöhe der beiden alten Wellen zusammen und heraus kommt die neue Welle, die aus der *positiven Interferenz* der beiden alten Wellen entstanden ist. Nehmen wir zum Beispiel den Punkt x genau auf der Linie. An diesem Punkt x schwingt das eine Elektron weniger hoch als das andere, also sagen wir, das eine Elektron schwingt an diesem Punkt x auf die Höhe a, das andere auf die Höhe b. Dann schwingt die neue Welle an diesem Punkt x auf die Höhe a +b. Und so machen wir es mit allen Punkten, auf unserem Elektronen-Strich, und wir erhalten die neue Elektronen-Welle.

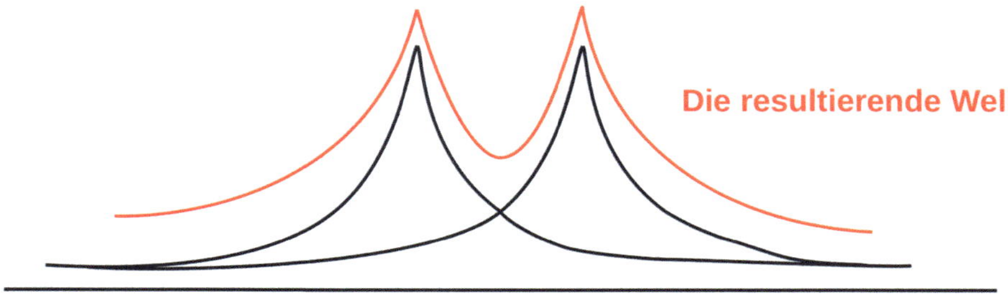

Und fertig ist **das bindende Orbital**, also die neue Zweizimmerwohnung für unsere beiden eindimensionalen Elektronen! Genau dasselbe machen auch die dreidimensionalen Elektronen, nur dass wir es nicht zeigen können, weil wir deren 4-dimensionale Schwingung weder aufzeichnen, noch graphisch zusammenzählen können (mathematisch geht das indes schon!).

Ebenso können die Elektronen negativ interferieren, wenn man die eine Welle Punkt für Punkt addiert, die gerade in die andere Richtung schwingt. Dann entsteht eine zumindest teilweise Auslöschung: Die Wellenberge vergrößern einander nicht, sondern sie verkleinern sich.

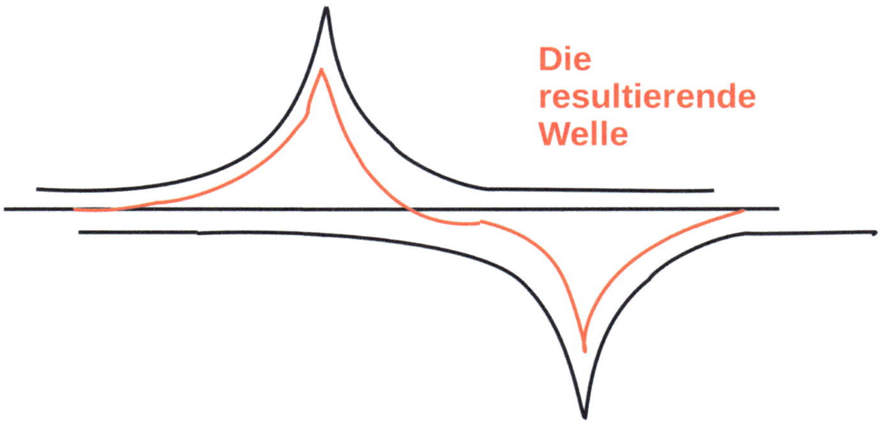

Und das ist nun das Aussehen eines antibindenden Orbitals in der Wellensicht! Leider wieder nur eines Elektrons in nur einer Dimension, aber das reicht, um das Treiben der wirklichen Orbitale in ihren drei Dimensionen zu verstehen, die machen auch nichts anderes, nur eben in einer 4-dimensionalen Wellensicht.
Wir fassen zusammen:

Elektronen, die (als Wellen) **positiv interferieren** (sich addieren), ergeben **bindende Orbitale.**

Elektronen, die (als Wellen) **negativ interferieren** (sich subtrahieren), ergeben **antibindende Orbitale**.

Wie kommt also die Atombindung zustande? Zwei Atome nähern sich, und damit nähern sich auch die Elektronen der beiden Atome.

Wir gehen davon aus, dass das eine Atom ein einsam im Orbital sitzendes Elektron hat, das andere auch (*wir erinnern uns: nur* ***halb besetzte Orbitale*** *eignen sich für die Atombindung!!*).

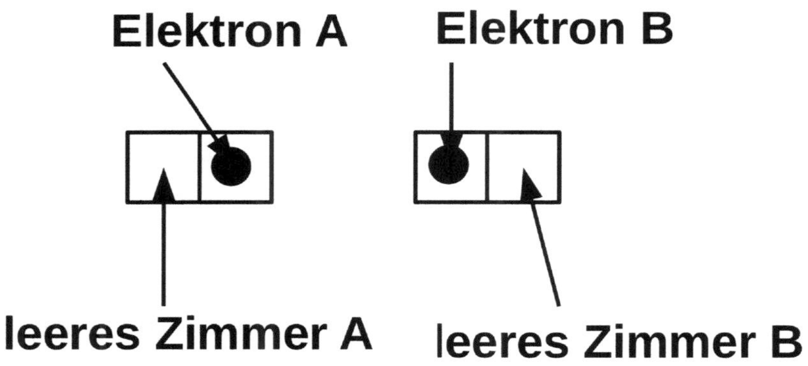

Und was nähert sich noch? Die **leeren Zimmer** der halb besetzten Orbitale! Wie sehen diese Zimmer aus? Wir haben gesagt: "*Kenne ich die Form des Zimmers, in dem das Elektron sitzt, so kenne ich das Elektron.*" Ist also jedes Elektron eine Welle, so müssen die leeren Zimmer auch wie eine Welle aussehen, nur, dass kein Elektron drinnen ist. Es ist sozusagen eine "leere Welle". Und diese "leeren Wellen" können natürlich genau so überlappen, wie es Elektronen können, nur dass dabei nichts passiert, weil sie ja einfach nur Leerräume sind. Sie gewinnen keine Energie, und sie verlieren keine Energie.

Und wie sehen diese "leeren Wellen" nun genau aus?

Na ja, wenn das Elektron A zum Beispiel ein 1s-Elektron ist, also eine kugelrunde Form hat, dann hat das leere Zimmer daneben ebenso eine kugelrunde Form. Es hat die 1s-Form, nur eben ist die Form leer. Das gilt natürlich genauso für die p, d, f,...usw. Orbitale: Das leere p_x-Zimmer sieht genau so aus wie das p_x-Elektron, und so fort. Wir nennen also, der Einfachheit halber, die leeren Zimmer neben Elektron A und Elektron B jetzt Zimmer A und Zimmer B.

Setzen wir fort:

Die Elektronen überlappen also, und zwar überlappen sie positiv. Das heißt: Sie addieren ihre Wellen, so, dass sie positiv interferieren. Dadurch bilden sie, wie wir gesagt haben, das bindende Orbital. **Das bindende Orbital ist also A + B.**

Die leeren Zimmer A und B überlappen auch, allerdings überlappen sie negativ. Das leere Zimmer A wird vom leeren Zimmer B subtrahiert. (Oder das Zimmer B wird vom A subtrahiert, das kommt auf das selbe heraus.) Die "leeren Wellen" interferieren negativ. Und so bilden sie das antibindende Orbital. **Das antibindende Orbital ist also A – B.**

Warum tun die leeren Zimmer das? Warum interferieren sie nicht einfach positiv?

Das kann man zwar erklären, aber nur mit sehr viel Mathematik und mit sehr viel Schrödinger-Gleichung. Das ersparen wir uns. Es ist einfach, wie eigentlich alles hier, ein Resultat der Schrödinger-Gleichung. Nur, dass in dem Fall jene Gleichung für zwei Elektronen gelöst wird, mit Hilfe der "LCAO-Theorie" (Linear Combination Of Atomic Orbitals). Das müssen wir nicht wissen.
Wir merken uns einfach, dass bei einer Atombindung immer ein bindendes und ein antibindendes Orbital entstehen muss.

Jetzt wissen wir tatsächlich schon sehr viel! Wir wissen, dass das **Luxuriöse** der bindenden Orbitale keine edlen Flachbildschirme und Sofas sind (wie vom Zeichner angenommen), sondern **positive Überlappung**! Und das **Rumpelkammer-Artige** der antibindenden Orbitale ist nichts anderes als die **negative Überlappung**! Wir befinden uns fast am Gipfel der Theorie. Nur ein Anstieg noch, dann ist es geschafft, ab dann geht es gemütlich bergab.

2.11. Zweidimensionale Elektronen

Wir betrachten das Elektron jetzt etwas realistischer, nämlich als 2-dimensionales Teilchen. Als Welle sind solche Elektronen dann 3-dimensional. Dann ist unsere Welle keine bewegte Gitarrensaite mehr, sondern irgendetwas zweidimensionales, zum Beispiel eine Lautsprechermembran, oder, einfacher, ein auf- und abschwingendes Blatt Papier. Wobei wir dann natürlich wieder das

Blatt Papier im Geiste entfernen, und die reine Welle übrig bleibt, ein 2-dimensionales s-Elektron sieht dann so aus:

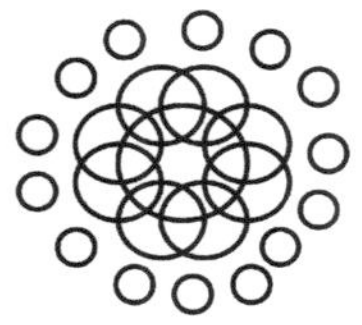

das s-Orbital als Teilchen (großer Kreis: hier ist das Elektron oft, kleiner Kreis: hier selten)

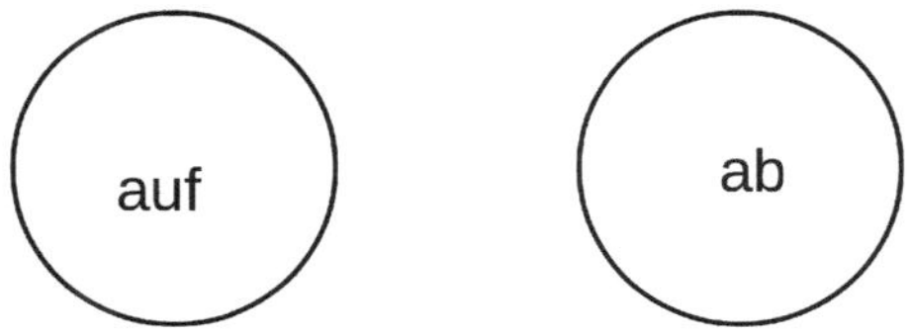

das s-Orbital als 3D-Welle
„auf“ steht für hinaufschwingend, „ab“ für hinunterschwingend

Das Papier innerhalb des Kreises schwingt auf und ab. Mit "auf" meinen wir: das Papier macht eine Beule in unsere Richtung. Mit "ab" meinen wir: Das Papier ist nach unten ausgebeult. Nachdem wir das nicht mehr so schön sehen können, wie im ein-dimensionalen Elektron schreiben wir in den Kreis einfach "auf" für: "Das Elektron schwingt hinauf" und "ab" für: "das Elektron schwingt hinunter". Es schwingt also das Papier in die Richtung unserer Augen, oder von unseren Augen weg. Und dann ziehen wir aus der Schwingung im Geiste das Papier heraus, so dass nur das Elektron übrig bleibt.

Wie beim eindimensionalen Elektron, ist auch hier die Auf- und Abschwingung (als Welle) hoch, wo sich Elektron (als Teilchen) oft aufhält; die Auf- und Abschwingung des Elektrons (als Welle) ist gering, wo sich das Elektron (als Teilchen) selten aufhält. Wir wollen, der Übersichtlichkeit halber, so tun, als sei das Elektron begrenzt. Wir behalten uns aber im Hinterkopf, dass Elektronen in Wirklichkeit eine unendliche Ausdehnung haben. Wie sehen dann das vereinfachte p_x und p_z-Orbital aus?

So:

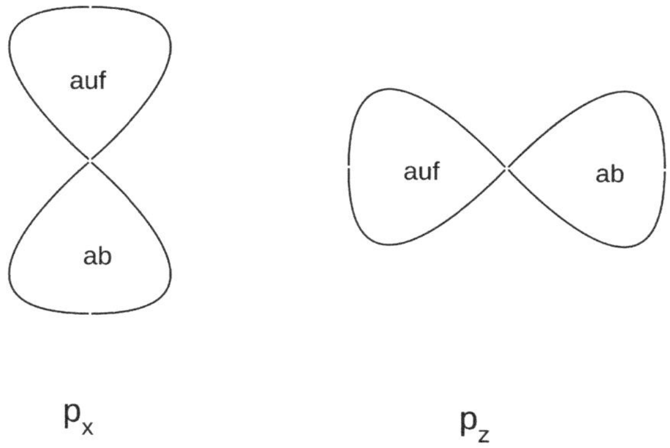

Der eine Teil der p-Orbitale schwingt hinauf (“auf”), der andere Teil schwingt hinunter (“ab”)

Der eine Teil der p-Orbitale schwingt hinauf, der andere hinunter, dazwischen ist eine Knotenlinie, wo das Elektron nicht schwingt: Hier hält es sich auch als Teilchen nie auf. Natürlich kann man es auch umgekehrt sehen, dass der eine Teil hinunter, und der andere hinauf schwingt. Bei Schwingungen wechselt dies regelmäßig.

Sehen wir uns nun die Atombindung von zwei-dimensionalen Elektronen (als Teilchen) an, hier der Elektronen in s-Orbitalen:

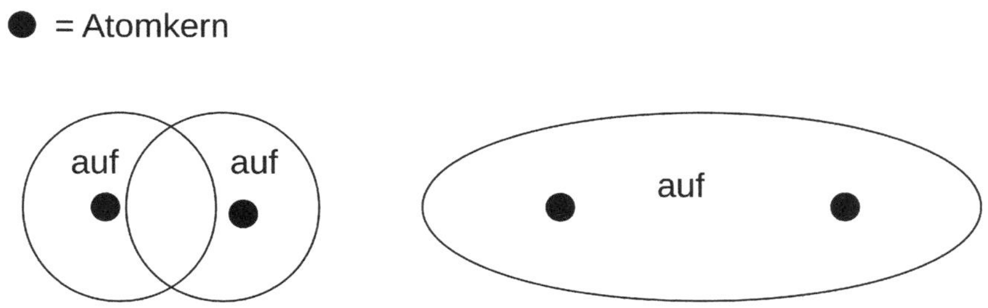

Zwei gleichermaßen aufschwingende Elektronen überlappen positiv, Heraus kommt ein bindendes sigma-Orbital!

Die Atombindung der 2-dimensionalen s-Orbitale funktioniert genau so, wie jene der 1-dimensionalen. Wenn, zum Beispiel, zwei halb besetzte s-Orbitale überlappen, dann werden die beiden Elektronen-Wellen positiv überlappen, und ein bindendes Orbital bilden, die beiden "leeren Wellen" (die unbesetzten Zimmer gibt es natürlich auch hier!) bilden ein antibindendes Orbital, indem sie negativ überlappen.

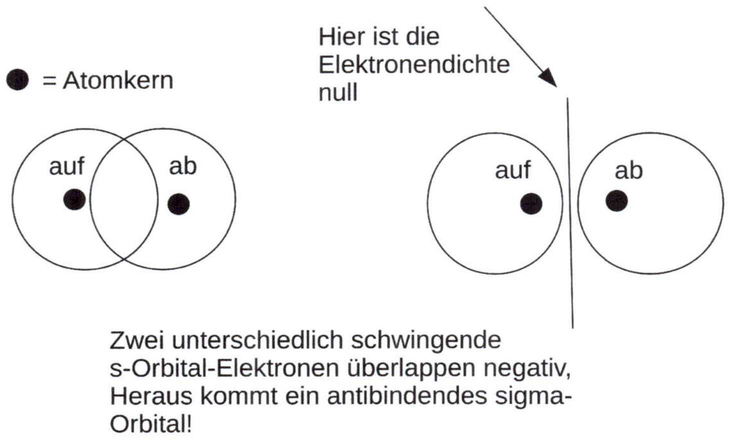

Das tun sie, indem das eine s-Orbital hinauf schwingt, und das andere hinunter. So addieren sich die Wellen nicht, sondern sie subtrahieren sich, und löschen sich teilweise aus. Die Elektronen wählen, wie wir wissen, das bindende Orbital als Aufenthaltsort.

Die Bindung zweier s-Orbitale, wie wir sie hier sehen, sind man die **sigma-Bindungen**. "Sigma" ist ein Buchstabe im griechischen Alphabet, er sieht so aus: **σ.**

Statt sigma-Bindung können wir auch **σ-Bindung** schreiben.

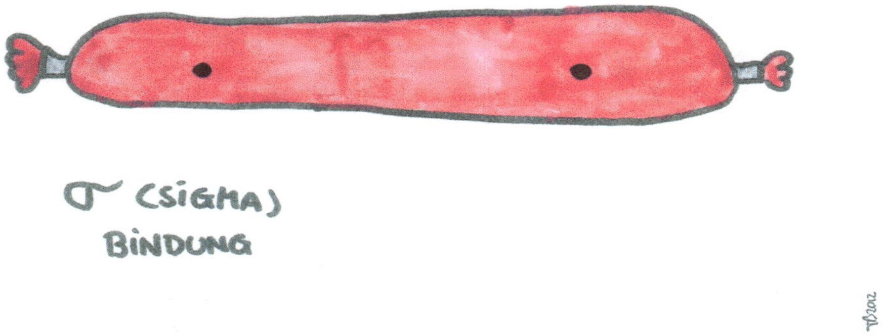

Weil sich beim bindenden σ-Orbital die beiden s-Elektronen addieren, ist das Ergebnis sozusagen eine Elektronenwurst, die über beide Atomkerne verteilt ist. Beim antibindenden Orbital, wo ja die Wellen subtrahiert werden (das ist dasselbe wie: auf- und abschwingend addieren!), löschen sich die Wellen in der Mitte gegenseitig aus. da ist die Schwingung null, und natürlich auch die Aufenthaltswahrscheinlichkeit des Elektrons. Man kann sich denken, dass sich

Elektronen ziemlich ungerne in dieses Orbital quetschen würden! Ebenso kann auch das s-Orbital und das p_z-Orbital binden.

Frage: Kann das s-Orbital mit einem p_x-Orbital überlappen? Sehen wir uns das an:

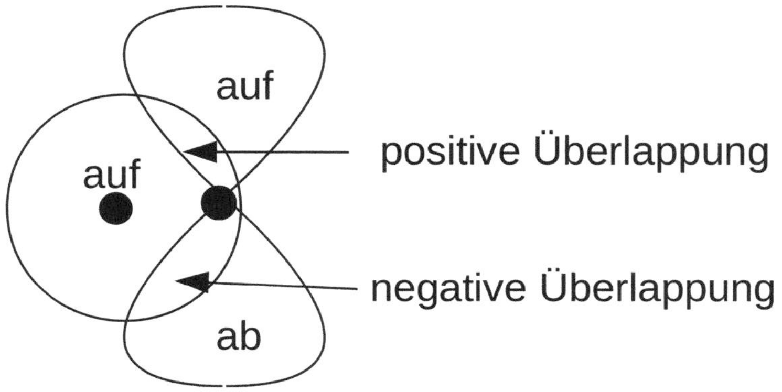

Auf den ersten Blick denkt man: Warum nicht? Der s-Nebel und der p-Nebel verschmilzt miteinander, also können sie überlappen. **Aber das ist falsch**. Denn jetzt ist entscheidend, dass *das Elektron eben kein Nebel ist,* sondern **Welle**! *Das Elektron als Nebel ist ein nur ein Bild!*

Dieses Bild liefert nicht für alle Fragen die richtigen Antworten. Sehen wir uns diese Orbitale bewusst als Welle an. Angenommen, das s-Orbital schwingt hinauf, und der obere Teil des p_x-Orbitals auch: Dann könnte dieser Teil des p_x-Orbitals mit dem s-Orbital positiv überlappen. Das wäre **gut** für eine Bindung. ABER: Der untere Teil des p_x-Orbitals schwingt nach unten. Dieser Teil überlappt mit dem s-Orbital (das nach oben schwingt), negativ. Und das ist **schlecht**. *Der Vorteil, den die positive Überlappung bringen würde, wird durch die negative Überlappung genau wieder ausgelöscht.* Das heißt: Das s-Orbital kann mit dem p_x-Orbital weder positiv, noch negativ überlappen. **Und da die beiden nicht überlappen können, können sie auch nicht binden**.

Das ist eine neue Erkenntnis, die wir nur durch das Wellen-Bild des Elektrons erklären können!

Dem s-Orbital und dem p_x-Orbital geht es also ungefähr so, wie einer schönen und intelligenten Dame, und einem interessanten, intelligenten Herrn, welche einander zu einem Rendezvous treffen. Jetzt sitzen die beiden zusammen. Und obwohl sie sehr viele interessante Dinge weiß, und sehr nett ist, und er auch vieles kann, worüber er reden könnte, finden die beiden irgendwie kein Thema, das beide interessiert. Und so schweigen sie sich gegenseitig an, und sind froh, wenn das Rendezvous bald wieder vorbei ist. Dieses peinliche Schweigen der Elektronen nennt man **Orthogonalität**. Das s-Orbital und das und das p_x-Orbital verhalten sich zueinander **orthogonal**.

Woher weiß man, dass Orbitale binden können oder nicht?

Da gibt es zwei Möglichkeiten: Entweder, man vergleicht die Orbitale graphisch, wie wir das getan haben, oder, *noch einfacher, man vergleicht ihre Magnetquantenzahlen*: Sind die Magnetquantenzahlen gleich, so können sie binden, sind sie nicht gleich, können sie nicht binden, und sind orthogonal. Das s-Orbital hat die Magnetquantenzahl 0, p_x hat eine Magnetquantenzahl von 1, und daher sind sie orthogonal.

Frage: Können p_x- und p_y-Orbitale eine Bindung eingehen? Beantwortet diese Frage selbst!

Können zwei p_x-Orbitale binden? Selbstverständlich! Sehen wir uns das an:

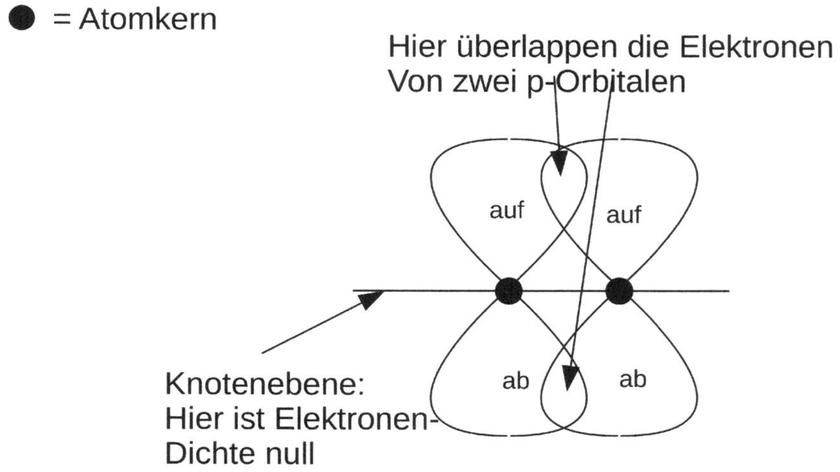

Daraus wird:

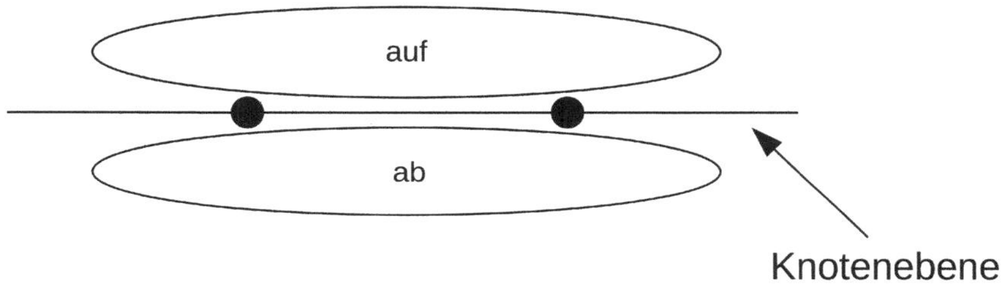

Eine pi-Bindung
(also: ein bindendes pi-Orbital)

Die oberen Teile der beiden p-Orbitale überlappen **positiv,** weil sie beide hinaufschwingen, und sich addieren. Die beiden unteren Teile **ebenso**: **Sie schwingen beide nach unten**, und die Schwingung wird **verstärkt** (und nicht ausgelöscht). Also überlappen diese p-Orbitale oben *und* unten positiv: sie können binden.

Allerdings sieht die Pi- Bindung anders aus, als jene zwischen zwei s-Orbitalen: Hier haben wir **zwei** Elektronenwürste, eine oben und eine unten, und dazwischen ist nichts. Mit "dazwischen" ist die Linie, welche die beiden Atomkerne miteinander verbindet, gemeint. Hier halten sich die Elektronen **nie** auf.

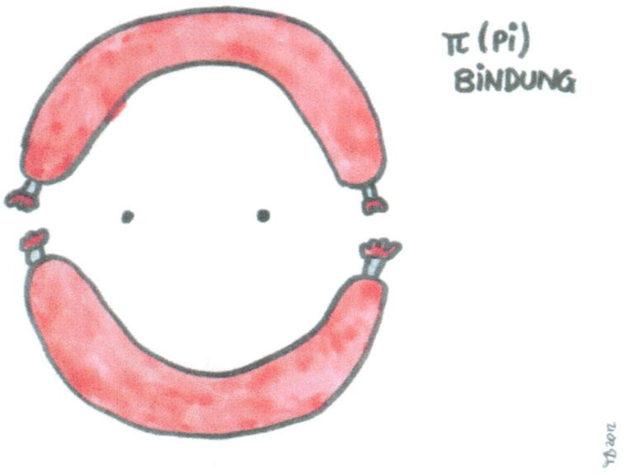

"pi" ist ein Buchstabe im griechischen Alphabet, wir schreiben ihn: **π**. Wir schreiben also auch: **π-Bindung.**

Im Gegensatz dazu, ist die Elektronendichte bei einer Bindung zweier s-Orbitale, gerade zwischen den Atomkernen am höchsten! Eine solche Bindung (also die ein-Wurst-Bindung) nennt man (wissen wir schon) **sigma-Bindung**, die andere Bindung (die zwei-wurstige) nennt man **pi-Bindung**.

Wir merken uns: Die sigma-Bindung ist energetisch günstiger, als die pi-Bindung. Atome wollen also lieber eine sigma-Bindung eingehen.

Jede Einfachbindung zwischen Atomen ist (praktisch immer) eine sigma-Bindung. Zum Beispiel gibt es im Wasser H_2O nur sigma-Bindungen: Jedes H hängt mit nur **einem** Bindungsstrich am O. Im H_2O gibt es also nur Einfachbindungen. Und diese Einfachbindungen sind alle sigma-Bindungen.

Bei Doppelbindungen ist der eine Bindungsstrich eine sigma-Bindung, der zweite Bindungsstrich ist eine pi-Bindung. Sehen wir uns das am Beispiel Ethen an: Die beiden Kohlenstoffe C sind doppelt miteinander gebunden. Der eine Bindungsstrich ist nun eine sigma-Bindung, der andere Strich ist eine pi-Bindung. Alle C-H-Bindungen sind sigma-Bindungen:

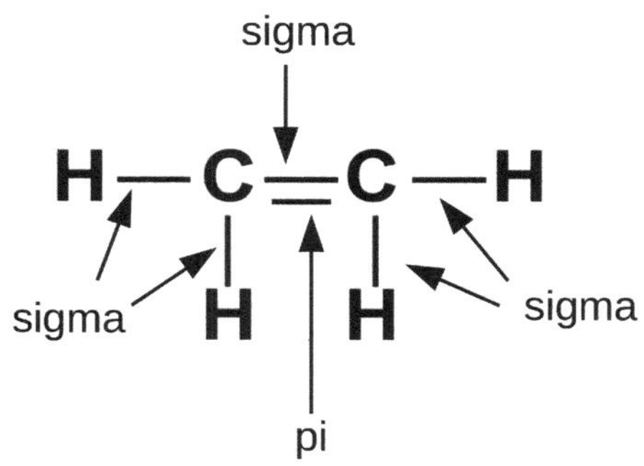

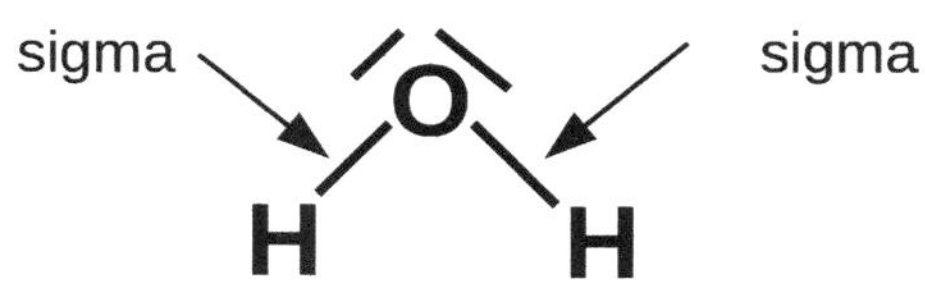

UND DAS WAR ES! Wir sind am höchsten Gipfel der Theorie angelangt, und schauen von oben auf die Chemie herunter. Was jetzt kommt, ist nur mehr noch die Anwendung dessen, was wir schon wissen.

3. Streifzug durch das Periodensystem

3.1 Das Periodensystem

Wir kennen bis jetzt die ersten Elemente, von Wasserstoff (H) bis Neon (Ne). **Nun lernen wir alle anderen Elemente kennen**. Das schöne an der Sache ist, dass viele Elemente miteinander verwandt sind. Kenne ich *ein* Mitglied der Verwandtschaft, kann ich schon recht viel über die anderen Verwandten aussagen. Weil: Jede dieser Element-Familien hat gewisse unverwechselbare Eigenschaften. Manche dieser Familien sind chemisch gesehen, sehr nobel, andere weniger, manche sind geradezu asozial, andere wieder sind fade Vereinsmeier, und so weiter.

Wir müssen also herausfinden, welche Elemente miteinander verwandt sind, und dazu brauchen wir das **Periodensystem**. Das Periodensystem ist also eine Aufzählung aller Elemente, und gibt deren Verwandtschaft untereinander an. Sinnvollerweise sind in manchen Periodensystemen noch die oder andere physikalische Eigenschaft der Elemente angegeben, dass man gleich die wichtigsten Daten bei der Hand hat.

Im Grunde tut das Periodensystem nichts anderes, als anzugeben, bei welchem Element welche Orbitale mit Elektronen gefüllt werden. Sehen wir uns einmal ein Periodensystem an:

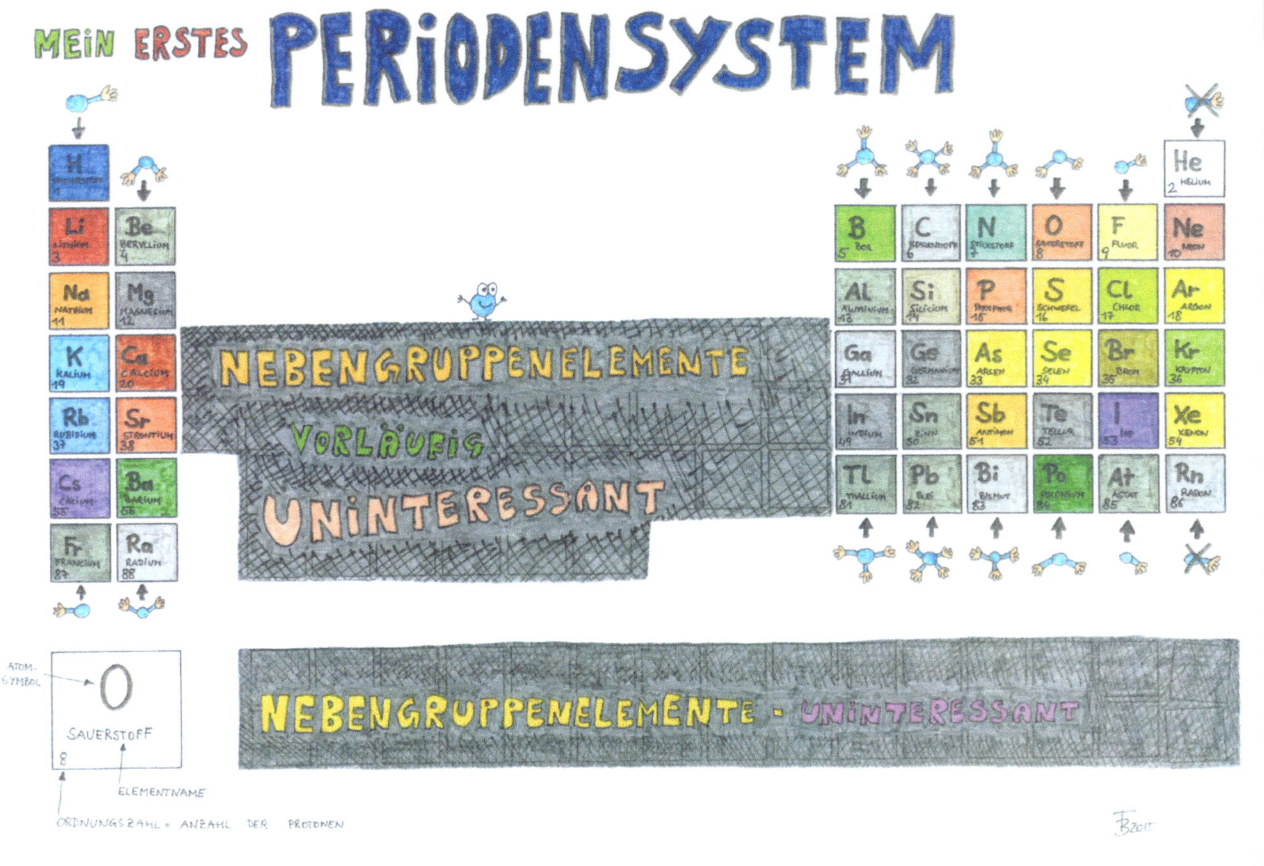

Was können lässt sich nun aus dem Periodensystem herauslesen?
Wir sehen ganz oben H (Wasserstoff) und He (Helium), und dann vier große "Blöcke". Der eine hohe Block links besteht aus Li und Be, und allen Elementen darunter. Der zweite Block rechts besteht aus B, C, N, O, F, Ne, und allen Elementen darunter. Diese Elemente nennt man die **Hauptgruppen-Elemente**.

Der nächste Block besteht aus den Elementen Sc (Scandium) bis Zn (Zink), und allen Elementen darunter. das sind die **Übergangsmetalle**. Darunter ist noch ein 4. Block, der von Lanthan (La) bis Lutetium (Lu), reicht, und die Elemente darunter. Das sind die **seltenen Erden**. Von diesen Blöcken werden wir nun die Hauptgruppen inklusive Wasserstoff H und Helium He betrachten.

Elemente, die im Periodensystem **untereinander stehen**, nennt man **Gruppe**. So bilden zum Beispiel alle Elemente unter dem Kohlenstoff C eine Gruppe. Zu dieser Gruppe gehören Kohlenstoff C, Silizium Si Germanium Ge Zinn Sn und Blei Pb. Genau so gibt es natürlich auch eine "*Sauerstoff-Gruppe*", mit Sauerstoff O und allen Elementen darunter, eine "*Stickstoff-Gruppe*" mit Stickstoff N und allen Elementen darunter, und so weiter.

Die **Zeilen** im Periodensystem nennt man **Perioden**.
Die erste Periode besteht also aus den Elementen H und He,
die zweite Periode besteht aus Li, Mg, B, C, N, O, F und Ne,
und so weiter.

Je größer ein Atom ist, desto mehr innere Elektronen hat es. Zuerst (das wissen wir schon) werden die energetisch günstigen Orbitale aufgefüllt, und wenn diese voll sind, die immer ungünstigeren Orbitale in den höheren Schalen. So werden bei großen Atomen viele Schalen und Orbitale gefüllt sein. Und diese gefüllten Schalen sind dann die inneren Elektronen.

3.2. Valenzelektronen

Wir wissen schon, dass die inneren Elektronen eines Atoms, die "**core electrons**", aber relativ gleichgültig sind. Sie gehen keine Bindungen ein, weil sie in den unteren Schalen sitzen, also in den tiefen Stockwerken, und dort nicht hinauswollen. Sie haben ja schon Luxuswohnungen, wozu sollten sie noch Stiegen steigen?

Wichtig für uns sind nur die **äußersten Elektronen**, die wir ab jetzt **Valenzelektronen** nennen wollen. Kennen wir die Valenzelektronen und die äußere Schale, wissen wir, wie viele Elektronen ein Atom noch braucht oder abgeben will; wir wissen dann, wie viele Atombindungen das Atom eingehen kann (durch die Zahl der halb besetzten Orbitale, das waren unsere 'Hände'!), oder ob prinzipiell eine dative Bindung möglich wäre.

Da wäre es interessant, die Valenzelektronen **für alle Elemente** herauszufinden. Nichts leichter als das:

Alle Elemente, die im Periodensystem untereinander stehen, haben die selbe Außenschale (die selben Valenzelektronen)!

Nur die inneren Elektronen unterscheiden sich, was uns aber - erraten - egal ist. **Das ist eine sensationelle Erkenntnis!** *Mit einem Schlag können wir nun mit allen Hauptgruppen-Elementen basteln.*

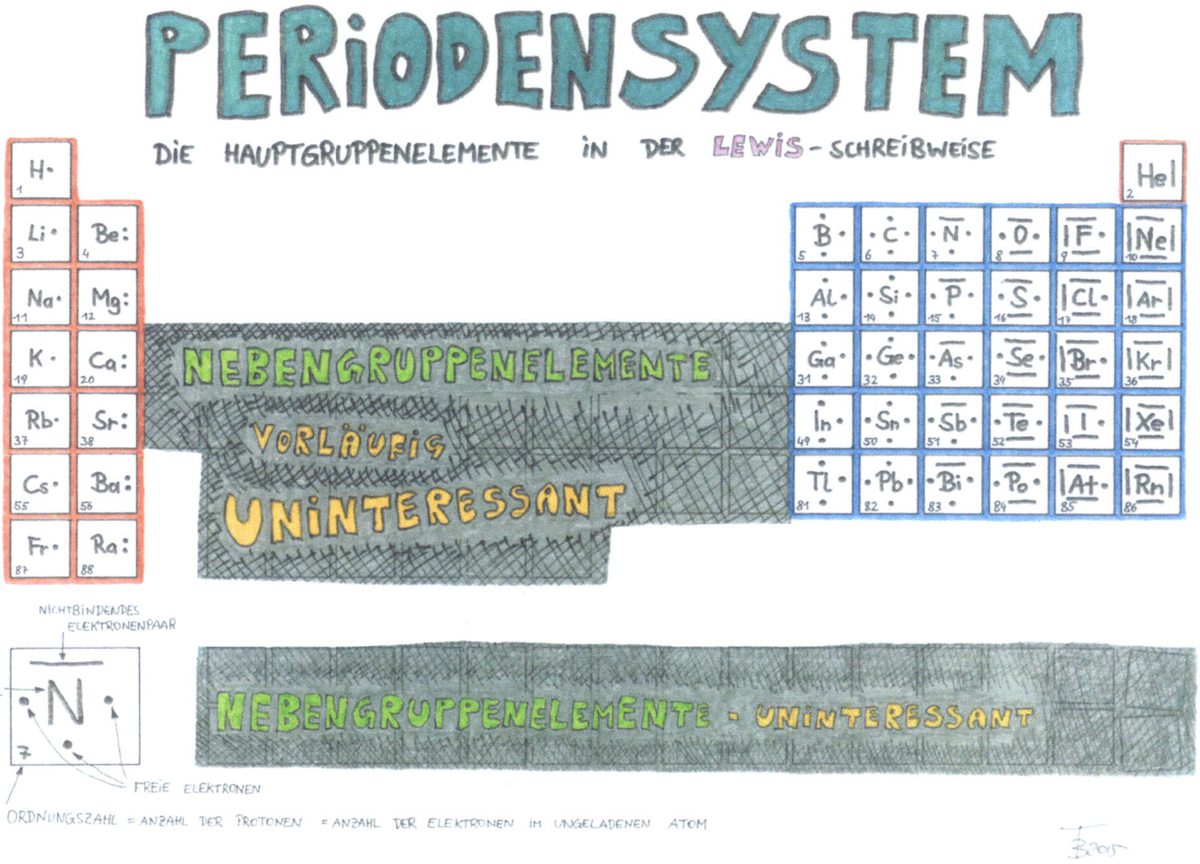

Ein Beispiel: Kennt man die Außenhülle von **Stickstoff N** ("Drei Hände"), so kennen wir auch die Außenhülle der unterhalb stehenden Elemente **Phosphor P, Arsen As, Antimon Sb** und **Bismut Bi**. (Das letzte Element Uup, ganz unten, lassen wir weg, weil es ein künstliches Element ist. Diese künstlichen Elemente werden von Atomphysikern hergestellt, und halten nur wenige milliardstel Sekunden. Sie sind für uns nicht interessant.)

Ein anderes Beispiel: Kennt man die Außenhülle von **Kohlenstoff C,** dann kennen wir auch die Außenhülle von **Silizium Si**, **Germanium Ge, Zinn Sn** und **Blei Pb**.
Sehen wir uns das am Beispiel Stickstoff genauer an, den Stickstoff kennen wir längst:

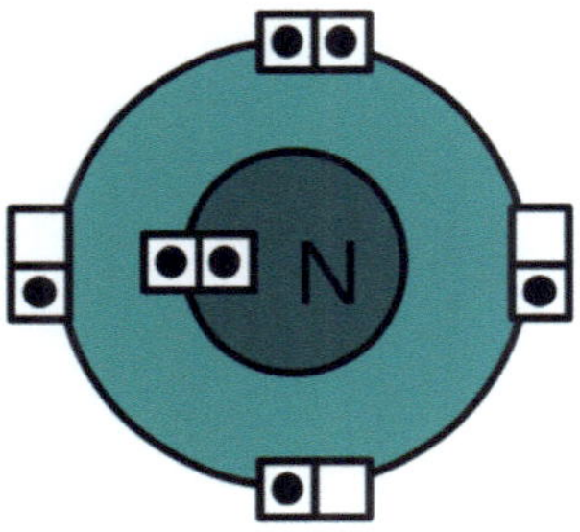

Stickstoff

Damit kennen wir aber auch die Elemente, die **unter** dem Stickstoff im Periodensystem stehen:

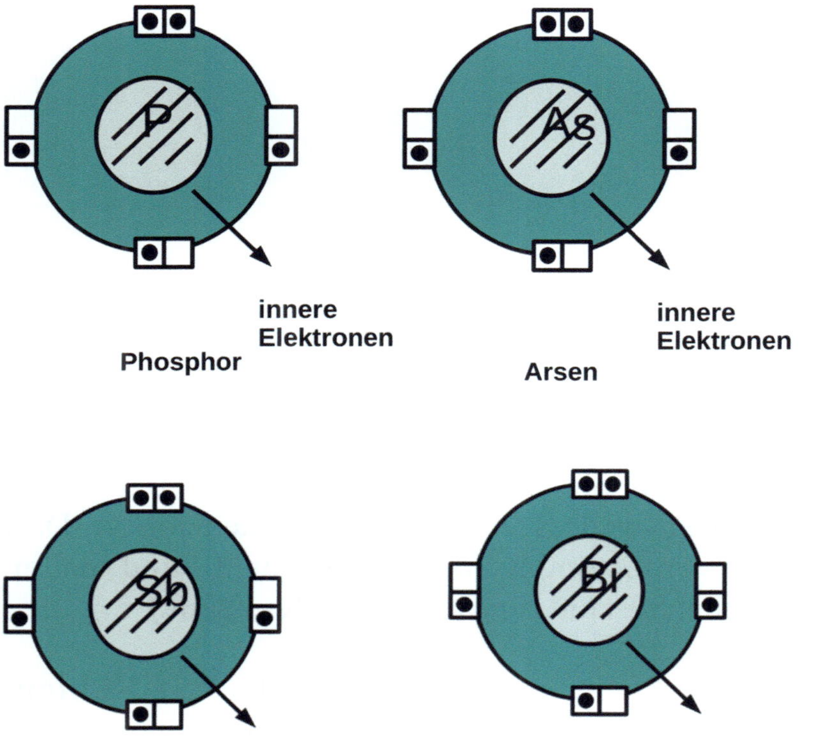

Phosphor

Arsen

Antimon

Bismut

Es sehen also alle Elemente, die unter dem Stickstoff stehen, wie Stickstoff aus, bis auf die inneren Elektronen, die uns aber - richtig! - egal sind, und wir nicht wissen müssen. Auch der Profi-Chemiker hat, wenn er an Arsen oder Phosphor denkt, nicht die inneren Elektronen vor Augen, **sehr wohl aber die äußeren**!

Sehen wir uns die gleichen Elemente in der *Lewis-Schreibweise* an, da wird die Verwandtschaft dieser Atome noch deutlicher:

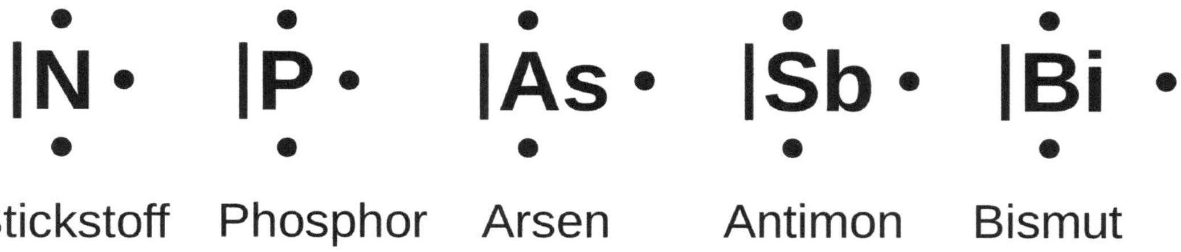

In der Lewis-Schreibweise sehen diese Elemente überhaupt gleich aus. **Und sie binden sich auch gleich!**

Stickstoff N hat drei halb besetzte Orbitale, und kann also drei Atombindungen eingehen. So bindet es zum Beispiel mit 3 Wasserstoff H (jeweils ein halb besetztes Orbital) zu NH_3. Und Ebenso bindet Phosphor P mit 3 H, und ergibt PH_3, Arsen As mit 3 H, und ergibt AsH_3, und so fort.

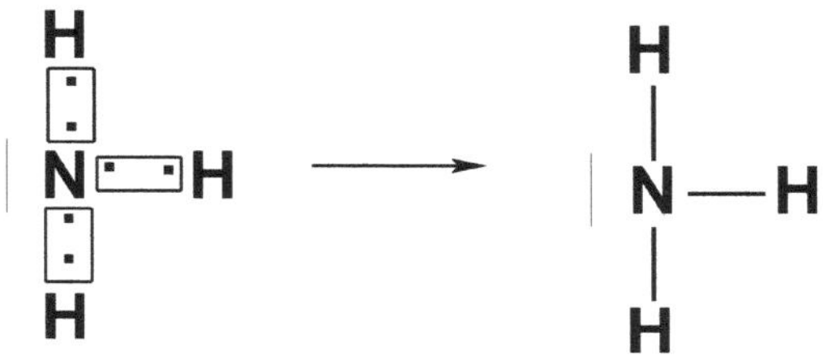

und ebenso gibt es:

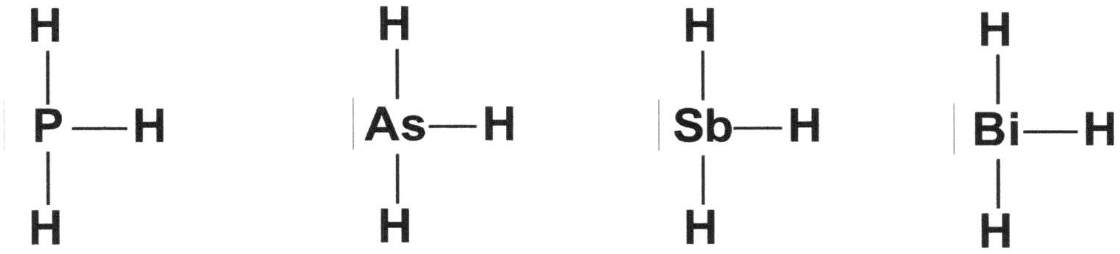

Man sieht also, verwandt sind jene Elemente, die im Periodensystem **untereinander stehen**. Diese bilden also eine Familie, und die nennt man **Gruppe**.

Und wie das in Familien so ist, sind sich Mutter, Vater, Tochter, Sohn, *ähnlich, sie sind aber nicht ganz gleich*. Elementarer Stickstoff ist ein geruchloses Gas, Phosphor ist ein Feststoff (der außerdem in mehreren Arten existiert: roter Phosphor, weißer Phosphor...). NH_3 ist ein scharf riechendes, aber nicht sehr gefährliches Gas, während PH_3, Phosphan, und AsH_3, Arsan, hochgiftig sind.

Aber interessanterweise sind viele Phosphor- und Arsenverbindungen giftig, eben weil sie den Stickstoffverbindungen sehr ähnlich sind, und sie der Körper mit letzteren verwechselt. Sobald der menschliche Körper sie aber eingebaut hat, tun die Phosphor- und Arsenverbindungen doch nicht das, was sie tun sollen, und richten fürchterlichen Schaden an.

SbH_3 und BiH_3 sind wiederum eher instabil.

Sehen wir uns als nächstes die Elemente der Fluor-Gruppe an, welche man **Halogene** nennt:

Fluor hat 3 nichtbindende Elektronenpaare, und ein halb besetztes Orbital: Es kann also eine Atombindung eingehen. Mit einem H reagiert Fluor zu HF, der *Flusssäure.*

Die anderen Halogene Chlor Cl, Brom Br, und Iod I haben natürlich ebenso 3 nicht bindende Elektronenpaare, und ein halb besetztes Orbital. Sie reagieren genau so mit einem H. (Astat At ist wieder ein künstliches, instabiles Element, also für uns egal.)

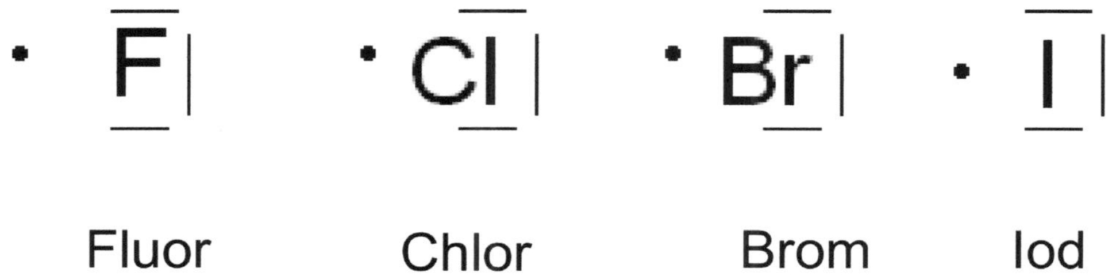

Flour kennen wir ja schon: Fluor ist das elektronegativste Element. Keines hat eine größere Gier nach Elektronen. Es ist ein gelbes, ätzendes, hochgiftiges Gas. Auch Chlor ist sehr elektronegativ, aber nicht ganz so stark wie Fluor, und ist eindeutig verwandt: ein grünes, ätzendes Gas, das nach "Schwimmbecken" riecht. Das Chlorgas ist schon schwerer und "dicker" als Fluor. HCl ist übrigens die Salzsäure, eine der wichtigsten Säuren. Auch Brom riecht nach Schwimmbecken, aber etwas dumpfer, und ist eine braunrote Flüssigkeit, also noch schwerer als das Chlor! Das Iod ist bereits ein Feststoff, also das "dickste" dieser Elemente, und ist sehr dunkelviolett. Man sieht also, es gibt Ähnlichkeiten!

Atome, die die selben Außenelektronen (Valenzelektronen) besitzen, nennt man **isoelektronisch** (von iso = gleich, also gleich-elektronisch). Also zum Beispiel F, Cl, Br,

Verschiedene Moleküle, die aus isoelektronischen Atomen bestehen, nennt man isoelektronische Moleküle, zum Beispiel sind HF, HCl, HBr, HI zueinander isoelektronisch. Natürlich sind auch $NH_{3,}$ PH_3, AsH_3 zueinander isoelektronisch.

***Frage:* Wie viele H kann Tellur (Te) binden?**

Um das herauszufinden, müssen wir wissen, wie viele halb besetzte Orbitale **Tellur Te** in der äußeren Schale hat. Tellur hat die selbe Elektronenbesetzung wie jedes andere Element, das über oder unter ihm steht. Wir suchen also Tellur im Periodensystem, und sehen nach, welches Element am höchsten über dem Tellur steht. -Und das ist der Sauerstoff O!

Also sieht Tellur aus wie Sauerstoff:

Tellur hat also **zwei** halb besetzte Orbitale, daher können zwei H mit Tellur binden:

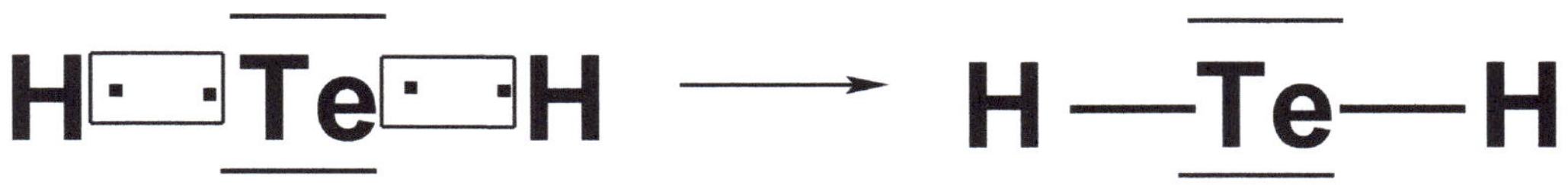

TeH_2 ist also verwandt mit Wasser H_2O!

Wie gehen wir also vor, wenn wir die Elektronenbesetzung und die Bindigkeit eines Elements feststellen wollen?

1. Wir suchen das Element im Periodensystem.
2. Wir sehen nach, welches Element über diesem Element in der 2. Reihe steht. (Also Li, Be..... Ne). Diese Elemente kennen wir und können wir basteln.
3. Das Element, das wir suchen, sieht (in der Außenschale) genau so aus, wie das Element, das über ihm steht. Kennen wir das eine, kennen wir das andere.
Aufgabe gelöst.

Fragen (bitte selber beantworten!)
Wie viele H können mit Sn (Zinn) binden?
Wie viele H können mit S (Schwefel) binden?
Wie viele halb besetzte Orbitale hat K (Kalium)?

3.3 Ein Widerspruch?

Bevor wir weitermachen, müssen wir auf einen scheinbaren Widerspruch zu sprechen kommen, das wir uns am Beispiel Kohlenstoff C und Silizium Si ansehen:

Im Kohlenstoff C sitzen 4 Elektronen in der *2. Schale.* Das sind die Valenzelektronen des Kohlenstoffs. Silizium Si hat genau so 4 Valenzelektronen. Es sieht also in der Außenschale aus wie das Kohlenstoff.
(Aber innen nicht!)

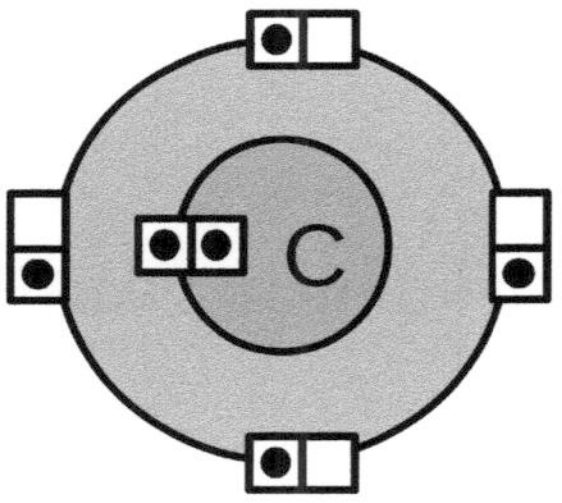

Kohlenstoff C

Silizium Si

Die Elektronen des Silizium Si sitzen aber in der *3. Schale.* Wir blättern zurück in das Kapitel über die Atomschalen.
Was haben wir dort gelernt?

Dass die 3. Schale Platz für 18 Elektronen hat. (Weil: Sie hat ein s-Orbital, drei p-Orbitale und 5 d-Orbitale.)

Jetzt haben wir auch gelernt, dass jedes Atom eine volle Außenschale haben will! Also bräuchte doch das Silizium insgesamt **18 Elektronen**, um glücklich zu sein.

Das heißt, das Silizium bräuchte demnach 14 Elektronen zusätzlich in der Außenschale (nämlich: die 3. Schale), um glücklich zu sein. Dann müsste aber das Silizium so aussehen, wie in der Zeichnung links, nämlich mit einer 3. Schale, die insgesamt 18 Elektronen aufnehmen kann.

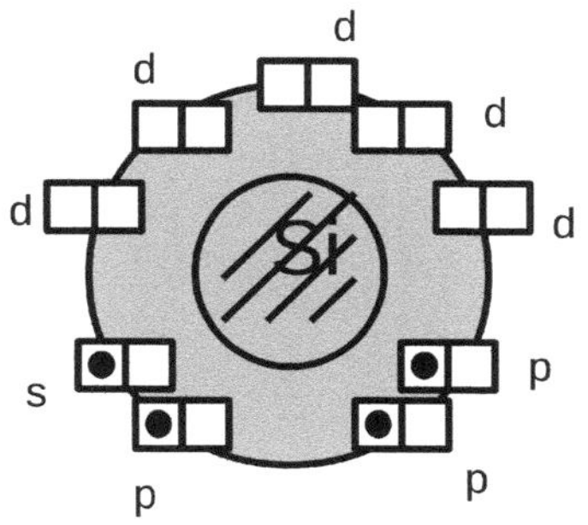

Eigentlich müsste das Silizium doch so aussehen: 4 Elektronen in der Außenschale, insgesamt Platz für 18 Elektronen........

...warum sieht es aber so aus??

Aber trotzdem braucht das Silizium *in Wirklichkeit* nur 4 zusätzliche Elektronen, um glücklich zu sein. Es will also insgesamt 8 Elektronen in der Außenschale haben. Genau so wie das Kohlenstoff. Es sieht in Wirklichkeit so aus wie in der Zeichnung rechts. Warum?

Sehen wir uns noch einmal die Zeichnung an: Das Silizium hat fünf leere d-Orbitale in der dritten Schale (linkes Bild). **Aber das Silizium will diese d-Orbitale nicht mit Elektronen füllen.** Es reicht ihm aus, das s-Orbital und die p-Orbitale mit Elektronen zu füllen, die **d-Orbitale befüllt es nicht**.
Wir sehen auf die Zeichnung: Wenn das Silizium nur die s- und die p-Orbitale befüllen will, braucht es noch 4 Elektronen, also genau wie der Kohlenstoff C das tut.

Aber warum dürfen die d-Orbitale überhaupt leer bleiben? Weil: Wenn sie leer sind, ist ja die dritte Schale nicht voll!

Und wir haben doch gelernt, dass jedes Atom eine volle Außenschale haben will! Das stimmt zwar, aber das Si-Atom tut so, als würden die fünf d-Orbitale nicht zur dritten Schale gehören. Warum?

Der Grund ist der: **Die d-Orbitale sind energetisch viel ungünstiger als die s- und p-Orbitale.** Sind die s-Orbitale Luxuswohnungen, und die p- Orbitale gehobene Mittelklasse, so sind die d-Orbitale eigentlich schon Substandard. Sie sind sogar so ungünstig, dass die d-Orbitale der 3. Schale schlechter sind, als die s-Orbitale der 4. Schale!

Das haben wir im Kapitel 2 "**das Geheimnis des Elektrons**" beschrieben. *Die Elektronen gehen lieber ein Stockwerk hinauf, als den finsteren Weg nach hinten zu den d-Orbitalen.*

Die Elektronen im Silizium wollen also mit den d-Orbitalen nichts zu tun haben. *Die fünf d-Orbitale verhalten sich also so, als würden sie nicht zur 3. Schale gehören.* Damit reicht es auch bei großen Elementen wie Silizium aus, die oberen s- und p-Orbitale zu füllen, und verhält sich insofern wie der Kohlenstoff.

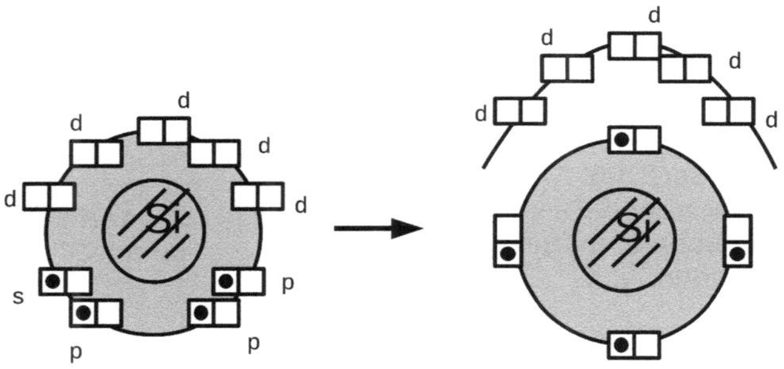

Das Si-Atom verhält sich so, **als ob** die d-Orbitale in einer anderen Schale wären! Das gilt auch für die anderen “großen” Atome.

Und das Schöne ist: Dadurch wird es einfacher für uns! Wir brauchen uns **wirklich nur den Kohlenstoff C zu merken,** und haben damit auch das Silizium verstanden. Trotzdem war es wichtig, sich diesen scheinbaren Widerspruch einmal durchgedacht zu haben, denn viele Studenten versuchen in der Chemie-Prüfung, das Si-Atom auf 18 Elektronen voll zu füllen, und gegen diesen Fehler sind wir nun gewappnet.

Natürlich verhält es sich in der 4., 5., und 6. Schale genau so: immer sind die d-Orbitale ungünstiger als s und p. Das heißt: Auch die Elemente unter dem Si (das sind Germanium Ge, Zinn Sn und Blei Pb) sehen aus, wie der Kohlenstoff C und das Silizium Si.

Genau so verhält es sich mit den f-Orbitalen. **Die sind so ungünstig,** dass selbst s, p, und d-Orbitale aus höheren Schalen den f-Orbitalen aus der 4. Schale vorgezogen werden. So werden zuerst die s-Orbitale aus der 6. Schale (!!!!) von Elektronen bewohnt, und dann erst die f-Orbitale aus der 4. Schale. Kurzum: Die größeren Elemente, die unter Li, Be, B, C, N, O, F und Ne stehen, verhalten sich *wirklich* so, als gäbe es nur s- und p-Orbitale.

Nur in **Sonderfällen** können sie auch die *d- und f-Orbitale* benutzen.

3.4. Wohin mit dem Wasserstoff? Wohin mit dem Helium?

Ein Sonderfall ist auch der **Wasserstoff H:** Dieser hat bekanntlich ein Elektron in der 1. Schale, welche zugleich die äußere Schale ist. Es steht über dem Lithium Li, weil es wie dieses ein Elektron abgeben kann, und dann zufrieden ist.

Man hat im Periodensystem H also über Li und die **Alkalimetalle** gestellt, weil es mit dem halb besetzten Orbital eine Bindung eingehen kann, genau wie Li und alle Elemente darunter. Genau so gut könnte man den Wasserstoff H aber auch über Fluor F und die **Halogene** stellen (man tut es aber nicht), denn wie Fluor fehlt ihm nur ein Elektron zur vollen Außenschale (mit dem Unterschied freilich, dass Fluor 1 Elektron zu den 8 Elektronen in seiner Außenschale fehlt, H fehlt auch nur eines, aber nur zu zwei Elektronen). Auch Fluor und die übrigen Halogene können genau eine Atombindung eingehen.

Der Wasserstoff H kann sich also entscheiden, ob es ein Elektron abgibt oder aufnimmt - Das kriminelle Flour kann sich nicht entscheiden, es muss eines aufnehmen, also stehlen.

H sieht also sowohl so aus wie die **Alkalimetalle** Li, Na, K, Rb und Cs, die ein Elektron abgeben wollen, als auch wie die **Halogene** F, Cl, Br, und I, die immer nur ein Elektron aufnehmen wollen.

Jetzt wissen wir also, dass die Alkalimetalle und die Halogene so ziemlich das Gegenteil sind - die einen wollen ein Elektron haben, die anderen abgeben. Nicht jede Verbindung, bei der ich H mit Cl (Chlor) tausche, wird auch mit Na (Natrium) stabil sein. Das soll uns aber erst einmal egal sein.

Man kann es gewissermaßen umgekehrt sehen, dass sich das H nicht so recht zwischen dem Alkali-Style und dem Halogen-Style entscheiden kann. Also wie ein Jugendlicher, der sich nicht entscheiden kann, ob er sich den Revolutionären anschließen soll, oder nicht doch lieber den schicken reichen Yuppies .... oder so.

Man hat sich aber dann doch dafür entschieden, den Wasserstoff H über die Alkalimetalle zu setzen, weil der Wasserstoff auch nur ein Elektron in seiner äußeren Schale hat.

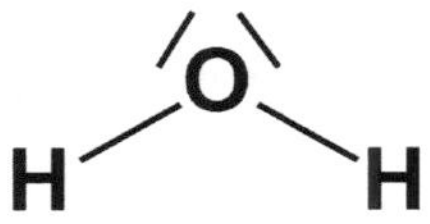

das ist Wasser.

Ebenso gibt es:

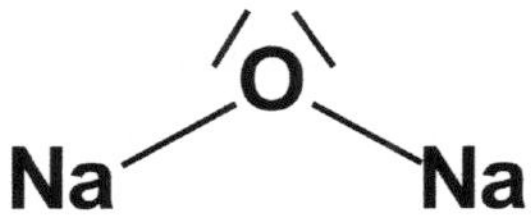

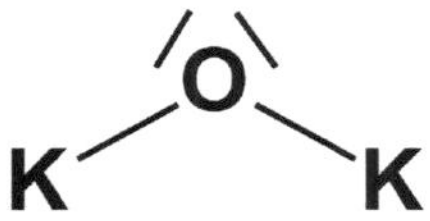

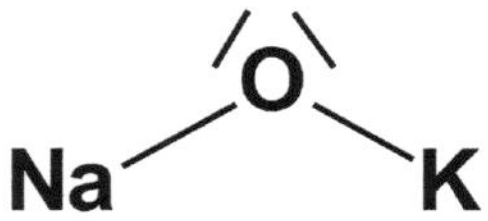

-diese Verbindungen gibt es alle!
Ich kann das H aber auch durch Halogene (wie F, ...) ersetzen:

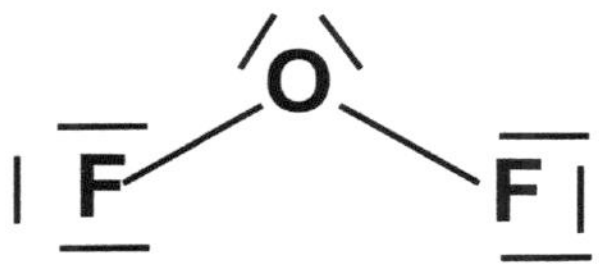

das gibt es auch (sehr giftig!).
Oder ich ersetze sowohl das O, als auch das H:

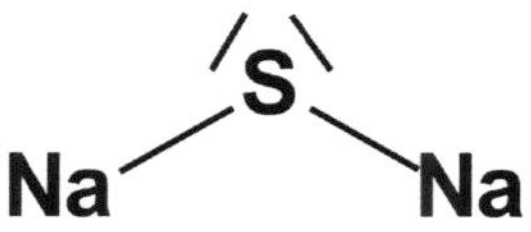

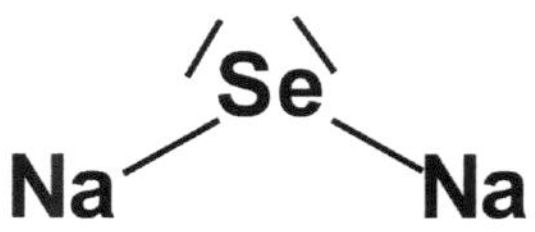

Na_2O ist das Natriumoxid, K_2O Kaliumoxid, Grundstoffe zur Herstellung von Na- und K- Verbindungen, OF_2 (Sauerstoff-Fluorid), ein sehr gefährliches Gas.

Oder ich tausche die H vom CH_4 (Methan) aus. Methangas ist besser bekannt als "Erdgas", und wird zusammen mit Erdöl gewonnen.

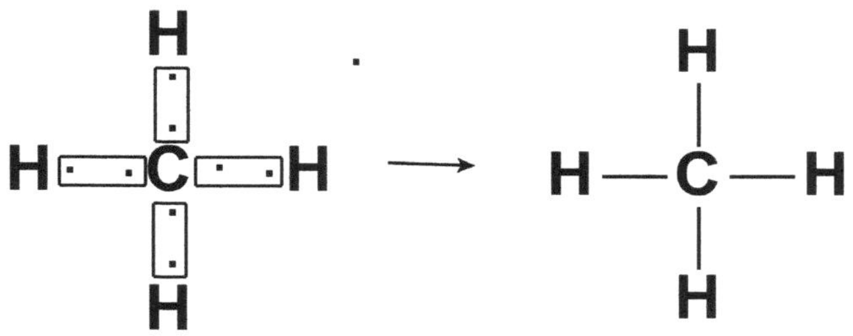

Jetzt können wir einzelne H durch Alkalimetalle wie Na (Natrium) oder Li (Lithium) tauschen......

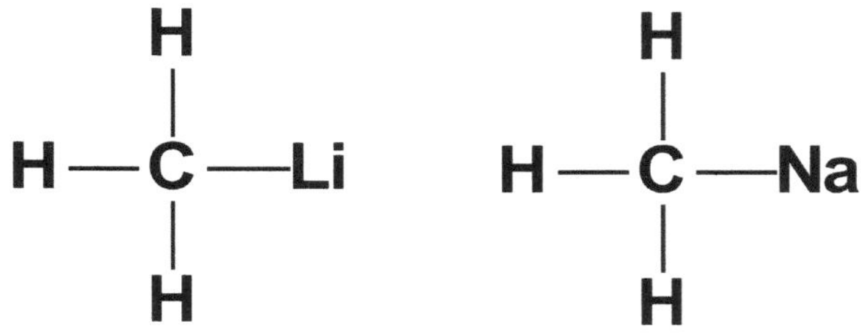

Links sehen wir **Methyl-Lithium**, ein wichtiges Reagens (=Chemikalie) in der organischen Chemie. Damit kann man das CH_3 an andere Moleküle docken. Rechts das Methyl-Natrium. Das könnte auch andocken (Wer hätte das gedacht?), ist aber zu reaktiv und schwierig zu handhaben.

Wir können aber auch ein H durch ein Cl (Chlor) tauschen.....

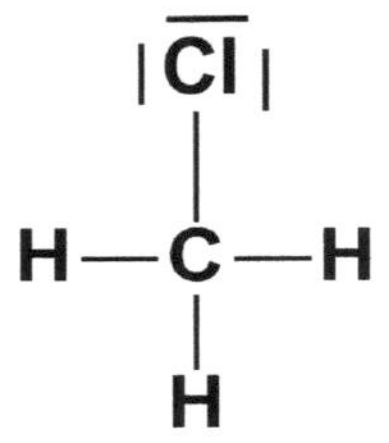

Das ist **Methylchlorid oder Chlormethan**. Nicht vergessen, beim Chlor die drei nichtbindenden Elektronen einzuzeichnen! Weil: Chlor sieht aus wie Fluor......und Fluor hat drei nichtbindende Elektronen.

Wir können aber auch alle zwei, drei oder vier H durch Chlor austauschen....

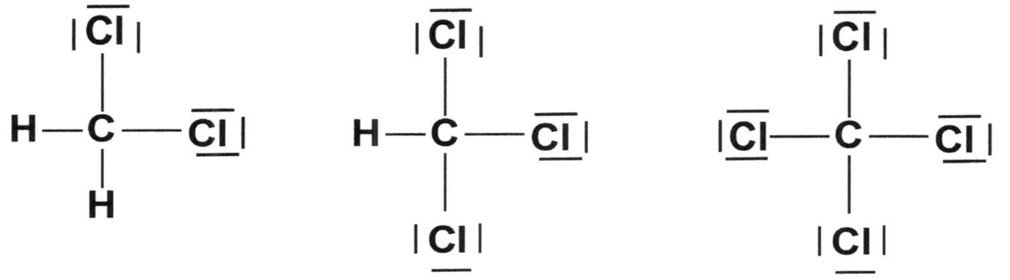

Das geht natürlich auch, und diese Moleküle gibt es wirklich! Dasjenige mit den vier Cl ist der **Tetrachlorkohlenstoff**, ein ausgezeichnetes Lösungsmittel. Früher hat man damit Fettflecken aus Kleidung entfernt, da es aber ziemlich giftig ist, ersetzt man es, wenn man kann, durch harmlosere Mittel.

Und jetzt können wir natürlich auch den Kohlenstoff C durch ein Element ersetzen , das unter dem C steht, zum Beispiel mit Si (Silizium), und Germanium (Ge):

und so weiter und so fort.....

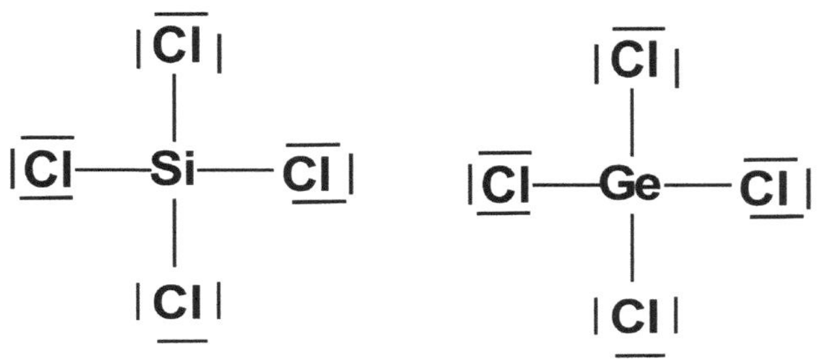

Noch ein Wort zum Helium He: Dieses Element werden wir nicht oft brauchen. Es hat zwei Elektronen im 1s-Orbital, hat also eine volle Schale und ist rundum glücklich. Es tut gar nichts und gehört damit zu den **Edelgasen** Neon Ne, Argon Ar, Krypton Kr, Xenon Xe, und Radon Rn. - und die tun gar nichts!

3.5. Übungen

So, jetzt geht es ans Üben, weil dieses Kapitel ist wirklich wichtig!

Bastle mindestens 10 Moleküle, die isoelektronisch zu NH_3 (siehe oben) sind! Tausche hierbei sowohl H als auch N durch geeignete Atome aus!

Jetzt basteln wir Moleküle mit Doppelbindungen, und deren isoelektronische Verwandte: Wir erinnern uns dabei an das Kapitel "Haxln basteln"

C hat vier halb besetzte Orbitale, kann also vier Einfachbindungen eingehen, oder zwei Doppelbindungen (weil: zwei mal zwei ist vier). Ein Sauerstoff O hat (wissen wir schon alles) zwei halb besetzte Orbitale, kann also zwei Einfachbindungen eingehen, oder eine Doppelbindung, und so können zwei O mit einem C doppelt binden:

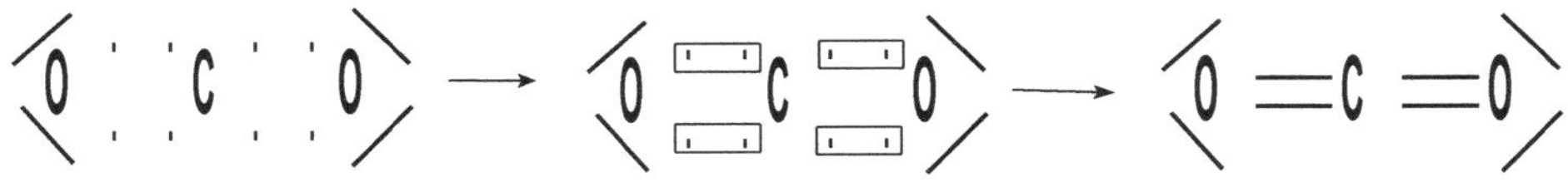

Das ist das **Kohlendioxid CO_2**, ein ganz bekanntes Gas, das Menschen und Tiere ausatmen, und Pflanzen zu Sauerstoff zurückverwandeln.

Ebenso können wir Verwandte des CO_2 basteln, indem wir Sauerstoff O durch Elemente tauschen, die unter O stehen:

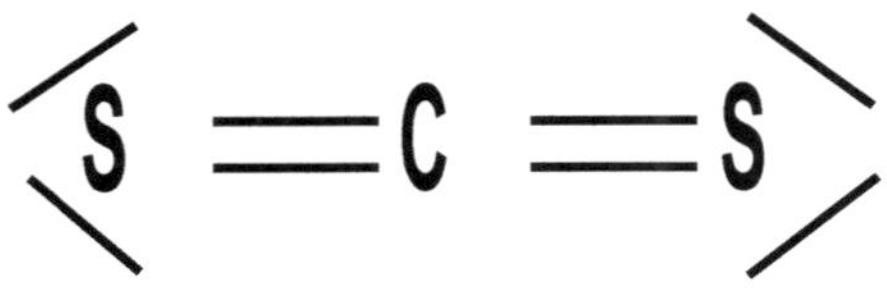

CS_2 ist der Schwefelkohlenstoff, sehr giftig, und riecht stark nach fauligen Melonen. Er ist aber auch ein wichtiges Reagens in der organischen Chemie.

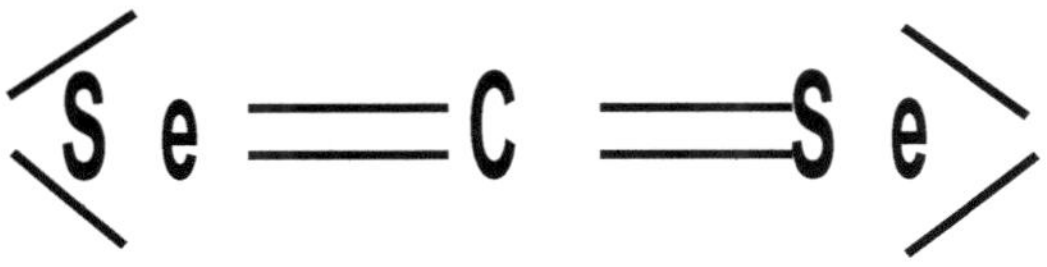

CSe_2 ist hingegen eher von theoretischer Bedeutung……

Übung: Bastelt fünf weitere Moleküle, die isoelektronisch zu CO_2 sind (Hinweis: Man kann auch das C austauschen!).
Damit haben wir schon das Wichtigste dieses Kapitels gelesen.

3.6. Hybridisierung (Wiederholung)

Wofür kann man das Periodensystem noch brauchen? Man kann mit ihm die Elektronen in die richtigen Orbitale setzen. Wir füllen ja die Orbitale erst halb voll auf, also immer nur ein Elektron in ein Orbital. Erst wenn alle vier Orbitale ein Elektron haben, füllen wir die Orbitale ganz voll.

Bevor wir uns das näher ansehen, müssen wir noch einen scheinbaren Widerspruch aufklären, den wir bereits im Kapitel 2 angesprochen haben:

Wir wissen nun, dass *s-Orbitale energetisch tiefer liegen, als p-Orbitale.* Also müsste Bor B (mit 5 Elektronen insgesamt) so aussehen, wie das Atom links. Zuerst wird das 1s-Orbital innen gefüllt, dann das s-Orbital in der 2. Schale (das 2s-Orbital), und das letzte Elektron kommt in ein p-Orbital.

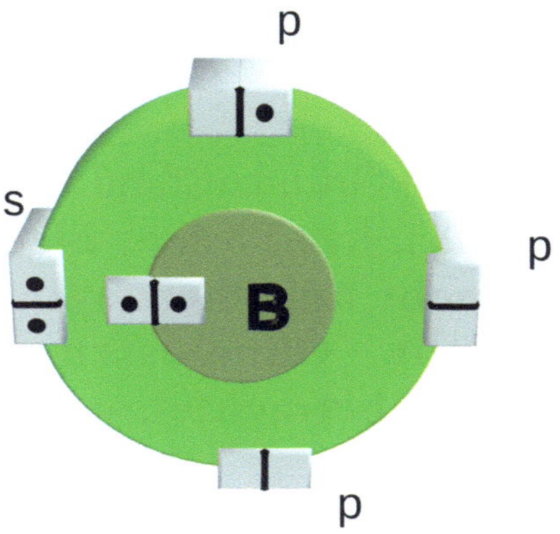

Grundzustand

hybridisierter Zustand

Also: zwei Elektronen im 2s, ein Elektron in einem der p-Orbitale. (Welches p-Orbital wir auffüllen, ist egal, da sie alle gleich in der Energie sind.) Diese Auffüllung nennt man den **Grundzustand**. *Dann könnte das Bor B aber nur eine Atombindung eingehen, weil es dann nur ein halb besetztes Orbital hätte. Tatsächlich aber geht es bekanntlich drei Atombindungen ein!* Das läßt sich wieder nur aus dem Zustand links erklären, den wir den "**hybridisierten Zustand**" nennen wollen.

Welcher dieser Zustände ist nun der richtige?

So lange das Bor **allein bleibt**, ist das Bor B tatsächlich im Grundzustand. Darum heißt er auch "Grundzustand", weil er der günstigste Zustand ist.
Aber das Bor kann in diesem Zustand nur eine Atombindung eingehen. Weil es nur ein halb besetztes Orbital hat. *Es würde aber viel lieber drei Atombindungen eingehen!* Dafür gibt das Bor sogar den Grundzustand auf. Wenn sich also Atome nähern, mit dem das Bor Atombindungen eingehen kann, dann "hüpft" ein Elektron aus dem vollen 2s-Orbital in ein leeres p-Orbital- und hat damit drei halb besetzte Orbitale. Es kann also drei Atombindungen eingehen.

Und schon kann die Massenhochzeit beginnen (zum Beispiel: ein B und drei H verheiraten sich zu BH_3) beginnen. Dieses Hüpfen von vollem in ein leeres Orbital nennt man **Hybridisierung**. Genau so können auch alle Elemente unter dem Bor (Al, Ga, In, Tl) hybridisieren.

Und noch etwas fällt auf: Bei dem Grundzustand schreiben wir die Orbitalformen s und p dazu, bei dem hybridisierten Zustand nicht. Das hängt damit zusammen, dass die drei Elektronen gleichwertig und gleich hoch in der Energie sein wollen. Darum ändert sich die Form der drei halb besetzten

Orbitale so, dass sie eine "Mischung" aus s- und p-Orbital werden. *Das müssen wir jetzt noch nicht genau verstehen.*

Wir merken uns: Wenn das Bor alleine ist, liegt es im Grundzustand vor, wenn es aber gebunden ist, ist es in den allermeisten Fällen hybridisiert. **Eigentlich werden wir den Grundzustand später kaum mehr brauchen. Wir haben bis jetzt die Orbitale immer zuerst halb gefüllt. Ohne es zu wissen, haben wir die Atome im hybridisierten Zustand betrachtet, weil er der wichtigere ist. Dabei wird es meistens auch bleiben.**

Wir füllen auch in Zukunft -wie gewohnt- die Orbitale halb voll auf.

Ebenso gehen auch Kohlenstoff C und Beryllium Be (und alle Elemente unter ihnen) solche Hybridisierungen ein:

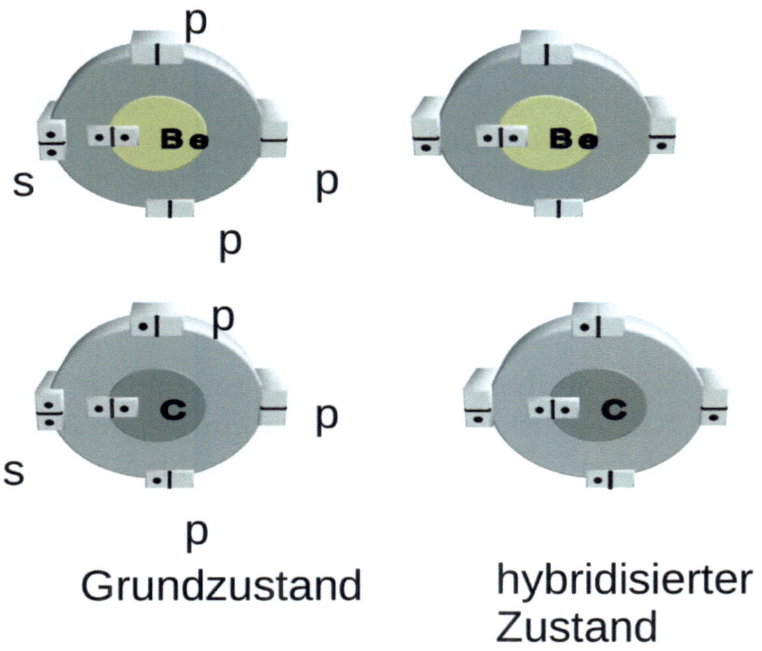

Wir sehen: Durch die Hybridisierung kann Kohlenstoff C vier Bindungen eingehen (nicht nur zwei!), und Berllium Be zwei Bindungen statt gar keiner. (Was natürlich auch für alle Elemente darunter gilt.)

Auch hier sehen wir, dass wir den Kohlenstoff mit seinen 4 Händen immer im hybridisierten Zustand betrachtet haben. *Für uns ist der hybridisierte Zustand nicht nur wichtiger, sondern auch leichter zu handhaben, weil wir nicht zwischen s- und p-Orbitalen unterscheiden müssen!*

Indem wir diese beiden Widersprüche geklärt haben, ist die Sache wirklich einfach geworden. Zusammenfassend gesagt, brauchen wir uns von diesem Teilkapitel nur Folgendes zu merken:

Jedes Element sieht in der Außenschale aus, wie das Element im Periodensystem über ihm, ganz oben.

Die Elemente ganz oben, also in der 1. und zweiten Reihe (von H bis Ne), basteln wir, wie wir das schon seit dem 1. Kapitel gemacht haben; wir müssen dafür (für das Auffüllen) nicht einmal in s- und p-Orbitale unterscheiden (weil wir die Atome im hybridisierten Zustand betrachten).

Nur: Jetzt haben wir den Grundzustand schon einmal gelernt, jetzt wollen wir ihn wenigstens einmal auch verwenden!

Im nächsten Abschnitt brauchen wir ihn, weil die Elemente im Periodensystem im Grundzustand angegeben sind. Im Periodensystem unterscheiden wir, ob ein Elektron im s- oder im p-Orbital sitzt. Das ist insofern sinnvoll, weil ja im Periodensystem die Atome für sich alleine betrachtet werden, und wenn sie nicht binden, ist ja der Grundzustand wirklich vorhanden.

In diesem Abschnitt betrachten wir die Elemente also im **Grundzustand**.

Dazu werfen wir einen Blick auf das Periodensystem (hinten im Buch): Im hohen Block links, der oben mit Lithium Li und Beryllium Be anfängt, und alle Elemente unter den beiden umfasst, **sind Elektronen in s-Orbitalen die energetisch höchsten**. Logisch: das Li hat ein Valenzelektron im 2s-Orbital (insgesamt 3 Elektronen: zwei im 1s und eines im 2s). Damit haben alle Elemente darunter auch ein Elektron in einem der s-Orbitale. Beryllium hat zwei Elektronen im s-Orbital, und alle Elemente darunter auch. Der zweite, größte, Block reicht von Bor B bis Neon Ne, und alle Elemente darunter gehören zu ihm. In diesem Block werden die p-Orbitale aufgefüllt. Diese beiden Blöcke nennt man zusammen gefasst die **Hauptgruppen**.

In dem tiefer liegenden Block zwischen den Hauptgruppen sind die d-Orbitale die am höchsten liegenden. Dieser Block reicht von Scandium Sc bis Zink Zn, und alle Elemente darunter. Das ist der Block der Übergangsmetalle. Wir wissen schon, dass wir die "klassischen" Metalle wie Eisen Fe, Kupfur Cu, Gold Au, Silber Ag….. in diesem Block finden.

In dem Block darunter werden die f-Orbitale aufgefüllt. Das sind die **seltenen Erden**. Dieser Block reicht von Lanthan La bis Lutetium Lu, und alle Elemente darunter gehören dazu.

3.7. Massenzahlen und Ordnungszahlen

Jetzt sehen wir uns einmal so ein Element an, wie es im Periodensystem steht. Zum Beispiel Kohlenstoff C. Da kann man etwa Folgendes lesen:

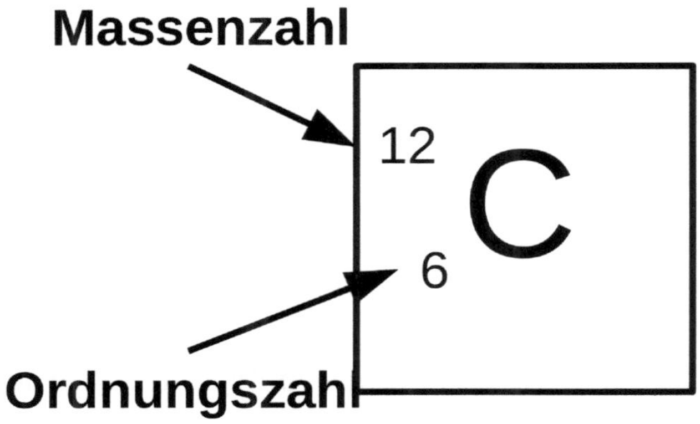

Was heißt das? C steht für **Kohlenstoff**. Klar. Die hinter dem C steht für die Zahl der Protonen, die das Element Kohlenstoff hat: **Nämlich 6**. Wissen wir schon. Diese Zahl ist die **Ordnungszahl**, weil sie die Elemente ordnet. Weil die Zahl der Protonen, und nichts anderes, darüber entscheidet, um welches Element es sich handelt. Denn die Zahl der Elektronen und Neutronen können sich ändern. Und ein Atom mit 6 Protonen ist ein Kohlenstoff (eines mit 7 Protonen ein Stickstoff, eines mit 8 Protonen ein Sauerstoff.....).

Die Zahl 12 hinten oben ist die **Massenzahl**. Sie gibt an, wie viele *Protonen **und** Neutronen insgesamt* ein Atom hat. Das heißt, man kann sich die Anzahl der Neutronen ausrechnen, die dieses Atom hat!

Bei diesem C sind das also 12 Protonen und Neutronen insgesamt. Wir erinnern uns: die Elektronen haben fast kein Gewicht. Also hängt das Gewicht eines Atoms nur von Protonen und Neutronen ab. Darum gibt die *Massenzahl* auch tatsächlich die *Masse eines Atoms* an.

Wenn nun das C 6 Protonen hat (wissen wir von der Ordnungszahl), dann hat es 12 minus 6 Neutronen, also 6 Neutronen. So einfach ist das.

Noch ein Beispiel, diesmal Stickstoff:

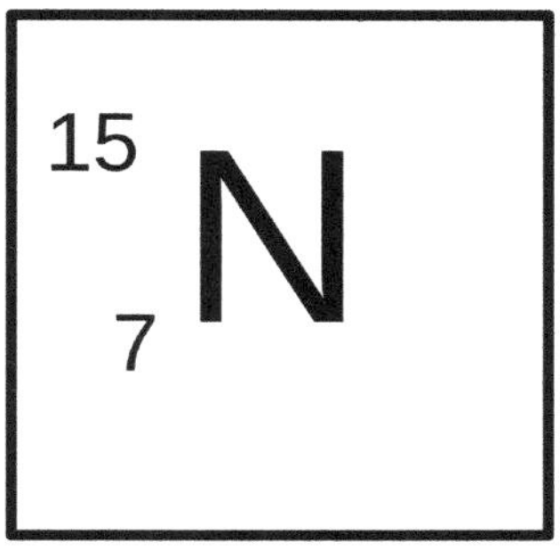

Stickstoff N hat 7 Protonen im Kern, und insgesamt 15 Protonen und Neutronen. Wenn nun 7 der 15 Teilchen im Kern Protonen sind, so müssen 15 minus 7 Neutronen da sein, also 8 Neutronen. Und so fort.

Damit haben das genug geübt. Jetzt sehen wir uns etwas anderes an.

Manchmal lesen wir nämlich auch so etwas:

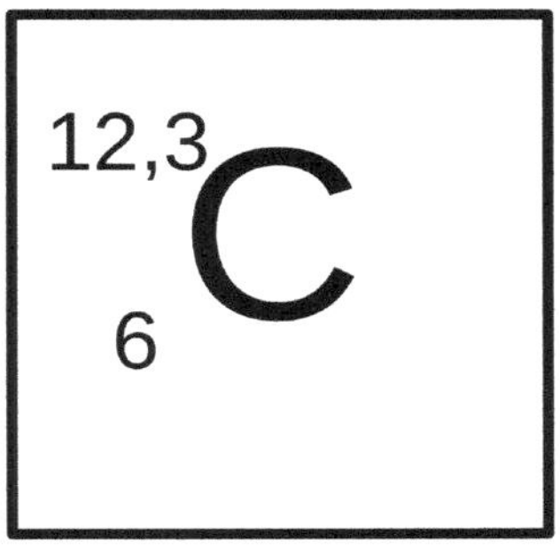

Wie kann die Massenzahl eine Kommazahl sein? 12,3 minus 6 wären 6,3 Neutronen. Ein Atom kann doch keine 6,3 Neutronen haben?! Ja, ein C-Atom muss *entweder* 6, *oder* 7 *oder* 8 Neutronen haben, jedenfalls muss es immer **ganze** Neutronen haben. Logisch.

(Wie viele C-Isotope es wirklich gibt, und welche es gibt, sieht man aus Isotopen-Tabellen. Das brauchen wir aber alles nicht, hier steht immer geschrieben, wie viele Neutronen gemeint sind.)

Diese verschiedenen C-Atome gibt es wirklich! Wissen wir schon, das sind die *Isotopen.* Aber im *Durchschnitt* kommt dann auf jedes C-Atom 6,3 Neutronen. Meistens sind im Periodensystem diese durchschnittlichen Neutronen-Zahlen angegeben.
Die Antwort wäre also: **Im Durchschnitt 6,3 Neutronen.**

Genau so sagt man ja auch :" Eine Frau bekommt im Durchschnitt 1,7 Kinder." Natürlich hat *noch nie* irgendeine Frau 1,7 Kinder bekommen. Wenn ich aber alle Frauen zusammenzähle, und dann alle Kinder, und dann schaue, wie viele Kinder auf eine Frau kommen, so erhalte ich eben die Zahl 1,7.

Genau so verhält es sich mit den Neutronen: Wenn ich alle C-Atome zusammenzähle, und dann alle Neutronen, und dann schaue, wie viele Neutronen auf ein C-Atom kommen, so erhalte ich eben die Zahl 6,3.

So, jetzt wissen wir genug, um alle Atome richtig mit Elektronen aufzufüllen. Wir betrachten, wie gesagt, die Atome in ihrem Grundzustand.

3.8. Elektronen auffüllen mit dem Periodensystem

Wir füllen das Periodensystem von links nach rechts, und von oben nach unten (Zeile für Zeile) auf. Genau so, wie man liest, reihen wir ein Element an das nächste, vom kleineren zum größeren. **Nehmt Euch dazu das Periodensystem zur Hand!**

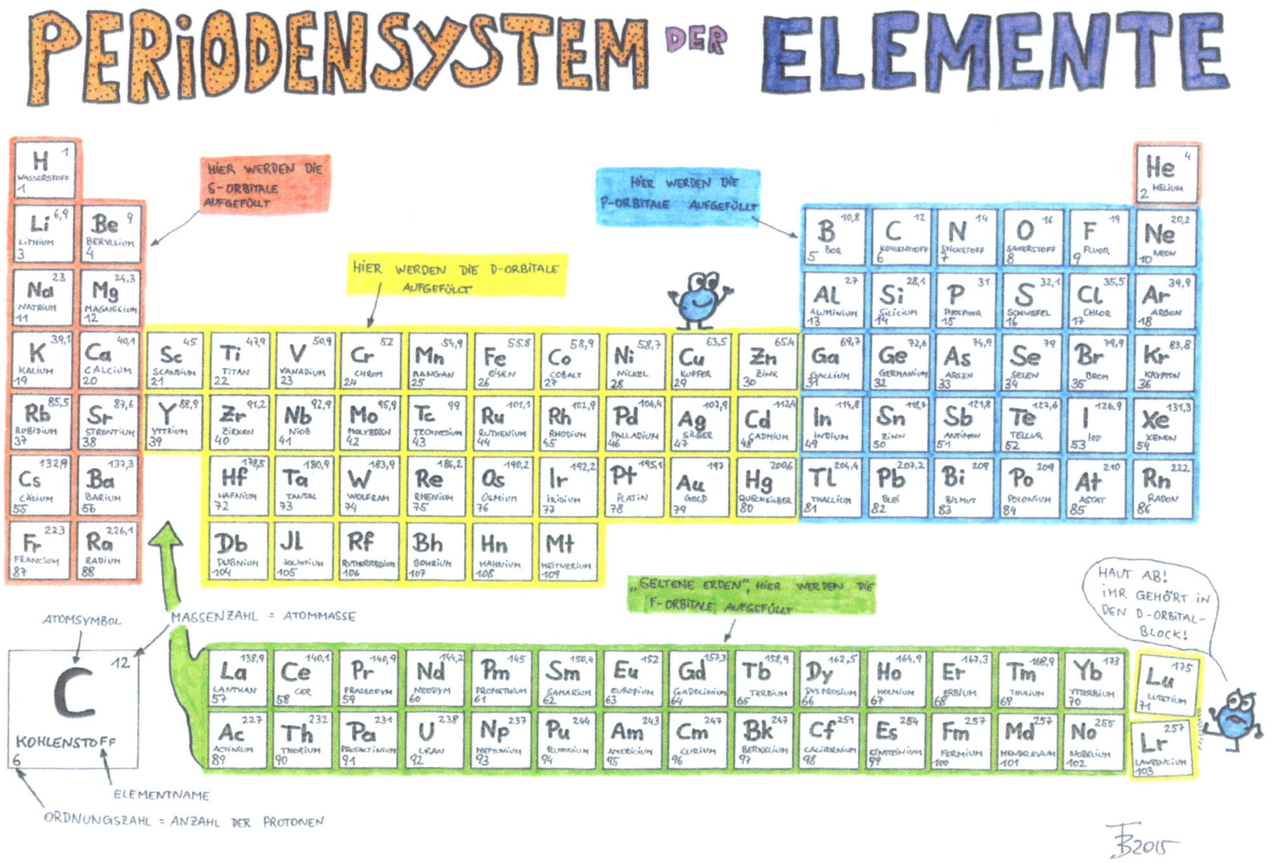

1.Schale, also: 1. Zeile:, **Wasserstoff H** hat 1 Proton und 1 Elektron im **1s**-Orbital, **Helium He** 2 Elektronen, und damit eine volle Außenschale. Damit ist s-Orbital in der ersten Schale gefüllt.
Warum steht das Helium He ganz rechts, und nicht über Be? Weil beim Helium die erste Schale ganz gefüllt. Daher ist es ein Edelgas, und steht über den anderen Edelgasen Ne, Ar, Kr, Xe, und Rn. Es ist zufrieden und will nichts mehr.

2. Schale, also: 2. Zeile: Wir landen bei **Lithium Li** mit 3 Protonen und 3 Elektronen (Ordnungszahl =3) mit 1 äußeren Elektron in der **2s**-Schale (und natürlich 2 Elektronen im 1s-Orbital). **Beryllium Be** hat 2 Elektronen im **2s**-Orbital. Wir befinden uns also im großen Block links.

2. Schale
Von Li bis Ne

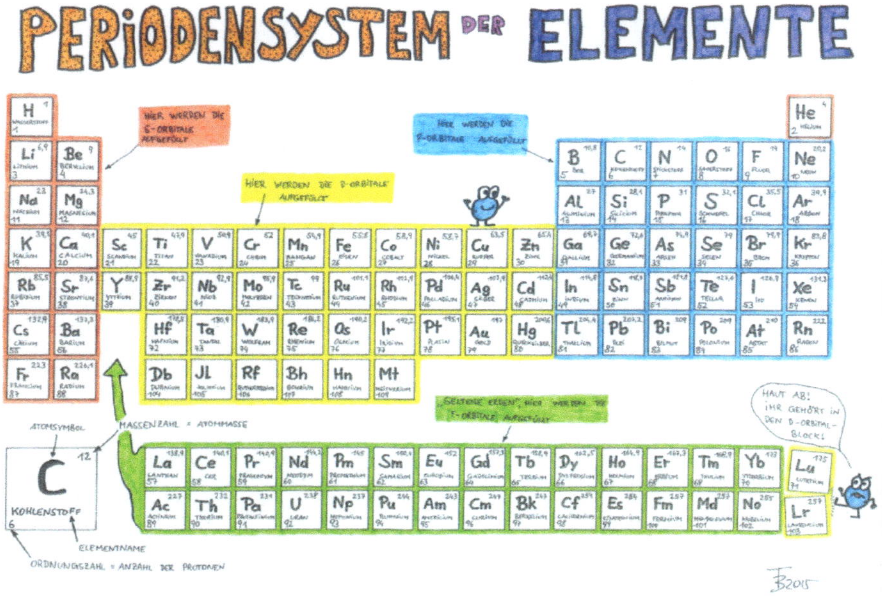

Jetzt springen wir nach rechts, (immer noch **2. Schale 2. Zeile**) und finden ebenfalls Elemente, die wir schon kennen. **Bor B** hat 5 Protonen und Elektronen daher hat es 2 Elektronen im **1s**, zwei Elektronen im **2s**, und ein Elektron im **2p**. C hat 6 Elektronen 2 in der Innenschale, und 4 Elektronen außen. Und wichtig: Es werden gerade die p-Orbitale aufgefüllt. Wie bei allen Elementen in diesem Block. Von Stickstoff N bis Neon Ne werden nun die **2p**-Orbitale aufgefüllt.

Ne (Neon) hat 2 Elektronen in den **2s**-Orbitalen und 6 Elektronen in den **2p**-Orbitalen, das macht zusammen 8 Elektronen in der 2. Schale, und ist damit zufrieden. Die 2. Schale ist komplett gefüllt. (Insgesamt hat Neon 10 Elektronen, weil es hat ja noch eine **1s**-Schale, nicht vergessen!) Es ist ein Edelgas. Also steht es unter dem Helium. Wir wissen, dass wir hier p-Orbitale auffüllen müssen, weil es der große Block rechts ist.

Jetzt wechseln wir in die **3. Schale, 3. Zeile,** und fangen wieder links an: Natrium **Na** hat 1 Elektron im **3s**-Orbital. Magnesium Mg 2 Elektronen im **3s**-Orbital. W**eil: In dem Block links werden immer die s-Elektronen aufgefüllt!** Dann springen wir nach rechts in den großen Block. Dort finden wir die Elemente Aluminium Al bis Argon Ar. Hier werden die **3p**-Orbitale aufgefüllt.

So weit, so klar.

Jetzt gehen wir in die **4. Schale, 4. Zeile** links. Die fängt mit **K (Kalium)** an. Weil K und Ca (Calcium) in dem großen Block links stehen, werden die **4s-Orbitale** aufgefüllt. Und jetzt gehen wir eins nach rechts, dort ist das Scandium Sc. Das ist der Block der Übergangsmetalle, dort werden die d-Orbitale

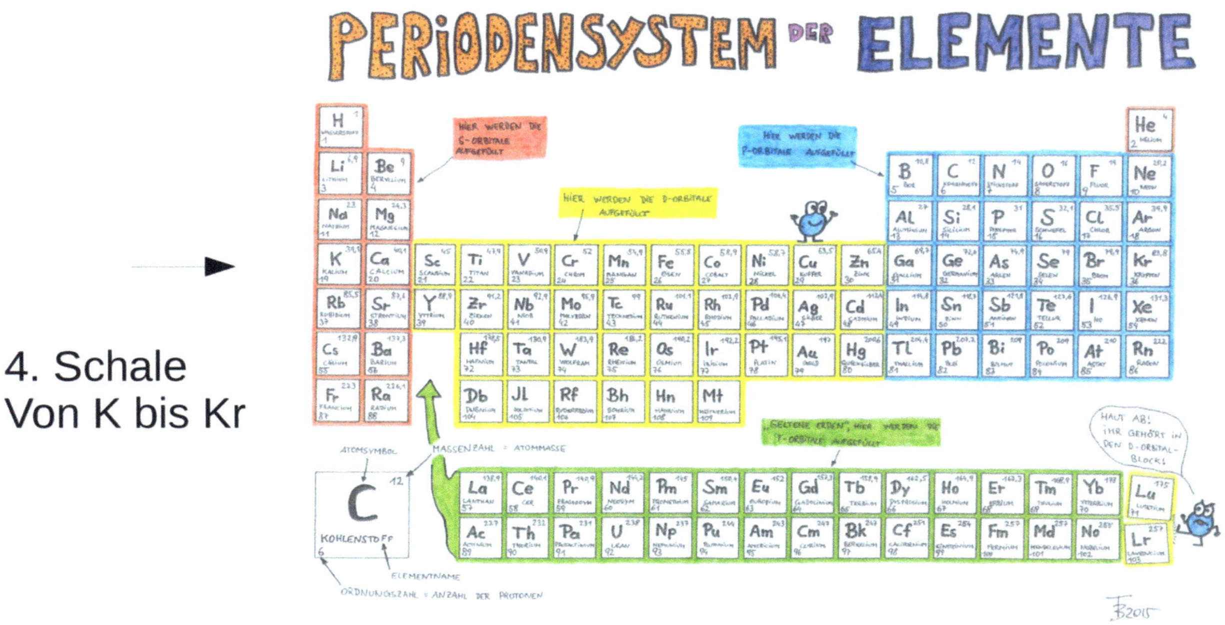

aufgefüllt. **VORSICHT:** Das sind jetzt die d-Orbitale der **3.Schale**! Das Scandium hat also 2 Elektronen **4s** und 1 Elektron im **3d**.

Für alle Übergangsmetalle gilt:
4. Zeile- 3d
5. Zeile- 4d
6. Zeile- 5d usw.

Dummer Merkspruch: Die 4. Schale hat eine 3d-Brille auf!

Bei den Übergangsmetallen tritt genau der Fall ein, den wir schon im Comic "*Lieber ein Stockwerk hinauf*" beschrieben haben: Die d-Wohnungen sind nicht gerade luxuriös, und das Elektron wandert lieber "einen Stock weiter", ins nächst höhere s-Orbital. Also werden zuerst die 4s-Orbitale gefüllt. Und wir können das ganz einfach ablesen. Weil K und Ca in dem Block **links** stehen, bei dem immer die **s-Orbitale** aufgefüllt werden.

Sc hat **ein** Elektron im 3d, Titan Ti hat **zwei** Elektronen im **3d**, und so weiter, und Zink Zn hat deren **zehn**. Damit sind die 3d-Orbitale gefüllt (5 Wohnungen zu je 2 Zimmern!), und weiter gehts mit den 4p-Orbitalen, und den Elementen Ga (Gallium) bis Kr (Krypton). Ga hat ein Elektron im 4p, Germanium Ge 2 Elektronen, Arsen 3 Elektronen, und so weiter, Krypton hat 6 Elektronen im 4p..

Die **5. Schale, 5. Zeile**: Bevor wir die 4d-Orbitale mit Elektronen füllen, kommen die **5s**-Orbitale dran! (Rubidium Rb und Strontium Sr.) Danach werden die **4d**-Orbitale aufgefüllt, von Yttrium Y bis Cadmium Cd. Dann kommen die 5p-Orbitale dran (Indium In bis Xenon Xe).

6. Zeile, 6. Schale: Bei Cäsium Cs und Barium Ba werden natürlich die s-Orbitale in der 6. Schale aufgefüllt, und jetzt kommen die *seltenen Erden*: Bei denen werden die f-Orbitale der 4. Schale aufgefüllt!

Da sieht man, wie ungünstig diese Orbitalart ist! Aus Platzgründen haben die meisten Periodensysteme nur ein Kästchen anstelle des f-Orbital-Blocks (der seltenen Erden), und der eigentliche Block ist dann darunter abgebildet.

Von Lanthan La bis Ytterbium Y werden jedenfalls die 4f-Orbitale aufgefüllt, so, wie es bei uns der Fall ist.Die letzten beiden rechts, Lutetetium Lu und Lr Laurentium Lr, ganz rechts in der Reihe, sind Ausnahmen: Die würden eigentlich in den d-Orbitalblock hinauf gehören. Aber die meisten Periodensysteme schreiben sie aus Platzmangel zu den seltenen Erden. Lu gehört in die 5d-Reihe, und Lr in die 6d-Reihe. (Die beiden brauchen wir ohnehin nicht mehr.)

Dann gehts weiter in der 6. Zeile im d-Block,, von Hf Hafnium (2 Elektronen im d-Orbital der 5. Schale) bis bis Quecksilber Hg (10 Elektronen im d-Orbital der 5. Schale). Dann werden in der 6. Zeile im großen rechten Block wieder die p-Orbitale der 6.Schale aufgefüllt, von Thallium Tl bis Radon Rn. Diese großen Elemente da unten sind oft schon radioaktiv, weil ihre Kerne zerfallen.

In der 7. Zeile wir die hoch radioaktiven Elemente Francium Fr, das nicht mehr in der Natur existiert, und Radium Ra (die 7s-Orbitale werden gefüllt), und dann kommen die 5f-Orbitale dran, das erste ist Actinium Ac. Uran U, das 92. Element, mit 4 Elektronen im 5f-Orbital, ist das letzte natürliche unter den Elementen. Alle weiteren können nur atomphysikalisch hergestellt werden.

So, das war es.
Damit haben wir das alle natürlichen Elemente mit Elektronen aufgefüllt!

Fassen wir im Schnelldurchgang zusammen, in welcher Reihenfolge die Elektronen aufgefüllt werden.

1. Zeile: 1s

2. Zeile: 2s, 2p

3. Zeile: 3s, 3p

4. Zeile: 4s, 3d, 4p

5. Zeile: 5s, 4d, 5p

6. Zeile: 6s, 4f, 5d, 6p

7. Zeile: 7s, 5f, alle weiteren Elemente sind künstlich und radioaktiv.

Mein Tipp: Ihr lernt, wie man das Periodensystem liest und erspart Euch das auswendig-Lernen, welche Orbitale wann befüllt werden.

3.9. Der Elektronenspin

Und jetzt kommt noch eine allerletzte Eigenschaft von Elektronen, die wir besprechen müssen. Diese Eigenschaft ist aber nur ein Zusatz; sie ändert nichts Grundlegendes mehr für uns. Wir gehen nun in die Teilchensicht des Elektrons. "**Elektronenspin**" bedeutet: **Elektronen drehen sich um sich selber.** Wir stellen uns dazu einen Kreisel vor. Der dreht sich auch um sich selbst.

Fertig. Das ist die Eigenschaft.

In der Wellensicht des Elektrons lässt sich dieser Spin überhaupt nicht vorstellen, und wir versuchen es auch nicht.

Wichtig allerdings ist: Das Elektron kann sich, wie ein Kreisel, in die eine oder in die andere Richtung drehen (nach "links" oder nach "rechts"). Ein Elektron, das sich nach links dreht, hat einen **entgegengesetzten Spin** zu einem Elektron, das sich nach

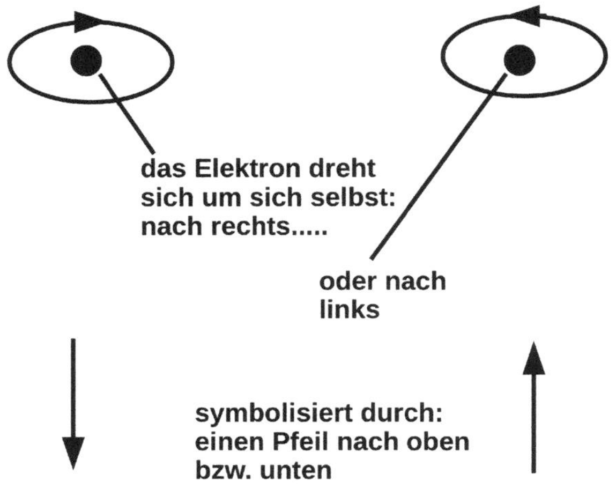

rechts dreht. Den rechtsdrehenden Spin nennen wir "**spin down**", den linksdrehenden Spin nennen wir "**spin up**". (Man kann es auch umgekehrt benennen, die Hauptsache, wir unterscheiden die Spins voneinander.)

Der Spin ändert nichts an den sonstigen Eigenschaften des Elektrons, die wir bisher gelernt haben. Warum interessiert er uns dann? **Weil eine neue Orbital-Besetzungsregel dazukommt.**

Diese lautet: **In einem Orbital, das mit zwei Elektronen besetzt ist, müssen die beiden Elektronen einen *entgegengesetzten Spin* haben.**

Beispiel: Hat das eine Elektron im p_x-Orbital spin-up, so muss das andere spin-down haben.

Ob der Pfeil im Orbital aber jetzt links oder rechts sitzt, ist egal.

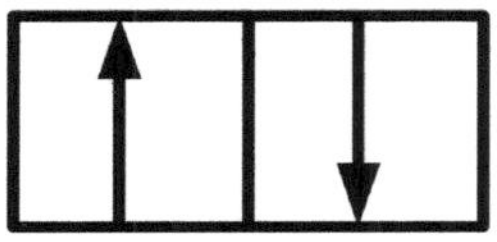

erlaubt

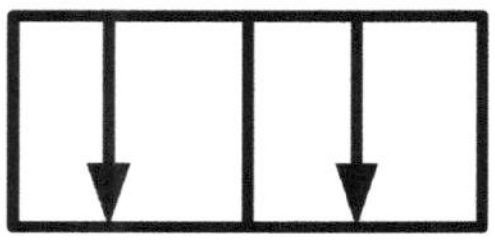

verboten

erlaubt

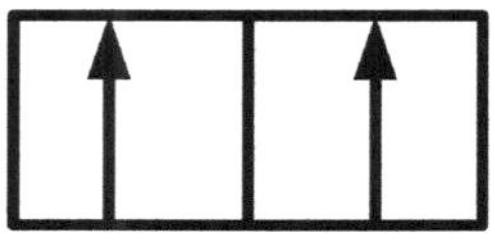

verboten

Diese Regel nennt man das **Pauli-Verbot,** nach dem Physiker Wolfgang Pauli.

Die anderen Besetzungsregeln werden durch das Pauli-Verbot nicht geändert. Nur, dass wir in Zukunft im "Kästchen Modell" der Atome nicht mehr Punkte, sondern Pfeilchen einzeichnen.

An der Lewis-Schreibweise ändert das Pauli-Verbot nichts. Der Spin wird in der Lewis-Schreibweise nicht berücksichtigt.

Wir besetzen jetzt, der Übung halber, die Atomschalen mit unseren Spin-Elektronen, und nennen in Zukunft die "Elektronenzimmer", nämlich die Einzelzimmer, **Spinorbital**.

Sehen wir uns nun an, wie die Atomschalen mit Elektronen besetzt werden, wenn wir den Spin mit berücksichtigen. Wir besetzen die Atome im **Grundzustand** (also zuerst die s-Orbitale, dann p!)

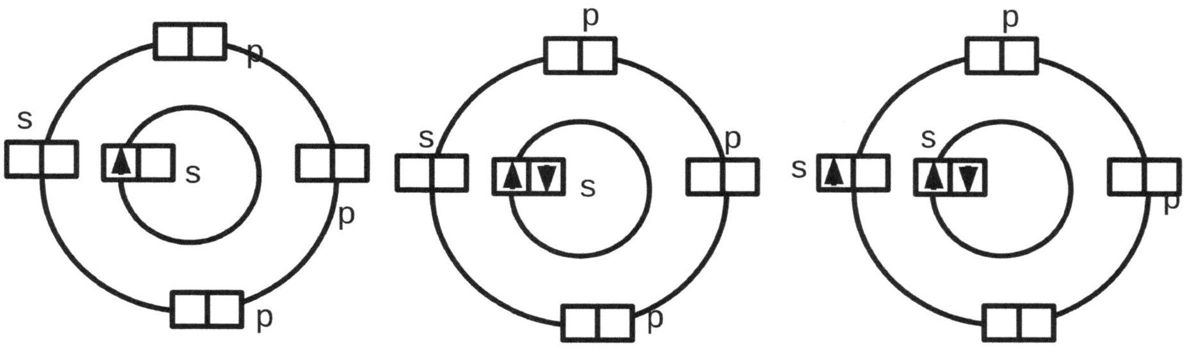

Das erste Elektron kommt in das innere s-Orbital. Wir können uns aussuchen, ob spin up oder spin down, und genau so steht es uns frei, ob das Elektron im linken oder rechten Zimmer (Spinorbital) sitzt. Ich habe mich für ein spin-up-Elektron im linken Spinorbital entschieden.

Damit ist aber klar, wie das zweite Elektron aussieht: spin-down im rechten Spinorbital, **weil zwei Elektronen im selben Orbital nicht denselben spin aufweisen dürfen**. Das fünfte Elektron muss im 2s-Orbital sitzen, das Spinorbital und den Spin können wir wieder frei entscheiden.

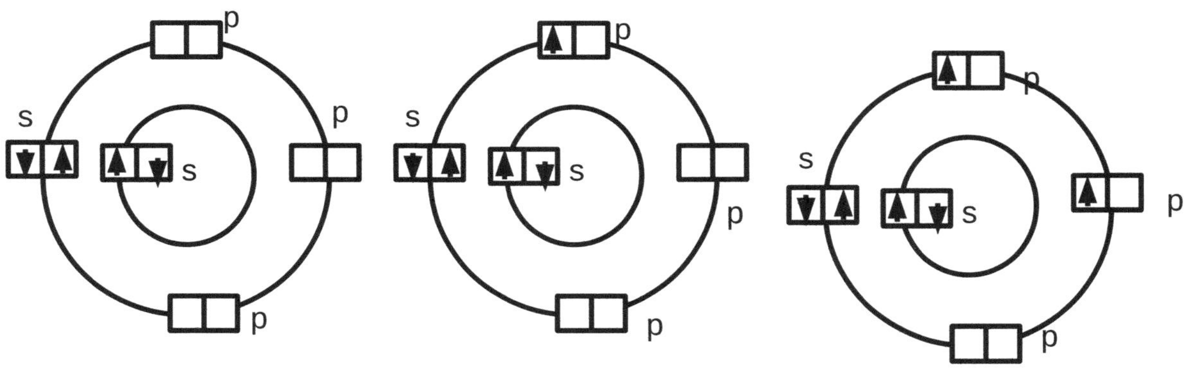

Das vierte Elektron sitzt auch im 2s-Orbital (weil wir im Grundzustand auffüllen, sonst wäre es im p!), allerdings mit spin down. Das fünfte Elektron kommt in eines der p-Orbitale, wir können uns das p-Orbital aussuchen, alle sind gleich gut. Auch den Spin und das Spinorbital können wir frei wählen.

Das sechste Elektron *muss aber in ein freies p-Orbital kommen*, und der Spin muss der gleiche sein, wie jener des fünften Elektrons, also: spin-up.

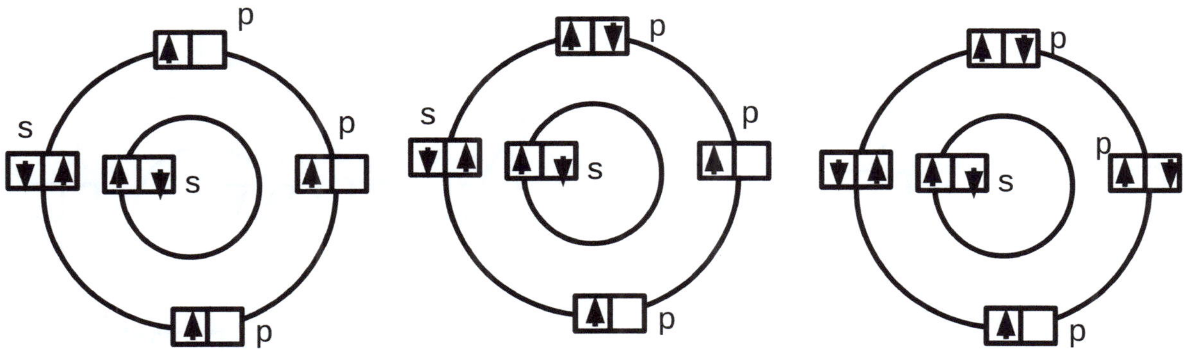

Das siebte Elektron kommt in das letzte freie p-Orbital, und ist ebenfalls spin-up.

Fassen wir zusammen: Bei Orbitalen gleicher Energie (zum Beispiel den p-Orbitalen), werden zuerst **alle Orbitale halb besetzt**, und zwar mit **Elektronen gleichen Spins**. Diese Regel ist die **Hund´sche Regel**. Eigentlich ist die Hund´sche Regel nichts neues für uns. Wir haben bis jetzt die Elektronen auch immer einzeln befüllt.

Wir merken uns das Pauli-Verbot und die Hund´sche Regel am besten mit dem EMO-Satz: "Der Pauli und sein Hund."

Die letzten drei Elektronen kommen in die restlichen freien Spinorbitale, und haben spin-down, damit das Pauli-Verbot eingehalten wird.

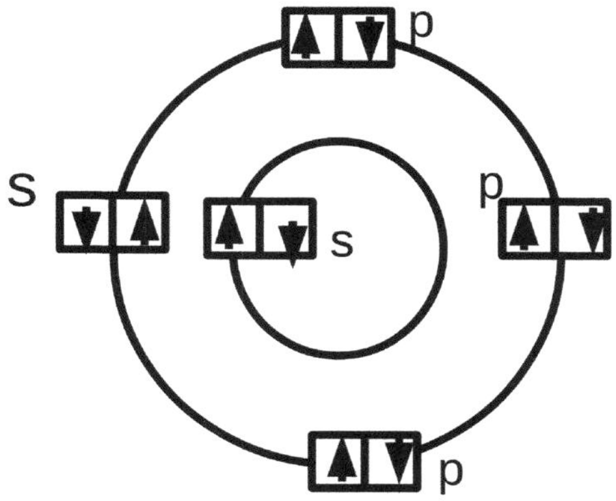

So also sieht die voll besetzte Schale aus.

Wir können die Elektronen natürlich auch so auffüllen, dass die Atome im hybridisierten Zustand sind. Sehen wir uns das am Beispiel Kohlenstoff C an:

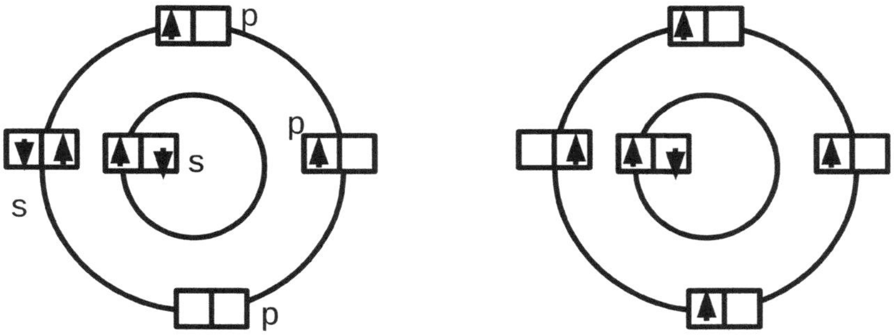

C im Grundzustand **C hybridisiert**

Wir sehen also, der Spin ändert grundsätzlich nichts an an unseren Besetzungsregeln. Nachdem er aber eine grundlegende Eigenschaft des Elektrons ist, sollte man ihn doch kennen.

Übrigens ist der Elektronenspin *nicht* in der Schrödingergleichung enthalten. Bei der Lösung dieser Gleichung erhält man keinen Spin. Stern und Gerlach haben den Spin 1923 bei einem Versuch entdeckt, und Wolfgang Pauli hat den Spin in die Schrödingergleichung eingebaut.

Die mathematische Schrödingergleichungswurst ist also noch länger geworden (brrrr!), und unsere Elektronen bekommen eine Quantenzahl dazu: Die **Spinquantenzahl**, kurz: m_s. Und diese Spinquantenzahl kann zwei Werte annehmen: +1/2 und -1/2. m_s = +1/2 bedeutet: spin up, also Pfeil nach oben, -1/2 bedeutet spin down, also Pfeil nach unten.

Damit können wir das Pauli-Verbot ("*zwei Elektronen im selben Orbital müssen entgegengesetzten Spin haben*") auch anders ausdrücken:

Ein Elektron muss sich in mindestens einer Quantenzahl von jedem anderen Elektron unterscheiden.

Das heißt, ein Elektron muss sich irgendwie von jedem anderen Elektron unterscheiden. Entweder durch die **Schale**, in der das Elektron sitzt, oder durch **Form** (s,p, d....), oder durch die **Ausrichtung** (p_x, p_y, p_z), oder aber durch den **Spin** (up oder down). **Das Elektron darf nicht in allen vier Quantenzahlen gleich einem anderen sein.**

Elektronen sind also unverbesserliche Individualisten.

3.10. Tendenzen im Periodensystem

Es wird Zeit, dass wir die Elemente nicht nur als Fülleimer für Elektronen betrachten, sondern als *Charaktere*. Tatsächlich gibt es unter den Elementen allerlei seltsame und normale Typen, und das Periodensystem ist ihre Welt.

Chemie hat nämlich nur am Rande mit Mathematik zu tun. Viel wichtiger ist es, ein "Gefühl" für Chemie zu entwickeln. Nicht umsonst sprechen Chemiker von der "chemischen Intuition", mit der man auf ein tieferes Verständnis und neue Ideen kommt. Und da unsere Intuition mit Menschlichkeit zu tun hat, wollen wir uns die Elemente auch als Menschen erklären.

Ganz links, von Lithium Li bis Cäsium Cs, finden wir die ultra-radikalen Revolutionäre unter den Elementen: die Alkali-Metalle! Revolutionäre wollen ja meistens etwas loswerden: ihre Meinung, und diese unter das Volk bringen. Genau so die Alkali-Metalle: Sie haben nur ein Elektron in der äußeren Schale, und das wollen sie unbedingt loswerden.

Wo sie auftauchen, sind sie der Schreck der braven Bürger: Mit bunten Haaren und zerfetzten Hosen, haben sie immer Tomaten und faule Eier in der Hand, mit denen sie die anderen braven Elemente bewerfen. Die faulen Eier sind natürlich Elektronen. Und immer sind sie, wie es sich für Ultra-radikale Revolutionäre gehört, wütend. Je weiter hinunter man kommt, zum Beispiel zum Cäsium, desto wütender sind sie. Wehe dem, der ein Stückchen Cäsium-Metall in die Hand nehmen will! Es wird sofort mit dem Schweiß in den Fingern reagieren und explodieren.

Cäsium, der Ober-Radikale, ist das am wenigsten elektronegative Element (vom Francium abgesehen, das aber in der Natur nicht existiert). Cäsium verwendet das Elektron als sozusagen Kanonenkugel, aber auch Natrium, Kalium und Rubidium sind absolut gefährlich. Und tatsächlich nennt man Atome und Moleküle mit einem ungepaarten Atom ein **Radikal**. (Das müssen nicht nur Alkali-Metalle sein....) Die Chemiker haben schon gewusst, warum.

Rechts davon, also nicht mehr ganz so links, kommen die **Erdalkalimetalle**, von Beryllium Be bis Barium Ba. Die haben zwei Elektronen außen, die sie aber nicht mehr ganz so aggressiv hergeben. Abgeschwächte Revolutionäre also. Im Notfall verhalten sie sich auch noch umstürzlererisch, aber nur mehr im Notfall. Auch hier gilt: Je weiter unten im Periodensystem, desto lieber geben sie ihre Elektronen ab, also ist Barium weniger elektronegativ, als zum Beispiel Beryllium (ganz oben). Man kann sagen, die Erdalkali-Metalle sind schon ein bisschen vertrocknet. Ein bisschen verknöchert. Sie verhalten sich "erdiger". Und tatsächlich enthalten Knochen das Erdalkalimetall Calcium, und viele Gesteine bestehen aus Magnesium.

Sehen wir uns die Übergangsmetalle im Block in der Mitte an. Die sind ein bisschen widersprüchlich: Einerseits sind sie einander recht ähnlich, indem sie alle Metalle sind. Andererseits reagieren die Metalle links, wie zum Beispiel Titan, doch noch recht gerne, während die Elemente rechts, die so genannten

"Edelmetalle" sind, die fast gar nicht reagieren. Bleiben wir kurz bei den Edelmetallen: Sie sind tatsächlich die "Adeligen" des Periodensystems! Oder, sagen wir besser: die Snobs. (Weil: Nicht jeder, oder überhaupt nur die wenigsten, Adeligen verhalten sich wie ein Snobs.)

Zu ihnen gehören Elemente wie Gold Au, Platin Pt, Palladium Pd, Rhodium Rh, Iridium Ir, und Silber Ag. Kaum eine Säure kann sie zerfressen, sie rosten nicht (das heißt: sie reagieren nicht einmal mit Sauerstoff!), kaum ein Molekül greift sie an. Sie verbinden sich nicht mit anderen Elementen, genau wie sich der eine oder andere Snob nicht herab lässt, mit einem "gewöhnlichen" Bürger zu sprechen, oder diesen gar zu heiraten. Igitt! Wäh!

Das heißt aber wieder nicht, dass die Edelmetalle gar keine Bindung eingehen. In einem Goldbarren zum Beispiel sind ja die Gold-Atome durch die Metallbindung miteinander verbunden. Sonst wäre Gold nicht in Barren erhältlich, sondern nur in Gasflaschen. Weil: Atome, die gar nicht miteinander gebunden sind, sind gasförmig. Kurzum, die Edelmetall-Atome bleiben, wie es sich für richtige Snobs gehört, "unter sich". Aber alleine halten sie es auch nicht aus! Und insofern verhalten sich die Edelmetalle widersprüchlich.

Weil nämlich die Metallbindung eigentlich eine "ordinäre" Bindung ist. Genau, wie sich Snobisten in der Luxusvilla zur Party versammeln, und niemanden sonst hineinlassen, so tun es auch die Edelmetalle. Und wie die Snobisten dann in ihrer Luxusvilla dann auch nur fades Zeug reden, und dann zuweilen richtig vulgär werden, so gehen auch die Edelmetalle die vulgäre Metallbindung ein, in der sich die Elektronen frei bewegen und Strom leiten - weil die Orbitale gewissermaßen nur U-Bahn Toiletten sind, in denen die Elektronen nicht gerne bleiben. Aber es sind sozusagen "noble" U-Bahn-Toiletten, mit schöner Stukkatur und Lustern an der Decke.

Der eigentliche Grund für dieses eigenartige Verhalten liegt bei den d-Orbitalen. Einerseits sind diese bei den Edelmetallen sehr günstig, andererseits können sie aufgrund ihrer Form nicht so gut binden, dass wir solche widersprüchlichen Eigenschaften erhalten, wie zum Beispiel noble U-Bahn-Toiletten. Mehr dazu im Kapitel „Metalle“.

Snobisten wirken wirklich "edel" weil sie immer so elegant schweigen. Aber eben genau darum sind sie auch langweilig. Und ebenso ist es mit den Edelmetallen. Sie tun nicht viel. Antiker Goldschmuck, der nach vielen tausend Jahren entdeckt wird, sieht im Grunde aus, wie neu. Während ein altes Eisenschwert vollkommen verrostet sein wird. Weil es mit Sauerstoff reagiert haben wird!

Kommen wir wieder zu den Hauptgruppen-Elementen zurück: Die dritte Gruppe ist dann (Bor B bis Thallium Tl) schon sehr friedlich. Brave, unbescholtene Bürger des Periodensystems, vielleicht etwas nerdig. Mit drei Valenzelektronen (also äußeren Elektronen), und weder geben sie diese drei Elektronen sonderlich gerne ab, noch nehmen sie mit allzu großer Gier welche auf. Aber wie das oft bei stillen Charakteren ist, so haben auch jene Elemente versteckte, aber interessante Eigenschaften, zum Beispiel, die Fähigkeit, an dativen Bindungen teilnehmen zu können! Dort haben wir BH_3 als Beispiel genommen.

Und jetzt kommt eine der bravsten Gruppen überhaupt: Die Kohlenstoff-Gruppe, auch vierte Hauptgruppe genannt (Kohlenstoff C bis Blei Pb). Diese Elemente mit vier Valenzelektronen wollen jene weder sonderlich gerne abgeben, noch welche aufnehmen. Sie wollen ihre Elektronen nur teilen. Ihre Lieblingsbindung ist also die Atombindung. Entsprechend harmlos sind sie auch: Silizium zum Beispiel kann man gefahrlos in die Hand nehmen, es ist ein dunkler metallischer Brocken, man könnte es theoretisch auch essen- so wie Kieselsteine....Na ja.... Auch hier - wie bei allen Hauptgruppen-Elementen - gilt: Je weiter nach unten wir im Periodensystem kommen, desto weniger elektronegativ werden sie. Das heißt: Desto schlechter werden die äußeren Orbitale. Das heißt: desto lieber verlassen Elektronen das Orbital. **Das heißt: desto metallischer werden sie.**

Und so sind auch die untersten beiden Elemente dieser Gruppe, Zinn Sn und Blei Pb, Metalle.

Ja, aber sind denn Elemente der 4. Gruppe wirklich nur langweilig? Und dabei nicht einmal Snobs? Lauter Staubsaugervertreter, Buchhalter und Chemiker? (Haha! Scherz! Natürlich sind Staubsaugervertreter und Buchhalter die spannendsten Berufe überhaupt, nur Chemiker ist langweilig!).

Im Gegenteil. Kohlenstoff C gilt als das bedeutendste Element der Welt.
Überlegen wir uns: So ein wirklich unauffälliger Bürger kann sich gut anpassen. Er will es allen recht machen. Weil er nicht extrem ist, kann er seine Meinung (also die Elektronen) gut teilen. *Er kann also Vereine gründen, in denen es sittsam zugeht!* Jeder hat seine fixe Aufgabe und Position: der Vereinspräsident, der Vizepräsident, der Vorstand, usw.

Chemisch ausgedrückt: Kohlenstoff C kann, eben weil es so friedlich ist, sich zu beliebig großen Molekülen verbinden. Diese Moleküle können die verschiedensten Formen und Verzweigungen haben, und sogar Kohlenstoff-Ringe beinhalten. **Das kann kein anderes Element der Welt!**

Man kann auf diese Kohlenstoff-Moleküle auch andere Elemente hängen, womit wir auf eine riesige Zahl von Möglichkeiten kommen.
Darum hat der Kohlenstoff, als einziges Element auch seinen eigenen wissenschaftlichen Zweig, die **organische Chemie**. Und, damit verwandt, die **Biochemie**. Denn ein Leben ohne Kohlenstoff wäre völlig unvorstellbar. Zwar wird die Möglichkeit diskutiert, ob es nicht auch Leben auf Silizium-Basis geben könnte, aber ich persönlich bezweifle das.

Die nächste Gruppe hat dann bereits fünf Elektronen in der Außenschale, und sind schon recht begierig darauf, ihre Schale voll zu füllen. Sie werden also chemisch wieder aggressiver. Zu dieser fünften Hauptgruppe gehören alle Elemente von Stickstoff N bis Bismut Bi. Andererseits haben diese Elemente ein nichtbindendes Elektronenpaar, das sie gerne hergeben! Sie sind also auch widersprüchliche Charaktere. Ein bisschen wie geizige Erbonkeln oder Erbtanten, die sich einerseits Elektronen von anderen Atomen holen, aber nur, damit sie ihr nichtbindendes Elektronenpaar "vererben" können. Je mehr Geld der Erbonkel hat, desto eher gibt er Geld her, das er schon hat. Zu den Elementen der fünften Hauptgruppe gehören außerdem Phosphor P, Arsen As, und Antimon Sb.

Die sechste Hauptgruppe ist bereits sehr aggressiv! Da sie sechs Valenzelektronen haben, brauchen sie nur noch zwei Elektronen zur vollen Schale, und die wollen sie unbedingt. Zu jener Gruppe gehören Sauerstoff O, Schwefel S, Selen Se, Tellur Te, und Polonium Po. Man nennt jene Gruppe die *Chalkogene*, auf deutsch: Erzbildner (*Chalkos* = Erz, *Gene* = Bildner). Sauerstoff ist das zweit-elektronegativste Element, nur Fluor F, ist noch gieriger auf Elektronen. Warum gerade Sauerstoff? Weil es in seiner Gruppe ganz oben steht, und wir wissen, dass, je höher das Element im Periodensystem steht, desto elektronegativer ist. Nur Fluor steht einerseits genau so hoch, andererseits braucht es nur mehr ein Elektron, und das will es noch gieriger.

Womit wir bei den kriminellen Gierhälsen der siebten Hauptgruppe wären: den *Halogenen*. Zu deutsch: Den Salzbildnern: Halos bedeutet Salz, Gene kommt bedeutet Bildner. Ihnen fehlt- erraten - nur mehr ein Elektron zur vollen Schale. Sieben Valenzelektronen haben sie, acht wollen sie haben. Sie sind sozusagen das komplette Gegenteil zu den Alkali-Metallen. Wenn nun ein Alkali-Metall mit einem faulen Ei namens Elektron nach einem Halogen schießt, ist das dem Halogen immer noch nicht schnell genug: Es reißt dem dem Alkali-Metall das Elektron sozusagen aus der Hand. Dass die Halogene unbedingt ein Elektron wollen, bedeutet nichts anderes, als: Sie haben ein leeres, energetisch extrem günstiges Orbital. Extrem günstige Orbitale sind aber das Gegenteil von Metall-Orbitalen. Das heißt: Halogene sind das Gegenteil von

Metallen. Man merkt die Verwandtschaft der Halogene untereinander: Sie alle riechen nach "Schwimmbecken"!

Was passiert eigentlich, wenn ein Snob wie Gold auf einen Räuber wie Fluor trifft? Da ist das Fluor stärker, und nimmt dem Gold die äußeren Elektronen weg! Da nützt dem Gold seine Überheblichkeit gar nichts mehr. Aber schon Chlor, das unter dem Fluor steht, hat mit dem Gold seine Probleme. Da muss man ein bisschen "nachhelfen".

Und dennoch gibt es Elemente, gegen die selbst das Fluor nichts zu tun vermag: Die Elemente der achten Hauptgruppe, die Edelgase! Die Edelgase haben 8 Valenzelektronen, sie haben also ein volle Schale, und tun daher gar nichts mehr. Sie sind mit sich selbst zufrieden. Es sind unriechbare, unsichtbare und unschmeckbare Gase, weder sind sie giftig, noch reagieren sie sonst irgendwie. Sie tun so wenig, dass sie nicht einmal mehr Snobisten sind. Sie leben gewissermaßen für sich allein, vollkommen friedlich und abgeschlossen. Mit wem sollten wir die Edelgase also vergleichen? Mit den Mönchen. Und wie sich ein Mönch durch nichts aus der Ruhe bringen lässt, so nimmt nicht einmal das Fluor dem Edelgas ein Elektron weg. Die Edelgase sind insofern noch stärker als die Edelmetalle! Genau darum sind die Edelgase in der Chemie wichtig: Bei besonders empfindlichen chemischen Reaktionen, die durch Luftsauerstoff gestört werden würden, arbeitet man gerne unter "Edelgas-Atmosphären", das heißt, man pumpt die Luft weg, und Edelgase herein.

Fassen wir kurz zusammen, was wir in diesem Kapitel besprochen haben:

1) Uns interessieren an allen Atomen nur die Außenelektronen (die Valenzelektronen) und nur die äußerste Schale.

2) Alle Atome, die ***untereinander*** *stehen, haben die* ***gleiche Zahl*** *an Außenelektronen.*

3) Wir dürfen so tun, als hätten alle Atome, die ***untereinander stehen****, auch die* ***selbe Außenschale****. Bor B hat zum Beispiel drei Außenelektronen und ein leeres Orbital, also hat auch Aluminium Al drei Außenelektronen und ein leeres Orbital (Aluminium steht unter dem Bor!)*

4) Wir können die Elemente H, He, Li, Be, B, C, N, O, F und Ne basteln. Und daher kennen wir auch alle Elemente, die unter diesen stehen!

Im Folgenden werden wir uns die Hauptgruppen näher ansehen, und einige der wichtigsten Reaktionsmechanismen lernen.

4. Die Alkalimetalle

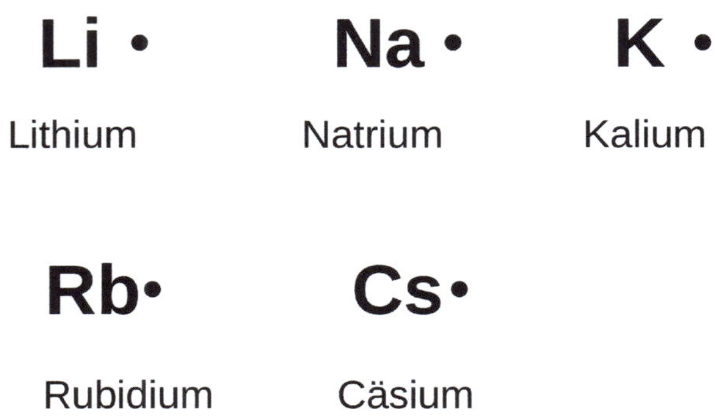

Jetzt sehen wir uns die Elemente der 1. Hauptgruppe an, die Alkali-Metalle. Zu ihnen gehören **Lithium Li, Natrium Na, Kalium K, Rubidium Rb, und Cäsium Cs**. Zwar wäre Francium Fr auch ein Alkali-Metall, aber dieses existiert in der Natur nicht, weil sein Atomkern in Milliardstel Sekunden zerfällt, und andere Elemente bildet. Es ist also radioaktiv.

Wenn man Alkali-Metalle mit dem Messer schneidet, fällt auf, dass sie sehr weich sind. Und: je weiter nach unten wir kommen, desto weicher werden sie. Cäsium ist fast schon flüssig.

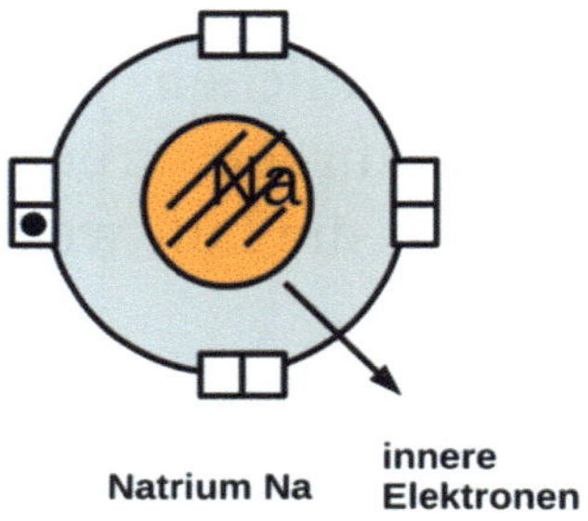

Sie haben bekanntlich **ein Elektron** in der Außenschale, also ein Valenzelektron, das sie unbedingt abgeben wollen. Sie sind also extrem gefährlich und hoch reaktiv. Dabei ist das oberste, das Lithium, noch das friedlichste, und das unterste, das Cäsium, das gefährlichste, weil es sein Elektron am liebsten hergibt. **Niemals darf man ein Stück Alkali-Metall mit bloßen Händen anfassen!** Es würde mit dem Schweiß in den Fingern reagieren, und zu brennen anfangen. Cäsium explodiert sogar.

4.1. Alkalimetalle und Wasser

Werfen wir also ein Stückchen Alkali-Metall, wir bleiben beim Beispiel Natrium, in Wasser H_2O, so sehen wir das Metall an der Wasseroberfläche brennen.
Was passiert? Das Natrium Na gibt sein äußeres Elektron an das H_2O ab, und zwar in ein antibindendes Orbital, ab:

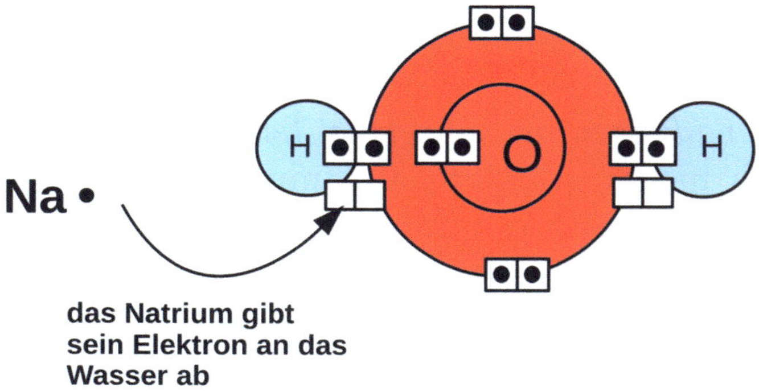

Das Natrium ist, nachdem es das Elektron abgegeben hat, positiv geladen. Weil: Das Natrium-Atom hat eine Ladung von Null. Wie jedes Atom. Nun gibt es eine Elektron, also eine negative Ladung ab:

$$\mathbf{0 - (-1) = +1}$$

Das Natrium wird zum Na^+-Ion. Das Wasser hat ebenfalls eine Ladung von Null. Dann nimmt das Elektron auf, und wird daher negativ geladen :

$$\mathbf{0 + (-1) = -1}$$

Das ist ein H_2O^--Ion.

Wir kontrollieren: Na^+ hat 11 Protonen, aber nur 10 Elektronen. +11 - 10 = +1. Das H_2O^--Ion hat 10 Protonen (8 Protonen vom O, 2 mal 1 Proton von den H´s), aber es hat 11 Elektronen! 10 - 11 = -1. Es ist also **negativ** geladen.

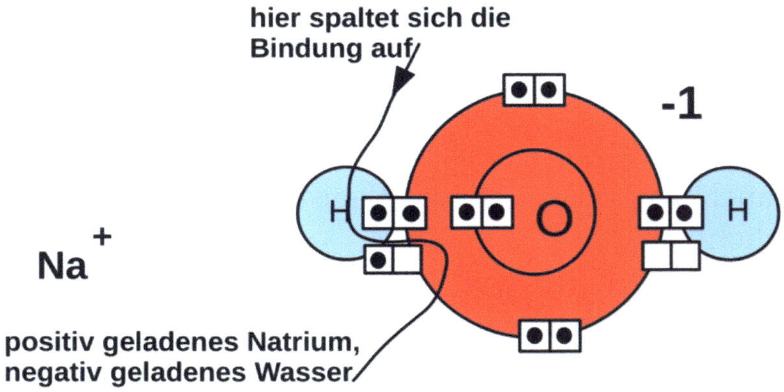

Nun aber hat das gewanderte Elektron keine Lust, in einem antibindenden Orbital zu sitzen! Wer wohnt schon gerne in einer Rumpelkammer?! Was also tun? Das Wasserstoff-Atom spaltet sich vom Sauerstoff ab, damit das antibindende Orbital zu einem "normalen" halb besetzten Orbital wird! Das volle, bindende Orbital bleibt beim Sauerstoff.

Wie sehen nun die Ladungen der einzelnen Teilchen aus? Beim Natrium ist das einfach: es hat sich nichts geändert, also muss sie +1 sein. Das abgespaltene Wasserstoff hat 1 Proton und ein Elektron. Also muss die Ladung Null sein.

Es ist einfach nur ein H-Atom. Das OH schließlich hat 9 Protonen, und 10 Elektronen. 9-10 = -1, und daher ist es negativ geladen, also OH^-. Das hätten wir auch einfacher wissen können. Wenn sich von einem **negativ** geladenen Wasser-Ion ein **neutrales H**-Atom abspaltet, dann muss das OH **negativ** geladen sein. Weil: -1 - 0 = -1. Die negative Ladung kann sich ja nicht einfach in Luft auflösen. Dieses OH^-- Ion nennt man **Hydroxid-Ion**. Das merken wir uns.

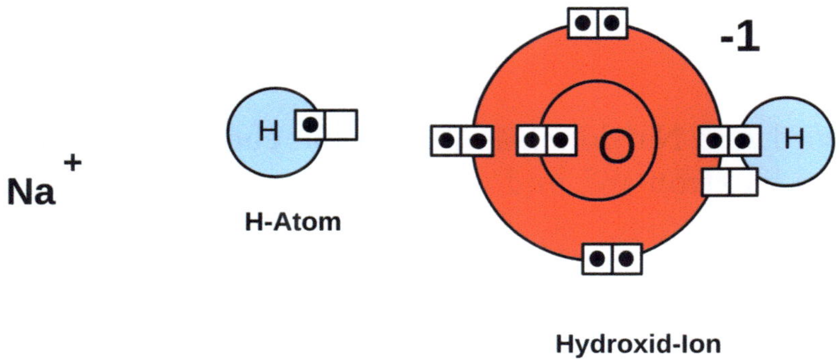

Fassen wir zusammen: Wenn man Natrium mit Wasser reagieren läßt kommt, Na^+, H und OH^- heraus.

Das läßt sich auch kürzer formulieren:

$$\mathbf{Na + H_2O \dashrightarrow Na^+ + H^{\cdot} + OH^-}$$

Der Punkt am H bedeutet: Es hat ein ungepaartes Elektron. Diesen Punkt könnten wir auch weglassen. (Beim Na ist dieser Punkt auch möglich, aber meistens unüblich).

Und damit haben wir unsere erste Reaktionsgleichung geschrieben!

Das ist sozusagen der "*high state of art*" in der Chemie.

Jetzt will aber das H nicht allein bleiben, es will ja auch sein Elektron binden.

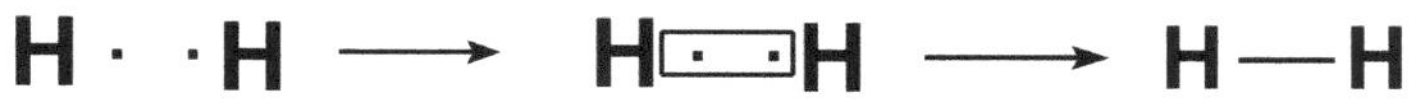

Und zwar mit einem anderen H-Atom! Es will zu einem H_2-Molekül werden. Genau diese Reaktion kennen wir schon, wir haben sie im Kapitel "Atombindung" beschrieben. Wo bekommen wir dieses zweite H her?

Wir überlegen uns: die Reaktion

$$\mathbf{Na + H_2O \dashrightarrow Na^+ + H^{\cdot} + OH^-}$$

findet ja nicht nur einmal statt. Sondern viele Milliarden mal. Wir geben ja ein Stückchen Na-Metall in einen großes Glas Wasser, also viele Milliarden Natriumatome zu vielen Milliarden Wasser-Molekülen. Wir haben also für jedes ungebundene H-Atom ein problemlos zweites H-Atom zur Verfügung. Also werden aus **zwei** $\mathbf{H^{\cdot}}$ **ein** $\mathbf{H_2}$**.** Oder in Gleichungs-Form aufgeschrieben:

$$\mathbf{2\,H^{\cdot} \dashrightarrow 1\,H_2}$$

Zur Wiederholung: 2 H bedeutet: **Zwei nicht gebundene** Wasserstoff-Atome. H_2 bedeutet: **Ein** H_2-Molekül, in welchem die beiden H **gebunden** sind.
Es ist ganz wichtig, wo wir die "2" hinschreiben!!! Man muss das genau unterscheiden! Dieses Problem hat leider schon vielen Schülern und Studenten die Chemie-Prüfung gekostet.

Sehen wir uns noch ein Beispiel an: Was ist der Unterschied zwischen H_2O, 2OH und HO_2 ? Unten die "Lösung", wir lassen dabei alle Elektronen-Überlegungen beiseite, weil es (außer H_2O) diese Dinger nicht gibt!

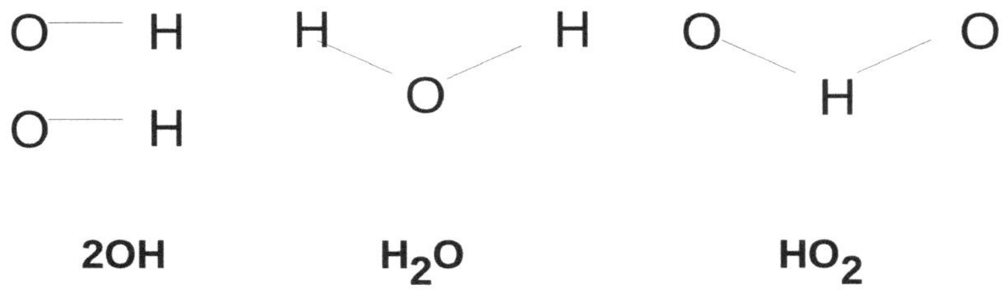

Kommen wir wieder zum Wasserstoff zurück: Wenn wir mit **einem** Natrium und **einem** Wasser **ein** H-Atom bekommen, so brauchen wir **zwei** Natrium-Atome und **zwei** Wasser, um **zwei** H-Atome zu bekommen. Und die können dann zu H_2 reagieren, nur ein H-Atom nicht. Oder, anders gesagt: Reagieren zwei Natrium-Atome mit zwei Wasser-Molekülen, so entstehen zwei Na^+ und zwei OH^- und ein H_2.

Es ist also wieder genau dieselbe Reaktion von Natrium mit Wasser, nur, dass wir sie **mal zwei** multiplizieren.

$$\mathbf{2\ Na + 2H_2O \text{ --> } 2\ Na^+ + 2\ OH^- + 2\ H^{\cdot} \text{ --> } 2\ Na^+ + 2\ OH^- + H_2}$$

Und jetzt gefällt uns diese Gleichung!

Und warum brennt das Natrium? Nun, eigentlich brennt das H_2: Es reagiert mit einem Sauerstoff-Atom O zu H_2O:

$$\mathbf{H_2 + O \text{ --> } H_2O.}$$

Und diese Reaktion erzeugt eine Flamme.
(Außerdem werden bei dieser Reaktion sicherlich auch viele H-Atome, also H-Radikale mit ihrem ungepaarten Elektron heftig mitreagieren. Nur nebenbei.)

Wir können uns diese Reaktion so vorstellen: Das O reißt das $H_{2.}$-Molekül auseinander, schiebt sich zwischen die Wasserstoffe, und bildet Wasser. Wie Letzteres aussieht, wissen wir schon.

Jetzt sind wir aber mit dieser Reaktionsgleichung nicht ganz zufrieden, weil *Sauerstoff praktisch immer zu O_2 gebunden ist.* Wenn wir O_2 mit H_2 zu Wasser reagieren lassen wollen, brauchen wir doppelt so viel H_2. Also 2 H_2. Also sieht unsere richtige Reaktionsgleichung so aus:

$$\mathbf{2\ H_2 + O_2 \text{ --> } 2\ H_2O.}$$

Lassen wir die doppelte Menge Sauerstoff mit der doppelten Menge Wasserstoff reagieren, muss natürlich auch die doppelte Menge Wasser entstehen. Wir stellen uns das so vor: Lasse ich **einen** Mann mit **einer** Frau heiraten, so entsteht **ein** Ehepaar. Lasse ich **zwei** Männer mit **zwei** Frauen heiraten, entstehen **zwei** Ehepaare.

Kommen wir zur Reaktion von Natrium mit Wasser zurück: Wie reagieren nun die anderen Alkali-Metalle Lithium Li, Kalium K, Rubidium Rb und Cäsium Cs mit Wasser?

Genau so!

Sie sehen ja in der äußersten Schale ebenso aus wie Natrium. Der einzige Unterschied ist die Heftigkeit der Reaktion, Li reagiert am schwächsten, wirft man hingegen Cäsium in Wasser, so explodiert es.

$$\mathbf{2\,Li + 2H_2O \rightarrow 2\,Li^+ + 2\,OH^- + 2\,H^\cdot \rightarrow 2\,Li^+ + 2\,OH^- + H_2}$$

$$\mathbf{2\,K + 2H_2O \rightarrow 2\,K^+ + 2\,OH^- + 2\,H^\cdot \rightarrow 2\,K^+ + 2\,OH^- + H_2}$$

$$\mathbf{2\,Rb + 2H_2O \rightarrow 2\,Rb^+ + 2\,OH^- + 2\,H^\cdot \rightarrow 2\,Rb^+ + 2\,OH^- + H_2}$$

$$\mathbf{2\,Cs + 2H_2O \rightarrow 2\,Cs^+ + 2\,OH^- + 2\,H^\cdot \rightarrow 2\,Cs^+ + 2\,OH^- + H_2}$$

Bis auf das eingesetzte Alkali-Metall sind die Reaktionsgleichungen identisch!

Metalle, die mit Wasser reagieren und dabei brennen – keine Frage, die Alkalimetalle sind die „Ultraradikalen“ unter den Elementen, die Punks, oder besser gesagt: Berufsdemonstanten, die brave Moleküle (Wasser) mit irgendwas bewerfen wollen. Nur werfen sie eben nicht mit Eiern oder Ziegelsteinen um sich, sondern mit Elektronen.

Es sind eben nicht nur die Elemente schlimm, die anderen etwas wegnehmen (diese Elemente stehen bezeichnenderweise rechts im Periodensystem, zu denen kommen wir noch), auch jene die etwas loswerden wollen, sind wilde Typen...

Der Vergleich geht sogar noch weiter: Wie klassische „Linke“ eben, bilden sie ein Kollektiv: Natrium ist ein Metall! Das heißt: Sie teilen sich die Elektronen. Auch dazu später.

4.2. Säuren und Basen

Und wieder kommen wir zu unserer Reaktion Natrium mit Wasser zurück: Was verbleibt nun in unserem Wassertopf, nachdem wir das Natriumstückchen darin versenkt haben? Das H_2 ist verbrannt und nun Wasserdampf, und interessiert uns nicht mehr sonderlich. **Aber im Wasser befinden sich nun Na^+ -Ionen und OH^--Ionen.** Die Na^+ -Ionen haben nun eine volle Außenschale, weil sie das äußere Elektron los geworden sind. Sie sind lammfromm geworden. Fast so friedlich wie Edelgase!

Das Hydroxid- oder OH^--Ion ist sehr wichtig: Es ist das **basische Ion**. Was heißt "basisch"? Was ist eine Base?

Es ist das Gegenteil von sauer. Eine Base ist das Gegenteil einer Säure.

Ihr kennt sicher den unangenehmen Geschmack von Seife im Mund. Und dieser seifige, "basische" Geschmack kommt von den OH^--Ionen! Dabei ist Seifenwasser noch eine recht schwache Base. Starke Basen können extrem ätzend sein, und so gefährlich wie die stärksten Säuren. Unsere Mischung aus Wasser, Na^+ und OH^- ist, wenn sie konzentriert ist, eine sehr starke Base, man nennt sie **Natronlauge**. "Lauge" ist ein anderes Wort für Base.

Man kann das Wasser auch ganz aus der Natronlauge entfernen, zum Beispiel, indem man das Wasser durch Kochen verdampft. so dass nur Na^+- und OH^- Ionen verbleiben. Man sieht dann einen weißen festen Stoff, und den nennt man **Natriumhydroxid** mit der Formel NaOH. Warum NaOH? Weil: Zähle ich Na^+ und OH^- zusammen, so ist die Ladung der beiden Ionen zusammen gleich Null: **+1 -1 = 0.**

Nur so nebenbei: "Base" war einmal ein anderes Wort für "Tante". Aber: Natrontante gibt es nicht! Cäsiumtante auch nicht! Und die Tante Frieda heißt nicht Lauge Frieda!
Und so weiter.

Aber sehen wir uns das Hydroxid-Ion näher an: Wir basteln es aus einem O und einem H und einem Elektron.

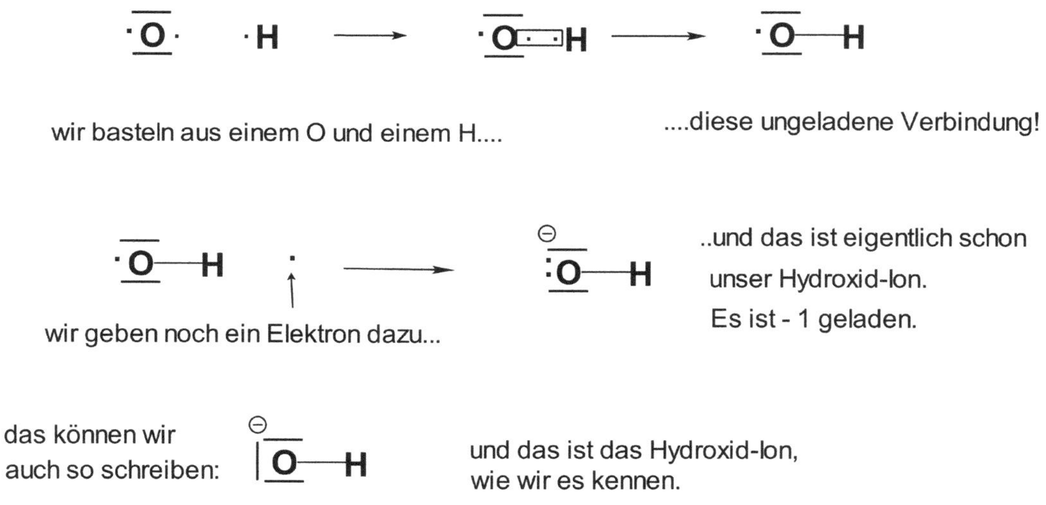

Zuerst verbinden wir O und H. Das daraus entstehende Molekül ist **neutral** (die Ladung ist null), und es hat ein halb besetztes Orbital, in welchem nur ein Elektron sitzt. Dann geben wir noch ein Elektron dazu: nun ist es **negativ** geladen, und der Sauerstoff hat 8 Elektronen in der Außenschale. Wie er es mag. Nur die negative Ladung stört ihn, die würde er gerne loswerden. Und eben darum sind Basen *ätzend.*

Kommen wir zum NaOH, zum festen Natriumhydroxid, zurück: Wenn ich dieses in Wasser auflöse, spaltet es sich in Na^+und OH^-. Warum?

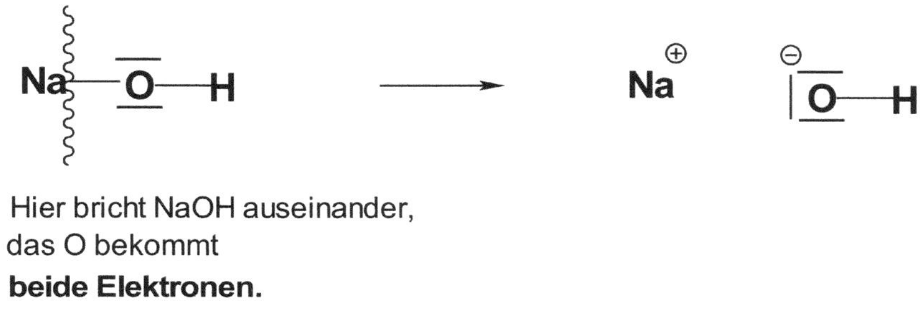

Die OH Gruppe nimmt sich das Elektron des Natrium, es ist also negativ geladen. Es hat sozusagen ein Elektron "zu viel". Natürlich hat die OH^--Gruppe gerne ein Elektron zu viel, da nur dadurch das O eine volle Außenschale hat. Das Natrium hat demnach ein Elektron zu wenig: Es ist positiv geladen: Na^+. Und natürlich ist auch das Natrium über dieses fehlende Elektron glücklich: Es will es ja los werden!

Und ganz ähnlich verhalten sich auch alle anderen Basen. Wir können zum Beispiel aus den anderen Alkali-Metallen Basen herstellen, die genau so aussehen wie NaOH: LiOH, KOH, RbOH, CsOH.

Und sie zerlegen sich auch genau so wie das NaOH, und alle geben sie ein OH^- ab.

LiOH --> Li^+ + OH^-
NaOH --> Na^+ + OH^-
KOH --> K^+ + OH^-
RbOH --> Rb^+ + OH^-
CsOH --> Cs^+ + OH^-

Wir können also sagen: **Eine Base (Lauge) ist ein Stoff, der OH^--Ionen abgibt.**
Dieser Satz ist wichtig, den merken wir uns unbedingt!!

Wie kann man eigentlich aus der chemischen Formel erkennen, dass ein Stoff eine Base ist? Da gibt es einen alten Chemiker-Trick: **Bei Basen steht das OH *hinten*!** Also zb NaOH: Das OH steht hinten, und wir wissen: NaOH ist eine Base, *auch wenn wir sonst gar nichts über den Stoff wissen*!

Wir erfinden jetzt eine reine Phanasie-Base: Die Batman-Lauge! (Die können wir auch Batman-Hydroxid nennen.) Wie ist die Formel der Batman-Lauge? Ganz einfach: BatmanOH. Das OH ist hinten. Und wie zerlegt sich die Lauge? Auf jeden Fall entsteht OH^-. Und was bleibt übrig? Das OH^- hat dem Batman ein Elektron weggenommen, also fehlt Batman jetzt ein Elektron, und ist positiv geladen: $Batman^+$.

Oder in Gleichungsform:

BatmanOH --> $Batman^+$ + OH^-.

Jetzt müssen wir aber noch die Frage klären, warum Basen das Gegenteil von Säuren sind........

Kommen wir also zu den **Säuren.**

4.2.1. Säuren

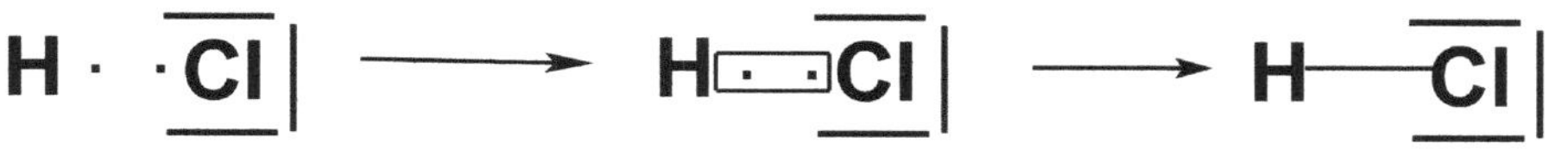

Eine typische Säure ist die **Salzsäure** HCl. Wir können sie aus einem Chlor-Atom (isoelektronisch zum Fluor) und einem H-Atom basteln:
Kennen wir schon: Chlor und Wasserstoff liefern je ein Elektron für eine Atombindung.

Es entsteht **Chlorwasserstoff**, welches ein Gas ist.

Leite ich das Chlorwasserstoff-Gas in Wasser, so bricht das Molekül entzwei. Das Chlor ist viel gieriger nach Elektronen, als das H, und nimmt sich beide Elektronen, also auch das Elektron, das zuvor zum H gehört hat. Das Chlor hat also ein Elektron mehr, als zuvor, es ist daher - erraten! - negativ geladen, nämlich -1. Aus dem Chlor wird also das Chlorid-Ion.

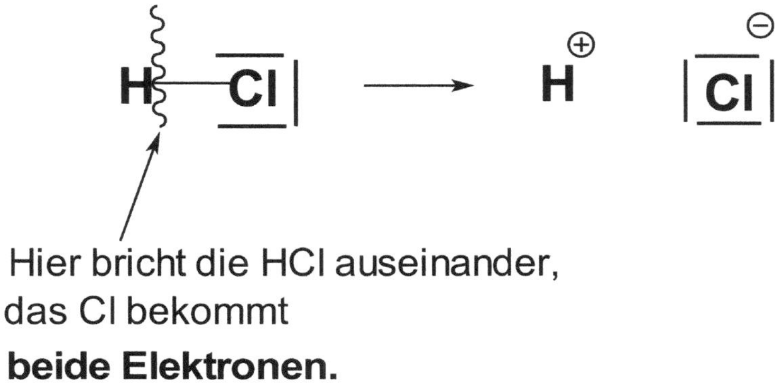

Das Wasserstoff-Atom hat sein Elektron verloren, und ist daher positiv geladen, nämlich +1. Dieses positiv geladene H^+-Ion ist das **Hydrogenium-Ion**.

Und dieses Hydrogenium-Ion ist das saure Ion!

Was sauer ist, brauche ich Euch nicht zu erklären. Zitronen sind sauer. Essig ist sauer. Saure Milch ist sauer. Und alle diese Dinge sind sauer, weil sie

Hydrogenium-Ionen haben. *Das H^+-Ion ist das Saure in der Welt* (das ist jetzt etwas melodramatisch ausgedrückt, es stimmt aber....).
Und so können wir allgemein sagen: **Säuren sind Stoffe, die H^+-Ionen abgeben.**
Dieser Satz ist wieder sehr wichtig, wir merken ihn uns auswendig!!!

Andere wichtige Säuren sind HF, HBr, HNO_3.....und alle geben sie H^+ ab. Weil aber dem H^+ ein Elektron fehlt, muss das übrig bleibende Ion dieses Elektron haben. Also ein Elektron zuviel. Es muss also negativ geladen sein.

Nehmen wir als Beispiel HBr, die Bromwasserstoffsäure. Weil sie eine Säure ist, muss sie H^+ abgeben. Das Hydrogenium-Ion hat also ein Elektron zu wenig, folglich muss der Rest, nämlich das Br. ein Elektron zu viel haben, und negativ geladen sein. Also Br^-. HBr spaltet also auf in H^+ und Br^-.

$$\mathbf{HBr \rightarrow H^+ + Br^-.}$$

Woher wissen wir nun, dass ein Molekül eine Säure ist? Wieder haben wir Chemiker-Trick zur Verfügung: Bei Säuren steht das H immer **vorne** (Ausnahme: Die organischen Säuren, das ist jetzt gleichgültig).

Zum Beispiel HBr, oder HNO_3 das H steht **vorne**, also wissen wir, diese Moleküle müssen Säuren sein, *auch wenn wir sonst nichts über sie wissen.*

Wir erfinden uns also wieder eine Phantasie-Säure: Die *Spiderman-Säure*! Wie ist die Formel der Spiderman-Säure? Das H muss vorne sein, also HSpiderman. Wir wissen, dass dieses Ding H^+ abgeben muss. Und was bleibt übrig? Dem H^+ fehlt ein Elektron, also muss der Spiderman ein Elektron zu viel haben, und negativ geladen sein: $Spiderman^-$. Wir schreiben die Gleichung auf:

$$\mathbf{HSpiderman \rightarrow H^+ + Spiderman^-.}$$

Und jetzt trauen wir uns auch an eine kompliziert aussehende wirkliche Säure heran, die Salpetersäure HNO_3.

Wir wissen: Die Salpetersäure ist eine Säure, weil das H vorne steht. Sie gibt also auf jeden Fall H^+ ab. Und was bleibt übrig? Irgendwas mit NO_3. Wir brauchen gar nicht zu wissen, was das ist oder tut. Wie beim Spiderman. Nur eines wissen wir: dem H^+ fehlt wieder mal ein Elektron, als muss das NO_3 -1 geladen sein. Also: NO_3^-. Und schon wissen wir, worin sich Salpetersäure zerlegt!

$$\mathbf{HNO_3 \rightarrow H^+ + NO_3^-.}$$

Jetzt wird es etwas komplizierter: Es gibt auch **zweiwertige Säuren**, das sind Säuren, die auch *zwei oder mehr* H^+ abgeben können.

Zum Beispiel die **Schwefelsäure H_2SO_4**: Das H steht wieder vorne. Die "2" rechts unten am H besagt, dass es *zwei* H gibt, die die Schwefelsäure als H^+ abgeben kann. Die Schwefelsäure zerfällt also in *zwei* H^+, und einen Rest, über den wir aber ebenso wenig wissen brauchen, wie über Spiderman. Wir wissen aber eines: *Zwei* H^+ werden abgespalten. Jedem dieser H^+ fehlt ein Elektron, also fehlen beiden H^+ *zusammen zwei* Elektronen. Und diese zwei Elektronen müssen am SO_4 sein. Hat das SO_4 aber um *zwei* Elektronen *zu viel*, so muss es *zweifach negativ* geladen sein, also -2. Das schreiben wir dann so aus: SO_4^{2-}.

Die Schwefelsäure zerfällt also nach folgender Gleichung:

$$\mathbf{H_2SO_4 \text{-->} 2\,H^+ + SO_4^{2-}.}$$

So weit, so klar. *Aber warum sind nun die H^+-Ionen das Gegenteil der OH^--Ionen?* Weil H^+-Ionen nicht mehr sauer sind, wenn sie mit OH^--Ionen reagieren, und OH^--Ionen nicht mehr basisch sind, wenn sie mit H^+-Ionen reagieren.

Denn wenn sich jene beiden Ionen verbinden, kommt nicht etwa ein doppelt gefährliches Gemisch heraus, sondern einfach - Wasser!

Wir sagen auch: H^+-Ionen und OH^--Ionen **neutralisieren einander**.

Das Hydrogenium-Ion H^+ und das Hydroxid-Ion OH^- reagieren mittels **dativer Bindung** (siehe auch das entsprechende Kapitel) zu H_2O:

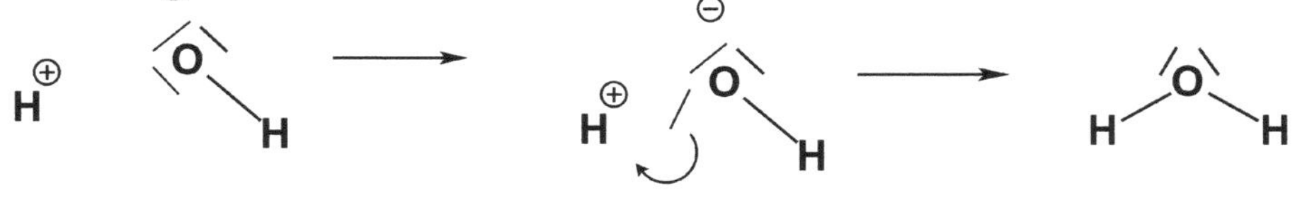

aus H+ und OH- wird H_2O

Der Sauerstoff ist negativ geladen, weil er *ein Elektron zu viel* hat. Nun aber teilt der Sauerstoff eines seiner nichtbindenden Elektronenpaare mit dem H^+-Ion.

Der Sauerstoff "schenkt" also ein Elektron her, und seine Ladung geht von -1 auf Null. Das H^+-Ion erhält ein Elektron, und auch seine Ladung wird Null.

Damit kommt ein Molekül heraus, das aus zwei ungeladenen H und einem ungeladenen O besteht. Das ist aber nichts anderes als unser gutes altes Wasser!

"Gutes altes Wasser"? Von wegen! Jetzt haben wir diesen Super-Saft erst richtig kennen gelernt!

Wasser ist offensichtlich deshalb **neutral, weil es Säure und Base zugleich ist!** Und tatsächlich ist Wasser keineswegs so harmlos, wie man glauben könnte. Wer sich einmal fünf Stunden in die Badewanne gelegt hat, wird sehen, wie die Haut verschrumpelt. Gießt Wasser über Papier, und Ihr werdet merken, dass sich das Papier geradezu auflöst!

Und dass Alkali-Metalle so heftig mit Wasser reagieren, ist nicht zuletzt auch die Schuld des Wassers. Aus den Augen eines Alkali-Metalls ist Wasser nämlich eine sehr starke Säure. Das müssen wir jetzt nicht verstehen, aber stellt Euch einfach vor, ein Außerirdischer, der aus elementarem Cäsium besteht, wird mit Wasser angespritzt! Der Ärmste hätte schwere Verätzungen!

Und diese Erkenntnisse über das Wasser können wir auch gleich anwenden, und kommen zu einem sehr wichtigen Thema:

4.3. Die Neutralisation von Säuren und Basen

Was passiert, wenn wir Salzsäure HCl und Natronlauge NaOH miteinander vermischen, und dadurch reagieren lassen?

Wir wissen: **Salzsäure zerfällt in H^+ und Cl^-.**
Natronlauge zerfällt in Na^+ und OH^-.

Das H^+ und das OH^- werden sofort zu Wasser H_2O werden. Das Na^+ und das Cl^- sind aber völlig zufrieden mit sich selbst, und tun weiter nichts. Sie schwimmen friedlich im Wasser herum. Sonst gibt es nur noch Wasser.

Oder, in Gleichungsform:

$$Na^+ + OH^- + H^+ + Cl^- \rightarrow NaCl + H_2O$$

Aber was sind nun diese im Wasser schwimmenden Natrium- und Chlorid-Ionen? Nichts anderes als **Kochsalz, das im Wasser aufgelöst ist**!
Wenn wir im Geiste das Wasser entfernen, dann tun sich die Na^+- und Cl^--Ionen zusammen, und welche Bindung ist es, wo sich Ionen binden? Es ist natürlich die *Ionenbindung*. Und wir wissen längst, dass *Stoffe, die aus Ionenbindungen bestehen, Salze sind.*

Wir können also sagen: *Salzsäure und Natronlauge ergibt Kochsalz plus Wasser.*

Das Kochsalz ist natürlich nur ein Salz unter vielen, da gibt es auch noch Lithiumfluorid LiF, Lithiumbromid LiBr, Kaliumchlorid KCl, Kaliumiodid, KI, und so weiter....

Und ebenso wie das Kochsalz können wir auch jene Salze aus den verschiedensten Säuren und Basen herstellen. Das nennen wir in Hinkunft **Neutralisation**.

Bei einer Neutralisation von Säuren und Basen entstehen also Salze plus Wasser.
Das ist sehr wichtig! ("Säuren plus Laugen sind Salze plus Wasser")

Sehen wir uns eine andere Neutralisationsreaktion an, die von HF und KOH. Um diese Reaktion zu erstellen, beantworten wir uns folgende Fragen:

Was ist die Säure, und was ist die Base?

Wir wenden den Chemiker-Trick an: Bei Säuren ist das H vorne, bei Basen ist das OH hinten.

Also ist HF die Säure, und KOH die Base.

Was spaltet KOH ab?

Ein OH^-. Und übrig bleibt ein positiv (+1) geladenes K^+.

also:

KOH --> ·.K^+ + OH^-

Was spaltet HF ab?

HF spaltet ein H^+ ab. Und übrig bleibt, weil dem H^+ ein Elektron fehlt, ein F^- mit einem Elektron zu viel.

also:

HF --> H^+ + F^-.

Bei einer Neutralisation muss *jedes* H^+ *ein* OH^- bekommen, damit es zu Wasser reagieren kann. Wir fragen uns also:

Wie viele KOH und wie viele HF brauchen wir, damit wir genau so viele OH^--Ionen haben, wie H^+-Ionen?

Da KOH ***ein*** OH^- abspaltet, und HF *ein* H^+, brauchen wir **ein** KOH und **ein HF.** Wir tun also 1 KOH und 1 HF zusammen, und schreiben es schon als aufgespaltene Moleküle auf:

K^+ + OH^- + H^+ + F^- --> ?

Wir fassen alle OH^- und H^+ zu H_2O zusammen. Wie viele H_2O werden das?

Es wird ***ein*** H_2O daraus.

Wir fassen die übrigen Ionen zusammen. Was kommt heraus?

Die übrigen Ionen sind K^+ und F^-. Zusammen ergeben sie KF. Die Ladungen fallen weg, weil das +1 vom K und das -1 vom F zusammen Null ist. **Das muss so sein, weil jeder "normale" Feststoff immer eine Ladung von Null hat!**

Es entsteht also ein KF und ein H_2O.
Und damit können wir die ganze Neutralisation in Gleichungsform aufschreiben:

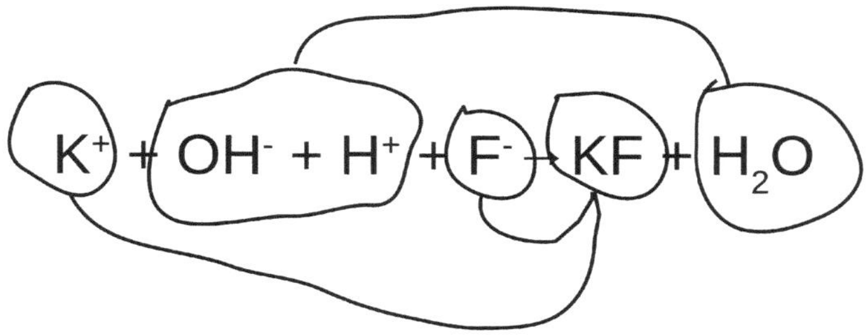

Wenn wir in Zukunft Neutralisationsgleichungen lösen wollen, dann stellen wir uns immer die obigen Fragen. **Dieses Vorgehen muss man für die Chemie-Prüfung können!** Man braucht die Fragen nicht auswendig zu lernen, aber sinngemäß sollte man sie können.

Freilich: Je öfter man Neutralisationsgleichungen löst, desto automatischer läuft alles ab. Dann werden wir diese Fragen nicht mehr brauchen.

Frage: Kann man diese Neutralisationsgleichung auch mit fünf (oder mehr) KOH aufstellen?

Selbstverständlich.

Nur: Wenn ich **5** KOH nehme, spalten sich **5** OH^- ab. Und dann brauche ich auch **5** H^+. Wie viele HF brauche ich, um 5 OH^- zu neutralisieren? Da ***ein*** HF ***ein*** H^+ abspaltet, brauche ich 5 HF, so bekomme ich 5 H^+. Das schreiben wir auf:

$$\mathbf{5\ K^+ + 5\ OH^- + 5\ H^+ + 5\ F^- \dashrightarrow ?}$$

Und was herauskommt, wissen wir auch schon, nämlich immer der 5-Fache: Aus 5 OH^- und 5 H^+ werden 5 H_2O, und aus 5 K^+ und 5 F^- werden 5 KF. Und damit ist die Gleichung fertig:

$$\mathbf{5\ K^+ + 5\ OH^- + 5\ H^+ + 5\ F^- \dashrightarrow 5\ KF + 5\ H_2O.}$$

KF ist Kaliumfluorid. Der Name eines Salzes setzt sich immer aus den Namen seiner Ionen zusammen, hier also aus dem Kalium-Ion, und dem Fluorid-Ion.

Nur zur Wiederholung: das positiv geladene Kalium-Ion ist ein Kation (positiv!) das negativ geladene Fluorid-Ion ist ein Anion (negativ!). Bei Anionen hängen wir ein **-id** hinten an.

Das Schöne an den Neutralisationsgleichungen ist, dass wir gar nicht wissen müssen, was die Kationen und Anionen wirklich sind und tun, wir können sie trotzdem neutralisieren. Lasst Euch also von komplizierten Ionen-Namen nicht abschrecken!

Um das zu verdeutlichen, wollen wir jetzt eine Phantasie-Säure und eine Phantasie-Base miteinander neutralisieren.
Wir neutralisieren jetzt HKnusprig mit RüsselOH. Die beiden gibt es nicht wirklich.

Was ist nun die Säure, was ist die Base?

RüsselOH ist die Base, weil OH hinten steht. Es ist also die Rüssel-Base, sie kann ein OH^- abspalten.

HKnusprig hat ein H vorne. Das ist also die Säure, nämlich die Knusprig-Säure, sie kann ein H^+ abspalten.

Worin spaltet RüsselOH auf? Das OH^- ist negativ geladen, und hat also dem Rüssel ein Elektron weggenommen. Also ist der Rüssel positiv geladen. Weil Rüssel jetzt um ein Proton mehr hat, als Elektronen. Wie viele Elektronen Rüssel insgesamt hat, müssen wir gar nicht wissen.

RüsselOH --> Rüssel$^+$ + OH^-

Worin spaltet HKnusprig auf? In H^+ und Knusprig, das dem H ein Elektron weg genommen hat, also Knusprig$^-$. Das Knusprig hat ein Elektron zu viel, wie viele Elektronen Knusprig insgesamt hat, ist uns ganz egal.

HKnusprig --> H^+ + Knusprig$^-$.

Wie viele HKnusprig brauchen wir, um RüsselOH zu neutralisieren? Es muss gleich viel H^+ und OH^- da sein. Das ist dann der Fall, wenn wir genau eine HKnusprig und eine RüsselOH nehmen. Wir schreiben beide in der aufgespaltenen Form auf.

Rüssel$^+$ + OH^- + H^+ + Knusprig$^-$ --> ?

Und das lösen wir jetzt auf, indem wir OH^- + H^+ zu H_2O reagieren lassen, und den Rest zu Salz zusammenfassen. Knusprig hat eine Ladung von -1, Rüssel eine Ladung von +1. Gebe ich Rüssel und Knusprig zusammen, habe ich eine Ladung von Null. Das ist gut, so soll es sein, weil ein Salz keine Ladung haben kann.

Rüssel$^+$ + OH^- + H^+ + Knusprig$^-$ --> H_2O + RüsselKnusprig.

Geschafft! Wie heißt eigentlich unser Salz, dessen Formel RüsselKnusprig ist? Knusprig^{-} ist ein Anion, also heißt es Knusprigid - Ion. Unser Salz heißt also "RüsselKnusprigid".

Bitte versucht nun, die folgenden Neutralisationen selbstständig zu lösen! Nehmt, wenn Ihr Euch nicht sicher seid, die hier beschriebenen Neutralisationsgleichungen zur Hand.

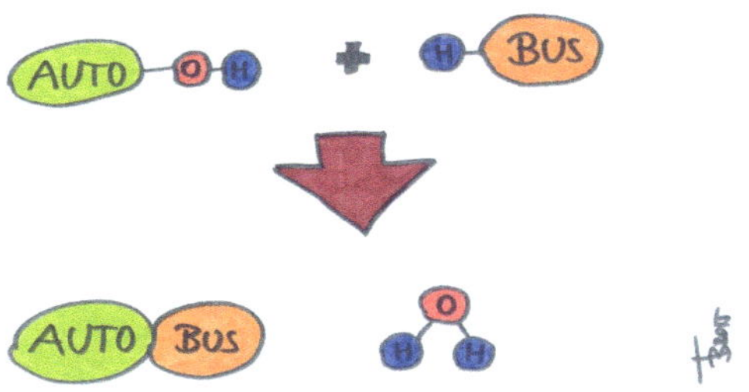

RbOH soll mit HBr neutralisiert werden.
Wie lautet die Neutralisationsgleichung? Was kommt heraus?

LiOH soll mit HNO_3 neutralisiert werden.
Wie lautet die Neutralisationsgleichung? Was kommt heraus?

CsOH soll mit HOCl neutralisiert werden.
Wie lautet die Neutralisationsgleichung? Was kommt heraus?
(Lasst Euch von HOCl nicht verwirren! das H steht vorne! Was muss es also sein?)

Das nächste Beispiel rechnen wir gemeinsam:

NaOH soll mit Schwefelsäure H_2SO_4 neutralisiert werden. Was kommt dabei heraus?
H_2SO_4 ist eine *zweiwertige* Säure. Sie gibt *zwei* H^+ ab. Das heißt, das SO_4 nimmt zwei H^+ jeweils ein Elektron weg, und hat also *zwei* Elektronen zu viel. Es ist daher -2 geladen: SO_4^{2-}. Die H_2SO_4 spaltet also folgendermaßen auf:

$$\mathbf{H_2SO_4 \text{ --> } 2H^+ + SO_4^{2-}.}$$

NaOH kennen wir schon:

$$\mathbf{NaOH \text{ --> } Na^+ + OH^-}$$

Wie viele NaOH brauchen wir, um H_2SO_4 zu neutralisieren? Wenn H_2SO_4 **zwei** H^+ abgeben kann, NaOH aber nur **ein** OH^-, dann brauchen wir **zwei** NaOH und **eine** H_2SO_4. Nur dann haben wir gleich viele H^+ und OH^-!

Zwei NaOH spalten aber auf in zwei Na^+ und zwei OH^-. **Vorsicht!** Ein oft gemachter Fehler ist es, NaOH in nur ein Na^+ und $2OH^-$ aufzuspalten! Vergesst nicht, das ganze NaOH zwei mal zu nehmen!

$$\mathbf{2NaOH \dashrightarrow 2Na^+ + 2OH^-}$$

Jetzt tun wir 2 NaOH und 1 H_2SO_4 zusammen:

$$\mathbf{2Na^+ + 2OH^- + 2H^+ + SO_4^{2-} \dashrightarrow ?}$$

Und das lösen wir jetzt auf:

Ein OH^- und *ein* H^+ ergibt *ein* H_2O. *Zwei* OH^- und *zwei* H^+ ergeben also *zwei* H_2O. (Puh! Schwere Mathematik!)

Dann zählen wir den Rest zusammen: 2 Na^+ und 1 SO_4^{2-}. Die beiden Natrium haben eine Ladung von +2, das Sulfat-Ion von -2. Also löschen sich die Ladungen wieder aus, wie es sein muss. Heraus kommt also ein Na_2SO_4. Die "2" hinter dem Natrium sagt, dass dieses Salz aus zwei Na besteht! **Die 2 dürfen wir keinesfalls vergessen!**

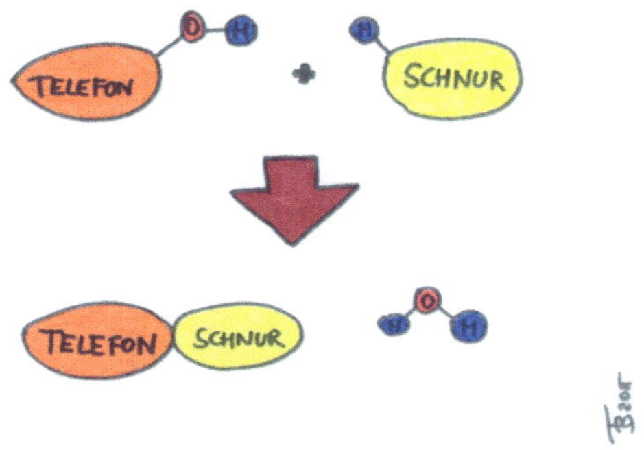

Wir lösen also die Gleichung:

$2Na+ + 2OH^- + 2H^+ + SO_4^{2-}$ --> $2H_2O + Na_2SO_4$.

Na_2SO_4 ist das **Natriumsulfat.** Und übrigens ein sehr starkes Abführmittel.

Das nächste Beispiel löst bitte selbständig:
KOH soll mit H_2CO_3 neutralisiert werden. Was kommt heraus?
das Beispiel funktioniert genauso wie das vorherige.

Zum Abschluss noch ein Scherz-Beispiel:

Die fonschnursäure soll mit der Tele-Lauge neutralisiert werden. Was kommt heraus? Die fonschnursäure ist Hfonschnur, die Tele-Lauge ist TeleOH. TeleOH spaltet sich auf in:

$$\textbf{TeleOH --> Tele}^{+} \textbf{ + OH}^{-}\textbf{.}$$

Die fonschnursäure spaltet sich auf in:

$$\textbf{Hfonschnur --> H}^{+} \textbf{ + fonschnur}^{-}\textbf{.}$$

Wir brauchen also eine fonschnursäure und eine Tele-Lauge für eine Neutralisation.

Dann haben wir gleich viele H^+ und OH^-.

Wir zählen Säure und Base zusammen:

$$\textbf{Tele}^{+} \textbf{ + OH}^{-} \textbf{ + H}^{+} \textbf{ + fonschnur}^{-} \textbf{ -->?}$$

Wir fassen H^+ und OH^- zusammen, und aus den restlichen Ionen machen wir das Salz:

$Tele^+ + OH^- + H^+ + fonschnur^-$ --> Telefonschnur + H_2O.

Wir haben ein Telefonschnur-Salz! Oder, von mir aus, ein Telefonschnurid.
Ihr könnt natürlich nach Lust und Laune selber "Salze" aus zusammengesetzten Worten entwickeln! Viel Vergnügen!

Die Neutralisationsreaktionen sind in der Chemie sehr wichtig, und auch als Prüfungsfrage sehr beliebt, weil man viele chemische Prinzipien verstanden haben muss, um sie zu lösen. Wenn Ihr bis hierher gekommen seid, Gratulation!

Jetzt aber zu etwas anderem:

4.4. Elektronische Eigenschaften von Säuren und Basen

Warum spalten manche Moleküle OH^- ab, und sind Basen, und andere H^+? Gibt es da eine Gesetzmäßigkeit? Können wir das verstehen?
Antwort: Ja!

Wir vergleichen jetzt NaOH, also eine Base, mit einer Säure, die sehr ähnlich gebaut ist: Der **Hypochlorigen Säure** HOCl.

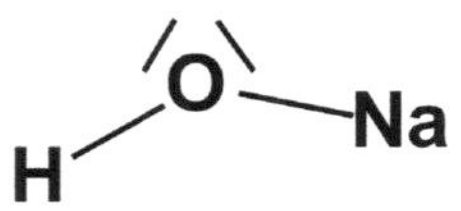

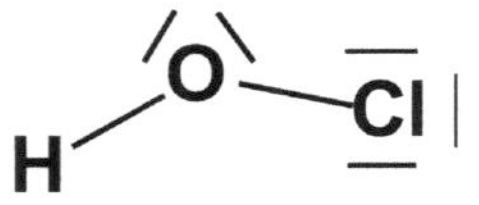

Bis auf das Na bzw. das Cl sehen die beiden gleich aus. Aber das macht natürlich einen gewaltigen Unterschied! Die Chemie ist ja immer ein Streit um Elektronen.

Wie geht dieser Streit beim NaOH aus? Sehen wir uns die einzelnen Atome an: Der Sauerstoff O ist das **bei weitem** elektronegativste Element hier. Es will unbedingt Elektronen, und ist nicht erfreut, diese teilen zu müssen. Es will einem Element die sein Elektron ganz wegnehmen. Da hat das O zwei Kandidaten: Das H und das Na. Der Wasserstoff H ist zwar lange nicht so elektronegativ wie das O, aber es hat seine Elektronen doch auch ganz gerne. Da ist der Ultra-Revolutionär Natrium ein viel leichteres Opfer: Es will ja die Elektronen ohnedies los werden!

Also kann das H sein Elektron behalten, und die Bindung zum O bleibt bestehen. Das Natrium aber gibt ein Elektron an das O ab, es wird Na^+, und das O ist zufrieden. So viele Elektronen braucht es dann auch wieder nicht, dass es auch noch dem H ein Elektron abnehmen muss. Also bleibt ein OH- übrig: NaOH ist eine Base.

In der *Hypochlorigen Säure HOCl* sind die Kräfteverhältnisse ganz anders: Zwar ist auch hier der Sauerstoff O das elektronegativste Element, und zieht die Elektronen am stärksten an. Aber das Chlor Cl ist ein mächtiger Gegner: Auch das Chlor ist eine Großmacht, was die Elektronegativität angeht. Selbst für den Sauerstoff O ist es keine leichte Aufgabe, dem Chlor die Elektronen wegzunehmen. Wer ist in HOCl der schwächste? *Der Wasserstoff H.*

Also beugt sich, mitten im Kampf, das O zum Cl und flüstert: "Warum sollen wir zwei uns um Elektronen streiten, wenn ich dem H, diesem Schwächling, die Elektronen viel leichter wegnehmen kann?"

Das Chlor antwortet: "*Gute Idee, mein lieber Sauerstoff! Da haben nämlich wir beide was davon! Du, Sauerstoff, bekommst vom H ein ganzes Elektron, und kannst mir, weil du dann zufrieden bist, auch was abgeben. Ich will zwar kein ganzes Elektron, das kann ich dir auch nicht abnehmen, aber du kannst wenigstens ein bisschen was von deinem Elektronen-Nebel zu mir wandern lassen!*"

So einigen sich die beiden also, und der Sauerstoff O nimmt dem H sein Elektron weg, und das H muss sich als H^+ abspalten. Übrig bleibt OCl^-. Und darum ist HOCl eine Säure.

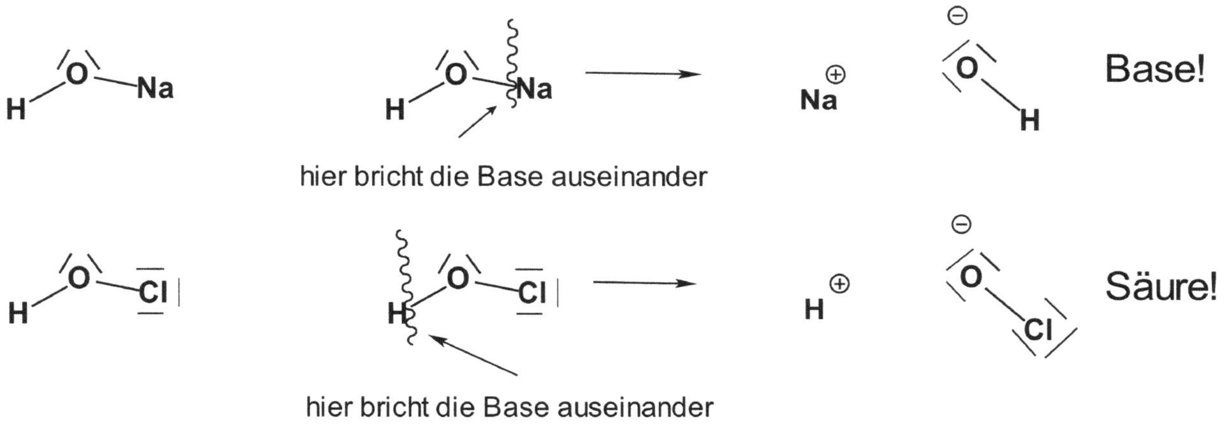

Wir können allgemein sagen: Verbinden sich wenig elektronegative Elemente wie Natrium Na, Kalium K, Magnesium Mg, Calcium Ca.....mit O und H, so ist das Molekül eine Base.

Verbinden sich stark elektronegative Elemente wie Chlor Cl, Schwefel S, Stickstoff N,......mit O und H, so entstehen Säuren.

Zum Abschluss dieses Kapitels sehen wir uns die Alkali-Metalle im einzelnen an:

4.5. Chemie des Lithiums

Lithium, das leichteste und am wenigsten reaktive Alkali-Metall, wird im Flugzeugbau verwendet: Mit Aluminium "gemischt", ergibt es ein sehr leichtes und widerstandsfähiges Metall.

Wir nennen solche Metall-Gemische "**Legierung**". Diese Lithium-Aluminium-Legierung ist sehr teuer, und wird daher nur bei den neuesten Kampf-Flugzeugen eingesetzt.

Aber: Reagiert Lithium nicht mit Wasser? Demnach müsste man so einen Super-Kampfjet einfach im Regen stehen lassen, und schon ist er weg! Stimmt, aber das Aluminium "beruhigt" das Lithium. Diese Legierung ist weit weniger reaktiv.

Lithium-Salze werden außerdem als **Antidepressiva** eingesetzt. Zwar gibt es heute schon Medikamente mit weniger starken Nebenwirkungen, aber für sehr schwere Krankheitsfälle findet das Lithium manchmal noch Anwendung.

Außerdem wird das Lithium in der organischen Chemie angewendet: Man hängt es an ein Kohlenstoff C, und die beiden Elemente gehen eine polare Atombindung ein. Diese **polare Atombindung** werden wir uns später genauer ansehen. Nachdem das Lithium das Elektron hergeben will, schiebt es einen Teil seines Elektronen-Nebels auf das C.

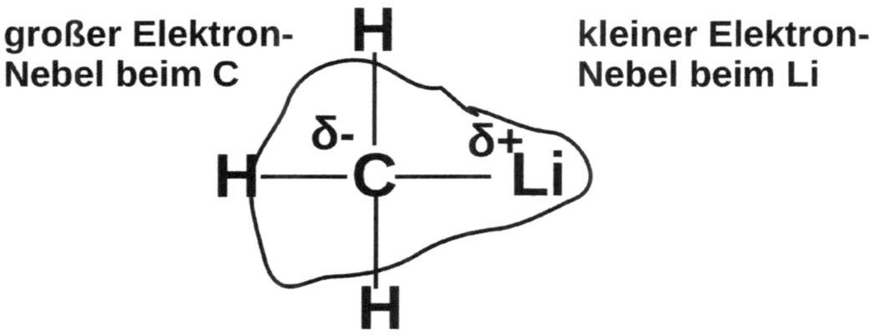

Dadurch wird das C leicht negativ geladen, und das Lithium leicht positiv. Wir drücken diese leichte positive Ladung so aus: δ+, und die leichte negative Ladung so: δ-. Diese leichte negative Ladung kann dem C helfen spezielle Reaktionen einzugehen, aber dazu kommen wir später.

Und schließlich verwendet man Lithium in der Feuerwerkerei! Lithiumsalze leuchten in Flammen intensiv rot. Eine weitere bekannte Anwendung des Lithiums ist jene in Akkus.

4.6. Chemie des Natriums

Das Natrium ist eines der wichtigsten Alkali-Metalle. Kochsalz NaCl ist für den menschlichen (und tierischen) Körper lebenswichtig!

Einige der bekanntesten Salze sind Natriumsalze, so das Natriumcarbonat Na_2CO_3, das "Soda". Es entsteht aus der Neutralisation von 2 NaOH und einer H_2CO_3, der **Kohlensäure.** Kohlensäure ist zweiwertig, wir brauchen also 2 NaOH zur Neutralisation:

$$2\ Na^{+} + 2\ OH^{-} + 2\ H^{+} + CO_3^{2-} \rightarrow Na_2CO_3 + 2H_2O.$$

Dieses Salz war schon den alten Ägyptern bekannt, sie haben damit ihre Mumien haltbar gemacht; heute braucht man es zur Glasherstellung.

Man kann aber auch nur *ein* NaOH mit einer H_2CO_3 reagieren lassen. **Das ist für uns etwas neues!** Man bekommt dabei eine "halbe" Neutralisation heraus:

$$1\ Na^{+}\ 1\ OH^{-} + 2H^{+} + CO_3^{2-} \rightarrow NaHCO_3 + H_2O.$$

Die Kohlensäure liefert *zwei* H^{+}, die NaOH aber nur *ein* OH^{-}. Das *eine* OH^{-} schnappt sich *ein* H^{+}, und macht *ein* H2O. Jetzt ist aber noch ein H^{+} übrig! Das eine Na^{+}, das übrig bleibende H^{+}, und das CO_3^{2-} tun sich zusammen, und machen ein Salz, das noch zur Hälfte Säure ist! Dieses Salz ist das **Natriumhydrogencarbonat**. Das "**hydrogen**" im Namen deutet auf das H hin. Ein Chemiker weiß damit, dass dieses Salz nur zur Hälfte neutralisiert worden ist. Und darum ist dieses Salz auch saurer als das Natriumcarbonat Na_2CO_3: Es kann ja ein H^{+} abgeben.

Wir kennen Natriumhydrogencarbonat: Es ist das Backpulver!

Auch Natrium-Salze werden in der Feuerwerkerei verwendet, sie haben eine intensiv gelbe Farbe, wenn man sie in eine Flamme hält.

4.7. Chemie des Kaliums

Kalium spielt erstens im menschlichen Körper eine große Rolle. Die menschlichen Körperzellen arbeiten als "Batterie", und K^{+}-Ionen sind ein Bestandteil derselben.

Außerdem ist Kalium eines der drei wichtigen Düngemittel. Kalium K, Stickstoff N und Phosphor P sind jene Düngemittel, die der Boden am meisten braucht.

Wenn man eine Pflanze verbrennt, so bleibt K_2CO_3, das Kaliumcarbonat, übrig. Es kann durch 2 KOH und eine Kohlensäure H_2CO_3 gebildet werden:

$$2\ K^{+} + 2OH^{-} + 2H^{+} + CO_3^{2-} \rightarrow K_2CO_3 + 2\ H_2O.$$

Dieses Salz nennt man auch **Pottasche**. Hiervon stammt auch der englische Begriff "Potassium" für Kalium.

4.8. Chemie des Rubidiums und des Cäsiums

Diese beiden Elemente sind weniger bedeutend, Cäsium mit der Massenzahl 137 hat traurige Berühmtheit durch den Tschernobyl erlangt: Es ist beim Reaktorunfall freigesetzt worden, und hat wesentlich an der radioaktiven Verstrahlung halb Europas beigetragen. Rubidium hat spezielle Eigenschaften, die für Quantenphysiker interessant sind. Die müssen wir aber nicht wissen...

5. Die Erdalkali-Metalle

Schon sind wir in der zweiten Hauptgruppe. Alle Vertreter dieser Gruppe haben **zwei** Elektronen in der äußersten Schale. Im *Grundzustand* besetzen diese beiden Elektronen das s-Orbital, es ist aber sinnvoller, diese Elemente im *hybridisierten Zustand* zu betrachten: Ein Elektron sitzt im s-Orbital,und eines in einem p-Orbital. Damit sind sie dann in der Lage, zwei Bindungen einzugehen, und das entspricht der Realität.

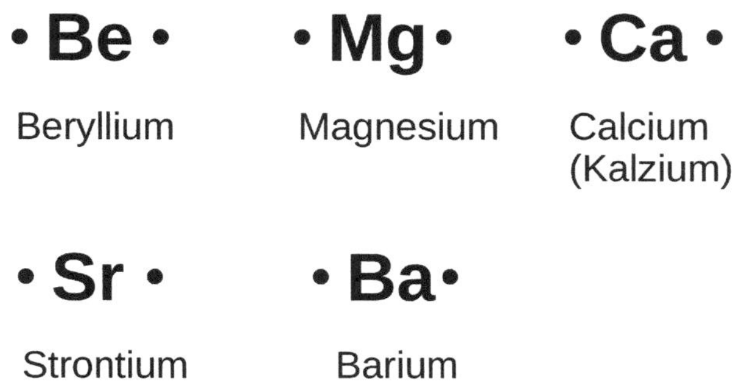

Zu den Erdalkali-Metallen gehören **Beryllium Be, Magnesium Mg, Calcium Ca, Strontium Sr, Barium Ba,** und **Radium Ra.** Radium vergessen wir gleich wieder, es ist instabil, und zerfällt in andere Elemente, das heißt: Es ist hoch radioaktiv.

Wir sind hier bei den *verknöcherten Revolutionären*: Sie geben zwar ihre Elektronen auch gerne ab, aber doch nicht so gerne wie die Alkali-Metalle. Man muss ihnen schon einen kleinen Anreiz geben. Tauche ich zum Beispiel. **Magnesium Mg**, der im Periodensystem der Nachbar vom Natrium ist (er hat ein Proton mehr im Kern) in Wasser, dann passiert nichts. Ich kann Magnesium ohne größeres Risiko angreifen.

Halte ich aber ein Magnesium-Streifchen in die Flamme, so reagiert es mit dem Sauerstoff in der Luft:

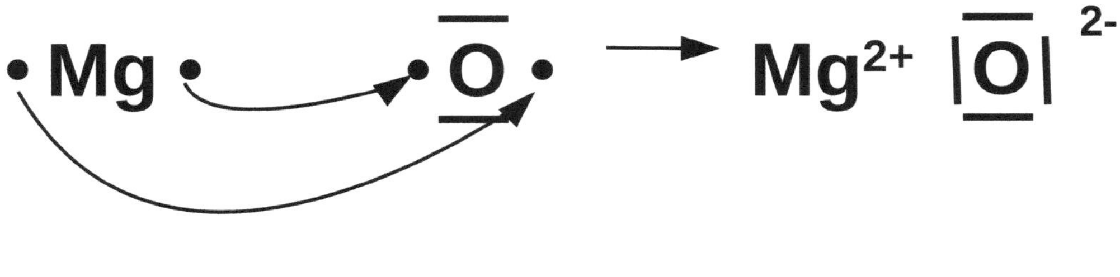

Das Magnesium gibt seine beiden Elektronen an den Sauerstoff ab. Das Magnesium hat wird also +2 geladen, der Sauerstoff -2. Und dieser Reaktion läuft mit einer **extrem hellen Flamme** ab. Es wird also viel Energie frei.

Tatsächlich funktioniert diese Reaktion mit O_2, also bräuchten wir auch zwei Mg-Atome. (In der Luft liegt Sauerstoff praktisch nur als O_2 vor.) Für das Grundverständnis ist das aber nicht wichtig.

Die **helle Flamme**, die bei dieser Reaktion auftritt, ist früher für die Fotografie als **Blitzlicht** verwendet worden: Magnesiumpulver wird zu einer Linie verteilt, und angezündet. Darum war Fotografieren früher ein ziemlich gefährliches Vergnügen.....

5.1. Erdalkali-Metalle formen mit O und H Basen

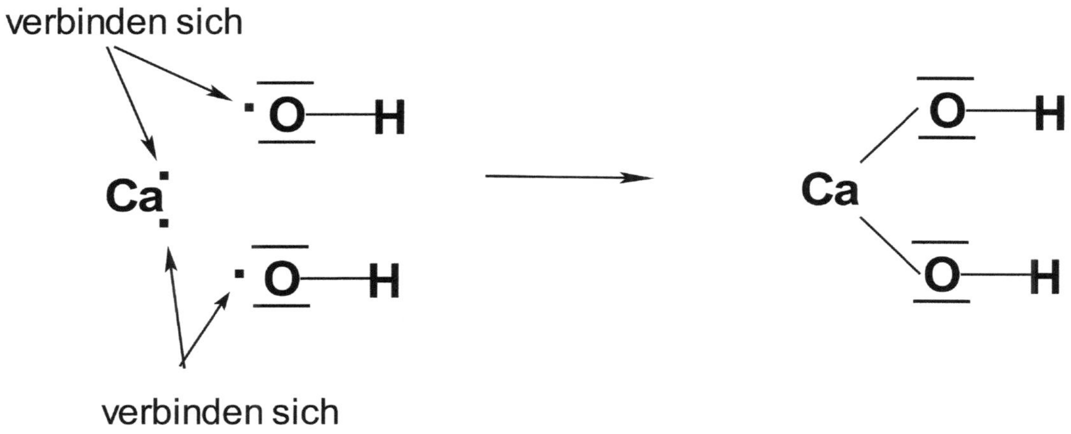

Wir sehen uns das am Beispiel **Calcium Ca** an, aber alle anderen Erdalkali-Metalle machen es genau so. Zuerst basteln wir unser schon bekanntes OH-Molekül, wo das OH ein ungepaartes Elektron hat, welches als Punkt am O dargestellt ist. **Vorsicht!** dieses OH- Molekül *nicht mit dem Hydroxid-Ion OH^- verwechseln!* Das OH^- hat ein Elektron mehr, und ist negativ geladen! Dieses OH Molekül *hier* ist aber neutral.

Es wird ohnehin gleich ein Hydroxid-Ion daraus, bitte noch warten.

Calcium hat aber zwei ungepaarte Elektronen, also brauchen wir zwei OH-Moleküle, damit aus jedem "Punkt" ein "Strich" wird. Wir verbinden also ein Calcium-Atom mit zwei OH - Molekülen, und bekommen **Calciumhydroxid $Ca(OH)_2$**. Die "2" hinter der Klammer bedeutet, dass dieses Molekül 2 OH hat!

Darum ist auch die Klammer wichtig: Ohne Klammer würde das Molekül so aussehen: $CaOH_2$. Was würde das heißen? Dass dieses Molekül aus einem Ca, einem O und zwei H besteht. das wäre aber das falsche Molekül: Es besteht aus einem Ca, **zwei O** und **zwei H**. Man erkennt wiederum, dass $Ca(OH)_2$ eine Base ist, weil die beiden OH hinten stehen.

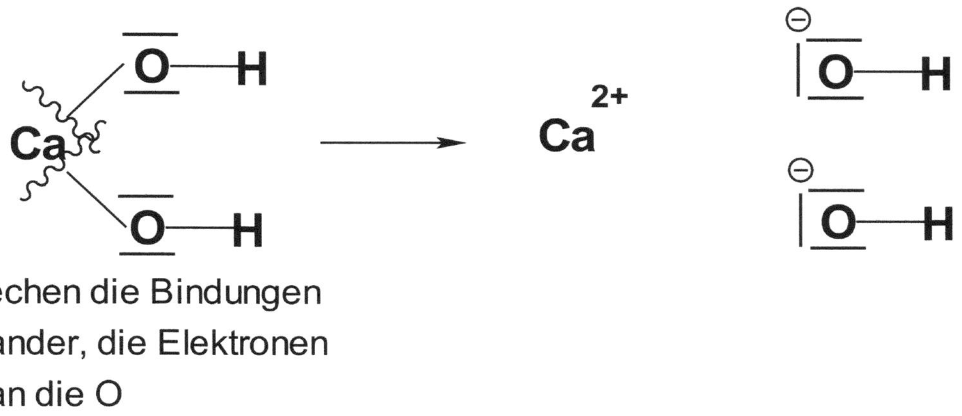

Wenn wir jetzt das $Ca(OH)_2$ in Wasser auflösen, spaltet es wieder auf, aber **anders**, als wir es zusammen gebastelt haben: Das O nimmt sich das Elektron vom Calcium, erstens, weil es so elektronegativ ist, zweitens, weil es kein ungepaartes Elektron haben will. Das zweite O macht das selbe. Also hat das Calcium zwei Elektronen weniger, und ist froh darüber: Jetzt hat es eine abgeschlossene Außenschale.

Da das Calcium zwei Elektronen weniger hat als zuvor, ist es nun **+2** geladen. Es ist also ein $\mathbf{Ca^{2+}}$. Die OH-Moleküle sind jetzt negativ geladen, (weil sie ja die Elektronen vom Calcium haben, also OH^-. Jetzt sind es wieder unsere wohlbekannten Hydroxid-Ionen. $Ca(OH)_2$ spaltet sich also so auf:

$$\mathbf{Ca(OH)_2 \text{ --> } Ca^{2+} + 2OH^-.}$$

Calciumhydroxid ist also eine **zweiwertige Base**!
Sie kann **zwei** OH- abspalten, Weil *jedes der beiden* Hydroxid-Ionen negativ geladen ist, ist das Calcium zweifach positiv geladen. Zusammen müssen alle Ionen nämlich eine Ladung von Null haben, weil $Ca(OH)_2$ ungeladen ist.

Auch alle anderen Erdalkali-Metalle bilden Basen, und die sehen auch alle wie das Calciumhydroxid aus:

$$Be(OH)_2 \text{ --> } Be^{2+} + 2OH^-.$$
$$Mg(OH)_2 \text{ --> } Mg^{2+} + 2OH^-.$$
$$Ca(OH)_2 \text{ --> } Ca^{2+} + 2OH^-.$$
$$Sr(OH)_2 \text{ --> } Sr^{2+} + 2OH^-.$$
$$Ba(OH)_2 \text{ --> } Ba^{2+} + 2OH^-.$$

5.2. Polare Atombindungen

Wie gesagt, auch die Erdalkali-Metalle geben ihre Elektronen recht gerne ab. Sie gehen auch oft polare Atombindungen ein. Polare Atombindungen sind Atombindungen, bei denen das eine Atom die Elektronen stärker an sich zieht, als das andere Atom. Dadurch wird das eine Atom, das die Elektronen stärker an sich zieht, leicht negativ geladen (Delta minus, δ-), das andere leicht positiv (Delta plus, δ+).
Sehen wir uns das am Beispiel einer Magnesium-Verbindung an:

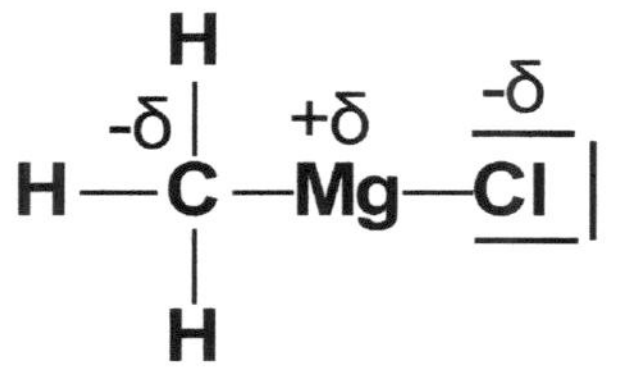

Verbindungen solcher Art, mit C, Mg und Cl nennt man *Grignard-Verbindungen.* Grignard-Verbindungen sind in der organischen Chemie sehr wichtig, weil das C eine leichte Minus-Ladung hat. So kann man es an positiv geladene, andere C- Atome "andocken".

Die Frage, die wir uns aber stellen, ist folgende: Wie passt es mit der Atombindung zusammen, dass bei einer Atombindung, das C-Atom mehr vom Elektron hat, als das Mg? Die Wohnungen haben ja zwei *gleich große* Zimmer!

Bei einer polaren Atombindung ist das anders: Da ist das Elektronen-Zimmer des C **größer als das Zimmer** des Magnesium!

Sehen wir uns uns jetzt nur die C-Mg-Bindung an:

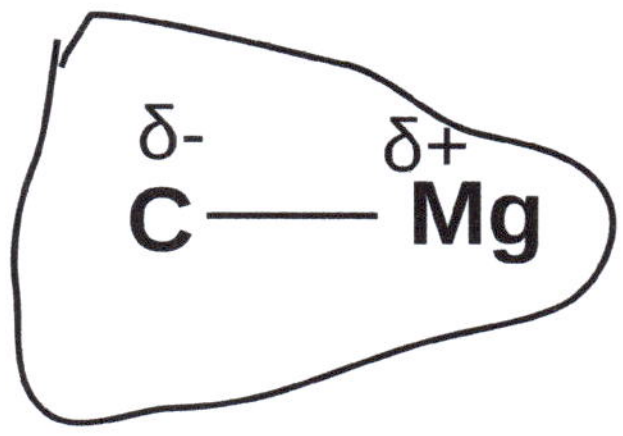

Der Elektronen-Nebel ist **groß und dicht beim C,** und schwach beim Mg. Das bedeutet aber, dass das Orbital beim C mehr Platz für die Elektronen bieten muss, als beim Mg!

Sehen wir uns das im Kästchen-Modell an:

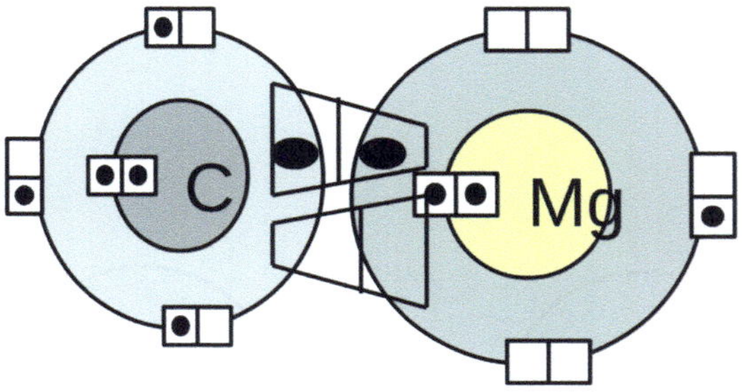

Das bindende Orbital ist verformt, so, dass die Elektronen näher beim C sind. Das antibindende - leere - Orbital ist beim Magnesium größer. Das erklärt, warum das Magnesium die Elektronen leichter hergibt!

Wie können sich Orbitale so verformen? Gehen wir zum Wellen-Bild des Elektrons. Wir haben gesagt, dass bindende Orbitale dadurch entstehen, indem zwei Elektron-Wellen überlappen. Zum Beispiel zwei s-Orbitale von zwei verschiedenen C- Atomen. Bei einer "normalen" Atombindung besteht das bindende Orbital zur Hälfte aus dem s-Orbital des einen C-Atoms, und zur Hälfte aus dem s-Orbital des anderen C-Atoms.

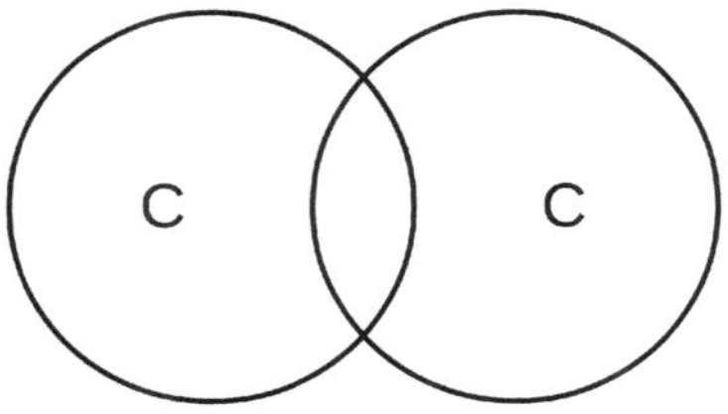

das bindende Orbital besteht zu 50% aus dem einen s-Orbital, zu 50% aus dem anderen s-Orbital

Bei einer polaren Atombindung (wie zwischen C und Mg) hingegen **besteht das bindende Orbital zu 75% aus dem s-Orbital des C, und nur zu 25% aus dem s-Orbital des Mg.** (Es müssen jetzt nicht genau 75% und 25% sein, ich habe diese Zahlen nur als Beispiel genommen). Das bindende Orbital in der polaren Atombindung nimmt sich also mehr vom s-Orbital des C, dafür aber weniger vom s-Orbital des Mg.

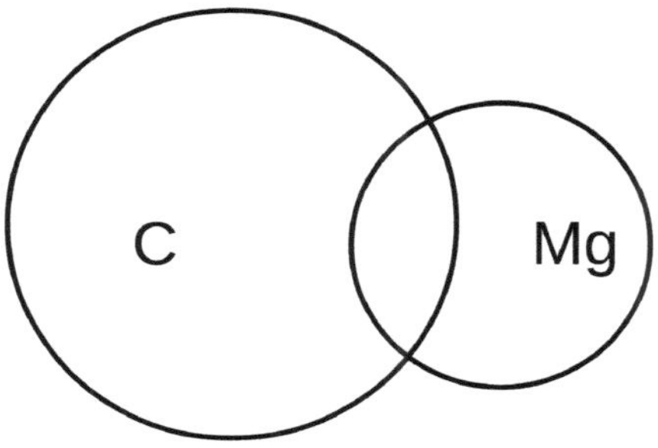

das bindende Orbital besteht zu 75% aus dem s-Orbital des C, zu 25% aus dem s-Orbital des Mg

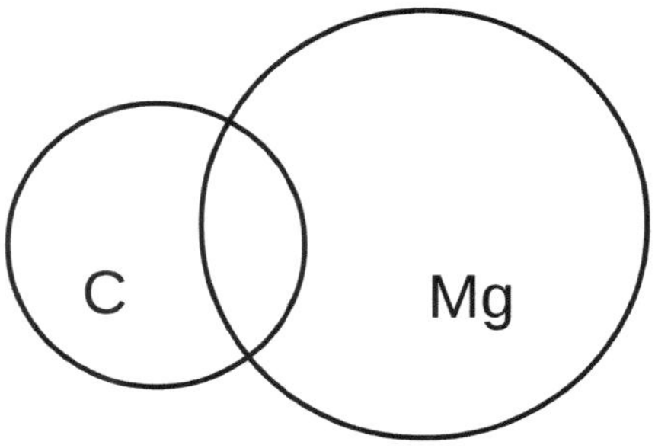

bei dem antibindenden Orbital ist es genau umgekehrt

Funktioniert das? Ja! **Wichtig ist nur, dass im bindenden Orbital zwei Elektronen Platz haben.** *Und diesen Platz haben sie.*

Bei dem leeren antibindenden Orbital sieht es genau umgekehrt aus: Es besteht zu 25% aus dem s-Orbital des C, und zu 75% aus dem s-Orbital des Mg.

Wenn man nun die Form der beiden überlappenden s-Orbitale betrachtet, die zum bindenden Orbital führen, sieht man, dass die Elektronendichte beim C viel höher ist: Es hat die Elektronen zu sich herangezogen.

Je polarer die Atombindung wird, desto größer wird der Anteil des einen Atom-Orbitals, und desto kleiner der Anteil des anderen Atom-Orbitals. Irgendwann sind wir dann so weit, dass ein bindendes Orbital zum Beispiel aus 95% aus einem Chlor-Orbital besteht, und nur zu 5% aus einem Natrium-Orbital.

Wir können genau so gut sagen: Das Natrium-Elektron hüpft praktisch zur Gänze vom Natrium zum Chlor.

Nur: Bindungen, wo ein Elektron von einem Atom zum anderen hüpft, nennt man Ionen-Bindung! Das bedeutet: Die extrem polare Atombindung ist nichts anderes, als die Ionenbindung!

Damit haben wir wieder eine Brücke zwischen zwei chemischen Bildern geschlagen.

Wir sind sozusagen daraufgekommen, dass winzige Riesen dasselbe sind wie riesige Zwerge.

Wir merken uns: Bei der polaren Atombindung zieht das elektronegativere (elektronengierige) Atom das bindende Elektronenpaar stärker zu sich, darum hat es eine leichte negative Ladung, die wir mit δ- bezeichnen. Das schwächer elektronegative Element gibt etwas von seiner Elektronendichte ab, es wird leicht positiv geladen: δ+.

Dieses Wissen brauchen wir auch für das nächste Kapitel: Warum Wasser Salze auflösen kann.

5.3. Salze und Wasser

Ein typisches Beispiel für ein Molekül mit polaren Atombindungen ist das Wasser H_2O. Der Sauerstoff O ist wesentlich elektronegativer, als der Wasserstoff H. Darum

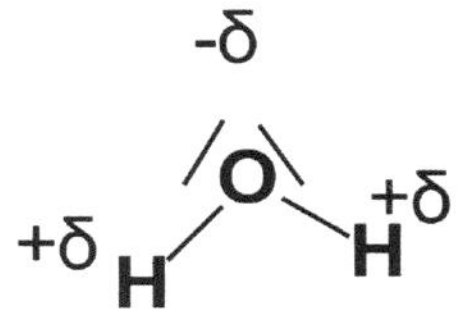

zieht der Sauerstoff die bindenden Elektronen, die er gemeinsam mit den beiden Wasserstoffen hat, zu sich. Der Sauerstoff O ist also δ- geladen, die Wasserstoffe H δ+.

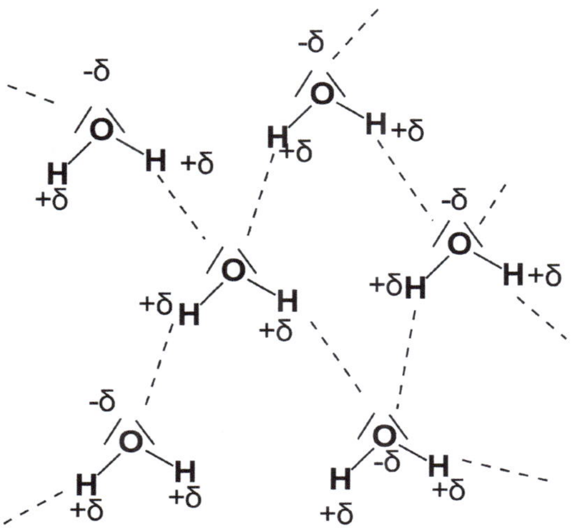

Das ist auch der Grund dafür, warum Wasser flüssig ist! Die negative Ladung des Sauerstoff und die positive Ladung des Wasserstoff ziehen einander an. Dadurch halten die Wasser-Moleküle zusammen.

Moleküle, die, wie Wasser, in eine Richtung positiv geladen sind, und in die entgegen gesetzte Richtung negativ geladen, nennt man **Dipole**. Ein Dipol zeigt immer in eine Richtung (hier als roter Pfeil).

Das Wasser bildet große Wasser -"Trauben", die durch die Anziehung von δ+ Ladungen, und δ- Ladungen zusammengehalten werden. Diese Anziehung zwischen Wasserstoff H und Sauerstoff O nennt man **Wasserstoffbrücken**, oder **Wasserstoffbrückenbindung**.

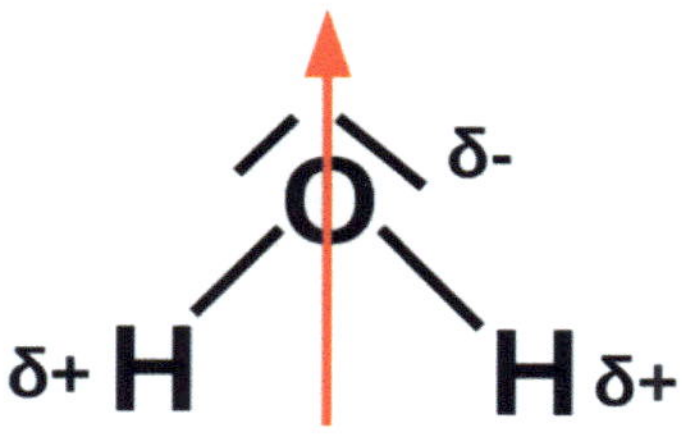

Was passiert nun, wenn ich ein Salz in Wasser auflöse?

Nehmen wir als Beispiel unser berühmtestes Salz, das Kochsalz NaCl. NaCl besteht aus dem Basen-Kation Na^{+} und dem Säure-Anion Cl^{-}.

Nun "spürt" das H_2O die positive Ladung des Na^+, und dreht ihm den δ-geladenen Sauerstoff zu. Weil: plus und minus ziehen einander an.

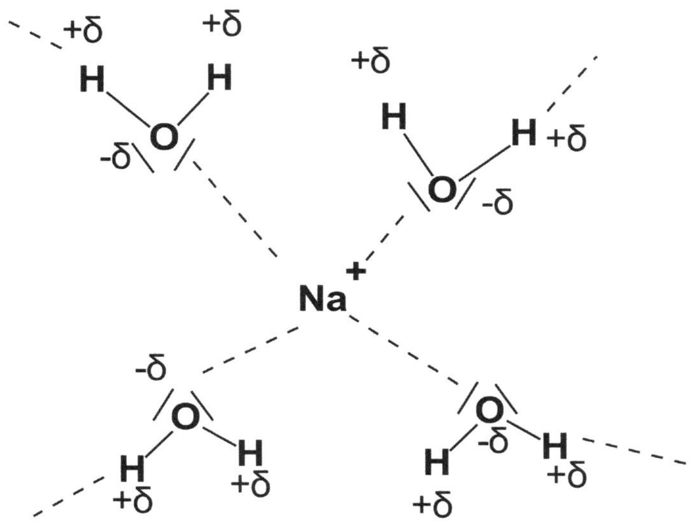

Ebenso spürt das H_2O die negative Ladung des Cl-. Zum Cl^- drehen sich die δ+ geladenen Wasserstoffe.

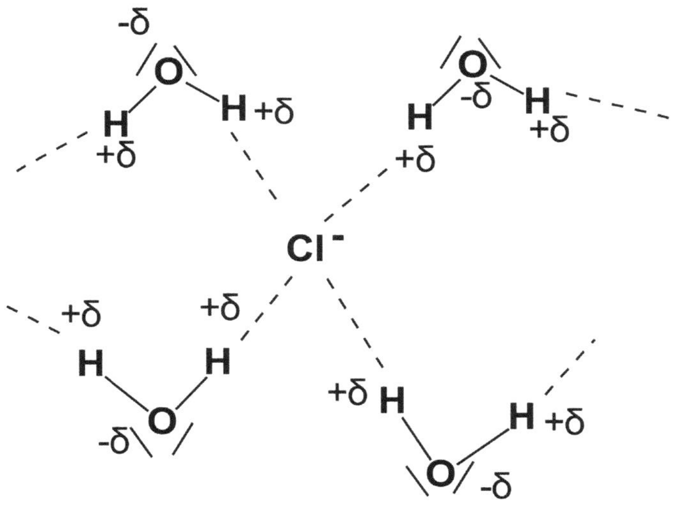

So werden sowohl die Na^+, als auch die Cl^- -Ionen von Wasser-Molekülen umgeben. Den Na^+-Ionen sind die Sauerstoffe zugewandt, den Cl^- die Wasserstoffe, und so ist das Salz im Wasser aufgelöst.

Ebenso geschieht es auch mit vielen anderen Salzen, nämlich mit jenen, die sich in Wasser auflösen können.

Zum Beispiel mit dem Calciumchlorid $CaCl_2$. $CaCl_2$ besteht aus einem Calcium und aus zwei Chlor, es zerlegt sich also in ein Ca^{2+} und zwei Cl^-. (das können wir jetzt schon verstehen).

Und auch das Ca^{2+} wird vom Wasser umgeben, ähnlich, wie es mit dem Na+ geschieht.

Das Ca^{2+} zieht aber die Wasser-Moleküle stärker an sich, weil es stärker positiv geladen ist! Das hat, wie wir bald sehen werden, Konsequenzen.

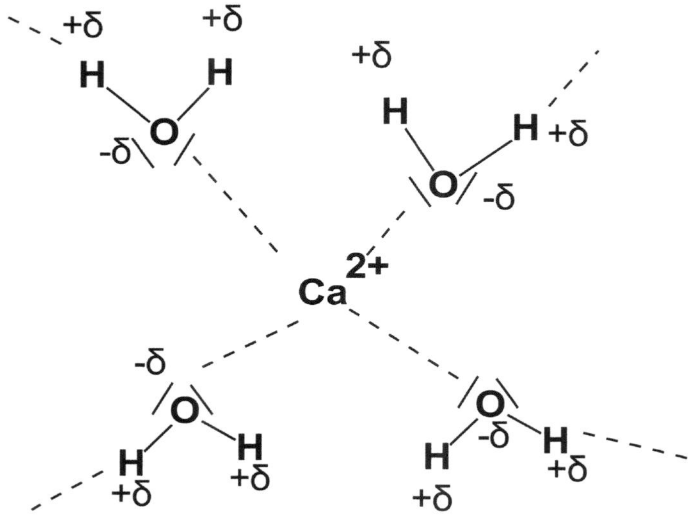

Die Chlorid-Ionen des Calciumchlorid machen im Wasser das selbe, wie die Chlorid-Ionen des Natriumchlorid; das haben wir schon gesehen.

Damit sind wir jetzt wieder zu den Erdalkali-Metallen zurück gekommen. Wir müssen noch besprechen, was diese im einzelnen können.

5.4. Chemie des Berylliums

Beryllium ist auf der Erde recht selten vertreten, und das ist gut so, denn Beryllium-Salze sind **extrem giftig.** Andererseits: Wer weiß, wenn es mehr Beryllium gäbe vielleicht wäre unser Organismus dann so gebaut, dass uns Beryllium nicht schaden würde? Wie auch immer.

Verwendet wird reines Beryllium als **Berylliumfenster**, das im Gegensatz zu normalem Glas Röntgen-Strahlen durchlassen kann. Daher wird Beryllium in **Röntgen-Apparaturen** verwendet.

Außerdem findet man Spuren von Beryllium in manchen Edelsteinen, zum Beispiel im **Smaragd**.

5.5. Chemie des Magnesiums

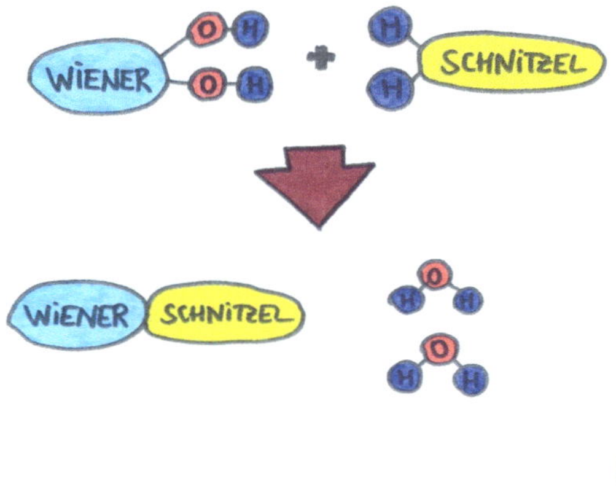

Viel wichtiger als Beryllium ist das **Magnesium**. Im Körper ist es ein sehr wichtiges Spurenelement, außerdem kommt Magnesium in vielen Mineralien vor: Vor allem im *Magnesit* und im *Dolomit*. Dolomit ist logischerweise das Mineral der Dolomiten! Es ist für die einzigartigen Formen dieser Berge verantwortlich - seht Euch die "Drei Zinnen" in Italien an!. Magnesit $MgCO_3$, ist das Salz von Magnesiumhydroxid $Mg(OH)_2$ und H_2CO_3, der Kohlensäure. Kohlensäure spaltet zwei H^+ ab:

$$\mathbf{H_2CO_3 \text{ --> } 2\ H^+ + CO_3^{2-}}$$

Magnesiumhydroxid spaltet zwei OH^- ab:

$$\mathbf{Mg(OH)_2 \text{ --> } Mg^{2+} + 2\ OH^-}$$

Man braucht zur Neutralisation also ein $Mg(OH)_2$ und eine H_2CO_3. Dann kommen zwei OH- auf zwei H^+, und ergeben zwei H_2O:

$$\mathbf{Mg^{2+} + 2\ OH^- + 2\ H^+ + CO_3^{2-} \text{ --> } MgCO_3 + 2\ H_2O.}$$

Magnesium ist außerdem der Bestandteil des **Chlorophyll**. Chlorophyll ist der Stoff, der für die Grünfärbung von Pflanzen verantwortlich ist (griechisch chloros = grün). Damit ist Magnesium das Zentral-Element eines der wichtigsten Stoffe der Natur! Denn Chlorophyll wird für die Photosynthese benötigt, durch die die Pflanzen Sauerstoff produzieren.

Außerdem wird, wie wir schon wissen, Magnesium in Grignard-Verbindungen verwendet.

5.6. Chemie des Calciums

Ebenso wichtig wie das Magnesium ist das Calcium. Calcium ist ein wichtiger Bestandteil von Zähnen und Knochen, es nimmt aber auch viele andere Funktionen im Körper ein.

Üben wir am Beispiel des Calciums eine Neutralisationsgleichung, versucht, diese selbstständig zu lösen! Wer es noch nicht schafft, findet unten die Lösung:

Wieviele $Ca(OH)_2$ werden benötigt, um H_2SO_4 zu neutralisieren?

Lösung: $Ca(OH)_2$ ist die Base, weil OH in der Formel hinten steht. Es kann aber zwei OH_- abspalten, weil die "2" hinter der Klammer zeigt, dass zwei OH vorhanden sind. Es spaltet also so auf:

$$\mathbf{Ca(OH)_2 \text{ --> } Ca^{2+} + 2OH^-.}$$

H_2SO_4 ist die Säure, nämlich die Schwefelsäure. Das SO_4^{2-} - Ion ist das Sulfat-Ion. Sie kann zwei H^+ abspalten.

$$\mathbf{H_2SO_4 \text{ --> } 2H^+ + SO_4^{2-}.}$$

Wir müssen nun gleich viele OH^- und H^+ zusammen tun. Das ist dann der Fall, wenn wir ein $Ca(OH)_2$ und eine H_2SO_4 nehmen:

$$\mathbf{Ca^{2+} + 2\ OH^- + 2\ H^+ + SO_4^{2-} \text{ --> } ?}$$

Zwei H^+ und zwei OH^- müssen zwei H_2O ergeben, die restlichen Ionen werden zu $CaSO_4$:

$$\mathbf{Ca^{2+} + 2\ OH^- + 2\ H^+ + SO_4^{2-} \text{ --> } 2\ H_2O + CaSO_4.}$$

Damit ist das Beispiel gelöst. $CaSO_4$ ist das Calciumsulfat, besser bekannt unter dem Namen Gips. **Gips ist also das Calcium-Salz der Schwefelsäure!**

Ein weiteres wichtiges Mineral ist das $CaCO_3$, das Calciumcarbonat. Es ist das Calcium-Salz der Kohlensäure H_2CO_3.

$CaCO_3$ entsteht, dem obigen Beispiel ähnlich, aus einem $Ca(OH)_2$ und einer H_2CO_3.

H_2CO_3 spaltet auf in $2H^+ + 2CO_3^{2-}$.

Die Neutralisationsgleichung lautet:

$$\mathbf{Ca^{2+} + 2\ OH^- + 2\ H^+ + 2CO_3^{2-} \text{-->} 2H_2O + CaCO_3.}$$

Das Calciumcarbonat $CaCO_3$ ist besser bekannt unter dem Namen **Kalk**, der unter anderem in der Bauindustrie extrem wichtig ist (Beton, Zement).

Wir sehen also, dass Calcium einige der wichtigsten Mineralien bildet. Und wir sehen noch etwas: Wir können, wenn wir die Neutralisationsgleichungen verstanden haben, aus einer Handvoll Säuren und einer Handvoll Basen, eine riesige Zahl von Salzen basteln, und verstehen, warum sie so aussehen.

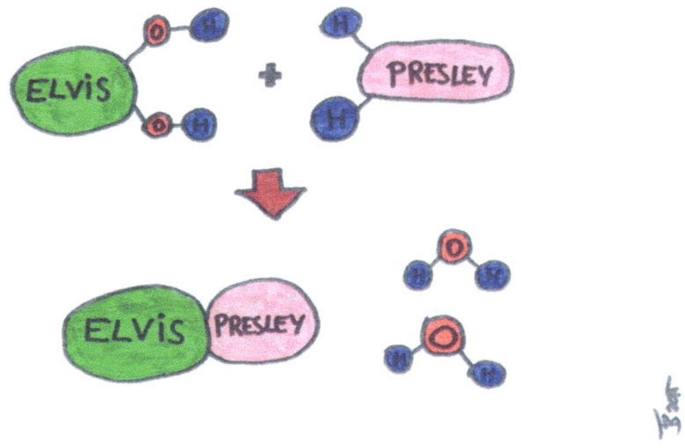

Wer zeitsparend Chemie lernen will, lernt nicht Salze auswendig, sondern kennt die wenigen wichtigen Säuren und Basen, und bastelt sich alle beliebigen Salze mit Hilfe der Neutralisationsgleichungen selber!

Darum sind Neutralisationsgleichungen auch sehr beliebte Prüfungsfragen, weil man testen kann, ob einer nur auswendig gelernt hat, oder ob er es versteht!!!

Also noch eine Neutralisation:
$Ca(OH)_2$ soll mit HF neutralisiert werden. Wie viel $Ca(OH)_2$ und HF wird benötigt, was entsteht?

$Ca(OH)_2$ ist die Base (OH steht hinten) HF die Säure (H steht vorne). HF spaltet ein H^+ ab, $Ca(OH)_2$ zwei OH^-. Also brauchen wir zwei HF und ein $Ca(OH)_2$, um gleich viele H^+ und OH^- zu haben.

Es entstehen zwei H_2O, und der Rest ergibt CaF_2.

$$\mathbf{Ca^{2+} + 2\ OH^- + 2H^+ + 2F^- \dashrightarrow CaF_2 + 2\ H_2O.}$$

CaF_2 ist der Flussspat, wieder ein bekanntes Mineral. Ein Flussspat-ähnliches Mineral wird übrigens in unseren Zähnen gebildet, wenn wir Fluor-Tabletten lutschen! Fluor-Tabletten enthalten Fluorid-Ionen F-. Diese ersetzen OH^--Gruppen, die im Zahnschmelz enthalten sind, und machen ihn dadurch widerstandsfähiger.

Löst bitte folgende Neutralisationen selbständig:

Wie viele $Ca(OH)_2$ und wie viele HBr ergeben was?

Wie viele $Ca(OH)_2$ und wie viele HCl ergeben was?
Wie viele $Ca(OH)_2$ und wie viele H_2SiO_3 ergeben was?

Wie viele $Ca(OH)_2$ und wie viele H_2SO_3 ergeben was?

Wie viele $Mg(OH)_2$ und wie viele HCl ergeben was?

Wie viele $Be(OH)_2$ und wie viele HBr ergeben was?

Genug geübt.

5.7. Chemie des Strontiums und des Bariums

Diese Elemente sind für uns weniger wichtig.
Strontium Sr hat eine sehr schöne rote Flammenfärbung, und **Barium Ba** färbt die Flamme grün.

Bariumsulfat $BaSO_4$ (aus $Ba(OH)_2$ + H_2SO_4) hat eine gewisse Bedeutung in der Medizin.

Bariumsulfat $BaSO_4$ wird, weil es Röntgenstrahlung sehr gut abschirmt, in der Medizin verwendet. Eigentlich wären Bariumsalze giftig, aber $BaSO_4$ lässt sich nicht in Wasser lösen und wird daher vom Körper nicht aufgenommen.

Eines ist interessant: Viele Salze der Erdalkali-Metalle lösen sich nicht in Wasser auf, denken wir an den Kalk $CaCO_3$, oder den Gips $CaSO_4$.

Der Grund dafür ist fast schon ein philosophischer! Und darum muss man das auch nicht genau verstehen, bitte einfach nur "darüberlesen"!

Es gibt in der Welt, neben der Energie, eine zweite große Triebfeder, die bewirkt, dass Dinge etwas tun oder nicht tun: Die Entropie.

5.8. Die Entropie

Und die Entropie ist die Unordnung. Die Unordnung der Moleküle, aber auch: die Unordnung in meinem (oder Deinem) Wohnzimmer, aber auch: die Unordnung im Weltall. Die Entropie ist, wenn man so sagen will, das Chaos in der Natur. Und die Natur tendiert dazu, die Entropie zu vergrößern. Die Unordnung im Weltall wird immer größer!

Die Sache mit der Entropie ist nämlich die, dass man mit wenig Energie schon eine große Unordnung erzeugt, die man nur mit sehr viel mehr Energie wieder beseitigt! Das kann man sich mit einem Gedanken-Experiment vor Augen halten: Ich nehme einen Baseballschläger und gehe mit selbigem zu einem Bücherregal. Dann hole ich einmal kräftig aus und schlage zu, so dass das Regal zu Boden kracht und die Bücher auf dem Boden verteilt sind. Ich habe also nicht viel Energie gebraucht, um sehr viel Unordnung zu schaffen. **UND DARUM SETZEN WIR DIESES EXPERIMENT NICHT IN DIE WIRKLICHKEIT UM!**

Jetzt kommt nämlich der zweite Teil: Das Aufräumen. Wenn wir nämlich die alte Ordnung wieder herstellen wollen und das Bücherregal reparieren, und die Bücher wieder einschlichten, brauchen wir viel mehr Energie, als wir zum Umwerfen gebraucht haben.....und es reicht nicht, wenn ich den Baseballschläger ein zweites Mal schwinge und noch einmal auf das Bücherregal schlage. Davon wird das Regal, das hat Professor T. Rottel in einer vielbeachteten Studie festgestellt, nämlich nur noch kaputter.

Und ähnlich geht es den Calcium-Salzen: Sie wollen, wenn sie sich im Wasser auflösen wollen, die Wassermoleküle sehr streng um sich anordnen, sozusagen in militärischer Zucht und Ordnung. Nur: Die Wasser-Moleküle haben nicht die geringste Lust auf Zucht und Ordnung und lassen den Spielverderber Calcium einfach nicht in ihre Gesellschaft.

Die Erdalkali-Metalle sind gewissermaßen Langeweiler, die am liebsten jede Party auf die Minute genau durchplanen würden. Brrrr. Also dürfen sie in der Gesellschaft der Wasser-Atome nicht mitfeiern und werden nicht aufgelöst.

Da kommt uns in den Sinn, dass wir die Erdalkali-Metalle als verknöcherte Revolutionäre beschrieben haben. Die wollen eine richtig militärische Ordnung, um ihre Ziele aufrecht zu erhalten. Das können wir auch in Geschichtsbüchern nachlesen: Irgendwann werden auch aus Revolutionären unbewegliche Diktatoren, und genau so geht es auch den Erdalkali-Metallen. Calciumcarbonat $CaCO_3$ ist der Kalk. Und so denken wir bei den Erdalkalimetallen an greise Diktatoren oder alte Gewerkschaftsbosse und so weiter...

6. Der Wasserstoff

6.1. Chemie des Wasserstoffs

Der Wasserstoff H nimmt eine Sonderstellung ein, weil er sowohl ein Elektron abgeben als auch ein Elektron aufnehmen kann. Er kann sich sowohl wie ein Alkalimetall als auch wie ein Halogen verhalten. Das H kann sich nicht recht entscheiden, was es sein soll. Darum ist es auch weniger aggressiv als Halogene und Alkalimetalle.

In der Natur binden immer zwei Wasserstoffe zu einem H_2. Das wissen wir schon. H_2 ist ein geruchloses Gas, das mit Sauerstoff O explodieren kann, auch das haben wir schon gelernt. Zwei H_2 verbinden sich mit einem O_2, und heraus kommen zwei H_2O.

$$\mathbf{2\ H_2 + O_2 \text{ --> } 2\ H_2O.}$$

Diese Reaktion nennt man die "**Knallgas-Reaktion**".

Wir haben den Wasserstoff bereits im Kapitel "Händchen halten" kennen gelernt, und dort sehr oft verwendet. Das spiegelt auch die große Bedeutung des Wasserstoffs wider: Es ist eines der wichtigsten Elemente in der organischen Chemie. Leben ohne Wasserstoff wäre vollkommen undenkbar.

Übrigens ist Wasserstoff das **häufigste Element des Universums**: Fast 99% des Weltalls besteht aus Wasserstoff. Aber auch hier auf der Erde ist Wasserstoff oft vertreten. Wir denken dabei an die Meere und Ozeane, die alle mit H_2O gefüllt sind....

Auch das H^+-Ion kennen wir schon; das **Hydrogenium-Ion**, welches das saure Ion ist. *Ohne Wasserstoff gäbe es kein "sauer"*!

Im Folgenden wollen wir uns Säuren und Basen genauer ansehen. Wir wollen wissen, wie sauer eine Säure ist, und wie basisch eine Base. Eines ist klar: Das muss davon abhängen, wie viele H^+ (oder OH^-) in unserer Lösung herum schwimmen. Wir betrachten also im Folgenden nicht nur ein H^+, sondern sehr viele H^+, und was diese zusammen tun. Wir kommen also von der Betrachtung **einzelner** Teilchen zur chemischen Wirklichkeit, wo immer **Milliarden von** Teilchen miteinander reagieren.

Das ist ja gerade das Schöne an der Chemie: Dass man nicht nur ein oder zwei Atome oder Moleküle miteinander verheiratet, sondern immer gleich

Milliarden. Der Chemiker veranstaltet also Massenhochzeiten, er ist ein Massenhochzeits-Heiratsvermittler von Atomen und Molekülen.

Um solche Massenhochzeiten veranstalten zu können, braucht es also genug heiratswillige Männer und Frauen. Will ich zum Beispiel zwei Millionen Männer verheiraten, brauche ich auch 2 Millionen Frauen.

In der Chemie rechnen wir ähnlich, allerdings mit noch viel größeren Zahlen: Um das zu lernen, lesen wir gleich weiter.

6.2. Das Mol

Wenn wir von einem Paar Schuhe sprechen, so meinen wir: 2 Schuhe. Das Wort "Paar" ist in dem Fall eigentlich der Name einer Zahl, nämlich 2. Wenn eine Zahl sehr wichtig ist, geben wir ihr oft einen Namen.

Ein anderer Name, der für eine Zahl steht, ist das Dutzend: Ein Dutzend bedeutet 12. Ein Dutzend Eier sind zwölf Eier.

"Das Paar" ist eine wichtige Zahl, weil der Mensch eben genau zwei Hände, zwei Augen, zwei Füße hat und daher von vielen Dingen genau 2 braucht.

Ebenso ist auch das Dutzend eine wichtige Zahl, weil: 12 Eier sind nicht zu viel und nicht zu wenig (aber gut, darüber kann man diskutieren...).
Diese Zahlen haben einen praktischen Nutzen, und so hat sich für sie ein eigener Name eingebürgert.

Auch in der Chemie gibt es eine wichtige Zahl, und auch sie hat einen Namen: **das Mol.**

Nur ist das Mol nicht 2 oder 12, sondern $\mathbf{6{,}022 * 10^{23}}$.

Eine ziemlich riesige Zahl. Sie bedeutet: **6,022 mal 100000000000000000000000**.

$$\mathbf{1\ Mol = 6{,}022 * 10^{23}}$$

Aber welchen praktischen Zweck hat diese Zahl?

Nehme ich **ein Mol H-Atome** (wir wissen, diese haben **ein** Proton im Kern), und lege ich diese auf die Waage, dann sehe ich:

Ein Mol H-Atome wiegt genau 1 Gramm.

Oder umgekehrt: Habe ich **1 Gramm** H-Atome vor mir, weiß ich: **Das sind 6,022 x 10^{23} Atome.**

Und das ist sehr praktisch und wichtig! Ich kann ja die Atome nicht einzeln abzählen, dazu sind sie viel zu viele. In der Praxis braucht der Chemiker eine Waage, und wägt ein paar Gramm eines bestimmten Stoffes, ab. Und dann will er wissen wie viele Atome oder Moleküle das sind.

Ich nehme zum Beispiel ein Mol Helium-Atome, mit 2 Protonen und 2 Neutronen (das macht in Summe **4 schwere Teilchen**) im Kern. Also 6,022x10^{23} Helium-Atome, so sehe ich:

Ein Mol Helium-Atome wiegt genau **4 Gramm.**

Und weiter: Ein Mol Lithium Atome mit 3 Protonen und 3 Neutronen (also **6 schweren Teilchen** im Kern) wiegt genau **6 Gramm**.

Und: Ein Mol Beryllium Atome mit **4 Protonen und 4 Neutronen** wiegt genau **8 Gramm.**

Ein Mol Sauerstoff-Atome mit **8 Protonen und 8 Neutronen** im Kern wiegt genau **16 Gramm**.

Oder anders herum: Habe ich **16 Gramm** Sauerstoff Atome auf der Waage, so weiß ich: Das ist **ein Mol** Sauerstoff-Atome. Und damit weiß ich: Ich habe 6,022x10^{23} Sauerstoff-Atome auf der Waage.

Die Elektronen sind für die Masse der Atome unwichtig, weil sie nur 1/1800 eines Protons oder Elektrons wiegen. Außerdem hat ja ein ungeladenes Atom oder Molekül immer so viele Elektronen wie Protonen! Wenn wir wissen, wie viele Protonen und Neutronen ein Atom hat, wissen wir, wie viel das Atom wiegt.

Und wofür brauchen wir das?

Angenommen, ich habe ein Stückchen Lithium. Das wiegt 12 Gramm. Jetzt weiß ich:

ein Mol Lithium wiegt 6 Gramm.

6 Gramm sind 6,022x10^{23} Li-Atome. 12 Gramm sind das Doppelte von 6 Gramm. Also sind 12 Gramm Lithium 2x 6,022x1023 Atome, also 12,044x10^{23} Li-Atome, oder **aber 2 Mol Li-Atome**.

Ich brauche einen Stoff (ein Element oder Molekül) nur abwägen, und kann mir ausrechnen, wie viele Moleküle das sind!

Ein anderes Beispiel: Wir wollen Lithium und Fluor zu Lithiumfluorid LiF reagieren. Wir brauchen dazu immer **ein** Li und **ein** F. (Das Beispiel kennen wir schon, siehe: Ionenbindung).

Aber dieses Mal wollen **viele Li und viele F** zu LiF reagieren lassen. Wichtig ist, dass wir immer **gleich viele** Li und **gleich viele F** miteinander reagieren lassen. Also zum Beispiel **5 Li und 5 F,** und heraus kommen **5 LiF.**
Oder 20 000 Li und 20 000 F, und heraus kommen 20 000 LiF.
Aber das ist uns immer noch zu wenig! Diese Menge kann man nicht einmal im Mikroskop sehen.

Also nehmen wir eine Menge, die wir sehen und **abwägen** können.

Zum Beispiel 6,022 * 10^{23} Lithium-Atome,

und die lassen wir reagieren mit 6,022 * 10^{23} Fluor-Atomen.

Oder, anders gesagt, ein Mol Li mit einem Mol F.

Und woher wissen wir, wie viel ein Mol Li-Atome sind? Na ganz einfach: Ein Li-Atom hat 3 Protonen und 3 Neutronen, macht 6 schwere Teilchen im Kern.

1 Mol Lithium wiegt 6 Gramm.

Wir legen also 6 Gramm Lithium auf die Waage.

Jetzt müssen wir noch wissen, wie viel **1 Mol Fluor** wiegt. Das ist genauso einfach: Fluor hat 9 Protonen und 9 Neutronen. Macht in Summe 18 schwere Teilchen. Also wiegt ein Mol Fluor **18g**.

Wenn wir also 6,022 * 10^{23} Li-Atome mit 6,022 * 10^{23} F-Atomen zu 6,022 * 10^{23} LiF reagieren lassen wollen, so müssen wir **6 Gramm Lithium** und **18 Gramm Fluor** nehmen. Und wir wissen auch, wie viel LiF heraus kommt: Li und F zusammen hat 24 schwere Teilchen. Wir erhalten bei dieser Reaktion **ein Mol LiF**. Also erhalten wir **24 Gramm LiF.**

Wir können natürlich auch einfach 6 Gramm Lithium und 18 Gramm Fluor zusammenzählen, und wir erhalten ebenfalls 24 Gramm LiF.

Wie können wir uns die Zahl $6{,}022 * 10^{23}$ vorstellen?

Wer will, kann mitrechnen,wer nicht will, muss nicht!

Wie viel sind zum Beispiel ein Mol Karamellbonbons?
Nehmen wir an, unser Karamellbonbon ist ein Würfelchen von 1cm Seitenlänge. Dann passen in einen Würfel von 1 Meter eine Million Bonbons. Weil: 100 cm ist 1 Meter. und in so einen Würfel passen:

100 Bonbons (der Länge nach) mal 100 Bonbons (der Breite nach) mal 100 Bonbons (der Höhe nach) = 1000 000 Bonbons.

Wie viele solcher Meter-Würfel sind nun $6{,}022 * 10^{23}$ Bonbons?
Wenn in einen 1-Meter-Würfel 1000 000 Bonbons passen, dann brauchen wir von diesen großen Würfeln ein Millionstel von $6{,}022 * 10^{23}$, um $6{,}022 * 10^{23}$ Bonbons zu erhalten.

$6{,}022 * 10^{23}/1000\,000 = 6{,}022 * 10^{17}$. Wir brauchen also $6{,}022 * 10^{17}$ solcher 1-Meter-Bonbon-Würfeln, um ein Mol Bonbons zu erhalten.

Das ist immer noch eine gigantische Zahl.

Nehmen wir also noch viel größere Bonbon-Würfel.
Wie viele 1-Meter-Würfel bekommen wir in einem 1-km-Würfel unter?
1km = 1000m.

Also: 1000 1-Meter-Würfel (der Länge nach) * 1000 (der Breite nach) * 1000 (der Höhe nach) = 1000 000 000 oder eine Milliarde 1-Meter-Würfel.

Wie viele dieser Kilometer-Würfel brauche ich nun, um 6,022 * 10^{17} Meter-Würfeln zu erhalten? Antwort: Ein Milliardstel von 6,022 * 10^{17}, also 6,022 * 10^{17}/1000 000 000. Das ist 6,022 * 10^{8} 1-Kilometer-Würfel voller Karamellbonbons, oder anders gesagt, 600 Millionen Würfel, die alle 1 Kilometer hoch und lang und breit sind. Also ein Körper mit einer 60-fachen Fläche der USA und 1 Kilometer Höhe.

Wenn wir also die 60-fache Fläche der USA einen Kilometer hoch mit Karamellbonbons befüllen, haben wir ein Mol Karamellbonbons! (Oder die ein-fache Fläche der USA 60 Kilometer hoch mit Karamellbonbons befüllt - 60 Kilometer: Das ist ungefähr die 6,6-fache Höhe des Mount Everest)

.....oder wir nehmen 1 Gramm H-Atome, und haben auch ein Mol....

.... noch ein anderes Beispiel: Wie viel wiegt ein Mol H_2O?

1 Mol O-Atome wiegen 16 Gramm. 1 Mol H-Atome wiegen 1 Gramm. Also wiegt H_2O 16 Gramm + 1 Gramm + 1 Gramm = 18 Gramm.

1 Mol H_2O-Moleküle wiegen 18 Gramm.

Die eigentliche Definition des Mol

Ganz kurz wird es komplizierter, dafür können wir es auch gleich wieder vergessen!

Jetzt müssen wir, der Korrektheit halber, auf noch eine Sache zu sprechen kommen: *Eigentlich ist das Mol so definiert, dass ein Mol des ^{12}C-Atoms genau 12 Gramm ergeben.*

Hm. Das ist doch eigentlich das selbe, oder? Das ^{12}C-Atom hat 6 Neutronen und 6 Protonen, und wiegt daher das 12-fache des H-Atoms mit einem Proton, nämlich 12 Gramm.

Ob ich sage: Ein Mol H-Atome ist 1 Gramm, oder 1 Mol C-Atome ist 12 Gramm, ist doch gleichgültig?

Leider nicht ganz. Es ist fast dasselbe, aber eben nicht ganz.

Erstens wiegen Neutronen nicht ganz das selbe wie Protonen, und zweitens verlieren die Protonen und Neutronen *Energie,* wenn sie zu einem Atomkern verschmelzen. (Das ist aber **nicht** Chemie, sondern Atomphysik, denn Chemie ist die 'Physik der Elektronenhülle'! Und die Energie ist in dem Fall Kern-Energie, wie sie bei Atombomben frei wird!)

Trotzdem können wir sagen, dass die Neutronen und Protonen ähnlich "binden" wie die Elektronen, und das heißt, sie verlieren Energie. Und weil, laut Albert Einstein, sehr viel Energie ganz wenig Masse ist, haben die Protonen und Neutronen im Kohlenstoff-Atomkern auch ganz wenig Masse verloren. *Der $_{12}C$-Atomkern ist ein kleines bisschen leichter als das 12-fache des H-Atomkerns!*

Man hat das Mol so festgelegt, um das Element Kohlenstoff zu "ehren". Weil es als das wichtigste Element gilt.

Das Mol ist also nicht die Zahl H-Atome, die ein Gramm ergibt,
sondern die Zahl der ^{12}C-Atome, die 12 Gramm ergibt.

Ich frage mich dennoch, ob diese Ehrung nötig war. Denn eigentlich macht man damit den Schülern das Leben schwer. Und den Chemie-Lehrern auch, weil die das ja umständlich erklären müssen.

Aber, und jetzt kommt die gute Nachricht: Ob wir das Mol so oder so festlegen, es macht praktisch keinen Unterschied.

Und darum **PFEIFEN WIR** auf die offizielle Mol-Definition, und merken uns:

1 Mol H-Atome sind 1Gramm,

aus, Schluss, basta.

Außerdem ist es ohnehin gleichgültig. Wir sehen nämlich, wenn wir in das Periodensystem schauen, dass bei der *Massenzahl* der einzelnen Elemente (also

der Zahl von Protonen und Neutronen insgesamt) immer Komma-Zahlen stehen.

Wir wissen schon, warum: Weil es von jedem Element **verschiedene Isotope** gibt! Es ändert sich also von Atom zu Atom die Zahl der Neutronen. Geht man ins Geschäft und kauft einen Kilo Schwefel, dann sind in diesem Kilo Schwefel alle Schwefel-Isotope bunt durcheinander gemischt. Die Massenzahl im Periodensystem gibt dann die *durchschnittliche Masse dieser Isotope* an. Und mit der rechnen wir normalerweise.

6.3. Der pH-Wert

Wenn wir schon über den Wasserstoff sprechen, müssen wir wieder auf den wahrscheinlich wichtigsten Aspekt des Wasserstoffs kommen, nämlich dass er von Säuren als H^+ abgespalten wird.

Säuren und Basen kennen wir schon. Jetzt interessiert uns die Frage, *wie* sauer eine Säure oder Base ist. Und das hängt von der **Konzentration** der Säure (oder Base) ab: Es ist ein Unterschied, ob ich einen Tropfen Salzsäure in eine Badewanne voll mit Wasser gebe, oder aber pure Salzsäure vorliegen habe.

Der pH-Wert ist eine Abkürzung für: "pondus hydrogenii", das heißt: "Gewicht des Wasserstoffs". Der pH-Wert gibt an, wie sauer oder basisch ein Stoff ist. Wie er das tut, werden wir gleich sehen.

6.3.1. Die Autoprotolyse des Wassers

H_2O-Moleküle zersetzen sich auch von selbst in H^+ und OH^-. Sie tun das sehr selten, aber doch. In einem Liter Wasser sind immer rund 10^{-7} Mol Wasser-Moleküle in H^+ und OH^- zersetzt. Das sind 0,0000001 Mol H_2O. Das nennt man die "**Autoprotolyse des Wassers.** "*Auto*" heißt "*selbst*", und "*Protolyse*" heißt: Die Zerlegung in Protonen. Dass dabei auch ein Rest, nämlich OH^-, entsteht, wissen wir schon, das kommt aber im Wort "Autoprotolyse" nicht vor. Macht nichts, wir wissen auch so, was gemeint ist.

Wir stellen uns das so vor: Die H^+-Ionen sind Polizisten, und die OH^--Ionen sind Einbrecher. Jetzt kann sich jeder Polizist einen Einbrecher schnappen. Weil: H^+ + OH^- ist H_2O. Normalerweise hat auch jeder Polizist einen Einbrecher, aber manchmal, sehr selten, gelingt es einem Einbrecher, zu fliehen. Und jetzt läuft der Einbrecher frei herum, und der Polizist auch. Bis der Einbrecher wieder auf einen anderen "freien" Polizisten trifft, dem seinerseits der Einbrecher davon gelaufen ist. Der verhaftet den Einbrecher dann wieder. Kurzum: Jeder, sagen wir, millionste Polizist läuft frei herum, und jeder millionste Einbrecher auch.

Was passiert, wenn ich in Wasser nun eine Säure gebe, so dass rund 0,01 Mol H^+-Ionen dazu kommen? Damit wären nun 100 000 mal mehr H^+-Ionen vorhanden, als im reinen Wasser.

Warum 100 000 mal mehr? Reines Wasser hat 0,0000001 Mol H^+-Ionen in einem Liter Wasser. Also 10^{-7} Mol. Unsere Säure hat 0,01 Mol H^+-Ionen. Das ist das 100 000-fache.

Was passiert also, wenn wir eine sehr große Menge H^+-Ionen ins Wasser geben? Gibt es dann gar keine OH^--Ionen mehr im Wasser?

Das könnte man meinen, es stimmt aber nicht.
Zurück zu den Polizisten. In der "Stadt" (dem Wasserbehälter) laufen also hauptsächlich Einbrecher-Polizisten-Pärchen herum, und hin und wieder gibt es "freie" Polizisten, und "freie" Einbrecher. Weil es so wenig "freie" Polizisten gibt, werden die Einbrecher auch selten gefangen.
Sagen wir, in dieser Stadt gibt es eine Million verhafteter Einbrecher, also auch eine Million beschäftigter Polizisten, und tausend freie Einbrecher, und tausend freie Polizisten.

Und jetzt kommen von "draußen" noch 100 000 Polizisten dazu. (Wir gießen also Säure dazu.)

Es ist ganz klar, dass diese zusätzlichen Polizisten, die nun viel mehr sind als die Einbrecher, viele Einbrecher schnappen werden. **Aber nicht alle**. Denn immer noch werden sich Einbrecher von ihren Polizisten losreißen und flüchten. Nur werden sie nicht so lange auf freiem Fuß bleiben!
Mehr Polizisten bewirken also weniger Einbrecher, **aber nicht: gar keine**.

Gießen wir also Säure in Wasser, gibt es weniger OH^--Ionen, aber nicht: gar keine. das ist wichtig! Denn ohne diese Tatsache hätte, wie wir bald sehen werden, der pH-Wert keinen Sinn.

Woher wissen wir nun, wie viele OH^- -Ionen es gibt, nachdem wir Säure zugegeben haben?

Da gibt es eine Formel, die wir vorläufig noch nicht herleiten wollen, sondern fürs erste einfach hinschreiben: *Die Zahl der H^+-Ionen in einem Liter Wasser, multipliziert mit der Zahl der OH^--Ionen, ergibt immer die gleiche Zahl, nämlich 3,626 * 10^{28}.*

Oder kurz gesagt:

Zahl der H^+ mal Zahl der OH^- = 3,626 * 10^{28}. (In einem Liter)

Das heißt: Habe ich **mehr** H^+-Ionen im Wasser, so habe ich **weniger** OH^--Ionen, und zwar um so viel weniger, dass die **Zahl der H^+, mal der Zahl der OH^-**, wieder 3,626 * 10^{28} ergibt.

Aber diese Formel da oben ist uns zu unübersichtlich. Wir schreiben sie anders auf:

Zahl der H^+ mal Zahl der OH^- = 10^{-14} * Mol^2. (In einem Liter)

Wenn wir nämlich 1 * 10^{-14}. mit Mol und noch einmal mit Mol multiplizieren, kommt 3,626 * 10^{28} heraus. (Wer es nicht glaubt, kann es gerne nachrechnen.) **Das ist also das gleiche**.

Jetzt nicht verzweifeln! Das können wir noch einfacher machen. Wir nehmen das Mol^2 weg.

Zahl der H^+ mal Zahl der OH^- = 10^{-14}. (In einem Liter)

Das dürfen wir so hinschreiben, aber nur, wenn wir in Zukunft die Zahl der Ionen **in Mol angeben**:

Wir sagen also nicht: 6,022 * 10^{23} H^+-Ionen, sondern **1 Mol** H^+-Ionen. Dann setzen wir statt "*Zahl der H^+-Ionen*" einfach **1** in die Gleichung ein. Und wir sagen nicht: 6,022 * 10^{22} H^+-Ionen, sondern **0,1 Mol** H^+-Ionen, und setzen statt "Zahl der H^+-Ionen" **0,1** ein, usw. Ein Beispiel kommt gleich.

Das wird uns keine Probleme machen, weil wir in Zukunft alle diese Zahlen von vornherein in Mol angeben werden, wie das Chemiker machen.

Und das "in einem Liter" wird uns auch nicht stören, weil wir alle Zahlen pro Liter angeben werden.

Was ist denn die Zahl der Ionen in einem Liter? Es ist die **Konzentration** der Ionen. Und diese geben wir in Zukunft **in Mol pro Liter an**.

Statt "Zahl der H^+-Ionen in einem Liter" schreiben wir jetzt: **c[H⁺],**
und statt "Zahl der OH^--Ionen in einem Liter" schreiben wir in Zukunft: **c[OH⁻].**
c steht für **Konzentration**. (Englisch: "*concentration*")

$$c[H^+] * c[OH^-] = 10^{-14}$$

Und das ist jetzt *wirklich* eine einfache Gleichung!

(*Anmerkung: man kann auch statt c[H⁺] die Abkürzung c(H⁺) schreiben, beides wird verwendet.*)

Wenn wir mit der Zahl 10^{-14} Probleme haben: Das ist 0,00000000000001, also insgesamt 14 Nullen. Die Zahl über dem Zehner nennt man "**Exponent**". Der Exponent gibt an, wie oft man 1 mit 10 multipliziert oder dividiert. bei 10^{-14} ist die Zahl 1, 14 mal hintereinander mit 10 dividiert, heraus kommt also diese winzige Kommazahl mit 14 Nullen.

Kommen wir zu unserem obigen Beispiel zurück: Wir haben 0,01 Mol H^+ in einem Liter Wasser. Wie viele OH^- sind in diesem Liter Wasser?

Wir setzen bei **c[H⁺]** "0,01" ein, dann steht da:

$$0{,}01 * c[OH^-] = 10^{-14}$$

Wir dividieren die Gleichung durch 0,01 (das ist übrigens das selbe, wie sie mit 100 zu multiplizieren!), und heraus kommt:

$$c[OH^-] = 10^{-12}.$$

Na klar: Wenn wir 10^{-14} mit hundert multiplizieren, muss unsere Kommazahl zwei Nullen verlieren, also 10^{-12} ergeben. Der Exponent geht von -14 auf -12. Der Exponent wird also um 2 weniger.

Die Antwort lautet: Sind in einem Liter Wasser 0,01 Mol H^+-Ionen, so sind 0,000000000001Mol oder 10^{-12} Mol OH^--Ionen vorhanden.
Also sehr, sehr wenige, aber *nicht*: gar keine OH^--Ionen, obwohl das Wasser nun sauer ist! (Es ist ja Säure dabei.)

Ein anderes Beispiel:

Wir geben sehr wenig, nämlich 10^{-5} Mol Säure in Wasser, wie hoch ist $c[OH^-]$?
Wir setzen in unsere Gleichung 10^{-5} ein:

$$\mathbf{10^{-5} * c[OH^-] = 10^{-14}}$$

Wir dividieren durch 10^{-5} - das heißt nichts anderes, als mit 100 000 zu multiplizieren! Multipliziere ich 10^{-14} mit 100 000, zähle ich einfach zu den "-14" über dem Zehner 5 dazu, heraus kommt 10^{-9}.

$$\mathbf{c[OH^-] = 10^{-9}}$$

Was sehen wir? Da wir nur **sehr wenig** H^+ dazu gegeben haben, haben wir jetzt **mehr** OH^- -Ionen als im vorigen Beispiel! Wir haben 10^{-9} OH^--Ionen.

Nächstes Beispiel:

Wie hoch ist $c[OH^-]$, wenn wir **10^{-7} Mol H^+-Ionen** im Wasser haben?

Wir setzen also 10^{-7} für $c[H^+]$ in die Gleichung ein.

$$\mathbf{10^{-7} * c[OH^-] = 10^{-14}}$$

Wir dividieren beide Seiten der Gleichung durch 10^{-7}. Das ist dasselbe, wie sie mit 10 000 000 zu multiplizieren:

$$\mathbf{c[OH^-] = 10^{-7}}$$

Wenn wir 10^{-14} mit 10 000 000 multiplizieren, fallen sieben Nullen weg, also steht -14 + 7 rechts oben am Zehner (im Exponenten), das ist: -7. Folglich kommt 10^{-7} heraus. Wir können es natürlich auch einfach in den Taschenrechner tippen.

Daher lautet die Antwort:

Wenn die Konzentration der H^+ 10^{-7} Mol beträgt, so ist die Konzentration der OH^- **auch** 10^{-7} Mol. Wir haben jetzt also eine **gleiche Konzentration** von H^+ und OH^-! Was heißt das?

Überlegen wir uns: Spaltet sich **ein** H_2O auf, so entsteht **ein** H^+ und **ein** OH^-. Das heißt, **reines Wasser hat immer gleich viele H^+ und OH^-!** Folglich beschreibt das aktuelle Beispiel **reines Wasser**! Wir haben ja gleich viele H^+ und OH^-, nämlich 10^{-7} Mol (pro Liter).

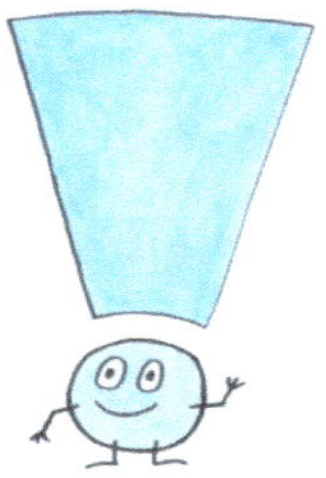

Wir merken uns: Reines Wasser hat eine Konzentration von H+ und OH-, welche 10^{-7} Mol pro Liter ist. Reines Wasser ist weder sauer noch basisch, sondern neutral.

Und noch ein Beispiel:
$c[H^+]$ ist 10^{-10} Mol. Wie groß ist $c[OH^-]$? Wir setzen in die Gleichung ein:

$$\mathbf{10^{-10} * c[OH^-] = 10^{-14}}$$

Wir dividieren durch 10^{-10} oder, anders gesagt, wir multiplizieren mit 10 000 000 000. (Das sind 10 Milliarden). Heraus kommt:

$$\mathbf{c[OH^-] = 10^{-4}}$$

Aus 10^{-14} wird 10^{-4}, weil sie 10 Nullen hinter dem Komma verliert.
Wir haben 10-4 Mol OH-Ionen. Damit haben wir mehr OH^- -Ionen als H^+. Folglich haben wir in unser Wasser OH- zugegeben, es ist **basisch.**

Und wieder die Erkenntnis: Wir haben zwar mehr OH^- als H^+, deshalb ist aber die Zahl der H^+-Ionen nicht null!

6.3.2. pH und pOH

Fassen wir die Ergebnisse unserer Beispiele zu einem Überblick zusammen:

1. $c[H^+] = 10^{-2}$; $c[OH^-] = 10^{-12}$.
2. $c[H^+] = 10^{-5}$; $c[OH^-] = 10^{-9}$.
3. $c[H^+] = 10^{-7}$; $c[OH^-] = 10^{-7}$.
4. $c[H^+] = 10^{-10}$; $c[OH^-] = 10^{-4}$.

Wir machen jetzt folgendes: Wir zählen bei jedem Beispiel die Exponenten von $c[H^+]$ und $c[OH^-]$ zusammen. (Also die Zahlen rechts oben vom Zehner.) Das Minus-Zeichen lassen wir aber weg.

Also beim ersten Beispiel:

$$\mathbf{2 + 12 = 14.}$$

Aha, das Ergebnis ist 14
Beim zweiten Beispiel:

$$\mathbf{5 + 9 = 14.}$$

Schon wieder 14! Kommt uns irgendwie bekannt vor....

Beim dritten Beispiel:

$$\mathbf{7 + 7 = 14.}$$

Schon wieder 14! Jetzt wirds verdächtig....

Und beim vierten Beispiel:

$$\mathbf{10 + 4 = 14.}$$

Und wieder 14. Offensichtlich kommt, wenn wir die Exponenten zusammenzählen, immer 14 heraus! Und dann kommt die geniale Idee: Wir könnten uns viel Rechenarbeit ersparen, indem wir einfach die Exponenten zusammenzählen!

Wir nennen den einen Exponenten **pH** "pondus Hydrogenii", und den anderen **pOH** "pondus Hydroxylii". **Das Minuszeichen lassen wir auch weg,**
Das sehen wir uns am Beispiel 1 an:

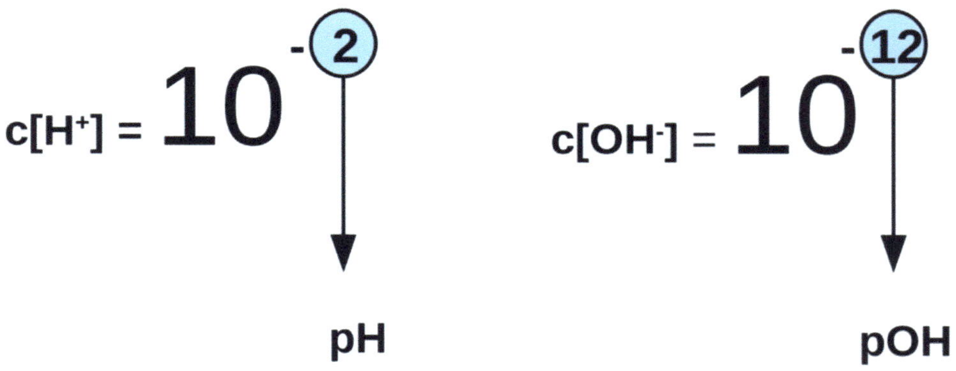

"pondus Hydrogenii" heißt: "Gewicht des Wasserstoffs". Und das ist der pH offensichtlich, denn kennen wir den pH, wissen wir wie sauer unsere Wasser-Säure Mischung ist, oder wie basisch unsere Wasser-Basen-Mischung.

"*pondus Hydroxylii*" heißt: "*Gewicht des Hydroxids*". Multiplizieren wir $c[H^+]$ mit $c[OH^-]$, dann kommt bekanntlich 10^{-14} heraus. Ebenso gut können wir aber auch pH und pOH zusammenzählen, und wir erhalten immer 14:

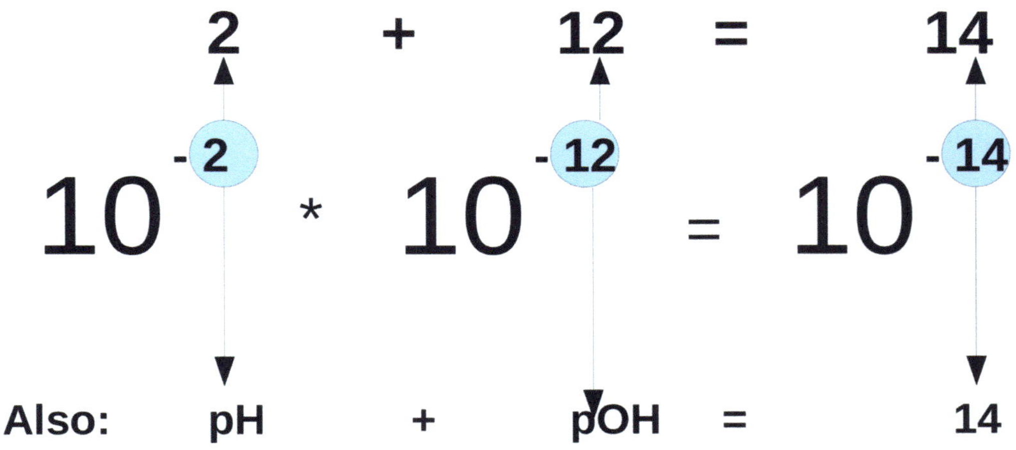

Offensichtlich ist

pH + pOH = 14.

Das ist praktisch! Kennen wir den pH, so kennen wir den pOH.

pOH = 14 - pH

und umgekehrt:

$$pH = 14 - pOH.$$

Und damit können wir eine sehr einfache Skala aufstellen von pH = 0 (sehr sauer) bis pH = 14 (sehr basisch). Dazwischen liegt pH = 7 (neutral). Sehen wir uns das an:

Bei pH = 0 haben wir eine H^+ - Konzentration von 10^0 Mol, das heißt: 1 Mol H^+, und das ist sehr viel.

Der pOH ist dann 14, weil:

$$0 + pOH = 14$$

Daraus folgt: pOH = 14

das heißt: 10^{-14} Mol OH-. Und das ist sehr wenig. **pH = 0 bedeutet also: stark sauer.**

Bei **pH = 14** haben wir eine H^+ -Konzentration von 10^{-14} Mol, das bedeutet: Sehr wenig H^+. dafür ist dann der pOH = 0, das heißt: 10^0 OH^- -Ionen.

$$14 + pOH = 14$$

Daraus folgt:

$$pOH = 0$$

pH = 14 bedeutet also sehr basisch.

Und genau in der Mitte liegt **pH = 7**, das bedeutet neutral: gleich viele H^+ und OH^-.

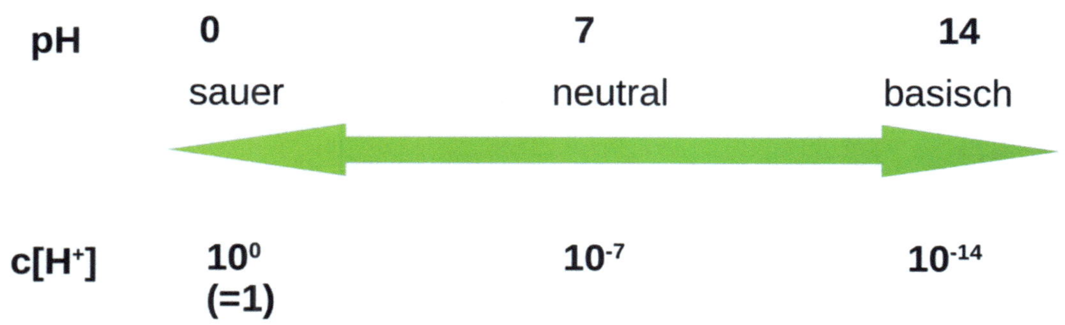

So, und jetzt ein paar fürchterlich schwierige Übungen zum Thema pH.

Der pH = 2. Wie groß ist der pOH ?

2 + pOH = 14

Lösung: pOH = 12

pOH = 12 bedeutet: 10^{-12} OH^- -Ionen.

Der pH = 3. Wie groß ist der pOH ?

3 + pOH = 14.

pOH = 11.

pOH = 11 bedeutet: 10^{-11} Mol OH^- -Ionen.

Die nächsten Beispiele bitte selbständig!

Der pH = 8. Wie groß ist der pOH ?

Der pH =1. Wie groß ist der pOH ?

Jetzt müssen wir den pH aber auch noch mathematisch erklären:

Der pH ist der negative dekadische Logarithmus der von c[H^+]. Das klingt kompliziert, ist aber ganz einfach: Wir müssen nur die Konzentration der H^+ (in Mol pro Liter angegeben) nehmen, in den Taschenrechner tippen, dann drücken wir auf die Logarithmus-Funktion (meistens als "*LOG*") abgekürzt - und **nicht** *'ln'* - das ist was anderes! Dann multiplizieren wir diese Zahl mit -1. Fertig.

Sehen wir uns nun Logarithmus, pH und log in einer Übungstabelle an:

Konzentration (im Mol pro Liter)	Konzentration in Potenzschreibweis e	Logarithmus	pH
1	10^{0}	0	0
0,1	10^{-1}	-1	1
0,01	10^{-2}	-2	2
0,001	10^{-3}	-3	3
0,0001	10^{-4}	-4	4
Wir können aber auch solche (und viele andere Konzentrationen haben:			
0,05	$10^{-1,3}$	-1,3	1,3
0,007	$10^{-2,2}$	-2,2	2,2
0,8	$10^{-0,1}$	-0,1	0,1
0,0003	$10^{-3,5}$	-3,5	3,5
0,5	$10^{-0,3}$	-0,3	0,3

Wir sehen in der Tabelle, dass es auch pH-Werte in Kommazahlen gibt, immer dann, wenn die Konzentration nicht genau 0,1 oder 0,01 oder 0,001.....usw. ist. Das macht nichts, die errechnet man genauso, wie die ganzzahligen pH-Werte: Die Konzentration mit dem Taschenrechner logarithmieren (log-Taste), und mit -1 multiplizieren, fertig.

Zum Schluss noch ein Spezial-Beispiel:
Die Konzentration der H+ beträgt 2 Mol pro Liter. Wie groß ist der pH-Wert?

Wir tippen 2 in den Taschenrechner, logarithimieren, und erhalten:

pH = -0,3 !

Also ein negativer pH-Wert!

Wie das? Wir haben doch gesagt, die Skala fängt bei Null an?

Es ist so: Theoretisch gibt es zwar pH-Werte, die kleiner sind als 0, und pH-Werte, die größer sind als 14. Aber chemisch machen diese Werte nicht mehr viel Sinn.

Man kann zu konzentrierte Säuren oder Basen nicht mehr mit unserer pH-Formel ausrechnen (wie jetzt der Fall). Das macht aber nichts, weil: Chemie-Lehrer wissen das auch und geben solche Beispiele nicht.

Für die, die es interessiert:
Wenn eine Säure oder Base extrem konzentriert ist, stimmt nämlich der pH-Wert, den wir mit unserer einfachen Formel errechnet haben, nicht mehr mit dem wirklichen pH-Wert überein. Man kann gewissermaßen sagen, dass sich die H^+ oder OH^- Ionen bei sehr hohen Konzentrationen gegenseitig auf die Nerven gehen. Die Polizisten steigen einander gegenseitig auf die Zehen. Wie sie das tun, ist für uns zu kompliziert, und nicht wichtig.

Wir bleiben daher bei unserer pH-Skala, die bei 0 anfängt, und bei 14 endet.

Wir merken uns:
pH = 0 bedeutet sauer

pH = 7 bedeutet neutral

pH = 14 bedeutet basisch.

6.4. Das chemische Gleichgewicht

Dass Säuren in H^+ und ein Anion aufspalten, wissen wir schon.

Aber da stellt sich die Frage: **Wie gerne** spaltet sich die Säure auf? Es gibt nämlich starke und schwache Säuren. Und die schwachen Säuren spalten weit weniger oft ihr H^+ ab.

Und diese Frage ist nicht nur für Säuren wichtig, sondern überhaupt für jeden Stoff. Wie "gerne" reagiert ein Stoff mit einem anderen? Oder: Wie "gerne" fällt ein Molekül auseinander?

Das will ein Chemiker natürlich genauer wissen.

Nehmen wir ein Phantasie-Säure mit der "Formel" HA an. Diese zerfällt, wenn man sie in Wasser tut, in H^+ und A^-. Aber nicht alle HA-Moleküle. Sagen wir, unsere HA-Moleküle bleiben zu 75% ganz, die restlichen 25% sind zerfallen zu H+ und A-. (Ihr könnt natürlich auch irgendwelche anderen Prozentzahlen nehmen. Das ist nur ein Phantasiebeispiel.)

HA ist also keine besonders starke Säure.

Stellen wir uns nun vor:

Der Chemiker hat **pure HA-Säure**. Diese pure Säure, denken wir uns, ist nicht aufgespalten. Sie ist also ein HA-Molekül, wo das H am A gebunden ist.

Und jetzt gießt der Chemiker die HA ins Wasser. Und die HA **beginnt sich aufzuspalten** in H^+ und A^-. Mit der Zeit spalten sich immer mehr HA in H^+ und A^- auf.

Und irgendwann (das kann ein paar Sekunden dauern, oder ein paar hundertstel Sekunden, oder auch ein paar Stunden), sind **dann 25% der HA in H^+ und A^- zerfallen, und die restlichen 75% sind nach wie vor HA-Moleküle**.

Und ab diesem Zeitpunkt tut sich nichts mehr. Die Zahl der HA-Moleküle bleibt gleich, und die Zahl der H^+ und A^- -Ionen bleibt gleich. Nämlich 75% und 25%.

Und wenn sich nun nichts mehr tut, so hat sich das chemische Gleichgewicht eingestellt: Das "Gewicht" (die Zahl der) Moleküle bleibt gleich. Also ein Gleich-Gewicht.

Das chemische Gleichgewicht ist also der Endpunkt einer chemischen Reaktion.

Solche Gleichgewichte sind in der Chemie, aber nicht nur in der Chemie, sehr wichtig.

Stellen wir uns zum Beispiel vor, ein Gesellschaftsforscher (die nennt man auch "Soziologen") will wissen, wie viele Frauen und Männer sich verheiraten, wenn sie in einem Gebirgsdorf leben.

Also nimmt er einen leeren Flecken mitten in den Bergen, und tut dort 5000 Frauen und 5000 Männer zusammen. Und dann muss er warten, bis sich das Gleichgewicht eingestellt hat: Nach einem Tag haben sich die Männer und die Frauen noch nicht kennen gelernt, und sind noch nicht verliebt, also werden sie auch noch nicht geheiratet haben.

Wenn also der Forscher nach nur einem Tag sagt: "Die wollen alle überhaupt nicht heiraten", dann hat er sich geirrt.

Aber nach, sagen wir, drei Jahren, wird sich ein Gleichgewicht eingestellt haben. Dann sind vielleicht 60% verheiratet, und die anderen nicht.

Und dann ändert sich nicht mehr viel an der Zahl der Ehepaare, und der Forscher kann sagen: "60% wollen heiraten". Diese Aussage hat dann einen Sinn.

Und in der Chemie ist es genau so: Das chemische Gleichgewicht hilft uns, Erkenntnisse über chemische Reaktionen zu gewinnen.

Unser Chemiker kann erst nach der Einstellung des chemischen Gleichgewichtes sagen, wie sauer die HA-Säure wirklich ist.

Fassen wir unsere Erkenntnisse zusammen: Das chemische Gleichgewicht ist der Endpunkt einer Reaktion. Das chemische Gleichgewicht bedeutet: Die Menge der Stoffe (die Zahl der Moleküle) ändert sich nicht mehr.

Wenn sich aber die Zahl der Moleküle nicht mehr ändert, so ändert sich auch an der **Energie** nichts mehr. Energie bedeutet ja: " *Es tut sich was*". Aber im chemischen Gleichgewicht **tut sich in Summe nichts mehr,** also *wird auch keine Energie mehr abgegeben* (oder aufgenommen).

Moment: Was bedeutet: Es tut sich -in Summe- nichts mehr? Was heißt: "in Summe?"

Wir stellen uns das chemische Gleichgewicht falsch vor, wenn wir glauben, dass alle Moleküle gleichsam erstarrt sind.

Auch im chemischen Gleichgewicht zerfallen immer noch einzelne HA-Moleküle in H^+ und A^-, und einzelne H^+ und A^- -Moleküle werden wieder zu HA.

Aber **insgesamt** (und das ist das wichtige!) bleibt die Menge der HA-Moleküle gleich, und die Menge der H^+ und A^- bleibt auch gleich.

Wie soll denn das wieder funktionieren?

Stellen wir uns also zwei Städte vor, zum Beispiel Wien und Paris. Wien hat, sagen wir, 1,8 Millionen Einwohner. und Paris hat 8 Millionen Einwohner.

Und nun fahren jeden Tag 20 000 Menschen von Wien nach Paris.

Da müsste Paris doch immer größer werden, oder?

Nein, nicht, wenn jeden Tag auch 20 000 Menschen von Paris nach Wien fahren! Dann bleiben beide Städte genau gleich groß! Es tut sich zwar was zwischen Wien und Paris, aber insgesamt bleibt die Einwohnerzahl gleich!

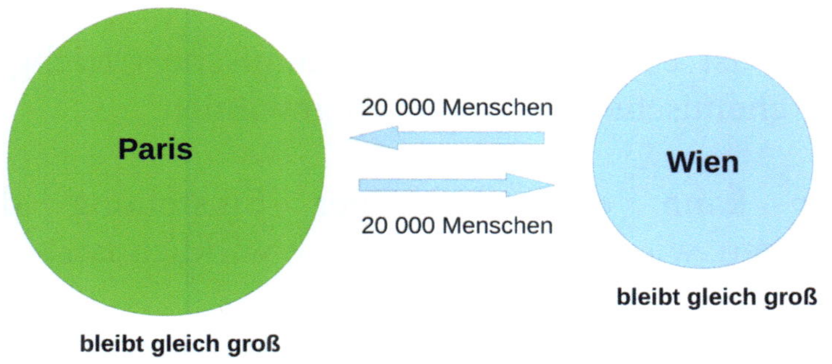

Und ebenso ist es auch beim chemischen Gleichgewicht. Stellen wir uns nun vor, die HA-Moleküle sind insgesamt "Paris", und die H^+ und A^- -Ionen sind "Wien".

Dann werden zwar einige HA-Moleküle zu Wienern, weil sie in H^+ und A^- zerfallen. Umgekehrt werden aber genau so viele H^+ und A^- wieder zu Parisern! Und damit bleiben Wien und Paris gleich groß.

Für uns ist wichtig: Im chemischen Gleichgewicht gibt es Hin- und Rückreaktionen. Aber in Summe ändert sich die Menge der Stoffe nicht mehr. Und auch die Energie ändert sich nicht mehr.

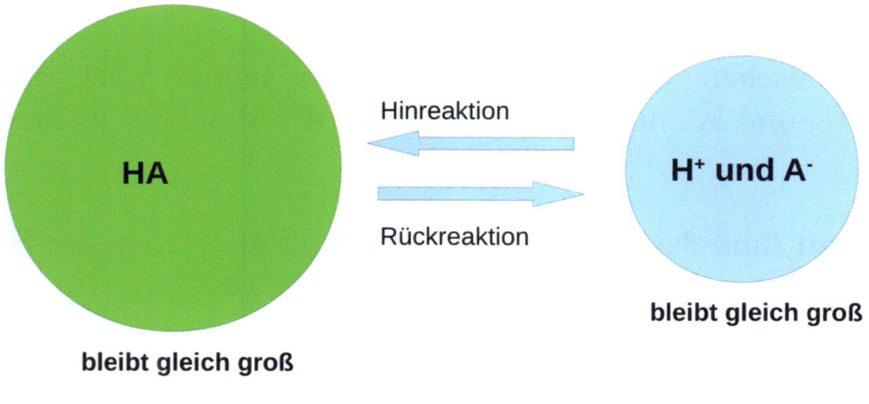

Versuchen wir nun zu verstehen, wie sich ein chemisches Gleichgewicht einstellt.

Angenommen, Wien hätte nur 50 Einwohner. Kann dann ein Gleichgewicht zwischen Wien und Paris herrschen? Nein!

Denn wie können jeden Tag 20 000 Menschen von Wien nach Paris fahren,wenn Wien nur 50 Einwohner hat? Da sind Wien und Paris nicht im Gleichgewicht. Also werden sehr viele Menschen von Paris nach Wien fahren, so dass Wien immer größer wird, und nur sehr wenige Menschen von Wien nach Paris.

Und das geht so lange, bis Wien eine Größe erreicht hat, dass genau so viele Wiener nach Paris fahren, wie Pariser nach Wien fahren. Und dann hat sich das "chemische Gleichgewicht" eingestellt.

Genau so funktioniert es auch bei unseren HA-Molekülen. Das HA zerfällt so lange in H^+ und A^-, bis es genug davon gibt. Dann setzen sich auch so viele H^+ und A^- wieder zu HA zusammen, **dass sich in Summe nichts mehr ändert**.

Es wird Zeit für den Professor T. Rottel.

Der Professor liegt am Swimming-Pool und lässt sich die Sonne auf den Bauch scheinen. Da kommt Igor vorbei, und fragt ihn: "Meister, habt Ihr es aufgegeben, die Welt beherrschen zu wollen?"

Professor T. Rottel schaut kurz auf und sagt: "Nein, du Dummkopf! Ich bin mitten in der Vorbereitung! Was muss ein Weltenherrscher sein, um Erfolg zu haben?"

Igor: "Ich weiß nicht!"

"O du Unwissender", sagt Professor T. Rottel, "ein Weltenherrscher muss innerlich ausgewogen sein! Er muss mit sich im Gleichgewicht stehen!" "Aha."

"Zuerst werde ich das seelische Gleichgewicht erlangen, und dann, mit Hilfe einer von mir gebastelten Maschine, auch das chemische Gleichgewicht meines Körpers! Dann werde ich die Macht haben, euch alle zu beherrschen!"

Und schon springt der Professor auf, und setzt sich in seine chemische Gleichgewichtsmaschine.

Igor seufzt. das wird wieder Arbeit, denkt er sich.

Denn kaum, dass der Professor den Hebel gedrückt hat, beginnt er zu vermodern. Er zerfällt zu einem Zombie, der aber leider für gar nichts mehr zu gebrauchen ist.

Und Igor setzt den Professor wieder zusammen. "Ich kündige!", denkt er sich, "ich bin unterbezahlt! Ich werde mich aufregen bei der Gewerkschaft für willenlose Assistenten von verrückten Wissenschaftlern!"

Igor weiß, und wir wissen es auch: Seelisches Gleichgewicht ist etwas feines. Das soll man jedem Menschen wünschen.

Aber ein menschlicher Körper, der sich in chemischem Gleichgeiwicht befindet, ist tot. Der muss tot sein. Überlegen wir uns: Der menschliche Körper ist eine wandelnde chemische Reaktion. Dauernd passiert etwas. das Herz schlägt, das Gehirn denkt (hoffentlich), die Lungen atmen, die Muskeln der Arme und Beine bewegen sich.

Damit dies alles passiert, müssen ununterbrochen neue Stoffe gebildet werden. Und andere Stoffe müssen dauernd abgebaut werden. Es tut sich was im menschlichen Körper. er nimmt Energie auf, in Form von Sauerstoff und Essen, und er gibt Energie ab, durch den Schlag des Herzens, durch die Arbeit des Gehirns, und so fort.

Und dazwischen sind abertausende Reaktionen, die dauernd am Laufen erhalten werden müssen.

Wenn Euch also irgendein Wellness-Berater empfiehlt, Euren Körper in das chemische Gleichgewicht zu bringen, wisst Ihr: Der hat keine Ahnung!

6.4.1. Die Gleichgewichtskonstante

Nun stellt Euch folgendes praktisches Problem vor: Ein Chemiker würde gerne wissen, **wie stark** die Säure HA in H^+ und A^- zerfällt. Und er kennt diese Säure nicht.

Er hat aber auch keine Lust, das selber heraus zu finden, weil es sicher schon Chemiker gegeben hat, die das vor langer zeit schon geklärt haben. Also will er es in einem Chemiker-Lexikon nachschlagen.

Und darum gibt es die Gleichgewichtskonstanten. Das sind Zahlen, die beschrieben, wie stark irgendein Molekül, zum Beispiel die Säure HA, sich zerlegt.

Wir sehen uns nun an, wie eine typische Gleichgewichtskonstante aussieht. Normalerweise wird sie mit K abgekürzt. Für den Zerfall von HA in H^+ und A^- sieht sie so aus (aber auch das brauchen wir nicht zu verstehen):

K = (Konzentration der H^+ **mal** Konzentration der A^-) **dividiert durch** die Konzentration der HA.

Wenn wir die Konzentration der H^+ mit $c(H^+)$ abkürzen, die Konzentration der A^- mit $c(A^-)$, und die Konzentration der HA mit c(HA), dann lautet die Formel für die Gleichgewichtskonstante

$$K = \frac{c(H^+) * c(A^-)}{c(HA)}$$

Und diese Gleichgewichtskonstante K hilft dem Chemiker, zu berechnen, wie stark die Säure HA in H^+ und A^- aufgespalten ist.

Die Konzentration kann auf verschiedene Weisen angegeben werden, aber das ist für uns gleichgültig. Wir machen es uns daher einfach, und nehmen für die Konzentration Prozente.

Nehmen wir also an, die Konzentration der H^+ ist 25% und die Konzentration von A^- ist auch 25%, und die Konzentration von HA ist 75%

25% ist ein Viertel, also 0,25.
75% sind drei Viertel, also 0,75.

Dann ist die Gleichgewichtskonstante für die Säure HA

0,25 mal 0,25 dividiert durch 0,75, ist gleich: 0,083333

Also ist die Gleichgewichtskonstante K = 0,0833333.

So und so ähnlich sehen alle Gleichgewichtskonstanten in den dicken, schlauen Chemie-Nachschlagewerken aus. Man kann für alle chemischen Reaktionen solche Gleichgewichtskonstanten ermitteln. Aber das kann mitunter sehr kompliziert werden. Für Schüler ist das aber nicht wichtig, es ist aber gut zu wissen, dass es das gibt.

Sehen wir uns aber einmal eine stärkere Säure an, nämlich die Säure HB (wieder ein Phantasie-Säure!). Die Säure HB soll so aufspalten, dass die Hälfte der HB-Moleküle in H+ und B- zerfällt. Dann haben wir 50% HB-Moleküle (also die Hälfte von 100%), wir haben 50% H^+ und 50% B^-. Die Gleichgewichtskonstante für die Säure HB lautet:

$$K = \frac{c(H^+) * c(B^-)}{c(HB)}$$

Also wie oben, nur dass wir anstelle von A, jetzt ein B schreiben.

Und jetzt rechnen wir uns die Säurekonstante für HB aus:

statt 50% können wir auch 0,5 schreiben. Das tun wir jetzt.

0,5 mal 0,5 dividiert durch 0,5 = 0,5.

Die Gleichgewichtskonstante K ist also 0,5 für die Säure HB.

Wir sehen: Die Säure HB ist **stärker** als HA, und daher ist die Gleichgewichtskonstante von HB **kleiner**! 0,5 ist kleiner als 0,8333.

Wir sehen also den **Sinn** dieser Gleichgewichtskonstanten: Mit ihrer Hilfe kann sich ein Chemiker ausrechnen, wie stark eine Säure wirklich ist. Und die Gleichgewichtskonstanten tausender wichtiger Stoffe findet man, wie gesagt, in dicken Nachschlagewerken.

Für Interessierte: Warum steht in diesen Nachschlagewerken nicht einfach: Die Säure HB spaltet auf in 50% H^+ und 50% B^-? Wäre das nicht viel einfacher? Wozu brauchen wir dann diese Gleichgewichtskonstanten?

Weil wir mit ihnen auch viel komplizierte Probleme lösen können. Zum Beispiel, wenn man die Säure HA und HB vermischt, und man wissen will, wie viele H^+. A^- und B- dort jetzt herum schwimmen.

Wenn man andeuten will, dass eine Reaktion im Gleichgewicht ist, schreibt man sie oft so auf:

$$\mathbf{HA \longleftarrow \longrightarrow H^+ + A^-}$$

Das ist aber nicht unbedingt nötig, da sich ohnedies jede Reaktion irgendwann in Gleichgewicht begibt (so lange man sie nicht von außen „stört“).

Wir dürfen die Reaktion auch so anschreiben:

$$\mathbf{HA \longrightarrow H^{+} + A^{-}}$$

solange wir wissen, was wir damit sagen wollen.

6.4.2. <u>Fortgeschrittenen-Kapitel:</u> Herleitung der Gleichgewichtskonstante

Ob Ihr dieses Kapitel braucht, hängt vom Prüfer ab, meistens braucht man es nicht.
Andererseits ist die Herleitung nicht schwierig, ich empfehle es daher jedem, der kompliziertere pH-Rechnungen lernen muss, weil man doch besser versteht, worum es dabei geht.

Wir stellen uns zwei Atome (oder Moleküle, nicht so wichtig,) **A** und **B** vor. Diese beiden Atome sind in einem Raum von zb. einem Liter Größe „eingesperrt“. In diesem Raum bewegen sich die Atome frei. Und sehen wir uns an, wie lange es dauert, bis die Atome A und B zu einem Molekül AB reagieren.

Damit die beiden reagieren, müssen sie **zusammenstoßen**. Das bedeutet aber nicht, dass A und B durch einen Zusammenstoß „automatisch“ zum Molekül AB werden. Das hat quantenmechanische Gründe. Weil die Elektronen von A und B „unscharf“ sind, kann man nicht sicher sagen, dass sie gleich beim ersten Zusammenstoß binden werden. Man kann nur eine Wahrscheinlichkeit angeben, mit der sich A und B bei einem Zusammenstoß verbinden.

Man kann sagen: „D*urchschnittlich verbinden sich A und B bei jedem 10. Zusammenstoß*“. Es kann aber geschehen, dass sich A und B schon beim ersten Zusammenstoß verbinden. Ebenso kann es aber sein, dass sie nach dem 100. Zusammenstoß immer noch nicht zu AB verbunden sind. **Im Durchschnitt** aber braucht es 10 Zusammenstöße.

Wovon hängt es nun ab, wie lange es dauert, bis A und B zu AB reagiert sind? Erstens natürlich, wie viele Zusammenstöße sie nun tatsächlich brauchen. Manche Atome brauchen im Durchschnitt vielleicht nur zwei Zusammenstöße, bis sie AB werden, andere wieder 10 000. Je nachdem, ob sie gerne miteinander reagieren oder nicht. Wenn A zum Beispiel Natrium ist und B Chlor, wird es nicht lange dauern. Wenn A und B aber zwei Edelgase sind, wird man sehr lange warten müssen, weil diese keinen Grund haben, sich zu verbinden.

Wie lange es dauert, bis sich A und B verbinden, hängt also (zum Einen) von den **chemischen Eigenschaften** von A und B ab.

Zum anderen hängt es davon ab, wie schnell A und B durch den Raum fliegen. Je höher die **Temperatur** ist, desto schneller fliegen sie. Überlegen wir: Die Temperatur ist ja ein Maß für die Bewegung von Teilchen. Wenn die Teilchen schneller durch den Raum fliegen, werden sie öfter zusammenstoßen. Dann werden sie auch schneller zu AB werden. Wir wollen uns aber im Folgenden nicht näher mit der Temperatur beschäftigen. Wir sagen nun, *dass es immer die gleiche Temperatur haben soll, damit wir uns nicht mehr um sie kümmern brauchen.*

Überlegen wir uns weiters: Wir haben uns gefragt, **wie lange es dauert**, bis A und B zu AB reagieren. Sagen wir nun, es dauert durchschnittlich 5 Minuten (oder irgend eine andere Zeit.) Dann können wir auch fragen: **Wie oft** reagieren reagieren A und B in einer Stunde? Wenn wir in einem Gedankenexperiment davon ausgehen, dass wir das Molekül AB sofort wieder auftrennen, werden die Atome A und B in einer Stunde durchschnittlich 12 mal zu AB werden. Weil: 12 mal 5 Minuten ist 60 Minuten ist eine Stunde.

Mal wird es öfter, mal wird es seltener sein, aber wenn wir dieses Experiment verlängern auf 1000 Stunden, werden die statistischen Fehler ausgeglichen und wir werden auf eine Zahl kommen, die sehr nahe bei 12000 ist. Dieser Wert 12000 pro 1000 Stunden ist eine **Reaktionsrat**e oder **Reaktionsgeschwindigkeit**.

Die Reaktionsgeschwindigkeit ist also ungenau, wenn wir A und B nur selten zu AB verbinden lassen, je **öfter** wir das tun, desto **genauer** wird es. Möglicherweise sehen wir schon, worauf das ganze hinausläuft: Wir haben ja **nicht nur ein** Atom A und B, sondern **Milliarden oder Billiarden und mehr**. Für so viele Atome kann man die Reaktionsgeschwindigkeit **genau** vorhersagen.

Wir nennen unsere Reaktionsgeschwindigkeit $\mathbf{v_1}$ und gehen ab jetzt davon aus, dass v_1 genau ist. Das macht die Sache leichter.

Aber wie groß ist nun v_1? Wovon hängt v_1 ab? Antwort: **Von den chemischen Eigenschaften von A und B** (und von der Temperatur, aber die lassen wir weg).

Wir fassen nun diese chemischen Eigenschaften von A und B in eine andere Größe, und diese nennen wir k_1. Das klingt jetzt sehr geheimnisvoll, ist es aber nicht.

k_1 ist die Reaktionsgeschwindigkeit für **ein** Atom A und **ein** Atom B.
Also: Die Reaktionsgeschwindigkeit v_1 ist, wenn wir **ein** Atom A und **ein** Atom B zusammen tun, genau gleich k_1.

$$\mathbf{v_1 = k_1}$$

Jetzt können wir uns fragen: Warum so umständlich? Warum verwenden wir **zwei** Variablen (v_1 und k_1) für **eine** Geschwindigkeit?

Weil wir in der Chemie nicht nur **ein** Atom A und **ein** Atom B zu AB reagieren lassen, sondern **viele**. Nämlich in der Größenordnung des Mols! Und je mehr A und B ich habe, desto mehr AB bekomme ich, und desto höher ist die Geschwindigkeit v_1.

Angenommen, wir haben **zwei** Atome A und **ein** Atom B in einem Raum. Dann ist die Reaktionsgeschwindigkeit v_1 doppelt so schnell, weil die Wahrscheinlichkeit, dass A nun auf eines der beiden B trifft, doppelt so groß ist als zuvor. Also:

$$\mathbf{v_1 = k_1 * 2}$$

Und bei drei Atomen A und einem Atom B ist die Geschwindigkeit drei mal so hoch:

$$\mathbf{v_1 = k_1 * 3}$$

und so weiter.

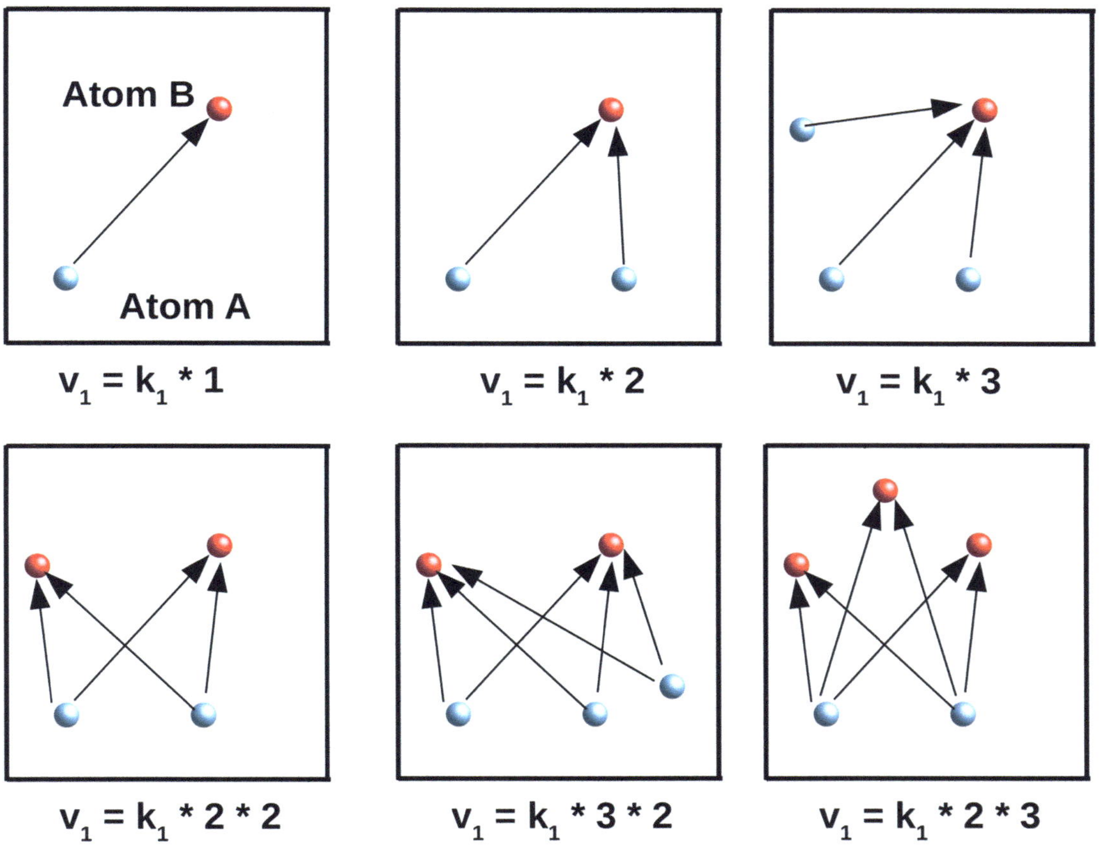

Hier sehen wir die Reaktionsgeschwindigkeiten bildhaft: Wir müssen einfach die Zahl der Pfeile (pro Raum) zusammenzählen, um zu wissen, womit wir k_1 multiplizieren müssen.

Sehen wir uns nun den umgekehrten Fall an: Wir haben ein A und zwei B. Auch dann ist die Geschwindigkeit doppelt so hoch wie k_1:

$$\mathbf{v_1 = k_1 * 1 * 2}$$

Die 1 steht für das eine A, die 2 für die zwei B. Für ein A und drei B ist v_1

$$\mathbf{v_1 = k_1 * 1 * 3}$$

Und wie groß ist v_1, wenn wir zwei A und drei B haben? Die Wahrscheinlichkeit, dass eines von zwei A auf eines von drei B trifft, ist doppelt so groß wie die Wahrscheinlichkeit, wenn nur ein A vorhanden ist.

$$\mathbf{v_1 = k_1 * 2 * 3}$$

Oder allgemein formuliert: v_1 ist k_1 mal der Zahl der A mal der Zahl der B in einem Raum.

Statt: „Zahl der Atome A in einem Raum" können wir aber auch „**Konzentration von A**" sagen. Denn die Konzentration bedeutet: *Zahl von Atomen (oder Molekülen) in einem Raum.*

Und statt: „Zahl der Atome B in einem Raum" können wir aber auch „**Konzentration von B**" sagen. Wir können daher v_1 allgemein so beschreiben:

$v_1 = k_1$ * Konzentration von A * Konzentration von B

Und wenn wir nun statt „Konzentration von A" **c(A)** schreiben

und statt „Konzentration von B" **c(B)**, so ist v_1:

$$v_1 = k_1 * c(A) * c(B)$$

Wir nennen **k_1** die **Geschwindigkeitskonstante**, da sie sich nicht ändert. k_1 hängt von den chemischen Eigenschaften von A und B ab. Diese ändern sich aber nicht, daher ändert sich auch k_1 nicht.

Sinngemäß können wir uns merken: v_1 wird umso größer, je größer die Konzentration von A ist, und je größer die Konzentration von B ist.

Jetzt wissen wir, wie wir uns die v_1 ausrechnen können, aber wir sind noch nicht beim chemischen Gleichgewicht.

Bei einem chemischen Gleichgewicht müssen die Moleküle AB auch wieder in die Einzelteile A und B zerfallen.

Das ist wichtig, denn wir haben gesagt: Im chemischen Gleichgewicht ändert sich die Zahl der Teilchen nicht mehr. Die Teilchen AB müssen also mit derselben Geschwindigkeit zu A und B zerfallen, wie sie entstehen. Nur dann bleibt die Zahl der AB gleich. (Und nur dann bleibt auch die Zahl der A und B gleich.)

Wie berechnen wir nun die Geschwindigkeit, mit der die Moleküle AB zerfallen?
Im Prinzip machen wir es wie bei der v_1. Wir nennen die Zerfallsgeschwindigkeit **v_2**, damit wir eine Unterscheidung haben.

Auch die Zerfallsgeschwindigkeit der AB hängt von ihren chemischen Eigenschaften ab. Diese „bündeln“ wir in die Geschwindigkeitskonstante k_2. Wenn nur **ein** AB zerfällt, so ist

$$\mathbf{v_2 = k_2}$$

Wenn aber zwei AB vorhanden sind, ist v_2 doppelt so hoch, also:

$$\mathbf{v_2 = k_2 * 2}$$

Wenn drei AB da sind, so ist

$$\mathbf{v_2 = k_2 * 3}$$

oder allgemein gesagt:

$$\mathbf{v_2 = c(AB),}$$

wobei c(AB) die Konzentration der AB sind.

Nun kommen wir zum chemischen Gleichgewicht! Wir wissen von vorhin („*Wien-Paris*“), dass bei einem chemischen Gleichgewicht die Hin-und Rückreaktion gleich schnell ablaufen muss. Dann nämlich bleibt die Zahl (bzw. die Konzentration) der AB gleich, und dann bleiben natürlich auch die A und B gleich viele.

Das bedeutet, v_1 muss gleich v_2 sein.

$$\mathbf{v_1 = v_2}$$

Jetzt wissen wir:

$$\mathbf{v_1 = k_1 * c(A) * c(B);}$$

$$\text{und } \mathbf{v_2 = k_2 * c(AB)}$$

Wenn wir nun diese beiden Gleichungen in $v_1 = v_2$ einsetzen, erhalten wir

$$\mathbf{k_1 * c(A) * c(B) = k_2 * c(AB)}$$

Und das formen wir jetzt um, indem wir durch k_2 dividieren:

$$\frac{k_1}{k_2} * c(A) * c(B) = c(AB)$$

Jetzt dividieren wir durch c(A) * c(B)

$$\frac{k_1}{k_2} = \frac{c(AB)}{c(A) * c(B)}$$

$$\frac{k_1}{k_2} = K$$

Wir sehen jetzt den Bruch k_1 durch k_2. Nachdem nun k_1 und k_2 Konstanten sind, sich also nicht ändern, kann sich dieser Bruch auch nicht ändern! Auch dieser ist konstant. Also nennen wir diesen Bruch ab nun **K**. K ist die **Gleichgewichtskonstante**.

$$K = \frac{c(AB)}{c(A) * c(B)}$$

Diese Formel nennt man das **Massenwirkungsgesetz** und wird mit MWG abgekürzt.

Und das ist ein sehr wichtiges Gesetz, dann damit haben wir eine genaue und mathematische Beschreibung des chemischen Gleichgewichtes! Dieses Gesetz gilt für jedes Atom (oder Molekül) A, für jedes B und für jedes Molekül AB.

Wenn wir zum Beispiel herausfinden wollen, wie stark sich die Blausäure HCN in H^+ und CN^- aufspaltet, so suchen wir zb. im Internet die Gleichgewichtskonstante K für die Reaktion

$$\mathbf{HCN \rightarrow H^+ + CN^-}$$

und können uns damit die Aufspaltung der Blausäure berechnen. Näheres im Fortgeschrittenen-Kapitel 6.5.

Ein paar Merkregeln für das Aufstellen von chemischen Gleichgewichten:

Wie kommen wir von der Reaktion

$\mathbf{A + B \rightarrow AB}$

zum Gleichgewicht?

1) Indem wir die linke Seite (also A+ B) **unter** den Bruchstrich stellen, die rechte Seite (also AB) kommt **über** den Bruchstrich.

2) Aus + wird *.

3) Aus A wird c(A) usw.

$$K = \frac{c(AB)}{c(A) * c(B)}$$

Wenn wir die Reaktion anders herum aufschreiben, vertauscht sich oben und unten bei den Brüchen. Für

AB → A + B

sieht das Gleichgewicht so aus:

$$\frac{1}{K} = \frac{c(A) * c(B)}{c(AB)}$$

$$= K_U$$

Wir nennen diese Gleichgewichtskonstante jetzt K_U, („U" steht für „Umgedreht"), damit wir sie nicht mit K verwechseln. Auch wir brauchen K_U nur jetzt, da normalerweise das Gleichgewicht immer so angegeben wird, dass die linke Seite der Reaktionsgleichung unter den Bruchstrich kommt, und die rechte Seite darüber.

Jetzt stellt sich noch eine Frage: Warum macht mit sich die Mühe, aus den Geschwindigkeitskonstanten k die Gleichgewichtskonstanten K zu errechnen? Antwort: weil man die k nicht oder nur sehr schwer messen kann! Auch die ersten Chemiker haben unser Gedankenexperiment durchgedacht und sind so auf das chemische Gleichgewicht gekommen!

Die Geschwindigkeitskonstanten sind für viele chemische Reaktionen eine nur sehr theoretische Größe, während man die Gleichgewichtskonstanten relativ leicht bestimmen kann.

6.4.3. Fortgeschrittenen-Kapitel: Das Massenwirkungsgesetz für andere Reaktionen

Sehen wir uns eine Reaktion an, bei der drei Atome (oder Moleküle) A, B und C zu einem Molekül ABC reagieren.

$$\mathbf{A + B + C \longleftarrow \longrightarrow ABC}$$

wie ist nun v_1 für die Reaktion von A und B und C? v_1 wird umso größer, je größer die Konzentration von A ist **und** je größer die Konzentration von B ist **und** je größer die Konzentration von C ist. Also:

$$\mathbf{v_1 = c(A) * c(B) * c(C)}$$

v_2, die Geschwindigkeit der Rückreaktion, bei der ABC in A und B und C zerfällt, kann nicht anders sein, als

$$\mathbf{v_2 = k_2 * c(ABC)}$$

In Worten: Je mehr es vom Molekül ABC gibt, desto öfter wird ein Molekül zerfallen.
Das Gleichgewicht für diese Reaktion (es berechnet sich genau so wie zuvor) sieht so aus:

$$K = \frac{c(ABC)}{c(A) * c(B) * c(C)}$$

Wieder sehen wir: Die linke Seite kommt unter den Bruchstrich, die rechte Seite darüber. Aus plus (+) wird mal (*).

Natürlich hat jedes K für jede Reaktion einen anderen Wert. Den tatsächlichen Zahlenwert für K bekommt man bei der Chemieprüfung in der Angabe. Sollte man einmal, etwa im Rahmen eines Seminars, selber nach einer K für irgend eine bestimmte Reaktion suchen müssen, so findet man sehr brauchbare Tabellen im „*Handbook of physics and chemistry*".

Jetzt ein anderes Beispiel:

Zwei Atome A sollen sich verbinden und zum Molekül AA werden:

$$\mathbf{A + A \longrightarrow AA}$$

Jedes A kann mit jedem A reagieren und zu AA werden, außer mit sich selber. Das erste A fliegt also im Raum herum und kann mit jedem anderen A reagieren. Die Reaktionsgeschwindigkeit nur für dieses eine A lautet also:

$$\mathbf{v_{erstes\ A} = k_1\ 1 * (c(A) - 1)}$$

Das $v_{erstes\ A}$ deutet an, dass es sich um nur ein Atom A handelt. Das c(A)-1 bedeutet, dass dieses A mit allen anderen A, ausser mit sich selber reagieren kann. Daher haben wir von c(A) dieses erste A abgezogen, indem wir -1 rechnen. Das k_1 ist wieder die Geschwindigkeitskonstante für diese Reaktion.

Überlegen wir: In einer „normalen" chemischen Reaktion haben wir es mit ungefähr 10^{23} Atomen zu tun – eine riesige Zahl, etwa im Bereich der Molzahl ($6.022 * 10^{23}$). Und selbst, wenn wir mit nur einem tausendstel Mol arbeiten, sind es immer noch rund 10^{20} Atome.

Ob wir von diesen 10^{20} Atomen nun ein Atom abziehen oder nicht, ist völlig egal. Es bleiben immer noch 10^{20} Atome. Daher ersparen wir uns das -1 in c(A)-1 und schreiben c(A), weil diese beiden Ausdrücke praktisch das selbe sind. Damit wird die Geschwindigkeit für das erste A zu:

$$\mathbf{v_{erstes\ A} = k_1\ 1 * c(A)}$$

Für das zweite A, das dritte A...und alle anderen A kommt natürlich die gleiche Reaktionsgeschwindigkeit heraus:

$$\mathbf{v_{erstes\ A} = v_{zweites\ A} = v_{drittes\ A} = \ldots\ldots = v_{100000000000000000000.\ A} = k_1\ 1 * c(A)}$$

Wenn wir jetzt alle diese Geschwindigkeiten zusammenzählen, kommen wir zur Geschwindigkeit v_1 für alle A, die miteinander reagieren können:

$$\mathbf{v_1 = v_{erstes\ A} + v_{zweites\ A} + v_{drittes\ A} + \ldots\ldots + v_{100000000000000000000.\ A}}$$

Diese 10^{20} verschiedenen Geschwindigkeiten einzeln zu addieren, könnte allerdings sehr, sehr lange dauern. Nachdem diese Geschwindigkeiten aber alle gleich groß sind, können wir sie multiplizieren! Aber womit?

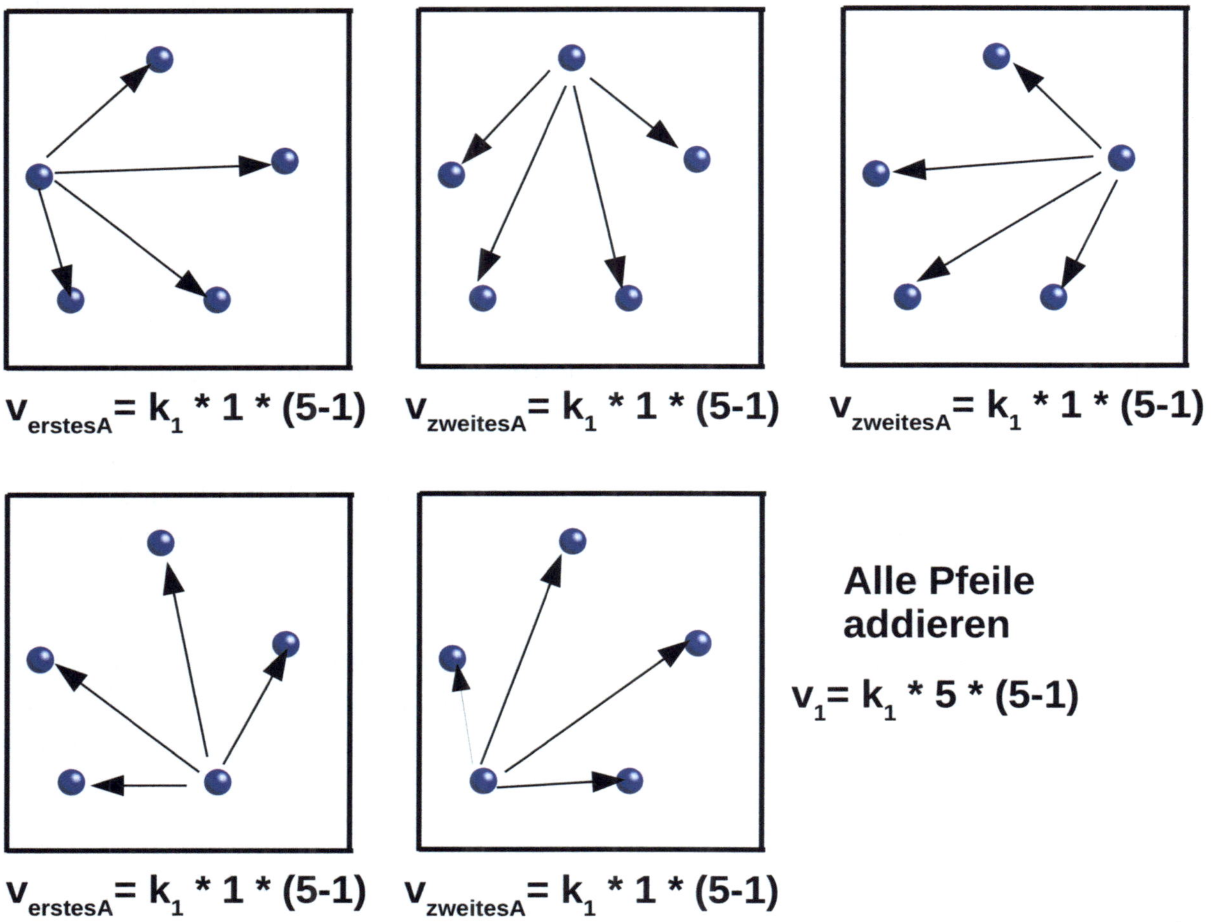

Nachdem es für **jedes A eine Reaktionsgeschwindigkeit** gibt, müssen wir die Geschwindigkeiten mit der **Zahl von A multiplizieren**. Diese Zahl kennen wir aber, das ist c(A)! c(A) ist ja nichts anderes als die Zahl der Atome A in einem Raum.

Das bedeutet, wir multiplizieren $k_1 * 1 * c(A)$ mit c(A):

$$\mathbf{v1 = k1 * c(A) * c(A)}$$

Wir haben also das „* 1“ durch „* c(A)“ ersetzt.

Anders aufgeschrieben:

$$\mathbf{v1 = k1 * c((A))^2}$$

Wir merken uns : Wenn in der Reaktionsgleichung eine 2 steht, wird ein Quadrat daraus.

Aus den 2A ist also ein $(c(A))^2$ geworden.

Das Gleichgewicht sieht dann so aus:

$$K = \frac{c(AA)}{(c(A))^2}$$

Ein praktisches Beispiel hierfür ist die Verbindung zweier Chlor (Cl)-Atome zu Cl_2:

$2\ Cl \longrightarrow Cl_2$

Dazu gehört diese Beschreibung des Gleichgewichts:

$$K = \frac{c(Cl_2)}{(c(Cl))^2}$$

Analog funktioniert das für eine Reaktionsgleichung mit 3 A:

$A + A + A \longrightarrow A_3$ oder $3\ A \longrightarrow A_3$

$$K = \frac{c(A_3)}{(c(A))^3}$$

Aus den 3 A ist also $c(A)^3$ geworden. Und so fort.

Zum Schluss noch ein schweres Beispiel: Wir haben die Fantasie-Atome A, B, C, und D. Diese verbinden sich unserer Fantasie-Reaktionsgleichung so:

$5A + 3B + 4C + 7D \longrightarrow 3A_2D + A_2B + C_4B$

Dann kommen alle Zahlen, die nun vor den Atomen stehen, als Hochzahl wieder vor:

$$K = \frac{(c(A_2D))^3 * c(A_2B) * c(C_4B)}{(c(A))^5 * (c(B))^3 * (c(C))^4 * (c(D))^7}$$

Aber keine Angst, so ein fürchterliches Gleichgewicht werdet Ihr wohl nie zu Gesicht bekommen....

Übungen:

Formuliere das Gleichgewicht für folgende Reaktionen:

$3A + 5\,B \longrightarrow A_3B + 4\,B$

$5A + 6\,B \longrightarrow A_3B + 4\,B + 1\,A_2$

6.5. Fortgeschrittenen-Kapitel: pH-Werte und Gleichgewichtskonstanten

Damit kommen wir nun zu einem, das die meisten Schüler nicht brauchen werden, aber für Studenten mit Nebenfach Chemie wichtig ist. Natürlich verlangt jedes Studium unterschiedlich viel Chemie, und alles wird das folgende Kapital nicht abdecken können, aber es ist ein Einstieg in schwierigere pH-Rechnungen.

6.5.1 Säuren

Wir unterteilen nun die Säuren in **sehr starke Säuren, mittelstarke Säuren, schwache Säuren und sehr schwache Säuren**. Je nach Stärke müssen wir den pH-Wert einer Säure anders berechnen.

6.5.1.1. Sehr starke Säuren

Angenommen, wir haben eine sehr starke Säure wie die **Salzsäure HCl.** Diese gibt ihre Protonen vollständig ab.

$$\mathbf{HCl \longrightarrow H^+ + Cl^-}$$

Wir können sagen, dass es in Wasser überhaupt keine HCl-Moleküle gibt, alles ist in H^+ und Cl^- aufgespalten. Das kommt daher, dass die K_s von HCl extrem groß ist, nämlich 1000000.

Wir wollen uns das jetzt im Detail ansehen:

Wir sagen jetzt, dass uns die H^+ vom Wasser (also H_2O zerfällt in H^+ und OH^-) nicht interessieren, weil die Salzsäure viel mehr H^+ hergibt als Wasser. Wir vernachlässigen also die H^+ vom Wasser.....

$$1000000 = \frac{c(H^+) * c(Cl^-)}{c(HCl)}$$

....Dann müssen die H^+ **gleich viel** sein wie die Cl^-. Denn für jedes H^+ (das ja von der HCl kommt) entsteht ein Cl^-. Die Zahl 1000000 ist die K_s von HCl.

Daher: **$c(H^+)$ = $c(Cl^-)$**. Also können wir statt **$c(Cl^-)$** jetzt **$c(H^+)$** schreiben:

$$1000000 = \frac{c(H^+) * c(H^+)}{c(HCl)}$$

Setzen wir jetzt für $c(H^+)$ irgendeine beliebige Zahl ein: So soll $c(H^+)$ 0.1 Mol/l sein. Dafür wollen wir nun c(HCl) abschätzen. Wir setzen 0.1 in die Gleichung ein und erhalten:

$$c(HCl) = \frac{0.1 * 0.1}{1000000}$$

Das formen wir jetzt um:

c(HCl) * 1000000 = 0.01

Wir dividieren es durch 1000000:

c(HCl) = 0.000000001

Das ist wirklich **viel** weniger als die H^+ -Konzentration von 0.1 Mol/l! Daher tun wir so, als würden sich sehr starke Säuren vollständig in H^+ und Anion zerlegen! (Ein schöneres Wort für „zerlegen“: **dissoziieren**).

Für sehr starke Säuren funktionieren also pH-Rechnungen wie oben, im „Anfängerkapitel“.

6.5.1.2. Mittelstarke Säuren

Bei mittelstarken Säuren sieht die Sache anders aus. Hier dissoziiert die Säure **nicht** vollständig. Wenn wir unsere mittelstarke Säure als HA bezeichnen, die in H^+ und A^- zerfällt, so bleiben noch so viele HA übrig, dass wir diese nicht einfach ignorieren dürfen.

Bevor wir nun weitergehen, müssen wir uns mit einem Begriff befassen: der **„Ursprungskonzentration“ c_0**. Wenn wir auf einer Chemikalienflasche mit Salzsäure lesen: „Konzentration der HCl: 0.1 Mol/Liter“, so bedeutet das: **die Konzentration der dissoziierten und der nicht dissoziierten Salzsäure insgesamt.** Mit der c_0 errechnet man, wie hoch die HCl - Konzentration wäre, wenn sie **nicht** in H^+ und Cl^- dissoziieren würde.

Welchen Sinn hat das?

In manchen Chemiebeispielen heißt es etwa: *„Man gebe 0,2 Mol HCl zu 3 Liter Wasser....“*. Es ist nun aber klar, dass hier nicht 0,2 Mol undissoziierte HCl gemeint ist, sondern H^+, Cl^-, und HCl-Moleküle **insgesamt.**

Mit allen anderen Säuren verhält es sich ebenso. Man stelle sich vor, wir haben eine Flasche mit purer Ameisensäure HA (das ist eine Abkürzung, wer sich die tatsächliche Formel ansehen will, bitte weiter zum Kapitel organische Chemie! Das ist nun aber nicht nötig.).

Also eine Flasche mit purer Ameisensäure HA, ohne Wasser. Wenn wir nun aus dieser Flasche 2 Mol Ameisensäure nehmen und diese in eine neue Flasche gießen, und mit Wasser auf 1 Liter Wasser auffüllen, so werden wir auf diese Flasche schreiben: *„Konzentration der HA: 2 Mol/Liter“*. Nun wissen wir aber, dass das gar nicht stimmt, denn auch die HA wird in H^+ und A^- dissoziieren.

Das heißt: die Konzentration der HA in dieser Flasche ist **wesentlich weniger** als 2 Mol/Liter! Also ist c(HA) nicht 2 Mol/Liter!

Trotzdem weiß jeder, was gemeint ist: Die Konzentration aller H^+ und Am^- und HA **zusammen** beträgt 2 Mol/Liter. Und das ist die Ursprungskonzentration **c_0(HA)**. Die c(HA), also die tatsächliche Konzentration der HA in Wasser, müssten wir noch ausrechnen. Jene Konzentrationen, die auf Chemikalienflaschen und -Kanistern stehen, sind aber immer die c_0.

Und ebenso ist es mit unserem obigen Beispiel *Man gebe 0,2 Mol HCl zu 3 Liter Wasser....“* hier reden wir von der c_0(HCl), und diese ist (ungefähr) 0.2 Mol auf 3 Liter. Die c(HCl) ist hingegen fast null.

Damit wollen wir uns den pH-Wert der Ameisensäure, die eine mittelstarke Säure ist, ausrechnen.

Die K_s für Ameisensäure ist $10^{-3.75}$ das ist 0.000178. Daher kann man das Verhältnis von HA, A^- und H^+ so beschreiben:

$$10^{-3.75} = \frac{c(H^+) * c(A^-)}{c(HA)}$$

Nun müssen wir wieder möglichst viele Dinge gleichsetzen. Für **jedes H^+**, das entsteht, entsteht **ein A^-**, und wieder vernachlässigen wir die Rolle des Wassers. Daher ist **$c(H^+)$** = **$C(A^-)$**.

Diese Annahme stimmt immer dann, wenn nicht eine zweite Art von Anion kommt und die H^+ aufnimmt. Das OH^- wäre so ein Anion, aber von dem ist eben nur so wenig da, dass wir es vernachlässigen können, nämlich ungefähr 10^{-7} Mol/l, oder weniger.

Die zweite Näherung: wir kennen zwar c(HA) nicht, aber c_0(HA) soll bekannt sein.. Das ist meistens in der Angabe enthalten. Wir überlegen uns weiter: Für jedes H^+, das sich abspaltet, gibt es ein HA weniger. Also: c(HA) = c_0(HA) – $c(H^+)$. Das setzen wir in die Gleichung oben ein.

Drittens schreiben wir statt $10^{-3.75}$ nun 0.000178 hin. Das muss nicht unbedingt tun, aber man erhält dadurch eine „normale“ Kommazehl:

$$0.000178 = \frac{c(H^+) * c(H^+)}{c_0(HA) - c(H^+)}$$

Wir formen um:

$$0.000178 \ * \ (c_0(HA) - c(H^+)\,) \ = \ c(H^+) * c(H^+)$$

Wir formen weiter um:

$$0.000178 * c_0(HA) - 0.000178 * c(H^+) = (c(H^+))^2$$

Jetzt bringen wir den Ausdruck $(cH^+))^2$ auf die andere Seite, wodurch er aber zu $-(c(H^+))^2$ wird. Also multiplizieren wir die Gleichung mit -1:

$$(c(H^+))^2 + 0.000178 * c(H^+) \quad - 0.000178 * c_0(HA) = 0$$

...und das ist nichts anderes als eine quadratische Gleichung! Diese löst man mit der folgenden Formel:

$$x_{1,2} = \frac{-p}{2} \pm \sqrt{\frac{p^2}{4} - q}$$

Wobei unser **x nun $c(H^+)$ ist, p = 0.000178 und q = 0.0000178 * $c_0(HA)$.**

Der Ausdruck $c_0(HA)$ stört uns nicht. Das ist irgendeine Konzentration, die wir, je nach Beispiel, selber einsetzen können.

$$c(H+) = - 0.000089 \pm \sqrt{0.0000000079 + 0.000178 * c_0(HA)}$$

Und damit können wir uns nun die $c(H^+)$ -Konzentrationen für die verschiedenen $c_0(HA)$ ausrechnen:

Zum Beispiel für **$c_0(HA)$ = 0.1:**

$$c(H+) = - 0.000089 \pm \sqrt{0.0000000079 + 0.000178 * 0.1}$$

Wir tippen das in den Taschenrechner und bekommen **$c(H^+)$ = 0.00413 Mol/l.** Offensichtlich ist für uns nur die Lösung wichtig, wo man die Wurzel addiert, andernfalls bekommt man eine negative Zahl heraus. Negative H^+-Konzentrationen gibt es aber nicht.....

Man sieht aber an diesem Beispiel noch etwas: die Zahlen werden unübersichtlich! Da sind **zu viele Kommastellen**. Daher ist es sinnvoll, statt dem $C(H^+)$ den pH zu errechnen:

pH von 0.1 Mol/l Ameisensäure = -log (0.00413) = 2.38

Wir **könnten** uns nun auch die Zahl (bzw. Konzentration) der HA ausrechnen, indem wir die 0.00413 Mol H^+ in das Gleichgewicht der Ameisensäure-Dissoziation einsetzen. Und weil wir wissen, dass die Konzentration der A--Ionen die gleiche ist, setzen wir auch für diese 0.00413:

Wir formen um, indem wir 1) mit c(HA) multiplizieren, dann mit 0.000178 dividieren. Heraus kommt:

$$0.000178 = \frac{0.0043 * 0.0043}{c(HA)}$$

Und wir bekommen: c(HA) = 0.103 Mol/l. **HUCH!!! Da stimmt was nicht!** Denn wir haben vorher angegeben, dass ja die $c_0(HA)$ gleich 0,1 Mol/l ist! Die kann aber unmöglich kleiner sein als c(HA)!

Die Antwort lautet: **Wir haben zu stark gerundet**! Für die H^+ ist es genau genug, aber für c(HA) reicht es nicht.

Wenn wir genauer runden, bekommen wir für c(HA) einen Wert knapp unter 0.1 Mol/l.

Ideal ist so eine Rechenmethode freilich nicht. **Wir überlegen uns einen „sichereren" Rechengang**, und der geht so:

Da, wie wir oben gesagt haben, wir die $c_0(HA)$ kennen (0,1 Mol/l), und die c0(HA) die Zahl der H^+ plus die Zahl der HA sind, können wir uns die c(HA) so berechnen:

$$c_0(HA) - c(H^+) = c(HA)$$

Denn: Von jedem aufgespaltenem HA schwimmt ein H^+ (und ein A^-) herum. Wenn wir also von der Zahl der gesamten HA **c_0(HA) die C(H^+) abziehen,** kommen wir auf die **c(HA).**

0.1 Mol/l – 0.0043 Mol/l = 0.0957 Mol/l

Man sieht daran, dass es bei pH-Rechnungen die Näherungen sehr wichtig sind. Da muss man üben, um ein Gefühl dafür zu bekommen.

6.5.1.2.1. Die gleiche Ableitung mit Variablen

Sehen wir uns nun die Ableitung für mittelstarke Säuren nicht mit Zahlen, sondern mit K_s und c_0(HA) an, ohne für diese beiden Zahlen einzusetzen. HA steht nun für jede mittelstarke Säure. Also Säuren mit einem Ks von 10^{-1} bis $10^{-4.5}$, oder, anders gesagt, mit einem pK_s von 1 bis 4.5. *Wir erinnern uns: das „p" steht für negativer dekadischer Logarithmus, d.h., die Zahlen im Exponenten der Zahl 10 werden zum pK_s, mit umgekehrtem Vorzeichen.*

Das Gleichgewicht für HA ist:

$$K_s = \frac{c(H^+) * c(A^-)}{c(HA)}$$

Nun ist c(A^-) gleich c(H^+), siehe oben, das setzen wir in das Gleichgewicht ein:

$$K_s = \frac{c(H^+) * c(H^+)}{c(HA)}$$

Da die Konzentration der nicht dissoziierten HA sich aus c_0(HA) – c(H^+) ergibt, setzen wir das ein:

$$K_s = \frac{c(H^+) * c(H^+)}{c_0(HA) - c(H^+)}$$

Wir lösen den Bruch auf.....

$$K_s * (c_0(HA) - c(H^+)) = c(H^+) * c(H^+)$$

....und formen weiter um....

$$K_s * c_0(HA) - K_s * c(H^+) = (c(H^+))^2$$

....und formen weiter um....

$$(c(H^+))^2 + Ks * c(H^+) - Ks * c_0(HA) = 0$$

...das setzen wir in die Formel für die kleine quadratische Gleichung ein:

$$c(H+) = \frac{-K_s}{2} \pm \sqrt{\frac{K_s^2}{4} + K_s * c_0(HA)}$$

Mit dieser Formel können wir uns nun die $c(H^+)$ von mittelstarken Säuren errechnen.

Übungen:

Errechne die $c(H^+)$ dreier Säuren HX, HY und HZ! Alle drei Säuren haben eine Konzentration (also c0) von 0,01 Mol/l!

1) HX hat einen Ks von 10^{-2}

2) HX hat einen Ks von 10^{-3}

3) HX hat einen Ks von $10^{-3.5}$

Errechne die $c(H^+)$ sowohl mit der Formel (der einfachere Weg), als auch vom Gleichgewicht beginnend (komplizierter).

Solltest Du noch üben wollen, kannst Du die c_0 ändern, zb auf 0.05 Mol/l.

6.5.1.3. Schwache Säuren

Schwache Säuren haben eine sehr kleine Säurekonstante Ks. Zu den schwachen Säuren zählen neben der Blausäure HCN und dem NH_4^+ -Ion eher exotische Säuren wie die Arsensäure H_3AsO_4.

Nennen wir unsere schwache Säure HC. Sie spaltet auf in H^+ und C^-. Schwache Säuren haben ein Ks von ungefähr bis $10^{-4.5}$ bis $10^{-9.5}$.

$$K_s = \frac{c(H^+) * c(C^-)}{c(HC)}$$

Wir können nun annehmen, dass HC so schwach dissoziiert, dass fast alle Säure Moleküle tatsächlich als HC vorliegen. Das bedeutet, dass c(HC) fast so viel ist wie c_0(HC). Daher können wir c(HC) = c_0(HC) setzen. Und das kennen wir! Bei einer Prüfung wird das c_0 angegeben.

$$K_s = \frac{c(H^+) * c(C^-)}{c_0(HC)}$$

Und schließlich ist es wie bei den starken und mittelstarken Säuren auch, dass für jedes H^+ ein C^- entsteht. Also ist $c(H^+) = c(C^-)$. Das setzen wir ins Gleichgewicht ein:

$$K_s = \frac{c(H^+) * c(H^+)}{c_0(HC)}$$

Jetzt formen wir um, damit wir $c(H^+)$ bekommen:

$$\mathbf{Ks * c_0(HC) = c(H^+)^2}$$

Und schließlich ziehen wir auf beiden Seiten der Gleichung die Wurzel:

$$c(H^+) = \sqrt{K_s * c_0(HC))}$$

Sagen wir nun, „unsere" schwache Säure HC habe eine Ks von 10^{-5} und eine Konzentration von 0.03 Mol/l. Dann können wir dies in unsere Formel einsetzen:

Heraus kommt:

$$c(H^+) = \sqrt{10^{-5} * 0.03}$$

Eingesetzt in den Taschenrechner:

$c(H^+)$ = 0.00173

Wir rechnen uns den Logarithmus aus, indem wir diese Zahl weiter rechnen und „log" eintippen, dann entfernen wir das Minuszeichen und runden:

pH = 2.8

Übungen

1. Berechne eine schwache Säure mit Ks = 10-6 und einer Konzentration von 0.04 Mol/l!

2. Weiters kannst Du Konzentrationen von 0.004 Mol/l, 0.0004 Mol/l, und K_s = $10^{-6.5}$, K_s= 10^{-7} berechnen!

3. Leite die Formel für die $C(H^+)$-Berechnung für schwache Säuren selber her, indem Du für Ks = 10-6. 5 und für c(HC) = 0.004 Mol/l einsetzt!

6.5.1.4. Sehr schwache Säuren

Sehr schwache Säuren haben ein K_s, das geringer ist als $10^{-9.5}$. Zu diesen Säuren zählen **H_4SiO_4 (Kieselsäure)** oder die **Borsäure H_3BO_3**. Die meisten der sehr schwachen Säuren sind allerdings mehrwertige Säuren, die schon ein H^+ abgegeben haben, wie etwa das **Hydrogensulfid-Ion HS^-**. Dieses Ion stammt vom H_2S, dem Schwefelwasserstoff, der aufspaltet in H^+ und HS^-. Das zweite H^+ wird immer wesentlich schwerer abgegeben als das erste, weil die negative Ladung des Anions das zweite H wesentlich stärker bindet.

Wasser spaltet H^+ ab, aber nur sehr wenig, insofern ist es eine extrem schwache Säure. Nun gibt es Säuren, die kaum stärker sauer sind als Wasser. Auch sie spalten H^+ nur extrem ungern ab.

Wir überlegen uns: Wenn eine stärkere Säure **sehr viele H^+ abspaltet**, Millionen mal mehr als Wasser, können wir die wenigen H^+ vom Wasser „unter den Tisch fallen lassen", wir müssen uns nicht um sie kümmern, weil sie das Ergebnis praktisch nicht ändern.

Wenn eine **sehr schwache Säure**, nennen wir sie HB, kaum mehr H^+ abspaltet als Wasser, müssen wir die H^+-Ionen vom Wasser berücksichtigen! Das macht die Sache komplizierter.

Beim Gleichgewicht für HB

$$K_s = \frac{c(H^+) * c(B^-)}{c(HB)}$$

ist das K_s sehr klein. Angenehm ist, dass wir auch hier $c_0(HB)$ mit C(HB) gleichsetzen können, da fast alle HB nicht dissoziiert sind.

Wir können also mit folgender Formel weiter rechnen, und $c_0(HB)$ kennen wir!

$$K_s = \frac{c(H^+) * c(B^-)}{c_0(HB)}$$

Aber wir können **nicht** $c(H^+)$ mit $C(B^-)$ gleichsetzen, da die H^+ nicht nur von der HB, sondern auch vom H_2O kommen (was uns bis jetzt egal war, da es nur wenige H^+ vom H_2O sind, aber doch genügend viele, dass wir sie jetzt berücksichtige müssen).

Bis jetzt haben wir sagen können: Für jedes H^+ entsteht ein A^-.
Hier müssen wir sagen: Für jedes H^+ entsteht **entweder** ein B^- **oder** ein OH^-.

Das bedeutet: Alle OH^- und B^- zusammen sind so viele wie die H^+. Das nennt man die **Ladungsbilanz**. Mathematisch ausgedrückt:

$$\mathbf{c(H^+) = c(B^-) + c(OH^-)}$$

Unser Problem ist, dass wir **drei Unbekannte** haben, nämlich $c(OH^-)$, $c(B^-)$ und $c(H^+)$.

Und irgendwie müssen wir diese Unbekannten loswerden, also eliminieren.

Wenn ich **drei Unbekannte** habe, brauche ich **drei verschiedene Gleichungen**, um sie ausrechnen zu können.

Unsere Strategie lautet also, wir müssen drei Gleichungen finden, wo unsere Unbekannten vorkommen. Es müssen nicht alle Unbekannte in jeder Gleichung vorkommen. Wenn wir die drei Gleichungen haben, müssen wir immer eine Unbekannte durch die anderen Unbekannten ausdrücken, **bis am Schluss $c(H^+)$ übrigbleibt.**

Zwei Gleichungen haben wir schon: Die **Ladungsbilanz** und das **Gleichgewicht**. Jetzt fehlt noch eine.

Und da fällt uns etwas ein: **Das Ionenprodukt!**

$$10^{-14} = c(H^+) * c(OH^-)$$

Jetzt haben wir unsere drei Gleichungen, und müssen wie in einem schlechten Agentenfilm eine Unbekannte nach der anderen loswerden, bis **$c(H^+)$** übrigbleibt.

Mit welcher Gleichung man jetzt anfängt, ist Geschmackssache. Meistens ist es besser, mit den einfachen Gleichungen anzufangen. Wir wählen die Ladungsbilanz:

$$c(H^+) = c(B^-) + c(OH^-)$$

und formen um:

$$c(OH^-) = c(H^+) - c(B^-)$$

und damit haben wir **$c(OH^-)$** eliminiert! Wann immer wir jetzt **$c(OH^-)$** sehen, werden wir statt dessen **$c(H^+) - c(B^-)$** schreiben!

Jetzt nehmen wir die nächste Gleichung und versuchen, die nächste Unbekannte zu eliminieren. Nehmen wir das Ionenprodukt:

$10^{-14} = c(H^+) * c(OH^-)$

Wir drücken aber **$c(OH^-)$** durch **$c(H^+) - c(B^-)$** aus:

$10^{-14} = c(H^+) * (c(H^+) - c(B^-))$

Jetzt kommen ein paar Umformungen, erstens Ausmultiplizieren:

$$\mathbf{10^{-14} = (c(H^+))^2 - c(H^+) * c(B^-)}$$

Dann dividieren durch $c(H^+)$:

$$- \frac{10^{-14}}{c(H^+)} + c(H^+) = c(B^-)$$

Damit haben wir $c(B^-)$ durch $C(H^+)$ ausgedrückt, und überall, wo wir $c(B^-)$ sehen, werden wir obigen Ausdruck für $c(B^-)$ verwenden.

Uns fehlt nur noch $c(H^+)$, und das werden wir mit der letzten Gleichung,die uns verbleibt, ausrechnen. Wir nehmen also das Gleichgewicht

$$K_s = \frac{c(H^+) * c(B^-)}{c_0(HB)}$$

und setzen für $c(B^-)$ unseren neuen Ausdruck ein: Also dort, wo jetzt c(B-) steht, setzen wir nun $\mathbf{-(10^{-14}/c(H^+) + c(H^+)}$ ein.

$$Ks * c_0(HB) = c(H^+) * \left(- \frac{10^{-14}}{c(H^+)} + c(H^+) \right)$$

Wir haben den Bruch schon aufgelöst, indem wir mit $c_0(HA)$ multipliziert haben. Die Schlacht ist schon fast zu Ende, wir müssen aber noch umformen, indem wir zuerst die Klammer ausmultiplizieren:

$$\mathbf{Ks * c_0(HB) = (c(H^+))^2 - 10^{-14}}$$

Und weiter, indem wir 10^{-14} auf beiden Seiten addieren, so dass es auf der rechten Seite weg fällt:

$$\mathbf{Ks * c_0(HB) + 10^{-14} = (c(H^+))^2}$$

Jetzt ziehen wir auf beiden Seiten die Wurzel und vertauschen nachher die Seiten (*Anmerkung: Wurzel aus $(c(H^+))2$ ist gleich $c(H^+)$*):

$$c(H+) = \sqrt{K_s * c_0(HB) + 10^{-14}}$$

In diese Formel können wir nun Werte für $c_0(HB)$ und K_s einsetzen.

Nehmen wir dafür die Kieselsäure H_4SiO_4, die aufspaltet in H^+ und $H_3SiO_4^-$. Die anderen H können wir bei der Kieselsäure vernachlässigen, da sie extrem schlecht dissoziieren. Die Kieselsäure hat eine Ks von $10^{-9.5}$ (also einen pKs von 9.5); nehmen wir an, sie habe eine Konzentration von 0.005 Mol/l.

Dann schreiben wir

$$c(H^+) = \sqrt{10^{-9.5} * 0.05 + 10^{-14}}$$

Das tippen wir in den Taschenrechner und erhalten:

$c(H^+)$ = 0.00000398 Mol/l oder pH = 5.4

Übungen:

1) Rechne Dir den pH-Wert einer Säure HX aus, die eine K_s von 10^{-11} aufweist und in einer Konzentration von 0,0001 Mol/l vorliegt!

Verwende dazu 1) die Formel, 2) indem du für K_s 10^{-11} und für $c_0(HX)$ die Zahl 0.0001 in das Gleichgewichts-Gleichung einsetzt und wie oben mit der Ladungsbilanz und dem Ionenprodukt des Wassers rechnest! Überprüfe die Rechnungen, indem du die Ergebnisse vergleichst, es muss das gleiche herauskommen.

2) Rechne Dir den PH-Wert einer Säure HX aus, die eine K_s von $10^{-12.5}$ aufweist und in einer Konzentration von 0,005 Mol/l vorliegt!

Verwende dazu 1) die Formel, 2) indem du für K_s $10^{-12.5}$ und für $c_0(HX)$ die Zahl 0.005 in das Gleichgewichts-Gleichung einsetzt und wie oben mit der Ladungsbilanz und dem Ionenprodukt des Wassers rechnest! Überprüfe wieder die Rechnungen!

6.5.1.4.1. Gemische schwacher Säuren

Mit der Ableitung für die sehr schwachen Säuren können wir auch den pH-Wert von Gemischen schwacher Säuren ausrechnen. Die Idee dahinter ist, dass wir statt dem Wasser eine andere schwache Säure mit einrechnen. Der Rest funktioniert fast so wie in Kap. 6.6.2.3.

Nennen wir die beiden schwachen Säuren HA und HB. Die Gleichgewichte der beiden lauten:

$$K_{sB} = \frac{c(H^+) * c(B^-)}{c(HB)} \qquad K_{sA} = \frac{c(H^+) * c(A^-)}{c(HA)}$$

Jetzt vereinfachen wir wieder soweit wie möglich. Wir können c(HA) und c(HB) mit c_0(HA) und c_0(HB) gleichsetzen. Die Konzentration der Anionen muss aber bleiben, da das $c(H^+)$ entweder von der HA oder von der HB kommt.

$$K_{sB} = \frac{c(H^+) * c(B^-)}{c_0(HB)} \qquad K_{sA} = \frac{c(H^+) * c(A^-)}{c_0(HA)}$$

Jetzt haben wir drei Unbekannte, nämlich $\mathbf{c(H^+)}$, **c(A-)** und **c(B-)** und zwei Gleichungen. Wir brauchen aber noch eine dritte. Diese ist die **Ladungsbilanz**:

$$\mathbf{c(H^+) = c(A^-) + c(B^-).}$$

Das heißt, die H^+ kommen entweder von den HA oder den HB. Die Summe der H^+ ist daher ebenso viel wie alle A^- und B^- zusammen. Weil es zwar schwache, aber keine sehr schwachen Säuren sind, und also die beiden Säuren weit mehr H^+ abspalten als das Wasser, in dem sie gelöst sind, müssen wir die OH^- nicht mitrechnen.

Und wieder müssen wir die beiden Unbekannten: $\mathbf{c(A^-)}$ und $\mathbf{c(B^-)}$, eliminieren, indem wir eine Unbekannte durch die andere ausdrücken. Wir gehen also von der Ladungsbilanz

$$\mathbf{c(H^+) = c(A^-) + c(B^-)}$$

aus und formen sie um zu:

$$\mathbf{c(B^-) = c(H^+) - c(A^-)}$$

Wir haben uns also dafür entschieden, das **$c(B^-)$** zu eliminieren, indem wir es durch die beiden anderen Unbekannten ausdrücken.

Nun setzen wir dieses in eines der beiden Gleichgewichte ein, die wir aber noch umschreiben, indem wir diese mit ihren c_0 multiplizieren:

$$K_{sB} * c_0(HB) = c(H^+) * c(B^-) \qquad K_{sA} * c_0(HA) = c(H^+) * c(A^-)$$

Wir haben also die c_0 (also $c_0(HA)$ und $c_0(HB)$) jeweils nach links gebracht. Wir erinnern uns: die beiden K_s und die beiden c_0 kennen wir!

Das sind zwei Zahlen, die multipliziert, wieder nur Zahlen ergeben, die wir uns aus der Angabe eines Prüfungsbeispiels sofort ausrechnen können. Wir erkennen außerdem, dass diese beiden Gleichungen wie das **Ionenprodukt des Wassers** aussehen, nur dass statt dem $c(OH^-)$ ein $C(B^-)$ steht, und statt der **Zahl** 10^{-14} steht hier die **Zahl** $K_{sB} * c_0(HB)$.

Nachdem wir uns nun entschieden haben, $c(B^-)$ zu ersetzen, müssen wir in jene Gleichung einsetzen, wo ein $c(B^-)$ vorkommt, und das ist die linke mit K_{sB}. Ab jetzt läuft alles wie bei den sehr schwachen Säuren.
Also:

$$\mathbf{K_{sB} * c_0(HB) = (c(H^+) * (c(H^+) - c(A^-))}$$

Wir multiplizieren wieder die Klammern aus:

$$\mathbf{K_{sB} * c_0(HB) = (c(H^+))^2 - c(H^+) * c(A^-)}$$

Jetzt bringen wir **$(c(H^+))^2$** auf die andere Seite, damit wir dann die **$c(A^-)$** alleine auf einer Seite stehen haben, indem wir dieses von unserer Gleichung subtrahieren:

$$\mathbf{K_{sB} * c_0(HB) - (c(H^+))^2 = - c(H^+) * c(A^-)}$$

Nun müssen wir mit minus 1 multiplizieren; wir wollen ein positives $c(A^-)$!

$$\mathbf{-K_{sB} * c_0(HB) + (c(H^+))^2 = c(H^+) * c(A^-)}$$

jetzt dividieren wir durch $c(H^+)$....

$$-\frac{K_{sB} * c_0(HB)}{c(H^+)} + c(H^+) = c(A^-)$$

....und haben endlich **$c(A^-)$** durch $c(H^+)$ ausgedrückt. Dadurch ist $c(A^-)$ eliminiert.

Wir können diesen Ausdruck von $c(A^-)$ nun einsetzen in das Gleichgewicht von HA,
also in **K_{sA}** * **$c_0(HA)$** = **$c(H^+)$** * **$c(A^-)$**. Heraus kommt:

$$K_{sA} * c_0(HA) = c(H^+) * \left(-\frac{K_{sB} * c_0(HB)}{c(H^+)} + c(H^+) \right)$$

Wir haben diese Gleichung auch noch umgedreht. Mathematisch betrachtet, ist das egal.

Wir multiplizieren die Klammern aus:

$$K_{sA} * c_0(HA) = - K_{sB} * c_0(HB) + (c(H+))^2$$

Wir addieren **K_{sB}** * **$c_0(HB)$** auf beiden Seiten, damit wir links nur mehr **$(c(H+))^2$** stehen haben:

$$K_{sA} * c_0(HA) + K_{sB} * c_0(HB) = (c(H+))^2$$

...und ziehen noch die Wurzel:

$$c(H+) = \sqrt{K_{sB} * c_0(HB) + K_{sA} * c_0(HA)}$$

Das ist nun die Formel, mit der wir uns die Konzentration der H^+ -Ionen zweier schwacher Säuren ausrechnen können.

Philosophisches ...zur Entspannung

Jetzt haben wir jede Menge Unbekannte eliminiert! Und ist es nicht eigenartig, dass wir Dinge gleichsam auslöschen, indem wir sie durch andere ausdrücken?

Sagt man nicht: Etwas ausdrücken zu können, etwa seine Meinung, löscht nichts aus, sondern erweitert unser Denken?
Andererseits: Ich glaube, es war der Philosoph Baruch Spinoza, der gesagt hat: „Wer ein Leiden als solches erkennt, und es ausdrücken kann, hat dieses Leiden überwunden."
So gesehen, stimmt es wieder: schließlich waren unsere Unbekannten auch unsere „Leiden"!

Zurück zu unserem Säuregemisch. Angenommen, wir haben eine schwache Säure HX mit einem pK_s von 6 und eine andere schwache Säure HY mit einem pK_s von 6. 5.

Die Konzentration von HX = 0.1 Mol/l, Die Konzentration von HY = 0.5 Mol/l; wie hoch ist $c(H^+)$ und der pH-Wert?

Wir rechnen zuerst von pK_s zu K_s um: aus $pK_s = 6$ wird $K_s = 10^{-6}$ und aus $pK_s = 6.5$ wird $10^{-6.5}$

Wir setzen in die Formel ein:

$$c(H^+) = \sqrt{0.1 * 10^{-6} + 0.5 * 10^{-6.5}}$$

Dies tippen wir in den Taschenrechner. Das Ergebnis:

$$\mathbf{c(H^+) = 0.000507}$$

Wenn wir nun diese Zahl gleich weiter rechnen und logarithmieren, indem wir auf „log" drücken, und dann mit minus 1 multiplizieren (also einfach das Minuszeichen weglassen), kommen wir auf:

$$\mathbf{pH = 3.29}$$

Übungen

Angenommen, wir haben eine schwache HX mit einem pK_s von 5.5 und eine andere schwache Säure HY mit einem pK_s von 5.0

1) Die Konzentration von HX = 0.01 Mol/l, Die Konzentration von HY = 0.4 Mol/l; wie hoch ist $c(H^+)$ und der pH-Wert?

2) Die Konzentration von HX = 0.02 Mol/l, Die Konzentration von HY = 0.6 Mol/l; wie hoch ist $c(H^+)$ und der pH-Wert?

3) Berechne den pH-Wert dieser Säuregemische, indem du K_s und c_0 als Zahlenwerte ausdrückst und damit die Formel für die Berechnung das $C(H^+)$-Werts selber herleitest!

6.5.2. Basen

Unter den Basen gibt es natürlich auch stärkere und schwächere. Die Berechnung der $c(OH^-)$ läuft im Prinzip genau so wie die Berechnung der H^+-Konzentration. Nur brauchen wir ein Analog zur Säurekonstante K_s, also eine **Basenkonstante K_B**, die uns das **Basen-Gleichgewicht** beschreibt, also ein Gleichgewicht, wo $c(OH^-)$ vorkommt.

Nun gibt es einige sehr starke Basen, nämlich OH-Verbindungen der Alkalimetalle wie **LiOH, NaOH**, und so weiter, bis **CsOH.** Das sind molekulare Basen, also keine Ionen. Zu den den stärksten Basen gehören jedoch vor allem Anionen, die dem H_2O das H^+ entziehen, so dass OH^- verbleibt: also **Lewis-Basen (wie etwa Ammoniak NH_3).**

Nennen wir unsere Lewis-Base A^-. Es ist ein negativ geladenes Ion (Anion), das Teil eines Salzes war, und nun in Wasser aufgelöst ist. Es geht mit dem Wasser folgende (uns schon bekannte) Reaktion ein:

$$\mathbf{A^- + H_2O \longleftrightarrow HA + OH^-}$$

Weil das A^- wieder zur Säure werden will, nimmt es sich vom Wasser das H^+ und reagiert darum basisch.

Auch die schwächsten Basen sind meistens Anionen, nämlich von sehr starken Säuren, die ein H^+ abgespalten haben. Darum sind ja starke Säuren stark, weil ihre Anionen keine H^+ wollen! Typische schwache Basen sind das Chlorid Cl^- von der Salzsäure HCl, das NO_3^- von der Salpetersäure HNO_3 usw.

Wir merken uns:

Ist das Säure-Anion schwach,
So ist stark die Säure, Ach!

Umgekehrt sind schwache Säuren schwach, weil ihre Anionen **starke Basen** sind und H^+ stark anziehen. Diese Säure-Anionen sind also Lewis-Basen. Wie oft bzw. wie stark entziehen nun diese Anionen dem Wasser das H^+? Um das zu wissen, brauchen wir die Basenkonstante K_B.

Wir merken uns:

Ist das Säure-Anion stark,
So ist die Säure schwächlich; arg!

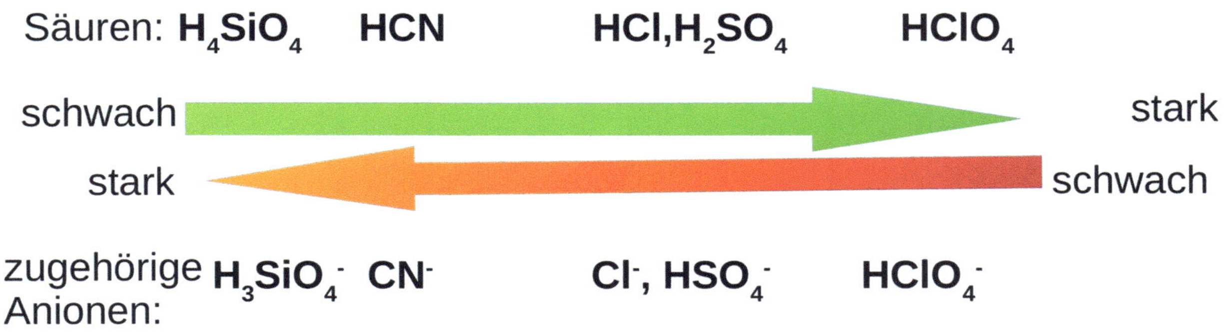

Und jetzt stellen wir uns vor, wir haben nicht die Säure HA vor uns, sondern das Salz Natrium-A. Also NaA.

In Wasser spaltet das auf in:

Na^+ und A^-.

Nun wissen wir: **Das Natrium-Ion tut nichts**. Wenn aber das A^- dem H_2O das H^+ entreißen kann, so ist es eine Base. Je mehr H^+ es entreißt, eine desto stärkere Base ist A^-.

Das bedeutet, wir brauchen uns für das folgende nicht um das Na zu kümmern, sondern wir betrachten A^- als eigenständige Base. Wenn wir herausfinden können, wie stark das A- als Base ist, können wir uns den pH-Wert mancher Salze errechnen. **Dazu brauchen wir aber eine passende Gleichgewichtskonstante**!

Und irgendwie muss es zwischen der Säurekonstante K_s einer Säure HA und der Basenstärke des Anions A- einen Zusammenhang geben, woraus wir unsere

Basenkonstante K_B für das Anion A^- berechnen können. Den gibt es. Das sehen wir uns jetzt an.

$$K_s = \frac{c(H^+) * c(A^-)}{c(HA)} \qquad K_W = c(H^+) * c(OH^-)$$

Diese beiden Gleichgewichte kennen wir schon: Das eine ist das Säure-Gleichgewicht, das andere ist das Ionenprodukt des Wassers K_W mit 10^{-14}. Diese beiden dividieren wir nun:

$$\frac{K_s}{K_W} = \frac{c(H^+) * c(A^-) * 1}{c(HA) * c(H^+) * c(OH^-)}$$

Nun kürzen wir die beiden $c(H^+)$:
Heraus kommt:

$$\frac{K_s}{K_W} = \frac{\cancel{c(H^+)} * c(A^-) * 1}{c(HA) * \cancel{c(H^+)} * c(OH^-)}$$

Nun drehen wir den Bruch um. Das dürfen wir machen, wenn es auf beiden Seiten geschieht:

$$\frac{K_W}{K_s} = \frac{c(HA) * c(OH^-)}{c(A^-)} \longrightarrow = K_B$$

Und das ist unsere Basenkonstante HB!

Also: 10^{-14} dividiert durch K_s ist K_B!

Denn jetzt sind nicht mehr H^+ im Gleichgewicht, sondern OH^-. Dieses Gleichgewicht beschreibt also die Dissoziation (OH^- -Abspaltung) von Basen.

Die Salzsäure HCl mit ihrer sehr großen K_s von 10^6 kommt auf ein winziges K_B von 10^{-20}! Das heißt, Salzsäure produziert so gut wie keine OH^- -Ionen. Weil nämlich das Cl^- -Ion keine H^+ -Ionen aufnimmt. Darum produzieren auch die Salze der Salzsäure, zum Beispiel NaCl, keine OH^- -Ionen. Darum ist NaCl neutral.

Je **schwächer** die Säure wird, desto **stärker basisch** sind hingegen ihre Salze. Weil deren Säure-Anionen dem Wasser mehr H^+ entziehen und daher mehr OH^- verbleibt.

Die obige Formel gilt aber nicht nur für Anionen, sondern für Basen allgemein, das werden wir uns bald ansehen.

6.5.2.1. Sehr starke Basen

Sehr starke Basen, die **selber** OH- abspalten gibt es eigentlich nicht viele, diese sind aber wichtig. Es handelt sich dabei um die Basen der Alkali-Metalle LiOH, NaOH, KOH, RbOH und CsOH. pH-Werte für diese zu errechnen, ist einfach. Man geht von ihrer vollständigen Dissoziation aus, das heißt, wir brauchen keine Gleichgewichte.

$$\mathbf{NaOH \rightarrow Na^+ + OH^-.}$$

Angenommen, 0.1 Mol NaOH werden zu einem Liter NaOH-Lösung verdünnt, dann ist die OH^- -Konzentration 0,1 Mol/l. Fertig.

$$\mathbf{c(H^+) * c(OH^-) = 10^{-14}}$$

oder anders gesagt:

$$\mathbf{c(H^+) * 0.1 = 10^{-14}}$$

Der $c(H^+)$ ist gleich 10^{-13}, oder: der **pH-Wert ist gleich 13**.

6.5.2.2. Starke (aber nicht sehr starke) Basen; und Salze schwacher Säuren

Mathematisch ist dieses Kapitel praktisch identisch mit jenem über starke Säuren. Nur rechnen wir dieses Mal mit den K_B. Wir wollen unsere starke Base A- nennen, weil, wie oben gesagt, viele Anionen von schwachen Säuren hierzu gehören, und wir mit diesen die pH Werte von Salzen schwacher Säuren (das sind typische Prüfungsbeispiele) ausrechnen werden.

Das Anion einer schwachen Säure ist eine Lewis-Base. Das bedeutet, die Base A^- (also eine anionische Base) nimmt dem H_2O das H^+ weg und produziert dadurch H_+.

Ganz allgemein lässt sich (siehe oben) das Gleichgewicht einer Base so beschreiben:

$$K_B = \frac{c(OH^-) * c(HA)}{c(A^-)}$$

Und wenn dieses A^- tatsächlich das Anion einer schwachen Säure ist, dann wissen wir auch, wie wir vom K_s der schwachen Säure zu diesem K_B kommen (siehe auch oben).

Jetzt kommen die Näherungen: Wenn sich das A^- **ein** H^+ vom H_2O nimmt, bleibt jeweils **ein** OH^- übrig. Das A^- wird zum HA. **Es gibt daher so viele OH_- wie HA**. Also:

$$c(OH^-) = c(HA)$$

Das bedeutet, wir können in das Gleichgewicht $c(OH^-)$ statt c(HA) schreiben (womit wir wieder mal eine Unbekannte eliminiert haben, siehe „Philosophisches“).

Außerdem ergibt sich die tatsächliche Zahl der A^- -Ionen aus der Ursprungskonzentration c_0(A-), (diese steht auf der Chemikalienflasche oder in der Angabe des Prüfungsbeispiels), wenn wir die Zahl der OH- abziehen. Denn mit jedem OH^-, das entsteht, gibt es ein A^- weniger:

$$c(A^-) = c_0(A^-) - c(OH^-)$$

Das setzen wir statt c(A-) ins Gleichgewicht ein:

$$K_B = \frac{c(OH^-) * c(OH^-)}{c_0(A-) - c(OH^-)}$$

Der Rest ist wieder umformen:

$$K_B * (c_0(A^-) - c(OH^-)) = (c(OH^-))^2$$

$$K_B * c_0(A^-) - K_B * c(OH^-) = (c(OH^-))^2$$

Wir formen weiter um, und vertauschen links und rechts:

$$(c(OH^-))^2 - K_B * (c_0(A^-) + K_B * c(OH^-) = 0$$

Wir vertauschen den zweiten und dritten Ausdruck:

$$(c(OH^-))^2 + K_B * c(OH^-) - K_B(c_0(A^-) = 0$$

Das ist eine quadratische Gleichung für $c(OH^-)$, mit $p = K_B$, und $q = K_B * c_0(A\text{-})$, siehe auch das Kapitel über starke Säuren, heraus kommt:

$$c(OH^-) = \frac{-K_B}{2} \pm \sqrt{\frac{K_B^2}{4} + K_B * c_0(A^-)}$$

6.5.2.2.1. Der pH-Wert von Zyankali (KCN) als Beispiel für ein Salz einer schwachen Säure

Zyankali ist das Salz der Blausäure HCN und der Natronlauge KOH. Wir haben schon einmal damit zu tun gehabt.

Aus HCN + KOH wird KCN + H_2O. (Neutralisation)

In Wasser zerfällt es zu K^+ und CN^- .Während nun die K^+ -Ionen mit ihrer Situation zufrieden sind und so gut wie gar nichts tun, wollen die CN^- wieder H^+ binden, indem sie diese dem H_2O wegnehmen.

$$CN\text{-} + H_2O \longrightarrow HCN + OH^-$$

KCN muss also in Summe basisch sein. Um zu wissen, wie basisch es ist, müssen wir uns nur um die CN^- -Ionen (Cyanid - Ionen) kümmern. Die Ks von HCN ist $10^{-9.4}$. Wir dividieren also 10^{-14} durch $10^{-9.4}$.und erhalten für das KB der Cyanid - Ionen $10^{-4.6}$.

Damit können wir das Gleichgewicht formulieren:

$$10^{-4.6} = \frac{c(OH^-) * c(HCN)}{c(CN^-)}$$

Die Näherungen funktionieren genau wie zuvor:
statt c(CN-) setzen wir $c_0(CN^-)$ - $C(OH^-)$; und statt c(HCN) setzen wir ebenfalls $c(OH^-)$.

$$10^{-4.6} = \frac{c(OH^-) * c(OH^-)}{c_0(CN^-) - c(OH^-)}$$

Dann wird umgeformt – alles wie zuvor:

$$10^{-4.6} * (c_0(CN^-) - c(OH^-)) = (c(OH^-))^2$$

$$10^{-4.6} * (c_0(CN^-) - 10^{-4.6} * c(OH^-) = (c(OH^-))^2$$

$$(c(OH^-))^2 - 10^{-4.6} * c_0(CN^-) + 10^{-4.6} * c(OH^-) = 0$$

$$(c(OH^-))^2 + 10^{-4.6} * c(OH^-) - 10^{-4.6} * c_0(CN^-) = 0$$

Wir setzen in die Lösungsformel für quadratische Gleichungen ein:

$$c(OH^-) = \frac{-10^{-4.6}}{2} \pm \sqrt{\frac{(10^{-4.6})^2}{4} + 10^{-4.6} * c_0(CN^-)}$$

Wir haben nun eine Formel, mit der wir uns die OH^- -Konzentration für die verschiedenen c_0 des KCN ausrechnen können.

Nehmen wir als $c_0(CN^-)$ zum Beispiel 0,3 Mol/l:

$$c(OH^-) = -1.26 * 10^{-5} \pm \sqrt{1.58 * 10^{-10} + 10^{-4.6} * 0.3}$$

c(OH-) = 0.0027 Mol/l
pOH = 2.56
pH = 11.43

Wir sehen, KCN ist sehr basisch! Allerdings ist die gewählte Konzentration recht hoch.

Übung: Berechne den pH-Wert von KCN für andere Konzentrationen!

6.5.2.2.2. Zur Abwechslung eine Brönsted - Base mittelstark

Brönsted - Basen sind solche, die das OH schon im Molekül haben und kein Wasser brauchen, um basisch zu sein also NaOH, KOH und so fort.

Nehmen wir nun eine Base XOH, die mittelstark sein soll. Sie zerfällt in

$$\mathbf{XOH \rightarrow X^+ + OH^-}$$

Als Beispiel könnte man $Mg(OH)_2$ rechnen, wobei wir hier nur die Dissoziation eines OH- anschauen wollen:

$$\mathbf{Mg(OH)_2 \rightarrow Mg(OH)^+ + OH^-}$$

Das zweite OH- würde deutlich schwerer vom Mg abgehen. Wir wollen aber dennoch allgemein bei unserer Phantasie-Base XOH bleiben. Wir stellen das Gleichgewicht ebenso auf wie für Lewis-Basen. Das Molekül, das noch kein OH^- produziert hat, steht unter dem Bruchstrich (hier: XOH), das OH^- und das X^+ stehen oben:

$$K_B = \frac{c(X^+) * c(OH^-)}{c(XOH)}$$

Das weitere Rechnen zur Lösungsformel funktioniert genau so wie für das CN^- -Ion oder das A^- -Ion. Nur setzen wir hier anstelle von $c(A^-)$ hier c(XOH), statt c(HA) setzen wir $c(X^+)$ und statt $c_0(A^-)$ setzen wir $c_0(XOH)$.

Heraus kommt:

$$c(OH^-) = \frac{-K_B}{2} \sqrt{\frac{K_B^2}{4} + K_B * c_0(XOH)}$$

Übung: Rechne die Herleitung zu dieser Formel (am besten: ohne Nachschauen! Andernfalls die obigen Herleitungen verwenden!)

6.5.2.2.3. Der pH-Wert von Ammoniak - und das seltsame Verschwinden des Wassers

Ammoniak NH_3 gehört, wie wir schon wissen, zu den Lewis-Basen. Auch Ammoniak gibt nicht selber OH^- ab, sondern es entreißt dem Wasser H^+, und OH^- bleibt übrig:

$$\mathbf{NH_3 + H_2O \longleftrightarrow NH_4^+ + OH^-}$$

Die K_B für NH_3 ist $10^{-4.75}$. Daher lautet das Basen-Gleichgewicht:

$$10^{-4.75} = \frac{c(OH^-) * c(NH_4^+)}{c(NH_3)}$$

Eine Frage, die sich hier stellt, ist: Wohin ist denn das H_2O verschwunden?

(Die Frage stellt sich natürlich genauso für alle anderen Lewis-Basen.)

Erinnern wir uns: Das K_w hat kein H_2O in seiner Formel! Der Grund hierfür ist, dass das Ionenprodukt das vereinfachte Gleichgewicht des Wassers ist:

Die Gleichgewichtskonstante von H_2O nennen wir $\mathbf{K_{H2O}}$ und ist $\mathbf{10^{-15.7}}$.

$$K_{H2O} = \frac{c(H^+) * c(OH^-)}{c(H_2O)} \qquad K_W = c(H^+) * c(OH^-)$$

Weil man meistens nur **sehr wenig** Säuren, Basen oder Salzen in Wasser löst, und weil für sehr große Mengen von Säuren, Basen oder Salzen die pH-Rechnungen ohnedies nicht mehr stimmen (da kommen noch andere Dinge dazu, die man dann berücksichtigen muss), ist immer **viel mehr Wasser** vorhanden als Säuren, Basen oder Salze.

Die Konzentration des Wassers $c(H_2O)$ „in sich selbst" ist nämlich 55,6 Mol/l, und dagegen sind 0.5 Mol (oder weniger) anderer Stoffe, die man im Wasser auflöst, tatsächlich sehr wenig. Natürlich kann man mehr Säure oder Base oder

Salz in Wasser auflösen, aber für höhere Konzentrationen stimmen solche einfachen pH-Rechnungen nicht mehr *und braucht uns daher auch nicht zu interessieren.*

Oder anders gesagt: Die wenigen zusätzlichen Moleküle und Ionen ändern an der Konzentration des Wassers fast nichts. **Sie bleibt 55.6 Mol/l.**

Daher kann man aus der Gleichgewichtskonstante K_{H2O} sehr einfach das Ionenprodukt des Wassers K_W machen, indem wir K_{H2O} mit 55.6 multiplizieren.

K_{H2O} ist $10^{-15.7}$, wenn wir das mit 55.6 multiplizieren, kommt unser altbekanntes 10^{-14} heraus.

Was bedeutet das für unser Ammoniak-Gleichgewicht? Sehen wir uns das anhand der Umrechnung von der Basenkonstante zur Säurekonstante (und zurück) an:

$$10^{-9.25} = \frac{c(NH_3) * c(H^+)}{c(NH_4^+)}$$

Das ist das **Säuregleichgewicht** für die Reaktion **$NH_4^+ \longrightarrow NH_3 + H^+$** .

Die Säurekonstante erhalten wir, indem wir **K_W (= 10^{-14}) durch die Basenkonstante dividieren. Heraus kommt $10^{-9.25}$**. Den Bruch haben wir, wie im Anfangskapitel über Basen, berechnet. Müssen wir aber jetzt nicht verstehen, denn wir rechnen es jetzt ohnedies gleich ins Basen-Gleichgewicht um!

Wir dividieren beide Seiten durch das K_{H2O}. Auf der anderen Seite führen wir die Division ebenfalls durch, indem wir den Bruch $c(H^+) * c(OH^-)/cH_2O)$ dividieren, also ist $c(H_2O)$ **oben** und $c(H^+) * c(OH^-)$ **unten.**

$$\frac{10^{-9.25}}{K_{H2O}} = \frac{c(NH_3) * c(H^+) * c(H_2O)}{c(NH_4^+) * c(H^+) * c(OH^-)}$$

Wir können das $c(H^+)$ kürzen:

$$\frac{10^{-9.25}}{K_{H2O}} = \frac{c(NH_3) * c(H_2O)}{c(NH_4^+) * c(OH^-)}$$

Und nun machen wir etwas wichtiges: Wir rechnen die $c(H_2O)$, die konstant sind, nämlich etwa 55.6 Mol/l, in die K_{H2O} hinein! Aus K_{H2O} wird K_W:

$$\frac{10^{-9.25}}{K_W} = \frac{c(NH_3)}{c(NH_4^+) * c(OH^-)}$$

.....und weg ist die $c(H_2O)$! Wir könnten mit beiden Gleichgewichten rechnen, beides wäre richtig. Aber wenn wir mit K_W rechnen, ersparen wir uns, dauernd die 55.6Mol Wasser in den Rechnungen „mit zu schleppen".

Jetzt müssen wir noch die Brüche auf beiden Seiten umdrehen (also den Kehrwert bilden)......

$$\frac{K_W}{10^{-9.25}} = \frac{c(NH_4^+) * c(OH^-)}{c(NH_3)}$$

$$\frac{K_W}{10^{-9.25}} = K_B$$

Und wir sind wieder beim Basen-Gleichgewicht K_B für Ammoniak angelangt! Denn $10^{-9.25}$ ist ja die K_s, und K_W dividiert durch K_s ist K_B.

Diese Rechnung zeigt uns zum einen, warum bei Basen-Gleichgewichten das $c(H_2O)$ verschwindet, zum anderen, wie man vom Säure-Gleichgewicht zum Basen-Gleichgewicht kommt, und umgekehrt.

Zurück zum pH-Wert von Ammoniak:

$$10^{-4.75} = \frac{c(OH^-) * c(NH_4^+)}{c(NH_3)}$$

Wir wissen nun, was dieses Gleichgewicht bedeutet, und wollen uns die $c(OH^-)$ ausrechnen. Da NH_3 ebenso wie das CN^-- Ion eine mittelstarke Base ist, können wir es genauso berechnen. Erstens nähern wir die $c(NH_4^+)$ den $c(OH^-)$ an und setzen sie gleich (*warum?*), und $c(NH_3)$ wird wieder als $c_0(NH_3) - c(OH^-)$ ausgedrückt (*warum?*).

$$10^{-4.75} = \frac{c(OH^-) * c(OH^-)}{c_0(NH_3) - c(OH^-)}$$

Die weitere Berechnung sollte nun selbständig klappen (wenn nicht: seht auch die pH-Rechnung des Cyanid-Ions noch einmal an!).

Heraus kommt:

$$c(OH^-) = \frac{-10^{-4.75}}{2} \pm \sqrt{\frac{(10^{-4.75})^2}{4} + 10^{-4.75} * c_0(NH_3)}$$

Für eine Konzentration von (zum Beispiel) **0.02 Mol/l** ergibt sich ein **$c(OH^-)$ von 0.0005875 Mol/l**

Daraus der pOH -log(**0.0005875**):

pOH = 3.23

Daraus der pH (= 14- pOH)

pH = 10.77

6.5.2.2.4. pH-Wert des Ammoniumchlorids

Wir haben schon Salze von starken Basen und schwachen Säuren gerechnet.

Jetzt machen wir es umgekehrt: Wir rechnen uns ein Salz einer **schwachen Base und einer starken Säure**. Ammoniumchlorid NH_4Cl ist das Salz des Ammoniak NH_3 und der Salzsäure HCl.

$$NH_3 + HCl \rightarrow NH_4^+ Cl^-$$

Wir wissen schon, dass starke Säuren deshalb stark sind, weil ihre Anion die H^+ ganz leicht abgeben und sehr schwer aufnehmen. So auch das Chlorid Cl^-: Es ist es eine sehr schwache Lewis-Base! Das heißt: **Das Chlorid tut nichts.** Wir brauchen es bei den Berechnungen nicht zu berücksichtigen.

Wir haben weiters gesehen: Salze von **starken** Basen und **schwachen** Säuren reagieren **basisch**.

Umgekehrt reagieren Salze von **schwachen** Basen und **starken** Säuren **sauer**. Wir müssen also das „Saure“ im NH_4Cl suchen. Das Cl^- tut nichts.

Wichtig aber ist das NH_4^+-Ion. Dieses kann H^+ abspalten:

$$NH_4+ \rightarrow NH_3 + H^+.$$

Um zu wissen, wie viele H^+ es hier gibt brauchen wir nun die K_s (nicht die K_B!) des Ammonium-Ions. Wie man zum K_s des Ammoniak kommt, haben wir im vorigen Kapitel geschrieben. Wir müssen K_W durch K_B dividieren, sowohl als Zahl als auch als Bruch (bitte im vorherigen Kapitel nachschauen, die Ableitung geht von unten nach oben!)

Natürlich ist das Ammonium-Ion nur eine recht schwache Säure. Ihr $K_s = 10^{-9.25}$.

$$10^{-9.25} = \frac{c(NH_3) * c(H^+)}{c(NH_4^+)}$$

Wir nähern wie bei mittelstarken Säuren, das ist auch für schwache Säuren in Ordnung, da man die Näherungsformel für mittelstarke Säuren für beide Säuren anwenden kann:

$$K_s = \frac{c(H^+) * c(H^+)}{c_0(NH_4^+) - c(H^+)}$$

Mit $K_s = 10^{-9.25}$.

Wieder landen wir bei einer quadratischen Gleichung, die wir lösen:

$$c(H+) = \frac{-K_s}{2} \pm \sqrt{\frac{K_s^2}{4} + K_s * c_0(NH_4^+)}$$

Wir setzen für $c_0(NH_4^+)$ den Wert 0.04 Mol/l.

Wir sehen: der Term $K_s^2/4$ kommt auf winzige 7.9 * 10-20, wir hätten also auch die Näherung für schwache Säuren verwenden können.

Der Term $K_S * c_0(NH_4^+)$ kommt auf $2.24 * 10^{-11}$, ist also rund eine Milliarde mal größer!

Heraus kommt: $c(H^+) = 4.74 * 10^{-6}$

pH = 5.32

Also, wie angenommen, leicht sauer.

6.5.2.3. Schwache Basen

Schwache Basen berechnen sich wie schwache Säuren, nur dass man vom Basen-Gleichgewicht mit KB ausgeht. Nennen wir unsere schwache Base „B".

$$B + H_2O \longrightarrow BH^+ + OH^-$$

B soll also eine Lewis-Base sein. Das Gleichgewicht lautet (wieder verschwindet das Wasser):

$$K_B = \frac{c(BH^+) * c(OH^-)}{c(B)}$$

Und wieder können wir vereinfachen: Da die Base nur **sehr wenig H^+** aufnimmt, liegt fast alles als B vor. Daher: $c(B) = c_0(B)$. Außerdem entsteht für jedes OH^- ein BH^+. Daher: $c(BH^+) = c(OH^-)$. Das setzen wir ins Gleichgewicht ein:

$$K_B = \frac{c(OH^-) * c(OH^-)}{c_0(B)}$$

...und rechnen es durch wie für die schwachen Säuren. Nur setzen wir statt c(HC) hier c(B) ein und statt $c(H^+)$ hier $c(OH^-)$. Heraus kommt:

$$c(OH^-) = \sqrt{K_B * c_0(B)}$$

Sagen wir nun, „unsere“ schwache Base B habe eine K_B von 10^{-5} und eine Konzentration von 0.03 Mol/l. Dann können wir dies in unsere Formel einsetzen.

Heraus kommt:

$$c(OH^-) = 0.00173$$
$$pOH = 2.8$$
$$pH = 14 - 2.8 = 11.2$$

Übungen:
1) Leite die Berechnungsformel für schwache Basen selber her!
2) Berechne den pH einer Base mit $KB = 10^{-3}$ und einer c_0 von 0.0002 Mol!

6.5.2.4. Sehr schwache Basen

Wieder rechnen wir genau so wie bei den sehr schwachen Säuren. Dieses Mal wollen wir zur Abwechslung mit einer Brönsted - Base rechnen, die selber OH^- abgibt, die Base soll ein XOH sein:

$$XOH \rightarrow X^+ \text{ und } OH^-.$$

$$K_B = \frac{c(X^+) * c(OH^-)}{c(XOH)}$$

Wie bei den sehr schwachen Säuren dürfen wir auch hier nicht $c(X^+)$ mit $c(OH^-)$ gleichsetzen, da diese entweder vom H_2O oder von der XOH kommen. Aber c(XOH) setzen wir mit $c_0(XOH)$ gleich.

$$K_B = \frac{c(X^+) * c(OH^-)}{c_0(XOH)} \qquad 10^{-14} = c(H^+) * c(OH^-)$$

Mit dem **Ionenprodukt** (oben links) steht uns eine zweite Gleichung zur Verfügung. Außerdem kennen wir die **Ladungsbilanz**:

$$\mathbf{c(OH^-) = c(X^+) + c(H^+)}$$

Damit geht das Umformen und Eliminieren los: Am Schluss soll $c(OH^-)$ übrig bleiben.
Es verläuft analog zu den sehr schwachen Säuren.

Wir formen die Ladungsbilanz um:

$$\mathbf{c(H^+) = c(OH^-) - c(X^+)}$$

Damit haben wir **$c(H^+)$** eliminiert.

Den Ausdruck für **$c(H^+)$** setzen wir nun in das Ionenprodukt des Wassers ein:

$$\mathbf{10^{-14} = c(OH^-) * (c(OH^-) - c(X^+))}$$

$$\mathbf{10^{-14} = (c(OH^-))^2 - c(OH^-) * c(X^+)}$$

$$\mathbf{10^{-14} -(c(OH^-))^2 = - c(OH^-) * c(X^+)}$$

$$\mathbf{- 10^{-14}/c(OH^-) + c(OH^-) = c(X^+)}$$

Nun haben wir **$c(X^+)$** eliminiert. Nun setzen wir diesen Ausdruck in das K_B anstelle von **$c(X^+)$** ein:

$$\mathbf{K_B * c_0(XOH) = c(OH^-) * (-(10^{-14}/c(OH^-)) + c(OH^-))}$$

Wir multiplizieren die Klammer aus:

$$\mathbf{K_B * c_0(XOH) = -10^{-14} + (c(OH^-))^2}$$

Wir bringen 10^{-14} nach links:

$$\mathbf{K_B * c_0(XOH) + 10^{-14} = (c(OH-))^2}$$

Wir ziehen die Wurzel:

$$c(OH^-) = \sqrt{K_B * c_0(XOH) + 10^{-14}}$$

Das ist eigentlich die gleiche Formel wie für die sehr schwachen Säuren, logischerweise.

Wenn wir nun für K_B zum Beispiel 10^{-10} setzen (das wäre eine tatsächlich sehr schwache Base) und für $c_0(XOH)$ = 0,001 Mol/l, erhalten wir

pOH = 6.47 und pH= 14 – 6.47 = 7.52

- also nur ganz knapp basisch.

Übungen: Berechne den pH einer Base mit einer K_B von 10^{-12} und den Konzentrationen 0,01 Mol/l, 0,0001 Mol/l, 0,05 Mol/l.

6.5.3. Ein Überblick

Wir haben hier einige für Prüfungen typische Beispiele durchgerechnet. Freilich verlangen die Prüfer unterschiedliches, und der Stoff kann über das hier Beschriebene hinausgehen. Allerdings sollte das meiste hiermit abgedeckt sein.

Vor allem geht es darum, verstanden zu haben, dass man für kompliziertere pH-Berechnungen die wichtigen **Gleichgewichte** finden, dann die richtigen **Näherungen** und die **Ladungsbilanz** aufzustellen, und damit alle Unbekannten zu eliminieren, bis $c(H^+)$ (oder $c(OH^-)$) übrig bleibt. Der Rest ist umformen.

Die Einteilung in starke, mittelstarke, schwache und sehr schwache Säuren ist auch nicht eindeutig. Sie beginnt mit einer K_s von etwa 10^{20} bis 10 für sehr starke Säuren, von da bis $10^{-4.5}$ für mittelstarke Säuren, von da bis $10^{-9.5}$ für sehr schwache Säuren, und unter $10^{-9.5}$ für extrem schwache Säuren.

Für die K_B der Basen gilt das gleiche.

Allerdings sind auch diese Einteilungen nicht fix; es gibt auch andere Unterteilungen; so gehen die sehr Starken Säuren nach anderen Tabellen nur bis 10^{-1}, usw.

Manchmal findet man sogar verschiedene K_s - Werte für eine Säure in unterschiedlichen Literaturstellen!

Am besten, man fragt den Prüfer nach welchen K_s - Werten er/sie die Säuren einteilen würde.

Weitere Themen der pH-Berechnungen sind zb. pH-Werte mehrwertiger Säuren wie H_3PO_4, die mehrere H^+ abspalten. Hier ist das Problem, dass das erste H^+ leichter dissoziiert als das zweite, usw. Diese Rechnungen laufen aber ganz ähnlich ab.

Schließlich haben wir gesagt, dass für sehr hohe Konzentrationen die pH-Werte nicht mehr stimmen. Darum wurde der Begriff der „**Aktivitäten**" entwickelt, die die Konzentrationen ersetzen. Diese aber sind deutlich schwieriger zu berechnen und nicht Prüfungsthema.

In anderen Lehrbüchern wird oft statt $c(H^+)$ der Ausdruck $c(H_3O^+)$ benutzt. Damit wird ausgedrückt, dass das H^+ nicht frei im Wasser vorliegt, sondern an andere H_2O gebunden ist. Aus Gründen der Übersichtlichkeit sind wir aber bei der Schreibweise $c(H^+)$ geblieben.

Für eine weitergehende Betrachtung dieser Probleme empfehle ich: Udo R. Kunze, Georg Schwedt: „*Grundlagen der qualitativen und quantitativen Analyse*", Thieme Verlag.

6.5.3.1. Ein Überblick über den pH-Wert von Salzen

Salze mit Kationen starker Basen wie Na^+, K^+, Rb^+, und Anionen schwacher Säuren wie S^{2-} und CN^- reagieren basisch. Rechnerisch wichtig sind also nur die Anionen, die dem H_2O das H+ entziehen und somit OH^- produzieren.

Wie wir den pH-Wert eines Salzes berechnen, hängt bei Salzen mit Kationen von starken Basen, vom K_B-Wert des Anions ab.Sehen wir uns das im Überblick an:

Hier haben wir unterschieden, ob die Anionen von einer sehr starken, mittelstarken...bis zu einer extrem schwachen Säure sind.

Bei Salzen aus sehr starken Basen und sehr schwachen Säuren ist die Sache klar: Diese sind **neutral**, der pH = 7, weil die Ionen (sowohl die positiven als auch die negativen) nichts tun.

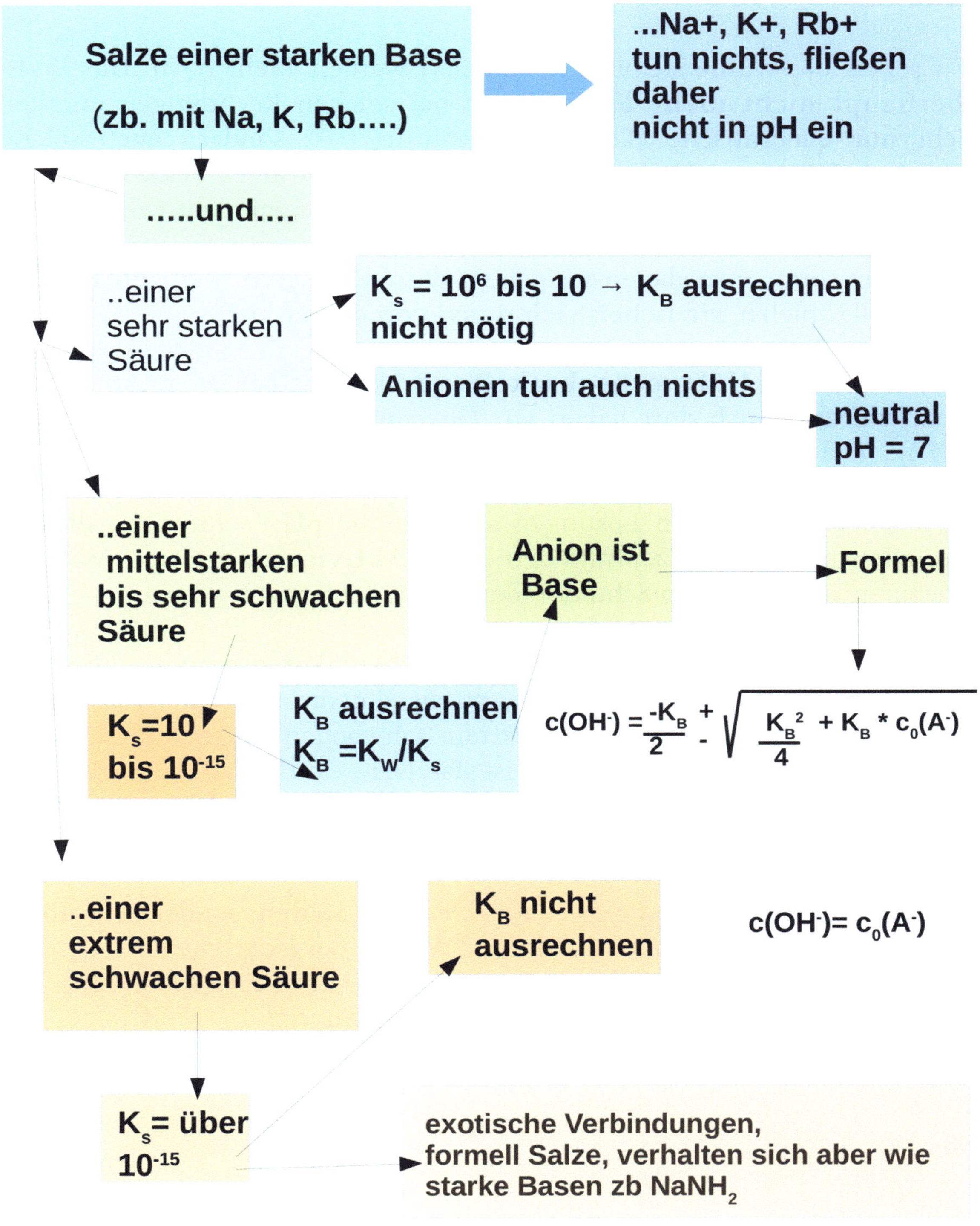

Nun könnte man aber einwenden: „*Haben wir nicht gelernt, dass man bei extrem schwachen Säuren die H^+, die das Wasser selber abspaltet, berücksichtigen muss? Und dass man bei schwachen Basen die OH^- vom Wasser ebenso berücksichtigen muss?*“

Prinzipiell ja. Theoretisch müssten wir bei so einem Salz die Wirkung (nehmen wir als Beispiel NaCl) des Cl^- als OH^- Produzent betrachten, und die OH^- vom Wasser dazu rechnen (wie bei den sehr schwachen Basen), dann müssten wir die Wirkung des Na^+ als Lewis-Base ausrechnen, denn zu einem ganz winzigen Teil wird das Na^+ auch OH- binden und H^+ produzieren (Lewis-Säure). Und dann müssten wir noch die H^+ vom Wasser berücksichtigen und mit hinein rechnen.

Wir sehen, das würde ziemlich kompliziert werden. Mehr noch: **Das lässt sich überhaupt nicht mehr lösen!** Denn bei solchen Rechnungen erhalten wir nicht nur quadratische Gleichungen mit $(c(H^+))^2$, sondern auch solche mit $(c(H^+))^3$, $(c(H^+))^4$, usw. Und die kann man nicht mehr algebraisch lösen, sondern nur noch numerisch. Das kann man aber von Prüflingen nicht verlangen...

Außerdem kann man davon ausgehen, dass diese ganz wenigen H^+ und OH^- keine Rolle spielen, **sie heben sich quasi von selber auf**.

Das Problem der **Unberechenbarkeit** tritt übrigens bei jeder (zu) großen pH-Rechnung auf. Auch dort haben wir Gleichungen höherer Ordnung, also mit $(c(H^+))^3$, $(c(H^+))^4$, usw., während die quadratische Gleichung nur 2. Ordnung ist.

Auch bei extrem sauren Lösungen stimmen sie pH-Rechnungen nicht mehr. Hier muss man die Konzentrationen durch **Aktivitäten** ersetzen. Wie diese zu errechnen sind, muss ein Schüler (oder ein Student) nicht wissen.

Für Salze von mittelstarken bis sehr schwachen Säuren nimmt man am besten die quadratische Lösungsgleichung, da sie die meisten Fälle inkludiert. Nur wenn das Säure-Anion von einer extrem schwachen Säure kommt, kann man wieder vereinfachen. Beim $NaNH_2$ ist das NH_2^- -Ion derart basisch, dass jedes von ihnen dem Wasser H^+ entzieht. Das heißt, für jedes NH_2^- -Ion gibt es ein OH^-.

Gleichgewichtskonstanten gibt es nicht nur für Säuren, sondern für überhaupt alle chemischen Stoffe und Reaktionen. Weil es bei jeder chemischen Reaktion auch ein chemisches Gleichgewicht gibt, können wir eigentlich auch für jede Reaktion die Gleichgewichtskonstanten berechnen.

Nur kommen dabei manchmal sehr seltsame Zahlen heraus……

Zum Beispiel: **Ein Ziegelstein löst sich mit der Zeit in Luft auf!** Das glaubt ihr nicht?

Es ist aber so! Wenn wir genug Luft hätten, würde sich der Ziegelstein in vielen Milliarden mal Milliarden Jahren in Luft auflösen! Nur leider können wir das nicht beobachten…..

Der Grund dafür ist jener: Auch zwischen den Molekülen des Ziegelsteins im Ziegelstein, und den Molekülen des Ziegelsteins in der Luft herrscht ein chemisches Gleichgewicht.

Nur sind eben extrem wenige Ziegelstein-Moleküle in der Luft, und extrem viele Ziegelstein-Moleküle im Ziegel! Hätten wir aber genügend Luft zur Verfügung (viel, viel mehr, als es auf der Erde gibt), und gigantisch viel Zeit, so würde sich der Ziegelstein tatsächlich auflösen.

Wenn sich der Ziegelstein in Luft auflöst, so ist das wirklich eine chemische Reaktion, auch wenn wir Menschen es nicht mehr wahrnehmen können.

Die chemische Gleichgewichtskonstante für diese "Reaktion" ist winzig klein. Ich würde sie auf ungefähr 10^{-40} schätzen, also auf 0,0000000000000000000000000000000000000001.

Das ist natürlich so wenig, dass dieses Gleichgewicht für uns keine Rolle im Alltag spielt. Wir können näherungsweise sagen: "Ein Ziegel löst sich *nicht* in Luft auf".

Aber interessant ist es doch, dass alle unsere Dinge aufgrund des chemischen Gleichgewichtes ein Ablaufdatum haben…….

7. Die Bor-Gruppe

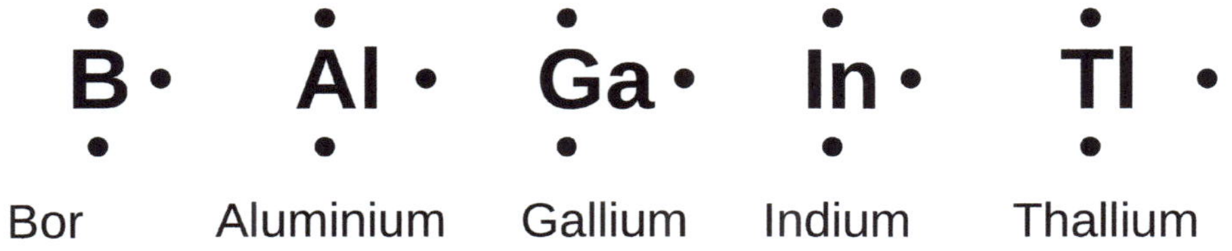

Die Elemente der Borgruppe hat drei Valenzelektronen. Damit sind sie bereits recht friedliche Charaktere, die ihre Elektronen nicht mehr so gerne abgeben. Die Bor-Grupppen-Elemente sind **Bor B, Aluminium Al, Gallium Ga, Indium In,** und **Thallium Tl.**

Wir können die Elemente der Borgruppe mit den Schnorrern unter den Atomen vergleichen. Worum schnorren sie? Um Elektronen. Mit ihnen wollen sie ihr leeres Orbital befüllen. Andererseits sind sie aber recht friedlich. Nur die Schnorrerei hält sie davon ab, brave Bürger zu sein.....
Wir können die Elemente der Borgruppe mit den Schnorrern unter den Atomen vergleichen. Worum schnorren sie? Um Elektronen. Mit ihnen wollen sie ihr leeres Orbital befüllen. Andererseits sind sie aber recht friedlich. Nur die Schnorrerei hält sie davon ab, brave Bürger zu sein.....

Sehen wir uns die Außenschale dieser Elemente an:

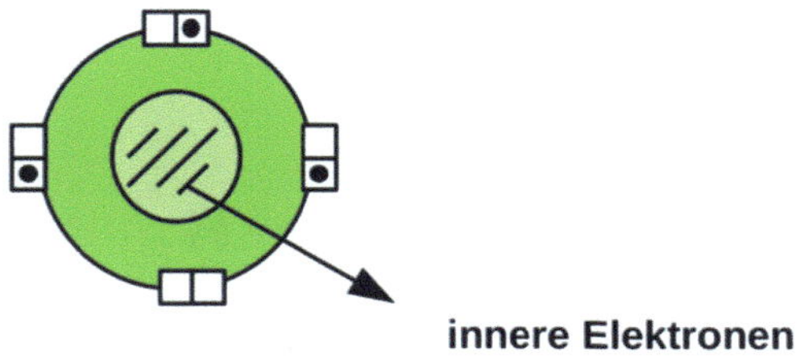

Da die Elemente der Bor-Gruppe drei Elektronen in der Außenschale hat, können sie drei Atombindungen eingehen: Sie haben drei "Hände".
Sehen wir uns das am Beispiel das "einhändigen" Wasserstoffs an. Natürlich braucht Bor drei H:

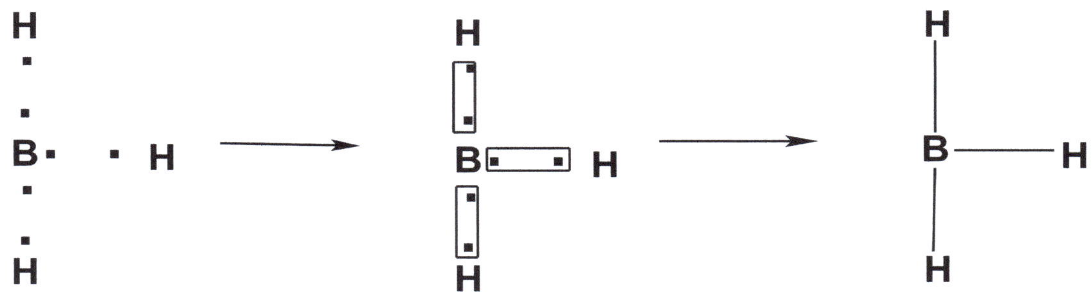

Das ist **Boran BH_3.** Auf die Bedeutung dieser Verbindung werden wir noch zu sprechen kommen.

Wie viele Elektronen hat Bor in der Außenschale? Wir zählen die Elektronenpunkte im Bild oben ab und kommen auf: 6. Da fehlen also noch zwei Elektronen auf die volle Schale weil: Eine volle Schale braucht 8 Außenelektronen!

Das BH_3 hat also ein leeres Orbital. Genau so, wie auch AlH_3, GaH_3, InH_3 und TlH_3.

Und damit kann BH_3, AlH_3.... dative Bindungen eingehen, wie wir das im Kapitel über dative Bindungen schon besprochen haben. Aber dazu später.

Mit O und H bildet Bor B $B(OH)_3$.

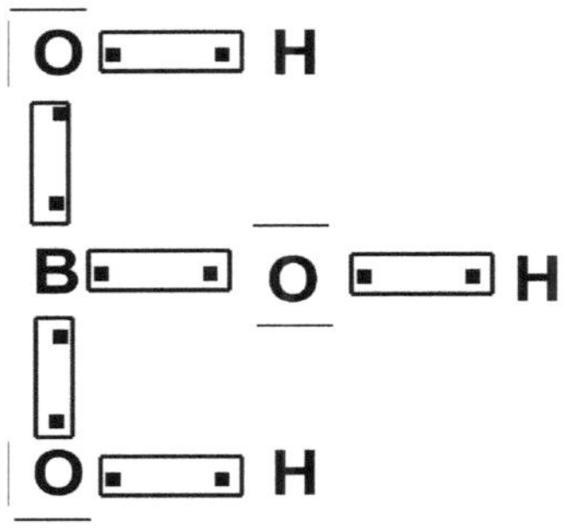

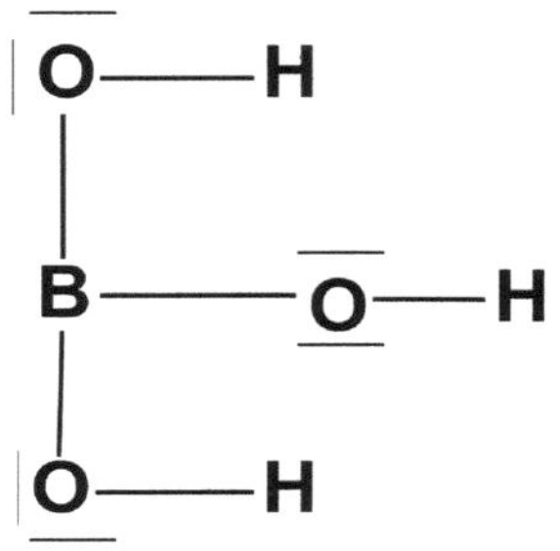

$B(OH)_3$ ist, das sehen wir an der Schreibweise, eine **Base:** die OH stehen hinten. Das *$B(OH)_3$ hat also drei OH-Gruppen*, und kann drei OH^- -Ionen abspalten. Es ist wieder das selbe, wie bei allen anderen Basen: Jeder Sauerstoff nimmt dem Bor ein Elektron weg, daher sind die OH-Gruppen negativ geladen, und dem Bor sind insgesamt drei Elektronen weg genommen worden, also ist es dreifach positiv geladen. Es ist ein B^{3+}. Folglich spaltet das $B(OH)_3$ auf in ein B^{3+} und drei OH^-.

Ebenso gibt es auch die Basen **$Al(OH)_3$, $Ga(OH)_3$, $In(OH)_3$, und $Tl(OH)_3$,** und diese Basen spalten natürlich genau so auf wie $B(OH)_3$:

$B(OH)_3$ --> B^{3+} + 3 OH^-.
$Al(OH)_3$ --> Al^{3+} + 3 OH^-.
$Ga(OH)_3$ --> Ga^{3+} + 3 OH^-.
$In(OH)_3$ --> In^{3+} + 3 OH^-.
$Tl(OH)_3$ --> Tl^{3+} + 3 OH^-.

Man muss dazu sagen, dass 3+ geladene Ionen in Wirklichkeit kaum mehr vorkommen. Es wird nicht reichen, $B(OH)_3$ in Wasser aufzulösen, um B^{3+} zu erhalten.
Trotzdem können wir uns $B(OH)_3$ formal als Base vorstellen.
So weit, so klar. Aber jetzt kommt etwas Neues:
Man kann $B(OH)_3$ auch so aufschreiben:

H_3BO_3.

Was bedeutet das? Wenn in Verbindungen die Wasserstoffe H **vorne** stehen, dann ist es eine **Säure**. Und Säuren können, das wissen wir, H^+ abspalten. H_3BO_3 kann also **auch** drei H^+ abspalten.

Das bedeutet: H_3BO_3 (oder $B(OH)_3$, das ist das selbe) kann *sowohl* H^+ *als auch* OH^- abspalten! *Es kann sich entscheiden, ob es als Säure oder als Base reagiert!* Solche Verbindungen nennt man **Amphotere**. Auch Wasser ist natürlich ein Amphoter!

H_3BO_3 spaltet also drei H^+ ab. Jedes H ist positiv geladen (also: H^+), daher haben sie insgesamt drei Elektronen zu wenig. Diese drei Elektronen sind beim BO_3 geblieben, und das ist daher -3 geladen. H_3BO_3 spaltet also auf in drei H^+ und ein BO_3^{3-}:

$$\mathbf{H_3BO_3 \dashrightarrow 3H^+ + BO_3^{3-}.}$$

Warum tut Bor das? Blättern wir in das Kapitel "**Säuren und Basen**" zurück. Dort haben wir uns Verbindungen angesehen, die aus O, H und noch irgendeinem anderen Element bestehen (wie zb. Natrium Na, oder Chlor Cl). Wir haben gelernt, dass sich die Elemente um die Elektronen streiten. **Wer sich daran überhaupt nicht mehr erinnern kann, sollte sich dieses Kapitel jetzt noch einmal durchlesen!**

Nur zur Erinnerung: Der Sauerstoff gewinnt im Elektronenstreit immer, und behält seine Elektronen. Dann gibt es immer noch einen *"zweiten Sieger"*: Ist dieser zweite Sieger das H, so behält auch das H seine Elektronen, und die Verbindung ist eine Base, wie zum Beispiel bei NaOH. Das Natrium ist nämlich der "Verlierer", und gibt sein Elektron ab. Daher spaltet NaOH auf in Na^+ und OH^-.

Wenn aber der Wasserstoff H der Verlierer im Elektronenstreit ist, so entsteht eine Säure. Das ist zum Beispiel bei HOCl der Fall: Diese spaltet auf in H^+ und OCl^-.

Wir haben also gesagt: **Basen** sind Verbindungen, die aus O, H und einem **wenig elektronegativen Element** wie Li, K, Na, Ca, (oder anderen Elementen, die ihre Elektronen gerne abgeben), bestehen.

Säuren sind Verbindungen, die aus O, H und einem **stark elektronegativen Element** wie Cl, Br, S (oder anderen Elementen, die gerne Elektronen aufnehmen wollen), bestehen.

Aber das Bor will die Elektronen weder gerne abgeben, noch gerne aufnehmen. Und **daher kann die Borsäure $B(OH)_3$ sowohl Säure als auch Base sein**.

Wovon hängt es nun aber ab, ob $B(OH)_3$ sich wie eine Säure oder eine Base verhält? Antwort: **Davon, ob wir das $B(OH)_3$ mit einer Säure oder Base reagieren lassen!**

Stellen wir uns das so vor: Unser $B(OH)_3$ ist ein 14-jähriger Knabe, der nicht mehr wirklich Kind ist, aber auch noch nicht ganz erwachsen. Was passiert, wenn wir diesen Knaben mit einem viel kleineren 10-Jährigen zusammen tun? Er wird sich groß und cool vorkommen, und sich verhalten, wie ein erwachsener Mann. Der 10-Jährige nimmt die Rolle des Kindes ein.

Was aber passiert, wenn wir den 14-Jährigen Knaben einem wütenden, 140 kg schweren Freistilringer (oder Wrestler, oder Boxer....) gegenüber stellen? Ich nehme einmal an, dass er sich da ganz anders benehmen wird: Da wird er sich auf einmal sehr zurücknehmen, und die Rolle des Kindes einnehmen.

Genau so macht es auch das $B(OH)_3$: **Einer starken Säure gegenüber verhält es sich als Base, also als $B(OH)_3$, das OH- abspalten kann**.

Einer starken Base gegenüber verhält es sich wie eine Säure, also wie H_3BO_3, das H^+ abspalten kann.

Frage: Wie wird H_3BO_3 mit NaOH neutralisiert? Wie viele NaOH werden benötigt?

Antwort: H_3BO_3 kann 3 H^+ abspalten. NaOH kann ein OH^- abspalten. Wir brauchen für eine Neutralisation genau so viele H^+ wie OH^-. Wir brauchen also für 3 H^+ auch 3 OH^-. Wir brauchen also 3 NaOH für ein H_3BO_3. Das können wir aufschreiben:

$$\mathbf{H_3BO_3 + 3NaOH \text{ --> } ?}$$

Jetzt spalten wir H_3BO_3 und NaOH in ihre Ionen auf:

$$\mathbf{3\ H^+ + BO_3^{3-} + 3\ Na^+ + 3\ OH^- \text{ --> } ?}$$

Jetzt können wir die Gleichung lösen, indem wir aus allen H^+ und OH^- Wasser H_2O machen; es kommen also 3 H_2O heraus. Dann fassen wir die restlichen Ionen zu einem Salz zusammen:

$$\mathbf{3\ H^+ + BO_3^{3-} + 3\ Na^+ + 3\ OH^- \text{ --> } 3\ H_2O + Na_3BO_3.}$$

Wir kontrollieren, und sehen, dass die Gleichung stimmt: 3 Na^+ haben eine Ladung von +3. BO_3^{3-} hat eine Ladung von -3. Zählen wir die Ladungen zusammen, also +3 - 3, kommt Null heraus. Und so soll es auch sein.

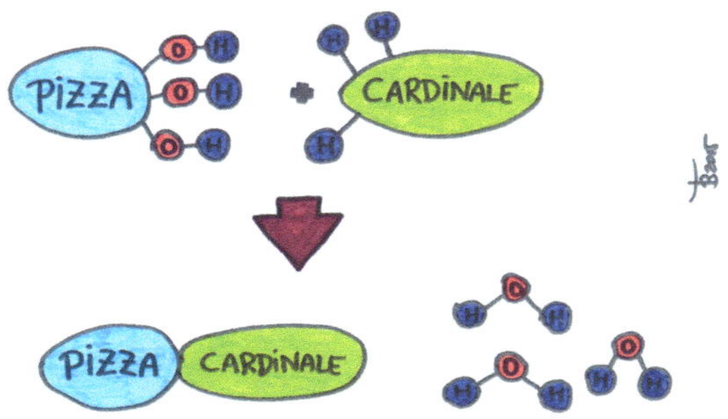

Na_3BO_3 ist das **Natriumborat.**

Was passiert aber, wenn wir H_3BO_3 mit einer starken Säure wie HCl reagieren lassen? Dann verhält es sich als Base, nämlich als $B(OH)_3$. $B(OH)_3$ kann, das sehen wir aus der Formel, 3 OH^- abspalten. Es spaltet also auf in:

$$\mathbf{B(OH)_3 \rightarrow B^{3+} + 3\ OH^-.}$$

Wie viele HCl brauchen wir, um $B(OH)_3$ zu neutralisieren? Da $B(OH)_3$ 3 OH- abspaltet, brauchen wir auch 3 H^+, also brauchen wir 3 HCl.

$$\mathbf{B(OH)_3 + 3\ HCl} \rightarrow ?$$

Wir spalten in die Ionen auf:

$$\mathbf{B^{3+} + 3\ OH^- + 3\ H^+ + 3\ Cl^- \rightarrow ?}$$

Und lösen die Gleichung auf, indem wir aus H^+ und OH^- Wasser machen:

$$\mathbf{B^{3+} + 3\ OH^- + 3\ H^+ + 3\ Cl^- \rightarrow 3H_2O + BCl_3.}$$

BCl_3 ist das Bortrichlorid. Da aber $B(OH)_3$ nur eine sehr schwache Base ist (kein Wunder, wenn es auch als Säure reagieren kann!), kann man BCl_3 in Wirklichkeit nicht so einfach herstellen. Darum geht es aber in diesem Beispiel nicht. Es geht darum, dass Amphotere wie $B(OH)_3$ sowohl als Säuren als auch als Basen reagieren.

Man muss aber dazu sagen, dass BOH_3 unter normalen Bedingungen nicht mit so mit HCl reagiert, eben weil das Abspalten von drei OH^- schon sehr schwierig ist. Auch ist BCl_3 kein klassisches Salz mehr, sondern eine Flüssigkeit. Allerdings funktioniert die Rückreaktion von BCl_3 zu $B(OH)_3$ gemäß der Neutralisationsgleichung!

Es geht um den Zusammenhang zwischen Säure und Base einerseits, und Periodensystem andererseits: Je weiter wir im Periodensystem nach rechts wandern, desto saurer werden unsere Moleküle! War NaOH noch eine starke

Base, so ist $B(OH)_3$ nur noch sehr schwach basisch, weil es die OH^- nur noch ungern abgibt. Wenn wir im Laufe dieses Buches immer weiter nach rechts wandern, werden wir auch starke Säuren kennen lernen.

7.1. Die Borgruppe und die dative Bindung

Wir haben bereits gesehen, dass BH_3 ein leeres Orbital hat. Und wir wissen auch, wofür man leere Orbitale nutzen kann: Für die *dative Bindung*! So kann BH_3 mit NH_3 eine dative Bindung eingehen, das haben wir im Kapitel "dative Bindung" gelernt.

Auch BCl_3 und BF_3 haben leere Orbitale am Bor B:

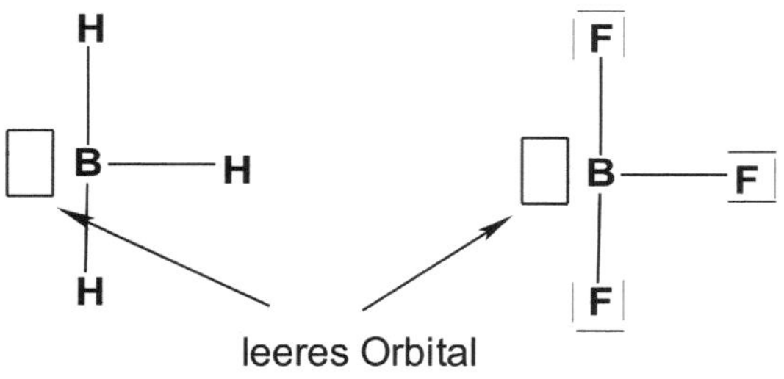

BF_3 will dieses Orbital mit Elektronen füllen. Daher geht es gerne die **dative Bindung** ein. Das sehen wir uns gleich näher an.

Wichtig: Alles, was wir über BF_3 sagen, gilt auch für die "verwandten" Verbindungen! Die "verwandten" Verbindungen sind die **isolektronischen Verbindungen**. Also alle Verbindungen, wo wir statt Bor B ein "verwandtes" Element aus der Borgruppe einsetzen, zum Beispiel Aluminium Al, Gallium Ga usw. Also haben auch AlF_3 und GaF_3 usw. ein leeres Orbital.

Und genau so können wir auch F durch die Verwandten Chlor Cl und Brom Br austauschen. BCl_3, $AlCl_3$, $GaCl_3$ haben auch alle ein leeres Orbital. Auch diese Verbindungen gehen alle gerne dative Bindungen ein.

Wir bleiben aber, der Übersichtlichkeit halber, beim BF_3.

Wir werden in diesem Kapitel sehen, dass **BF_3 eine Säure ist!** Obwohl es kein H^+ abgeben kann. Wie das funktioniert, sehen wir uns jetzt an.

Wir geben Wasser H_2O und BF_3 zusammen. Was passiert?

BF_3 hat ein leeres Orbital am Bor B, und H_2O hat zwei nichtbindende Orbitale am Sauerstoff O. Eines der nichtbindenden Orbitale vom O und das leere Orbital vom BF_3 gehen eine **dative** Bindung ein. Wir können uns das **formal** so vorstellen, indem wir die Reaktion in einzelne Elektronen zerlegen. (Obwohl wir schon wissen, dass in Wirklichkeit nur ganze Elektronenpaare umklappen):

Das O im Wasser hat eine Ladung von Null, das Bor im BF_3 ebenso.

Das O gibt nun ein Elektron an das B ab. Weil dem O jetzt ein Elektron fehlt, ist es jetzt positiv geladen, nämlich +1. Das Bor hat jetzt ein Elektron zu viel, es ist also -1 geladen.

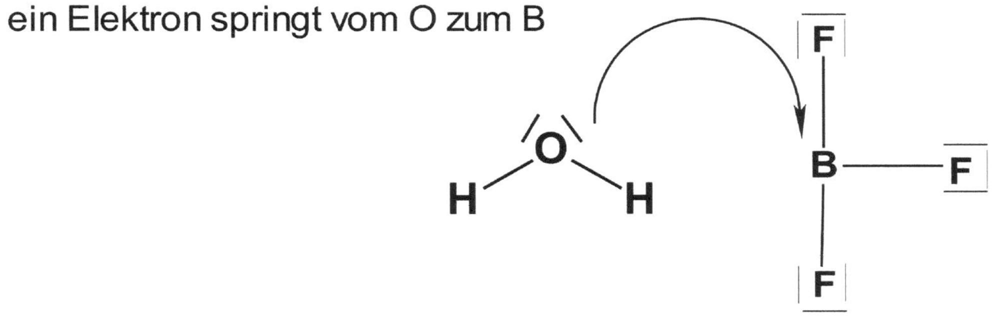

Das ist der erste Teil der dativen Bindung. Im zweiten Teil gehen O und B eine Atombindung ein. **Jetzt ändert sich die Ladung von O und B nicht!** Das O bleibt +1, das B bleibt -1:

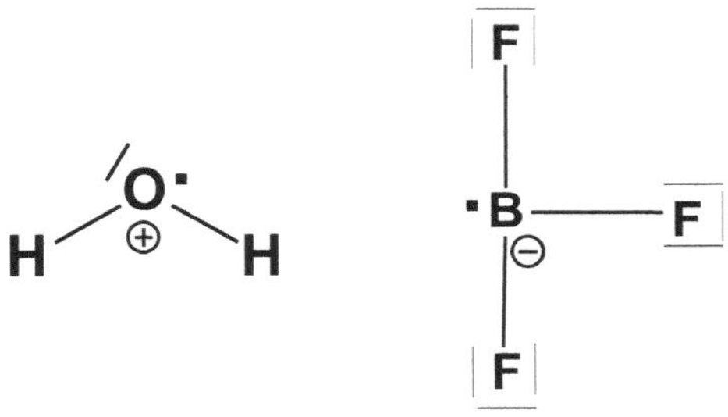

Das O ist $+_1$, das B $-_1$ geladen

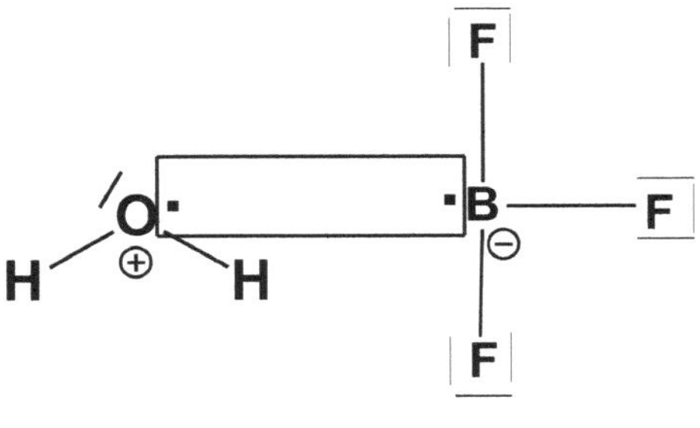

Die Elektronen verbinden sich

Das negativ geladene Bor hat jetzt **7 Außenelektronen**. Warum? Das Bor hat alleine 3 Elektronen außen. Von den drei Fluor F kommen noch drei Elektronen dazu (jedes Fluor liefert eines), die mit dem Bor binden; das macht dann 6 Elektronen.

Wichtig: Das ändert die Ladung des Bor nicht! Weil: Die drei Elektronen des Bor "gehören" immer noch dem Bor, und die drei Elektronen der Fluor-Atome "gehören" immer noch dem Fluor! Das Bor ist mit den Fluor-Atomen durch ganz normale Atombindungen verbunden. **Und die Atombindung ändert nichts an der Ladung!** (Wissen wir.) Bor und die Fluor-Atome nutzen diese 6 Elektronen gemeinsam, aber kein Elektron hat den Besitzer gewechselt.

Jetzt aber hat der Sauerstoff O dem Bor ein Elektron "geschenkt", und d**amit ändert sich die Ladung!** Somit hat das Bor 7 Außenelektronen, und ist -1 geladen. Der Sauerstoff ist +1 geladen.

Nun bindet das Bor mit dem Sauerstoff.
Heraus kommt:

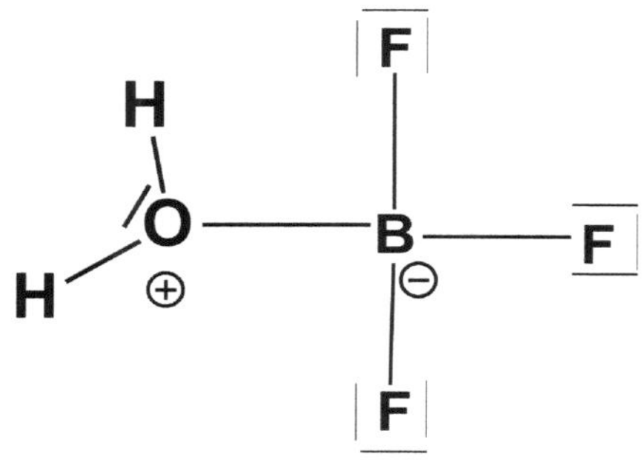

Bevor wir weiter machen erinnern wir uns daran, dass nicht einzelne Elektronen hüpfen, sondern das ganze Elektronenpaar des Sauerstoff „auf einmal" zum Bor klappt. In Wirklichkeit kommen wir direkt vom ersten Bild dieser Reaktion zum letzten Bild.

Sehen wir uns dieses eigenartige Molekül näher an:

Das Bor ist immer noch -1 geladen, und hat jetzt aber 8 Außen-Elektronen. Der Sauerstoff O ist +1 geladen, und hat ebenfalls 8 Außenelektronen.(Sieht man daran, dass sowohl B als auch O vier Bindungs-Striche haben.) Jetzt sollten doch alle glücklich sein, oder?

Nicht ganz. **Der Sauerstoff O will nämlich nicht positiv geladen sein.** Er ist ja das zweit- elektronegativste Element! Der Sauerstoff will also irgendwem Elektronen wegnehmen. **Und da kommt eines der Wasserstoffe H in Frage**. (Welches H, ist egal.) Der Sauerstoff teilt sich mit dem Wasserstoff 2 Elektronen. Und diese will der Sauerstoff für sich alleine haben. Also bricht er die Bindung auf:

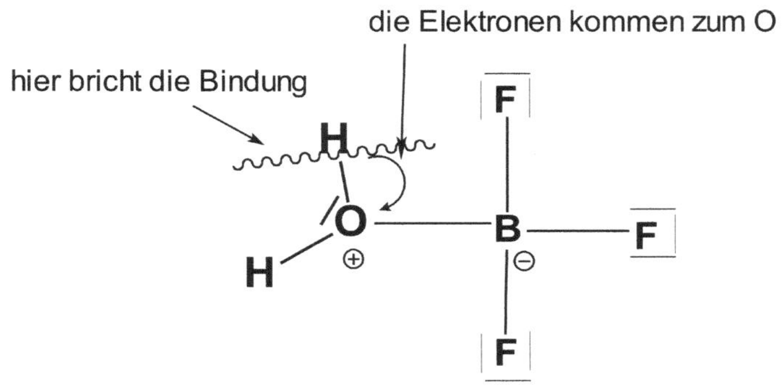

Der Sauerstoff nimmt also dem Wasserstoff sein Elektron weg: Er hat jetzt ein Elektron mehr, und hat wieder eine Ladung von Null. Und der Wasserstoff? Dem fehlt ein Elektron, und ist positiv geladen. Also H^+.

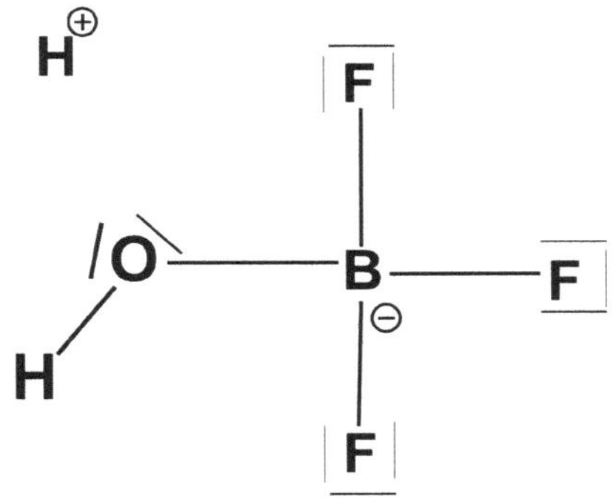

Unser Molekül ist also in zwei Ionen aufgespalten: $BF_3(OH)^-$ und H^+. *Woher kommt die Minus-Ladung beim $BF_3(OH)^-$?* Vom Bor B! Alle anderen Atome sind ungeladen, nur das Bor hat eine Ladung von -1. Also hat auch $BF_3(OH)^-$ eine Ladung von -1.

Wir stellen uns das so vor: Alle Atome in $BF_3(OH)^-$ sind Kinder. Die Minusladung ist ein Kuchen. Dann hat nur das Bor-Kind einen Kuchen. Die Fluor-Kinder haben keinen Kuchen, das Wasserstoff-Kind auch nicht, und das

Sauerstoff-Kind auch nicht. Wie viele Kuchen haben diese Kinder insgesamt? Insgesamt haben sie einen Kuchen.

Sehen wir uns die Formel $BF_3(OH)^-$ einmal genauer an: Das ist nichts anderes, als BF_3 und OH^-! Ziehen wir BF_3 und OH^- zu einem Molekül zusammen, kommt $BF_3(OH)^-$ heraus. Das BF_3 hat also nichts anderes gemacht, als dem Wasser das OH^- zu entziehen! Vom H_2O bleibt daher H^+ übrig.

Das H^+ -Ion kennen wir aber schon: Das ist das "saure" Hydrogenium-Ion.
Wenn wir also BF_3 mit H_2O mischen, entstehen H^+ -Ionen, **und darum ist BF_3 eine Säure!** *Aber eine andere Art von Säure, als wir sie bisher kennen gelernt haben.*

Bisher haben wir nur Säuren gekannt, wie HCl, die Salzsäure, H_2SO_4, die Schwefelsäure, HF, die Flusssäure, und so weiter, die ihre H^+ **abgeben** können.

BF_3 hat kein H, und kann daher auch kein H^+ abgeben. **Aber es kann das H_2O zwingen, ein H^+ abzugeben!** So eine Art von Säure nennt man **Lewis-Säure**.

Sehen wir die obige Reaktion noch einmal an: Das BF_3 zieht ein nichtbindendes Elektronenpaar des Sauerstoff an sich. Das tut das BF_3 mit Hilfe seines leeren Orbitals. Es nimmt also ein Elektronenpaar auf. Darum ist das BF_3 ein "**Elektronenpaar-Akzeptor**". "Akzeptieren" heißt ja "aufnehmen". Ebenso sind auch alle anderen Elektronenpaar-Akzeptoren Lewis-Säuren.

Wir fassen zusammen: BF_3 "entzieht" dem Wasser OH^-, und wir dadurch selbst zu $BF_3(OH)^-$. Vom Wasser bleibt H^+ übrig, und darum ist BF_3 eine Lewis-Säure.

Auch alle zum BF_3 "verwandten", also isoelektronischen Moleküle sind Lewis-Säuren: also AlF_3, GaF_3, InF_3 und TlF_3, außerdem auch Moleküle der Borgruppe, wo Fluor F durch Wasserstoff, Chlor oder Brom oder Iod ersetzt wird: BCl_3, BBr_3, $AlCl_3$, usw.

Wir unterscheiden also in Zukunft zwischen "normalen" Säuren wie HCl, HF, ..., einerseits, und Lewis-Säuren andererseits.

Die "normalen" Säuren nennen wir in Zukunft **Brönsted-Säuren**.

Wir merken uns die Begriffe **Brönsted-Säuren** und **Lewis-Säuren**.

Im Jahr 1923 formulierte Brönsted die Theorie, Säuren seien Stoffe, die Protonen, also H^+, abgeben können. Später, im Jahr 1939, erweiterte Lewis den Säurebegriff, und beschrieb Säuren als Elektronenpaar-Akzeptoren.

Man spricht also von der "Säuretheorie nach Lewis", und der "Säuretheorie nach Brönsted".

Im Grunde ist aber die Säuretheorie nach Lewis die umfassendere: Ein H^+ hat ja auch ein leeres Orbital, das heißt, es kann eine dative Bindung eingehen. H^+ kann also ein Elektronenpaar akzeptieren, und daher sauer wirken. Oder, anders gesagt: H^+ ist die einfachste Lewis-Säure!

Wie stark eine Lewis-Säure ist, hängt davon ab, wie stark sie nichtbindende Elektronen aufnimmt. Und das hängt wieder davon ab, welche Atome am Bor (oder Aluminium, Gallium.....) hängen. So ist zum Beispiel BF_3 eine stärkere Lewis-Säure als BH_3.

Im BF_3 zieht das Fluor F, da es extrem elektronegativ ist, den Elektronen-Nebel sehr stark vom Bor ab. B und F sind durch eine **polare Atombindung** miteinander verbunden. Das Bor wird dadurch leicht positiv geladen. (Es wird δ+ geladen.) Dadurch will das Bor unbedingt Elektronen-Nebel haben, und das leere Orbital im BF_3 wird überaus gierig nach einem nichtbindenden Elektronenpaar, und zieht es sehr stark an sich.

Im BH_3 dagegen, zieht der Wasserstoff H den Elektronen-Nebel nicht sonderlich stark vom B ab. Darum ist das leere Orbital im BH_3 nicht sehr gierig nach Elektronen, BH_3 ist eine schwache Lewis-Säure.

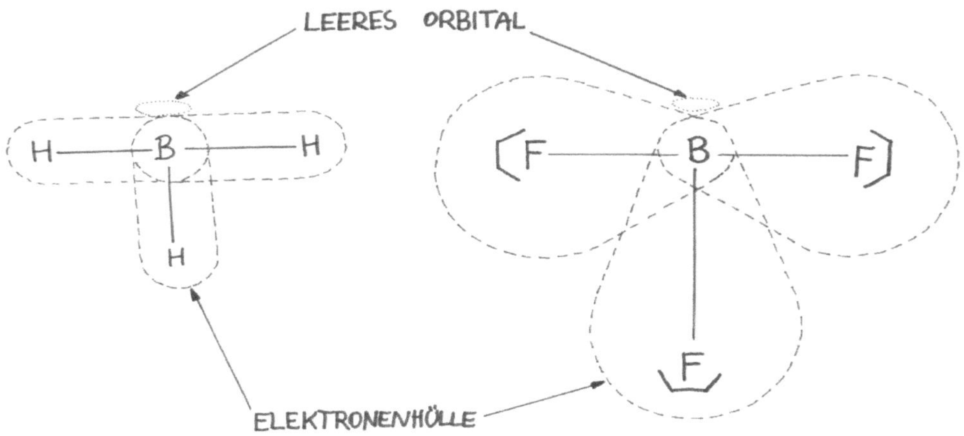

Wir können uns das so vorstellen: Unser Bor ist ein Mensch, der vor einem kalten Buffet steht. Das kalte Buffet ist ein nichtbindendes Elektronenpaar. Sein leerer Teller ist das leere Orbital. Jetzt lädt er sich vom Buffet etwas auf den leeren Teller. Dummerweise stehen hinter ihm drei überaus gierige Menschen. Und die fahren dem Bor mit ihren Gabeln in den Teller und klauen das Essen. Jetzt dreht sich der Bor-Mensch um und sieht: Gegen die drei Fluor hat er keine

Chance. Also schaufelt er sich um so mehr Essen vom kalten Buffet auf den Teller, bis sowohl das Bor, als auch die Fluor satt sind....

Sehen wir uns das noch einmal als Comic an:

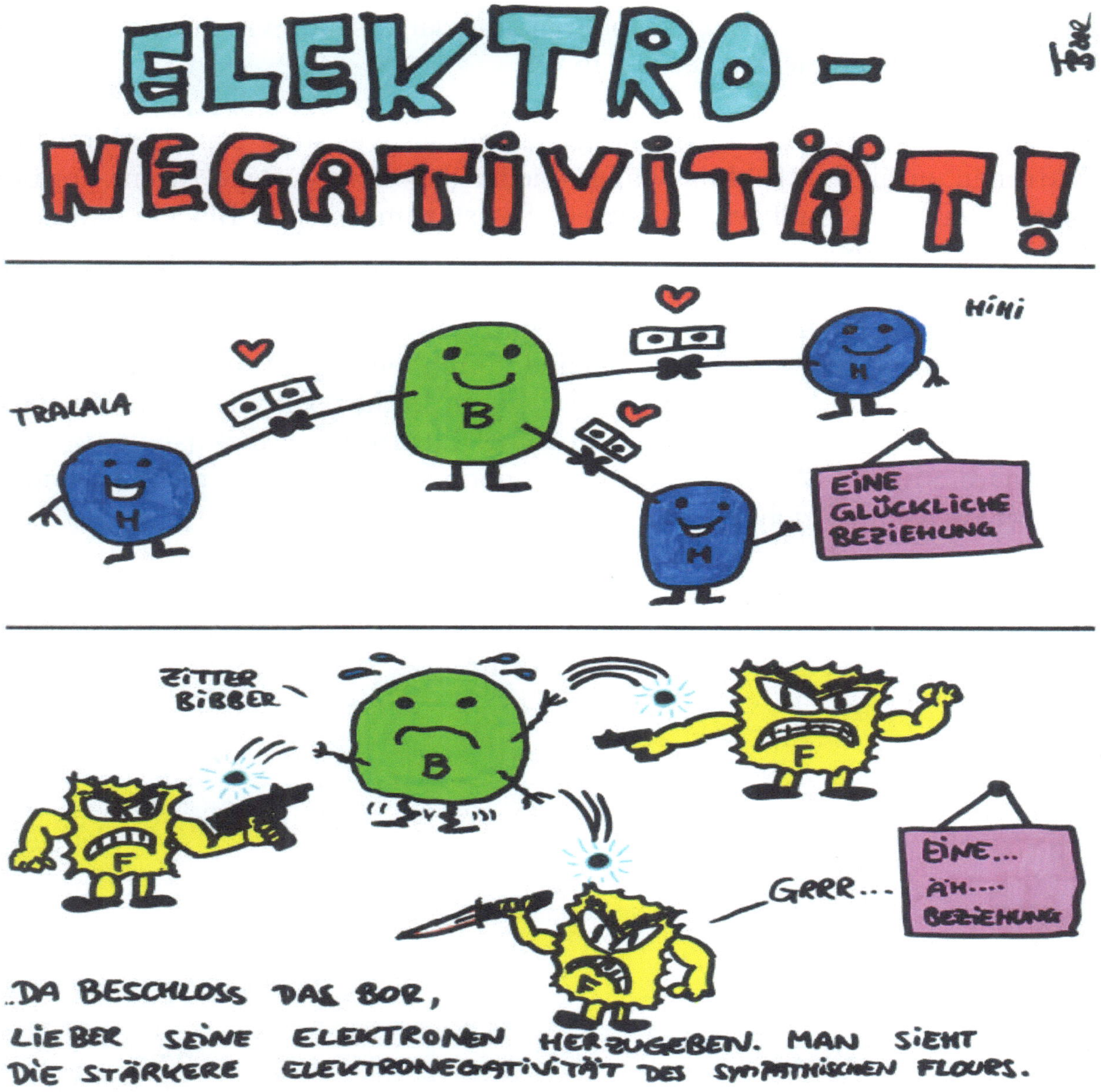

Na ja. Wirklich sympathisch ist das Fluor nicht. Aber so ist das mit den besonders gemeinen Typen: man sagt ihnen, dass sie sympathisch seien, sonst werden sie noch wütend....

Mit den Lewis- Säuren haben wir ein recht anspruchsvolles Gebiet der Chemie behandelt. Wir sind damit bereits über dem Reifeprüfungs-Niveau.

Wir wollen uns nun die Chemie der einzelnen Borgruppen-Elemente näher ansehen, von denen uns wiederum nur die ersten beiden näher interessieren: Das Bor B und das Aluminium Al.

7.2. Chemie des Bor

Reines Bor ist ein schwarzes, sehr hartes Material, das man gefahrlos handhaben kann. Es schmilzt erst bei sehr hoher Temperatur: bei 2076°C. Bor besitzt die höchste Zugfestigkeit aller Elemente,außerdem ist es sehr hart; nur der Diamant ist härter.

Elementares Bor braucht man zur Herstellung von Computerchips. Außerdem wird Bor bei den Stealth-Jagdbombern der US-Luftwaffe eingesetzt.

In Verbindungen braucht man Bor für **Waschmittel**, und für **spezielle Glasarten**: Das "**Borosilikat-Glas**" ist sehr feuerfest.

Wichtig für Hifi-Fans: **Neodym-Eisen-Bormagnete** gehören zu den stärksten Magneten überhaupt. Und diese Magneten braucht man in sehr hochwertigen Lautsprechern und Kopfhörern.

7.3. Chemie des Aluminium

Das Aluminium ist das **dritthäufigste Element der Erdkruste**!
(Sauerstoff ist das häufigste, Silizium das zweithäufigste.)

Trotzdem hat man das Aluminium, als Metall,erst sehr spät kennen gelernt, weil es sehr schwierig zu erzeugen ist. Man benötigt dazu nämlich elektrischen Strom.
In der Natur ist Aluminium immer mit anderen Elementen verbunden, vor allem mit Sauerstoff. Aluminium und Sauerstoff verbinden sich zu Al_2O_3, dem **Aluminiumoxid**. Wie kommen wir zu dieser Formel?

Aluminium hat **drei** Außen-Elektronen. Das Aluminium will diese Außen-Elektronen an den Sauerstoff abgeben. Es will also mit dem Sauerstoff eine Ionenbindung eingehen. Dabei haben wir aber ein Problem, weil: Der Sauerstoff kann nur **zwei** Elektronen aufnehmen! (Das wissen wir schon. Wem das *nicht klar* ist, soll sich bitte das "Kästchen-Modell" des Sauerstoffs ansehen! Da sieht man, dass der Sauerstoff **zwei** leere Elektronen-Wohnungen hat.)

Es bleibt dem Aluminium, wenn es mit einem Sauerstoff-Atom reagiert, **ein** Elektron übrig (weil: drei minus zwei ist eins). Dieses Elektron will das Aluminium auch los werden.

Wie lösen wir das Problem?
Indem wir **zwei** Aluminium-Atome und **drei** Sauerstoff-Atome nehmen. Denn: Zwei Aluminium-Atome haben insgesamt sechs Außen-Elektronen. Und drei Sauerstoff-Atome haben insgesamt sechs leere "Elektronenzimmer". (Zur Wiederholung: Ein anderes Wort für "Elektronenzimmer" ist Spinorbital.)
Drei Sauerstoff-Atome haben also Platz für 6 Elektronen. Und damit können zwei Aluminium-Atome alle 6 Außenelektronen an drei Sauerstoffe abgeben, und alle Atome sind zufrieden:

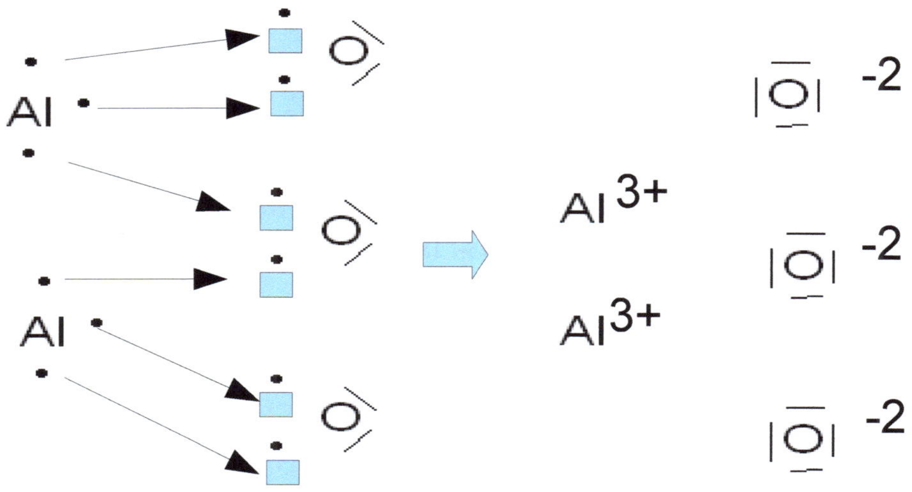

Die leeren Kästchen stellen die leeren Spinorbitale der Sauerstoffe dar: Alle 6 Elektronen der beiden Aluminium-Atome finden einen Platz bei den drei Sauerstoff-Atomen.

Nachdem die Elektronen ihren Besitzer gewechselt haben, sind beide Aluminium-Ionen 3+ geladen, und alle drei Sauerstoff-Ionen -3. Die positiv geladenen Kationen und die negativ geladenen Anionen ziehen (wie bei der Ionenbindung üblich) einander an, und bilden einen Kristall. Das Aluminiumoxid Al_2O_3 ist also ein Kristall, der in seiner schönsten Form **Korund** genannt wird. Der Korund ist ein Edelstein, und gehört zu den härtesten bekannten Verbindungen. Korunde mit Spuren von anderen Elementen (wie zum Beispiel Beryllium) sind sehr bekannte Edelsteine wie der **Smaragd**, der **Rubin** und der **Saphir**.

Eine weitere wichtige Verbindung ist $AlCl_3$. $AlCl_3$ wirkt **adstringierend,** das heisst: "zusammenziehend". Wenn wir $AlCl_3$-hältige Lösungen in den Mund nehmen, spüren wir, wie sich die Mundschleimhäute "*zusammenziehen*", ähnlich wie bei sehr bitterem Tee. Watte mit $AlCl_3$ wirkt blutungsstillend, sie wird gegen starkes Nasenbluten verwendet.

Aufgrund dieser Wirkung werden große $AlCl_3$ -Kristalle auch als Anti-Schweiß-Steine verwendet: Sie können auch die Schweißporen adstringieren.

Wie merken wir uns Al_2O_3 und $AlCl_3$? Ganz einfach: Als Edel-Stein und Schweiß-Stein. Wenn man zu Weihnachten etwas aus Al_2O_3 geschenkt bekommt, wie zum Beispiel einen riesigen Rubin, freut man sich. Bekommt man aber $AlCl_3$ geschenkt, freut man sich weniger......

Außerdem ist Al_2O_3 der Grundstoff zur Herstellung von Aluminium-Metall. Aluminium stellt man mit elektrischem Strom her. Dieses Verfahren nennt man **Elektrolyse**. Mit Hilfe der Elektrolyse kann man dem Al^{3+}-Ion drei Elektronen geben, so dass es wieder zum Al-Metall wird. Wie das funktioniert, sehen wir uns jetzt an.

7.4. Die Elektrolyse am Beispiel des Alumiums

Wir wissen, dass Strom die Bewegung von Elektronen ist. Wenn Elektronen fließen, haben wir elektrischen Strom.

Angenommen, wir "pumpen" nun Elektronen in einem Stromleiter (zum Beispiel einem Metallstück) von links nach rechts. Dann haben wir rechts im Metallstück sehr viele Elektronen, und links sehr wenige Elektronen. Das Metallstück ist rechts negativ geladen, und links positiv. Das bedeutet aber, dass das Metallstück auf der rechten Seite (wo es zu viele Elektronen hat) die Elektronen abgeben will, und auf der linken Seite will das Metallstück Elektronen aufnehmen. Es ist klar, dass man das für chemische Zwecke nützen kann. **Mit genügend starkem Strom können wir Ionen zwingen, Elektronen abzugeben, oder aufzunehmen**.

Sehen wir uns das am Beispiel von Al_2O_3 an. Wir nehmen einen riesigen Topf, gefüllt mit Al_2O_3. Wenn wir dieses Al_2O_3 erhitzen, schmilzt es. Der Kristall zerfällt in Al^{3+} und O^{2-}-Ionen, die dann frei "herumschwimmen". Wir erinnern uns: positiv geladene Ionen nennt **Kationen**, und negativ geladene Ionen nennt man **Anionen**. In unserem Fall sind also die Al^{3+}-Ionen Kationen und die O^{2-}-Ionen Anionen.

Nun schicken wir elektrischen Strom in die Schmelze. Und jetzt pumpen wir, mit Hilfe einer Stromquelle (Batterie, Steckdose, Starkstrom) Elektronen von oben nach unten.

Das sieht dann so aus:

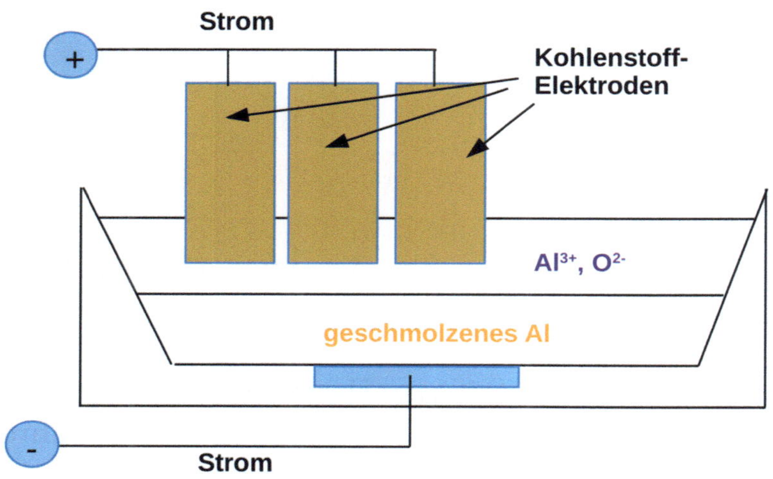

Die geladenen Teile des Stromleiters nennt man **Elektroden**. Nachdem man natürlich riesige Mengen an Aluminium herstellen will, wird eine Batterie als Stromquelle wohl zu wenig sein. Man verwendet Starkstrom. Der pumpt nun die Elektronen im Stromleiter von oben nach unten.

Was geschieht jetzt? Die untere Elektrode ist negativ geladen (viele Elektronen!) und zieht die positiven Al^{3+}-Ionen an. Darum nennt man die negativ geladene Elektrode **Kathode**, weil sie die positiven Kationen anzieht. Die positiv geladene Elektrode nennt man die **Anode**, weil sie die Anionen anzieht. In unserem Fall zieht sie die O^{2-}-Ionen an.

Vorsicht!!! *Kathode und Anode werden immer gerne verwechselt!* Wir merken uns: **Kation**: positiv geladenes Ion
Anion: negativ geladenes Ion
Kathode: negativ geladene Elektrode
Anode: positiv geladene Elektrode

Jene Al^{3+}-Ionen, die bei der Kathode angesammelt sind, bekommen nun jeweils 3 Elektronen, so dass aus den Al^{3+}-Ionen ungeladene Aluminium-Atome werden:

$$\mathbf{Al^{3+} + 3\ e^{-} \dashrightarrow Al}$$

Diese liegen als flüssiges, geschmolzenes Metall vor. Das flüssige Aluminium ist schwerer als die Al_2O_3-Schmelze, und bleibt daher unten. Jetzt schwimmt das flüssige Aluminium unter der Aluminiumoxid-Schmelze, und kann dort abgesaugt werden. (Natürlich kommen nicht alle Al^{3+}-Ionen gleichzeitig zur Kathode, sondern nach und nach. Wenn die ersten Aluminium-Ionen zu Aluminium geworden sind, kommen die nächsten Ionen nach.)

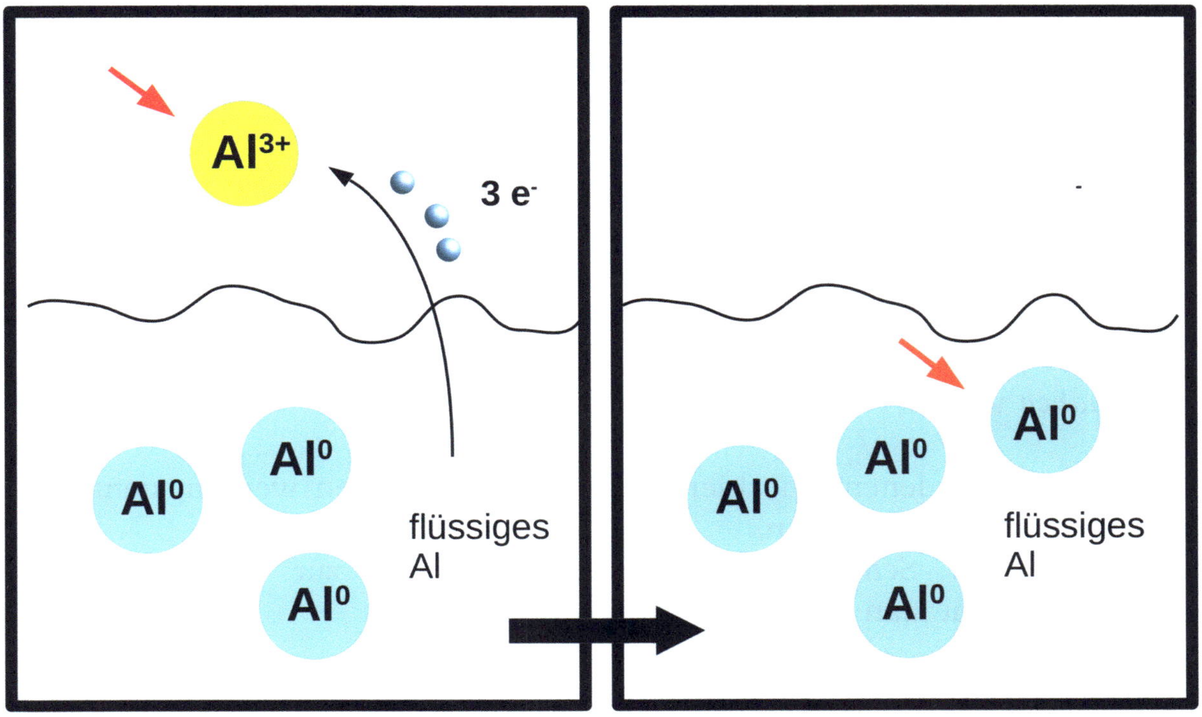

An der positiv geladenen Anode sammeln sich die O^{2-}-Ionen. Diese geben ihre Elektronen ab, so dass ungeladene Sauerstoff-Atome entstehen:

$$\mathbf{O^{2-} - 2e^- \longrightarrow O}$$

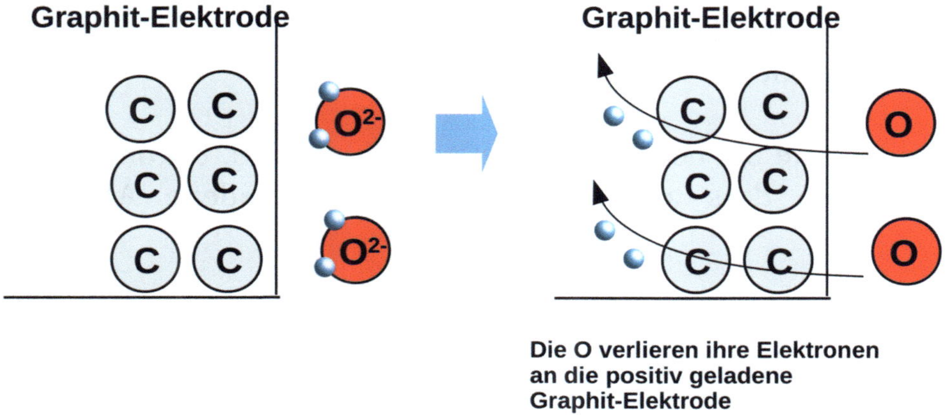

Und schließlich bildet sich CO_2:

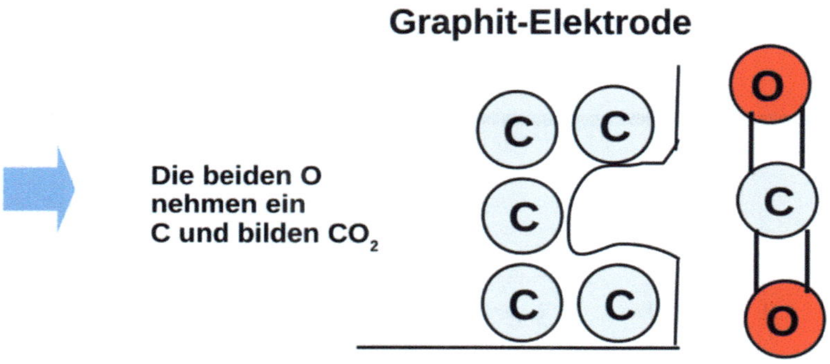

Damit haben wir das Prinzip der Elektrolyse verstanden!

Elektrolysen, bei denen, wie hier, Stoffe aufgeschmolzen werden, nennt man **Schmelzfluss-Elektrolysen**.
Dieses spezielle Schmelzfluss-Elektrolyse-Verfahren zur Gewinnung von Aluminium nennt man **Hall-Herault-Prozess**.

Nun wollen wir einige Tricks erfahren, mit denen der Hall-Herault-Prozess die Al_2O_3-Elektrolyse ermöglicht hat.

Ein großes Problem ist, dass Al_2O_3 erst bei 2045 °C schmilzt. Diese Temperatur wäre viel zu hoch, da bräuchte man viel zu viel Energie. Daher wird dem Al_2O_3 ein Mineral namens Kryolith Na_3AlF_6 zugesetzt (Das ist eine Mischung aus 3 Teilen NaF und einem Teil AlF_3), und damit schmilzt das Al_2O_3 schon bei 950 °C.

Ein weiterer Trick ist, dass die Anode, an der sich die O^{2-}-Ionen sammeln, nicht aus Metall, sondern aus Kohlenstoff C bestehen! Kohlenstoff ist (in dieser Form) ein Stromleiter. Wenn nun an der Anode O-Atome entstehen, so schnappen sich je zwei O- Atome ein C-Atom und bilden Kohlendioxid CO_2. Und dieses Gas blubbert einfach aus der Schmelze hoch, ohne die Elektrolyse weiter zu stören! Mit Metall als Elektrode wäre das alles nicht so einfach.

Das sind die beiden wichtigsten Tricks beim Hall-Herault-Prozess.

Allerdings ist der Hall-Herault-Prozess für die Umwelt ziemlich belastend. Zum einen ist das Kohlendioxid, das dabei entsteht, ein **Treibhausgas**. Das bedeutet, dass Kohlendioxid für die zunehmende Erderwärmung mitverantwortlich ist.

Zum anderen benötigt der Hall-Herault-Prozess, trotz aller guten Ideen, sehr viel Energie, noch dazu in Form von elektrischem Strom. Und Strom ist wertvollste Energieform überhaupt. Denn man benötigt,um wenig Strom zu erzeugen, sehr viel Wärme-Energie.

Daher sollten Dinge, die aus Aluminium bestehen, nicht einfach im Restmüll entsorgt werden, sondern im dafür vorgesehenen Aluminium-Behälter. Es geht nicht darum, dass wir zu wenig Alumiumoxid hätten, sondern darum, dass wir zu viel Energie verbrauchen, und zu viel CO_2 produzieren, um Aluminium-Metall daraus zu gewinnen. Daher gehören Aluminiumdosen auch in den Aluminium-Behälter.

Wofür wird Aluminium-Metall gebraucht? Es gibt so viele Verwendungen, dass wir bis morgen nicht mit Aufzählen fertig werden würden: Für Dosen aller Art (bitte richtig entsorgen!), für technische Bauteile, für Bauteile kleiner Gebäude wie Straßenbahn-Unterstände, Bus-Unterstände, im Flugzeugbau, und als **Thermit**.

Thermit ist eine Mischung aus Eisenoxid Fe_2O_3 und Aluminium. Zündet man Thermit mit einem Spezialzünder an, so entsteht flüssiger, geschmolzener und extrem heißer Stahl, und Al_2O_3. Wir können uns diese Reaktion so vorstellen (genau verstehen müssen wir sie nicht):
Die O-Atome wandern vom Aluminium zum Eisen, sie wechseln sozusagen den Besitzer. Dadurch entsteht Eisen-Metall. Da die O-Atome viel lieber am Aluminium binden, als am Eisen, wird extrem viel Energie frei. Und die lässt das

Eisen schmelzen. Thermit wird zum Schweißen verwendet, Stichwort: "*Thermitschweißen*".

7.5. Sehen wir uns noch kurz die anderen Borgruppen-Elemente an:

Gallium Ga wird in der Computerindustrie verwendet; **Indium In** ist ein wichtiger Werkstoff für die Herstellung von Solarzellen. Allerdings werden die Indium-Vorräte knapp. Man wird daher bald Ersatz finden müssen.

Thallium Tl und dessen Verbindungen, sind extrem giftig. Thalliumvergiftungen führen im frühen Stadium zu Haarausfall, und daran erkennt man sie auch.

8. Die Kohlenstoff-Gruppe

Nun sind wir in der ruhenden Mitte des Periodensystems angelangt: Der Kohlenstoff-Gruppe. Zu ihr gehören die Elemente **Kohlenstoff C, Silizium Si, Germanium Ge, Zinn Sn, und Blei Pb.**

Es sind überaus friedliche Elemente, die braven Bürger des Periodensystems. Sie haben vier Valenzelektronen. Wollen sie eine volle Außenschale haben, müssen sie entweder vier Elektronen aufnehmen, oder aber vier Elektronen abgeben. Sie haben weder zum einen, noch zum anderen wirklich Lust, und sind damit alles andere als "extremistisch". **Darum bleibt ihnen nichts anderes übrig, als ihre Außen-Elektronen mit anderen Elementen friedlich zu teilen**; entweder durch Atombindung (beim Kohlenstoff C, bei Silizium Si und bei Germanium Ge), oder durch Metallbindung (beim Zinn Sn und beim Blei Pb). Wenn sich diese Elemente mit O und H verbinden, und Säuren oder Basen bilden, so sind es stets schwache Säuren und schwache Basen.

Auf den ersten Blick könnte man sie als fade empfinden. Bei den Elementen Silizium Si bis Blei Pb mag das - bis auf einen gewissen Grad - zutreffen, aber beim Kohlenstoff nicht. Im Gegenteil. *Gerade durch seine Mäßigung hat der Kohlenstoff die absolut einzigartige Fähigkeit, sich zu riesigen Molekülen zu verbinden, in denen auch andere Elemente gebunden sein können.* **Damit ragt der Kohlenstoff C aus allen Elementen heraus.** Die ganze **organische Chemie**, und im Weiteren auch die **Biochemie,** ist dem Kohlenstoff gewidmet. Die anderen Elemente spielen dort nur Nebenrollen. Dem Kohlenstoff haben wir es zu verdanken, dass es Millionen verschiedener Moleküle gibt.

Hier wollen wir vorerst nur einige wenige Kohlenstoff-Moleküle aus der anorganischen Chemie besprechen. Obwohl nämlich die organische Chemie als "*die Chemie des Kohlenstoffs*" bezeichnet wird, wird nicht jedes kohlenstoffhaltige Molekül der organischen Chemie zugerechnet. Wobei man sagen muss, dass die *Grenzen zwischen organischer und anorganischer Chemie fließend sind.* Eine scharfe Trennung gibt es nicht. Die Zuordnung mancher kohlenstoffhaltiger Moleküle hat eher mit chemischer Tradition zu tun.

8.1. Chemie des Kohlenstoffs

Elementarer Kohlenstoff (also reiner Kohlenstoff) kann in zwei chemischen Formen auftreten. Statt "Formen" sagt man auch das etwas besser klingende Wort "**Modifikation**" oder "**Allotropie**".
Also: Kohlenstoff kann in zwei Allotropien auftreten: Als **Graphit**, das ist ein schwarzer, weicher Stoff (den wir aus Bleistiftminen kennen), oder als **Diamant**. *Tatsächlich sind Diamanten nichts anderes als reiner Kohlenstoff!*

8.1.1. Graphit

Sehen wir uns zuerst den Graphit an: Im Graphit sind die Kohlenstoffe in Sechser-Ringen angeordnet, wobei zwischen den Kohlenstoffen **abwechselnd** Einfach- und Doppelbindungen bestehen.

Ein Bild sagt mehr als tausend Worte:

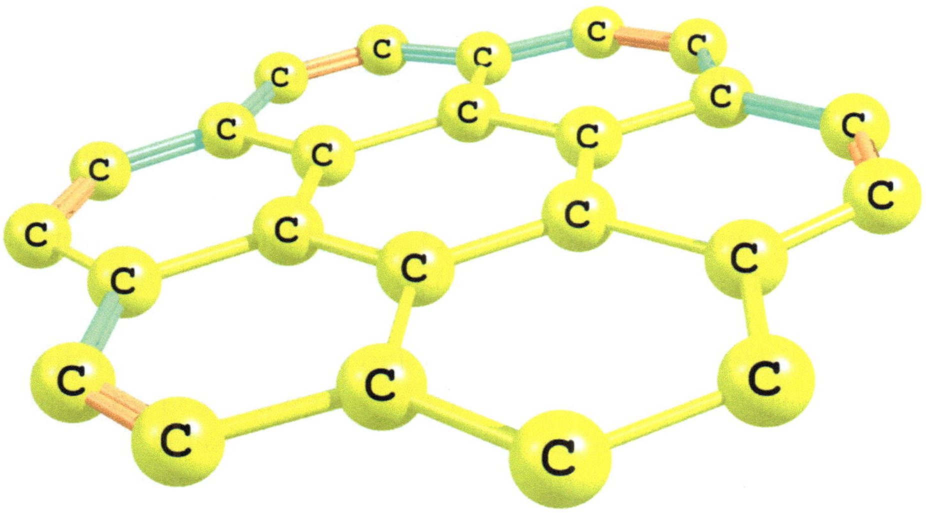

Wir sehen: *Jedes Kohlenstoff-Atom ist damit an drei weitere Kohlenstoff-Atome gebunden.* Zusammen bilden sie eine Struktur, die an Honigwaben erinnert. Im Graphit sind viele solche Honigwaben-Schichten übereinander gestapelt. Diese Schichten sind eben, und nicht durch starke Bindungen miteinander verbunden, daher können diese Schichten aneinander vorbei rutschen. Darum ist Graphit weich und schmierfähig.

In der Lewis-Schreibweise sieht Graphit so aus:

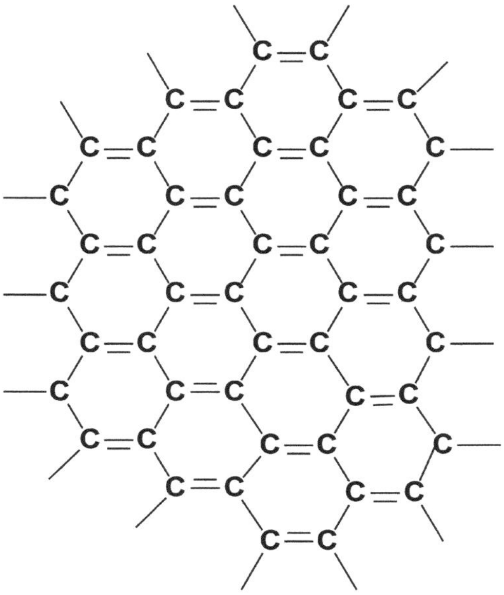

An den "offenen" Bindungen setzt sich das Honigwaben-Muster fort. Hier sehen wir: Jedes C hat vier Hände!

Der Graphit ist ein schwarzer, schmierfähiger Stoff, den wir, wie gesagt, von *Bleistiftminen* kennen. Außerdem kann Graphit Strom leiten. Wie er das kann, müssen wir jetzt noch nicht genau verstehen. Ich will trotzdem eine "Ahnung" vermitteln, wie Graphit Strom leitet. Die Elektronen die für die Doppelbindung verantwortlich sind, können sich im Graphit frei bewegen.
Warum? Wir haben abwechselnd Doppelbindung-Einfachbindung-Doppelbindung-Einfachbindung.....
....und dadurch können sich die Doppelbindungen "*vertauschen*": Aus Einfachbindungen werden Doppelbindungen, aus Doppelbindungen werden Einfachbindungen, ohne dass sich die Anordnung der C-Atome ändern muß.

Wir stellen uns das ungefähr so vor (auch wenn das Gleichnis etwas hinkt):

Zwanzig Menschen sind im Kreis aufgestellt. Das sind unsere C-Atome. Jetzt hält jeder Mensch in jeder Hand einen Löffel. Die Löffel sind Elektronen. Es gibt eine Regel: Man kann den Löffel nur dann an den Nachbarn weitergeben, wenn der Nachbar eine freie Hand hat. Sonst kann er ja den Löffel nicht gut nehmen. Wenn aber jetzt jeder Mensch in beiden Händen einen Löffel (also Elektron) hat, kann keiner den Löffel weitergeben. Die Löffel können sich nicht bewegen.
Was kann man machen, damit sich die Löffel doch bewegen können? Ganz einfach: Jeder Mensch hat in einer Hand einen Löffel, die andere Hand ist frei. So kann man die freie Hand nutzen, um vom Nachbarn einen Löffel zu nehmen, und den eigenen Löffel gibt man weiter, an den anderen Nachbarn, der ja auch

eine freie Hand hat. Weil also jeder Mensch **abwechselnd** eine freie, und eine volle Hand hat, können sie die Löffel im Kreis schicken. Unser Kreis ist also ein Löffel-Leiter.

Und ganz ähnlich ist auch Graphit ein Stromleiter, weil er **abwechselnd** Doppel- und Einfachbindungen hat: Die Einfachbindungen sind sozusagen die leeren Hände, und die Doppelbindungen die vollen Hände. Und so können die Elektronen, die die Doppelbindung erzeugen, von Atom zu Atom weiter gegeben werden.
Das soll nur eine ungefähre Ahnung vermitteln, warum Graphit leitet. Eine genauere Erklärung dann beim Benzol in der organischen Chemie.

Weil Graphit, wie wir gesagt haben, weich und schmierfähig ist, und andererseits stromleitend, wird er als Schmiermittel für stromführende Teile verwendet.

Wenn es Außerirdische gäbe, die sich durch elektrischen Strom fortpflanzen, wäre Graphit ihre Vaseline.......

8.1.2. Diamant

Die zweite Modifikation des Kohlenstoffes ist der **Diamant. Er ist der härteste bekannte Stoff der Welt.** Dabei ist der Diamant auch sehr spröde (also zerbrechlich). Das ist kein Widerspruch. Denken wir an das Glas: Es ist viel härter als Gummi, trotzdem ist es sehr zerbrechlich. Und Diamant ist viel härter als Glas, und noch viel zerbrechlicher.

Im Diamant sind alle Kohlenstoff-Atome durch Einfachbindung verbunden, die "Keimzelle" des Diamanten sieht so aus:

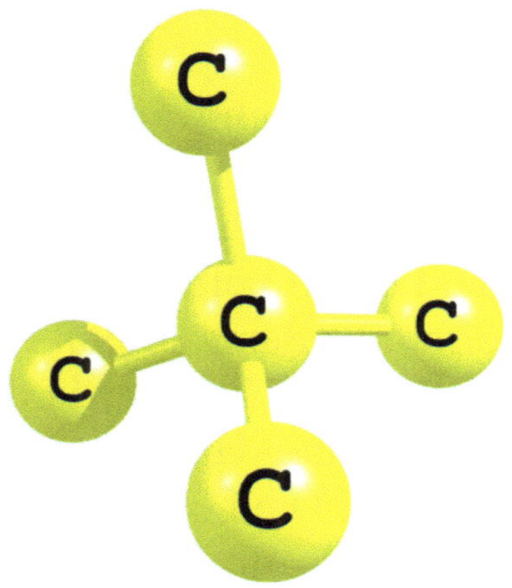

An dem inneren C-Atom hängen vier weitere. Die Form, die sich daraus ergibt, nennt man "Tetraeder". Die Kohlenstoffe sind also tetraedrisch angeordnet.

Hängen wir nun an die äußeren C-Atome wiederum weitere Kohlenstoffe, so kommen wieder Tetraeder heraus:

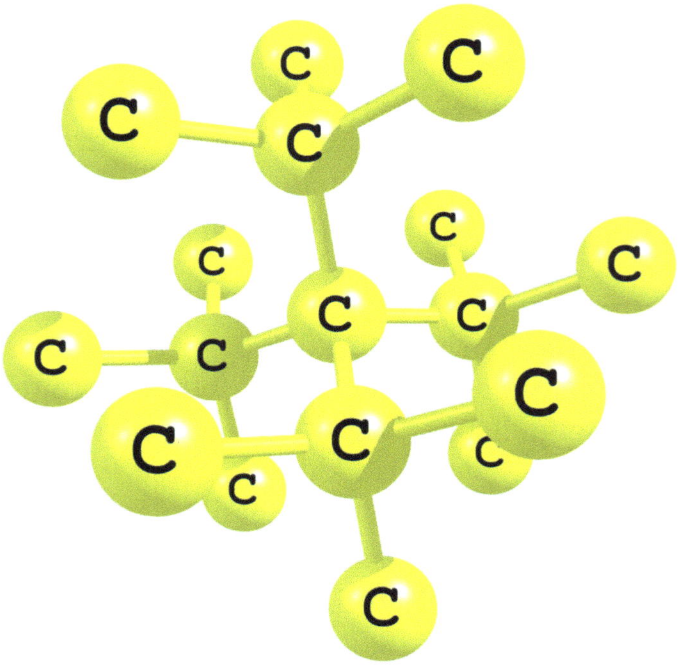

Und so geht das immer weiter.....

Der Diamant hat einige sehr interessante Eigenschaften: Zum einen ist er der "funkelndste" aller Edelsteine, weil er Licht am stärksten bricht. Weißes Licht ist ja eine Mischung aus verschieden-farbigem Licht. Und kein Edelstein trennt das Licht besser in die einzelnen Farben auf, als der Diamant.

Wie kann man einen Diamanten von Glas unterscheiden? **Man taucht ihn in Wasser!** Während Glas in Wasser nahezu unsichtbar wird, sieht man den Diamanten (fast) so gut wie an der Luft. Das hat natürlich wieder mit der Lichtbrechung zu tun: Glas hat fast die selbe Lichtbrechung wie Wasser, während der Diamant eine viel höhere Lichtbrechung hat.

Eine andere faszinierende Eigenschaft des Diamanten ist seine *extrem hohe Wärmeleitfähigkeit.* Er hat die höchste Wärmeleitfähigkeit aller Stoffe. Der Diamant kann also Wärme extrem gut weiterleiten.
Woran erkennt man eigentlich die Wärmeleitfähigkeit von Stoffen? Man muss sie einfach nur angreifen: Holz zum Beispiel hat eine geringe Wärmeileitfähigkeit. Wenn wir Holz angreifen, fühlt es sich warm an. Metall hat eine hohe Wärmeleitfähigkeit, deshalb fühlt es sich kalt an.

Warum?

Jeder Stoff ist so warm, wie der Raum, in dem er sich befindet. (So lange wir den Stoff nicht extra erwärmen, natürlich). Unser Körper ist mit 36°C normalerweise deutlich wärmer als jeder Raum und als jeder Stoff.

Wenn wir nun auf einen Stoff greifen, zum Beispiel Holz, dann fließt von unseren 36°C warmen Fingern die Wärme in das kältere Holz. Nun ist aber Holz ein schlechter Wärmeleiter, das bedeutet, dass die Wärme im Holz nicht gut abfließen kann. Das Holz wird an der Stelle, wo wir es angreifen, fast so warm wie unser Finger. Und der Finger hat immerhin 36°C! Darum fühlt sich Holz warm an.

Ganz anders bei Metall: Greifen wir Metall an, so wird die Wärme des Fingers schnell weg geleitet. Die Stelle, wo wir das Metall angreifen, bleibt kalt, weil sich die Wärme sehr schnell über das ganze Metall-Stück verteilt. Ein guter Wärmeleiter wie Metall fühlt sich also kalt an. Diese Wahrnehmung haben wir freilich nur dann, wenn das Holz oder das Metall tatsächlich kälter ist, als unser angreifender Finger. Nachdem es aber in unseren Breiten meistens kühler ist, als 36°C, haben wir diese Wahrnehmung sehr oft.

Umgekehrt wird ein Kupfer-Löffel in einer Tasse heißen Tees sehr schnell sehr heiß...besser nicht angreifen!

Ein Diamant ist ein noch besserer Wärmeleiter als jedes Metall, daher fühlt sich ein Diamant noch kälter an, als Metall.
Diese Eigenschaft wird zum Beispiel genutzt, um Wärme von Computerchips abzuleiten: Der Diamant liegt am Chip an, und gibt die Wärme dann an einen Kupfer-Stift weiter.

8.1.3. Die Vorkommen von Diamanten

Der Spruch: "Ein Diamant ist unvergänglich" ist eigentlich falsch. **Denn tatsächlich will der Kohlenstoff lieber Graphit sein**. Innerhalb von einigen Millionen Jahren wandelt sich jeder Diamant in Graphit um.

Warum gibt es dann überhaupt Diamanten? Diamanten bilden sich aus Graphit unter extrem hohem Druck. Im Diamant sind die Kohlenstoff-Atome dichter angeordnet, als im Graphit. Durch einen hohen Druck werden also die Kohlenstoff-Atome zusammen gepresst, und ordnen sich dichter an: ein Diamant ist geboren!

Wir finden also Diamanten dort, **wo extrem hoher Druck** herrscht. Und wo herrscht extrem hoher Druck? Tief unter der Erdoberfläche. Zweifellos gibt es dort unten viele riesige Diamanten, die wir aber nie finden werden. Weil: So tief graben können wir nicht. Nun wissen wir aber aus der Geographie, dass im Laufe der Jahrmillionen auch tiefe Erdschichten irgendwann nach oben kommen, denken wir zum Beispiel an die Gebirge, da sind auch tiefe Schichten nach oben gewandert. Nun, dann müssen wir einfach ein paar Millionen Jahre warten, bis die diamanthaltigen Schichten nach oben gewandert sind, und wir sammeln einfach die Diamanten ein, oder? Leider nein.

Denn, wie gesagt, Diamant will lieber Graphit werden. Und während der Diamant in Millionen Jahren über die Erdschichten nach oben wandert, wird er langsam wieder zum Graphit. Es gibt also einen "Wettlauf" gegen die Zeit: Kommt der Diamant an die Oberfläche, bevor er sich wieder in Graphit verwandelt hat? Es ist freilich ein Wettlauf, der so langsam ist, dass wir Menschen ihn nicht wahrnehmen können. Ein Diamanten-Leben läuft also ein bisschen verlangsamt ab!

Wie könnte ein Diamant diesen Wettlauf gegen die Zeit gewinnen? Er müsste durch irgendein Ereignis schneller an die Oberfläche kommen.....und solche Ereignisse sind zum Beispiel **Vulkanausbrüche**. Ein Vulkanausbruch kann also Diamanten schnell an die Oberfläche bringen! Und dort wird er dann gefunden.

Auch ein Diamant hat also einen Lebenslauf, nur dauert der nicht, wie beim Menschen, 100 Jahre, sondern ein paar Millionen Jahre. **Das Leben eines Diamanten könnte also zum Beispiel so aussehen:**

Irgendwo 150 Kilometer unter der Erdoberfläche wird er geboren. Die Zeit als Baby (die ersten 100 000 Jahre) verbringt er friedlich da unten in der Erde. Wir können also sagen: 100 000 Menschenjahre sind ungefähr ein Diamant-Jahr. Der Diamant wird älter, und langsam ein Jugendlicher. 10 Diamantjahre sind vergangen.

Und während der Diamant in die Pubertät kommt, entwickelt sich oben auf der Erde eine Affenart, aus der einmal der Mensch entstehen wird. Der Diamant denkt sich: "Ich will nach oben kommen!", und wandert langsam durch das Gestein. Wird sich das ausgehen? Wird er rechtzeitig Karriere machen? Und während der Diamant zum jungen Erwachsenen wird, 5 Diamantjahre später, entwickeln sich oben auf der Erde komische, fast aufrecht gehende Wesen: Die Vorfahren der Menschen, aber sprechen oder Werkzeuge machen können die noch nicht. Der Diamant will unterdessen Karriere machen, und wandert langsam in Richtung eines Vulkans, der ihn nach oben befördern soll. Schafft er es, bevor er zum Graphit wird? Ein Aufzug, sozusagen.

Während unser Diamant jetzt schon 22 Diamantjahre alt ist, haben wir oben bereits Menschen mit Werkzeugen! Da läuft tatsächlich schon ein Neandertaler herum! Und einen Speer hat er auch schon! Der Diamant weiß: Jetzt dauert es nicht mehr allzu lang! Im nächsten halben Diamantjahr wohnen die Urmenschen schon in Strohhütten, und machen Feuer! Im nächsten Diamant-Monat geht alles ganz schnell: Nach den ersten zwei Wochen entwickeln sich die ersten Kulturen, und in der nächsten Woche entsteht das alte Ägypten. Auch unser Diamant steht wenige Tage vor den Einstieg in den Vulkan-Aufzug. In den nächsten Tagen entsteht oben auf der Erde Assyrien und Babylonien, ungefähr zwei Tage später das alte Griechenland, und ein paar Stunden später wird Babylonien von den Persern erobert, und wieder einen Tag später ist das Perserreich verschwunden und das Römische Reich entsteht, und jetzt wird unser Diamant von einem Vulkan ausgespuckt.

Jetzt muss der Diamant noch etwa 2000 Menschenjahre, also eine Diamantwoche, warten, bis er entdeckt wird. Entdeckt wird er, sagen wir, im Jahr 1726. Ungefähr 100 Menschenjahre, also einen Diamant-Vormittag, bleibt er im Besitz einer französischen Adelsfamilie, bis diese pleite geht, und der Diamant verkauft wird. Wir schreiben das Menschenjahr 1830, die französische Revolution haben wir hinter uns. Den Nachmittag und Abend verbringt der Diamant in London, wir schreiben 1960, als der Diamant von Marilyn Monroe gekauft wird. Wenige Minuten später, nämlich im Menschenjahr 1968, wird der Diamant versehentlich in einem Pariser Klo hinunter gespült. Jetzt muss der Diamant ganze drei Diamanttage warten, bis er im Menschenjahr 3033 von Außerirdischen gefunden wird......und bei den Außerirdischen geht es dem Diamanten gut! Happy End!

Und damit können wir nun zu einigen wichtigen anorganischen Kohlenstoff-Verbindungen kommen.

8.1.4. Kohlensäure

Kohlenstoff C ergibt mit O und H eine schwache Säure: Die Kohlensäure H_2CO_3. Die Kohlensäure entsteht aus Wasser H_2O und Kohlendioxid CO_2. Wir sehen: Wenn wir die Atome von Wasser und Kohlendioxid zusammenzählen, kommen wir auf die Formel der Kohlensäure.

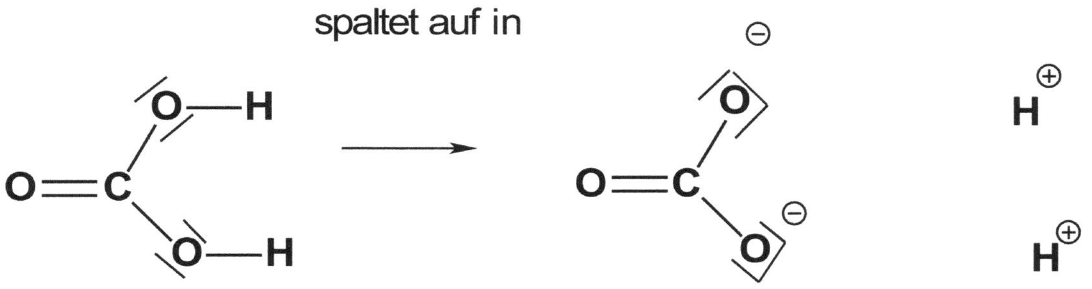

Umgekehrt zerfällt Kohlensäure sehr leicht in Wasser und Kohlendioxid. Daher das Prickeln von Mineralwasser. Die Salze der Kohlensäure nennt man **Carbonate**, zum Beispiel bildet sich aus 2 NaOH und H_2CO_3 durch Neutralisation **Natriumcarbonat** Na_2CO_3.

2 NaOH + H_2CO_3 --> Na_2CO_3 + 2 H_2O.

Die wichtigsten Carbonate kennen wir schon: $CaCO_3$ ist das **Calciumkarbonat** oder **Kalk**, Na_2CO_3 ist das **Soda**.

8.1.5. Kohlenmonoxid

Das **Kohlenmonoxid CO** entsteht durch unvollständige Reaktion von C mit O (bei einer vollständigen Reaktion entsteht CO_2). CO ist ein sehr giftiges und geruchloses Gas, das zum Beispiel beim Betrieb von defekten Durchlauferhitzern entsteht. *Jedes Jahr gibt es etliche schwere CO-Unfälle, vor allem im Sommer.* Elektronisch gesehen, hat das CO eine sehr interessante Struktur.

Diese Struktur können wir nicht mit dem Hände-Modell verstehen, aber mit dem
Kästchen-Modell:

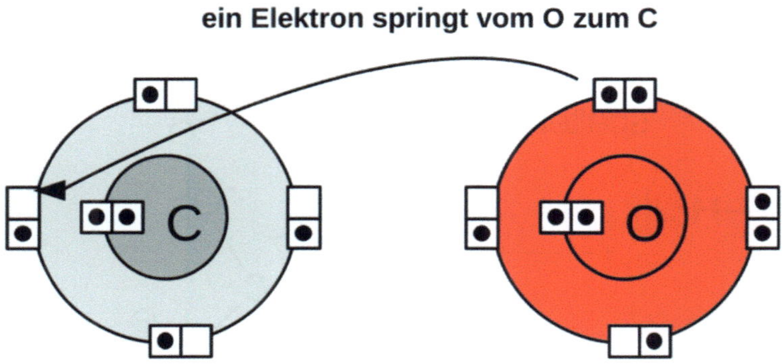

Wir können aber dieses Molekül mit der dativen Bindung verstehen: Erst springt ein Elektron vom O zum C. Dadurch ist das O +1 geladen, das C ist -1 geladen. In Wirklichkeit findet dieser Elektronenwechsel anders statt, aber unsere formale Erklärung ist leichter zu verstehen. Und am Ende kommt das selbe heraus.

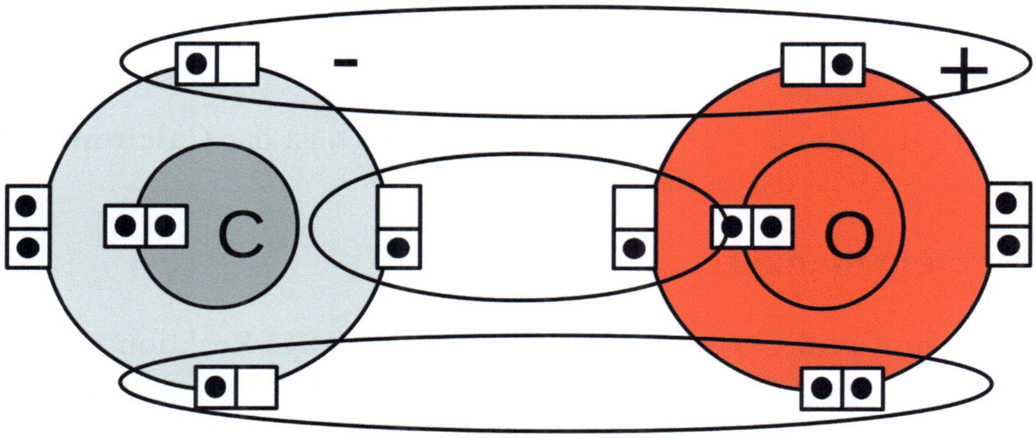

Nun haben sowohl C als auch O drei halb besetzte Orbitale; sie können also drei Bindungen eingehen.

Heraus kommt Kohlenmonoxid CO:

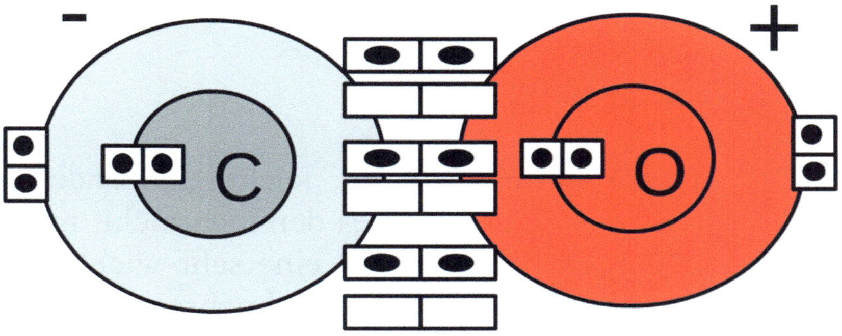

In der Lewis-Schreibweise sieht CO so aus:

Seltsamerweise ist das *weniger elektronegative* C negativ geladen, und das nach Elektronen *gierige* O positiv. Das wird der Sauerstoff nicht wollen! Aber dieses Problem wird im Kohlenmonoxid CO wie folgt gelöst:

Zwar "schenkt" der Sauerstoff dem Kohlenstoff ein Elektron, aber dafür zieht der Sauerstoff alle bindenden sechs Elektronen sehr stark an sich. Es liegen also polare Atombindungen vor die so stark sind, dass der Sauerstoff seine positive Ladung mehr als nur ausgleichen kann. In Wirklichkeit ist der Sauerstoff O sogar deutlich negativ geladen! Würde also CO genau nach dem "Kästchen-Modell" funktionieren, wäre Sauerstoff positiv geladen. In Wirklichkeit aber holt sich der Sauerstoff das "geschenkte" Elektron mehr als zurück, und zwar mit Hilfe von polaren Atombindungen. Die tatsächliche Elektronenwolke ist also beim O viel dichter, als beim C:

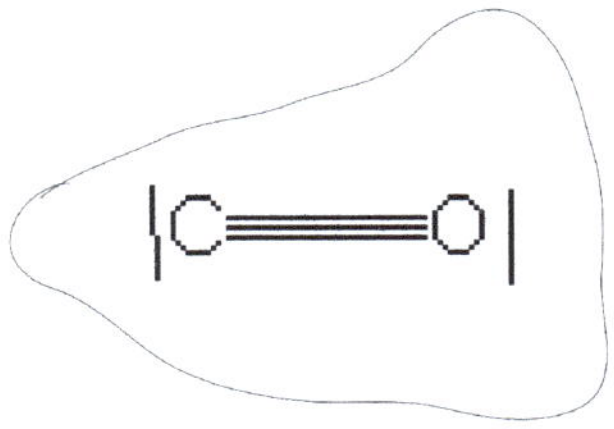

die Elektronenwolke ist beim O
viel dichter und größer

Alles Weitere über den Kohlenstoff erfahren wir dann in der organischen Chemie.

8.2. Chemie des Silliziums

Das Silizium ist ein sehr hartes, dunkles, leicht glänzendes Material, es ist unreaktiv und ungiftig. Essen sollte man es dennoch nicht, man würde sich die Zähne ausbeißen. Elementares Silizium hat eine sehr wichtige Anwendung: In **Computerchips**. Computerchips bestehen aus hochreinem Silizium.

Allerdings werden in dieses hochreine Silizium winzige Spuren von Phosphor, Arsen oder Bor hinzugefügt. Dieses Hinzufügen nennt man **Dotieren**. (Vom lateinischen do, das, dare": "geben").

Die dotierten Elemente müssen entweder 3 oder 5 Elektronen in der Außenhülle haben, also entweder eines mehr, als Silizium Si, oder eines zu wenig.Die fremden Elemente bilden im Silizium-Kristall eine so genannte "Störstelle": Entweder, es ist ein Elektron zu viel da (wie beim Phosphor), oder eines zu wenig,

Das eine Elektron zu viel (vom Phosphor) will niemand haben, deshalb kann es sich bewegen, wenn man "nach hilft", das heißt, eine genügend starke elektrische Spannung anlegt. **Und damit kann Strom fließen**. *Bleibt die elektrische Spannung zu klein, fließt kein Strom.* Und darum nennt man Silizium einen **Halbleiter**.

Dotiert man Silizium mit Bor B, fehlt ein Elektron. Es ist also eine Leerstelle da. Und auch diese Leerstelle können die Elektronen nützen, um sich zu bewegen.

Da fällt uns wieder das Löffel-Gleichnis ein: Angenommen, in unseren Menschen-Kreis hat jeder Mensch in jeder Hand einen Löffel. Nur ein Mensch hat einen Löffel: Dann reicht diese Leerstelle, um die Löffel, langsam, aber doch, zu bewegen. und wieder müssen wir "nach helfen" (weil: die Löffel so langsam zu bewegen, ist langweilig). Wir müssen also auch hier **eine Spannung anlegen**, damit Strom fließt.

8.2.1. Verbindungen mit Silizium

Auch Verbindungen mit Silizium sind weder stark sauer, noch stark basisch. H_2SiO_3 ist eine schwache Säure: **Kieselsäure H_2SiO_3**. Die Kieselsäure sieht wie die Kohlensäure aus:

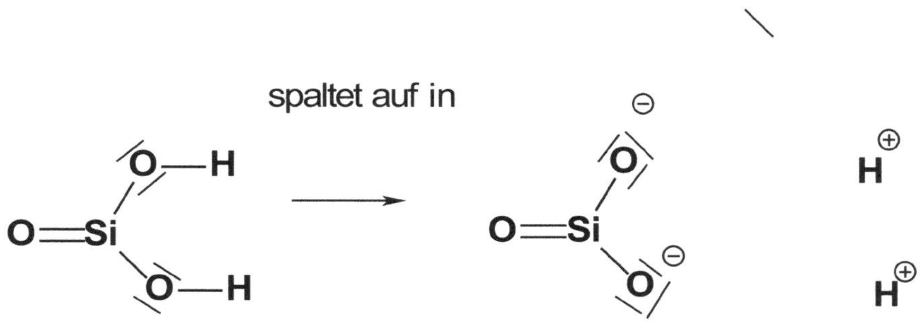

Wir haben einfach den Kohlenstoff C mit dem Silizium Si vertauscht, und aus der Kohlensäure wird die Kieselsäure. Offensichtlich hat die Kieselsäure etwas mit Kieselsteinen zu tun. Tatsächlich bestehen Kieselsteine aus Quartz SiO_2.

Und nun zählt einmal die Atome von SiO_2 und H_2O zusammen! Was kommt heraus? Richtig: H_2SiO_3, die Kieselsäure. Chemisch gesehen ist die Kieselsäure also eine Verbindung aus Quarz und Wasser.

Nun wissen wir aber, dass sich Kieselsteine nicht in Wasser auflösen. Sonst wären ja nach jedem Regen die Friedhöfe ohne Kieselsteine. Kieselsäure muss man anders herstellen. Wie, lernen wir später.

Die Salze der Kieselsäure heißen **Silikate.** Kieselsäure spaltet auf in 2 H+ und ein SO_3^{2-}. Wir brauchen also -zum Beispiel- ein $Ca(OH)_2$, um Kieselsäure zu neutralisieren.

$$\mathbf{Ca^{2+} + 2\ OH^- + 2\ H^+ \dashrightarrow 2\ H_2O + CaSiO_3.}$$

Das $CaSiO_3$ ist das **Calciumsilikat**. Das kennen wir auch schon, man findet es im **Glas**. Silizium, ein typisch langweiliges Element, bildet also auch eher langweilige, aber wichtige Mineralien!

Es gibt auch eine Base mit Silizium, das $Si(OH)_4$. Theoretisch würde $Si(OH)_4$ in Si^{4+} und 4 OH^- aufspalten, praktisch kann es das aber nicht. Vier positive Ladungen sind zu viel.

8.3. Chemie des Germanium, des Zinn und des Blei

Germanium Ge wurde früher für Computerchips verwendet, ehe es durch Silizium ersetzt worden ist.

Zinn Sn (Sn kommt vom lateinischen "*Stannum*") ist das erste Metall in der Kohlenstoff-Gruppe. Bekannt sind die "*Zinnsoldaten*", ein Kinderspielzeug von anno dazumal, auch Geschirr wurde früher aus Zinn gemacht.

Blei Pb hat früher als **Rostschutzmittel in Pb_3O_4** ("*Menninge*") Verwendung gefunden. Wie Pb_3O_4 aussieht, interessiert uns nicht wirklich. Heute wird Menninge wegen seiner Giftigkeit nicht mehr verwendet.

Wichtiger ist die Verwendung von Blei in Akkus. Die "Triebkraft" dieses Akkus liegt im PbO_2, dem Bleidioxid, das seine Sauerstoff-Atome sehr gerne abgibt. *Frage: Mit welchem sehr bekannten Gas ist das PbO_2 verwandt?*

9. Die Stickstoff-Gruppe

Wir sind jetzt schon bei jenen Elementen, die **fünf Elektronen** in der äußeren Schale haben. Es fehlen ihnen nur mehr drei Elektronen! Und darum sind sie schon recht gierig nach Elektronen, vor allem der Stickstoff N und der Phosphor P. Sie sind also schon ziemlich stark elektronegativ. Verbindungen, die aus H, O, und Stickstoff N (oder Phosphor P) bestehen, sind schon **ziemlich sauer**. Stickstoff und Phosphor gewinnen nämlich im Elektronen-Streit gegen den Wasserstoff H, weshalb sie ihm die Elektronen wegnehmen, und sich das H als H^+ abspalten muss, also sauer reagieren. **HNO_3, die Salpetersäure,** gehört sogar zu den stärksten Säuren überhaupt!

Das ist die eine Seite dieser Elemente. Andererseits haben die Elemente der Stickstoff-Gruppe **ein nichtbindendes Elektronenpaar**, das diese Elemente sehr gerne mit anderen Atomen (oder Molekülen) teilen, und zwar mit Hilfe der dativen Bindung. Sie verhalten sich also wie gut situierte Großbürger, die zwar viel Geld verdienen (so, wie der Stickstoff viel Elektronen-Nebel an sich heran zieht), aber dann doch auch Geld spenden (wie der Stickstoff sein nichtbindendes Elektronenpaar "spendet" in der dativen Bindung).

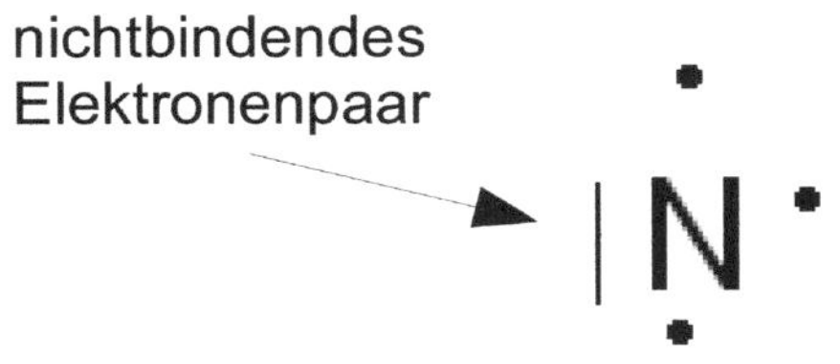

Wir haben die Stickstoffgruppen-Elemente auch mit reichen Erbtanten verglichen. Reiche Stickstoff-Erbtanten sind sehr gut im Ansammeln von Geld (sonst wären sie ja nicht reich), und, das muss man sagen, sie haben sich das Geld (also die Elektronen) auch mit List und Tücke geholt. Andererseits haben es die Erbtanten nicht für sich gemacht, sondern für die adoptierten Verwandten (zum Beispiel H^+), dem sie in der dativen Bindung ein Elektron "schenken".

Sind die Stickstoffgruppen-Elemente also jetzt Großbürger, oder sind sie Erbtanten?
Sehen wir es so: Erbtanten gehören ja auch zum Großbürgertum, insofern herrscht da kein Widerspruch.

Zu den Elementen der Stickstoff-Gruppe gehören Stickstoff N, Phosphor P, Arsen As, Antimon Sb und Bismut Bi.

Natürlich sehen alle Elemente der Stickstoff-Gruppe in der Lewis-Schreibweise gleich aus:

9.1. Der Stickstoff

Elementarer Stickstoff liegt als N_2 vor. Mit seinen drei ungepaarten Elektronen können zwei Stickstoffe N eine Dreifachbindung eingehen:

Wir kennen das Stickstoff-Molekül schon, 79 % der Luft besteht aus N_2. **Dieses Molekül ist sehr stabil, da man die Dreifachbindung nur sehr schwer aufbrechen kann.** Wir können dieses Molekül nicht durch Atmung verwerten, (gäbe es nur N_2 in der Luft, würden wir ersticken), aber es erfüllt dennoch einen wichtigen Zweck: Es verdünnt den Sauerstoff in der Luft! Puren Sauerstoff könnten wir auf lange Dauer nicht atmen, er würde zu Gesundheitsschäden führen.

Außerdem brennt purer Sauerstoff viel stärker, als verdünnter. Bestünde die Luft nur aus reinem Sauerstoff, würde jeder Funke riesige Brände auslösen. Dass sich auf der Erde unter diesen Umständen Leben entwickelt hätte, muss stark bezweifelt werden.

9.2. Lewis-Basen

Wir kennen auch schon einige wichtige Stickstoff-Verbindungen, wie zum Beispiel den **Ammoniak NH_3**. Ammoniak ist ein stechend riechendes Gas, dessen Geruch ein bisschen an Toiletten erinnert. Das hat auch einen Grund: Ammoniak ist ein Abbau-Produkt von Urin. Wir wissen auch, dass der Ammoniak eine **dative Bindung** eingehen kann:

Das können wir im Kapitel über die **dative Bindung** nachlesen.

Der Stickstoff des Ammoniak NH_3 teilt also seine nichtbindenden Elektronen mit dem H^+ -Ion, das ein leeres Orbital hat.

Was passiert nun, wenn wir NH_3 mit Wasser H_2O zusammen tun? (Wir leiten also das Ammoniak-Gas in Wasser.)

Wir wissen, dass H_2O in H^+ und OH^- aufspalten kann.

Dieses H^+ vom H_2O kann das NH_3 natürlich auch binden:

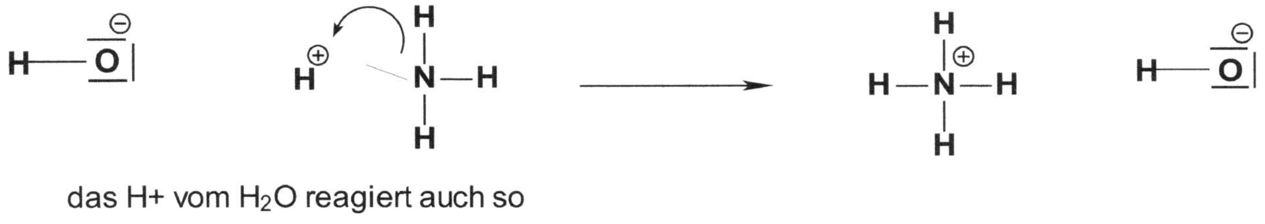

Es ist genau die gleiche Reaktion, wie die vorherige, nur dass dieses mal OH^- dabei ist. Das NH_3 hat das H^+ "verschluckt", und ist zum NH_4^+ geworden. Und was bleibt vom Wasser übrig? Das **OH^--Ion**! Wir wissen aber, was passiert, wenn wir im Wasser mehr OH^- als H^+ haben: **Es wird basisch!** *Ammoniak reagiert also wie eine Base, obwohl es kein OH hat, welches es abgeben könnte. Es reagiert als Base, weil H^+ aufnimmt!*

Moleküle wie NH_3 sind **Lewis-Basen**.

Damit kennen wir jetzt Lewis-Basen und Lewis-Säuren.

Zur Wiederholung: Lewis-Säuren sind **Elektronenpaar-Akzeptoren**. Sie nehmen Elektronenpaare mit der dativen Bindung auf, und können somit OH^- "verschlucken". Sie nehmen dem Wasser das OH^- weg, und H^+ bleibt übrig. Zu den Lewis-Basen gehören Verbindungen mit Atomen der Borgruppe.

Lewis-Basen hingegen geben ein Elektronenpaar ab: Sie sind **Elektronenpaar-Donoren** (vom lateinischen "geben"). Sie verschlucken H^+-Ionen, so dass OH^--Ionen übrig bleiben.

Und wieder unterscheiden wir in "normale" Basen wie KOH, die ihr OH- abgibt (K^+ bleibt über) und Lewis-Basen wie NH_3. Die "normalen" Basen wie KOH, NaOH.... nennen wir in Hinkunft Brönsted-Basen.

Es gibt also Brönsted-Basen und Brönsted-Säuren,
sowie Lewis-Basen und Lewis-Säuren.

Das NH_3 muss aber nicht darauf warten, bis das H_2O ein H^+ abspaltet. Es kann dem H_2O das H^+ auch direkt entreißen. Das sieht dann so aus:

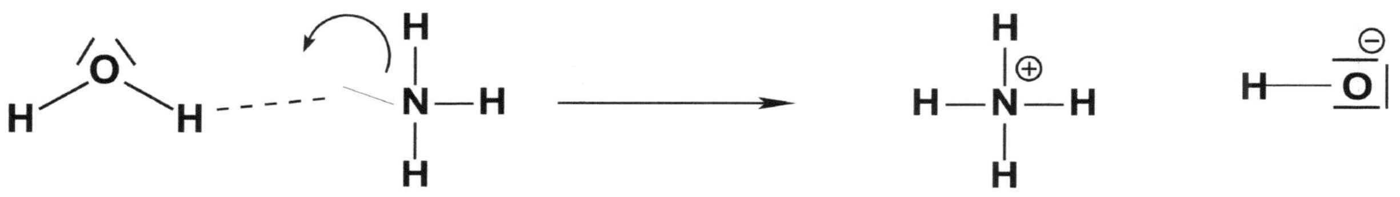

Es ist genau die selbe Reaktion wie oben, nur dass das NH_3 das H_2O direkt angreift.

Eines bleibt bei beiden Reaktionen gleich: Es kommt NH_4^+ und OH^- heraus.
Wir können NH_4^+ und OH^- auch in **einer** Formel zusammenfassen, nämlich zu NH_4OH. Die Plus-Ladung und die Minus-Ladung fallen dann weg, weil: +1 + (-1) = 0.

Das NH_4OH ist das **Ammoniumhydroxid**. Das NH_4^+ ist das **Ammonium-Ion**, und das OH^- ist das Hydroxid-Ion (kennen wir).

Jetzt sehen wir uns dieses NH_4OH einmal genauer an: *Das sieht ja aus wie eine "normale" Brönsted-Base!* NH_4OH sieht aus wie KOH oder NaOH, nur dass vorne nicht K oder Na, sondern NH_4 steht. Und tatsächlich ist NH_4OH auch eine ganz normale Base! **Nachdem** NH_3 mit Wasser reagiert hat, haben wir eine normale Brönsted-Base, nämlich NH_4OH.

Und genau so, wie sich KOH und NaOH aufspalten in Kation und OH^--Ion, so spaltet auch NH_4OH auf:

$$\mathbf{KOH \text{ --> } K^+ + OH^-}$$
$$\mathbf{NaOH \text{ --> } Na^+ + OH^-}$$
$$\mathbf{NH_4OH \text{ --> } NH_4^+ + OH^-}$$

Und natürlich kann man das OH^--Ion vom NH_4OH nutzen, um Säuren zu neutralisieren: Wir nehmen eine Salzsäure HCl (spaltet auf in H^+ und Cl^-) und neutralisieren das H^+ (der HCl) mit dem einen OH^-.
Dann fassen wir das NH_4^+ und das Cl^- zusammen zu NH_4Cl, dem Ammoniumchlorid. Und das ist ein ganz normales Salz, wie NaCl oder KCl....

Fassen wir zusammen: Aus NH_4^+ und OH^- und Salzsäure HCl wird NH_4Cl und H_2O.

$$\mathbf{NH_4^+ + OH^- + H^+ + Cl^- \text{ --> } NH_4Cl + H_2O.}$$

Das war jetzt ein ziemlich anspruchsvoller Schritt. Wer erklären kann, warum NH_4Cl so aussieht, wie es aussieht, ist über das durchschnittliche Reifeprüfungs-Niveau gekommen.

9.3. Verbindungen des Stickstoffs

9.3.1. Blausäure

Auch von der Blausäure haben wir schon gehört. Sie sieht dem Kohlenmonoxid CO recht ähnlich:

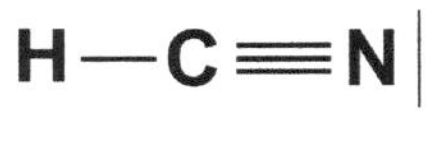

Und sie ist, ebenfalls wie das Kohlenmonoxid, äußerst giftig. Dabei ist die Blausäure aber eine schwache Säure. Sie gibt nur ungern ein H^+ ab. *Giftigkeit und Säurestärke hängen nicht unbedingt zusammen!*

Jetzt wollen wir aber auch ein Salz der Blausäure kennenlernen.

Blausäure HCN spaltet in Wasser auf in **ein** H^+ und **ein** CN^-. Das CN^--Ion wird **Cyanid-Ion** genannt und ist für die Giftigkeit der Blausäure verantwortlich.

Wir wollen nun die Blausäure mit Kalilauge KOH neutralisieren. KOH spaltet auf in K^+ und OH^-. Wir brauchen also ein KOH und eine HCN für die Neutralisation.

$$\mathbf{K^+ + OH^- + H^+ + CN^- \dashrightarrow KCN + H_2O.}$$

KCN, **Kaliumcyanid**, ist also das Kaliumsalz der Blausäure, besser bekannt als **Zyankali**. Ohne dieses hochgiftige Salz hätte Agatha Christie ihre Krimis nicht schreiben können......

9.3.2. Ein Kriminalfall oder: Wie erzeugen wir schwache Säuren?

In dem Agatha Christie -Film "*Der Wachsblumenstrauß*" wird eine alte Dame durch Zyankali in das Jenseits abberufen. Und zwar, indem der Herd aufgedreht wird! Wie funktioniert das?

Jetzt müssen wir wissen: *Zyankali KCN wird wieder zur Blausäure HCN, wenn wir eine starke Säure auf das Zyankali gießen.* So eine starke Säure ist zum Beispiel die Salzsäure HCl. Die Blausäure verdampft sehr leicht, und füllt den Raum mit Blausäure-Gas......

Die starke Säure HCl will nämlich ihr H^+ loswerden. und gibt es dem Cyanid-Ion. Dadurch entsteht HCN.

Sehen wir uns das an einem ganz einfachen Bild an, wo uns Elektronen und Ladungen egal sind. Alle Ionen sind durch Kugeln dargestellt:

Salzsäure und Zyankali.......

.....wird zu Kaliumchlorid und Blausäure

In Gleichungsform sieht diese Reaktion so aus:

$$\mathbf{KCN + HCl \dashrightarrow HCN + KCl.}$$

*Es ist generell so, dass das **Salz einer schwachen Säure** (in dem Fall: KCN) und eine **starke Säure** (zb. HCl) zur **schwachen Säure** (HCN) und dem **Salz der starken Säure** (KCl) wird. Oder einfacher gesagt: Die Ionen werden vertauscht.*

Dieses Prinzip gilt nicht nur für die Blausäure, sondern für alle schwache Säuren!
Na_2CO_3 ist das Natriumcarbonat, das Natrium-Salz der schwachen Kohlensäure H_2CO_3.

Na_2CO_3 spaltet auf in **2 Na^+ + CO_3^{2-}.**

Wenn ich nun **zwei** Salzsäure HCl zu **einem** Na_2CO_3 hinzugebe, dann werden die beiden Na^+ durch die beiden H^+ (der Salzsäure) vertauscht: Aus Na_2CO_3 wird H_2CO_3, die **Kohlensäure**. und aus den beiden HCl wird 2 NaCl, das Kochsalz.

Oder in Gleichungsform:

$$\mathbf{Na_2CO_3 + 2\ HCl \dashrightarrow H_2CO_3 + 2NaCl.}$$

Ebenso kann man mit einer starken Säure auch aus Silikaten wie Na_2SiO_3 die **Kieselsäure H_2SiO_3** erzeugen.

Aber kommen wir zu unserem Kriminalfall zurück: Wie wir Blausäure herstellen können, wissen wir jetzt. *Aber wie könnte der Mörder nun die Salzsäure auf das Zyankali gießen, ohne dabei zu sein?*

Ganz einfach: Der Mörder füllt die Salzsäure in eine dichte Patrone aus Wachs. Dann gibt der Mörder Zyankali in einen Topf. Er stellt den Topf auf den Herd. Auf das Zyankali legt im Topf er die Wachspatrone, die mit Salzsäure gefüllt ist.

Wenn nun der Herd den Topf beheizt, schmilzt das Wachs. Darum tritt nun die Salzsäure aus, und fließt auf das Zyankali. dadurch entsteht, wie gesagt, die Blausäure. Die Blausäure verdampft, und füllt den Raum mit ihrem hochgiftigen Gas, das nach Marzipan riecht. Tödliches Marzipan!

Jetzt braucht der Herd nur noch eine Einschalt-Automatik, dass er den Topf zur richtigen Zeit erhitzt. Fertig ist der fast perfekte Mord!

Aber zum Glück kann man Zyankali nicht so einfach kaufen……

….zurück zu weniger giftigen Dingen:

9.3.3. Salpetrige Säure und Salpetersäure

Je weiter nach rechts wir im Periodensystem kommen, desto saurer werden Verbindungen mit O und H. Also sind Moleküle aus N, O und H schon relativ sauer. Ein schönes Fremdwort für "sauer" ist übrigens "**acid**".

Die **Salpetrige Säure HNO_2** ist mittelmäßig acid. Ihre Salze sind die **Nitrite**.

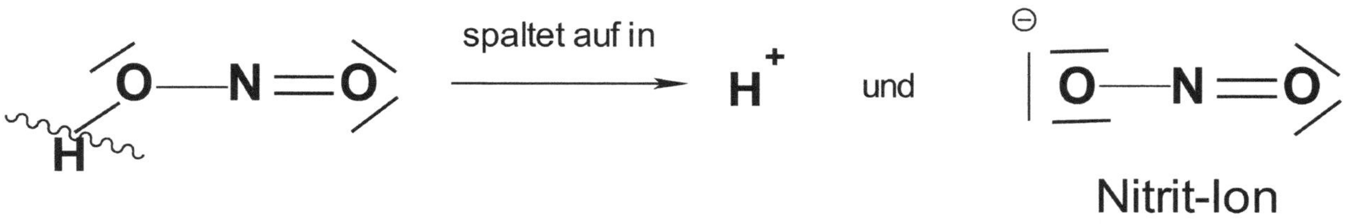

Die Salpetrige Säure spaltet auf in H^+ in NO_2^-. Man kann sie (zum Beispiel) mit einem NaOH neutralisieren:

$Na^+ + OH^- + H^+ + NO_2^-$ --> $NaNO_2 + H_2O$.

$NaNO_2$ ist das Natriumnitrit.

Im Trink- oder Brunnenwasser sollte der Nitritgehalt ein möglichst geringer sein. Außerdem sind Nitrite der Grund, warum man Gemüse (zb. Spinat) nicht aufwärmen sollte. So gefährlich wie Blausäure sind Nitrit-Ionen zwar nicht, aber doch relativ giftig.

Eine der stärksten bekannten Säuren ist hingegen die **Salpetersäure HNO_3**. Sie zersetzt viele Metalle sehr schnell, sogar das edle und widerstandsfähige Kupfer!
So sieht sie aus:

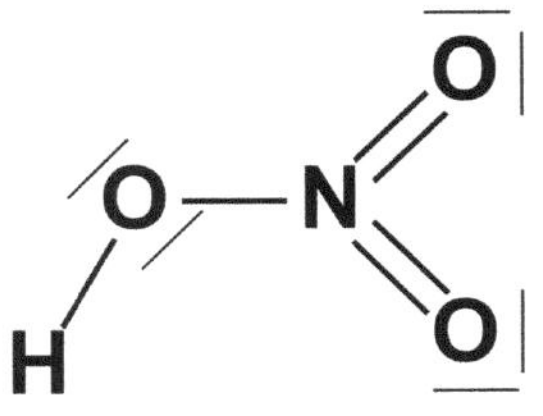

Moment! Da stimmt was nicht! Ein Stickstoff mit 5 Händen?!

Das ist tatsächlich sehr ungewöhnlich. Die Salpetersäure (und ihre Salze) stellen hier eine große Ausnahme dar.

Wie erklären wir diese fünf Atombindungen? Die Antwort ist folgende: Sowohl Stickstoff, als auch Sauerstoff haben s *ehr günstige Orbitale.* Absolute

Luxuswohnungen. Wenn nun Sauerstoff an Stickstoff bindet, entstehen nicht nur sehr gute bindende Orbitale, sondern auch recht luxuriöse antibindende Orbitale, die auch von Elektronen bewohnt werden können! Das heißt, diese antibindenden Orbitale können für Atombindungen verwendet werden. Sehen wir uns das im "Kästchen-Modell" an:

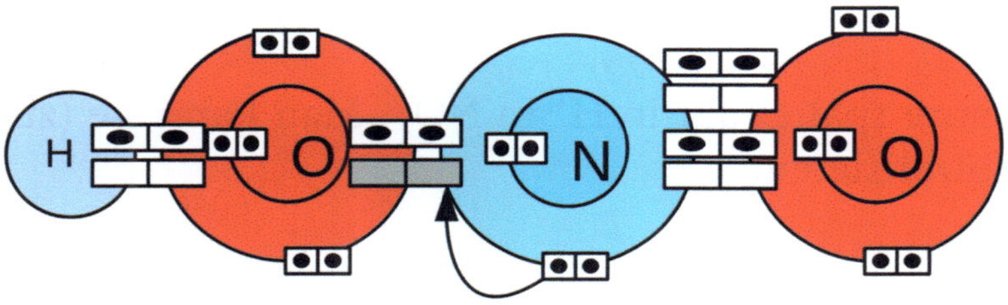

Das ist HNO_2 im Kästchen-Modell. Wir betrachten vor allem das grau eingezeichnete, antibindende Orbital. In dieses Orbital springt nun ein Elektron. Das geht, weil dieses antibindende Orbital relativ günstig ist.

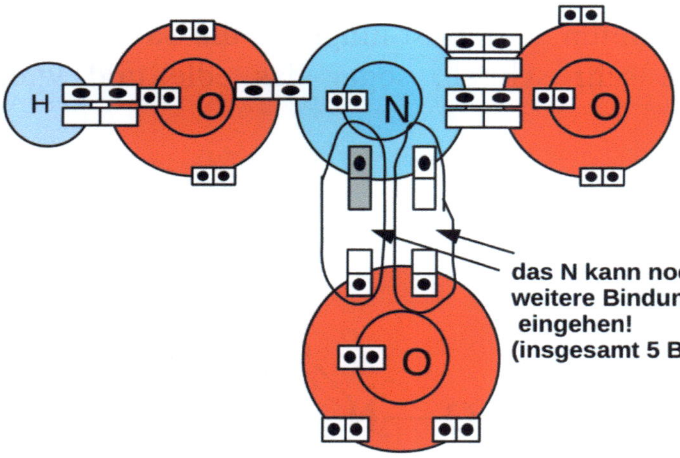

Wir sehen: Nun kann der Stickstoff N zwei weitere Atombindungen eingehen! Drei Atombindungen hat das N schon, damit kommen wir auf 5 Atombindungen! Ein dritter Sauerstoff nützt dies aus: Er bindet sich an den Stickstoff, und aus HNO_2 wird HNO_3, die Salpetersäure.

Aber, wie gesagt: Diese Bindung mit Hilfe eines antibindenden Orbitals funktioniert nur, **erstens**, weil das antibindende Orbital relativ günstig ist. Es ist aus einem günstigen Stickstoff-Orbital und einem noch günstigeren Sauerstoff-Orbital geformt. **Zweitens** bindet dieses günstige antibindende

Orbital mit einem weiteren Sauerstoff, der dieses Orbital noch wesentlich günstiger in der Energie werden lässt.

Drittens hängt dieser dritte Sauerstoff trotz allem recht schwach am Stickstoff: **Der Stickstoff will den Sauerstoff eigentlich wieder loswerden.**

Viertens muss man dazu sagen, dass das "*Kästchen-Bild*" der Salpetersäure auch nur ein Bild ist. Und ein Bild ist nie ganz die Wahrheit. Um ganz genau zu erklären, warum HNO_3 stabil ist, und existieren kann, müssten wir die Elektronen der Salpetersäure in ihrer Gesamtheit betrachten: Hierfür kann man die Salpetersäure quantenmechanisch berechnen.

Zurück zu den chemischen Eigenschaften der Salpetersäure:

Salpetersäure spaltet auf in H^+ und NO_3^-.
Das NO^{3-}-Ion heißt **Nitrat-Ion**.

Also:
NO_2^- : Nitrit-Ion
NO_3^- : Nitrat-Ion.

Wie kommen wir zu diesen Namen? Alles, was mit *Nitr-* anfängt, hat mit Stickstoff zu tun.
Zweitens wissen wir: negativ geladene Ionen (*Anionen*) enden auf -id, auf -it, oder auf -at.

*Anionen **ohne** Sauerstoff* enden auf **-id**, wie Chlorid Cl^-, **Fluorid** F^- **Bromid** Br^-.
Wir sehen, diese Anionen haben alle keinen Sauerstoff O.
*Anionen **mit** Sauerstoff* enden auf **-it,** wie **Sulfit** SO_3^{2-}, **Bromit** BrO_2^-, oder **Nitrit** NO_2^-.

Diese Anionen haben Sauerstoff, aber sie könnten noch mehr Sauerstoff haben!
*Anionen mit **möglichst viel** Sauerstoff* enden auf **-at**, wie **Sulfat** SO_4^{2-}, **Chlorat** ClO_3^-, oder eben Nitrat NO_3^-.
Mehr Sauerstoff kann man nicht an den Stickstoff N binden, als drei Sauerstoffe!

Daher ist das NO_3^- Ion das **Nitrat-Ion**. Die Salze der HNO_3 sind die **Nitrate**.
Zum Beispiel: Zum Beispiel: Neutralisiere ich eine HNO_3 mit einer NaOH, erhalte ich Natriumnitrat:

$$\mathbf{Na^+ + OH^- + H^+ + NO_3^- \text{-->} H_2O + NaNO_3.}$$

$NaNO_3$ ist das Natriumnitrat.

Oder aber, ich neutralisiere HNO_3 mit **Ammoniumhydroxid NH_4OH**, unserer neu kennen gelernten Base:

$$NH_4^+ + OH^- + H^+ + NO_3^- \text{-->} NH_4NO_3 + H_2O.$$

NH_4NO_3 ist das Ammoniumnitrat, ein explosives Salz. Das Ammoniumnitrat wäre nämlich lieber ein N_2-Molekül. Aus seinen 4 H und zwei seiner drei O-Atome könnte es zwei H_2O bilden; da bleibt ein O übrig. Wenn das Ammoniumnitrat ein anderes Molekül findet, dem es diesen Sauerstoff geben kann, tut es das auch, und bildet, mit einer gewaltigen Explosion, Stickstoff und Wasser.

Und wozu braucht man Stickstoff-Verbindungen?

9.4. Bedeutung von Stickstoff-Verbindungen

Stickstoff braucht man für drei wichtige Stoff-Arten.

Für Eiweiß,
für Sprengstoff,
und für Düngemittel.

Stickstoff ist für das Leben, wie wir es kennen, absolut notwendig, denn es kann Eiweiße bilden. Eiweiß ("**Protein**") ist ein Grundstoff für alles, was in weitestem Sinne mit "Fleisch" zu tun hat.
Grundbausteine der verschiedensten Proteine sind Aminosäuren, die Stickstoff beeinhalten. Näheres dazu in der organischen Chemie.

Dann braucht man Stickstoff für Sprengstoffe. Wichtige Sprengstoffe wie **Dynamit, Nitroglycerin oder TNT (Tri-Nitro-Toluol)** enthalten Stickstoff. Einen Sprengstoff kennen wir schon: Das **Ammoniumnitrat NH_4NO_3.** Näheres ebenfalls in der organischen Chemie.

Schließlich braucht man Stickstoff für **Düngemittel.**
Es gibt drei Haupt-Elemente in der Düngung: Stickstoff N, Phosphor P, und Kalium K. Und wieder spielt das Ammoniumnitrat NH_4NO_3 eine wichtige Rolle, weil es sehr viel Stickstoff enthält.

Ein anderer wichtiger Dünger ist zum Beispiel das **Kaliumnitrat KNO_3** (Frage: Aus welcher Säure und welcher Base stellen wir KNO_3 her?). KNO_3 ist zugleich ein Kalium - und Stickstoff-Dünger.

9.5. Chemie des Phosphors

Der Name "*Phosphor*" besteht aus zwei Teilen: *Phos* - griechisch für "*Licht*", und *phor* - griechisch für *Träger*. Man kann Phosphor also als "*Lichtträger*" übersetzen. "Lichtträger" im Lateinischen ist wiederum "Luzifer" - der Teufel. Der Phosphor wurde also als das Element der Hölle betrachtet.

Und das passt auch recht gut, denn abbrennender Phosphor raucht und stinkt. Welches Element bringt man noch mit "Hölle" in Zusammenhang? *Den Schwefel!* Der raucht und stinkt auch. Aber zum Schwefel kommen wir später.

Den Geruch von Phosphor kennt jeder: Wir müssen einfach nur ein Streichholz anzünden, und daran schnuppern. Das ist der Geruch von Phosphor. Der Kopf des Streichholzes besteht nämlich zum größten Teil aus rotem Phosphor.

Womit wir mitten im Thema wären, denn Phosphor liegt, ähnlich wie Kohlenstoff, in verschiedenen **Modifikationen** vor. Also in verschiedenen "Formen". Anders gesagt: In verschiedenen **Allotropien**. Die wichtigsten sind der **rote Phosphor** und der **weiße Phosphor** (dann gibt es noch andere Modifikationen, wie den violetten Phosphor, die sind für uns aber nicht so wichtig).

Der **rote Phosphor** sieht in seiner Struktur dem Graphit ähnlich: Im roten Phosphor sind die Phosphor-Atome zu Sechserringen angeordnet, die, wie beim Graphit, direkt an den nächsten Ring grenzen. Nur sind diese Ringe nicht eben, sondern verformt.Viele dieser Ringe bilden eine Schicht, und viele dieser Schichten liegen locker übereinander. Wie das genau aussieht,müssen wir aber nicht wissen.

Der rote Phosphor ist chemisch viel stabiler als der weiße Phosphor, außerdem ist er ungiftig.

Der **weiße Phosphor** hingegen ist sehr reaktiv: An Luft brennt er von selber ab. Außerdem ist er sehr giftig. Der weiße Phosphor sieht chemisch dem Diamanten ähnlich. Genaueres brauchen wir auch hier nicht zu wissen.

Weil sich weißer Phosphor in der Luft von selbst entzündet, wird er unter Wasser aufbewahrt. Wasser löst weißen Phosphor nicht auf. Fette und Öle hingegen schon! So kann man weißen Phosphor in Milch ein wenig auflösen. Nun hat man früher Milch für ein gutes Entgiftungsmittel gehalten: Bei einer Vergiftung, so hat man geglaubt, einfach ein Glas Milch trinken, fertig! Bei einer Vergiftung mit weißem Phosphor wäre das genau das falsche. Die Milch würde den Phosphor auflösen, und schneller in den Körper bringen. Zum Glück aber gibt es heute keinen weißen Phosphor im Alltag mehr (nur für Chemiker).

Im 19. Jahrhundert hingegen wurden Streichhölzer mit weißem Phosphor gefertigt, die, wie wir uns denken können, äußerst gefährlich waren. Die Streichhölzer aus ungiftigem roten Phosphor sind wesentlich sicherer, und werden deshalb auch "Sicherheitsstreichhölzer" genannt.

9.6. Verbindungen des Phosphors

Auch Phosphor bildet zusammen mit Sauerstoff O und Wasserstoff H Säuren. Die wichtigste ist die Phosphorsäure H_3PO_4.

Auch in der Phosphorsäure wird die "Hände-Regel" gebrochen: Der Phosphor hat 5 Bindungen! Der Grund hierfür ist nicht so wichtig, er sei nur für die Interessierten ganz kurz erwähnt: Im Phosphor kann ein d-Orbital bei den Bindungen mithelfen.

Die Phosphorsäure hat **drei** H vorne, also kann sie **drei** H+ abspalten! Ganz schön viel.

$$\mathbf{H_3PO_4 \text{ --> } 3H^+ + PO_4^{3-}.}$$

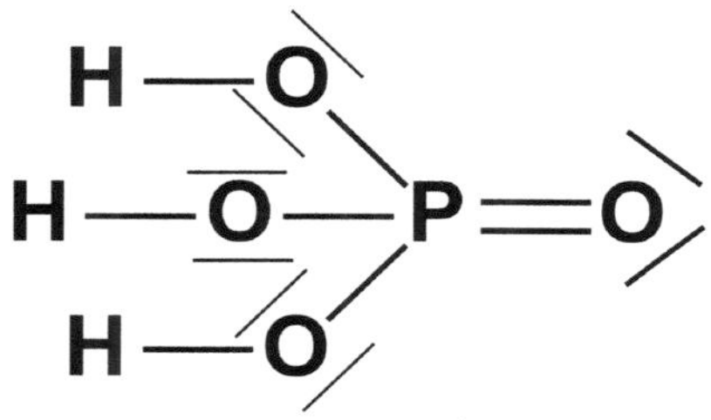

Phosphorsäure

Wir brauchen also drei OH^--Ionen, um Phosphorsäure vollständig zu neutralisieren. Die bekommen wir zum Beispiel von drei NaOH.

$$\mathbf{3\,Na^+ + 3\,OH^- + 3\,H^+ + PO_4^{3-} \text{ --> } Na_3PO_4 + 3\,H_2O.}$$

Nachdem drei H^+ sich mit drei OH^- verbinden, müssen drei H_2O herauskommen.

Die Salze der Phosphorsäure sind die Phosphate. Aus diesem Namen wissen wir, dass am Phosphor die größtmögliche Zahl an Sauerstoff-Atomen hängt: Der Name endet auf **-at**! Na_3PO_4 ist also das **Natriumphosphat.**

Was passiert, wenn wir die Phosphorsäure mit **nur zwei** NaOH reagieren lassen?
Dann bilden zwei der drei H^+ von der Phosphorsäure mit den zwei OH^- von der NaOH Wasser H_2O. Ein H^+ bleibt übrig! Dieses H^+ bleibt dann am Phosphat-Ion.

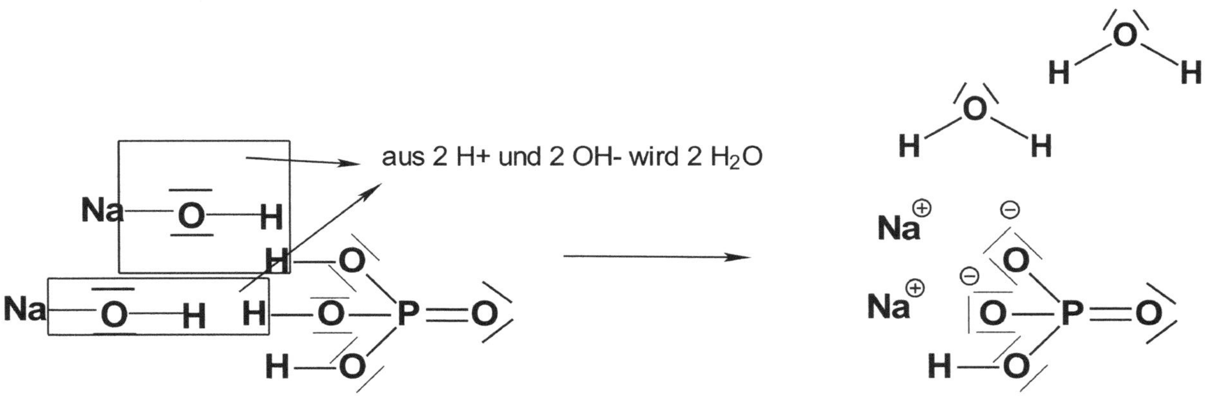

die H_2O-Moleküle machen Platz, dafür kommen die Na+ an die Reihe

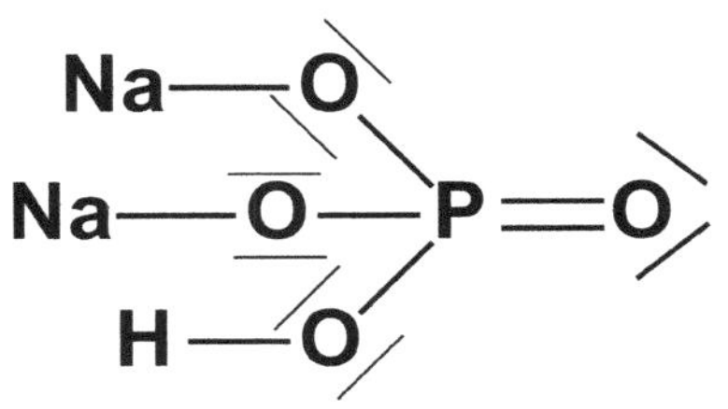

Die Na hängen sich an die Sauerstoffe

In der Gleichungsform sieht das dann so aus:

$$\mathbf{2\,Na^+ + 2\,OH^- + 3\,H^+ + PO_4^{3-} \dashrightarrow 2\,H_2O + H^+ + 2\,Na^+\,PO_4^{3-}}$$

Auch hier sehen wir: Es bilden sich 2 H_2O, und ein H^+ bleibt übrig. Dieses hängt sich, zusammen mit den beiden Na^+, an das PO_4^{3-}-Ion.

$$2\ H_2O + H^+ + 2\ Na^+\ PO_4^{3-} \longrightarrow 2\ H_2O + Na_2HPO_4.$$

Das Na_2HPO_4 ist das Natrium**hydrogen**phosphat. Das "Hydrogen" zeigt uns, dass noch ein Wasserstoff übrig geblieben ist!

Und was kommt heraus, wenn wir die H_3PO_4 mit nur einem NaOH reagieren lassen? Die H_3PO_4 spaltet 3 H^+ ab, NaOH gibt aber nur ein OH^- mehr. Also bilden sich aus dem einen OH- und einem der drei H^+ ein H_2O, die restlichen zwei H^+ gehen wieder auf das am PO_4^{3-} Ion.

Dann sieht die Gleichung so aus:

$$1\ Na^+ + 1\ OH^- + 3\ H^+ + PO_4^{3-} \longrightarrow H_2O + NaH_2PO_4.$$

NaH_2PO_4 ist das Natrium**dihydrogen**phosphat. Das "**dihydrogen**" im Namen zeigt an, dass dieses Salz zwei H enthält.

Jetzt ein schwieriges Beispiel:

Wie neutralisieren wir H_3PO_4 mit $Ca(OH)_2$ **vollständig**, also so, dass kein H^+ und kein OH^- übrig bleibt? H_3PO_4 kann **drei** H^+ abspalten, $Ca(OH)_2$ aber nur **zwei** OH^- -Ionen.

Wenn wir **drei** $Ca(OH)_2$ nehmen, haben wir insgesamt 6 OH^-. Dazu nehmen wir **zwei** H_3PO_4, dann haben wir insgesamt 6 H^+. Das geht sich dann aus! Aus 6 OH^- und 6 H^+ bilden sich 6 H_2O.

$$3\ Ca^{2+} + 6\ OH^- + 6\ H^+ + 2\ PO_4^{3-} \longrightarrow 6\ H_2O + Ca_3(PO_4)_2.$$

Das ist so ziemlich die komplizierteste Neutralisationsgleichung, die es gibt.

Das $Ca_3(PO_4)_2$ ist aber ein sehr wichtiges Salz: Es ist das Calciumphosphat, das wir **in unseren Knochen haben.** Wir sehen aus der Formel: Dieses Salz besteht aus **drei** Calcium-Ionen, und **zwei** Phosphat-Ionen.

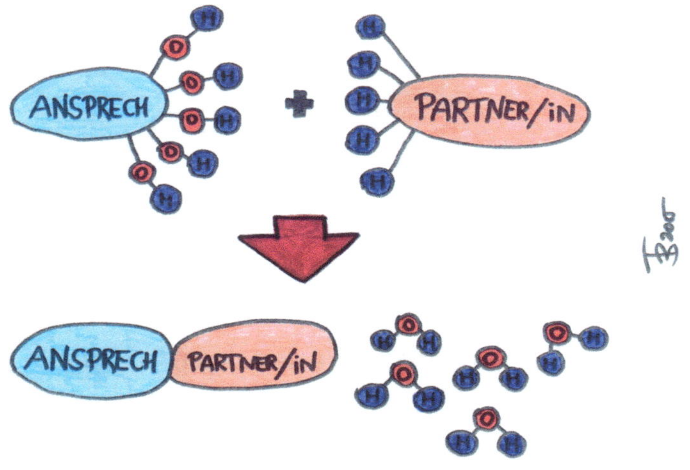

9.7. Und wofür brauchen wir Phosphor?

Erstens als **Düngemittel.** Mit dem Phosphor sind wir nun zu dem letzten der drei wichtigen Düngemittel-Elemente gekommen.

Diese drei Elemente sind:

Stickstoff N
Kalium K
Phosphor P.

Damit wird es Zeit, sich einen wichtigen Satz der Düngelmittel-Lehre anzusehen, die **Liebigsche Fassregel:**

Das Düngemittel, von dem am wenigsten im Boden vorhanden ist, bestimmt, wie gut der Boden gedüngt ist.
Das klingt kompliziert, ist aber ganz einfach.

Angenommen, ein Boden ist **sehr gut** mit Kalium und **sehr gut** mit Stickstoff gedüngt, aber nur **sehr schlecht** mit Phosphor: Dann ist der Boden **sehr schlecht** gedüngt.

Weil viel zu wenig Phosphor vorhanden ist, ist der Boden sehr schlecht gedüngt. Da hilft es nichts, wenn viel Stickstoff oder Kalium vorhanden ist.

Hat der Boden sehr viel Phosphor und Kalium, aber sehr wenig Stickstoff, ist der Boden sehr schlecht gedüngt. Nicht die Menge von Phosphor oder Kalium bestimmt, wie gut der Boden gedüngt ist, sondern das Element, von dem am wenigsten da ist: Das ist der Stickstoff.

Die Liebigsche Fassregel sagt also ähnliches aus wie der Satz: "Eine Kette ist nur so gut, wie ihr schlechtestes Glied." Es nützt nichts, wenn ich eine Stahlkette habe, aber mitten in der Kette nur einen Zwirnfaden. Die Kette wird nur so stark wie der Zwirnfaden sein.

Wie gut ist ein Boden gedüngt, wo wir viel Stickstoff, viel Phosphor und viel Kalium haben? Er ist **gut** gedüngt, **weil von allen Elementen genug da ist**.

Und so ist Justus von Liebig auf seine Fassregel gekommen: Stellen wir uns vor, da ist ein Fass. Und dann bohren wir Löcher in das Fass, ein Löcher höher, ein Loch tiefer....und wie hoch kann man nun in dieses Fass Wasser füllen? *Nur bis zum tiefsten Loch. Dort rinnt das Wasser dann heraus.* Das tiefste Loch ist natürlich die Menge des Elements, von dem am wenigsten vorhanden ist.

Natürlich haben wir auch ein Problem, wenn die Böden **überdüngt** sind. Da macht uns zwar die Liebigsche Fassregel keine Probleme, aber der Boden kann zu große Mengen an Düngemitteln nicht aufnehmen. Diese Düngemittel wandern dann in das Grundwasser, wo sie nicht hingehören.

Kommen große Mengen an Düngemittel in große Gewässer, wie zum Beispiel Seen, fördern sie dort das **Algenwachstum**. Zu viel an Algen kann aber das ökologische Gleichgewicht jener Gewässer kippen. So vermindern dichte Algenteppiche das Licht, welches in das Gewässer einfällt, wodurch wiederum andere Lebensformen nicht überleben können.
Alles weitere könnt Ihr guten Biologiebüchern entnehmen.

Außer als Düngemittel, spielt Phosphor eine elementare Rolle in physiologischen Prozessen. (Physiologie ist die Lehre der biologischen Zellen.). Ohne Phosphor wäre menschliches Leben unmöglich. Phosphor ist für wichtigste energetische Prozesse in den Zellen verantwortlich.

9.8. Chemie des Arsens, des Antimons und des Bismuts

Diese Elemente sind für uns weniger wichtig. natürlich werden alle diese Elemente für spezielle Zwecke verwendet, die wir aber nicht näher kennen müssen. **Arsen As** wird als **Galliumarsenid** GaAs in der Halbleitertechnologie verwendet, außerdem war es das Lieblingsgift der Renaissance-Päpste.

Antimon Sb findet in etlichen metall-organischen Reaktionen Verwendung. Während Antimon noch ein Halbmetall ist, zählt **Bismut**, da es noch weniger elektronegativ ist, zu den Metallen.

10. Die Chalkogene

Die **Sauerstoff-Gruppe** wird auch die Gruppe der **Chalkogene ("Erzbildner")** genannt. Diese Gruppe hat 6 Valenzelektronen, also fehlen ihnen noch zwei Elektronen auf eine volle Außenschale. Und diese zwei zusätzlichen Elektronen wollen die Chalkogene, vor allem der Sauerstoff und der Schwefel, unbedingt haben.

Zu den Chalkogenen gehören **Sauerstoff O, Schwefel S, Selen Se, Tellur Te und Polonium Po.** Die wichtigsten unter ihnen sind Sauerstoff O und Schwefel S.

Hier sehen wir die Lewis - Strukturen der Chalkogene. Wir sehen: **Sie haben zwei halb besetzte Orbitale, und zwei nichtbindende Elektronenpaare.** Theoretisch könnten sie also, wie der Stickstoff, auch dative Bindungen eingehen, aber das tun sie nicht so gerne, weil sie noch elektronegativer sind. Sie ziehen also ihre Außenelektronen stärker an sich, als die Elemente der Stickstoffgruppe. Daher geben sie ihre nichtbindenden Elektronenpaare auch weniger leicht her, wodurch eine dative Bindung schwieriger wird als bei der Stickstoffgruppe. Indes werden wir im Kapitel der organischen Chemie sehen, dass die nichtbindenden Elektronenpaare sehr wohl eine Rolle spielen, auch wenn sie nicht so aktiv sind wie in der Stickstoffgruppe.

Insofern sollten wir die Chalkogene wohl eher mit *„Finanzexperten“* vergleichen, betrügerischen Finanzexperten selbstverständlich!

Gehen wir gleich zum ersten und wichtigsten Element dieser Gruppe, dem Sauerstoff O.

10.1. Der Sauerstoff

Der Sauerstoff ist das zweitelektronegativste aller Elemente! Nur Fluor ist noch gieriger auf Elektronen. Nein, der Sauerstoff ist kein "braver Bürger" des Periodensystems mehr, eher ein Elektronen-Straßenräuber, oder so. Nur sehr stabile Elemente wie Gold oder Platin, oder die Edelgase können sich gegen den Sauerstoff wehren. Und selbst bei Gold oder Platin hat der Sauerstoff gewisse Möglichkeiten, ihnen doch noch Elektronen zu entreißen.

Aber seltsam: Wenn wir an Sauerstoff denken, so kommt uns die Atemluft in den Sinn, (diese besteht ja zu 21% aus Sauerstoff), und wir denken: "Na ja, sooo ätzend und gefährlich ist der Sauerstoff auch wieder nicht. Das grüne Chlorgas Cl_2 zum Beispiel, ist viel ätzender und gefährlicher."
Aber das täuscht. Schließlich treten auch betrügerische Finanzexperten seriös auf.

Zum einen ist der Sauerstoff in der Luft, weil er da stark verdünnt ist, lange nicht so gefährlich wie konzentrierter Sauerstoff.

Zum anderen wird der Sauerstoff gleich viel ungemütlicher, wenn man ihn mit Elementen verbindet, "die er nicht mag". Die Sprengkraft der meisten Sprengstoffe, wie **TNT** oder **Nitroglycerin**, beruhen auf der Kraft des Sauerstoffs.

Man könnte den Sauerstoff mit einem schlafenden Monster vergleichen. So lange er nur verdünnt vorliegt in der Luft als O_2-Molekül, ist er friedlich. Aber wehe, man weckt das Monster auf, indem man mehrere Sauerstoff-Atome an ein Chlor hängt! Das **Natriumchlorat $NaClO_3$** zum Beispiel ist das "**Unkrautsalz**", eine hoch explosives und unberechenbares Substanz. **Sehr gefährlich!**

Sauerstoff heißt griechisch **Oxygenium**, der "**Säurebildner**". Daher das Kürzel O. Früher dachte man, Sauerstoff sei der Stoff, der andere Stoffe sauer macht. Das stimmt auch, allerdings macht der Sauerstoff O Stoffe auch basisch, weil er ja Bestandteil des OH^--Ions ist.

In der Luft liegt Sauerstoff als das **O_2-Molekül** vor. Dieses Molekül hat ein ungewöhnliches Aussehen:

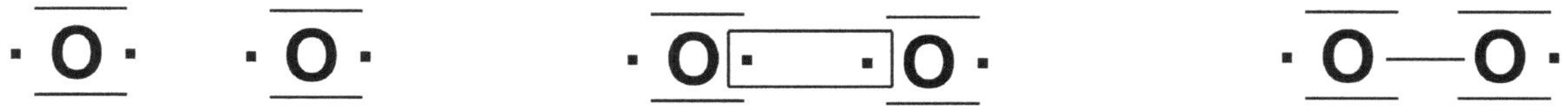

Der Sauerstoff geht **nicht,** wie man glauben könnte, eine Doppelbindung ein, sondern nur eine Einfachbindung, und zwei Elektronen bleiben **ungepaart**. Ungepaarte Elektronen nennt man **Radikale**. Also ist O_2 ein **Bi-Radikal**, ein zweifaches Radikal. "Bi" ist griechisch und heißt "zweifach".

Wir fassen zusammen:
Der Sauerstoff ist Großmeister im Aufnehmen von Elektronen.

Daher sind chemische Reaktionen, die mit Elektronenaufnahme zu tun haben, nach dem Sauerstoff benannt: **Oxidation**.

10.2. Oxidation und Reduktion

Im Grunde kennen wir die Oxidation schon: **Die Oxidation ist die Aufnahme von Elektronen**. *Wenn also der Sauerstoff mit, zum Beispiel, Magnesium reagiert, springen die zwei Außenelektronen das Magnesiums zum Sauerstoff:* **Der Sauerstoff hat also Elektronen aufgenommen**.

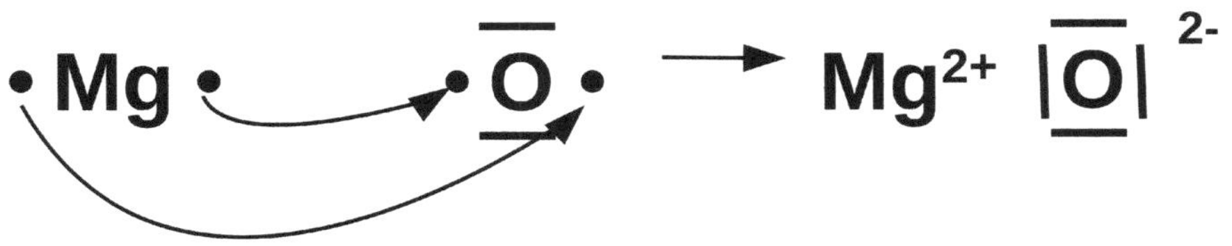

Der Sauerstoff hat also zwei Elektronen vom Magnesium aufgenommen: **Eine Oxidation hat stattgefunden. Der Sauerstoff hat das Magnesium Mg *oxidiert.***

In früheren Zeiten hat man Oxidation *nur* mit dem Sauerstoff in Verbindung gebracht, und was dabei tatsächlich geschieht, hat man nicht gewusst. Heute weiß man (und wir wissen es auch schon), dass es **viele Elemente** gibt, die Elektronen aufnehmen können.

Trotzdem hat sich der Name *Oxidation* für *alle* Reaktionen eingebürgert, bei denen Elektronen aufgenommen werden. So nennt man zum Beispiel auch

Reaktionen mit Chlor oder Fluor **Oxidation**, wenn diese Elemente anderen Elementen Elektronen wegnehmen. (Obwohl kein Sauerstoff dabei vorkommt.)

Wann immer also Sauerstoff oder ein anderes elektronegatives Element die Elektronen eines anderen Elementes aufnimmt, spricht man von Oxidation. *Dabei müssen die Elektronen nicht vollständig den Besitzer wechseln.*

Was bedeutet das? Man spricht **auch dann** von einer Oxidation, wenn der Sauerstoff (oder ein anderes elektronengieriges Element) die Elektronen eines anderen Atoms **näher an sich heran zieh**t. (Wie es in der **polaren Atombindung** der Fall ist).

So ist zum Beispiel auch der Wasserstoff H in H_2O oxidiert, weil die H am Sauerstoff O hängen. Der Sauerstoff zieht die Elektronen des Wasserstoffs nahe an sich heran. Aber der Sauerstoff hat den Wasserstoffen die Elektronen **nicht vollständig** weg genommen, er hat die Elektronen nur näher an sich gezogen.

Wir sehen, Oxidation ist nichts wirklich Neues für uns.

Die **Reduktion** ist das Gegenteil der Oxidation. **Die Reduktion ist die Abgabe von Elektronen.**

In der Reaktion oben gibt das Magnesium seine Außenelektronen an den Sauerstoff ab. Mit anderen Worten: Das Magnesium hat den Sauerstoff **reduziert**.

Reaktionen, wo ein Atom (oder Molekül) Elektronen aufnimmt, und ein anderes Atom (oder Molekül) Elektronen abgibt, nennt man **Redox-Reaktion**. Das kommt von **RED**uktion und **OX**idation.

Das ist alles nicht wirklich schwierig. Die einzige Lern-Gefahr besteht darin, Oxidation und Reduktion zu verwechseln!

Also:

Der Sauerstoff nimmt vom Magnesium Elektronen auf.

Das kann man so sagen:

Der Sauerstoff oxidiert das Magnesium.
Weil: Der Sauerstoff nimmt dem Magnesium Elektronen weg.

Oder so:

Das Magnesium wird vom Sauerstoff oxidiert.
Weil: Dem Magnesium werden vom Sauerstoff die Elektronen weg genommen,

Oder so:
Das Magnesium reduziert den Sauerstoff.
Weil: Das Magnesium gibt seine Elektronen an den Sauerstoff ab.

Oder so:
Der Sauerstoff wird vom Magnesium reduziert.
Weil: Dem Sauerstoff werden Elektronen vom Magnesium abgegeben.

*Man sieht: Das zu verstehen, ist kein chemisches Problem, sondern ein sprachliches.....*also gut. Wenn wir schon bei sprachlichen Problemen sind, hier ein vom Autor erfundener Zungenbrecher:

cheap sheep-cheese-chips-ships ship cheap sheep-cheese-chips.

(Übersetzt: "Billige Schafkäse-Chips-Schiffe verschiffen billige Schafkäse-Chips"). Weil alle diese Wörter ähnlich klingen, kommt unser Gehirn in Verlegenheit. Dabei ist der Inhalt ganz klar...mit den Redox-Reaktionen geht es Anfängern oft ähnlich. Aber wir werden versuchen, diese Dinge zu klären.

Sehen wir uns nun an, wofür wir die Oxidation brauchen können.

10.3. Oxidationszahlen

Wir sehen uns nun ein Wasser-Molekül H_2O an. Wir wissen: Die Wasserstoffe H sind mit dem Sauerstoff O mit jeweils einer Atombindung verbunden, nämlich mit einer **polaren Atombindung**. Sehen wir uns nun eine Atombindung genauer an (welche, ist egal):

Der Wasserstoff und der Sauerstoff nutzen zwei Elektronen gemeinsam. Das **schwarze Elektron** hat der Sauerstoff O beigesteuert, das **rote Elektron** kommt vom Wasserstoff H. Da der Sauerstoff das elektronegativere (elektronengierige) Element ist, zieht er die beiden Elektronen (das rote und das schwarze Elektron) stärker zu sich heran, er wird also leicht negativ geladen.

Bei der zweiten Atombindung verhält es sich natürlich genau so.

Jetzt aber wollen wir so tun, als würde der Sauerstoff die Elektronen der Wasserstoffe ganz zu sich ziehen, so wie bei einer Ionenbindung.
Wir tun so, obwohl es in Wirklichkeit nicht so ist. Welchen Sinn das hat, werden wir gleich sehen.

Wie wäre der Sauerstoff dann geladen?

Sehen wir uns das an:
Die beiden Wasserstoff-Atome geben also ihr Elektron **ganz** an den Sauerstoff ab. Also: Die roten Elektronen **gehören** jetzt dem Sauerstoff O! jedes H ist folglich +1 geladen.

Weil: Jedes H hat sein rotes Elektron verloren.

Der Sauerstoff hat die beiden roten Elektronen aufgenommen. Er ist also -2 geladen.

Schreiben wir die Zahlen zu dem H_2O:

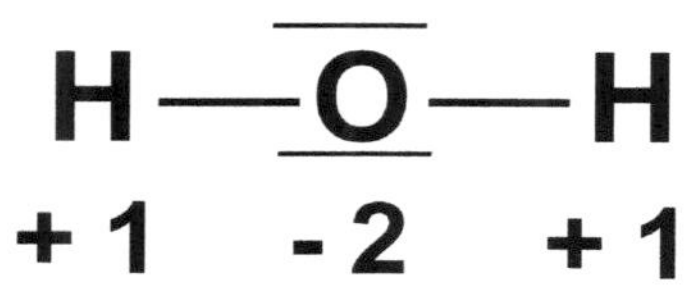

Und diese Zahlen sind die **Oxidationszahlen**.
Oxidationszahlen sind also die Ladungen, die der Sauerstoff und die Wasserstoffe hätten, wenn der Sauerstoff die Elektronen des Wasserstoffs ganz zu sich ziehen würde.

Oder allgemeiner formuliert:
*Oxidationszahlen sind die Ladungen ,die die Atome hätten, wenn das **elektronegativere** Atom die bindenden Elektronen **ganz zu sich ziehen würde**.*
(Wem dieser Satz zu abstrakt ist, soll sich einfach an den oberen Satz halten.)

Wie könnten wir die Oxidationszahlen noch einfacher herausfinden?

Überlegen wir: In jeder Atombindung gibt es immer ein rotes und ein schwarzes Elektron.

Das rote Elektron gehört immer dem einen Atom (hier: dem H), das schwarze Elektron gehört immer dem anderen Atom (hier: dem O).

Jetzt **tun wir wieder so,** als würde das O die roten Elektronen ganz zu sich nehmen.

Weil nun das O im H_2O **zwei** Atombindungen hat, kann es sich **zwei** rote Elektronen nehmen.

Weil: In jeder Atombindung ist **immer** ein rotes und ein schwarzes Elektron.

Und weil jedes H im H_2O **eine** Atombindung hat, verliert es **ein** rotes Elektron.

Also: **Mit jeder Atombindung** gewinnt das O ein Elektron. Das O hat **zwei** Atombindungen. Daher gewinnt das O **zwei** Elektronen.

Und **mit jeder Atombindung** verliert das H ein Elektron. Jedes H hat **eine** Atombindung. Darum verliert jedes H **ein** Elektron an das O.

Wir können also - im Geiste - das Molekül zerlegen. Und zwar so, dass das **elektronengierigere Atom** (hier: das O) die Atombindungen bekommt.

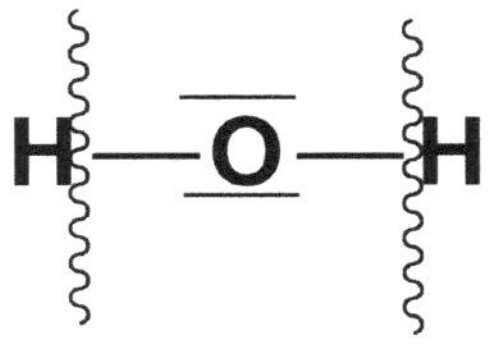

wir spalten das Molekül so auf,
dass die Bindungen beim O bleiben.

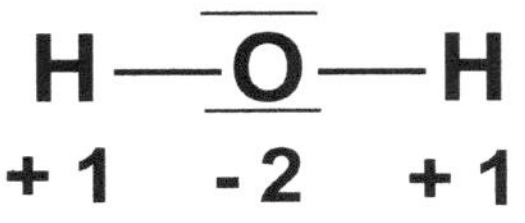

..und kommen auf die Oxidationszahlen

Weil der Sauerstoff **zwei Bindungen** bekommt, bekommt er auch **zwei** rote Elektronen von den H. Und daher ist der Sauerstoff -2 geladen. Jeder Wasserstoff H verliert ein rotes Elektron und ist daher +1 geladen.

Wenn wir also die Oxidationszahlen herausfinden wollen, **tun wir so**, als würde das elektronengierigere Atom alle seine Atombindungen ganz bekommen. Hat das elektronengierigere Atom **eine** Atombindung, so ist die

Oxidationszahl -1. Hat es **zwei** Atombindungen, ist die Oxidationszahl -2, hat es **drei** Atombindungen, ist die Oxidationszahl -3, und so weiter.

Dann **tun wir so**, als würde das weniger elektronengierige Atom seine Atombindungen **ganz verlieren**. Hat das weniger elektronengierigere Atom **eine** Atombindung, so ist die Oxidationszahl +1. Hat es **zwei** Atombindungen, ist die Oxidationszahl +2, hat es **drei** Atombindungen, ist die Oxidationszahl +3, und so weiter.

10.3.1. Nächstes Beispiel: Welche Oxidationszahlen haben C und O in CO_2?

Wir machen es wieder ganz einfach mit den "roten" und "schwarzen" Elektronen. Dieses Mal gehören die roten Elektronen dem C, und die schwarzen wieder den beiden O.

Das O ist wieder das elektronegativere (elektronengierigere) Atom. Logisch: Wir wissen, dass der Kohlenstoff C ein friedliches Element ist. Es zieht also die roten Elektronen recht stark zu sich.

Wenn wir nun die Oxidationszahlen herausfinden wollen, **tun wir so**, als würde das O die roten Elektronen **ganz** zu sich ziehen.

Wie viele Elektronen verliert dann das C? Wie viele Elektronen gewinnen die beiden O?

Das C verliert seine roten Elektronen. Das sind vier Elektronen. **Das C ist also +4 geladen**. (Vorsicht! Ein Elektron verlieren, heißt eine **positive** Ladung bekommen! **Vier** Elektronen verlieren, heißt, **vier** positive Ladungen bekommen!)

Jedes O bekommt zwei rote Elektronen. **Beide O sind also -2 geladen**.

Und damit wissen wir die Oxidationszahlen des CO_2.

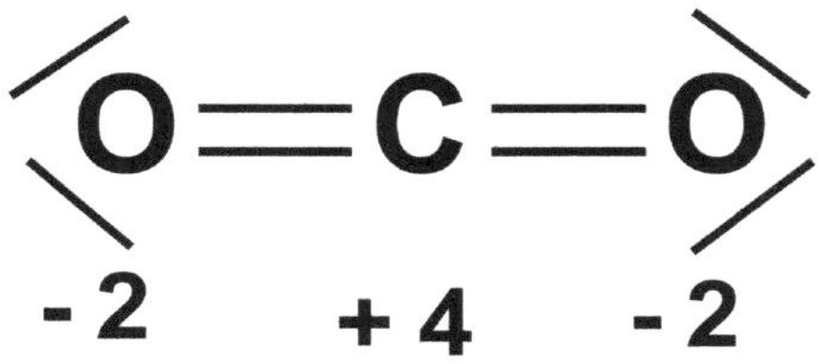

Wir können die Oxidationszahlen aber auch über die Bindungen herausfinden.

Wir wissen, der Sauerstoff O ist elektronegativer als Kohlenstoff. **Also tun wir so**, als würden die beiden O alle Bindungen bekommen. Wir spalten das Molekül im Geiste auf, und zwar so, dass die beiden Sauerstoffe O die Bindungen bekommen. Das C verliert alle vier Bindungen.

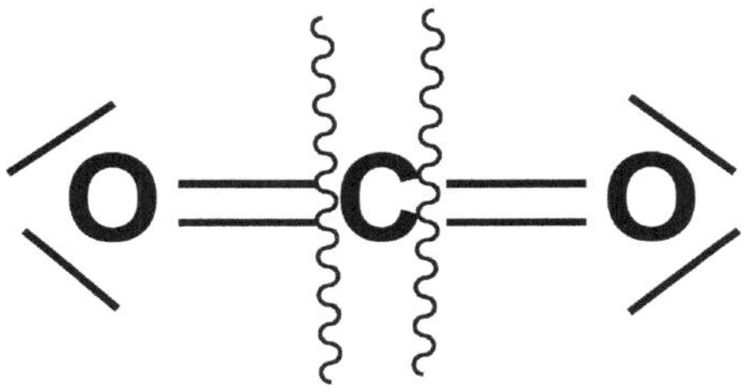

Also hat jetzt jedes O zwei Bindungen ganz für sich, sie sind also -2 geladen. Daher ist ihre Oxidationszahl -2.

Das C hat vier Bindungen verloren. damit hat es auch vier rote Elektronen verloren. Es ist also +4 geladen. Also ist die Oxidationszahl +4.

Man kann das auch anders rechnen: Das CO_2-Molekül hat insgesamt eine Ladung von Null. (Wir wissen: Moleküle sind immer ungeladen! Nur Ionen sind geladen. Und CO_2 ist ein Molekül.) Wenn nun die beiden O eine Ladung von +2 haben, also insgesamt -4, so muss das C so geladen sein, dass CO_2 wieder auf null kommt.
Es muss also +4 geladen sein.

Weil: $+4 - 4 = 0$.

Oder besser gesagt, **wir tun so,** als wäre es +4 geladen! Und das ist die Oxidationszahl.

Im Grunde ist also die Oxidationszahl eine Vereinfachung von dem, was wir bisher gelernt haben.

Aber wozu brauchen wir Oxidationszahlen?

Man kann mit Oxidationszahlen die Eigenschaften von Molekülen abschätzen. Und obwohl Oxidationszahlen sehr ungenau sind, liefern sie doch **erstaunlich gute Abschätzungen**. So sind zum Beispiel Eisenverbindungen mit der Oxidationszahl +2 fast immer grün (die Farbe der Bierflaschen!), während Eisenverbindungen mit der Oxidationszahl +3 meistens rot sind (Rost!).

10.3.2. Nächstes Beispiel:

Wir sollten jetzt den Zusammenhang zwischen "roten" und "schwarzen" Elektronen einerseits, und der Atombindung andererseits, verstanden haben.

Jetzt finden wir die Oxidationszahlen nur noch mit den Atombindungen heraus.

Wie lauten die Oxidationszahlen von Schwefeltrioxid SO_3?

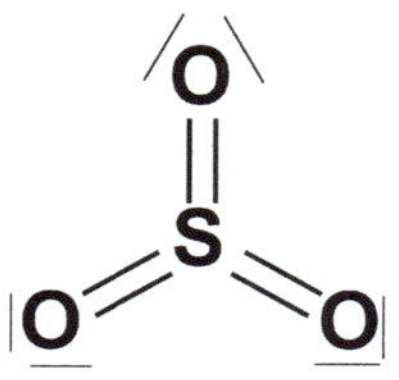

Der Sauerstoff ist elektronegativer als der Schwefel. Also nimmt der Sauerstoff dem Schwefel die Elektronen weg.

Der Schwefel hat insgesamt **6 Atombindungen** mit den drei Sauerstoff-Atomen gemeinsam. *Es gehören, in jeder Atombindung, dem Schwefel ein Elektron (das rote), und dem Sauerstoff gehört ein Elektron (das schwarze).*

Jeder Sauerstoff hängt mit zwei Bindungen am Schwefel. Jetzt tun wir so, als würde der Sauerstoff dem Schwefel diese zwei Bindungen ganz weg nehmen.

Das bedeutet, dass jeder Sauerstoff dem Schwefel zwei Elektronen weg nimmt. Also hat jeder Sauerstoff eine Oxidationszahl von -2.

Mit jeder Bindung nimmt der Sauerstoff dem Schwefel ein Elektron weg. Also verliert der Schwefel (es sind 6 Bindungen!) auch 6 Elektronen: Er ist +6 geladen.

Die Oxidationszahl des Schwefels ist also +6.

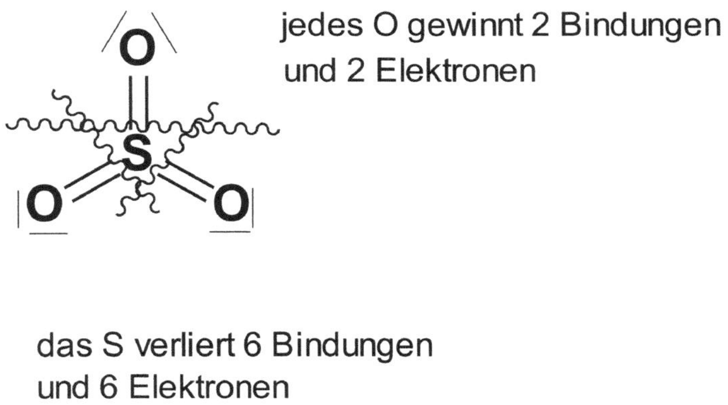

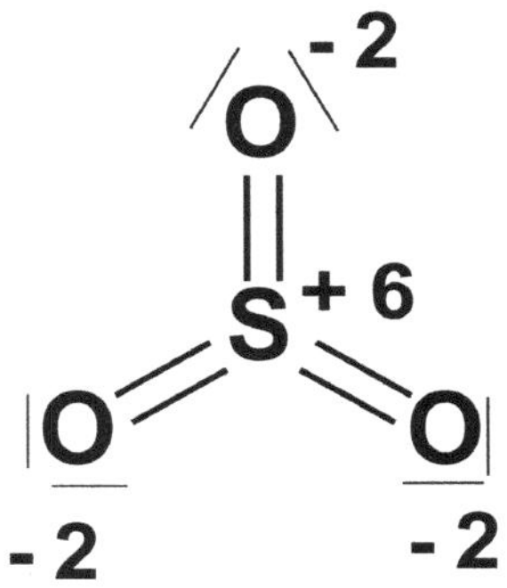

Das merken wir uns: **Mit jeder Bindung nimmt das elektronegativere Element dem "schwächeren" Element ein Elektron weg!**

Also sind dem Schwefel sechs Elektronen weg genommen worden.
Oder besser gesagt: **Wir tun so**, als wären dem Schwefel 6 Elektronen weg genommen worden.

Man kann wieder auch anders auf die Oxidationszahl kommen: Wenn wir wissen, dass alle Sauerstoffe eine Oxidationszahl (also eine Ladung) von -2 haben, so haben alle Sauerstoffe **zusammen** eine Ladung von -6.

Das SO_3-Molekül hat eine Ladung von **Null**. Weil es ein *Molekül* ist (und kein Ion).

Wenn nun die Sauerstoff-Atome zusammen eine Ladung von -6 haben, so muss der Schwefel S eben so geladen sein, dass das SO_3 *insgesamt* Null wird. Und was müssen wir zu -6 addieren, damit 0 heraus kommt? Wir müssen +6 addieren, weil: -6 + 6 = 0.

Da kann man auch eine äußerst komplizierte Gleichung aufstellen, x ist die Ladung und Oxidationszahl vom Schwefel S:

-6 + x = 0

Also ist x gleich +6, d**er Schwefel hat eine Oxidationszahl von +6.**

Außerdem merken wir uns Folgendes: **Sauerstoff hat in einem Molekül immer eine Oxidationszahl von -2,** *außer er bindet mit Fluor, oder mit einem anderen Sauerstoff,* Weil: Nur einem Fluor und einem anderen Sauerstoff kann kann der Sauerstoff keine Elektronen entreißen.

Das Schwefeltrioxid ist übrigens ein äußerst ätzender und gefährlicher Stoff, der mit Wasser die Schwefelsäure H_2SO_4 ergibt!

Man bekommt auch anhand der Oxidationszahlen eine Ahnung, warum das so ist. Der Schwefel S ist selber ziemlich elektronengierig. Eine Oxidationszahl von +6 ist für Schwefel extrem viel. Also versucht der Schwefel, irgendwie an mehr Elektronen zu kommen. Und das macht sich bemerkbar, indem SO_3 sehr aggressiv und ätzend ist.

10.3.4. In diesem Beispiel bindet der Sauerstoff mit einem zweiten O:

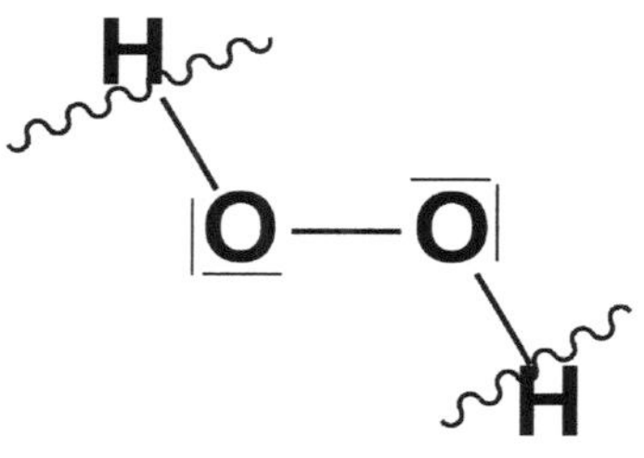

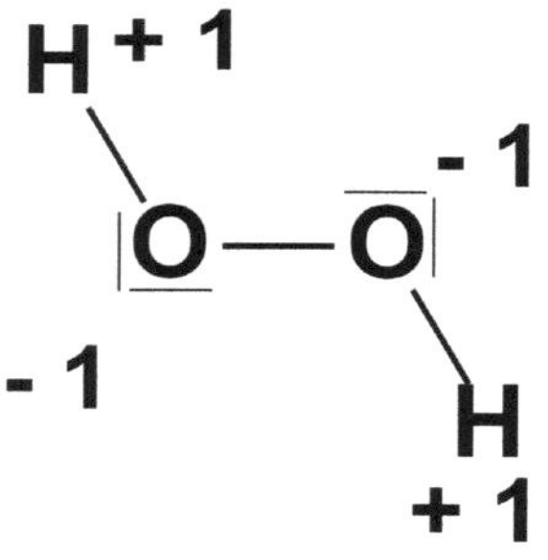

Dieses Molekül ist das **Wasserstoffperoxid**. Die zwei Sauerstoffe, die miteinander binden, können sich gegenseitig keine Elektronen wegnehmen, sie sind genau gleich stark. (Sozusagen eine "Patt"-Stellung) Aber: Jeder Sauerstoff ist an ein Wasserstoff gebunden. Und das Wasserstoff-Elektron zieht der Sauerstoff stark an sich heran! Also **tun wir so**, als würde der Sauerstoff dem Wasserstoff das Elektron ganz wegnehmen. Also hat der Wasserstoff eine Ladung von +1, und der Sauerstoff eine Ladung von -1. Und das sind dann auch die Oxidationszahlen: **-1 für O, +1 für H.**

Das Wasserstoffperoxid ist übrigens das blondierende Haarfärbemittel schlechthin! Daher auch der Ausdruck "*wasserstoffblond*". (Eigentlich sollte es "*peroxo-blond*" heißen.) Zum Haare färben werden aber immer stark verdünnte Wasserstoffperoxid-Lösungen verwendet.

Niemals darf man hierzu das konzentrierte, 30%ige Wasserstoffperoxid verwenden! Sonst sind die Haare nicht blond, sondern weg.

10.3.5. Vanadiumpentoxid

Sehen wir uns einmal ein kompliziertes Beispiel an:

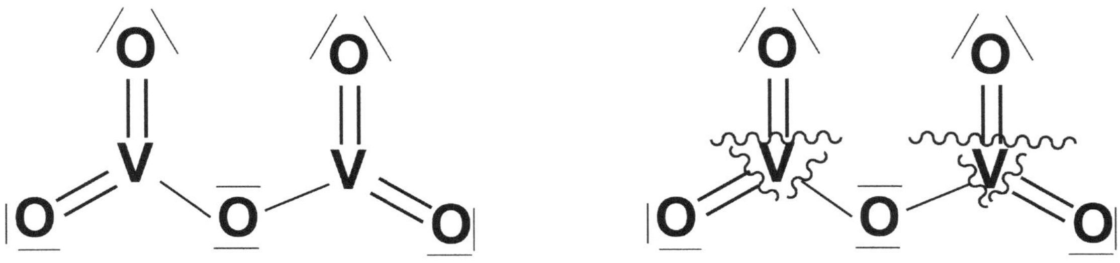

Das ist das **Vanadiumpentoxid** V_2O_5. Es sieht in Wirklichkeit etwas anders aus, aber das tut hier nichts zur Sache. (Vanadium ist ein Übergangsmetall. Man braucht es in der Großindustrie.)

Wie lauten die Oxidationszahlen? Jedes O hängt mit **zwei Bindungen** an einem oder zwei Vanadium-Atomen. **Und mit jeder Bindung nimmt jedes O dem Vanadium 1 Elektron weg.** Darum hat jedes O eine Oxidationszahl von -2.

Das können wir auch auf einen Blick wissen: Es gibt kein Fluor hier, und kein O bindet mit einem anderen O.. Also **muss** jeder Sauerstoff eine Oxidationszahl von -2 haben.

Jedes Vanadium hängt mit 5 Bindungen an Sauerstoff-Atomen. Also tun wir so, als würde es 5 Elektronen verlieren: **Jedes Vanadium hat eine Oxidationszahl von +5.**

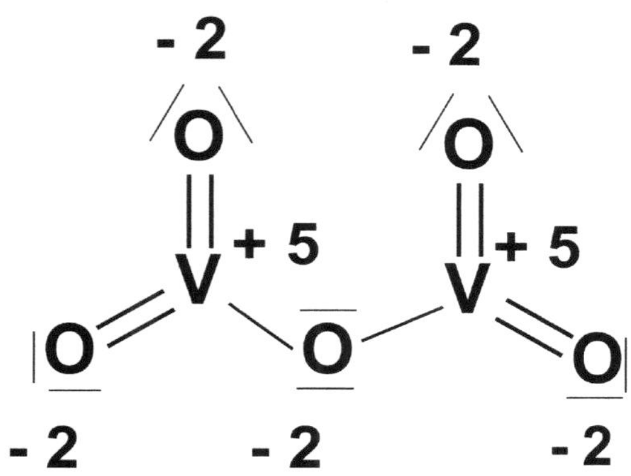

Wir können die Oxidationszahlen auch aus der Formel V_2O_5 herleiten,ohne die Struktur zu kennen. Dann brauchen wir folgende Zusatz-Informationen (die muss euch der Prüfer sagen): Kein O ist an sich selbst gebunden. Und: beide Vanadium-Atome haben die gleichen Oxidationszahlen.

Wenn wir das wissen, geht es leicht: Jedes O hat eine Oxidationszahl von -2. Also eine (Formal-) Ladung von -2. Alle O zusammen haben eine Ladung von -10.

Weil 5 * 2 = 10.

V_2O_5 hat eine Ladung von Null. Es ist ein ungeladenes Molekül. Wir könnten statt V_2O_5 auch schreiben: $V_2O_5^0$. Die Null steht dafür, dass V_2O_5 keine Ladung hat. Wir wissen schon, dass wir diesen Nuller beim Schreiben der Formel weg lassen dürfen: Wir schreiben also V_2O_5 statt $V_2O_5^0$.

V_2O_5 hat also eine Ladung von Null.

Also müssen beide Vanadium zusammen so geladen sein, dass alle Ladungen zusammen Null ergeben. Und die Sauerstoff-Atome haben zusammen eine Ladung von -10. Also haben die beiden Vanadium zusammen eine Ladung von +10. Und damit hat **ein** Vanadium eine Ladung und eine Oxidationszahl von +5.

Weil: +10 : 2 = +5.

Als Überprüfung, ob wir richtig gerechnet haben, können wir alle Oxidationszahlen zusammenzählen. Dann muss wieder die Ladung des Moleküls, (also Null), heraus kommen:

2 x (+5) + 5 x (-2) = 0.

Unsere Rechnung stimmt.

Wir merken uns: **Die Summe der Oxidationszahlen ist immer die Ladung des Moleküls (oder Ions).**

10.3.6. Chromtrioxid

Probieren wir das beim nächsten Beispiel, **dem CrO_3.** Das sieht aus wie das SO_3, nur hat es statt Schwefel S ein **Chrom Cr** in der Mitte. Wir tun jetzt aber einmal so, als würden wir das CrO_3 nicht kennen. Wie gehen wir vor, wenn wir die Oxidationszahlen wissen wollen?

Fluor ist keines da, offensichtlich, und wir hören vom Prüfer: "*Kein O bindet an ein anderes O.*" Damit ist die Sache klar: Jedes O hat eine Oxidationszahl von -2. **Wir tun also so**, als hätte jedes O eine Ladung von -2. Zusammen haben sie eine Ladung von -6. Es sind ja 3 O in CrO_3, und 3 mal -2 = -6.

CrO_3 ist aber neutral. es hat eine Ladung von Null. Also muss das Cr so geladen sein, dass die Ladung vom Cr und die Ladung der Sauerstoffe (= -6) zusammen Null ergibt. Also hat Chrom die Ladung und die Oxidationszahl +6. Beispiel gelöst.

Für die, die es mathematisch wollen: Sei x die Oxidationszahl von Chrom Cr, so gilt:

Jetzt die extrem schwierige Gleichung:

$$x - 6 = 0$$

$$x = +6$$

Kommt dasselbe heraus.

Wir sehen, die Mathematik "hinter" den Oxidationszahlen ist ganz einfach. Wer addieren und subtrahieren, und ganz einfache Divisionen kann, hat es geschafft. Es geht nur darum, sich an diese Beispiele zu *gewöhnen.*

10.3.7. Also noch ein Beispiel:

Welche Oxidationszahlen hat MnO_2? Mn ist **Mangan** (ein Übergangsmetall), MnO_2 ist der **Braunstein**.

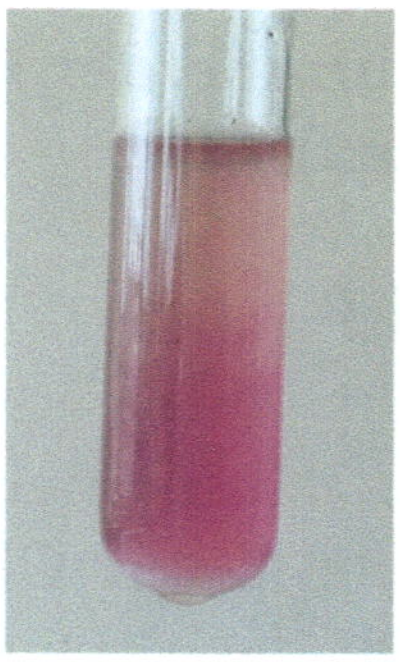

Mangan gibt es in mehreren Oxidationszahlen: Hier Mn^{2+} in hübschem Rosa...

Zusatz-Information: Kein Sauerstoff bindet in MnO_2 mit einem anderen.

Lösung: Alle O müssen wieder die Oxidationszahl -2 haben. Das heißt, alle O hätten die Ladung -2, **wenn wir so tun,** als würden die Sauerstoffe die Elektronen des Mangan **ganz** an sich ziehen.

Zwei Sauerstoffe *zusammen* haben dann eine Ladung von -4, weil. 2 x (-2) = -4.

Wie ist MnO_2 geladen? MnO_2 ist ein neutrales, ungeladenes Molekül. Das sehen wir aus der Formel, weil keine Ladung angegeben ist. MnO_2 hat also eine Ladung von Null. Wir könnten auch schreiben: MnO_2^0.

Wenn nun das MnO_2 Null geladen ist, wie muss dann das Mangan Mn geladen sein? Die Sauerstoff O sind zusammen -4 geladen. Was muss ich zu -4 tun, damit Null heraus kommt?

Wir stellen eine extrem schwierige Gleichung auf (x ist die Ladung und Oxidationszahl des Mn):

Mn^{6+} ist grün...

$x - 4 = 0.$

Also ist x gleich +4.

Also ist die Oxidationszahl von Mn gleich +4.

Mangan hat eine Oxidationszahl von +4, die Sauerstoff-Atome haben eine Oxidationszahl von -2.

Beispiel gelöst.

Wir können also bei ungeladenen Molekülen die Oxidationszahlen sehr leicht berechnen. *Und zwar ohne wissen zu müssen, wie das Molekül tatsächlich aussieht!*

Sehen wir uns nun Ionen, also geladene Moleküle, an. Das ist auch nicht schwieriger, nur müssen wir nun in unsere "extrem schwierigen Gleichungen" *statt der Zahl Null, die Ladung des Moleküls einsetzen.*

Ein Beispiel: Was sind die Oxidationszahlen des NO_3^--Ions? Dieses Ion kennen wir schon, es ist das **Nitrat-Ion**, das Anion der Salpetersäure. Dieses Ion hat, das sehen wir aus der Formel, eine Ladung von -1.

Zusatz-Information: Kein Sauerstoff ist an einen anderen gebunden.

Mit dieser Information wissen wir: Jedes Sauerstoff-Atom muss die Oxidationszahl -2 haben. Das heißt, **wir tun so,** als hätten die Sauerstoffe eine Ladung von -2. Wir haben **drei** Sauerstoff-Atome im Nitrat-Ion. Zusammen kommen die Sauerstoffe auf eine Ladung von -6, weil: 3 mal -2 ist -6.

Jetzt ist aber das Nitrat-Ion -1 geladen. Wie viele plus-Ladungen muss also der Stickstoff N haben? Die drei Sauerstoffe haben zusammen eine Ladung von -6. Für das gesamte Nitrat-Ion, kommt -1 heraus. **Also muss der Stickstoff eine Ladung von +5 haben, weil: -6 + 5 = -1.**

Für alle, die es mathematisch wollen:
x ist die Ladung des Stickstoffs. Dann ist:

-6 + x = -1

Die Gleichung sieht also aus wie die Gleichung für ungeladnene Moleküle, nur: Statt **0** steht rechts jetzt : **-1**.
Wir formen die Gleichung um:

x = +5.

Also hat der Stickstoff N die Ladung von +5. Und damit **hat der Stickstoff auch die Oxidationszahl von +5**.

Mn^{7+} ist violett

10.3.8. Nächstes Beispiel:

Wie lauten die Oxidationszahlen des SO_4^{2-}-Ions? Auch dieses Ion kennen wir: Es ist das **Sulfat-Ion**, das Ion der Schwefelsäure H_2SO_4. **S** ist der Schwefel.

Zusatz-Information. Kein O bindet mit einem anderen O.

Also müssen alle Sauerstoffe O die Oxidationszahl von -2 haben. Das heißt,**wir tun so**, als hätten sie eine Ladung von -2. Wir haben 4 Sauerstoffe in SO_4^{2-}. das bedeutet: Alle 4 Sauerstoffe zusammen haben eine Ladung von -8.

Wie groß muss dann die Ladung (und Oxidationszahl) des Schwefels S sein?
Das SO_4^{2-}-Ion ist -2 geladen. Die 4 Sauerstoffe haben eine Ladung von -8. Also muss der Schwefel S so viele plus-Ladungen haben, dass wir von -8 auf -2 kommen.
Also ist der Schwefel **+6 geladen,** weil: -8 + 6 = -2.

Die Oxidationszahl des Schwefels S ist also +6, die Oxidationszahlen aller Sauerstoffe sind -2.

Beispiel gelöst.

Wie wir sehen, müssen wir vom Schwefel im Sulfat-Ion nichts wissen, außer dass ihm der Sauerstoff Elektronen wegnimmt. Es ist also so ähnlich wie bei der Neutralisation: Ob wir SO_4^{-2} schreiben oder BatmanO$_4^{-2}$ oder HerrMeierO$_4^{-2}$, ist ganz egal, immer kommen die gleichen Oxidationszahlen heraus!

10.3.9. Dichromat

Und jetzt ein sehr schwieriges Beispiel, das durchaus Universitäts-Niveau aufweist:

Wie sind die Oxidationszahlen von $Cr_2O_7^{2-}$? $Cr_2O_7^{2-}$ ist das **Dichromat - Ion**, Cr ist das **Chrom**. Es sind also zwei Chrom und sieben Sauerstoffe in diesem Ion enthalten. Das Ion ist -2 geladen.

Zusatz-Informationen:
1. Kein Sauerstoff bindet an einen anderen Sauerstoff.
2. Die beiden Chrom Cr haben die gleichen Oxidationszahlen.

Aus der ersten Zusatz-Information wissen wir: Alle Sauerstoffe haben eine Oxidationszahl von -2. Zusammen kommen sie auf eine Ladung von -14. Weil: -2 mal 7 = -14.

Jetzt rechnen wir uns die Ladungen der **beiden Chrom-Atome zusammen** aus (nicht nur eines Chrom-Atoms):
$Cr_2O_7^{2-}$ ist -2 geladen, und alle Sauerstoffe sind zusammen -14 geladen. Also müssen die beiden Chrom-Atome zusammen so viele plus-Ladungen haben, dass wir von -14 auf -2 kommen.

Darum sind die beiden Cr-Atome zusammen **+12** geladen, weil **-14 + 12 = -2**.

Wie ist jetzt **ein** Cr-Atom geladen? Hier brauchen wir die zweite Zusatz-Information:
Jedes Chrom hat die selbe Oxidationszahl.

Wir müssen einfach +12 durch 2 dividieren, und sehen: **Jedes Chrom-Atom hat eine Oxidationszahl von +6.**

Die Oxidationszahl von Chrom in $Cr_2O_7^{2-}$ ist also +6, die Oxidationszahl der Sauerstoffe ist -2. Beispiel gelöst.

10.3.10. andere „Elektronenzieher"

Sehen wir uns nun ein paar Moleküle ohne Sauerstoff an, auch bei diesen können wir die Oxidationszahlen bestimmen.

Dazu brauchen wir Elektronegativität einiger wichtiger Elemente:

Fluor F ist das elektronegativste Element;
Sauerstoff O hält Platz zwei,
Stickstoff N ist Platz drei, gefolgt von
Chlor Cl und
Brom Br, dann kommt
Kohlenstoff C
....

darunter kommen Elemente wie
Wasserstoff H, Phosphor P, Bor B,

und zum Schluss kommen
Erdalkali-Metalle wie **Magnesium Mg**, **Calcium Ca**
und

Alkali-Metalle wie **Natrium Na**, **Kalium K**
und **Cäsium Cs**.

Man muss dazu sagen, dass es **verschiedene Berechnungsweisen für die Elektronegativität gibt.** Die "Gier nach Elektronen" ist ja auch ein unscharfer Begriff, und so gibt es *verschiedene Auslegungen für Elektronegativität*: Es gibt eine Elektronegativität nach *Pauling*, eine Elektronegativität nach *Mulliken*, eine Elektronegativität nach *Allred-Rochow*...und in manchen dieser Ranglisten der elektronengierigsten Elemente steht zum Beispiel das Chlor vor dem Stickstoff, und nicht der Stickstoff vor dem Chlor, usw. Bei einer Verbindung wie NCl_3 kann man daher die Oxidationszahlen nicht eindeutig bestimmen, weil die Elemente N und Cl in ihrer Elektronegativität zu nahe beieinander liegen.

Linus Pauling (1901-1994), der eine der wichtigsten Beschreibungen der Elektronegativität geliefert hat, zählt übrigens zu den interessantesten Persönlichkeiten in der Chemie.

Er gehört zu den wenigen Menschen, die zwei Nobelpreise gewonnen haben, einen Nobelpreis in Chemie, und den Friedensnobelpreis, den er für sein Engagement gegen Atomwaffen erhalten hat. Im Alter hat er dann die Theorie aufgestellt, dass riesige Mengen von Vitamin C gegen Krebs wirksam sein sollen, und hat jeden Tag 15 Gramm Vitamin C gegessen. (Das ist die 150-fache Tagesdosis!) Er ist dann auch sehr alt geworden, aber gestorben ist er an - Krebs.

Wie dem auch sei, hier noch ein paar Beispiele, wo sich die Oxidationszahlen eindeutig bestimmen lassen:

10.3.11. Wie lauten die Oxidationszahlen von BF_3?

Fluor F ist eindeutig elektronegativer als Bor B. Es wird alle bindenden Elektronen an sich ziehen.

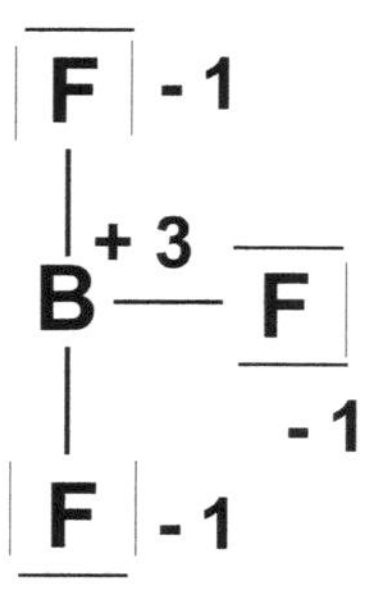

Da die Fluor-Atome über drei Bindungen mit dem Bor B gebunden sind, ziehen sie vom Bor drei Elektronen an sich. Und natürlich tun wir wieder so, als würden sie dem Bor die Elektronen ganz wegnehmen: **Dann haben die drei Fluor-Atome eine Oxidationszahl von -1, Bor hat eine Oxidationszahl von +3.**

10.3.12. Nächstes Beispiel:

Auch **Chlor Cl** ist eindeutig elektronegativer als Kohlenstoff C. Daher lauten die Oxidationszahlen von Tetrachlorkohlenstoff CCl_4:

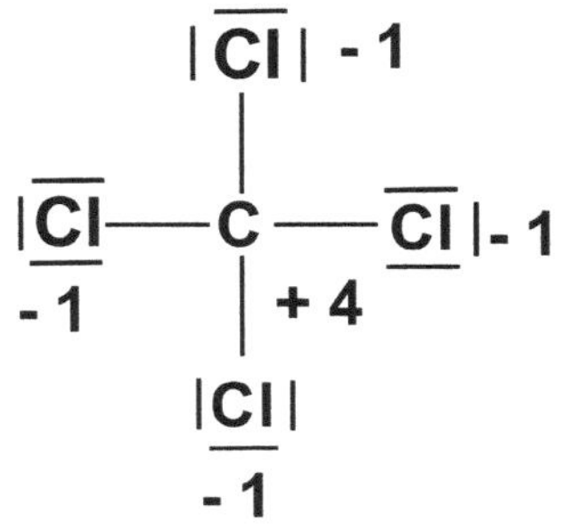

Die vier Cl-Atome nehmen dem C insgesamt vier Elektronen weg, das C hat eine Oxidationszahl von +4, die Chlor kommen jeweils auf eine Oxidationszahl von -1.

Umgekehrt ist Kohlenstoff C elektronegativer als Wasserstoff H. Daher lauten die Oxidationszahlen unseres altbekannten Methan CH_4:

Daher tun wir so, als würde das C den Wasserstoffen die Elektronen weg nehmen:

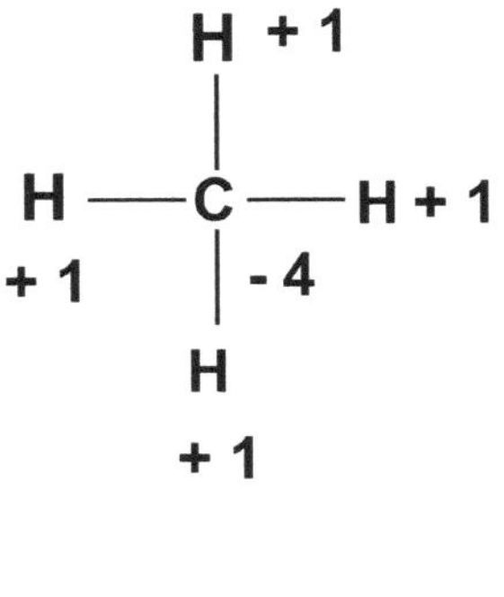

Jetzt kommt das **C auf eine Oxidationszahl von** -4.

Fassen wir zusammen, wie man Oxidationszahlen errechnet:

Erstens: Wir tun so, als würde das elektronegative Atom die Elektronen, die es mit einem anderem Atom teilt, ganz an sich ziehen.
Die Ladung, die die Atome dann hätten, sind die Oxidationszahlen.

Zweitens: Sauerstoff O hat immer -2 als Oxidationszahl in Molekülen, außer es bindet an Fluor oder an ein anderes O.

Drittens: Die Summe der Oxidationszahlen ist immer gleich der Ladung des Moleküls oder Ions.
Die Oxidationszahlen sind ein sehr wichtiges Thema in der Chemie, und weil es so viele Beispiele gibt, werden sie auch gerne als Prüfungsfrage verwendet.

Übungen:

In diesen Beispielen ist das O nicht an ein anderes O gebunden.

Wie sind die Oxidationszahlen von **OsO_4**? (Os ist das Osmium.)

Wie sind die Oxidationszahlen von Nb_2O_5?

Wie sind die Oxidationszahlen von PbCl4? (Anmerkung: Cl ist elektronegativer als Pb)

Aber kommen wir wieder zum Sauerstoff zurück:

10.4. Verbindungen des Sauerstoffs

Der Sauerstoff ist das **häufgste Element der Erdkruste**. rund 48% der Erdkruste besteht aus Sauerstoff!

Viele Verbindungen des Sauerstoffs kennen wir schon, nämlich Salze, die auf **-it** oder **-at** enden, wie das **Natriumcarbonat** Na_2CO_3 "**Soda**" oder **Calciumcarbonat "Kalk"** $CaCO_3$, oder **Calciumsilikat** $CaSiO_3$.Wir kennen die Nitrate wie zB, **Kaliumnitrat** KNO_3, **Natriumnitrat** $NaNO_3$, und so weiter.

Das O^{2-}-Ion ist das **Oxid-Ion**. Stoffe, die sich aus diesem Ion (und zusätzlichen anderen Ionen) zusammensetzen, sind die **Oxide**. Auch hier kennen wir schon einige, wie das **Kohlen-di-oxid** CO_2, das **Silizium-di-oxid** "**Quarz**" SiO_2, das Magnesium-Oxid MgO....

Ebenso kennen wir das **Wasser** H_2O, und den **Sauerstoff in der Luft** O_2.
Eine weitere wichtige Verbindung ist das **Ozon O_3**. Eine andere Art des "reinen" Sauerstoffes! Ozon ist ein äußerst aggressives, daher auch giftiges Gas, das unter anderem als Desinfektionsmittel eingesetzt wird. Als O_3 zeigt der Sauerstoff, was er kann! Hier liegt er sozusagen in "gereizter" Form vor, also als chemisches Monster, das erwacht ist.

Die Erde besitzt in der Stratosphäre (in etwa 20 Kilometern Höhe) eine Ozonschicht, die die gefährliche, von der Sonne kommende UV-Strahlung abhält. Hier erweist sich Ozon als sehr nützlich. Manche Stoffe, wie zum Beispiel **FCKW** (Fluor-Chlor-Kohlenwasserstoffe), die früher in Kühlschränken Einsatz gefunden haben, können diese Ozonschicht zerstören. *Es ist daher sehr zu begrüßen, wenn solche Stoffe durch weniger umweltschädliche ersetzt werden.*

Dieses *für uns wichtige* Ozon O_3 in der Stratosphäre ist nicht mit dem "*bodennahen Ozon*" zu verwechseln: Dieses entsteht aus Abgasen von Autoverkehr und Industrie, und ist ein Umweltgift. Nicht, weil es irgendwie anders wäre, als das Ozon in der Stratosphäre, sondern weil es an der falschen Stelle ist- nämlich da, wo Mensch und Tier es atmen müssen.....

Reinen O_2, also reinen Sauerstoff zum Atmen, braucht man im **medizinischen Bereich**: Während gesunde Menschen reinen Sauerstoff nicht atmen sollten, ist er für Menschen mit schweren Herz-oder Lungenkrankheiten lebenswichtig.

10.5. Der Schwefel

Der Schwefel gilt als das Element des Gestankes, des Rauches, und der höllischen Dämpfe. Wahrscheinlich wird kein Element so stark mit "Chemie" in Verbindung gebracht wie der Schwefel. Dabei riecht elementarer Schwefel gar nicht.

Er ist ein gelbes Pulver (Bild!), das nicht allzu giftig ist. Aber Schwefel-Verbindung können in der Tat gewaltig stinken! Berühmt ist der Schwefelwasserstoff H_2S, der extrem nach faulen Eiern riecht. Abgesehen davon ist

Schwefel lebenswichtig. er gehört zu den wichtigsten Elementen der organischen Chemie, sehr viele lebenswichtige Eiweiße enthalten Schwefel.

Wir können uns den Schwefel als einen relativ gutmütigen Elektronen-Vielfraß vorstellen, der aber, ähnlich wie der Sauerstoff, ungemütlich werden kann, vor allem dann, wenn man ihm zu viele Elektronen weg frisst. Zum Beispiel, indem man Sauerstoff O an ihn bindet. Wie sich das auswirkt, werden wir an der Schwefelsäure H_2SO_4 sehen.

Schwefel findet sich in Silizien (Italien), und in Nordamerika, und wird durch das **Frasch-Verfahren** gewonnen: Wasserdampf wird in die Erde geleitet, und der unter der Erde befindliche Schwefel wird geschmolzen. Den flüssigen Schwefel kann man dann an die Erdoberfläche, wieder mit Hilfe des Druckes vom Wasserdampf, pumpen.

10.6. Verbindungen des Schwefels

Der **Schwefelwasserstoff H_2S** ist berühmt für seinen Gestank nach faulen Eiern. H_2S ist ein Gas. Dieses Gas kann man aber in Wasser leiten, so dass man Schwefelwasserstoff, gelöst in Wasser, erhält. Damit kann man leichter arbeiten, als mit dem gasförmigen H_2S.

H_2S ist äußerst giftig, giftiger als die Blausäure! Allerdings riecht man selbst winzige Mengen von H_2S extrem stark, so dass man rechtzeitig gewarnt ist. Wenn aber die Konzentration des Schwefelwasserstoffs zu groß wird, so kann unser Geruchssinn H_2S nicht mehr wahrnehmen. Es kann also passieren, dass man in einer bereits gefährlich konzentrierten H_2S-Wolke steht, und man merkt es nicht.

Mir wurde einmal von folgender Situation berichtet: Ein mir bekannter Chemie-Kollege ging in den Laborraum, wo die Studenten ihre Übungen durchführten. Da kam ihm ein extrem intensiver Geruch nach faulen Eiern in die Nase. Er sagte: "Da stinkt es nach H_2S!" Ein Student antwortete: "*Ich rieche nichts.*" Da war klar, dass die Schwefelwasserstoff-Konzentration bereits die Geruchsgrenze überschritten hatte. Sofort rief der Kollege: "Alle raus!", und alle verließen das Labor.

Es ist damals zum Glück nichts passiert. H_2S ist ein schnell wirkendes Gift, und da sich alle Studenten 10 Minuten später immer noch wohl gefühlt haben, hat niemand Schaden davongetragen. Wenn man aber die ersten Minuten nach einem H_2S-Angriff überstanden hat, passiert später auch nichts mehr. Es gibt (im Gegensatz zu Schwermetall-Vergiftungen), keine Langzeit-Folgen.

Im Gegenteil: Geringe Mengen von H_2S gelten als gesund. Darum werben Badekurorte auch mit ihren "*schwefelhaltigen Quellen*". (Obwohl man sie eigentlich "*schwefelwasserstoffhaltige Quellen*" nennen sollte.)

H_2S ist eine sehr schwache Säure, und spaltet sich auf in 2 H^+ und S^{2-}. Sie ist eine sehr schwache Säure, weil sie die H^+ nur ungern abgibt.

Das S^{2-}-Ion ist das **Sulfid-Ion**, daher heißen die Salze das Schwefelwasserstoffs **Sulfide**. Zum Beispiel Natriumsulfid Na_2S, welches aus 2 NaOH und einem H_2S entsteht:

$$\mathbf{2\ Na^+ + 2\ OH^- + 2\ H^+ + S^{2-} \text{-->} 2H_2O + Na_2S.}$$

Ein anderes wichtiges Salz ist der **Bleiglanz PbS**, ein wichtiges Mineral. Das gibt es relativ häufig.

Kommen wir zur nächsten Säure: Die **Schwefelige Säure H_2SO_3.** Sie entsteht, wenn man das scharf und nach Rauch riechende Schwefeldioxid SO_2 in Wasser leitet: SO_2 verbindet sich mit H_2O zu H_2SO_3. Wie das genau geschieht, müssen wir nicht wissen. Aber seht euch einmal die Formel von H_2SO_3 an: Das ist ganz einfach die Summe von H_2O und SO_2. Mehr müssen wir dazu nicht wissen.

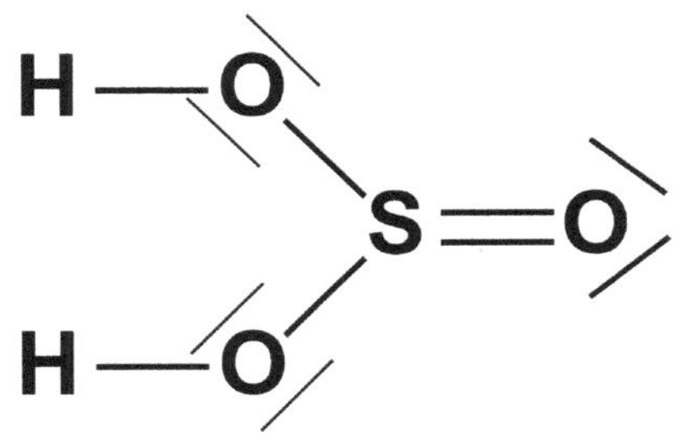

Schweflige Säure

Wir sehen aber aus der Formel, dass sich die H_2SO_3 nicht mit unseren "Bastelregeln" für Atome erklären lässt. Der Schwefel dürfte eigentlich nur 2 Bindungen eingehen, hier sind es aber, wie wir sehen, vier Bindungen. Schuld daran ist wieder einmal der Sauerstoff. Der hält sich an keine Regeln..... Die 4 Bindungen des Schwefels können wir ganz ähnlich erklären, wie die 5 Bindungen des Stickstoffs N in der HNO_3. Wieder spielen antibindende Orbitale eine Rolle, und außerdem die d-Orbitale der 3. Schale. Aber das müssen wir wirklich nicht wissen, wir sind schon jetzt über dem Reifeprüfungs-Niveau.

Hier hat der Schwefel S eine Oxidationszahl von +4. (Bitte selber nachrechnen!!). Das ist zwar recht hoch, aber noch nicht so hoch, dass der Schwefel ernsthaft wütend wird. Daher ist die schwefelige Säure nicht allzu gefährlich.

H_2SO_3 ist eine mittelmäßig starke Säure, sie spaltet sich auf in $2H^+$ und SO_3^{2-}. Das SO_3^{2-}-Ion ist das **Sulfit-Ion**, die Salze der H_2SO_3 sind die **Sulfite**. Warum heißen sie so? Warum enden sie auf "-it"? Weil am Schwefel S jetzt Sauerstoffe O hängen! Und nach unserer Namensregel müssen solche Ionen auf -it enden.

Also zum Beispiel: Natriumsulfit Na_2SO_3, Kaliumsulfit K_2SO_3, und so weiter. (Die dazu gehörenden Neutralisationsgleichungen bitte selber aufstellen!)

Die Schwefelige Säure ist ein gutes Konservierungsmittel, und wird zum Beispiel zum Konservieren von Trockenfrüchten verwendet.

10.7. Die Schwefelsäure oder: Warum macht Sauerstoff sauer?

Die Schwefelsäure H_2SO_4 ist unter diesen drei Säuren die wichtigste. Sie sehr stark sauer, sehr ätzend, und zudem Wasser anziehend, was die ätzende Wirking noch verstärkt. Konzentrierte Schwefelsäure ist eine ölige Flüssigkeit, die mit äußerster Vorsicht zu behandeln ist. Konzentrierte Schwefelsäure, die auf die Haut gelangt, muss sofort abgewaschen werden!

H_2SO_4 spaltet sich auf in $2H^+$ und SO_4^{2-}. Und weil sie eine sehr starke Säure ist, tut sie dies leicht und gerne.

Das SO_4^{2-} Ion ist das **Sulfat Ion**, die Salze der Schwefelsäure sind die Sulfate. Aus diesem Namen sehen wir sofort, dass auf dem Schwefel so viele Sauerstoff-Atome hängen, wie nur möglich. Auch die Schwefelsäure hält sich dabei nicht an unsere "Bastelregeln" für Atome. Schuld daran ist natürlich wieder der Sauerstoff. Genauer müssen wir das nicht wissen (wir müssen eigentlich nicht einmal das wissen).

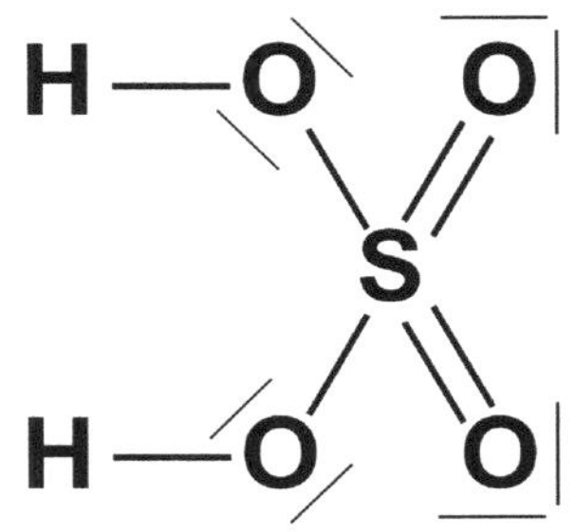

Schwefelsäure

Wichtig allerdings ist, dass die **Schwefelsäure zu den stärksten Säuren gehört.** Vergleichen wir einmal die Säurestärken von Schwefelwasserstoff H_2S, Schwefliger Säure H_2SO_3 und Schwefelsäure H_2SO_4. H_2S ist die schwächste Säure , dann kommt H_2SO_3, die stärkste Säure ist die H_2SO_4.

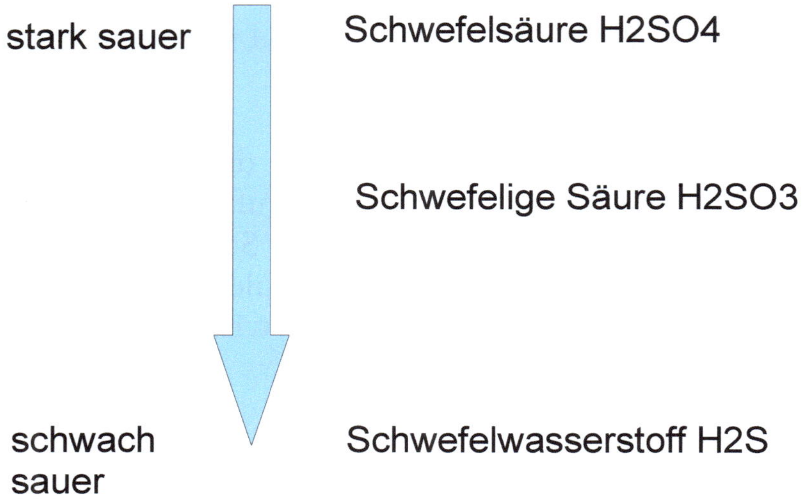

Warum ist das so? Was unterscheidet diese drei Säuren voneinander? Es ist die Zahl der Sauerstoff-Atome! **Je mehr Sauerstoff, desto saurer!**

Und darum heißt Sauerstoff auch **Sauer**-Stoff!

Mit dem Schwefel-Atom der Schwefelsäure sind vier Sauerstoff-Atome gebunden. Diese streiten sich mit dem Schwefel um die Elektronen.

Sehen wir uns die Oxidationszahlen einzelnen Atome in der Schwefelsäure an:

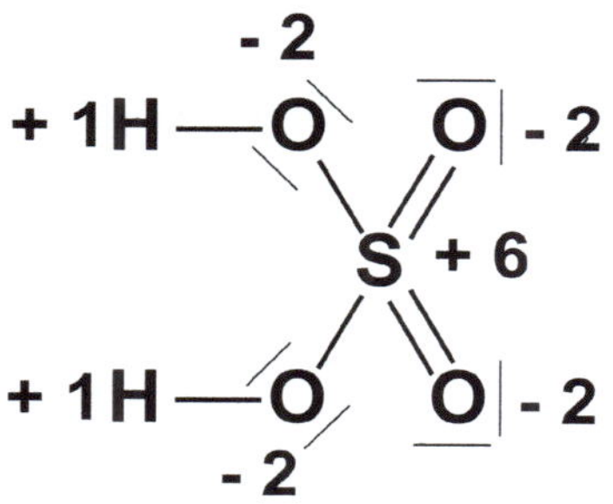

Schwefelsäure

Die Sauerstoff-Atome sind die elektronegativsten Atome in der Schwefelsäure. Daher ziehen sie die bindenden Elektronen an sich. Wenn wir nun die Oxidationszahlen bestimmen, **tun wir so,** als ob der Sauerstoff die Elektronen **ganz** an sich ziehen würde. Wie sind die einzelnen Atome dann geladen?

Alle Sauerstoffe O haben eine Ladung und Oxidationszahl von -2. **Mit jeder Bindung nehmen sie dem Schwefel S bzw. dem Wasserstoff H ein Elektron weg**. Die beiden Sauerstoff-Atome, die mit einer Doppelbindung am Schwefel hängen, nehmen dem Schwefel jeweils 2 Elektronen weg, und sind daher **-2 geladen**. Die beiden Sauerstoff-Atome, die am Schwefel und am Wasserstoff gebunden sind, nehmen dem Schwefel ein Elektron weg, und dem Wasserstoff nehmen sie ebenso ein Elektron weg. Diese beiden Sauerstoffe sind also auch -2 geladen. **Sie haben eine Oxidationszahl von -2.**

Die beiden **Wasserstoffe H sind +1 geladen,** weil die Sauerstoff-Atome ihnen jeweils ein Elektron weg genommen haben.

Der Schwefel hat insgesamt 6 Bindungen zu den Sauerstoff-Atomen. Mit jeder Bindung wird dem Schwefel ein Elektron weg genommen. Insgesamt verliert der Schwefel also 6 Elektronen. Daher hat er eine Ladung von +6. **Der Schwefel hat also auch eine Oxidationszahl von +6.**

Und das ist eine gewaltig große Oxidationszahl. Sie sagt aus, dass der Schwefel einen großen Elektronenmangel hat. Natürlich ist die Oxidationszahl nicht die wirkliche Ladung des Schwefels, aber trotzdem ziehen und zerren die Sauerstoffe so heftig am Schwefel, dass dieser viel von seiner Elektronen-Dichte verliert.

Nun ist der Schwefel normalerweise ein gutmütiger Elektronen-Vielfraß, aber wenn man ihm so viel Elektron-Dichte wegnimmt, wie hier, wird auch der Schwefel ungemütlich. Er beginnt, um seine Elektronen zu kämpfen.

Ein bisschen wie ein Grizzlybär. Eigentlich gutmütig, aber wenn man ihn zu sehr reizt, wehrt er sich, und zwar mächtig. In der Schwefelsäure ist der Schwefel noch übellauniger als in der schwefeligen Säure! Sechs Elektronen lässt er sich nicht wegnehmen! Also zieht der Schwefel die Elektronen wieder in seine Richtung. Den Sauerstoffen wird klar: Dem Schwefel können wir die Elektronen nicht so einfach wegnehmen. Also nehmen wir lieber *anderen* Atomen die Elektronen weg. Und da kommen nur die beiden Wasserstoff-Atome in Frage! Die armen Wasserstoffe können sich kaum wehren, und so werden ihnen die Elektronen tatsächlich weggenommen, und die Wasserstoffe spalten sich als H^+ ab.

Darum ist die Schwefelsäure sehr sauer: Sie spaltet sehr leicht H^+ ab.

In der Schwefeligen Säure H_2SO_3 ist die Lage friedlicher. Hier hat der Schwefel nur eine Oxidationszahl von +4 (**bitte selber nachrechnen!**). Nur drei Sauerstoff-Atome sind an den Schwefel gebunden. *Diese drei Sauerstoff-Atome nehmen dem Schwefel insgesamt weniger Elektronen-Dichte weg als in der Schwefelsäure. Daher verhält sich der Schwefel gutmütiger.* Er streitet nicht ganz so stark um die Elektronen. Daher bekommt jeder Sauerstoff etwas mehr von dem Elektronen-Kuchen ab, als in der Schwefelsäure. Und daher nimmt der Sauerstoff auch den Wasserstoffen weniger Elektronendichte weg: Er hat ja schon viel Elektronendichte vom Schwefel! Nach dem Motto: Wenn ich schon drei riesige Tortenstücke gegessen habe, dann brauche ich nur noch ein kleines Tortenstück, um satt zu sein. Und dieses kleine Tortenstück muss der Wasserstoff hergeben, aber er darf sich einen großen Rest behalten.

Weil also die Wasserstoffe H noch relativ viel Elektronendichte haben, spalten sie sich weniger gerne als H^+ ab. Der Elektronen-Nebel ist ja negativ geladen, und zieht die H^+-Ionen an.
Also ist H_2SO_3 eine schwächere Säure, als H_2SO_4.

Und am friedlichsten ist die Sitation im Schwefelwasserstoff H_2S: Da hat der Schwefel eine Oxidationszahl von -2, er hat also Elektronendichte im Überfluß, und teilt diese geschwisterlich mit den Wasserstoffen. Darum haben die H kaum Motivation, sich als H^+ abzuspalten.

Wir merken uns: **Je mehr Sauerstoffe O eine Säure hat, desto saurer ist sie**! Das selbe haben wir ja auch bei den Stickstoff-Verbindungen gesehen: Ammoniak NH_3 ist eine Base, HNO_2 ist eine mittelstarke Säure, und HNO_3, die Salpetersäure, ist eine sehr starke Säure. (Allerdings: H_2SO_4 ist noch stärker sauer als HNO_3!)

10.8. Verwendung der Schwefelsäure

Die Schwefelsäure ist die meist produzierte Säure der Welt. Vor allem braucht man sie zur Herstellung schwächerer Säuren, wie Salzsäure HCl oder Phosphorsäure H_3PO_4. In Kosmetik- und Hygieneprodukten finden Stoffe Verwendung, die aus Schwefelsäure gemacht sind. Die Salze der Schwefelsäure haben ebenfalls große Bedeutung, vor allem das $CaSO_4$, der Gips. (Näheres dazu in den Kapiteln über die Alkali- und Erdalkali-Metalle).

10.9. Chemie des Selens, des Tellurs und des Poloniums

Selen Se kommt als Spurenelement im menschlichen Körper vor. Zu viel Selen wäre allerdings gifttig. **Selen und Tellur Te** werden hin und wieder für sehr spezielle Zwecke in der chemischen Forschung verwendet, für uns sind sie nicht so wichtig.

Das **Polonium Po** ist ein radioaktives Element, und wird auch in der chemischen Forschung kaum verwendet.

.....und damit haben wir die Chalkogene abgeschlossen. Wir haben mit den Oxidationszahlen eine wichtige Sache kennen gelernt. Wir kennen mit den Oxidationszahlen **abschätzen**, wie stark die Ladung von Atomen sind, die miteinander verbunden sind.

Kapitel 11 geht es weiter mit der elektronengierigsten Gruppe überhaupt: den Halogenen!

10.10. Fortgeschrittenen-Kapitel: Redox-Gleichungen

Dieses Unterkapitel ist für Fortgeschrittene, die Redoxgleichungen für eine chemische Prüfung im Rahmen ihres Studiums brauchen. Wer Redox-Gleichungen nicht zu lernen braucht, kann dieses Kapitel auslassen.

Angenommen, wir wollten CrO_3 zu CrO_2 reduzieren. In CrO_3 hat Cr Chrom eine Oxidationsstufe von +6 (*bitte selber nachrechnen!*), in CrO_2 hat Cr eine Oxidationsstufe von +4.

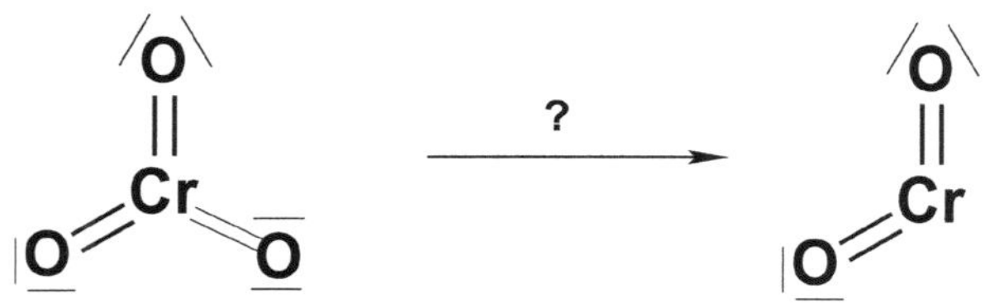

Nun könnte man sagen: „*ganz einfach, man nimmt dem CrO_3 ein O weg, dann ist es CrO_2.*"

Nur: ganz so einfach geht es eben nicht, da der elektronengierige Sauerstoff (der eine Oxidationszahl von -2 hat), sich die Elektronen nicht entreißen lässt. Der Sauerstoff wird seine Elektronen mitnehmen. Das bedeutet, dass das CrO_2 nach der Wegnahme des Sauerstoffes +2 geladen sein wird, das Cr hat immer noch eine Oxidationszahl von +6.

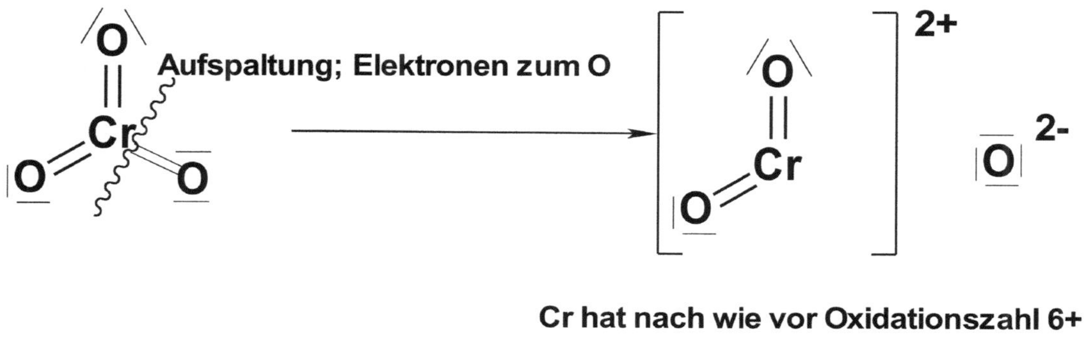

Nun müssen von außen Elektronen zugeführt werden, also von einer anderen Reaktion, die Elektronen abgibt. Auch solche Reaktionen kennen wir schon, zb. das Natrium Na, das ein Elektron an das Wasser abgibt, etc.

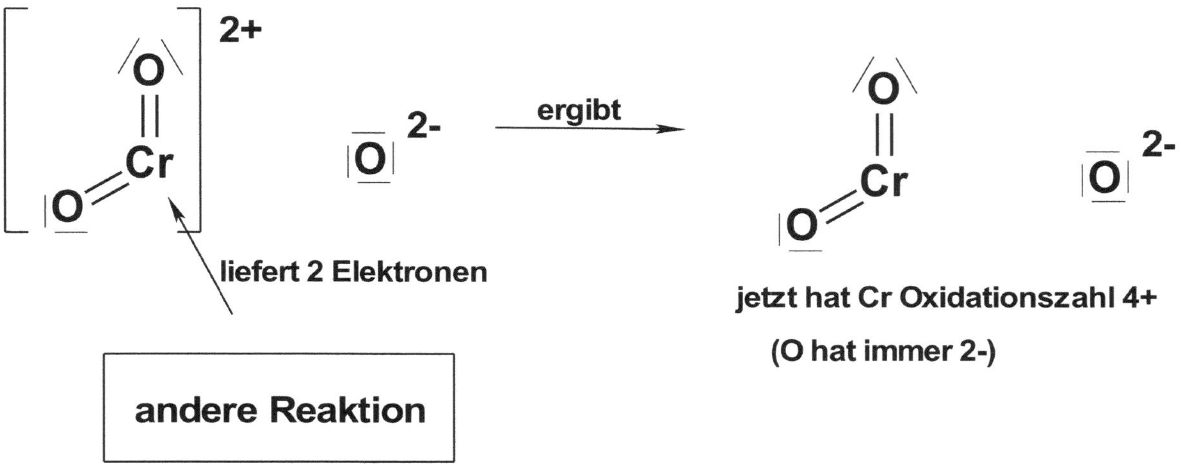

Jetzt hat das Chrom Cr eine Oxidationszahl von +4, das ganze CrO_2 kommt auf eine Ladung von null, da die zusätzlichen Elektronen eine Ladung von -2 haben. Und -2 +2 = 0.

Nun muss man wissen, dass sich das O^{-2} sicher nicht freiwillig abgespalten hat. Dabei hat es Hilfe gebraucht: **Hier funktionieren H^+-Ionen (also Säure-Ionen) sehr gut:** Sie helfen schon bei der Abspaltung mit (das wir hier aus Übersichtlichkeitsgründen erst jetzt eingezeichnet haben) und bilden mit O^{-2} Wasser:

Damit ist die Reaktion fertig! Natürlich kann es sein, dass solche und ähnliche Reaktionen nicht genau so verlaufen; dass sich etwa bei der Reihenfolge der Reaktionsschritte etwas ändern kann. Aber darum geht es hier auch gar nicht. Wichtig ist, dass wir verstehen, warum wir für eine **Redox-Reaktion H^+-Ionen brauchen** und dass das O^{-2} zu Wasser wird. Darum nennt man solche Redox-Reaktionen *„Redox-Reaktionen auf wässriger Basis“*.

Freilich verläuft nicht jede Redox-Reaktion auf wässriger Basis, man könnte ebenso gut Redox-Reaktionen auf Fluor-Basis betrachten (hier würde aus F^- und

H^+ HF werden), aber die Redox-Reaktionen auf wässriger Basis sind doch die häufigsten. Wir werden uns also in der Folge nur solche ansehen.

10.10.1. Aufstellen von Redox-Gleichungen

Das obige Beispiel ist eine relativ kleine Redox-Reaktion. Es ist eigentlich nur eine „Halb-Gleichung", da wir die andere Reaktion, die die Elektronen geliefert hat, noch gar nicht berücksichtigt haben.

Bei größeren Reaktionen kann es ziemlich unübersichtlich werden. Daher ist es gut, für größere Reaktionen mathematische Mittel zu verwenden. Wir werden uns nun einen Formalismus ansehen, mit dem man auch größere Redox-Reaktionen herleiten kann.

Bleiben wir dazu bei unserem Beispiel.
Die Redox-Gleichung für unser Beispiel lautet:

$$\mathbf{CrO_3 + 2e^- + 2H^+ = CrO_2 + H_2O}$$

Warum das so ist, sehen wir aus den obigen Abbildungen: Das CrO3 hat zuerst ein O^{-2} abgespalten, dann sind zum CrO_2 die **zwei Elektronen** dazu gekommen ($2e^-$), dann die **beiden H^+** für das O. Heraus gekomen (letztes Bild) sind CrO_2 und H_2O.

Wie stellt man nun diese Redox-Gleichung für unser Beispiel auf?

Erstens **schreiben wir die Angabe** auf, und lassen hinter dem CrO_3 einen größeren Leerraum, damit wir Platz zum schreiben haben; so:

$$\mathbf{CrO_3 \qquad\qquad\qquad\qquad \longrightarrow CrO_2}$$

Dann, *zweitens*, **bestimmen wir die Oxidationszahlen** auf beiden Seiten (also vor dem Pfeil und hinter dem Pfeil)

$$\overset{+6}{Cr}O_3 \qquad\qquad\qquad\qquad \rightarrow \overset{+4}{Cr}O_2$$

Wie wir schon wissen, sind die Oxidationszahlen **+6** bzw **+4**. Um das O brauchen wir uns nicht zu kümmern, das hat (hier) immer **-2**.

Drittens **geben wir nun so viele Elektronen dazu**, dass aus +6 die **kleinere** Oxidationszahl, hier also +4, wird. Das rechnen wir entweder im Kopf, oder wir stellen eine Gleichung auf:

$$\mathbf{+6 + x = +4}$$

x ist hierbei die Zahl der Ladungen, die wir hinzufügen müssen.

Wir formen um, indem wir 6 auf beiden Seiten subtrahieren:

$$\mathbf{x = +4 - 6}$$

Daher:

$$\mathbf{x = -2}$$

Wir müssen also 2 negative Ladungen (also 2 e^-) hinzufügen; das schreiben wir nun auf:

$$\mathbf{CrO_3 + 2e^- \quad \rightarrow CrO_2}$$

Wir dürfen uns hier nicht stören lassen, dass auf beiden Seiten etwas anderes steht! Das wird noch....

Viertens: **Ladungsausgleich**. Das bedeutet: Wir tun nun die H^+ dazu. Und zwar so viele, dass wir auf **beiden Seiten die gleiche Ladung** haben.

Links haben wir: **CrO_3 + 2e^-**. Die Gesamtladung davon ist **-2,** da CrO_3 neutral ist, also eine Ladung von Null hat. Die 2e- haben eine Ladung von -2. Macht gesamt: -2.

Rechts haben wir **CrO_2**. Das ist einfach: CrO_2 hat eine Ladung von **Null** (weil keine Hochzahl dabei steht), macht gesamt: 0.

Die Gleichung hierzu ist nicht schwer, sie lautet:

$$-2 + y = 0$$

wobei **y** die Zahl der Ladungen ist, die wir als H^+ hinzu tun müssen.

Wenn wir auf beiden Seiten 2 addieren, kommt

$$y = 2$$

heraus.

Wir müssen also **2 H^+** addieren, und das sieht dann so aus:

$$CrO_3 + 2e^- + 2H^+ \rightarrow CrO_2$$

Wie wir sehen, haben jetzt beide Seiten eine Ladung von null.

Fünftens: **Aus jeweils 2 H^+ wird ein Wasser**. Die H_2O werden auf die rechte Seite geschrieben.

Nachdem wir genau **zwei** H^+ haben, wird daraus **ein** H_2O:

$$CrO_3 + 2e^- + 2H^+ \rightarrow CrO_2 + H_2O.$$

Damit sind wir fertig. Wenn wir die beiden Seiten vergleichen, sehen wir, dass beide Seiten die gleiche Ladung und die gleichen Atome (in der jeweils gleichen Zahl) haben. Damit sind wir zufrieden, denn tatsächlich ist diese Gleichung eben das, was wir aus unseren Bildern heraus bekommen haben!

Wenn man immer nach diesen fünf Punkten, in dieser Reihenfolge, vorgeht, bekommt man auch die richtigen Redox-Gleichungen heraus!

Probieren wir es an einem anderen Beispiel:

$$CrO_3 \qquad \rightarrow Cr^{2+}$$

Damit wäre Punkt 1 schon erledigt, die Angabe ist aufgeschrieben.

Dann, *zweitens*, **bestimmen wir die Oxidationszahlen** auf beiden Seiten (also vor dem Pfeil und hinter dem Pfeil)

$$\overset{+6}{CrO_3} \quad \rightarrow \overset{+2}{Cr^{2+}}$$

Wie wir schon wissen, ist die Oxidationszahl von CrO3 gleich **+6**. Die Oxidationszahl von Cr^{2+} ist natürlich gleich der Ladung, also **+2**.

Drittens **geben wir nun so viele Elektronen dazu**, dass aus +6 die kleinere Oxidationszahl, hier also +2, wird. Das rechnen wir entweder im Kopf, oder wir stellen eine Gleichung auf:

$$\mathbf{+6 + x = +2}$$

x ist hierbei die Zahl der Ladungen, die wir hinzufügen müssen.

Wir formen um, indem wir 6 auf beiden Seiten subtrahieren:

$$\mathbf{x = +2 - 6}$$

Daher:

$$\mathbf{x = -4}$$

Wir müssen also **4 negative Ladungen** (4 Elektronen) hinzufügen; das schreiben wir nun auf:

$$\mathbf{CrO_3 + 4e^- \quad \rightarrow Cr^{2+}}$$

Wir dürfen uns hier nicht stören lassen, dass auf beiden Seiten etwas anderes steht! Das wird noch....

Viertens: **Ladungsausgleich**. Das bedeutet: Wir tun nun die H^+ dazu. Und zwar so viele, dass wir auf **beiden Seiten die gleiche Ladung** haben.

Links haben wir: $\mathbf{CrO_3 + 4e^-}$. Die Gesamtladung davon ist **-4**, da $\mathbf{CrO_3}$ neutral ist, also eine Ladung von Null hat. Die **4e-** haben eine Ladung von **-4**. Macht gesamt: **-4.**

Rechts haben wir Cr^{2+}. Das ist einfach: hat eine Cr^{2+} Ladung von +2, macht gesamt: +2.

$$\overset{+6}{CrO_3} + 4\,e^- \rightarrow \overset{+4}{Cr^{2+}}$$

Ladung: -4   +2

Die Gleichung hierzu ist nicht schwer, sie lautet:

$$\mathbf{-4 + y = +2}$$

wobei y die Zahl der Ladungen ist, die wir als H^+ hinzu tun müssen.

Wenn wir auf beiden Seiten 4 addieren, kommt

$$\mathbf{y = 6}$$

heraus.

Wir müssen also 6 H^+ addieren, und das sieht dann so aus:

$$\mathbf{CrO_3 + 4e^- + 6H^+ \rightarrow Cr^{2+}}$$

Wie wir sehen, haben jetzt beide Seiten eine Ladung von +2.

Fünftens: **Aus jeweils 2 H^+ wird ein Wasser**. Die H_2O werden auf die rechte Seite geschrieben.

Nachdem wir genau **sechs** H+ haben, werden daraus **drei** H_2O:

$$\mathbf{CrO_3 + 4e^- + 6H^+ \rightarrow Cr^{2+} + 3\ H_2O.}$$

Damit sind wir fertig. Wenn wir die beiden Seiten vergleichen, sehen wir wieder, dass beide Seiten die gleiche Ladung und die gleichen Atome (in der jeweils gleichen Zahl) haben.

10.10.1.1. Nächstes Beispiel:

Das Permanganat-Ion MnO_4^- soll zu Braunstein MnO_2 reduziert werden. Das Permanganat-Ion hat eine extrem intensive violette Farbe. Ein paar Messerspitzen reichen aus, um eine Badewanne voll Wasser violett zu färben! Der Braunstein sieht aus, wie der Name sagt: braun.

Erstens **schreiben wir die Angabe** auf::

$$\mathbf{MnO_4^-} \qquad \longrightarrow \mathbf{MnO_2}$$

Dann, *zweitens*, **bestimmen wir die Oxidationszahlen** auf beiden Seiten:

Im MnO_4^- haben alle O eine Oxidationszahl von -2. Bei **4** Sauerstoffen ergibt das insgesamt: **-8.** Wir wissen: alle Oxidationszahlen der Atome eines Ions (oder Moleküls) müssen die Ladung des Ions ergeben. Daher können wir nun die Oxidationszahl des Mangan im MnO_4^- —Ion berechnen: Die Sauerstoffe haben zusammen eine Oxidationszahl von **-8**. Die Gesamtladung des Ions ist **-1**. Also muss das Mangan Mn so viele positive Ladungen haben, dass wir von -8 auf -1 kommen.

Wenn wir das nicht gleich im Kopf rechnen wollen, so können wie eine Gleichung aufstellen:

$$\mathbf{-8 + x = -1}$$

Wir addieren auf beiden Seiten 7:

$$\mathbf{x = +7}$$

Das Mangan im MnO_4^- hat also eine Oxidationszahl von +7.

Der Braunstein MnO_2 berechnet sich wie das Kohlendioxid CO_2 (siehe oben) und kommt auf eine Oxidationszahl von **+4**.

$$\overset{+7}{\mathrm{MnO4^-}} \qquad \rightarrow \overset{+4}{\mathrm{MnO_2}}$$

Drittens **geben wir nun so viele Elektronen dazu**, dass aus +6 die kleinere Oxidationszahl, hier also +4, wird. Das rechnen wir entweder im Kopf, oder wir stellen eine Gleichung auf:

$$\mathbf{+7 + x = +4}$$

x ist hierbei die Zahl der Ladungen, die wir hinzufügen müssen.

Wir formen um, indem wir 6 auf beiden Seiten subtrahieren:

$$\mathbf{x = +4 - 7}$$

Daher:

$$\mathbf{x = -3}$$

Wir müssen also **3** negative Ladungen hinzufügen; das schreiben wir nun auf:

$$\mathbf{MnO_4^- \ +3\ e^- \qquad \rightarrow MnO_2}$$

Viertens: **Ladungsausgleich**. Wir addieren die H^+. Wie viele?

Links haben wir: $\mathbf{MnO_4^- \ +3\ e^-}$. Die Gesamtladung davon ist **-4**, da MnO_4^- **-1** geladen ist. Die 3e- haben eine Ladung von -2. Macht gesamt: **-4**.

Rechts haben wir MnO_2. Das ist wieder einfach: MnO_2 hat eine Ladung von Null (weil keine Hochzahl dabei steht), macht gesamt: 0.

$$MnO4^- +3e^- \qquad \rightarrow MnO_2$$

Ladung: -4   0

Die Gleichung lautet:

$$\mathbf{-4 + y = 0}$$

wobei y die Zahl der Ladungen ist, die wir als H^+ hinzu tun müssen.

Wenn wir auf beiden Seiten 4 addieren, kommt

$$\mathbf{y = 4}$$

heraus.

Wir müssen also 4 H^+ addieren, und das sieht dann so aus:

$$MnO_4^- + 3e^- + 4H^+ \rightarrow MnO_2$$

Wie wir sehen, haben jetzt beide Seiten eine Ladung von null.

Fünftens: **Aus jeweils 2 H^+ wird ein Wasser**. Die H_2O werden auf die rechte Seite geschrieben.

Nachdem wir genau **vier** H^+ haben, wird daraus **zwei** H_2O:

$$MnO_4^- + 3e^- + 4H^+ \rightarrow MnO_2 + 2\,H_2O$$

Beispiel gelöst.

10.10.1.2. Machen wir nun das nächste Beispiel,

und gehen wir diesmal etwas schneller vor:

Aus unserem schon bekannten MnO_4^- soll nun ein Mn^{2+}-Ion werden. Dieses hat eine sehr leichte violette Farbe.

1.: **Angabe**:

$$MnO_4^- \rightarrow Mn^{2+}$$

2.: **Oxidationszahlen**:

Mn in MnO_4^- : +7
Mn in Mn^{2+}: +2

3. **Elektronenzugabe**: wir müssen von **+7** auf **+2** kommen, das bedeutet: wir müssen auf der linken Seite **5 Elektronen** addieren, denn:

+7 - 5 = +2 (und jedes Elektron ist -1)

Daraus ergibt sich:

$$MnO_4^- + 5e^- \rightarrow Mn^{2+}$$

4.: **Ladungsausgleich**- H^+-Addition:

Die Ladung

von **MnO_4^- +5e⁻ beträgt -6;**

von **Mn^{2+} beträgt +2.**

Um von -6 auf +2 zu kommen, benötigen wir **8 H^+**, und zwar auf der Seite mit der größeren negativen Ladung. Also:

$$\mathbf{MnO_4^- + 5e^- + 8\,H^+ \longrightarrow Mn^{2+}}$$

5. Aus 2 H^+ wird ein H_2O. Bei 8 H+ macht das **4 H_2O**:

$$\mathbf{MnO_4^- + 5e^- + 8\,H^+ \longrightarrow Mn^{2+} + 4\,H_2O}$$

fertig!

Wir sehen, dass wir für die Reduktion das Permanganat-Ions zu Mn^{2+} die sehr große Zahl von 8 H^+ benötigen. Das heißt, man muss zum Permanganat **viel Säure tun** (und natürlich noch irgend ein anderes Reagens, dazu später), um es in das Mn^{2+}-Ion umzuwandeln. Gibt man *zu wenig* Säure dazu, entsteht Braunstein (dies braucht nur 4 H+). Ob diese Reaktion erfolgreich war, sieht man sehr leicht – an der Farbe, die entweder braun oder hellviolett wird.

Natürlich können Redox-Reaktionen auch in die andere Richtung ablaufen, das hängt davon ab, ob der zweite Reaktionspartner (um den wir uns bis jetzt noch nicht gekümmert haben) lieber Elektronen hergibt oder aufnimmt.

Ich kann also die Permanganat – Wasser - Säure-Mischung mit Zink versetzen, dann läuft sie so ab wie oben, oder mit Fluor, dann geht es in die andere Richtung, also so:

$$\mathbf{Mn^{2+} + 4\,H_2O \longrightarrow MnO_4^- + 5e^- + 8H^+}$$

Das werden wir uns noch ansehen.

Übungen zum Selbermachen:

Versucht, diese Redox-Gleichungen selber aufzustellen:

1. OsO_4 (Osmiumtetraoxid) wird zu Os^{2+}

2. SO_3 wird zu SO_2 (Tipp: funktioniert genau so wie CrO_3 zu CrO_2!)

3. RuO_2 (Rutheniumoxid) zu Ru^{2+}

4. RuO_2 wirdzu RuO_3 (Vorsicht: seitenverkehrt! Tipp: die Gleichung umdrehen!)

5. HNO_3 wird zu HNO_2

10.10.2. Worauf man aufpassen muss

Hier kommen einige Redox-Gleichungen, die manchmal Schwierigkeiten machen, aber trotzdem keine Panik!

10.10.2.1. Beispiel mit zwei Atomen, die Elektronen aufnehmen

Auch so eine Angabe kann einem passieren:

„ $Cr_2O_7^{-2}$ *wird zu* Cr^{2+} *reduziert*"

Das „gefährliche" bei dieser Redox - Gleichung ist der Umstand, dass sie **zwei** Atome beinhaltet, die Elektronen aufnehmen! Nämlich zwei Chrom Cr.

Die Angabe muss dann mit jeweils **zwei** Cr - Atomen formuliert werden (weil das $Cr_2O_7^{-2}$ eben zwei Cr beinhaltet):

$$\mathbf{Cr_2O_7^{-2} \longrightarrow 2\ Cr^{2+}}$$

Trotzdem geht man so vor wie sonst:

2.: **Oxidationszahlen**:

Das $Cr_2O_7^{-2}$ (das orange, sehr giftige Dichromat - Ion) hat eine Gesamtladung von -2, alle Sauerstoffe haben eine Oxidationszahl von -2. Die Summe aller Sauerstoff - Oxidationszahlen ist also -14.

Wieder muss die Ladung des Ions gleich sein der Summe aller Oxidationszahlen.

Daher sieht die Gleichung so aus:

$$\mathbf{-14 + x = -2}$$

dieses mal aber ist das z die Oxidationszahlen **beider** Cr - Atome **zusammengezählt!**

$$\mathbf{x = +12,}$$

und das müssen wir noch durch 2 dividieren, dann hat man die Oxidationszahl **eines** Cr, also **jedes der beiden** Chrom hat die Oxidationszahl **+6,** zusammen kommen wir auf **+12**.

Auch auf der anderen Seite stehen **zwei** Cr^{2+}, wir kommen auf eine Oxidationszahl von +2 für ein Cr , und auf +4 für alle beide. Mit diesen Zahlen müssen wir weiter rechnen.

3. **Elektronenzugabe**: wir müssen also von +12 auf +4 kommen, das bedeutet: wir müssen auf der linken Seite **8 Elektronen** addieren, denn:

$$\mathbf{+12 - 8 = +4.}$$

Daraus ergibt sich:

$$\mathbf{Cr_2O_7^{-2} + 8\,e^- \longrightarrow 2\,Cr^{2+}}$$

4.: **Ladungsausgleich**- H^+-Addition:

Der Ladungsausgleich funktioniert wie immer, da er jeweils für die ganze linke bzw. rechte Seite getan wird:

Die Ladung

von $Cr_2O_7^{-2}$ $+8\,e^-$ beträgt **-10**;

von 2 Cr^{2+} beträgt sie **+4**.

Um von -10 auf +4 zu kommen, benötigen wir **14** $\mathbf{H^+}$, und zwar auf der Seite mit der größeren negativen Ladung. Also:

$$\mathbf{Cr_2O_7^{-2} + 8\,e^- + 14\,H^+ \longrightarrow 2\,Cr^{2+}}$$

5. **Aus 2** $\mathbf{H^+}$ **wird ein** $\mathbf{H_2O}$. Bei $14H^+$ macht das **7** $\mathbf{H_2O}$:

$$\mathbf{Cr_2O_7^{-2} + 8\,e^- + 14\,H^+ \longrightarrow 2\,Cr^{2+} + 7H_2O}$$

fertig! Auch nicht schwierig, aber man muss aufpassen. Man sieht: Auch: dieses Beispiel wäre nicht mehr gut mit Bildern zu lösen. Da würde einem die Papierfläche zu klein werden....

10.10.2.2. ganz kleine Redox-Gleichungen

Oft bereiten ganz kleine Redoxgleichungen Probleme, weil sie *zu einfach* sind, zb. diese: *aus Chlor Cl_2 soll Cl^- werden.* Hier sieht man auch, warum es so wichtig ist, dem Formalismas stur zu folgen (und ihn zu können!).

Die Angabe lautet also

$$\mathbf{Cl_2 \quad \rightarrow 2\ Cl^-}$$

Wieder haben wir es mit zwei Chlor zu tun.

2.: **Oxidationszahlen**:

Links: in Cl_2 haben beide Cl die Oxidationszahl 0; wir müssen mit zwei multiplizieren, aber 0 mal zwei bleibt **null**.

Rechts: Ein Cl^- hat die Oxidationszahl **-1**, zwei Cl haben die summierte Oxidationszahl **-2**.

3. **Elektronenzugabe**

Wir müssen also von 0 auf -2 kommen. Das bedeutet, wir müssen 2 Elektronen addieren:

$$\mathbf{Cl_2 + 2\ e^- \quad \rightarrow 2\ Cl^-}$$

4. Ladungsausgleich:

$Cl_2 + 2\ e^-$ hat die Ladung **-2**,
2 Cl^- hat die Ladung **-2**;

Das bedeutet, es müssen **überhaupt keine H^+ hinzu gefügt werden**! Und weil es keine H^+ gibt, können wir auch keine H_2O bilden, das bedeutet, wir sind fertig!

10.10.2.3. Wasserstoffperoxid

Eine fiese kleine Redox - Gleichung ist folgende:

Wasserstoffperoxid H_2O_2 soll zu Wasser reduziert werden.

Hier machen die Leute den Fehler, dass sie sich die Oxidationszahlen von H_2O_2 nicht genau anschauen. H_2O_2 sieht so aus: H-O-O-H.

Das bedeutet, dass die H eine Oxidationszahl von **+1** haben, die beiden O aber eine Oxidationszahl von **-1**. *Und nicht, wie sonst immer, -2.* Weil hier nämlich die O aneinander hängen und sich gegenseitig nichts wegnehmen können! Sie können nur ihre Nachbar – H berauben.

In Wasser H_2O aber hat ein O die Oxidationszahl von -2. **Diesmal ist es also das O, das sich verändert!** Wenn man das durchschaut hat, kann man vorgehen wie immer, nur dass dieses Mal das O behandelt wird wie ein „normales“ Atom, also wie Chrom Cr oder Mangan Mn....

Also der **Ansatz**:

Da wir es mit 2 O zu tun haben müssen auch 2 H_2O herauskommen:

$$\mathbf{H_2O_2 \longrightarrow 2\ H_2O}$$

Dann die **Oxidationszahlen**:

Links: jedes O hat die Oxidationszahl von **-1**; zusammen kommen sie auf **-2**.

Rechts: Das O in H_2O hat eine Oxidationszahl von **-2**, zwei O kommen auf **-4**.

Dann die Elektronenzugabe: Wir müssen von **-2 auf -4** kommen.

Das bedeutet, wir müssen links zwei Elektronen addieren:

$$\mathbf{H_2O_2 + 2\ e- \longrightarrow 2\ H_2O}$$

Dann der **Ladungsausgleich**:

Die linke Seite kommt auf eine Ladung von **-2** (H_2O_2 ist neutral, plus 2 Elektronen)

Die rechte Seite, zwei mal Wasser, hat eine Ladung von **0**.

Wir müssen also von **-2 auf null** kommen, das bedeutet: wir brauchen 2 H^+.

$$\mathbf{H_2O_2 + 2\ e- + 2\ H^+ \longrightarrow 2\ H_2O}$$

Und schließlich die **Zusammenfassung zu Wasser**: Wir haben zwei H^+ im H_2O_2, und noch zwei zusätzliche H^+, macht 4 H^+. Aus diesen werden 2 H_2O. Die stehen aber schon da, und wir müssen nichts mehr tun, und sind fertig!

Übungen

In diesen Beispielen sind manchmal die „Fallen" von oben zu finden. Also Vorsicht!! Seht Euch die Angaben genau an! Wo sind die Formeln, in denen zwei Atome Elektronen aufnehmen? Wo haben wir es mit „kleinen" Redox-Gleichungen zu tun?

1. Vanadiumpentoxid V_2O_5 soll zu V^{2+} werden

2. PbO_2 (Bleidioxid) soll zu Blei Pb werden

3. $MnO4^-$ (das schon bekannte Permanganat-Ion) soll zu Mn^{3+} werden

4. Nb_2O_5 sollzu Nb^{2+} werden

4. CuO (Kupferoxid) soll zu Cu (Kupfer) werden

5. Cu^{2+} soll zu Cu werden

10.10.3. Kombinierte Redox-Gleichungen (oder: aus dem Halben wird das Ganze)

Wenn wir uns nun die Redox-Gleichnung

$$\mathbf{MnO_4^- + 5\ e^- + 8H^+ \longrightarrow Mn^{2+} + 4\ H_2O}$$

ansehen, so sehen wir: das MnO_4^- braucht Elektronen. Woher bekommt es diese? **Von anderen Redox-Reaktionen!**

Eine solche Reaktion kann zum Beispiel die Redox-Reaktion von Zink sein:

$$\mathbf{Zn^{2+} + 2\ e^- \longrightarrow Zn}$$

Nun sieht es so aus, als ob auch diese Reaktion Elektronen brauchen (und nicht hergeben) würde. Aber: Man kann eine Redox-Reaktion **umdrehen**:

$$\mathbf{Zn \longrightarrow Zn^{2+} + 2\ e^-}$$

In dieser Art aufgeschrieben, bedeutet es: das Zink gibt zwei Elektronen ab, und Zn^{2+} kommt heraus. Jetzt geht die Reaktion in die „andere Richtung".

Aber welche Richtung ist die richtige?

Das kann man so nicht sagen. Es hängt davon ab, mit **welcher** Redox-Reaktion ich die Zn/Zn^{2+}-Reaktion kombiniere. Das Permanganat-Ion zum Beispiel zieht Elektronen viel stärker an als Zn^{2+}.

Wenn ich also in einem Reagenzglas Wasser, Permanganat-Ionen (zum Beispiel in Form von Kaliumpermanganat $KMnO_4$), konzentrierte Schwefelsäure (für die H^+) und Zink (in Form von Zinkpulver) mische, so gibt das Zink die Elektronen ab, das Permanganat nimmt die Elektronen auf. Schließlich wird Mn^{2+} und Zn^{2+} entstehen.

(**Anmerkung für die Leser, die das Kapitel „Elektrochemie" schon gelesen haben:** Man könnte aber auch eine elektrochemische Zelle basteln, die eine Halbzelle besteht aus Permanganat und Säure, die andere Zelle ist eine Zelle mit Zinksalz (zum Beispiel $ZnCl_2$ in Wasser) und Zinkmetall. Dann würden die Elektronen von der Zn-Halbzelle über einen Draht zur Permanganat-Halbzelle wandern, und vom Permanganat aufgenommen werden. (Auch darum sind Redox-Gleichungen wichtig: man kann ihr elektrochemisches Potential messen! In Batterien laufen Reaktionen, die den Redox-Gleichungen folgen, ab.))

Nun haben wir aber noch ein Problem: Das Zink gibt nur **zwei Elektronen** ab, während das Permanganat **5 Elektronen** braucht. *Da fehlen noch drei Elektronen*!

Jetzt erinnern wir uns daran, dass in unserem Reagenzglas nicht nur ein Zink-Atom schwimmt, sondern Milliarden! Und mit dem Permanganat ist es ebenso.

Wir dürfen also unsere Redox-Gleichung vom Zink **vervielfachen**. Ich fasse also 5 Zink – Redox - Gleichungen zu einer zusammen. Also: nicht ein Zink gibt zwei Elektronen ab, sondern 5 Zink geben 10 Elektronen ab. Das sieht dann so aus:

$$\mathbf{5\ Zn \rightarrow 5\ Zn^{2+} + 10\ e^-}$$

Das gleiche machen wir mit der Permanganat – Redox - Gleichung. Wir multiplizieren sie; diese aber mit zwei. Warum? Damit wir auch hier auf 10 Elektronen kommen. Also:

$$\mathbf{2\ MnO_4^- + 10\ e^- + 16H^+ \rightarrow 2\ Mn^{2+} + 8\ H_2O}$$

Das bedeutet: 5 Zink-Atome geben genau so viel Elektronen her, wie sie von zwei Permanganat-Ionen gebraucht werden. Das ist deshalb wichtig, *weil in der Chemie die Elektronen nicht einfach übrigbleiben dürfen!* Eine chemische Reaktion kann ja nur dann stattfinden, wenn jedes Elektron seinen „Abnehmer“ hat.

Hier ist das der Fall: 10 Elektronen werden abgegeben, 10 Elektronen werden wieder aufgenommen. Darum dürfen wir nun unsere beiden Redox – Halb - Gleichungen zu einer ganzen Redox - Gleichung kombinieren, indem wir sie einfach zusammenzählen:

$$\mathbf{5\ Zn \longrightarrow 5\ Zn^{2+} + 10\ e^{-}}$$
$$\mathbf{2\ MnO_4^{-} + 10\ e^{-} + 16H^{+} \longrightarrow 2\ Mn^{2+} + 8\ H_2O}$$

$$\mathbf{2\ MnO_4^{-} + 10\ e^{-} + 16H^{+} + 5\ Zn \longrightarrow 5\ Zn^{2+} + 10\ e^{-} + 2\ Mn^{2+} + 8\ H_2O}$$

Das ist die (recht unübersichtliche) Summe der beiden Gleichungen, aus den wir nun die 10 e- streichen können, da sie auf beiden Seiten stehen. Das bedeutet, dass die Elektronen, wie es sein soll, restlos aufgebraucht werden.

$$\mathbf{2\ MnO_4^{-} + 10\ e^{-} + 16H^{+} + 5\ Zn \longrightarrow 5\ Zn^{2+} + 10\ e^{-} + 2\ Mn^{2+} + 8\ H_2O} \qquad | - 10\ e^{-}$$

Daraus ergibt sich:

$$\mathbf{2\ MnO_4^{-} + 16H^{+} + 5\ Zn \longrightarrow 5\ Zn^{2+} + 2\ Mn^{2+} + 8\ H_2O}$$

.....und das ist tatsächlich die Art, wie diese Reaktion abläuft (wobei wir jetzt einmal davon ausgehen wollen, dass keine unerwünschten Nebenreaktionen auftreten).

...und verstehen nun auch, wofür dieser Formalismus gut ist: man kann damit realistische und komplizierte Reaktionsgleichungen aufstellen! Denn dieses Ding wäre graphisch, wie am Anfang des Redox - Kapitels, nicht mehr zu lösen gewesen....

10.10.3.1. Noch ein Beispiel

Wir wollen nun die Reaktion vom **Dichromat-Ion**:

$$\mathbf{Cr_2O_7^{-2} + 8\ e^{-} + 14\ H^{+} \longrightarrow 2\ Cr^{2+} + 7\ H_2O}$$

die sehr stark oxidierend wirkt, mit einer anderen Reaktion kombinieren. Dichromat $\mathbf{Cr_2O_7^{-2}}$ ist höchst begierig, Elektronen zu bekommen.

Das Dichromat - Ion soll die Elektronen von einem **zweifach geladenen Eisen-Ion ($\mathbf{Fe^{2+}}$) bekommen, das zu $\mathbf{Fe_2O_3}$ wird.** Das wird uns nebenbei Gelegenheit geben, eine umgedrehte Redox - Gleichung zu lösen.

Zuerst der **Ansatz**:

Hier müssen wir aufpassen, denn Fe_2O_3 beeinhaltet **zwei** Eisen-Ionen! Wir müssen also auch zwei Fe^{2+}-Ionen aufschreiben.

$$\mathbf{2\ Fe^{2+} \longrightarrow Fe_2O_3}$$

Dann die **Oxidationszahlen**:

Links: Fe^{2+} hat die Oxidationszahl +2.

Rechts: $\mathbf{Fe_2O_3}$ hat drei Sauerstoff O mit einer Oxidationszahl von -2. Macht zusammen: -6. Das ganze Molekül ist neutral geladen, also null. Die Summe aller Oxidationszahlen muss also null ergeben. In Gleichungsform sieht das so aus:

$$\mathbf{-6 + y = 0}$$

y ist die Summe der Oxidationszahlen der beiden Eisen-Atome. Man könnte auch Kopfrechnen: Wenn die Sauerstoffe **zusammen** -6 geladen sind und das ganze Molekül neutral ist, so müssen **beide Fe zusammen +6** geladen sein. Also hat **ein Eisen +3.**

Das bedeutet, dass (im Gegensatz zu unseren bisherigen Beispielen) die **linke Seite** die niedrigere Oxidationszahl hat (Fe^{2+} mit +2) als die rechte Seite (Fe_2O_3 mit +3). Man könnte unseren Ansatz umdrehen,

$$\mathbf{Fe_2O_3 \longrightarrow 2\ Fe^{2+}}$$

dann würden wir die Elektronen und die H^+ wie immer links dazu schreiben.

Aber wir wollen, zur Abwechslung, bei bei diesem Ansatz bleiben;

$$\mathbf{2\ Fe^{2+} \longrightarrow Fe_2O_3}$$

wir werden sehen, dass das fast genau so funktioniert.

Wir fügen nun die **Elektronen** hinzu:

Die linke Seite hat zwei Fe^{2+}mit jeweils einer Oxidationszahl von +2, macht in Summe +4.

Die rechte Seite hat Fe_2O_3, von denen jedes Fe eine Oxidationszahl von +3 hat, macht in Summe +6.

Unsere Gleichung lautet also:

$$\mathbf{+4 = +6 + x}$$

x ist die Zahl der Elektronen, die wir hinzu tun müssen, um von **+6** auf **+4** zu kommen. x ist offensichtlich gleich -2. Diese zwei Elektronen schreiben wir diesmal aber **rechts** dazu (weil die Elektronen immer auf die Seite mit den **größeren Oxidationszahlen** gehören.)

$$\mathbf{2\ Fe^{2+} \longrightarrow Fe_2O_3 + 2e^-}$$

Dann der **Ladungsausgleich mit H^+ :**

Die linke Seite hat eine Ladung von +4 (zwei mal +2)

Die rechte Seite hat eine Ladung von -2 (Fe_2O_3 ist neutral, 2e- machen -2)

Wir müssen daher 6 H^+ dazu zählen (weil wir von -2 auf +4 kommen müssen)

$$\mathbf{2\ Fe^{2+} \longrightarrow Fe_2O_3 + 2e- + 6H^+}$$

Dann die Zusammenfassung zu H_2O:

aus 6 H^+ lassen sich 3 H_2O bilden:

$$\mathbf{2\ Fe^{2+} + \ +3\ H_2O \longrightarrow Fe_2O_3 + 2e- + 6H^+}$$

Fertig!

Wir sehen, das ist eine ganz normale Redox - Gleichung, nur seitenverkehrt.

Diese müssen wir jetzt mit der Chrom (Cr) – Redox - Gleichung kombinieren (jetzt brauchen wir nichts mehr umzudrehen).

Wir müssen aber noch die Elektronen beider Redox-Gleichungen auf dieselbe Zahl bringen, wir müssen also

$$\mathbf{2\,Fe^{2+} + \;+3\,H_2O \;\longrightarrow Fe_2O_3 + 2e- + 6H^+}$$

mit **4 multiplizieren** (dann haben beide Gleichungen 8 Elektronen). Heraus kommt:

$$\mathbf{8\,Fe^{2+} + \;+12\,H_2O \;\longrightarrow 4\,Fe_2O_3 + 8e- + 24\,H^+}$$

Nun kommt die Kombination:

$$\mathbf{8\,Fe^{2+} + \;+12\,H_2O \;\longrightarrow 4\,Fe_2O_3 + 8e- + 24\,H^+}$$
$$\mathbf{Cr_2O_7^{-2} \;+8\,e^- + 14\,H^+ \;\longrightarrow 2\,Cr^{2+} + 7H_2O}$$

$$\mathbf{Cr_2O_7^{-2} \;+8\,e^- + 14\,H^+ + 8\,Fe^{2+} + \;12H_2O \longrightarrow 4\,Fe_2O_3 + 8e- + 24\,H^+ + 2\,Cr^{2+} + 7H_2O}$$

Die untere Zeile ist wieder eine **Addition der beiden Gleichungen**: Die beiden rechten Seiten werden addiert; die beiden linken Seiten werden addiert.

Nun können wir auf beiden Seiten die 8e- abziehen, es kommt heraus:

$$\mathbf{Cr_2O_7^{-2} \;+ 14\,H^+ + 8\,Fe^{2+} + \;12\,H_2O \longrightarrow 4\,Fe_2O_3 \;+ 24\,H^+ + 2\,Cr^{2+} + 7\,H_2O}$$

wir können aber auch die **$14\,H^+$** auf beiden Seiten abziehen,da auf der anderen Seite **$24\,H^+$** stehen. 24 H^+ sind aber 10 H^+ plus 14 H^+. Das bedeutet, diese 14 H^+ **tun nichts**. Sie sind ganz einfach da. Sie stehen sozusagen unnötig im Weg herum. *Also weg damit!* Heraus kommt:

$$\mathbf{Cr_2O_7^{-2} \;+ 8\,Fe^{2+} + \;12\,H_2O \longrightarrow 4\,Fe_2O_3 \;+ 10\,H^+ + 2\,Cr^{2+} + 7\,H_2O}$$

Jetzt könnte man freilich argumentieren, dass diese H^+, einfach indem sie da sind, ja vielleicht doch eine Rolle spielen könnten; dass sie zb. den Reaktionsmechanismus beeinflussen könnten; dass diese H^+ möglicherweise Katalysatoren sind.

Diese Argumentation hat etwas für sich, aber wir dürfen nicht vergessen, dass Redox-Gleichungen nur ein *mathematischer Formalismus* sind. Mit diesem Formalismus können wir herausfinden, **wie viele Moleküle mit wie vielen anderen Molekülen reagieren**. Aber Redox-Gleichungen sagen nichts über den *Reaktionsmechanismus* aus, sie sagen uns nicht, *auf welchem Weg* diese Reaktion stattfindet.

Ob diese 14 H^+ unsere Reaktion irgendwie beeinflussen oder nicht, können wir so also nicht sagen, also interessieren sie uns nicht mehr: Hier sind sie tatsächlich unnötig geworden, weil sie, wenn man es buchhalterisch ausdrücken wollte, nichts zur Reaktionsbilanz beitragen.

Ebenso können wir noch die **7 H_2O** abziehen (weil auf der anderen Seite 12 H_2O stehen). Die brauchen wir auch nicht:

$$\mathbf{Cr_2O_7^{-2} + 8\ Fe^{2+} + 5\ H_2O \longrightarrow 4\ Fe_2O_3 + 10\ H^+ + 2\ Cr^{2+}}$$

Und damit haben wir wieder eine recht übersichtliche Reaktion. Wir kontrollieren noch, ob sie stimmt:

Die **Ladung** auf beiden Seiten muss gleich sein, und tatsächlich ist sie auf beiden +14.

Links: -2 + 8 mal 2 =14
Rechts: 10 mal 1 + 2 mal 2 = 14

Die Ladung stimmen überein, ebenso die **Zahl der Atome**:

Cr: 2 Atome auf beiden Seiten; Fe: 8 Atome; O: 12 Atome; H: 10 Atome; jeweils auf beiden Seiten, also alles in Ordnung!

Eine Frage stellt sich:

Wie bekommen wir im Allgemeinen auf beiden Seiten die gleiche Zahl an Elektronen? Durch das **kleinste gemeinsame Vielfache**. Wenn man sich dieses nicht ausrechnen will, kann man die eine Gleichung mit der Elektronenzahl der jeweils anderen multiplizieren. Das sehen wir uns nun an.

10.10.3.2. Ein letztes Beispiel

Wir kombinieren jetzt zwei Redox-Gleichungen, zu einer ganzen Reaktionsgleichung bei denen wir beide Halbgleichungen multiplizieren müssen, um die Elektronen wegstreichen zu können.

Wir nehmen dazu zwei Redoxgleichungen, die wir schon gelöst haben.
Die eine ist die Reduktion von Permanganat zu Braunstein:

$$MnO_4^- + 3e^- + 4H^+ \longrightarrow MnO_2 + 2\,H_2O$$

Die zweite ist die Dichromat-Gleichung von zuvor:

$$Cr_2O_7^{-2} + 8\,e^- + 14\,H^+ \longrightarrow 2\,Cr^{2+} + 7\,H_2O$$

Wir sehen, bei der Mangan-Gleichung brauchen wir **drei** Elektronen, bei der Chrom-Gleichung sind es **acht** Elektronen: Hier müssen wir **beide** Gleichungen multiplizieren: die Mangan-Gleichung mit 8, die Chrom-Gleichung mit 3. So bekommen wir für beide Gleichungen 24 Elektronen.

Zuerst also die Mangan-Gleichungen mal 8

$$8\,MnO_4^- + 24e^- + 32\,H^+ \longrightarrow 8\,MnO_2 + 16\,H_2O$$

Dann die Chrom-Gleichung mal 3:

$$3\,Cr_2O_7^{-2} + 24\,e^- + 42\,H^+ \longrightarrow 6\,Cr^{2+} + 21\,H_2O$$

Zuerst drehen wir die Mangan-Gleichung um, dann zählen wir die beiden zusammen:

$$8\,MnO_2 + 16\,H_2O \longrightarrow 8\,MnO_4^- + 24e^- + 32\,H^+$$
$$3\,Cr_2O_7^{-2} + 24\,e^- + 52\,H^+ \longrightarrow 6\,Cr^{2+} + 21\,H_2O$$
$$8\,MnO_2 + 16\,H_2O + 3\,Cr_2O_7^{-2} + 24\,e^- + 42\,H^+ \longrightarrow 8\,MnO_4^- + 24e^- + 32\,H^+ + 6\,Cr^{2+} + 21\,H_2O$$

Zuerst ziehen wir die 24 Elektronen ab, dann sehen wir uns an, was wir noch abziehen können.

$$8\,MnO_2 + 16\,H_2O + 3\,Cr_2O_7^{-2} + 42\,H^+ \longrightarrow 8\,MnO_4^- + 32\,H^+ + 6\,Cr^{2+} + 21\,H_2O$$

Jetzt können wir noch 32 H^+ abziehen und 16 H_2O.

$$8\,MnO_2 + 3\,Cr_2O_7^{-2} + 10\,H^+ \longrightarrow 8\,MnO_4^- + 6\,Cr^{2+} + 5\,H_2O$$

Und wieder eine Reaktionsgleichung gelöst!

Ob diese Gleichung nun in die eine oder in die andere Richtung abläuft, ist hier nicht die Frage (sie kann aber gelöst werden mithilfe der Nernstschen Gleichung: dies sollte allerdings nur noch Chemie-Studenten interessieren......

.....und wir setzen fort mit den Halogenen!

11. Die Halogene

Wir sind bei der vorletzten und elektronegativsten Gruppe des Periodensystems angelangt: den **Halogenen**! "Halos" ist griechisch und bedeutet "*Salz*", "*Gene*" sind die "*Bildner*". Also sind die Halogene die "Salzbildner".

Zu ihnen gehören **Fluor F, Chlor Cl, Brom Br und Jod I.**

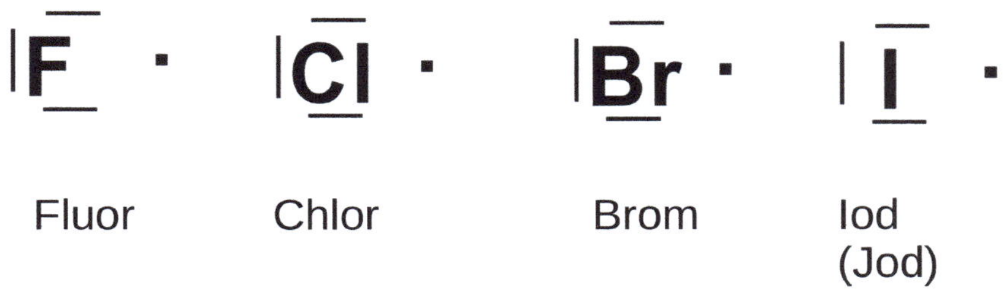

Allen Halogenen fehlt nur mehr ein Elektron zur vollen Schale, und das wollen sie unbedingt haben: Wenn wir die Chalkogene als Elektronen-Räuber bezeichnet haben, dann müssten wir die Halogene als "Elektronen-Großverbrecher" titulieren, die keine Gnade kennen. *Ja, die Halogene sind die Elektronen-Mafia!*

Andererseits tun wir mit dieser Beschreibung den Halogenen Unrecht, weil sie nützliche Elemente sind. Denken wir nur an unser Kochsalz NaCl. Freilich hat sich das Chlor im Kochsalz schon abreagiert und dem Natrium ein Elektron weg genommen, sonst wäre Kochsalz nicht so friedlich. Außerdem kann man durch die Elektronen-abziehende Wirkung der Halogene viele interessante Verbindungen mit ihnen basteln.

Allen Halogenen ist der typische "Schwimmbeckengeruch" gemeinsam. Dieser Geruch in Frei- und Hallenbädern kommt vom **Chlor Cl_2,** das eine **desinfizierende** Wirkung hat. Ohne Chlor wären alle Schwimmbecken in kürzester Zeit von Algen überwuchert.

Aber der Reihe nach. Beginnen wir mit dem Fluor.

11.1. Chemie des Fluor

Elementares Fluor F_2 ist der reaktivste Stoff überhaupt. Fluor ist ein gelbes, extrem ätzendes, hochgiftiges Gas, dem so gut wie nichts standhält. Es zersetzt alle Edelmetalle. Wenn Gold, das fast alles aushält, mit Fluor in Berührung kommt, fängt es zu glühen an, und wird zu einem Gold-Fluorid. So schafft das nicht einmal der Sauerstoff! Auch Glas oder Beton oder Kunststoff hält Fluor nicht auf. Daher lässt sich gasförmiges Fluor auch nur extrem schwer lagern.

Es gibt nur zwei Dinge, die Fluor aufhalten können: Das eine ist - Fluor selber! Sobald das Fluor ein Elektron geraubt hat, will es das nicht mehr hergeben. Auch einem anderen Fluor-Atom nicht. Daher können Fluor-Salze das Fluor aufhalten. wie zum Beispiel Natriumfluorid NaF oder Kaliumfluorid KF, und so fort. Nur solche Behälter eignen sich zur Aufbewahrung von Fluor-Gas, die innen eine stabile Fluorid-Schicht ausbilden können. Hier kommt **Kupfer** zur Anwendung, das Kupfer-Fluoride bildet.

Das zweite, mit dem Fluor nicht reagieren kann, sind die Edelgase Helium, Neon und Argon. Leider aber kann man aus Edelgasen, weil sie Gase sind, keine stabilen Druckbehälter bauen, um Fluor zu lagern......

Fluor hat den für Halogene typischen "Schwimmbeckengeruch". Allerdings habe ich noch nie selber am Fluor gerochen, zum Glück, denn sonst würde ich nicht heute hier sitzen....

11.2. Verbindungen des Fluor

Die wichtigste Säure des Fluor ist der **Fluorwasserstoff** HF.

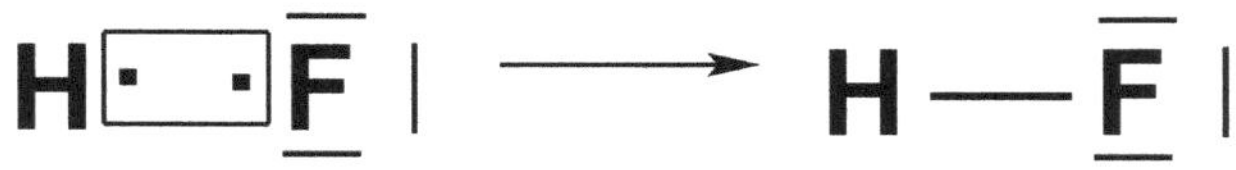

Leitet man Fluorwasserstoff in Wasser, so löst sich HF in Wasser auf, und man erhält die **Flusssäure**. Sie spaltet auf in H^+ und F^-. Obwohl die Flusssäure nicht sehr sauer ist, ist sie trotzdem extrem ätzend und gefährlich. *Das ist kein Widerspruch*: Die Ätzwirkung eines Stoffes hängt nicht unbedingt mit der Säurestärke zusammen.

Jedenfalls ist bei der Handhabung von Flusssäure **äußerste Vorsicht** geboten, da Flusssäure-Verätzungen ausgesprochen heimtückisch sind. Erst merkt man nicht, dass man Flusssäure auf den Finger bekommen hat. Nach ein bis zwei Stunden fängt es dann zu brennen an, aber dann ist es meistens zu spät: Die Flusssäure hat sich tief in den Finger gefressen, und der Finger kann nicht mehr gerettet werden. Er muss amputiert werden.

Flusssäure kann Silizium Si und Siliziumverbindungen ätzen und auflösen. Hierbei entsteht gasförmiges SiF_4, Siliziumtetrafluorid. Da Glas aus Silizium-Verbindungen besteht, darf man Flusssäure keinesfalls in Glasflaschen lagern! Man bewahrt HF daher in speziellen Kunststoffflaschen auf. Man verwendet HF, eben weil es Silizium anätzen kann, in der Computerindustrie zur Herstellung von Silizium-Computerchips.

Die Salze der HF sind die **Fluoride**. Nachdem HF in H^+ und F^- aufspaltet, braucht man zum Beispiel ein NaOH zur Neutralisation. Weil: Ein NaOH kann ein OH- abgeben, heraus kommt ein H_2O und ein NaF:

$$\mathbf{Na^+ + OH^- + H^+ + F^- \text{-->} NaF + H_2O.}$$

NaF ist das **Natriumfluorid**, das Salz in der Fluor-Zahnpasta.

Ein weiteres wichtiges Salz ist der Flussspat CaF_2. Er entsteht aus einem Calciumhydroxid $Ca(OH)_2$, und zwei HF. $Ca(OH)_2$ kann nämlich zwei OH^- abspalten, also brauchen wir auch zwei HF:

$$\mathbf{Ca^{2+} + 2\ OH^- + 2H^+ + 2\ F^- \text{-->} 2H_2O + CaF_2.}$$

Da sich Fluorid-Ionen überaus gerne mit Ca^{2+}-Ionen verbinden, ist CaF_2 ein chemisch stabiles und hartes Mineral.

Das ist auch der Grund, weshalb Zahnpasta Fluorid enthält! Im Zahn haben wir Ca^{2+}-Ionen. Mit dem Fluor in der Zahnpasta verbinden sich die Ca^{2+}-Ionen zu CaF_2, und das ist sehr widerstandsfähig gegen Karies.

Für chemisch Interessierte:

Aus Flusssäure HF und Bortrifluorid BF_3 kann man eine der *stärksten Säuren* machen, die es überhaupt gibt: Die **Tetrafluoro-Borsäure** HBF_4. ("Tetra" heißt "vier", also: Die Vier-Fluor-Borsäure.)

Wir wissen, dass BF_3 ein leeres Orbital hat, mit dem es nicht bindende Elektronenpaare aufnehmen kann. BF_3 ist eine Lewis-Säure. Wenn wir nun ein HF und ein BF_3 miteinander reagieren lassen, passiert folgendes: HF spaltet auf in H^+ und F^-. Und das F^- geht nun eine dative Bindung mit dem BF_3 ein.

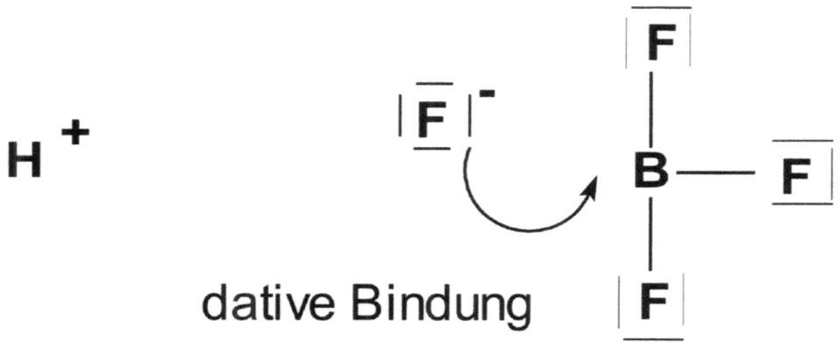

Dabei stellt das F^- eines seiner nicht bindenden Orbitale zur Verfügung, damit eine Bindung zum BF_3 hergestellt werden kann. Formal "schenkt" nun das F^- ein Elektron dem BF_3. Das F "verliert" also ein Elektron, und ist nicht mehr negativ, sondern neutral geladen, das Bor B wird negativ geladen. Heraus kommt das BF_4^--Ion. Zusammen mit dem H^+, das frei herumschwimmt, ergibt sich HBF_4, die **Tetrafluoro-Borsäure.**

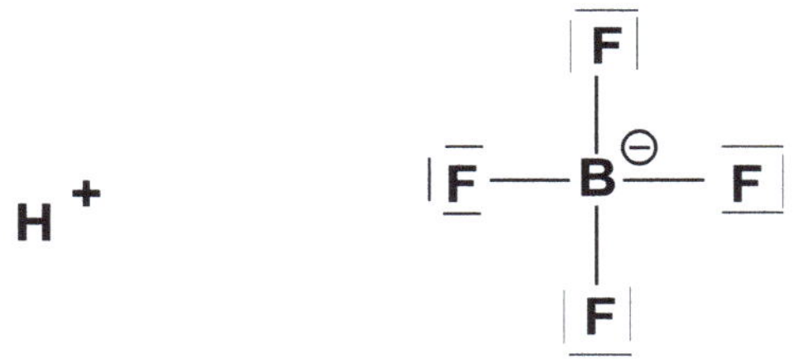

H+ will nicht an das BF_4 -Anion
extrem sauer!

Wir sehen: Das F hat eine Ladung von 0, das B hat eine Ladung von -1.

ABER: dieses BF_4^--Ion hat nicht die geringste Lust, sich mit dem H^+ zu verbinden. Die HBF_4 gibt es nur theoretisch. *In Wirklichkeit ist HBF_4 immer aufgespalten in H^+ und BF_4^-.* **Daher ist HBF_4 extrem sauer,** um ein Vielfaches saurer als selbst die Schwefelsäure.

Moment! *Ist da nicht Widerspruch versteckt? Zuerst sagen wir: "Fluor ist das elektronengierigste aller Elemente, das NIEMALS ein Elektron hergeben will", und jetzt sagen wir, "Das Fluor geht eine dative Bindung ein"? Wie kann das Flourid - Ion ein Elektron her schenken? Das sollte doch nicht möglich sein!*

Wir werden diesen Widerspruch im nächsten Kapitel über das Chlor genau klären. Für jetzt soll uns die Antwort genügen: Das Fluor ist zwar extrem gierig auf Elektronen, **aber es kann sich leicht über-essen**. Angenommen, das Fluor wäre ein hungriger Mafioso, und ein Elektron ist ein riesiger Topf Spaghetti. Dann wird das Fluor die erste Hälfte der Spaghetti mit unglaublicher Gier hinunter schlingen, gieriger als jedes andere Element. Aber bei der zweiten Hälfte Spaghetti wird es dann sehr schnell über-satt und kann nicht mehr. Jetzt will es die Spaghetti gerne mit anderen Elementen teilen.

So, jetzt geht es wieder weiter für alle!

11.3. Chemie des Chlor

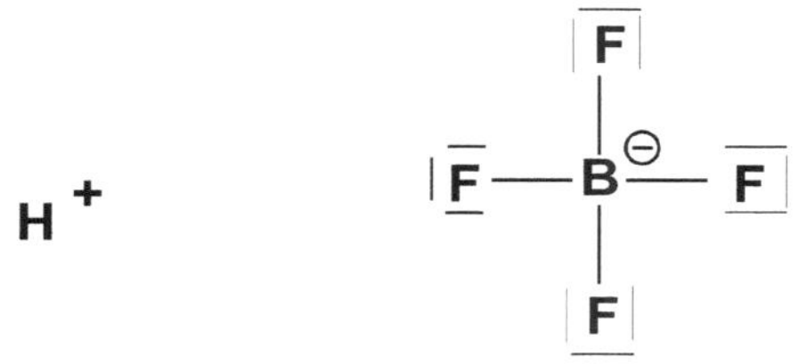

H+ will nicht an das BF_4 -Anion
extrem sauer!

Das Chlor ist der große, etwas friedlichere Bruder des Fluor. "Chloros" ist griechisch und heißt "*grün*". Tatsächlich ist das Chlor ein schweres, grünes, sehr giftiges und sehr ätzendes Gas. Wenn auch nicht so giftig und so ätzend wie das Fluor. Chlor liegt elementar als Cl_2 vor. Durch den Geruch, den vom Schwimmbecken kennen, zeigt sich das Chlor als eindeutiger Verwandter des Fluor. Chlorgas hat durch seine Aggressivität eine **hohe desinfizierende Wirkung**; daher wird es u.a. in Schwimmbädern und zur Desinfektion von Trinkwasser eingesetzt.

11.4. Verbindungen des Chlor

Die wichtigste Säure mit Chlor ist die **Salzsäure** HCl. Die Salzsäure ist eine starke Säure, aber weniger stark und weniger gefährlich als Salpetersäure HNO_3 oder Schwefelsäure H_2SO_4. Der Mensch hat verdünnte Salzsäure im Körper: Die Magensäure.

Die Salze kennen wir schon, das sind die Chloride, wie zum Beispiel das Natriumchlorid NaCl. NaCl ist das wichtigste aller Salze, darum nennen wir es auch einfach nur "Salz" oder "Steinsalz".
Übrigens sollte man dennoch nicht zu viel Salz zu sich nehmen, da es den Blutdruck steigert.

Salzsäure HCl ist eine stärkere Säure als Flusssäure HF. Das ist interessant, denn eigentlich würde man es umgekehrt erwarten. Fluor ist ja elektronegativer als Chlor. Daher sollte das Fluor das Elektron des Wasserstoffs so stark an sich ziehen, dass der Wasserstoff nichts mehr von seinem Elektron hat. Und daher sollte sich H^+ ganz leicht von HF abspalten.

Aber in Wirklichkeit ist es nicht so. HCl spaltet das H^+ noch leichter ab. Das F^--Ion hingegen bleibt recht gerne am H^+-Ion gebunden. Warum? *Ist das nicht ein Widerspruch?* Weil: Wenn das F^- eine Bindung mit dem H^+ eingeht, teilt es sich die Elektronen mit dem H^+. Wieso soll aber ausgerechnet das elektronengierigste Element der Welt seine Elektronen brüderlich teilen? Eigenartig.

Wenn wir das Chlor mit einem Tier vergleichen wollen, wäre es ein großer Hai, zum Beispiel ein Tigerhai. Wie der Hai gierig Fleisch frisst, so frisst das Chlor ein Elektron. Das Fluor wäre in diesem Vergleich ein Piranha. Also Piranhas sind kleiner als der Tigerhai, aber noch viel gieriger und bösartiger. Würde nun der Tigerhai gegen den Piranha um ein kleines Stück Fleisch kämpfen, so würde der Piranha gewinnen. Anders gesagt: streitet das Chlor mit dem Fluor um ein Elektron, so gewinnt das Fluor. Es ist sogar so, dass der Piranha den Tigerhai anknabbern würde, wenn sonst kein Fleisch da ist. Insofern ist der Fluor-Piranha stärker, als der Chlor-Tigerhai. Darum ist Fluor elektronegativer als das Chlor.

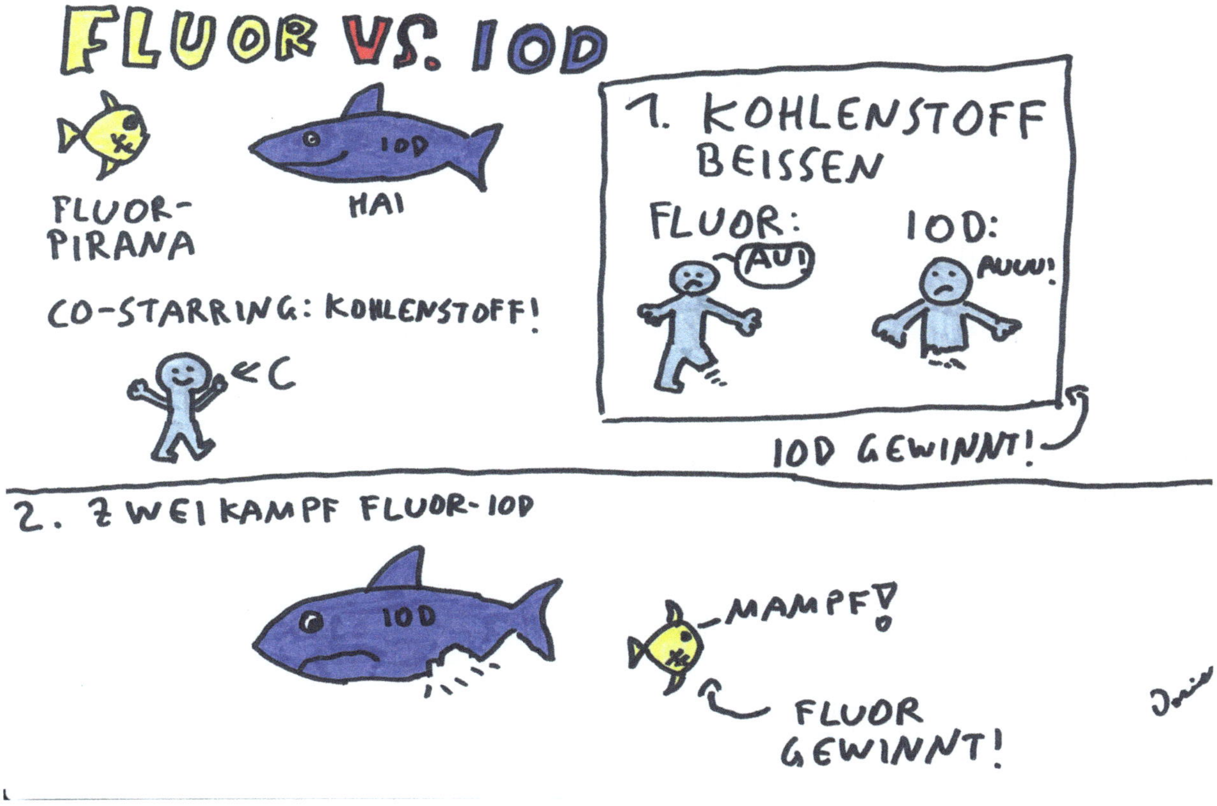

Aber: Der Tigerhai kann **mehr** essen als der Piranha! Wenn der Tigerhai auch nicht ganz so aggressiv ist, so frisst er doch größere Fleischbrocken. Das bedeutet: Das Chlor kann mehr vom Elektron essen als das Fluor. Das Fluor isst die erste Hälfte des Elektrons mit riesiger Aggressivität, aber dann wird es langsam satt. Und die zweite Hälfte des Elektrons lässt es über. Diese Hälfte kann jemand anderer haben. Zum Beispiel das H^+-Ion.

Fluor ist übersättigt, und teilt
seine Elektronen mit dem H+,
Chlor tut das viel weniger!
(Übrigens: Das ist auch eine dative Bindung!)

Weil man aber Elektronen *nicht zerteilen kann* (halbe Elektronen gibt es nicht!) müssen das Fluor und der Wasserstoff als HF zusammen bleiben, damit jeder am Elektron knabbern kann. Und darum spaltet sich HF recht schwer in H^+ und F^- auf. (Und wenn das doch passiert, bleibt ein über-sattes Fluor zurück.)

Das Chlor hat dieses Übersättigungs-Problem nicht: Der große Tigerhai "schluckt" (fast) das ganze Elektron hinunter.

Natürlich gibt es für diesen Vergleich auch einen physikalischen Hintergrund: **Das Fluor ist ein kleines Atom**. *Die Elektronen-Nebel am Fluor sind klein und dicht.* Stellen wir uns ein Elektron als Luftballon vor, dann sind die Luftballons beim Fluor recht eng aneinander gepresst, und ein zusätzlicher ganzer Luftballon passt nur schwer dazu. (Während das Fluor die erste Hälfte des Luftballons unbedingt haben will!)

Beim Chlor sind die Luftballons lockerer angeordnet, die Elektronen-Nebel sind **größer und weniger dicht**. Daher können wir einen zusätzlichen Luftballon auch leichter unterbringen.

Wir können es auch so sagen: Das Fluor ist ein hartes Atom, weil die Elektronen, wie zusammengepresste Luftballons "hart" werden.

Das Chlor ist ein weiches Atom, weil die Elektronen lockerer und beweglicher sind.

Wir können also in Zukunft zwischen zwei Atom-Eigenschaften unterscheiden: Die **Elektronegativität** ist die Gier nach Elektronen. Hier ist Fluor Weltmeister.

Und die "**Härte" oder "Weichheit" eines Atoms.** Diese sagt aus, wie viel von einem Elektron aufgenommen werden kann. Hier haben größere Atome Vorteile, weil sie weicher sind.

Wer nur für die Reifeprüfung lernt, braucht das nicht zu wissen, hier genügt, wenn es überhaupt verlangt wird, die Antwort: "HCl ist saurer als HF."

Kommen wir zum Chlor zurück:

Weitere Säuren des Chlors sind die **Hypochlorige Säure** HOCl, die **Chlorige Säure** $HClO_2$, die **Chlorsäure** $HClO_3$ und die **Perchlorsäure** $HClO_4$.
Zur Benennung dieser Säuren (ist nicht so wichtig für uns): Weil es so viele unterschiedliche Säuren mit Chlor gibt, kommen wir mit den Bezeichnungen Chlor**id,** Chlor**it** und Chlor**at** leider nicht aus.

Das OCl^--Ion wird **Hypochlorit-Ion** genannt,
das ClO^{2-}-Ion ist das **Chlorit-Ion**,
das ClO^{3-}-Ion ist das **Chlorat-Ion**,
das ClO^{4-}-Ion ist das **Perchlorat-Ion**.

Wir wollen uns nur die Chlorsäure $HClO_3$ genauer ansehen: Sie spaltet auf in H^+ und in ClO_{3-}, das Chlorat-Ion. Weil an dem Chlor drei Sauerstoff-Atome hängen, die sich um die Elektronen streiten, ist die $HClO_3$ wesentlich saurer als die Salzsäure HCl. Das funktioniert nach dem selben Prinzip wie bei den schwefelhaltigen Säuren (beschrieben im Kapital "Chalkogene".)

Die Salze der Chlorsäure sind die **Chlorate**. Lasse ich 1 NaOH mit 1 $HClO_3$ reagieren entsteht:

$$\mathbf{Na^+ + OH^- + H^+ + ClO_{3-} \dashrightarrow H_2O + NaClO_3.}$$

$NaClO_3$, das **Natriumchlorat,** ist das *Unkrautsalz.* Wie der Name schon sagt, wurde es früher zur Bekämpfung von Unkraut eingesetzt. Heute ist es nur noch in flüssiger, ungefährlicher Form erhältlich. Unkrautsalz ist hochexplosiv. Besonders gefährlich sind Mischungen aus Unkrautsalz und anderen Substanzen. **Niemals darf aus diesen Substanzen ein "Kracher" gebastelt werden!** Unkrautsalz ist ***äußerst unberechenbar!*** Fast alle haben sich beim Basteln von Unkrautsalz-Böllern schwerste Verletzungen zugezogen, bis hin zur Verstümmlung und Tod. *Zum Glück ist Unkrautsalz nicht mehr frei zu erwerben!*

11.5. Chemie des Brom

Der Name "Brom" kommt von "*bromos*", der Gestank.

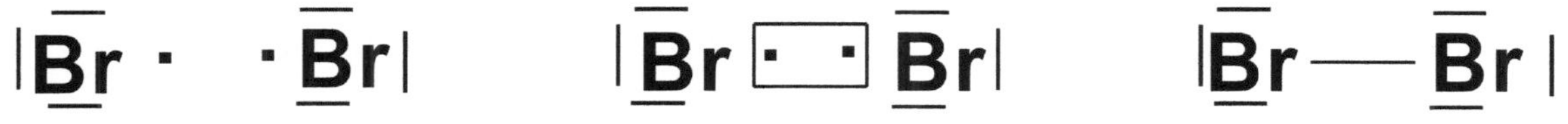

Brom ist eine bräunlich-dunkelrote rauchende Flüssigkeit, deren Bromdämpfe ätzend und sehr giftig sind. Wie Fluor oder Chlor, liegt Brom als Br_2 vor. Wieder riecht Brom nach "Schwimmbecken", aber dumpfer als Chlor. Da Brom eine Flüssigkeit ist, kann man mit ihm leichter umgehen, als mit Chlor. Das macht es für chemische Reaktionen interessant.

11.6. Verbindungen des Brom

Die Bromwasserstoffsäure HBr ist, da Brom noch weicher ist als Chlor, saurer als HCl.
HBr spaltet auf in H^+ und Br^-, das Bromid-Ion.

Bromide, zum Beispiel NaBr, wurde früher als Beruhigungsmittel verwendet. Die Nebenwirkung war die "*Brom-Akne*" ein dauerhafter Hautausschlag. Wenn bis heute "Panzerknacker" mit unreiner Haut gezeichnet werden, so kommt dies daher, dass in Gefängnissen Bromide in das Essen gemischt wurden!

Heute sind Bromide aber durch andere Stoffe ersetzt worden. Kompliziertere Bromverbindungen hingegen finden immer noch als *Beruhigungs- oder Entkrampfungsmedikamente* Verwendung.

11.7 Jod

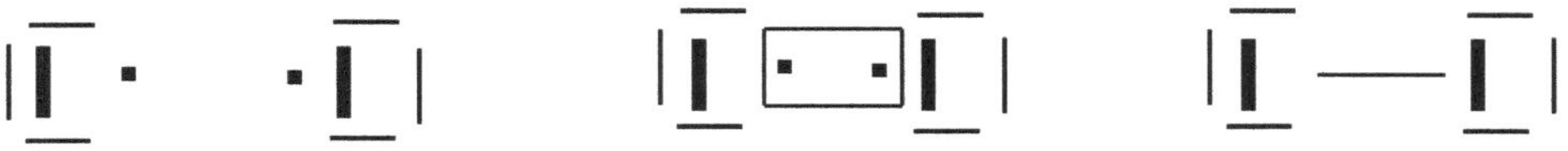

Das **Jod I** ist ein fester, dunkler, leicht glänzender Stoff, der, wenn man ihn erhitzt, violette Jod-Dämpfe abgibt. Auch Ion riecht nach Schwimmbecken, aber wieder dumpfer als das Brom.

Wenn Chlor ein Tigerhai ist, dann ist Jod ein Blauwal: Er schluckt sein Elektron restlos hinunter, ist dabei aber recht friedlich. Jod hat sozusagen keine Zähne mehr. Weil Jod ein weiches Atom ist, ist die Jodwasserstoffsäure HI eine starke Säure: Sie spaltet auf in H^+ und I^-, das Jodid-Ion.

Ein HI reagiert mit einem KOH zu:

$$\mathbf{H^+ + I^- + OH^- + K^+ \dashrightarrow KI + H_2O.}$$

AIX ist das Kaliumjodid, das in "Jod-Tabletten" enthalten ist. Die menschliche Schilddrüse benötigt Jod, und nimmt aus unserer Nahrung Jodid auf.

Da nun bei AKW-Unfällen das radioaktive Jod 131 freiwerden kann, versucht man. die Schilddrüse mit nicht radioaktivem Jod zu sättigen. Dadurch soll verhindert werden, dass sich in der Schilddrüse das radioaktive Jod 131-Isotop ablagert, und Schilddrüsenkrebs erzeugt. Allerdings ist die Einnahme von KI-Tabletten nur für Kinder zu empfehlen, da zu viel Jod schwere Nebenwirkungen haben kann.

Bei den Halogenen lässt sich sehr schön die "Verwandtschaft" dieser Elemente beobachten: Alle Halogene riechen nach Schwimmbecken. Alle Halogene sind farbig, vom leichten gelb des Fluor, bis zum tiefen Violett des Jod. Aber, je weiter nach unten wir in der Halogen-Gruppe kommen, desto friedlicher werden die Elemente, desto schwerer und fester werden sie. Vom Fluor, dem leichten gelben Gas, über Chlor, das schwere grüne Gas, und Brom, das dann schon flüssig ist, kommen wir zum festen Jod, das schon ganz leicht an Metalle erinnert. Die nächste Familie, die der Edelgase, hat dann fast ununterscheidbare Familienmitglieder, denn sie tun alle- gar nichts.

12. Die Edelgase

Helium Neon Argon Krypton Xenon Radon

Eigentlich ist über die Edelgase schon alles gesagt worden. Sie haben eine volle Außenschale, sie wollen nichts und tun nichts, sie riechen nicht und haben keine Farbe und reagieren mit (fast) niemandem.

Die Edelgase sind Helium He, Neon Ne, Argon Ar, Krypton Kr, Xenon Xe und Radon Rn.

Sie sind die Einsiedlermönche des Periodensystems. Und leben jeder für sich dahin (wie die Mönche in den Zellen), und wollen nichts. Sie sind mit sich selber glücklich. Dass das für Außenstehende etwas fade sein kann, ist auch klar.

Andererseits sind die Edelgase auch extrem stark, denn niemand, nicht einmal Fluor entreißt ihnen die Elektronen! Sie sind sozusagen defensive Kampfmönche. Nur den "unteren" Edelgasen Krypton, Xenon und Radon entreißt Fluor unter Umständen ein Elektron. Helium, Neon und Argon sind aber unbesiegbar.

12.1. Verwendung von Edelgasen

Helium wird in Zeppelinen verwendet, weil es leichter ist, als Luft, und außerdem (logisch!) unbrennbar.
Helium wird bei -268 °C flüssig. Flüssiges Helium wird als Kühlmittel für hochspezialisierte physikalische Versuche gebraucht.

Bei Neon denkt man an **Neonröhren**. Allerdings leuchtet die eigentliche Neonröhre orangerot. Das, was wir unter "Neonröhre" verstehen, ist eigentlich mit dem Edelgas Krypton gefüllt.

Der richtigere Ausdruck für "Neonröhre" ist daher "**Leuchtstoffröhre**". Wie bringt man die Edelgase zum leuchten? Durch **Quantenübergänge**. Die Außenelektronen der Edelgase werden durch elektrische Energie in höhere Orbitale angehoben, und von dort fallen sie wieder hinunter, und senden färbiges oder weißes Licht aus.
Um die Außenelektronen der Edelgase in ein höheres Orbital zu heben, benötigt man sehr viel Energie. Das ist klar, denn gerade das macht ja die Eigenschaft der Edelgase aus. Die Elektronen haben in den Edelgasen eine so gute Wohnung, dass sie diese Wohnung nicht freiwillig verlassen. Darum haben Leuchtstoffröhren eine sehr hohe elektrische Spannung, denn diese Spannung stellt die nötige Energie zur Verfügung.

Oft sind Leuchtstoffröhren auch Quecksilber und andere Elemente zugesetzt, damit sie die gewünschte Farbe ausstrahlen.

Argon verwendet man in der Chemie als "**Inertgas**": Argon ist schwerer als Luft, man kann es umgießen wie eine Flüssigkeit. Andererseits reagiert Argon mit nichts. Darum wird Argon als "Schutzhülle" für hochempfindliche chemische Reaktionen verwendet, wo keine Luft dazu kommen darf.

Xenon wird in hochwertigen Scheinwerfern verwendet.

.....Und das war es schon, was es über Edelgase zu sagen gibt. Nachdem aber die Edelgase Gase sind, wollen wir noch das Verhalten von Gasen besprechen. Außerdem sind die Edelgase, wie gesagt, die Mönche des Periodensystems. Und wofür sind Mönche zuständig? Für uralte Traditionen und Weisheiten. Also ist das nun der ideale Zeitpunkt, um einen Blick auf die Geschichte der Chemie zu werfen.

12.2. Das Verhalten von Gasen

Was sind eigentlich Gase?

Gase sind Stoffe, deren Moleküle (oder Atome) nicht zusammenhängen. Gas-Moleküle sind nicht aneinander gebunden. Sie fliegen beinahe ungestört durch den Raum, nur hin und wieder stoßen sie, wie Billardkugeln, zusammen, und prallen aneinander ab. Und dann fliegen sie wieder einsam weiter.

Das unterscheidet Gase von den Flüssigkeiten. In Flüssigkeiten kleben die Moleküle aneinander. Beim Wasser H_2O zum Beispiel kleben die H_2O-Moleküle durch die Anziehung von Sauerstoff-Atomen und Wasserstoff Atomen aneinander. Wasser bildet große Haufen von H_2O-Molekülen. Die Sauerstoff-Atome sind leicht negativ geladen, und die Wasserstoff-Atome sind leicht positiv geladen. Und diese Ladungen ziehen einander an. Das haben wir Wasserstoff-Brückenbindung genannt.

Gase verhalten sich nicht so. Zwischen den Gas-Molekülen ist ein großer Leerraum. **Und darum kann man Gase komprimieren**, das heißt: zusammendrücken. **Flüssigkeiten kann man nicht komprimieren** (oder fast nicht).

Stellen wir uns also vor, wir blasen einen Luftballon mit Luft, oder einem Edelgas, oder Stickstoff, oder irgend einem anderen Gas auf. (Wir tun jetzt einmal so, als könnte der Ballon nicht zerplatzen.) Dann können wir diesen Luftballon zusammendrücken, so dass sein Innenraum (ein anderes Wort: Volumen) kleiner wird.

Dann füllen wir einen Luftballon mit Wasser, und probieren das Gleiche: Wir werden den Luftballon nicht zusammendrücken können.

Ebenso kann man Gase ausdehnen, und Flüssigkeiten nicht. Stellen wir uns also vor, wir nehmen unseren Luftballon, der mit Gas gefüllt ist, und ziehen ihn auseinander, so dass sein Innenraum größer wird: Dann wird sich das Gas im Luftballon gleichmäßig über diesen größeren Innenraum verteilen.

Flüssigkeiten machen das nicht. Auch wenn wir den Ballon dehnen, wird die Flüssigkeit diesen größeren Innenraum nicht ganz füllen. Vielmehr wird im

Ballon unten die Flüssigkeit sein, und oben wir ein Leerraum sein, in dem gar nichts ist: So einen Leerraum, der mit nichts gefüllt ist, nennen wir Vakuum.

Wenn wir einen Ballon, der mit Gas gefüllt ist, gar nicht zusammendrücken, würde er riesig groß werden, bis er zerplatzt.

Aber Moment! Da stimmt doch was nicht! Wir haben doch schon alle Luftballons gehabt. Die waren mit Gas gefüllt. Und die sind nicht riesengroß geworden! Die sind nicht zerplatzt, obwohl wir sie nicht zusammengedrückt haben!

Doch, auch diese Luftballons sind zusammengedrückt worden. Und zwar von der Luft! Hier auf der Erde ist ja alles von Luft umgeben. Und diese Luft drückt auf alle Dinge, und auf uns Menschen, und natürlich auch auf Luftballons.

Und dieses Drücken der Luft nennt man den **Luftdruck**. Wir spüren zwar nicht, wie die Luft auf uns drückt, weil wir für diesen Luftdruck geschaffen sind. Aber die Luft drückt auf uns, ununterbrochen, und sehr stark. Und genauso stark drückt die Luft von allen Seiten auf die Luftballons. Deshalb werden sie nicht größer, und deshalb zerplatzen sie nicht.

Würden wir unseren mit Gas gefüllten Luftballon in das Weltall bringen, wo keine Luft ist, wo nichts auf den Ballon drückt, dann würde der Luftballon zerplatzen. Übrigens wir Menschen genau so. Auch wir sind aufgeblasen wie Luftballons. Wer sich dafür näher interessiert, soll in einem guten Physikbuch weiter lesen.

Ein Herr namens *Amadeo Avogadro* hat im Jahr 1811 folgende Entdeckung gemacht: **Gleiche Volumen beliebiger gasförmiger Elemente enthalten bei gleichem Druck die gleiche Anzahl von Molekülen.**

(Der Herr hier im Bild ist eine künstlerisch wertvolle Darstellung Amadeo Avogadros)

Was heißt das?

Stellen wir uns vor, wir füllen einen Luftballon mit, sagen wir, 1000 Neon-Atomen. Das machen wir hier auf der Erde, damit der Ballon vom Luftdruck zusammengedrückt wird, und damit er nicht zerplatzt.

Dann wird sich dieser Luftballon auf ein bestimmtes Volumen aufblähen.

Jetzt füllen wir einen anderen Luftballon (auch hier auf der Erde) mit 1000 Helium-Atomen. Und dieser Luftballon wird sich **genau so stark** aufblähen. Nicht stärker und nicht schwächer. 1000 Neon-Atome nehmen also genauso viel Luftballon-Raum ein, wie 1000 Helium-Atome.

Bei gleichem Druck haben 1000 Helium- und 1000 Neon-Atome **das gleiche Volumen.**

Und ebenso verhalten sich auch alle anderen Gas-Atome *und Moleküle.*

Also: 1000 Neon-Atome füllen einen gleich großen Raum aus wie 1000 Argon-Atome,

1000 Argon-Atome füllen einen gleich großen Raum aus, wie 1000 Krypton-Atome,
1000 Helium-Atome füllen einen gleich großen Raum aus, wie 1000 O_2-Moleküle.

Vorsicht!! *Das wird immer wieder falsch verstanden!* Viele Chemie-Lernende glauben: "*500 O_2-Moleküle sind umgerechnet 1000 O-Atome. Daher füllen 500 O_2-Moleküle den gleichen Raum aus wie 1000 Helium-Atome.*" **Das ist falsch!**

Richtig ist: Weil sich die zwei Sauerstoff-Atome zu **einem** Molekül verbunden haben, verhalten sie sich wie **ein** Helium-Atom. Und 1000 O_2-Moleküle füllen denselben Raum aus, wie 1000 Helium-Atome (und **nicht** wie 2000 Helium-Atome!).

Um das zu verdeutlichen, hier noch ein paar Beispiele:
1000 Helium-Atome füllen einen gleich großen Raum aus, wie 1000 Stickstoff Moleküle N_2,

1000 Stickstoff-Moleküle füllen einen gleich großen Raum aus, wie 1000 Chlor-Moleküle Cl_2,

1000 Chlor-Moleküle Cl_2 füllen einen gleich großen Raum aus, wie 1000 Argon-Atome,

1000 Argon-Atome füllen einen gleich großen Raum aus, wie 1000 CO_2-Moleküle,
1000 O_2-Moleküle,
und so weiter...

Zusammengefasst: *1000 Gas-Teilchen nehmen immer den selben Raum ein, egal ob es ein Molekül oder ein Atom ist.*

Jetzt sind 1000 Moleküle natürlich sehr, sehr wenige. Nehmen wir statt dessen 1 mol. (Wir wissen: mol ist eine Zahl, nämlich 6,022 x 10^{23}.)

Dann hat ein Luftballon, der mit einem mol O_2 aufgefüllt wird, ein Volumen von 22,4 Litern. (Und zwar hier auf der Erde, bei normalem Luftdruck, der den Ballon von außen zusammendrückt.)

Ein Luftballon, der mit einem mol N_2 aufgefüllt wird, hat auch ein Volumen von 22,4 Litern.

Ein Luftballon, der mit einem mol Helium-Atomen aufgefüllt wird, hat auch ein Volumen von 22,4 Litern.

Ein Luftballon, der mit einem mol Argon-Atomen aufgefüllt wird, hat auch ein Volumen von 22,4 Litern.

Ein Luftballon, der mit einem mol Cl_2-Molekülen aufgefüllt wird, hat auch ein Volumen von 22,4 Litern.

und so weiter.

Und wie viel Raum werden nun **zwei mol O_2** einnehmen? Was meint Ihr? Natürlich **doppelt so viel** wie 1 mol O_2, nämlich 44,8 Liter (bei gleichem Druck).

Drei mol O_2 nehmen drei mal so viel Raum ein, nämlich 67,2 Liter. Und so weiter.

Diese Erkenntnisse von Avogadro waren sehr wichtig.

Man war damals schon in der Lage, Wasser in seine Elemente zu zerlegen, nämlich in H_2 und O_2. Jetzt ist die Formel von Wasser aber H_2O. Auf **ein** O_2 kommen also **zwei** H_2. *Und genau das hat Avogadro beobachtet:* Er hat Wasser in H_2 und O_2 zerlegt. Dabei ist ihm aufgefallen, dass er doppelt so viel H_2 wie O_2

bekommen hat. Weil: **Das Volumen von H_2 war doppelt so groß wie das Volumen von O_2.**

Und damit musste die Formel von Wasser H_2O oder H_4O_2 oder H_6O_3.... sein. Mit einigen weiteren Experimenten, die wir hier nicht näher beschreiben wollen, war klar: **Die Formel von Wasser ist H_2O.**

Die Erkenntnisse über das Volumen waren ein Meilenstein der Chemiegeschichte. Und weil Mönche immer auch mit Geschichte und Tradition zu tun haben, wollen wir jetzt die Chemiegeschichte im Überblick betrachten.

12.3. Geschichte der Chemie

Seit jeher haben sich die Menschen für die Frage interessiert, woraus die Welt besteht. Die ersten Ideen waren natürlich rein philosophische Ansätze. So vertrat man in der Antike (Griechenland und Rom) die Ansicht, alle Stoffe bestünden aus den vier Elementen Feuer, Wasser, Erde und Luft. Manchmal gehört auch ein fünftes Element dazu, der "Äther". Den Äther hat man als eine Art "geistiges Element" betrachtet.

Man hat damals zwischen Naturwissenschaft und Philosophie nicht unterschieden. Das muss man nicht als Mangel betrachten- schließlich bedeutet Philosophie übersetzt: "*Die Liebe zur Wahrheit*" - und diese Liebe haben Philosophen und Naturwissenschaftler gemeinsam.....

Der griechische Philosoph **Demokrit** hatte die Idee, alle Stoffe setzen sich aus unteilbaren Teilchen zusammen. Das griechische Wort für "*unteilbar*" ist "*atomos*", aus dem viel später das Wort "**Atom**" wurde. Allerdings hat sich Demokrit mit dieser Idee nicht durchsetzen können.

Demokrit lag im philosophischen Dauerstreit mit **Aristoteles**, und der hat sich letztlich durchgesetzt. Der Kulturhistoriker Egon Friedell schreibt, dass die Feindschaft zwischen den Philosophen zum Teil so groß war, dass sie versucht haben, sogar die Schriften des anderen zu vernichten! Das könnte eine Erklärung dafür sein, dass es von Demokrit nur wenige überlieferte Werke gibt: Die Schüler das Aristoteles haben Demokrits Schriften verbrannt!

Da das Mittelalter stark von Aristoteles geprägt war, haben sich die Ideen von Demokrit nicht durchsetzen können. Eine Theorie aus vor-chemischer Zeit, war zum Beispiel die "**Phlogiston-Theorie**". Sie hatte ihren Höhepunkt im 18. Jahrhundert. Wenn man Holz zu Asche verbrennt, so ist die Asche leichter, als das Holz. Für uns heute ist das klar: Der Kohlenstoff C im Holz verbindet sich beim Verbrennen mit 2 Sauerstoff O zu CO_2. CO_2 ist ein Gas, und das "verschwindet" unbemerkt. Die Phlogiston-Theorie hat das so erklärt: Es gibt einen Stoff namens *Phlogiston*, und dieser Stoff ist leichter als das Nichts. Wenn sich nun Holz beim Verbrennen mit Phlogiston verbindet, so wird nun auch das Holz zur leichteren Asche.

Aus heutiger Sicht hören sich solche Theorien natürlich lustig an, aber es gibt keinen Grund, die Vertreter dieser Theorien irgendwie für beschränkt zu halten. Auch unsere Quantentheorie ist letzten Endes verrückt, nur hat sich eben herausgestellt, dass sie stimmt.

Erst **Antoine de Lavoisier** (1743 -1794) hat die Phlogiston-Theorie widerlegt. Er kann als erster moderner Chemiker betrachtet werden. Er hat nämlich das Gesetz der Erhaltung der Masse aufgestellt: Bei einer chemischen Reaktion geht keine Masse verloren. Mit anderen Worten: Wenn ich einen Sauerstoff O und zwei Sauerstoffe H zu Wasser H_2O reagieren lasse, so besteht Wasser immer noch aus einem O und zwei H. Das war damals alles nicht selbstverständlich.

Übrigens wurde der arme Lavoisier während der französischen Revolution enthauptet. Grund: Er war so „unbrüderlich", mehr von Chemie zu verstehen als seine Mitbürger....

1799 hat **Louis Proust** das **Gesetz der konstanten Proportionen** aufgestellt: aufgestellt: "*Das Massenverhältnis von Elementen in Verbindungen ist konstant.*"

Das klingt kompliziert, ist aber einfach. Wir kennen dieses Gesetz längst. Es besagt, dass, zum Beispiel, Wasser H_2O immer aus einem O und zwei H besteht, und weil O ein Gewicht von 16 hat, und H ein Gewicht von 1, haben wir immer 16 Gewichtsanteile O und 2 Gewichtsanteile H im Wasser.

Damit ist dann wieder die Atomtheorie interessant geworden. Wenn man sich O und H als kleine Kügelchen vorstellt, die zusammen gehen, kann man sich das Gesetz der konstanten Proportionen am besten erklären.

Dann hat **John Dalton** 1808 das **Gesetz der multiplen Proportionen** aufgestellt: "*Die*

Massenanteile der Elemente in allen chemischen Verbindungen stehen zueinander in ganzzahligem Verhältnis."

Das klingt wieder fürchterlich kompliziert, ist aber wieder ganz einfach. Mit diesem Gesetz ist John Dalton dahinter gekommen, dass es, zum Beispiel, ein H_2O gibt, aber keine Verbindung, die aus eineinhalb H und einem O besteht. Und es gibt auch keine Verbindung, die aus einem halben O und einem H besteht, und so weiter. Und das war dann schon ein sehr eindeutiges Anzeichen dafür, dass die Welt aus Atomen besteht, nämlich aus kleinsten unteilbaren Teilchen! Das "*ganzzahlige Verhältnis*" bedeutet, dass man Atome nicht teilen kann. In dem Sinne, dass es keinen "halben Atome" in Verbindungen gibt.

Mit diesem Gesetz hat Dalton auch gleich die Atomgewichte einiger wichtiger Elemente herausgefunden, indem er sehr viele verschiedene Verbindungen miteinander verglichen hat.

Wir können uns die damalige Forschungsarbeit ungefähr so vorstellen (*womit wir ein wenig Geschichtsfälschung betreiben....*):

Dalton kommt darauf, dass alle Stoffe aus Atomen bestehen. Wenig später, so um 1811, findet Avogadro heraus, dass die Formel von Wasser H_2O ist.

Jetzt sagt Dalton: "*Sehr geehrter Herr Avogadro! Wenn die Formel von Wasser H_2O ist, kann ich Ihnen ausrechnen, wie viel mal schwerer das Sauerstoff-Atom ist, als das Wasserstoff-Atom!*"

Wir wissen heute: Der Sauerstoff hat ein Atomgewicht von 16, der Wasserstoff hat ein Atomgewicht von 1 (Das sehen wir an den Massenzahlen der Atome; im Periodensystem!).

Dalton sagt:" *Sehr geehrter Herr Avogadro! Ich habe 16 Gramm Sauerstoff mit 2 Gramm Wasserstoff reagieren lassen, und habe 18 Gramm Wasser erhalten.*
Ich weiß nicht, wie viele Sauerstoff-Atome 16 Gramm Sauerstoff-Gas ist. Ebenso wenig kenne ich die Zahl der Wasserstoff-Atome.
Aber das muss ich nicht wissen, wie ich Ihnen, sehr geehrter Herr Avogadro, sogleich beweisen werde."

Dalton sagt weiter: „*Wenn nun die Formel des Wassers H_2O ist, so kommen auf* ***ein*** *Sauerstoff-Atom immer* ***zwei*** *Wasserstoff-Atome. So müssen, sehr geehrter Herr Avogadro, in zwei Gramm Wasserstoff-Gas* ***doppelt so viele*** *Atome enthalten sein, wie in 16 Gramm Sauerstoff-Gas. Anders geht sich das nicht aus, wenn aus Sauerstoff und Wasserstoff H_2O werden soll.*

Wenn nun in 16 Gramm Sauerstoff-Gas, sagen wir, 1000 Sauerstoff-Atome sind, so müssen in 2 Gramm Wasserstoff-Gas 2000 Wasserstoff-Atome sein! Freilich kenne ich die wirkliche Zahl der Atome nicht. Ich vermute, sehr geehrter Herr Avogadro, dass es viel mehr sind als nur 1000. Aber wie auch immer.

Wenn nun ***zwei Gramm*** *Wasserstoff-Gas 2000 Atome enthält, so enthält* ***ein Gramm*** *Wasserstoff-Gas 1000 Atome .*

Anders gesagt, sehr geehrter Herr Avogadro: Ein Gramm Wasserstoff-Gas ***muss*** *so viele Atome enthalten, wie 16 Gramm Sauerstoff-Gas, nämlich 1000 Atome.*

Tausend Sauerstoff-Atome wiegen 16 Gramm.
Tausend Wasserstoff-Atome wiegen 1 Gramm.

Also sind die Sauerstoff-Atome 16 mal schwerer als die Wasserstoff-Atome. Wenn ich nun sage, Wasserstoff hat ein Gewicht von 1, so hat Sauerstoff ein Gewicht von 16.

Mit besten Grüßen, Ihr Herr Dalton."

Und recht hat er gehabt! Nach und nach sind die Chemiker auf diese Art und Weise auf die wichtigsten Elemente und Moleküle gekommen.

Heute wissen wir auch, dass 1 Gramm Wasserstoff nicht 1000 Atome sind, sondern $6{,}022 \times 10^{23}$ Atome. Aber, wie gesagt, das musste Dalton gar nicht wissen, um diese Aufgabe zu lösen.

Damit hat die Atomtheorie ihren Siegeszug angetreten.

1828 gründete **Friedrich Wöhler die organische Chemie**: Es gelang ihm, den organischen Stoff *Harnstoff* aus anorganischen Ausgangsstoffen zu erzeugen. Damit bewies er, dass es keinen prinzipiellen Unterschied zwischen organischen und anorganischen Stoffen gibt.

1869 entwickelten **Mayer und Mendelejew** unabhängig voneinander das erste **Periodensystem** der Elemente. Die Atomtheorie war zu dieser Zeit etabliert. Es war aber nicht klar, wie Atome wirklich aus sehen, und wie sie sich verbinden können. Man hat sich Atome am ehesten als undurchdringliche, unteilbare Kugeln vorgestellt.

Das änderte sich 1909, als **Ernest Rutherford** ein Experiment durchführte. Rutherford schoss α-Strahlen auf eine extrem dünne Goldfolie.

Was sind α-Strahlen? Das ist eine Art von **radioaktiver Strahlung**. Viele schwere Elemente, wie Uran oder Plutonium, haben instabile Atomkerne. Diese brechen auseinander, wobei kleinere Atomkerne entstehen. Zusätzlich wird bei jedem Zerfall ein Teilchen ausgesendet, das aus zwei Protonen und zwei Neutronen besteht: Das sind die α-Strahlen. **Es sind also Helium-Atomkerne.**

Rutherford hat ein solches, α-Strahlen absonderndes, Element in einen Blei-Block gegeben, der nur noch vorne hin offen war. Die Helium-Kerne konnten also nur nach vorne entweichen. So hat er die Helium-Kerne auf eine extrem dünne Goldfolie geschossen, die nur wenige hundert Atome dick war! Kein Element lässt sich so dünn auftragen wie Gold.

Das Ergebnis hat nicht nur Rutherford erstaunt. Man hatte damit gerechnet, dass die α-Strahlen an den Gold-Atomen abprallen und zurück geworfen werden würden. Das Gegenteil war der Fall: Die weitaus meisten Helium Kerne durchdrangen die Goldfolie ohne Widerstand, **nur jeder zehntausendste Heliumkern prallte ab**, und wurde zurück geworfen.

Damit war klar: *Atome mussten eine große weiche Schale haben, und einen harten, sehr kleinen Atomkern.* Diese Annahme hat sich heute längst bestätigt. Die weiche Schale ist die Elektronenhülle, der harte Kern besteht aus den viel schwereren Protonen und Neutronen.

Damit war man dem Wesen des Elektrons auf der Spur: Nach den Erkenntnissen von **Louis de Broglie, Niels Bohr, Max Planck** und anderen, stellte **Erwin Schrödinger** 1926 seine berühmte Gleichung auf, die wir hier nicht mehr besprechen müssen.
Ein großer Physiker muss aber noch erwähnt werden: **Werner Heisenberg**. Parallel zu Schrödinger, stellte Heisenberg die Unschärferelation auf. Hier, weil sie so berühmt ist, die Formel. Verstehen müssen wir sie nicht:

$$\Delta q \times \Delta p \sim h$$

q ist der Ort des Elektrons, und p der Impuls. h ist das plancksche Wirkungsquantum.

Diese Gleichung sagt aus, dass es **unmöglich ist, Ort und Impuls eines Elektrons gleichzeitig und genau zu bestimmen**. Das heißt: Entweder, ich bestimme den Ort des Elektrons genau, dann weiß ich aber nicht, wie schnell das Elektron fliegt. Oder aber, ich bestimme den Impuls genau, weiß aber nicht, wo sich das Elektron aufhält. Beides genau zu bestimmen, geht aber nicht. Man könnte die Heisenbergsche Unschärferelation so interpretieren: Wenn ich ein Elektron beobachte, beeinflusse ich das Elektron, und ändere sein Verhalten.

Das ist ein ganz wesentlicher Unterschied zur klassischen Physik, wo die Beobachtung den Ausgang des Experiments nicht ändert. Je nachdem, welche Information ich vom Elektron will, wird sich dieses anders verhalten. Das hat viele philosophische Fragen aufgeworfen, die bis heute diskutiert werden. Zum Beispiel: Was ist überhaupt "Beobachtung"? Braucht eine Beobachtung einen Beobachter mit Bewusstsein, oder reicht ein technisches Analysegerät? Oder macht es einen Unterschied, ob ich nun dieses Analysegerät beim Beobachten beobachte,oder nicht?

Ist zum Beispiel unser Gehirn ein Organ, das sich selbst quantenmechanisch beobachtet, und dadurch seine eigenen Entscheidungen beeinflusst, oder ist es ein ein riesiges Analysegerät, bei dem alle Entscheidungen vorherbestimmt sind? Gibt es einen freien Willen, oder nicht? Oder wird man darauf kommen, dass man diese Frage gar nicht so stellen kann oder darf? Vielleicht ist die Welt unser riesiges Analysegerät, das uns beobachtet, weshalb sich unsere Gehirn-Elektronen nach Lust und Laune entscheiden? (Nun gut, jetzt wird es spekulativ....)

Alle diese Fragen und noch viel mehr, wird zur Zeit von Physikern und Philosophen diskutiert.

Wie dem auch sei, während man früher ein "**deterministisches**" Weltbild hatte, man also glaubte, alles vorher berechnen zu können, ist unser Weltbild heute deutlich "**indeterministischer**" geworden: Selbst wenn wir die größten Rechenmaschinen hätten, die Zukunft lässt sich nicht vorhersagen.

Mit der Einführung des Elektronenspins durch **Wolfgang Pauli** war der prinzipielle Aufbau des Atoms geklärt. Bis heute arbeitet man aber an neuen Rechenmethoden, um die Eigenschaften komplizierter Moleküle aufzuklären.

Heute ist die Chemie in viele verschiedene wissenschaftliche Zweige unterteilt, die recht verschiedene Themen zum Inhalt haben:

Die anorganische Chemie
Sie ist die Chemie aller Elemente, außer Kohlenstoff.
Die anorganische Chemie wird weites unterteilt in die
bioanorganische Chemie, wo sich biochemische und anorganische Themen überschneiden,
und in die
metallorganische Chemie: Sie beschäftigt sich mit Molekülen, die aus Metallen und organischen Verbindungen bestehen.
Die **anorganische Technologie** wird meistens auch als ein Teilgebiet der Anorganik gesehen. Sie beschäftigt sich vor allem mit metallischen Werkstoffen, Baustoffen, Rostschutz, und so weiter

Die organische Chemie
Sie beschäftigt sich mit der riesigen Zahl der Kohlenstoff-Verbindungen.
Eine Unterform ist die **bioorganische Chemie**, eine Mischung aus Biochemie und organischer Chemie.
Die **organische Technologie** ist eine weitere Unterform: Sie beschäftigt sich mit Erdöl, Kohle, und Kunststoffen

Die analytische Chemie
hat zur Aufgabe, die Zusammensetzung von Stoffen herauszufinden. Hier werden auch neue Analysegeräte entwickelt.

Die physikalische Chemie
ist das Bindeglied zwischen Chemie und Physik. Einerseits arbeiten physikalische Chemiker oft mit analytischen Chemikern zusammen, andererseits beschäftigen sie sich mit der Energie von chemischen Reaktionen.
Eine Unterform ist die

theoretische Chemie, die sich mit der genauen Berechnung von Molekülen mit Hilfe der Schrödingergleichung beschäftigt.

Eine weitere Unterform ist die
Elektrochemie, dessen Thema ist: Chemie und Elektrizität. Sie bauen und erforschen Batterien und Akkus.

Die Biochemie
erforscht chemische Prozesse in lebenden Organismen. Sie ist mit der organischen Chemie eng verwandt, obwohl ihre Arbeitsmethoden unterschiedlich sind. Die Biochemiker arbeiten oft mit riesigen Bio-Molekülen, wie zum Beispiel Enzymen, die aus hunderttausenden Atomen bestehen können. Dafür kennen sie ihre Moleküle nicht so genau wie die Organiker oder Anorganiker.

Die Verfahrenstechnik
oder das Chemieingenieurwesen beschäftigt sich mit chemischen Reaktionen in großen Maßstäben. Sie erfinden keine neuen Reaktionen, sondern setzen bekannte Chemie im Tonnen-Maßstab um. Also zum Beispiel: Wie muss ich 40 Tonnen Schwefelsäure und Natronlauge rühren, damit sie möglichst schnell zum Salz reagieren?

Und wofür braucht man das alles?

Die meisten Leute glauben, wenn sie zum Arzt gehen, dass der Arzt seine Medikamente selber macht, und genau weiß, was drinnen ist, und wie es wirkt. Am besten, so glauben die Leute, macht der Arzt die Medikamente auch selber. Das ist ein Irrtum.

In Wirklichkeit läuft die Sache so: Ein **Biochemiker**, oder ein Team von Biochemikern, kommt auf die Idee, dieses oder jenes Molekül als Medikament zu verwenden.

Die Biochemiker geben das Problem an die **organischen Chemiker** weiter. Diese sehen in der Bibliothek nach, ob jenes Molekül schon einmal gemacht worden ist, und haben Glück: Ja, es gibt ein ganz Ähnliches, außerdem hat ein theoretischer Chemiker berechnet, wie man das Molekül herstellen kann. Man muss das Molekül aus Einzelteilen basteln.

Nun können die organischen Chemiker die Einzelteile des gesuchten Moleküls herstellen, und die **metallorganischen Chemiker** setzen diese Einzelteile mit Hilfe von "Metallkomplexen", das sind Moleküle mit Metallen, zusammen.

Dazwischen kontrollieren immer wieder **analytische Chemiker**, ob das Molekül auch das gesuchte ist.

Nun ist das gesuchte Molekül fertig. Jetzt testen die **Pharmazeuten**, ob es wirklich die Wirkung hat, die es haben soll, und besprechen das mit den Biochemikern.

Die Pharmazeuten bringen das Wirkstoff-Molekül in Tablettenform.

Dann kommen **Mediziner** an die Reihe, die das Medikament an Menschen testen, sind auch diese einverstanden,

müssen die **Verfahrenstechniker** heran: Sie produzieren nicht eine Tablette, sondern 100 000 Tabletten pro Stunde.

Jetzt wird die Werbetrommel für das Medikament gerührt und die Ärzte kaufen es.

Pharmavertreter erzählen den Ärzten, bei welchen Symptomen das Medikament verwendet werden soll.

Der Arzt braucht weder wissen, welche Formel der Wirkstoff der Tablette hat, noch warum er wirkt. Er braucht das Medikament nur mehr zu verschreiben…….

13. Stoffe und Stofftrennung

Wir wissen: Jeder Stoff besteht aus Atomen oder Molekülen. Bis jetzt haben wir hauptsächlich einzelne Atome oder Moleküle "unter der Lupe" betrachtet. Jetzt wollen wir aber die Stoffe aus einer alltäglicheren Sicht betrachten. Wir sehen die Stoffe ja nicht als eine Ansammlung von Molekülen, sondern wir sehen: Ein **Stück** Metall, einen **Tropfen** Wasser, eine Gold**münze**, wir sehen **Nebel,** wir sehen **Rauch,** manchmal kann man sogar **Luf**t sehen, an sehr heißen Tagen, wenn die Luft über einer aufgeheizten Straße flimmert, und so weiter und so fort.

Im Alltag sehen wir also keine einzelnen Moleküle, sondern immer eine riesige Zahl von Molekülen. Erst viele Moleküle zusammen ergeben einen Stoff, den wir sehen, fühlen oder angreifen können. Und mit diesen sicht- und fühlbaren Stoffen wollen wir uns in diesem Kapital beschäftigen.

13.1. Die Aggregatzustände

Im alltäglichen Leben teilen wir die Stoffe in drei Arten von Stoffen ein:
feste Stoffe wie Holz, Glas, Beton, Metall....
flüssige Stoffe wie Wasser, Öl, Quecksilber, Milch...
und **gasförmige Stoffe** wie Luft, Mundgeruch, Toilettenduft (Ihr wisst, was ich meine), Schwimmbeckengeruch, Parfümduft, Kohlendioxid....

Fest, flüssig und gasförmig nennt man die **Aggregatzustände**.

Der Vollständigkeit halber sei hier noch der vierte Aggregatzustand erwähnt: Dieser nennt sich **Plasma**. Wenn man einen Stoff extrem stark erhitzt, auf mehrere tausend °C, dann werden die Elektronen aus den Molekülen gerissen und der Stoff beginnt hell zu leuchten. Elemente im **plasmatischen** Zustand finden wir zum Beispiel in der Sonne. Die Sonnenoberfläche ist plasmatisch. Im Grunde ist jedes Feuer ein schwaches Plasma. Ein Feuerzeug ist im Grunde genommen ein Plasma-Werfer!

Für uns ist das Plasma weniger wichtig.

Wodurch unterscheidet sich nun fest, flüssig und gasförmig voneinander?

Ein fester Stoff kann seine Form bewahren. Lege ich ein Stück Holz auf den Tisch, zerfließt es nicht! Das unterscheidet fest von flüssig. Wenn ich Wasser auf den Tisch leere (ohne Glas!), dann **zerfließt Wasser: Flüssige Stoffe können ihre Form nicht bewahren.** Ebenso wenig können Gase ihre Form bewahren. Das wissen wir aus eigener Erfahrung: Wenn man an einem Klo vorbei geht, so riecht es auch außerhalb des Klos, den würzigen Gasen reicht ein kleiner Spalt der Klotüre, um sich auch in anderen Räumen ausbreiten zu können……

Und wodurch unterscheiden sich flüssige und gasförmige Stoffe von einander?

Das haben wir bereits im Kapitel *Verhalten von Gasen* beschrieben:
Gase lassen sich zusammendrücken (komprimieren), Flüssigkeiten nicht. Darum kann man auch sehr viel Gas in kleinen Gasflaschen aufbewahren, da ich das Gas in solchen Flaschen sehr stark zusammendrücke. Es herrscht ein hoher Druck in solchen Gasflaschen.

Ein weiterer wichtiger Unterschied zwischen Gasen und Flüssigkeiten: **Nicht alle Flüssigkeiten kann man mit einander mischen.** Öl und Wasser zum Beispiel vermischen sich nicht: das Öl schwimmt oben, das Wasser schwimmt unten. **Gase hingegen lassen sich beliebig mischen.**

In festen Stoffen hängen die Atome oder Moleküle sehr stark an einander. Sie können ihren Platz nicht verlassen. So ähnlich wie bei einer Armee: Jedes Molekül ist ein Soldat, und jeder Soldat muss an einer bestimmten Stelle stehen. Der darf nicht einfach Platz tauschen. Nur ein bisschen schwanken darf der Soldat. Und das Molekül im Feststoff darf ein bisschen schwingen. Und weil in einer Armee die Soldaten so dicht gedrängt stehen, kann die Armee auch nicht noch weiter zusammen rücken: Auch Feststoffe lassen sich nicht auf einen kleineren Raum zusammendrücken.

Die Atome oder Moleküle können durch verschiedene Bindungen zusammen gehalten werden: Durch Atombindung, wie das bei dem Diamanten der Fall ist, oder durch Ionenbindungen, wie in den Salzen. Diese Bindungsarten sind sehr stark, darum sind Diamanten und viele Salze auch sehr hart und brüchig.

Es gibt aber auch schwächere Bindungsarten. Eine von diesen ist die Wasserstoff-Brückenbindung, die wir schon beim Wasser besprochen haben. Durch schwache plus- und minus-Ladungen ziehen die Moleküle einander an und halten dadurch zusammen.

Eine andere wichtige Bindungsart ist die **Van der Waals-Bindung**, die wir nicht näher verstehen müssen. Den Namen sollte man aber einmal gehört haben. Nur so viel dazu- für Interessierte: Die Elektronen-Nebel verschiedener Moleküle stoßen einander ab. Dadurch können sich diese Elektronen-Nebel aber auch verformen. So gibt es nun an manchen Stellen des Moleküls "zu wenig" Elektronendichte, und an anderen Stellen "zu viel" Elektronendichte. Das nennt man *Selbstinduktion.*

Und dadurch wieder können sich ganz schwache plus- und minus-Ladungen auf Molekülen bilden. Wo "zu viel" Elektronendichte ist, haben Moleküle eine leichte Minusladung, wo "zu wenig" Elektronendichte ist, entsteht eine leichte Plusladung. Und über diese Ladungen können sich verschiedene Moleküle gegenseitig anziehen und zusammen halten. So passiert es zum Beispiel beim Graphit. Die verschiedenen Graphit-Schichten werden durch Van der Waals-Bindungen zusammengehalten. Weil aber die van der Waals-Bindung schwach ist, ist auch Graphit weich.

Flüssige Stoffe haben einen weniger starken Zusammenhalt der Moleküle als Feststoffe. Wir können also die Moleküle in Flüssigkeiten mit Zuhörern bei einem Rockkonzert vergleichen: Die Zuhörer sind dicht gedrängt, so dass sich nicht noch mehr Zuhörer auf demselben Platz ausgehen. Darum lassen sie sich auch nicht noch weiter zusammendrücken. Aber, im Gegensatz zum Feststoff, können die Zuhörer (das sind natürlich die Moleküle) frei herumgehen, sie dürfen shaken, sie dürfen Platz tauschen. Und ebenso ist es auch bei Flüssigkeiten: die Moleküle sind zwar dicht gedrängt, aber trotzdem frei beweglich.

13.2. Wann ist nun ein Stoff fest, wann ist er flüssig, und wann gasförmig?

Sehen wir uns dazu das Wasser an:

Ist es sehr kalt, so ist das Wasser fest. Wir nennen festes Wasser **Eis**.
Ist es warm, so ist Wasser flüssig.

Wenn wir nun das Wasser auf den Herd stellen und erhitzen, so beginnt es zu kochen, es wird es zu **Wasserdampf**, und das Wasser ist gasförmig.

Es hängt also von der Temperatur und von der Wärme ab, in welchem Aggregatzustand ein Stoff vorliegt. Führen wir einem **festen** Stoff Wärme zu, so wird er **flüssig**, führen wir ihm noch mehr Wärme zu, so wird er **gasförmig**.

Was ist überhaupt Wärme? **Wärme ist die Bewegung von Molekülen oder Atomen. Wärme ist eine Art von Energie.** In einem festen Stoff bewegen sich die Moleküle nur ein wenig. Eben wie Soldaten, die in Reih und Glied stehen müssen. Die dürfen nur ein bisschen hin und her wackeln. Wenn ich dem festen Stoff nun Wärme zuführe, werden sich unsere Molekül-Soldaten mehr und mehr bewegen, und schließlich sind sie **ganz durcheinander** geraten. Die strenge Ordnung hat sich aufgelöst: Aus den Soldaten sind Rocker geworden, und siehe da: Die bewegen sich mehr als die Soldaten! Sie shaken, und gehen, wohin sie wollen. Führe ich den Molekülen noch mehr Wärme zu, dann bricht der letzte Zusammenhalt auf und sie brechen aus: Jetzt sind die Moleküle gasförmig.

Wenn Eis wärmer wird und flüssig wird, nennt man das **schmelzen**. Eis schmilzt bei 0°C. Die Temperatur, wo ein Stoff schmilzt, nennt man **Schmelzpunkt**. Wasser hat also einen Schmelzpunkt von 0 °C. Andere Stoffe schmelzen bei anderen Temperaturen. So schmilzt zum Beispiel Eisen bei 1453 °C. Eisen hat also einen Schmelzpunkt von 1453 °C.

Wenn flüssiges Wasser erhitzt und zu Wasserdampf wird, so nennt man das **Verdampfen**. Das geschieht (bei normalem Druck hier auf der Erde) bei 100 °C.

Diese Temperatur nennt man den **Siedepunkt** oder Kochpunkt. Wasser hat also einen Siedepunkt von 100 °C. Andere Stoffe haben andere Siedepunkte: So wird Alkohol schon bei 78 °C gasförmig. Das heißt, wenn wir Alkohol erhitzen, sehen wir schon bei 78 °C, dass kleine Gasbläschen aufsteigen. Auch Eisen siedet, aber erst bei sehr, sehr heißen 2861 °C.

Wird aus einem festen Stoff eine Flüssigkeit, so nennt man das **Schmelzen**.
Wird ein flüssiger Stoff fest, nennt man das **Gefrieren**.

Wird ein flüssiger Stoff gasförmig, nennt man das **Verdampfen**.
Wird ein gasförmiger Stoff flüssig, nennt man das **Kondensieren**.

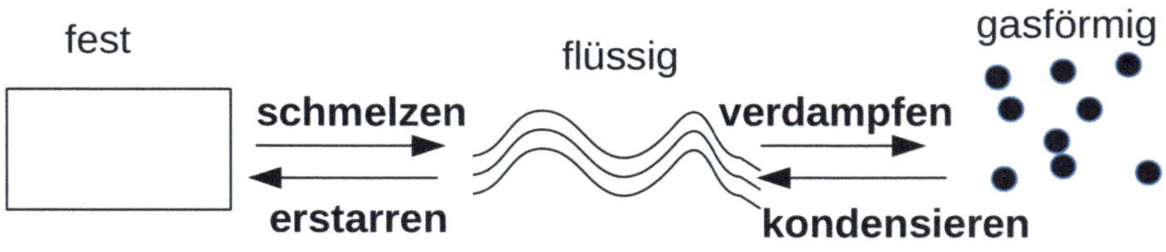

Es gibt auch Stoffe, die vom festen Zustand direkt in den gasförmigen übergehen können. CO_2 ist so ein Beispiel. In festem Zustand nennt man es *Trockeneis*. Den Übergang von fest auf gasförmig nennt man **Sublimieren**.

Wenn so ein Stoff vom gasförmigen Zustand wieder fest wird, so nennt man das **Resublimieren**.

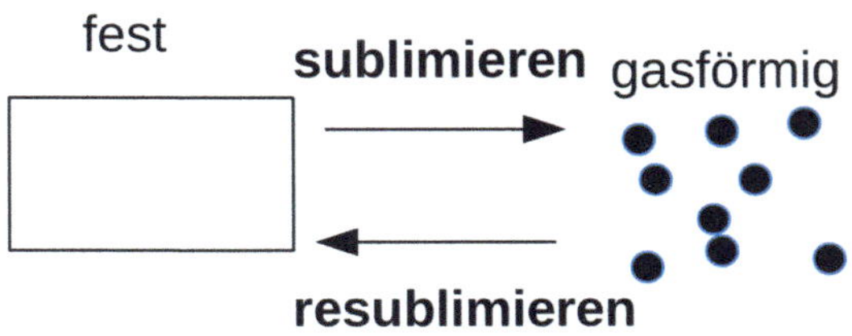

13.3. Gemische

Bis jetzt haben wir uns hauptsächlich mit Stoffen beschäftigt, die nur aus **einer** Art von Molekül oder Atom bestanden haben. Aber- Ich muss Euch ein großes Geheimnis verraten: Es gibt auch Stoffe, die aus **zwei oder mehreren** Arten von Atomen oder Molekülen bestehen! So etwas nennt man ein Gemisch.

Was? Das habt Ihr schon gewusst? Macht nichts. Lest Euch bitte das Kapitel trotzdem durch.

Stoffe, die nur aus einer Art von Molekül bestehen, nennt man **Reinstoff.** Reinstoffe kennen wir jetzt schon einige! Zum Beispiel Wasser H_2O, Natriumchlorid NaCl, Chlorgas Cl_2, ...

Bei den **Reinstoffen** unterscheiden wir zwischen zwei Arten: Den **Elementen** und den Verbindungen.

Elemente bestehen -wissen wir- aus nur **einer Art von Atom**. Daher kann man sie chemisch nicht weiter zerlegen.

Verbindungen können aus mehreren Elementen bestehen. Daher kann ich Verbindungen chemisch noch weiter zerlegen.

Aber: **Beide sind Reinstoffe!** Wasser H_2O besteht aus zwei verschiedenen Elementen (O und H), aber es ist trotzdem ein reiner Stoff!

Rühren wir Salz und Siliziumkörner zusammen, erhalten wir ein Gemisch. Wenn wir eine Lupe nehmen, sehen wir: Salzkristalle neben Siliziumkörnern. Wir könnten die Körner mit einer Pinzette wieder voneinander trennen. So ein Gemisch, wo man die beiden Reinstoffe noch sieht, und sie mit mechanischen Werkzeugen (Pinzette, Sieb) trennen kann, nennt man **heterogene Gemische**. Typische heterogene Gemische sind Sand und Salz, oder Reis mit Erbsen oder ein Obstsalat.

Was aber erhalten wir aus einem Löffel Kochsalz, den wir in Wasser auflösen?

Wir sehen keine Salzkörner mehr. das Salz ist zwar noch da, aber unsichtbar fein verteilt. Mit mechanischen Methoden, wie zum Beispiel einer Pinzette, können wir dieses Gemisch nicht mehr trennen. Dies nennt man ein **homogenes Gemisch**. Typische homogene Gemische sind Himbeersaft, stilles Mineralwasser, Tee, Bier, aber auch Luft!

Luft ist ein homogenes Gemisch aus Sauerstoff, Stickstoff, Edelgasen und Kohlendioxid.

Schmelze ich zwei Metalle, und rühre beide sorgfältig zusammen, lasse ich das Gemisch kalt werden, so erhalte ich ein homogenes Metall-Gemisch. Homogene Metall-Gemische nennt man **Legierung**. Eine typische Legierung ist das **Messing** (Kupfer und Zink).

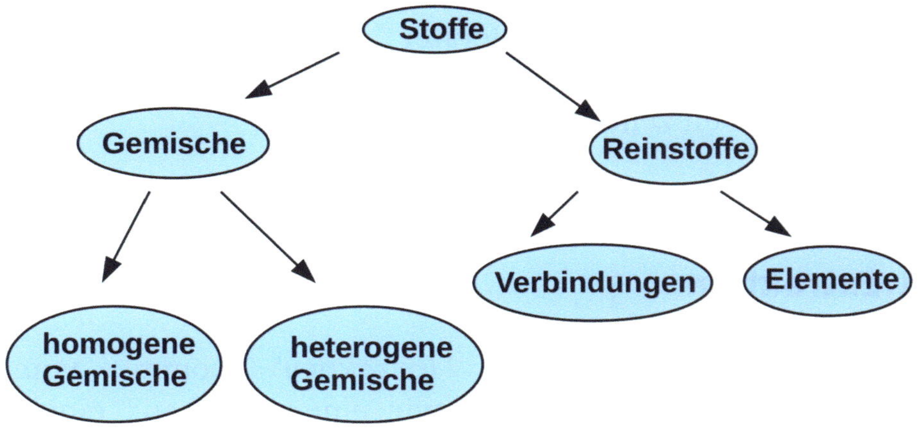

Sehen wir uns nun einige Arten von Gemischen an:

Homogene Gemische von flüssig und flüssig, flüssig und fest, flüssig und gasförmig nennt man **Lösung.** Bei homogenen Mischungen wird der andere Stoff vollständig in einer Flüssigkeit (meistens Wasser) aufgelöst. Darum: "Lösung".

Heterogene Gemische von flüssig und flüssig nennt man **Emulsion**. Typische Emulsionen sind Milch oder Cremen. Fett löst sich nicht in Wasser auf. Daher sind keine homogenen Fett-Wasser-Gemische möglich. Aber man kann das Fett in sehr feinen Klümpchen in Wasser verteilen.

Flüssig-Gas-Gemische nennt man **Nebel**. Feine Flüssigkeitströpchen sind in einem Gas verteilt.

Hat man mehr Flüssigkeit als Gas, so nennt man das Gemisch **Schaum**.

Flüssig-fest-Gemische sind **Suspensionen**. Kleine feste Teilchen schweben in einer Flüssigkeit. (zB. Cremen.)

Gas-fest-Gemische: das gibt es auch? Ja, das ist **Rauch**. Kleine feste Teilchen in Luft oder einem anderen Gas.

Außerdem gibt es auch Feststoff-Schäume, bei denen ein fester Stoff mit Gasblasen durchsetzt ist, zum Beispiel der Kunststoff Styropor®.

13.4. Trennen von Stoffen

Philosophen und Lebenshilfe-Berater sprechen oft vom "ganzheitlichen Denken". Eigenartig, die Chemiker machen das genaue Gegenteil: Sie wollen die Stoffe trennen und einzeln betrachten......

Wir sehen uns nun einige wenige Trenn-Methoden in der Chemie an.

13.4.1. Extraktion

Das Wort "*extrahieren*" oder "*Extraktion*" kommt vom lateinischen "*Herausziehen*" und bedeutet, dass wir einen Stoff aus einem Stoffgemisch trennen, also herausziehen. Dies tun wir zum Beispiel mit einer Mischung aus Salz und Sand. Salz kann man gut in Wasser auflösen, Sand überhaupt nicht.

Und das nützen wir aus: Wir geben zu unserer Salz-Sand-Mischung Wasser hinzu und lösen das Salz auf, aber der Sand bleibt fest. Jetzt brauchen wir ein Filterpapier (zum Beispiel einen Kaffee-Filter), und gießen unsere Salzwasser-Sand-Mischung durch den Filter, in ein neues Glas. Der Sand bleibt im Filter zurück. Jetzt müssen wir nur noch das Wasser vom Salz entfernen. Das schaffen wir, indem wir das Wasser verkochen. Jetzt bleibt eine trockene Salzkruste übrig.

Damit sind Salz und Sand getrennt.

Bei der Extraktion nützt man also aus, dass sich manche Stoffe in einer Flüssigkeit (zum Beispiel Wasser) lösen, und andere Stoffe nicht. Eine typische Extraktion ist das Tee-Kochen! Das Wasser löst aus den Tee-Blättern gewisse Stoffe heraus, aber nicht alle. Die ausgelaugten Teeblätter werfen wir einfach weg.

Eine andere sehr bekannte Extraktionsmethode ist das Kochen von Suppe: Dadurch entziehen wir dem Rindfleisch viele Stoffe, und das gekochte Rindfleisch, um einige Geschmacksstoffe ärmer, bleibt zurück. Suppe ist, chemisch gesehen, ein *Rindfleischextrakt.*

13.4.2. Destillation

Wir bleiben beim vorigen Beispiel: In der Küche kocht eine Suppe. Auf dem Suppentopf ist ein Deckel. Nun heben wir den Deckel weg, und sehen, auf der Innenseite des Deckels sind Wassertropfen. Warum? Beim Suppenkochen ist das Wasser verdampft.

Auf dem kalten Deckel ist es wieder flüssig geworden. Wenn wir dieses Wasser kosten, dann schmeckt es nach gar nichts. Es ist reines Wasser und keine Suppe mehr. Es ist **destilliertes Wasser**. Wir haben, durch das Verdampfen von Wasser, Suppe und Wasser voneinander getrennt.

Bei der Destillation wird ausgenützt, dass verschiedene Stoffe **verschieden hohe Siedepunkte haben.** Der eine Stoff verdampft bei niedrigerer Temperatur, der andere bei höherer Temperatur.

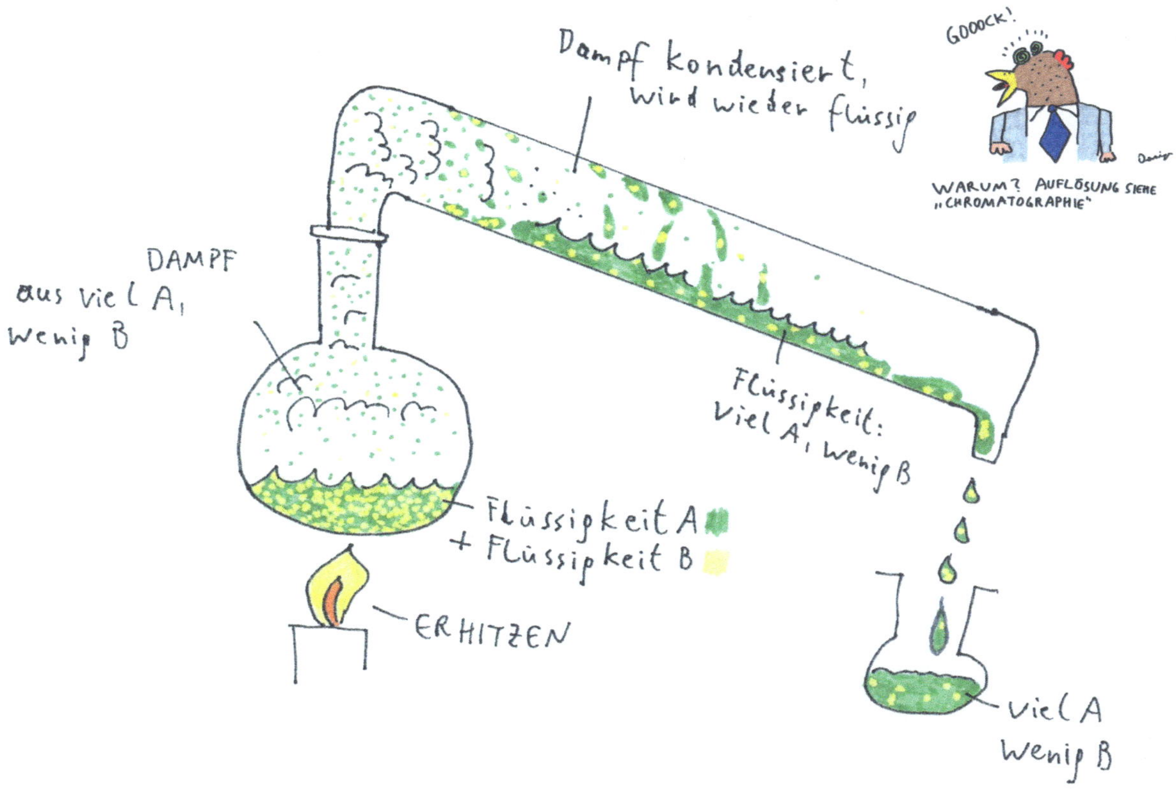

Hier sehen wir eine typische Destillationsapparatur: In einem Gefäß, das erhitzt wird, befinden sich Flüssigkeit A und Flüssigkeit B. A und B haben einen unterschiedlichen Siedepunkt, zum Beispiel Wasser bei 100°C, und Alkohol bei 78 °C. Darum verdampft Alkohol früher als Wasser. Wenn nun Wasser B ist und Alkohol A, dann ist in dem Dampf, der beim Erhitzen aufsteigt, viel Alkohol (A) und wenig Wasser (B).

Dieser Dampf kommt in den Kühler: Dort werden Wasser und Alkohol kondensiert, das heißt, sie werden durch Kühlung wieder flüssig. Und diese Flüssigkeit hat nun genau so viel A und B wie der Dampf: Viel A und wenig B. Nun braucht diese Flüssigkeit nur noch aufgefangen zu werden, und die Destillation ist fertig!

Auch **Weinbrände und Schnäpse** werden durch Destillation erzeugt. Alkohol verdampft früher als Wasser, nämlich schon bei 78 °C, Wasser verdampft erst bei 100 °C. Wenn wir Wein in ein Destillations - Gefäß geben und erhitzen, entsteht viel Alkohol-Dampf, also gasförmiger Alkohol. Außerdem entsteht ein wenig Wasserdampf, und zusätzlich verdampfen auch einige Aromastoffe des Weines. Diese Gase werden weitergeleitet und abgekühlt. Dadurch kondensieren sie, das heißt: Sie werden wieder flüssig. Und diese Flüssigkeit muss nur noch gesammelt werden. Sie ist der fertige Weinbrand!

Wird französischer Rotwein destilliert, erhält man den *Cognac*, aus italienischem Weißwein erhält man *Grappa*, und aus griechischen Rotweinen den *Metaxa*. Ebenso macht man aus den Weinen anderer Früchte (obwohl diese Weine nicht immer "Wein" heißen) die verschiedenen Obstschnäpse.

Natürlich ist auch das Schnapsbrennen eine Kunst: Zu Beginn der Destillation wird mit den Dämpfen aus dem Wein auch der giftige Methyl-Alkohol (oder: Methanol) CH_3OH verdampft und dann kondensiert. Diese zuerst erhaltene Flüssigkeit enthält also Methanol und ist giftig. Man nennt sie "Vorlauf".

Sie darf also nicht zum Weinbrand gemischt werden. Früher waren in schlechten Schnäpsen Vorlauf enthalten. Dadurch hat man aus einer Destillation mehr Schnaps gewinnen können. Diese Schnäpse haben schwere Vergiftungen ausgelöst, viele Opfer sind durch die Wirkung des Methanols erblindet, andere auch gestorben. Heute werden Schnäpse streng kontrolliert. Trotzdem kommt es leider immer noch zu "Pansch-Skandalen": In Tschechien wurden im Jahr 2012 einige Spirituosen, welche Methanol enthielten, verkauft und getrunken. Hierbei sind leider einige Menschen gestorben oder erblindet. Es war dies kein Unfall, sondern Geldgier.

Aber: Edelbrände waren davon nie betroffen, denn diese werden streng kontrolliert.

Viele edle Brände werden daher zweimal oder öfter destilliert, da die einfache Destillation keine hundertprozentige Trennung bietet.

Die Destillation wird auch in der professionellen Chemie oft angewendet. Auch hier trennt man die Stoffe nach ihrem Siedepunkt. Am Anfang werden die Stoffe mit den niedrigsten Siedepunkten verdampft und wieder verflüssigt, dann die Stoffe mit dem nächsthöheren Siedepunkt, und zuletzt die Stoffe mit höchsten Siedepunkt.

Diese aufgetrennten Stoffe nennt man **Fraktionen**. Wenn ich also ein Gemisch aus Methanol (Siedepunkt 64 °C), Ethanol (Siedepunkt 78°C) und Wasser

(Siedepunkt 100 °C) destilliere, so erhalte ich als erste Fraktion Methanol, dann, als zweite Fraktion, Ethanol und zum Schluss erhalte ich die letzte Fraktion: Wasser.

Eine spezielle Destillation ist das **Linde-Verfahren**: Hier kann ich aus der Luft reinen Stickstoff N_2, reinen Sauerstoff O_2 und reine Edelgase (Neon, Helium, Argon...) gewinnen.

Zuerst wird Luft so stark gekühlt, dass sie flüssig wird, also kondensiert. Dann erwärme ich die flüssige Luft ganz langsam. Dabei verdampft zuerst das Helium, so kann ich das Helium von den anderen Gasen trennen. Dann verdampfen die anderen Edelgase nacheinander, dann der Stickstoff, dann der Sauerstoff. Auch diese Gase werden so voneinander getrennt.

13.4.3. Chromatographie

Habt Ihr schon einmal ein Hemd mit Kakao befleckt? Dann ist Euch vielleicht aufgefallen, dass sich dieser Kakao-Fleck mit der Zeit ändert: Er wird größer, er "wandert" nach außen. Man sieht deutlich, dass der Kakao-Fleck aus Ringen zusammen gesetzt ist.

Kurzum: das Hemd hat den Kakao aufgetrennt! (Rotwein und Tischtücher machen übrigens das gleiche.)

Warum geschieht das? Der Hemd-Stoff hält manche Stoffe des Kakaos stärker zurück, manche schwächer. Die Stoffe, die weniger stark zurück gehalten werden, können schneller nach außen wandern. Dieses Phänomen kann man professionell nützen: Das ist die **Chromatographie**. Das griechische "*Chromos*" bedeutet "Farbe", "*Graphie*" kommt von "*Zeichnen*". Man kann mithilfe der Chromatographie auch Farben in ihre Einzelbestandteile auftrennen.

Warum werden nun Rotweinflecke von Hemden und Tischtüchern getrennt in ihre einzelnen Bestandteile? Weil manche Inhaltsstoffe des Rotweins besser am Tischtuch haften bleiben und manche schlechter. Jene Inhaltsstoffe, die besser am Tischtuch haften, wandern langsamer, und die, die schlechter haften, wandern schneller. Das ist logisch: Wenn sich ein Stoff fest an den Fasern des Tischtuchs anhält, lässt er sich nur schlecht bewegen: Er wandert langsam. Hält sich ein anderer Inhaltsstoff nur locker am Tischtuch an, kann man ihn leicht bewegen, und daher wandert dieser schnell durch das Tischtuch.

Nur trennt natürlich ein Hemd oder ein Tischtuch einen Kakaofleck oder einen Rotweinfleck recht langsam. Darum hat man neue Stoffe entwickelt, mit denen die Trennung viel schneller verläuft, und mit denen man auch größere Mengen von Stoffen trennen kann.

So wurde zum Beispiel die **Säulenchromatographie** entwickelt. Hier wird eine Glas-Säule mit Stoffen befüllt, die die Funktion des Hemdes erfüllen: Sie trennen den Fleck. So ein Stoff ist zum Beispiel Silica-Gel (eine Silizuim-Verbindung). Diese Stoffe nennt man die **stationäre Phase**, da dieser Stoff an demselben Ort bleibt, genau wie unser Hemd. Nur der Fleck soll sich bewegen, das Hemd aber nicht!

Nun gießt man auf das obere Ende der Säule das Stoffgemisch, das man trennen will. Das ist die "**mobile Phase**", also der wandernde Fleck. Dieser Fleck soll nun aus zwei verschiedenen Stoffen bestehen. Nun wandert der eine Stoff schneller durch die Säule als der andere. Irgendwann ist dann der erste Stoff unten an der Säule angekommen, und dort kann man ihn dann in reiner Form entnehmen, Später kommt dann der zweite Stoff unten an, dann der dritte, dann der vierte....und alle Stoffe werden, in reiner Form, am unteren Ende der Säule entnommen.

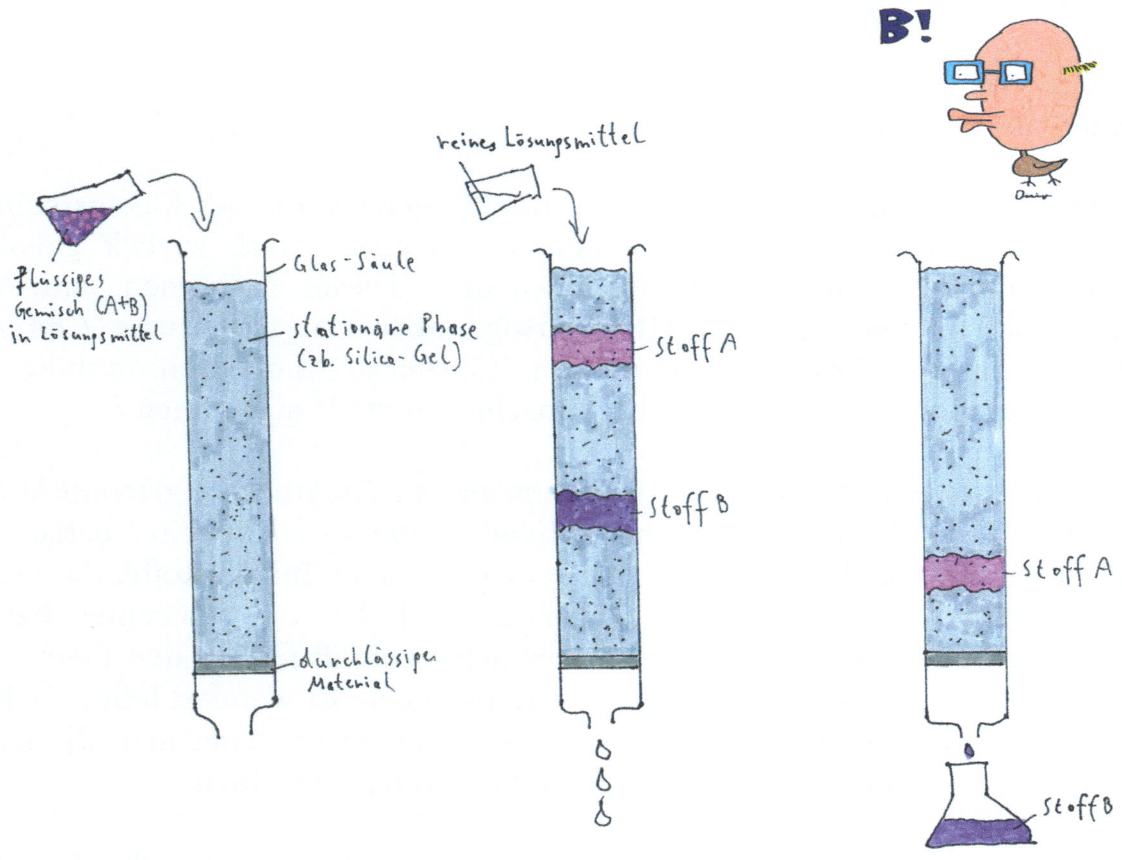

Man kann die Chromatographie noch beschleunigen, indem man die Stoffe, die man trennen will, mit hohem Druck durch die Säule presst. Eine dieser Methoden nennt sich **HPLC**, die "*High Pressure Liquid Chromatography*". Die HPLC kann Stoffe in wenigen Sekunden auftrennen!

13.4.4. Zentrifugieren

Eine Trennmethode kommt noch: das **Zentrifugieren**. Hierbei werden Stoffe durch Zentrifugal-Kräfte aufgetrennt.

Klingt kompliziert.

Dabei hat fast jeder eine Zentrifuge im Haus! Es handelt sich hierbei um eine Trommel-Zentrifuge, im Volksmund auch **Waschmaschine** genannt. Die Waschmaschine schleudert die Wäsche, damit sie trocken wird. Sie **trennt** also die Wäsche vom Wasser. Und wie tut sie das? Durch das Schleudern wirken Kräfte auf die Wäsche und auf das Wasser, die beides nach außen drückt.

Diese Kräfte sind die **Zentrifugalkräfte**. Um diese Kraft kennen zu lernen, müssen wir einfach ein Seil nehmen, und es schnell im Kreis drehen. Wir sehen: das Seil-Ende zieht es nach außen.

Nur wird die Wäsche durch die Trommel der Waschmaschine zurückgehalten. Sie kann nicht nach außen, das Wasser aber kann nach außen, weil die Trommel Löcher hat. Durch sie kann das Wasser entweichen.

Neben den Trommelzentrifugen gibt es auch solche, wo Reagenzgläser oder Reagenzröhrchen sehr schnell im Kreis gedreht werden. Hier zieht es die schweren Stoffe nach außen. Dadurch sammeln sie sich auf dem Boden des Reagenzröhrchens.

Eigentlich sollten wir nicht "*schwere Stoffe*" sagen, sondern "*dichte Stoffe*". Weil: Jeder Stoff ist schwer, wenn genug davon da ist! Das erinnert an die alte Scherzfrage: "Was ist schwerer? 1 Kilo Eisen oder ein 1 Kilo Daunen?" Jeder sagt: "Ein Kilo Eisen." Aber das stimmt nicht! Beides ist gleich schwer! Nur: Ein Kilo Eisen ist viel kleiner als 1 Kilo Daunenfedern! Also: Eisen ist nicht schwerer als Daunen, sondern **dichter**.

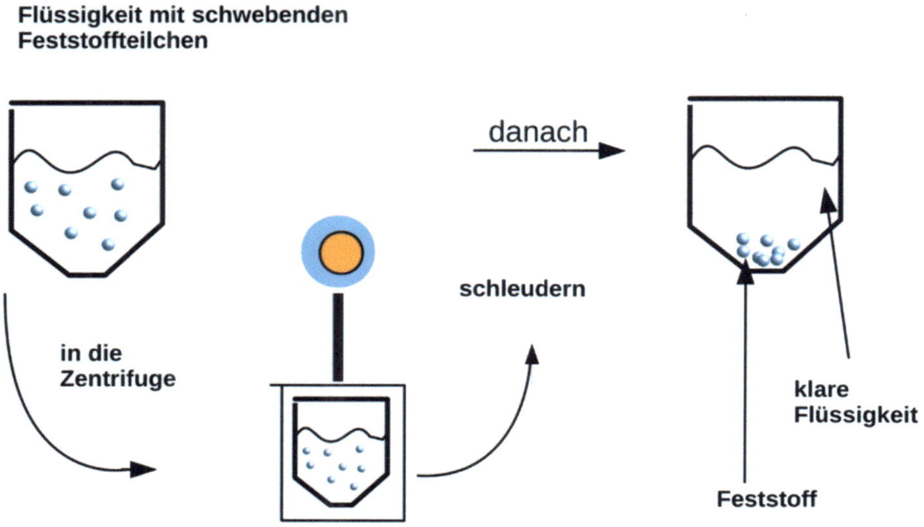

Darum zieht es beim Zentrifugieren die **dichten** Stoffe nach außen!
Sobald nun die dichten Stoffe außen sind (also am Boden des Glasröhrchens), kann man sie leicht trennen.

Durch Zentrifugen kann zum Beispiel auch das Blut aufgetrennt werden. Blut besteht aus dem flüssigen **Serum** und den festen **Blutkörperchen**. Mit einer Zentrifuge kann man das Serum von den Blutkörperchen abtrennen.

Es gibt noch eine weitere Methode der Verfahrenstechnik: das "Hanten". Dieses wurde in der Arbeit "Hanten - Ein gangbarer Weg zur Nicht-Änderung von Stoffen" von **Prof. T. Rottel** beschrieben. Es handelt sich hierbei um einen Block mit einem Pflock, der unmittelbar neben der zu hantenden Substanz liegt. Hierdurch wird die Substanz *nicht geändert*. Prof. T. Rottel beschreibt zwei Formen des Hantens: 1. Die gehantete Substanz wird dabei *angeschaut* und 2. die gehantete Substanz wird dabei *nicht angeschaut* ("Inversives Hanten").

T. Rottel bezieht sich auf eine Arbeit von **Alfonse Marquis de Pleaupagnion** (1711 - 1763):
"*Hinbezüglich jener Subftante, die welche mitnichten einer Veraenderlichkeit unterzogen werden wolle, hierfür fei eine Praeambel judiftizieret: Man wolle füglich jenef Tun 'Hanten' nennen.*"

Alfonse Marquis de Pleaupagnion

Zum Glück ist Prof T. Rottel der einzige Mensch, der das Hanten praktiziert.....

14. Metalle: Die Massenhochzeit der Elektronen

Wir wollen uns in diesem Kapitel Metalle ansehen, darunter auch einige wichtige Übergangsmetalle, das sind Metalle, bei denen gerade die d-Orbitale aufgefüllt werden.

Woran erkennt man eigentlich ein Metall?
Erstens: Metalle sind **undurchsichtig**.
Zweitens: Metalle können **spiegeln**. Sie werfen das Licht zurück.
Drittens: Metalle sind **biegsam**. Wir können Metalle verformen, auch, wenn sie manchmal sehr hart sind.
Viertens: Metalle können **Strom leiten**.

14.1. Die Metallbindung

Alle diese Eigenschaften haben natürlich damit zu tun, dass Metall-Atome durch die **Metallbindung** verbunden sind. Die Metallbindung haben wir schon beschrieben: Die Metall-Orbitale sind schlechte Wohnungen für Elektronen. Ein bisschen wie Not-Unterkünfte, oder wie ein Schlafplatz unter der Brücke. Aus diesen Wohnungen können die Elektronen leicht vertrieben werden.

Ähnlich, wie das ja leider auch bei Obdachlosen der Fall ist: Der eine Obdachlose vertreibt den anderen, und der andere Obdachlose muss sich wieder auf die Suche nach einer neuen Unterkunft machen. So vertreibt er den dritten Obdachlosen, und der macht sich wieder auf die Suche, und so weiter und so fort. Dadurch müssen sich die Obdachlosen frei in der Stadt bewegen.

Und ebenso bewegen sich auch die Metall-Elektronen **frei im Metallstück**. Dadurch haben wir die Eigenschaft der Metalle, Strom leiten zu können, schön erklärt. Ebenso erklärt sich damit die **Biegsamkeit** der Metalle. Weil sich die Elektronen frei bewegen können, setzen sie sich in einem verbogenen Metallstück dorthin, wo sie das Metall am besten zusammenhalten können. Salze zum Beispiel sind nicht biegbar, weil die Elektronen in Salzen ihre Position nicht ändern können. Versuche ich, einen Salzkristall zu biegen, so wird er zerbrechen.

Im Bild unten bekommen wir einen Eindruck vom Gewimmel der Elektronen im Metall: Ein wüstes Aus – und Eingehen in den Elektronenwohnungen. Nur das blaue Kerlchen ganz oben gibt es in Wirklichkeit nicht!

IMMER DIESE OBDACHLOSEN PENNER-ELEKTRONEN!
...ABER ICH ZIEHE HIER TROTZDEM NICHT WEG!
HAST DU EINE ZIGARETTE?
PFURZ
RÜLPS
BITTE BITTE BITTE
SAUF
HABEN SIE ETWAS KLEINGELD?
STINK
SORRY
RÜLPS
DRÄNGELN SIE NICHT SO!
HICK
KOTZ
GLUCK GLUCK GLUCK
BITTE BITTE
BÄH
PFURZ
WO IS'N HIER DIE U-BAHN?
WAS STINKT HIER SO?
RÜLPS
?
BITTE FÜR ESSEN
HAU AB! DA WAR ICH ZUERST!
DAS WAHRE INNENLEBEN DER METALLE
B 2012

Zurück zur Metallbindung: Wir wollen nun erklären, warum Metalle das Licht **spiegeln** können. Dazu müssen wir uns die Metallbindung näher ansehen. Bis jetzt kennen wir die Metallbindung aus der **Teilchensicht**. Nun müssen wir die Metallbindung aus der **Wellensicht** betrachten. Blättern wir kurz zurück zum Kapitel "*die Atombindung aus der Wellensicht*".

Wir wissen längst, dass sich bei einer Atombindung **zwei** Atome **ein** Elektronenpaar teilen. Ein Elektronenpaar gehört zwei Atomen gleichzeitig. Im Kapitel "*die Atombindung in der Wellensicht*" haben wir auch gesehen, *wie* das funktioniert.

Da haben wir gesehen, dass sich **ein** Elektron (oder **ein** Elektronenpaar) bei der Atombindung über **zwei** Atome verteilt. Der Elektronen-Nebel eines solchen Elektrons ist also über zwei Atome "verschmiert", und dadurch gehört dieses Elektron (oder Elektronenpaar) zwei Atomen gleichzeitig. Die Elektronenwohnung ist also über **zwei** Atome verteilt.

Bei der *Metallbindung aus der Wellensicht* ist es nun so: Ein Elektron (oder Elektronenpaar) verteilt sich nicht nur über zwei Atome, sondern über **alle Atome** des Metalls!

Wir stellen uns das so vor: Unser Metall-Stück ist eine riesige Scheibe Brot. So groß wie Russland. Weil: Ein Metallstück besteht ja auch nicht nur aus drei oder vier Metall-Atomen, sondern aus vielen Milliarden Metall-Atomen. Unser Elektron ist ein Stückchen Butter, von ganz normaler Größe. Und nun verteilen wir dieses Stückchen Butter ganz gleichmäßig über unser riesiges Brot! Und ebenso sieht ein Elektron im Metall aus. Es ist ganz fein über die Metall-Atome verteilt, eine extrem dünne Butterschicht, sozusagen. **Das Elektron hat also keinen festen Ort mehr.** Wir sagen daher: das Elektron ist **delokalisiert**. "*Lokal*" heißt ja: "*Ort*". Und **delokalisiert** heißt: **kein Ort**.

Nun hat aber ein Metallstück nicht nur **ein** Elektron, sondern **viele Milliarden** Elektronen. Und die verteilen sich genau so über das ganze Metall. Nachdem also das erste Stück Butter (= Elektron) auf das riesige Brot gestrichen worden ist, streichen wir nun das zweite Stück Butter darauf, dann das dritte Stück Butter, und so weiter, und dann das milliardste Stück Butter.

Und alle diese Butterstücke sind extrem dünn über das Riesenbrot verteilt. Zusammen ergeben sie dann ein riesiges Butterbrot. Mit einer normal dicken Butterschicht.

.....Ja, es sind eigenartige Wohnungen, in denen die Metall-Elektronen wohnen: Extrem dünn und extrem weit. Wir wissen ja, dass ein Orbital und ein Elektron, welches in diesem Orbital sitzt, die **gleiche Form** haben. Ist also das Elektron dünn und weit, so ist auch die Elektronen-Wohnung, also das Orbital, dünn und weit.

Nun müssen wir noch etwas wissen: **Die Metall-Elektronen sind einander sehr ähnlich.** So wie ich die erste superdünne Butterschicht nicht gut von der zweiten Butterschicht unterscheiden kann (die Butterschichten liegen ja ganz eng übereinander), so sind sich auch die benachbarten Metall-Elektronen in der Energie sehr ähnlich.

Wie es zwischen Butterschicht 1 und Butterschicht 2 kaum einen Unterschied gibt, so gibt es auch kaum einen Unterschied zwischen dem "untersten" Elektron des Metalls, und dem "zweit-untersten".

Drücken wir das ein bisschen genauer aus:

Auch im Metall gibt es Elektronen-Wohnungen und "Stockwerke" mit verschiedener Energie. Wir bleiben bei unserem Vergleich, dass Atome „Hochhäuser" sind und ihre Schalen „Stockwerke:": Ein Stockwerk ist wohl drei bis vier Meter hoch, darüber liegt das nächste Stockwerk, und so fort.

In Metallen liegen aber die Stockwerke (mit unseren Atom-Hochhäusern verglichen) ganz eng aneinander! Sie sind so „hoch" wie ein Blatt Papier. Dafür hat unser Metallstück aber auch Milliarden von Stockwerken. Und diese Metall-Elektronen-Stockwerke liegen auch **in der Energie** ganz eng beieinander. Das 1000 000 000. Stockwerk hat praktisch die selbe Energie wie das 1000 000 001. Stockwerk. Das 1000 000 000. Elektron hat praktisch die selbe Energie wie das 1000 000 001. Elektron.

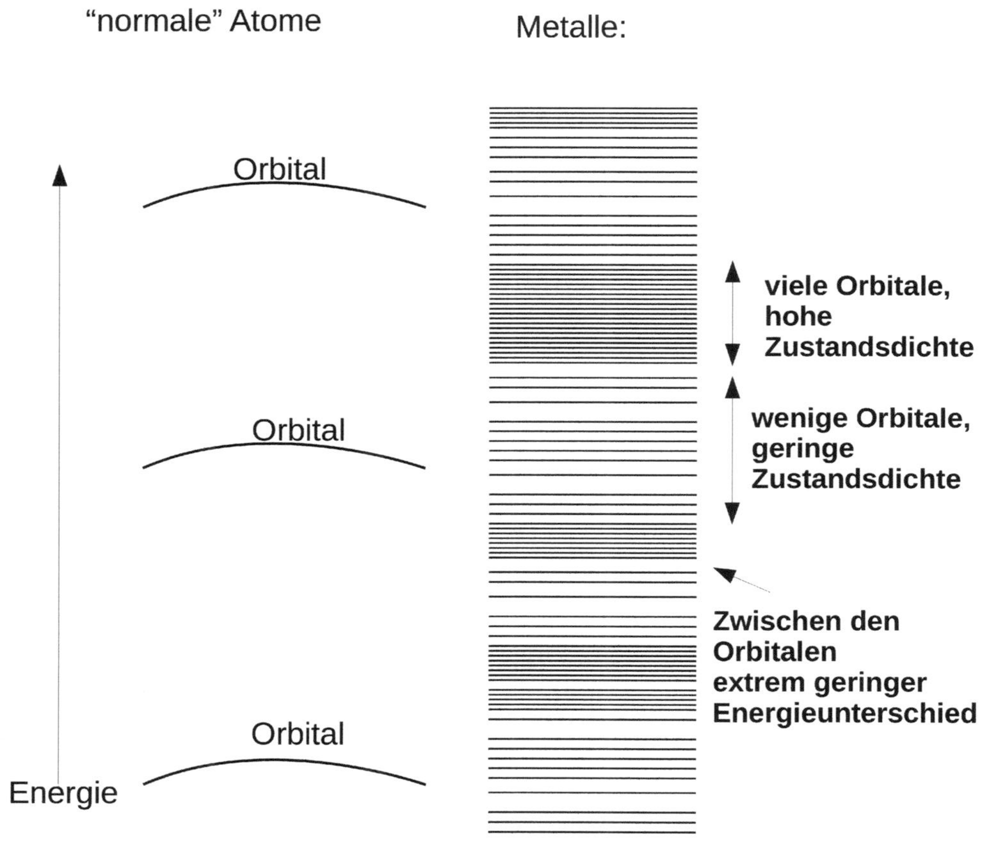

Und auch die "*leeren Wohnungen*", nämlich die unbesetzten Orbitale, liegen so dicht aneinander. Die unterste leere Wohnung liegt nur einen „tausendstel Millimeter" über der letzten, von Elektronen bewohnten Wohnung.

Das bedeutet aber: **Die Metall-Elektronen können spielend leicht die Wohnung wechseln!**

Ein sehr, sehr schwaches Photon reicht aus, um ein Metall-Elektron ein paar hundert Stockwerke hinauf zu befördern, von einer vollen in eine leere Wohnung. Und genau darum lassen sich die Metall-Elektronen sehr leicht aus ihren Wohnungen "vertreiben", wie wir es schon in der Teilchen-Sicht gesehen haben.

Hier schließt sich also ein Kreis; mit Hilfe der Wellen-Sicht des Elektrons haben wir geklärt, warum wir die Metall-Elektronen als vagabundierende Obdachlose betrachten können.

Wir haben jetzt viel gelernt. Bitte einmal durchatmen, wir haben es uns verdient.

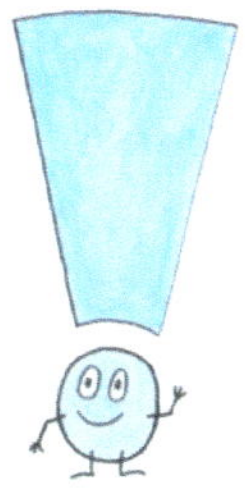

Trotzdem sind zwei Fragen noch nicht beantwortet: *Warum spiegeln Metalle? Warum sind Metalle undurchsichtig?*
Aber die Antwort hierauf ergibt sich jetzt fast von selbst.

Wann ist ein Stoff undurchsichtig?
Wenn er kein Licht durchlässt. Ein Stoff lässt kein Licht durch, wenn er alle Photonen aufnehmen kann.

Und das Metall kann alle Photonen aufnehmen. **Warum?**

Wiederholen wir kurz das Thema *Quantensprung*: Elektronen können Photonen aufnehmen und dadurch in ein höheres Stockwerk hüpfen. Aber nur dann, wenn das Photon so viel Energie hat, dass das Elektron mit dieser Energie das höhere Stockwerk auch wirklich erreicht. Reicht die Energie des Photons nicht aus, so nimmt das Elektron das Photon nicht auf. Das Photon fliegt einfach weiter. Das Elektron bleibt im unteren Stockwerk liegen.

Ist das Photon zum Beispiel stark genug, um das Elektron 3 Meter nach oben zu schießen, aber das nächste Stockwerk ist erst in fünf Metern zu erreichen, nimmt das Elektron das Photon nicht auf. (*Freilich ist das wieder ein bildhaftes Beispiel, wenn wir die Atome mit Häusern vergleichen.*)

Das Photon fliegt also durch den Stoff hindurch, und der Stoff ist durchsichtig, wie zum Beispiel Glas.

Im Metall sind aber die Stockwerke ganz fein übereinander geschichtet. Es gibt Milliarden Stockwerke. Das bedeutet aber, dass sich **immer irgendein Stockwerk** findet, in das das Elektron hüpfen kann. Hat das Photon zum Beispiel die Energie, um das Elektron 3 Meter, 5 Zentimeter und 44 Millimeter hoch hüpfen zu lassen - kein Problem! **Genau** in dieser Höhe gibt es ein Stockwerk. Ganz genau in dieser Höhe.

Und darum nimmt unser Metall-Atom das Photon auf, und springt genau 3 Meter, 5 Zentimeter und 44 Millimeter in die Höhe, in dieses Stockwerk hinein.

Das Photon fliegt nicht weiter durch das Metall hindurch. Das Metall ist undurchsichtig.

Frage gelöst.

Nächste Frage: Und warum spiegeln Metalle das Licht? Aus demselben Grund! Dieses Elektron, das jetzt 3 Meter, 5 Zentimeter und 44 Millimeter in die Höhe gehüpft ist, fällt irgendwann wieder herunter. Meistens fällt es in genau die leere Wohnung zurück, von der es hinauf gesprungen ist. Also fällt es 3 Meter, 5 Zentimeter und 44 Millimeter hinunter und gibt das Photon wieder ab. Und so strahlt das Metall genau die Farbe ab, die es aufgenommen hat. Das bedeutet: **Es spiegelt das Licht.**

Frage gelöst.

So weit zur Metallbindung!

14.2. Delokalisation von nicht-metallischen Elektronen

Jetzt müssen wir aber noch auf eine Sache zu sprechen kommen, die für die Schul-Chemie weniger wichtig ist, aber bei Chemie-Studenten oft Verwirrung auslöst, wenn man es nicht wenigstens einmal gehört hat. Nämlich: *Auch nicht-metallische Elektronen können delokalisiert sein.*

Es geht jetzt *nicht* darum, das Folgende perfekt zu verstehen. Und anwenden müssen wir es überhaupt nicht. Man soll nur eine "*Ahnung*" davon bekommen, weil es für die universitäre Chemie wichtig wird. Wir werden diese "Ahnung" nur für manche organische Moleküle brauchen, aber auch da werden wir es stark vereinfachen. Also keine Angst!

Wir haben bisher gelernt, dass aus zwei Atom-Orbitalen, wenn sie sich in der Atombindung verbinden, zwei neue Orbitale werden: Das bindende Orbital und das antibindende Orbital. **Nun aber können auch bei nicht-metallischen Molekülen die Elektronen und die leeren Orbitale über das ganze Molekül verschmiert werden. Und das passiert sehr oft.**

Nehmen wir ein ganz einfaches Beispiel: Das Wasserstoff-Atom. Was passiert, wenn zwei Wasserstoff-Atome binden, wissen wir.

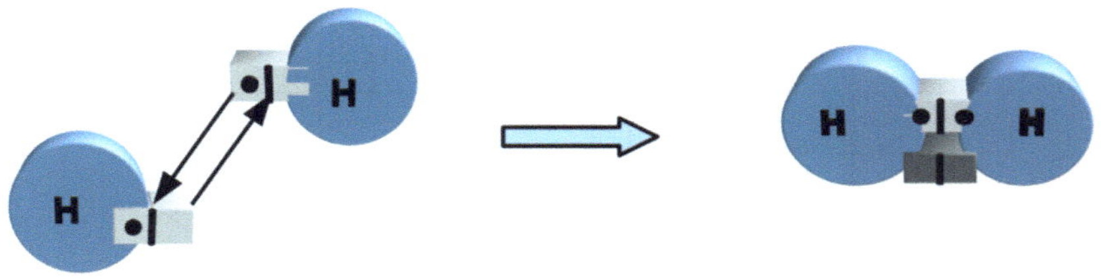

Sie gehen eine Atombindung ein.

Nun wissen wir aus dem Kapitel :"*Die Atombindung in der Wellensicht*", dass sich das Elektonenpaar und das antibindende Orbital über beide gebundenen H verteilt.

Das wollen wir nun so darstellen:

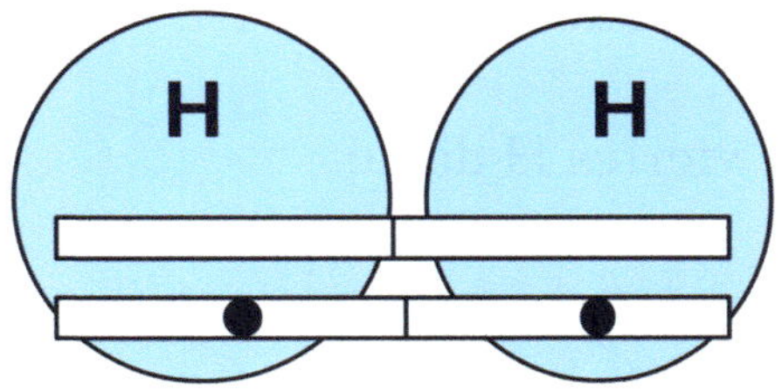

Das ist jetzt keine besonders große Erkenntnis. Wir haben die Orbitale einfach nur in die Länge gezogen. Warum wir das so darstellen, sehen wir gleich.

Was passiert nun, wenn wir ein **drittes H** mit ins Spiel bringen? Wir tun jetzt so, als könnten wir ein drittes Wasserstoff-Atom H an das H_2-Molekül annähern. In Wirklichkeit geht das nicht. Es gibt kein H_3. Aber wir tun jetzt so, als gäbe es eines.

Wir tun also so, als könnten wir die Wasserstoffe "zwingen", ein H_3 zu bilden.

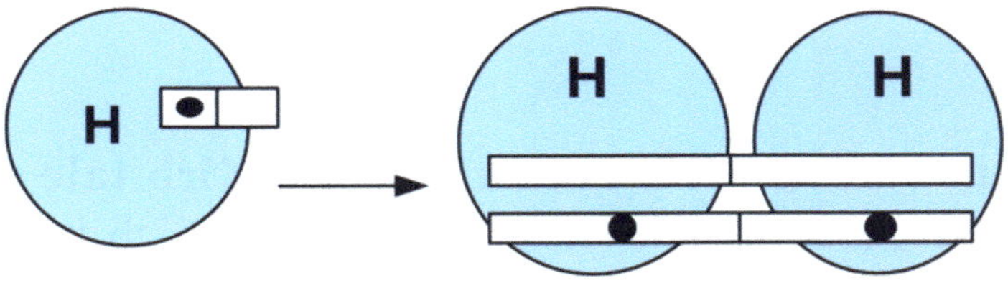

Wir bilden also das H_3 und sehen folgendes: **Alle Elektronen und alle leeren Orbitale sind über alle 3 H-Atome verteilt!**

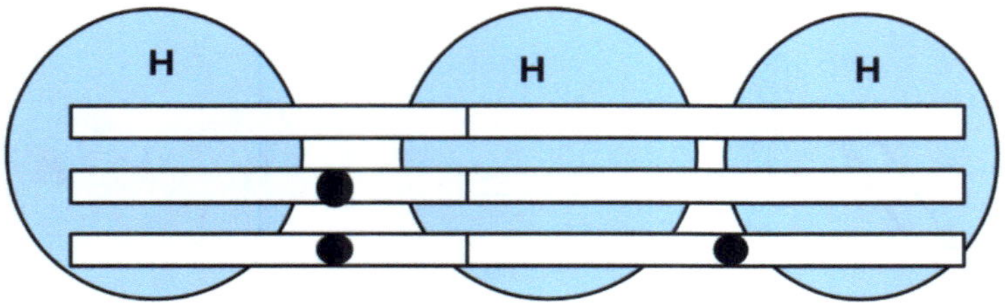

Die Zahl der Elektronen und die Zahl der Orbitale bleibt gleich. Aber: Sie sind über das ganze H_3-Molekül verteilt! Diese dünnen, aber langen Elektronen-Wohnungen erinnern uns schon ein wenig an die Metall-Elektronen (Stichwort: Butterbrot)!

Das unterste Orbital, das mit zwei Elektronen besetzt ist, ist nun das am besten bindende. Das Orbital darüber ist auch ein bindendes Orbital, aber es bindet schwächer. (Woher wissen wir das? Aus theoretisch-chemischen Berechnungen.) Das Orbital darüber, das leer ist, ist stark antibindend.

Und jetzt tun wir noch ein viertes H dazu:

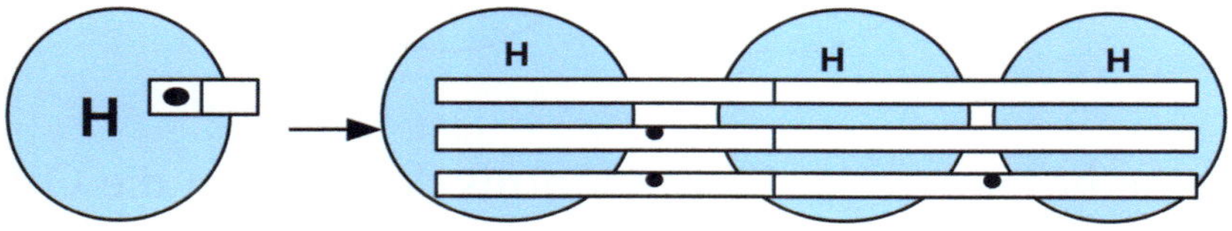

heraus kommt:

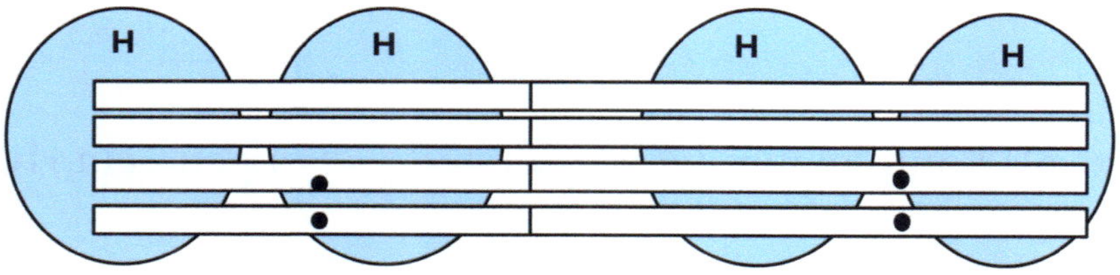

Und wieder sehen wir: **Alle Elektronen und Orbitale sind über alle Wasserstoff-Atome verteilt!** Die Elektronen setzen sich immer in die besten Orbitale. Das unterste Orbital ist wieder das beste und günstigste. Darum sitzen auch zwei Elektronen darin. Das nächste Orbital ist auch sehr gut, aber nicht ganz so gut wie das unterste. (Obwohl der Unterschied sehr gering ist.) Dann kommen die beiden antibindenden, leeren Orbitale. Das oberste ist das schlechteste und ungünstigste.

Jetzt habe ich Euch gesagt, wie die meisten Elektronen in Molekülen wirklich aussehen.

Aber wir sehen: Das ist alles recht unübersichtlich. und dabei haben wir erst vier Elektronen! Noch größere Moleküle werden, wenn man sie mit wirklichen Elektronen betrachtet, *extrem kompliziert* zu interpretieren. **Sogar Profi-Chemiker können das meistens nicht!**

Und darum tun Profi-Chemiker das, was wir auch schon die ganze Zeit getan haben: Sie zerlegen -im Geiste- die Elektronen. Heraus kommt das, was wir schon kennen.

Unsere guten alten Kästchen-Elektronen:

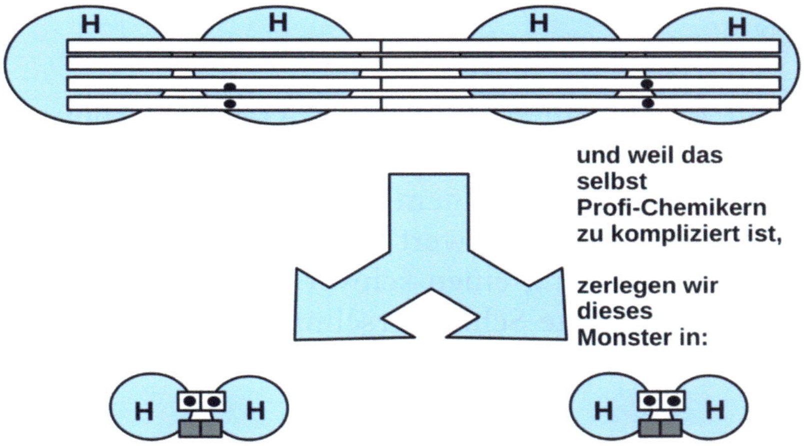

Diese beiden niedlichen Moleküle sind uns wohlbekannt: Es sind H_2- Moleküle. Wenn aber schon zwei H_2-Moleküle so unübersichtliche wirkliche Elektronen haben, wie unübersichtlich sind dann erst wirklich große Moleküle mit 50, 60 Elektronen!

Daher bleiben wir bei unseren guten, alten Lewis-Elektronen und lassen uns nicht weiter durch die schrecklich komplizierte Wirklichkeit stören.

Aber eine Frage stellt sich schon: Wenn die wirklichen Elektronen über ganze Moleküle, und sogar über viele Moleküle verschmiert sind, dürfen wir sie dann in einfache Lewis - Elektronen zerlegen? **Die Antwort lautet: Ja.** Der physikalische Fehler, den wir dadurch machen, ist sehr gering.

Sollten wir einmal die Elektronen als "verschmiert" betrachten müssen, wird es in unserem Fall immer sehr einfach sein. Daher merken wir uns aus diesem Kapitel nur: "**Elektronen können über das ganze Molekül verschmiert sein**."

14.3. Eisen

Wenden wir uns wieder den Metallen zu. Das **Eisen Fe** ist das wohl wichtigste aller Metalle. Es ist auch ein lange bekanntes Metall (seit der Eisenzeit, also 2000 v. Chr.!). Die Menschheit hat also viel Zeit gehabt, um die Verwendung des Eisens zu perfektionieren. Das Elementsymbol Fe kommt vom lateinischen Namen des Eisens: **Ferrum**.

Erst ein paar Daten: Das Eisen hat eine Dichte von 7,8 Gramm pro Kubikzentimeter, das bedeutet, es ist 7,8 mal schwerer als Wasser. Anders gesagt: Ein ein – Liter – Milch - Packerl gefüllt mit Eisen wiegt 7,8 kg. Es schmilzt bei 1538 °C.

Eisen hat vor rund 2000-3000 Jahren die Bronze (eine Mischung aus Kupfer und Zinn) als wichtigstes Metall abgelöst. Es ist **härter** als Bronze, und zugleich elastischer. Wenn ein Krieger mit einem Bronze-Schwert und Bronze-Schild auf einen Krieger mit einem Eisen-Schwert trifft und die beiden kämpfen, hat der Krieger mit Bronze-Ausrüstung einen schweren Stand: Mit dem harten Eisen-Schwert kann man den Bronze-Schild zerschmettern, und wenn sich die beiden Schwerter kreuzen, wird das Bronze-Schwert zerbrechen.

Eisen wird heute verwendet in der Autoindustrie, im Schiffsbau, in der Bauindustrie, und so weiter und so fort. Würden wir alle Verwendungszwecke von Eisen Fe aufzählen, würden wir alt dabei werden.

14.3.1. Herstellung von Eisen

Bereits seit 1200 v. Chr. kann Eisenmetall hergestellt werden, obwohl die Menschen damals keine Ahnung hatten, was sie da eigentlich tun. (Das geht vielen Technologen bis heute so. Aber das ist meistens der Lauf der Dinge. Zuerst tut man etwas, dann erst, später, weiß man, warum es funktioniert....)

Man hat Holzkohle und Eisenerz in einem primitiven Ofen, der aus aus Lehm gebaut war, zusammen gegeben, und dieses Gemisch entzündet. In diesem Ofen war für Luftzufuhr gesorgt.

Heraus gekommen ist festes, schmiedbares Eisen. Historisch betrachtet, hatte damit das Eisen die Bronze ersetzt, eine Mischung aus Kupfer und Zinn. Das Eisen erwies sich als viel härter.

Heute wissen, wir, warum in solchen Öfen Eisen entsteht: Eisenerz enthält Eisenoxid Fe_2O_3, besser bekannt als "Rost". Außerdem enthält Eisenerz jede Menge an anderen Stoffen; die sind uns aber jetzt egal.

Wenn man die **Kohle** in diesen Öfen ("Rennöfen") entzündet, verbrennt der Kohlenstoff C in der Kohle zu **Kohlenmonoxid CO**. Dieses CO kann aber immer noch ein O aufnehmen, und zu CO_2 werden. Und dieses zweite O holt sich das CO vom **Eisenoxid Fe_2O_3**.

Da sich also jedes CO ein O nehmen kann, brauchen wir **drei** CO, um Fe_2O_3 alle O zu entreißen. Dann bleiben vom Fe_2O_3 zwei Fe-Atome übrig.

$$\mathbf{Fe_2O_3 + 3\,CO \dashrightarrow 2\,Fe + 2\,CO_2}$$

Und nachdem diese Reaktion natürlich nicht nur einmal, sondern viele Milliarden mal geschieht, erhalten wir in Summe Eisen-Metall.

Ganz Ähnliches geschieht auch in modernen Hochöfen, die heute zur Eisen-Herstellung verwendet werden. Der Hochofen wird mit Eisenerz und Koks und einigen Zusatzstoffen befüllt.

Koks ist ein kohlenstoffhaltiger Brennstoff, der aus Kohle gemacht wird. Koks sind etwa faustgroße schwarze Klümpchen.

Nachdem nun der Hochofen befüllt ist, wird von unten sehr stark erhitzte Luft zugeführt (etwa 1200 °C). Nun bildet der Kohlenstoff C mit der Luft wieder Kohlenmonoxid CO, und dieses entreißt dem Fe_2O_3 im Eisenerz die Sauerstoff-Atome, so dass Eisen-Metall Fe und CO_2 entstehen. Da aber die zugeführte Luft **erhitzt** ist und zusätzlich durch die Bildung von CO Wärme entsteht, ist es in einem modernen Hochofen so heiß, dass das Eisen schmilzt.

Diese Schmelze sinkt im Hochofen nach unten, und dort kann man das geschmolzene Roheisen entnehmen.

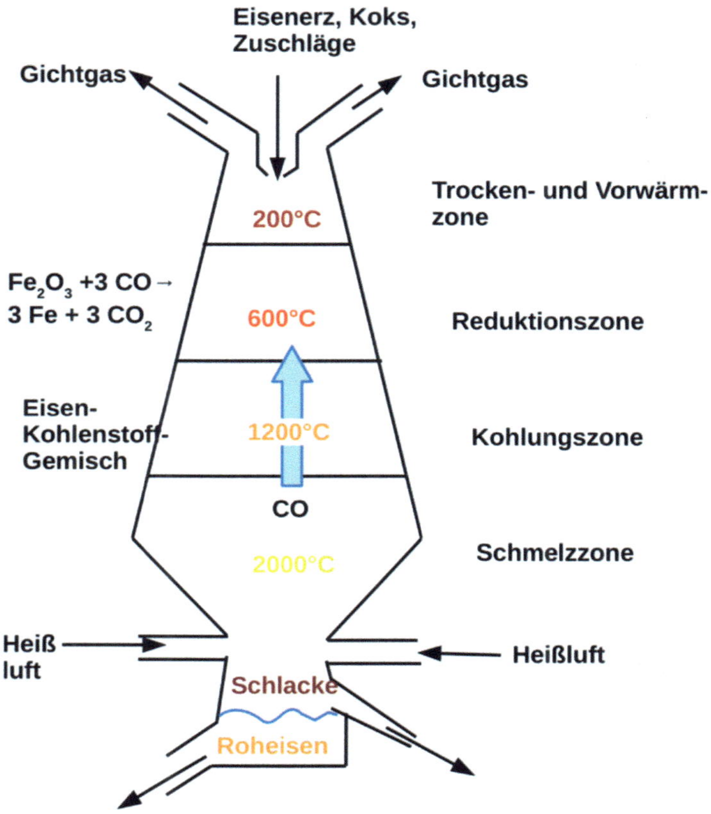

Aber Eisenerz enthält nicht nur Fe_2O_3, sondern auch andere Stoffe, wie zum Beispiel Silizium - Calcium- und Schwefelverbindungen. Auch diese schmelzen und ergeben die **Schlacke**. Die Schlacke kann man vom geschmolzenen Eisen abtrennen.

Oben vom Hochofen entweicht das **Gichtgas**. Das Gichtgas ist die heiße Luft, die unten in den Hochofen hinein geblasen worden ist und zu CO und CO_2 reagiert hat. Dieses Gas wird weiterverwendet als Heizgas, da noch viel CO enthalten ist. Außerdem muss man das giftige CO ohnedies entsorgen.

Die Erzeugung und Bearbeitung von Metallen ist übrigens das Thema der **anorganischen Technologie**. Es ist ein eher praxisorientierter Zweig der Chemie. Anorganische Technologen sind in der Industrie sehr gefragt, denn hier geht es weniger darum, **wie** etwas funktioniert, sondern **dass** es funktioniert. Auch so etwas ist wichtig. Nur ist ein solch praxisnahes Fach vielleicht auch etwas weniger "philosophisch" oder "schöngeistig" als andere Zweige der Chemie. Irgendwie sind die anorganischen Technologen die Nachfahren der Schmiede, die mit verrußtem Gesicht auf Schwerter eingehämmert haben. Andererseits muss man sagen, dass natürlich jeder Beruf seine eigene Lyrik hat. Und nur anorganischen Technologen konnten so bodenständige Begriffe "*Ofensau*" oder "*toter Mann*" erfinden. (Was das jetzt genau bedeutet, ist für uns egal.)

Zurück zum Roheisen: Dieses hat noch viele Verunreinigungen, und muss weiter behandelt werden Ein wichtiges Verfahren hierzu ist das *Linz-Donawitz-Verfahren*: Hier wird das Roheisen erneut geschmolzen, und mit reinem Sauerstoff O_2 angeblasen. Dadurch oxidieren die Verunreinigungen (das heißt: sie reagieren mit Sauerstoff), und können abgetrennt werden. Wie das genau funktioniert, ist für uns nicht wichtig. (Wir wissen ja: **Wie** etwas funktioniert, interessiert Technologen weniger....)

Eines sollten wir aber schon wissen: Reines Eisen ist ein recht weiches Metall, und wird nicht oft Verwendet. Daher setzt man dem Eisen Kohlenstoff C oder andere Metalle in geringen Mengen zu, wodurch das Eisen viel härter wird, und oft auch chemisch widerstandsfähiger. Solch eine Eisen-Legierung nennt man **Stahl**.

Fast alle Dinge, von denen man sagt, sie seien aus Eisen, sind in Wirklichkeit aus Stahl. Es gibt unzählige Arten von Stahl: Chrom-Nickel-Stahl, Vanadium Stahl, Mangan-Stahl. Weil die Menschheit das Eisen schon lange kennt, hat sie auch viel Erfahrung in der Erzeugung von Stahl. Es gibt sehr viele Stahle für die verschiedensten Zwecke: Der eine Stahl ist säurebeständig, wieder ein anderer ist besonders fest, wieder ein anderer hält Wärme gut aus... So ist der Stahl bis heute der wichtigste metallische Werkstoff überhaupt.

Eisen hat, neben Cobalt, Nickel und einigen seltenen Erden eine besondere Eigenschaft: **Eisen ist magnetisch**. Genauer gesagt: Er ist *ferromagnetisch*, das bedeutet, Eisen hat auch ohne äußeres Magnetfeld magnetische Eigenschaften, das heißt: Fe 'bleibt' ein Magnet. Der Grund für den Magnetismus liegt (hauptsächlich) im Elektronen - Spin: Im Eisen sitzen viele Elektronen alleine in einem Orbital. **Und diese einsamen Elektronen haben alle den selben Spin.** Dieser Spin bewirkt den Magnetismus. Warum sich die Elektronen im Eisen so verhalten, kann nur mit komplizierter Quantenmechanik erklärt werden (ist nichts für uns).

14.3.2. Verbindungen des Eisens

Eisen kann zwei verschiedenen Basen bilden: **Eisen(II)hydroxid** $Fe(OH)_2$ und **Eisen(III)-hydroxid $Fe(OH)_3$**. (Warum es gerade diese beiden Basen gibt, brauchen wir nicht verstehen.)

Im $Fe(OH)_2$ hat das Eisen eine Oxidationszahl von +2, im $Fe(OH)_3$ hat es eine Oxidationszahl von +3.

$Fe(OH)_3$ zerfällt in Fe^{3+} und 3 OH^-, $Fe(OH)_2$ zerfällt in Fe^{2+} und 2 OH^-.

Weil es zwei verschiedene Eisen-Basen gibt, kann Eisen auch zwei verschiedene Arten von Salzen bilden:

Salze aus $Fe(OH)_2$ und Salze aus $Fe(OH)_3$.

Mit $Fe(OH)_2$ brauchen wir - zum Beispiel- 2 HCl zur Neutralisation:

$$\mathbf{Fe(OH)_2 + 2\ HCl \dashrightarrow 2\ H_2O + FeCl_2.}$$

Mit $FeOH_3$ aber brauchen wir 3 HCl:

$$\mathbf{Fe(OH)_3 + 3\ HCl \dashrightarrow 3\ H_2O + FeCl_3}$$

Eisen-Verbindungen, die $Fe(OH)_3$ als Grundlage haben (wo also das Eisen die Oxidationszahl +3 hat), sind meistens **rot**, Verbindungen, die $Fe(OH)_2$ zur Grundlage haben, sind meistens **grün** (wo also das Eisen eine Oxidationszahl von +2 hat).

-Darum ist auch unser **Blut** rot! Blut enthält **Hämoglobin**, den Farbstoff der roten Blutkörperchen, und dieser enthält Eisen! Und zwar in der Oxidationszahl +3.

Jetzt interessiert uns aber noch etwas: **Warum** sind Eisen-Legierungen härter als reines Eisen?

Dazu sehen wir uns nun Legierungen im allgemeinen an.

14.4. Legierungen

Es ist nämlich so: Nicht nur Eisenlegierungen sind sehr hart. Auch Legierungen, die aus anderen Metallen bestehen, sind härter als die Metalle, aus denen sie gemischt sind!

Zum Beispiel die **Bronze**: Sie ist eine Mischung aus **Kupfer Cu** und **Zinn Sn**. Bronze ist viel härter als reines Kupfer und reines Zinn. Warum?
Sehen wir uns ein reines Metall, zum Beispiel Kupfer Cu an.

Alle Cu-Atome sind gleich groß. Wenn wir nun eine Stange aus Kupfer verbiegen, dann bewegen sich in der Kupfer Stange, die Kupfer-Atome aneinander vorbei. Sie reiben zwar schon aneinander, aber nicht viel.

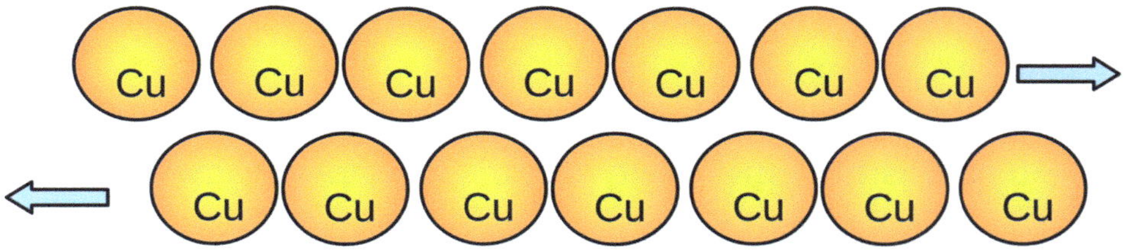

wenn Schichten von reinem Kupfer aneinander vorbei gleiten, gibt es wenig Widerstand: darum lässt sich Kupfer recht leicht verbiegen: Es ist weich.

Bei der Bronze sitzen Kupfer- und Zinnatome neben einander. Die Zinn-Atome sind etwas größer als die Kupfer-Atome, und daher "verhaken" sich die Atome ineinander

Will man einen Bronze - Stab biegen, so können die Atomschichten nicht so einfach aneinander vorbei gleiten. **Also ist Bronze härter als reines Kupfer oder reines Zinn.**

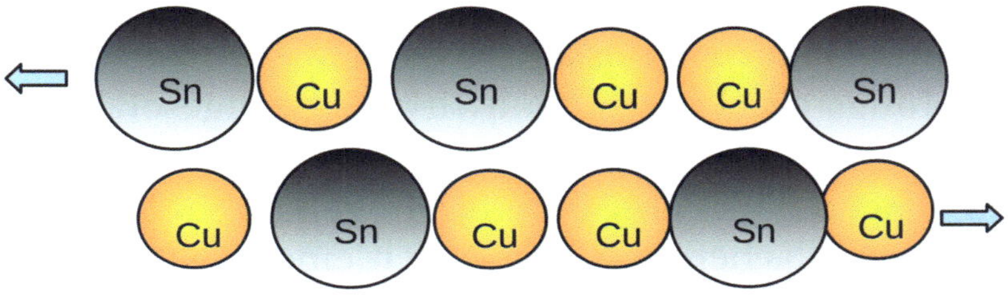

werden die Metall-Schichten aneinander vorbei gezogen z.b. durch Verbiegen, so „verhaken" sich die größeren Sn-Atome ineinander - Bronze ist hart.

Ebenso funktioniert es beim Stahl: Oft wird dem Stahl Kohlenstoff C zugegeben: Da die Kohlenstoff-Atome deutlich kleiner sind, verhaken sich die Atom-Schichten ineinander.

14.5. Kupfer

Kupfer ist ein rötlich glänzendes, **relativ edles Metall**.

Was heißt "*edel*"? "Edel" bedeutet, dass Kupfer nicht gerne mit anderen Elementen reagiert. Und wenn es doch reagiert, wie zum Beispiel zum Kupferoxid CuO, dann will es das O wieder loswerden. *Cu gibt das O leicht ab.*

Das bedeutet aber, dass es **nicht schwierig** ist, metallisches Kupfer aus Kupfer-Erzen herzustellen! Die Kupferherstellung ist der Eisenherstellung ähnlich, aber man braucht nicht so hohe Temperaturen. Und darum war der Menschheit das

Kupfer vor dem Eisen bekannt. Man hat aus Kupfer und dem ebenso leicht zu gewinnenden Zinn die Bronze hergestellt (siehe oben).

Metallisches Kupfer ist ein ausgezeichneter Wärme- und Stromleiter, und wird in der Computerindustrie eingesetzt. Auch Stromleiter sind idealerweise aus Kupfer.

14.5.1. Verbindungen des Kupfer

Eine Legierung aus Kupfer Cu und Zinn Sn ist **Bronze.** Eigentlich ist "Bronze" ein Sammelbegriff für verschiedene Kupfer-Metall-Mischungen, die bekannteste dieser Mischungen ist aber die "*Zinnbronze*" oder einfach nur "*Bronze*".

Eine weitere wichtige Legierung ist das **Messing**, eine Mischung aus Kupfer Cu und **Zink Zn**.

Kupfer bildet zwei verschiedene Basen: Cu(OH) und $Cu(OH)_2$.

Aus $Cu(OH)_2$ und der Schwefelsäure H_2SO_4 kann man das für seine blaue Farbe berühmte Kupfersulfat $CuSO_4$ bilden, das früher als Schädlingsbekämpfungsmittel in der Landwirtschaft eingesetzt wurden ist.

Wenn Ihr durch eine schöne alte Innenstadt geht, seht ihr vielleicht grüne Dächer. Das sind Kupferdächer, die mit der Zeit eine Schicht aus Kupfer-Salzen gebildet haben (welche manchmal fälschlicherweise "Grünspan" genannt wird. Tätsächlich ist Grünspan das Cu-Salz der Essigsäure; näheres in der organischen Chemie).

Außerdem ist Kupfer ein wichtiges Spurenelement für den menschlichen Organismus.

14.6. Silber und Gold

Silber Ag, (von "*Argentum*") und **Gold Au** (von "*Aurum*)" sind unteren Nachbarn des **Kupfer Cu**. Beide sind sehr edle Metalle, wobei das Gold noch edler ist als das Silber. Beide Metalle leiten elektrischen Strom noch besser als Kupfer, **Gold ist der beste Stromleiter überhaupt**.

Darum sind sehr hochwertige Kabel (zum Beispiel für gute Hifi und High-End-Anlagen) teilweise versilbert, die Anschlüsse sind oft vergoldet.

Silber hat, außer, dass man es für Schmuck und Silberbesteck verwenden kann, eine interessante Eigenschaft: Es tötet Bakterien! Man sagt, **Silber ist bakterizid**. Daher werden Silber-Salze in Nasentropfen verwendet, neuerdings auch in Deodorants.

Gold hat die Menschheit seit jeher fasziniert. Es hat eine einzigartige Farbe, es rostet nicht, es ist sehr „schwer". Oder, besser gesagt, Gold hat eine **hohe Dichte**: 19,3 Gramm pro Kubikzentimeter. Damit ist Gold 19,3 mal schwerer als Wasser. Oder anders gesagt: Ein Milchpäckchen voll mit Gold wiegt 19,3 kg!

Gold ist eines der edelsten Metalle der Welt, es streitet sich mit dem Platin Pt um Platz 1. Gold reagiert also fast überhaupt nicht. Nur Fluor F_2 und Königswasser (eine Mischung aus Salzäure HCl und Salpeteräure HNO_3) kann es auflösen. Das bedeutet wiederum, dass sich die Elektronen in den Gold-Orbitalen *sehr wohl fühlen* müssen. Das ist tatsächlich so.

Aber: wie passt das zusammen, dass wir die Metall-Orbitale als schlechte Schlafunterkünfte für *"obdachlose"* Elektronen beschrieben haben?

Die Orbitale des Goldes lassen sich mit **Luxuswohnungen** vergleichen, die aber immer offene Türen haben. So kann man die Gold-Elektronen aus ihren Wohnungen vertreiben. Andererseits wechselt ein solches vertriebenes Elektron wieder nur in eine andere Gold-Luxuswohnung! Und daher ist Gold zwar ein Metall, andererseits aber auch sehr reaktionsträge.

Wir überlegen uns: Wenn ein Gold-Elektron aus einer Wohnung vertrieben werden kann, so muss eine freie Wohnung (also ein freies Orbital) zur Verfügung stehen, wo dieses vertriebene Elektron Unterkunft findet. *Diese freien Orbitale sind die leeren antibindenden Orbitale.* Hier ist noch Platz!

Nun ist es bei allen Metallen so, dass die antibindenden, **leeren Orbitale so knapp über den bindenden Orbitalen sind, dass die Elektronen ganz leicht in die antibindenden Orbitale wechseln können.** Wir haben ja gesagt: Im Metall ist zwischen den "Stockwerken" nur ein tausendstel Millimeter Unterschied. Diese Mini-Stockwerke kann praktisch jedes Elektron hinauf steigen. Darum können sich Elektronen in Metallen frei bewegen.

Im Gold ist das auch so. Die leeren antibindenden Orbitale fangen direkt über den bindenden Orbitalen an, und die Elektronen können ganz leicht in die antibindenden Orbitale kommen.

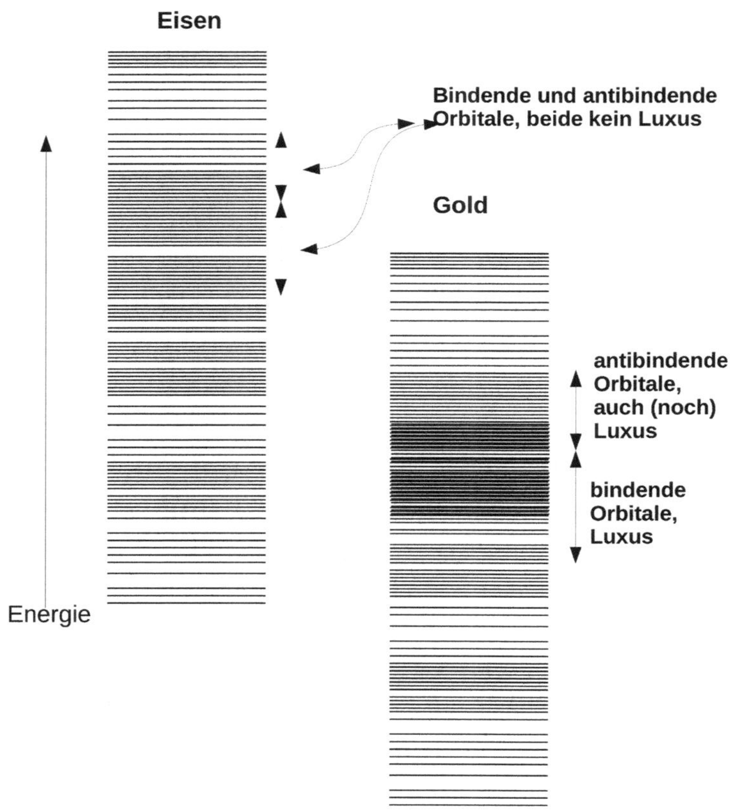

Nun ist es aber beim Gold und bei allen Edelmetallen so, dass *auch diese antibindenden Orbitale sehr, sehr günstig in der Energie sind!* Auch die antibindenden Orbitale sind Luxus! Die Gold-Elektronen wollen auch die antibindenden Orbitale nicht verlassen, (es sei denn, sie finden ein bindendes Gold-Orbital).

Und daher ist Gold - und alle anderen Edelmetalle - zugleich Metall, wo die Elektronen vertrieben werden können, aber auch sehr unreaktiv und Edelgas-ähnlich, weil es den Elektronen **trotzdem** gut in den Gold-Wohnungen gefällt.

Wir können die Elektronen der Edelmetalle also tatsächlich mit den Snobisten vergleichen! Klassische Snobs bleiben unter sich. Am besten bei einer Party für Neureiche! Dort führen sie sich zwar ungefähr so niveaulos auf wie die Elektronen anderer Metalle, nämlich wie Obdachlose, tun aber trotzdem so, als wären sie was besseres: Sie lassen niemanden mit sich reagieren! Nur der Sauerstoff (der ja als Finanzhai auch gut in diese Gesellschaft passt) und die Fluor-Mafia kommt da hinein!

Und wofür wird Gold verwendet? Kein Metall kann man so fein auswalzen wie das Gold. Aus Gold lassen sich also feinste Drähte machen. Diese werden zum Beispiel in Computerchips verwendet.

Weil Gold so edel ist, gehört es zu den wenigen Elementen, die als Metall in der Erde vorkommen. Kein Element kann man so einfach "gewinnen" wie das Gold. Eigentlich hätte also die Menschheit Gold entdecken müssen, noch bevor sie die Bronze und das Eisen entdeckt hat. Es hätte also zwischen Steinzeit und Bronzezeit eine Gold-Zeit geben müssen!

Nun ja, das stimmt theoretisch, aber es gibt wohl doch zu wenig Gold auf der Welt, um daraus Pfeilspitzen zu hämmern.....

14.7. Nickel, Palladium und Platin

Auch diese drei sind sehr edle Metalle. Das **Platin Pt** ist unter ihnen das edelste, und macht, wie gesagt, dem Gold insofern Konkurrenz. Alle drei Metalle werden in der Schmuckindustrie verwendet. Viele Menschen reagieren allerdings auf Nickel allergisch, die daher Nickel-Schmuck nicht tragen dürfen.

Nickel Ni ist, wie Eisen Fe und Cobalt Co, magnetisch.

Palladium Pd und **Platin Pt** werden als **Katalysatoren** verwendet. Wir kennen den Begriff "Katalysator" als Teil eines Autos. Was aber ist ein Katalysator?

Ein Katalysator macht gewisse chemische Reaktionen schneller, oder: Er macht gewisse chemische Reaktionen überhaupt erst möglich. Dabei wird der Katalysator selber nicht verändert.

Wir können uns den Katalysator als ein *Heiratsvermittler-Molekül* vorstellen: Zwei Moleküle A und B wollen heiraten. Sie wollen sich also zu *einem* Molekül verbinden. Aber alleine können sie das nicht. Darum gehen sie zum Heiratsvermittler Palladium oder Platin, und der verheiratet die beiden. Dabei aber passiert mit dem Heiratsvermittler gar nichts, er ändert sich nicht. Nur die beiden Moleküle A und B sind verbunden.

Palladium und Platin sind daher für viele chemische Reaktionen sehr wichtig. Man braucht sie, damit manche Reaktionen überhaupt erst stattfinden. Welche Metall-Verbindungen als Katalysator geeignet sind, ist das Thema der **metallorganischen Chemie**.

14.8. Zum Abschluss wollen wir einige Metalle kurz beschreiben:

Titan Ti ist wichtig als metallischer Werkstoff. Es ist leicht, hart und chemisch sehr beständig (außer gegen Halogene). Das **Titandioxid TiO_2** wird in der Malerei als Deckweiß verwendet.

Wolfram W ist das Element mit dem **höchsten Schmelzpunkt** überhaupt! Es schmilzt bei unglaublichen 3422 °C. Daher wird es für Teile verwendet, die extreme Hitze aushalten müssen, wie zum Beispiel in Glühdrähten von Glühbirnen.

Außerdem hat Wolfram mit 19.3 Gramm pro Kubikzentimeter eine extreme Dichte. Es ist 19.3 mal schwerer als Wasser.

Das dichteste Element überhaupt ist aber **Osmium Os**: Es hat eine Dichte von 22.6 Gramm pro Kubikzentimeter! Man muss sich das vorstellen: Vier Milch-Päckchen voll mit Osmium wiegen rund 90 Kilogramm, das Gewicht eines ausgewachsenen Mannes! Außerdem hat Os einen extrem hohen Schmelzpunkt von 3130 °C.

Das **Quecksilber Hg** ist das einzige Metall, das bei Raumtemperatur **flüssig** ist. Im Quecksilber sind die äußeren s- und d-Orbitale gefüllt, es ist gewissermaßen das Edelgas unter den Metallen. Eben darum ist es auch flüssig: der Zusammenhalt zwischen den Hg-Atomen ist, wie bei den Edelgasen, schwach. Die Elemente über dem Quecksilber, **Zink Zn** und **Cadmium Cd,** sind zwar nicht flüssig, aber sie schmelzen auch bei ungewöhnlich tiefen Temperaturen.

Interessanterweise ist das Quecksilber Hg weniger edel als Platin oder Gold. Den genauen Grund hierfür können wir nicht erklären. Nur so viel dazu: Quecksilber-Atome gehen weniger starke Bindungen untereinander ein, daher sind die Metall-Orbitale des Quecksilber etwas weniger luxuriös als die Wohnungen des Goldes.

Zink Zn ist sogar ein ausgesprochen unedles Metall, das seine Elektronen gerne abgibt.

Diese Eigenschaft des Zinks werden wir im folgenden Kapitel brauchen.....

14.9. Elektrochemie

Blättern wir zum Kapitel "*Elektrolyse*" zurück: Dort haben wir gehört, dass man Stoffe durch **elektrischen Strom** erzeugen kann. Elektrischer Strom ist ja nichts anderes als bewegte Elektronen. Mit Hilfe von elektrischem Strom können wir Stoffen Elektronen geben oder entreißen. Wir können also mit elektrischem Strom Stoffe chemisch verändern.

Da stellt sich die Frage: Kann man umgekehrt auch durch die chemische Veränderung von Stoffen **Strom erzeugen**?

Eindeutige Antwort: **Ja!** Wir können, mit den richtigen Stoffen, Strom erzeugen. Und diese Möglichkeit wird in **Akkus und Batterien** ausgenützt.

Wir basteln uns jetzt eine **Galvanische Zelle**, mit der man Strom erzeugen kann.

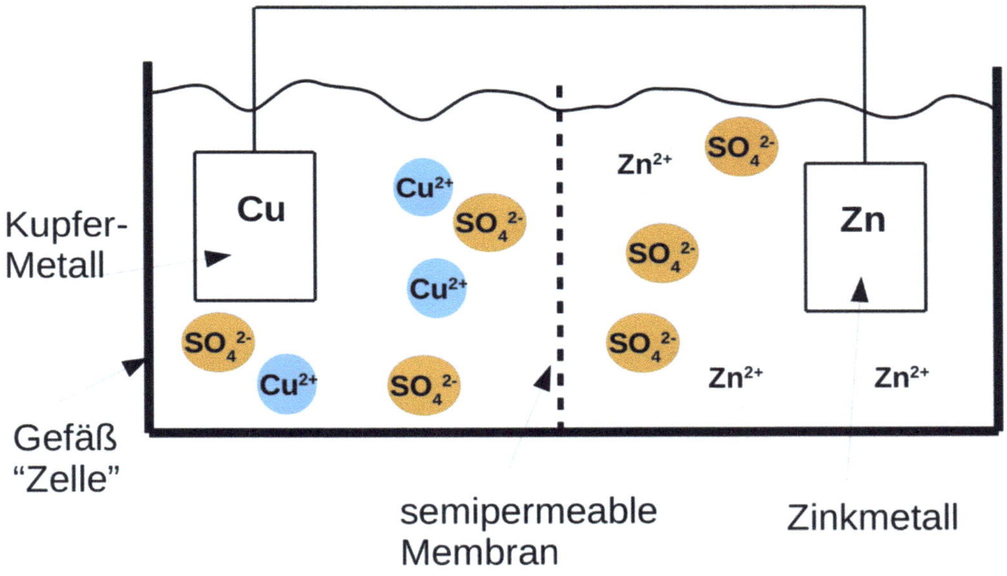

Dazu nehmen wir ein Gefäß, das mit Wasser gefüllt ist. Links hängt ein Stück Kupfer-Metall in das Gefäß, rechts ein Stück Zink-Metall. Die Metalle sind durch einen **Stromleiter (z. b. Kabel)** miteinander verbunden.

In der Mitte des Gefäßes ist eine **halb durchlässige Trennwand** (semipermeable Membran). Wofür wir die brauchen, sehen wir später.

Jetzt lösen wir dort, wo das Zink-Metall ist, Zinksulfat $ZnSO_4$ auf. Das $ZnSO_4$ löst sich in Wasser auf und ergibt

$$ZnSO_4 \text{ --> } Zn^{2+} + SO_4^{2-}.$$

Zink-Ionen sind (warum, brauchen wir nicht wissen) **2+** geladen. Daher brauchen wir **genau ein** Sulfat-Ion, damit wir neutrales $ZnSO_4$-Salz bekommen. Auf der rechten Seite des Gefäßes finden wir also ein Zink-Metallstück und Zn^{2+}-Ionen und SO_4^{2-} -Ionen, die in Wasser aufgelöst sind.

Diese linke Seite des Gefäßes nennt man eine **galvanische Halbzelle,** weil sie die eine Hälfte der galvanischen Zelle ist. Diese spezielle Halbzelle nennt man die **Zn/Zn^{2+} - Halbzelle**.

Wegen der halb durchlässigen Trennwand können die Zn^{2+}-Ionen nicht auf die andere Seite, und die Cu^{2+}-Ionen auch nicht.

Auf der anderen Seite, beim Kupfer-Metallstück, lösen wir Kupfersulfat $CuSO_4$ auf.

Das $CuSO_4$ kennen wir schon, in Wasser löst es sich auf in Cu^{2+} und SO_4^{2-}. Wieder zeichnen wir die Sulfat-Ionen nicht ein. Die rechte Seite ist die **Cu/Cu^{2+}-Halbzelle**.

Das ist die Ausgangssituation, wie wir sie oben gezeichnet haben.

Was passiert jetzt?

Sehen wir uns dazu den Comic an:

Eigentlich war es das schon. Jetzt aber im langsamen Tempo:

Das Zink ist ein **unedles** Metall. Die ungeladenen Zink-Atome im Metallstück würden gerne zwei Elektronen **abgeben** und zu Zn^{2+} -Ionen werden. Kupfer hingegen ist ein relativ **edles** Metall. Daher wollen die Cu^{2+} Ionen gerne zwei Elektronen haben, damit sie zum Kupfer-Metall werden können.

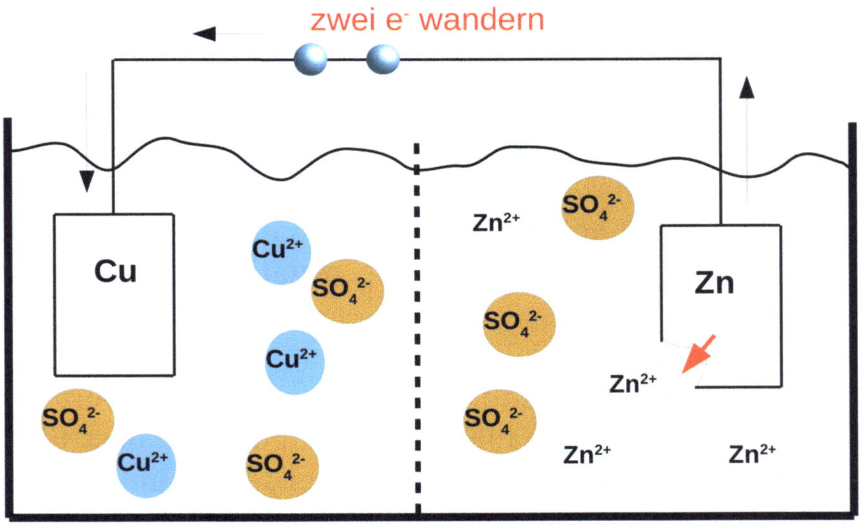

Also gibt ein Zink-Metall-Atom zwei Elektronen ab! Die wandern über den Stromleiter zum Kupfer-Metallstück. Und was sind wandernde Elektronen? **Wandernde Elektronen sind elektrischer Strom. Es fließt also Strom!**

Das Zink-Atom hat also zwei Elektronen abgegeben, und daher wird es zum Zn^{2+}-Ion. Dieses Ion ist kein Teil des Metallstücks mehr, sondern schwimmt jetzt im Wasser herum. Man sagt: Das **Zink geht in Lösung**. Das Zink wird, da es Elektronen abgegeben hat, **oxidiert**. Dadurch, dass das Zink-Metall dauernd Elektronen an das Kupfer verliert, ist es positiv geladen. Es ist also die **Anode**.

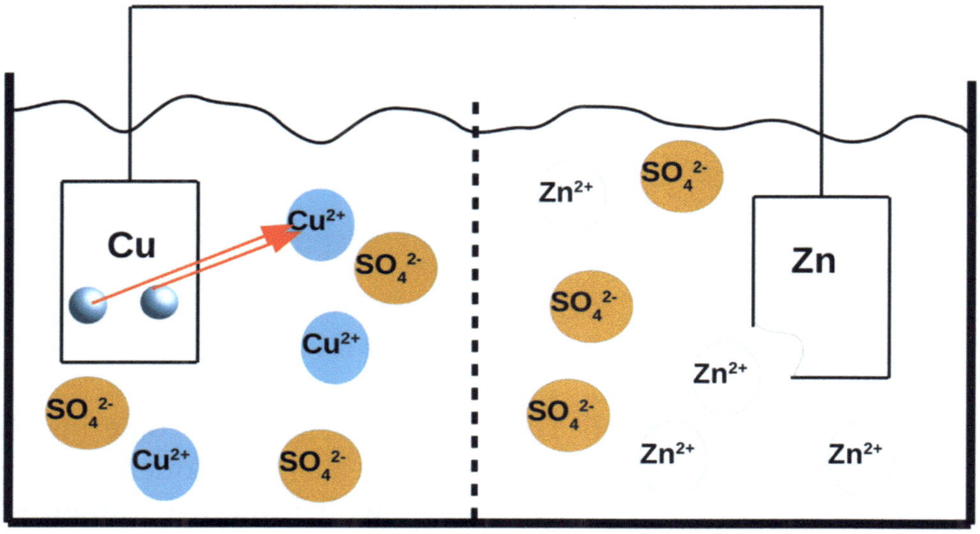

Das Cu^{2+} nimmt sich die Elektronen

Die Elektronen wandern inzwischen weiter in das Kupfer-Metall-Stück. Und dort wartet schon das Cu^{2+}-Ion, das diese Elektronen gierig frisst. Dadurch wird aus Cu^{2+} ein Cu^{0}, ein ungeladenes Kupfer-Atom. Dieses Kupfer-Atom lagert sich einfach am Kupfer-Metallstück an, und wird Teil des Kupfer-Metalls. Die Cu^{2+}-Ionen werden, da sie Elektronen aufgenommen haben, **reduziert**. Das Kupfer-Metall erhält Elektronen vom Zink. Es ist negativ geladen, und daher die **Kathode**.

Es ist also Strom geflossen, indem Elektronen gewandert sind. das ist eigentlich nicht neu für uns. Wir haben schon oft gesehen, dass Elektronen von dem einen Atom zum anderen wandern (z.b. in der Ionenbindung).

Neu ist aber, dass die Elektronen eine so **weite Strecke wandern**.

Woher "weiß" das Zink-Atom eigentlich, dass es seine Elektronen abgeben kann? Es "sieht" ja das Cu^{2+} -Ion nicht!

Wir haben gehört, dass Elektronen in Metallen delokalisiert sind. Wenn also ein Cu^{2+}-Ion beim Kupfer-Metallstück an den Elektronen knabbert und zieht, dann "spürt" das das Zink-Atom auf der anderen Seite der Leitung! Und das Zink schickt die Elektronen los. Dieses "Spüren" ist eigentlich die **elektrische Spannung** oder das **elektrische Potential**, die in Volt V angegeben wird.

Wenn wir wissen wollen, wie groß das Potential der galvanischen Zelle ist, müssen wir die Potentiale der beiden Halbzellen von einander subtrahieren*. Die Potentiale der Halbzellen findet man in einer Liste, die man die **Elektrochemische Spannungsreihe** nennt. Dort findet wir: Die Cu/Cu^{2+}-Halbzelle hat ein Potential von +0,34 V, die Zn/Zn^{2+} Halbzelle hat ein Potential von -0,76 V, also hat die ganze galvanische Zelle ein Potential von +0,34 V -(-0,76 V) = + 1,10 V.

Zum Vergleich: Der Strom aus der Steckdose hat 230 V.

(**: Man muss dazu sagen, dass diese Rechnung vereinfacht ist. So einfach kann man das Potential nur dann rechnen, wenn die Konzentration der Cu^{2+} -Ionen und der Zn^{2+} -Ionen gleich groß ist, und wenn die Temperatur 25°C beträgt. Außerdem darf man mit dieser einfachen Rechnung nur Halbzellen vergleichen, deren Ionen gleich viele Elektronen aufnehmen oder abgeben. das ist bei uns der Fall. Cu^{2+} nimmt **zwei** Elektronen auf, Zn^{2+} gibt **zwei** Elektronen ab. Diese komplizierteren Rechnungen gehören aber nicht mehr zum Reifeprüfungs-Stoff. Wer sich dafür näher interessiert, soll in Fachbüchern unter der Nernstschen Gleichung nachschlagen. Für uns ist aber die einfache Rechnung oben ausreichend.*)

Jetzt müssen wir noch die Funktion der halbdurchlässigen Trennwand betrachten. Manchmal sagt man auch **semipermeable Membran** oder **Diaphragma** dazu. Wozu wird das Diaphragma gebraucht?

Erstens sollen die Cu^{2+} -Ionen und die Zn^{2+}-Ionen *nicht* in die andere Halbzelle kommen. Denn sonst wandern die Cu^{2+}-Ionen gleich zum Zink-Metallblock und nehmen ihm direkt die Elektronen weg. Das Kupfer-Metall bildet sich dann am Zink-Metall. **Aber dann fließt kein Strom über den Stromleiter**.

Zweitens aber sollen die Sulfat-Ionen schon durch die Membran kommen. Denn es soll ein **Ladungsausgleich** stattfinden.

Was bedeutet das?

Sehen wir uns das an unserem einfachen Beispiel an.

Nachdem die ersten zwei Elektronen geflossen sind, ist ein Cu^{2+} zu Cu geworden. Auf der anderen Seite ist ein Zn zu Zn^{2+} geworden.

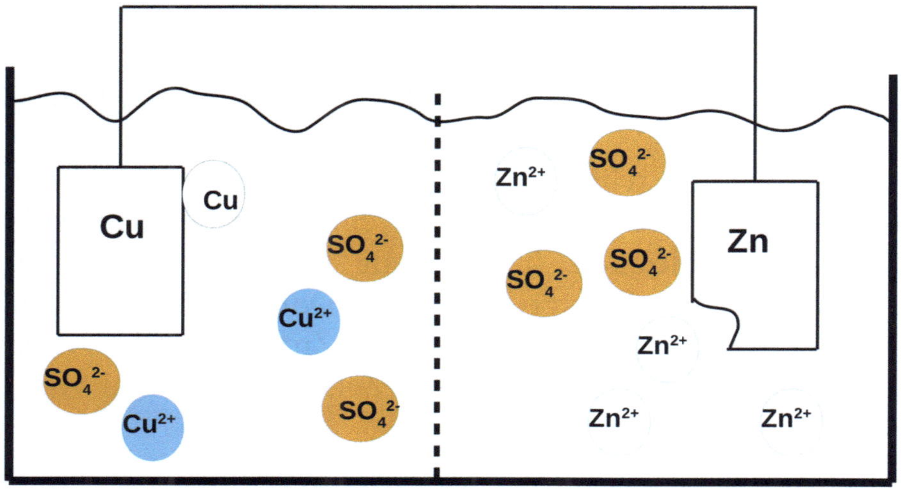

Rechts: 3 SO_4^{2-}, aber nur 2 Cu^{2+}: Gesamt -2
Links: 3 SO_4^{2-} aber 4 Zn^{2+}, Gesamt +2

Damit haben wir jetzt **vier** Zn^{2+}-Ionen in dieser Halbzelle (bitte nachzählen!), aber nur **drei** SO_4^{2-}-Ionen. Die Ladung in dieser Halbzelle ist jetzt **+2**.

Weil wenn wir die Ladungen aller Ionen in der Zn/Zn^{2+}-Halbzelle zusammenzählen, kommen wir auf:

4 mal +2 (vom Zn^{2+}) + 3 mal -2 (vom SO_4^{2-}) = +2.

In der Cu/Cu^{2+}-Halbzelle ist unterdessen ein Cu^{2+}-Ion zu einem Cu-Metallatom geworden. Also gibt es dort **drei** SO_4^{2-}-Ionen, aber nur **zwei** Cu^{2+}-Ionen. Die Ladung dieser Lösung ist also -2. Weil

zwei mal +2 + drei mal -2 = -2.

Solche "geladene Lösungen" sind aber nicht gut; sie würden den Stromfluss sofort stoppen. In einer wirklichen Galvanischen Zelle bilden sich außerdem nicht nur ein Zn^{2+}-Ion, sondern *Milliarden* von Zink-Atomen. Logisch.

Andererseits werden Milliarden von Cu^{2+} -Ionen zu Cu-Atomen. Auch logisch.

Also hätten wir in der Zn/Zn^{2+}-Halbzelle eine Ladung von **plus viele Milliarden**, in der Cu/Cu^{2+}-Halbzelle eine Ladung von **minus viele**

Milliarden. Und das ist völlig unmöglich. So etwas kann in Wirklichkeit niemals geschehen.

Es muss also ein **Ladungsausgleich** stattfinden. Die Ladung muss in beiden Halbzellen gleich groß sein.

Und dazu muss man die SO_4^{2-} Ionen durch die semipermeable Membran wandern lassen.

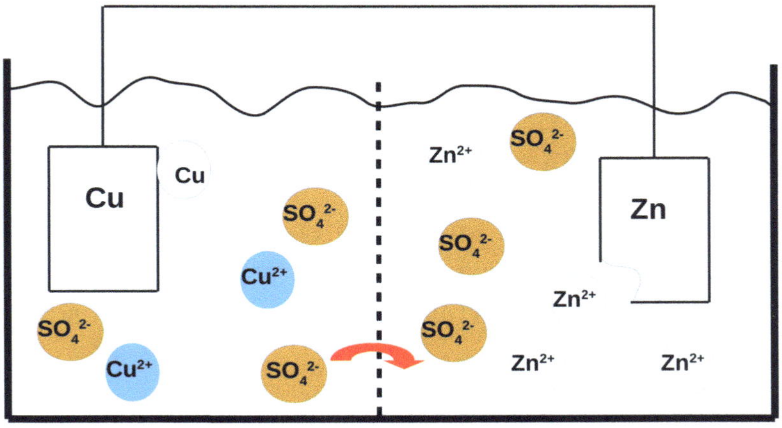

Cu^{2+} wird zu Cu und lagert sich an;
ein SO_4^{2+} wechselt die Seite

Bei unserem einfachen Beispiel gibt es vier Zn^{2+} -Ionen, aber nur drei SO_4^{2-} -Ionen, **Also wandert ein SO_4^{2-}-Ion von der Kupfer-Halbzelle in die Zink-Halbzelle**. Damit ist die Ladung beider Lösungen wieder null, *und der Strom*

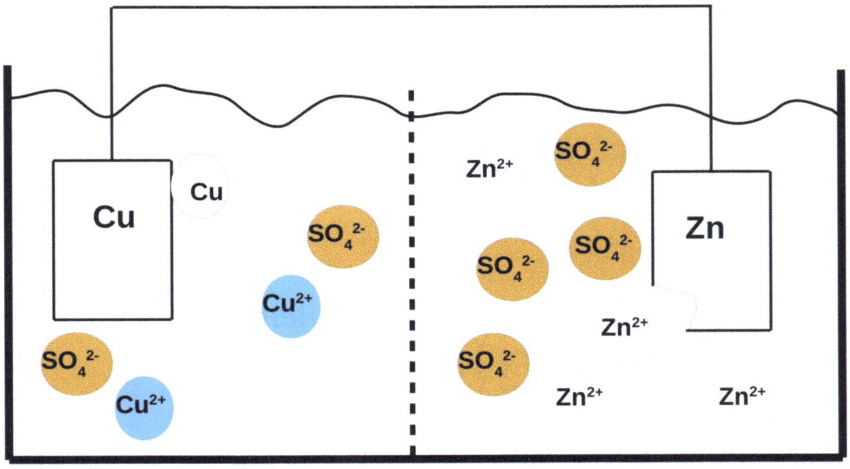

Ende der Reaktion, jetzt kann es weitergehen

kann weiter fließen.

Auch auf der Cu-Seite ist die Ladung null. Bitte zählt einfach alle Ladungen auf der Cu-Seite zusammen!

Wenn genügend Elektrolyten vorhanden sind, geht die Reaktion weiter. In der Praxis sieht man, dass das Kupfer-Metall immer dicker wird, das Zink-Metall immer dünner.

14.9.1. Die elektrochemische Spannungsreihe

Natürlich können wir auch Galvanische Zellen aus **anderen Halbzellen** bauen. Wir können zum Beispiel die Zn/Zn^{2+}-Halbzelle durch eine Mg/Mg^{2+}-Halbzelle ersetzen.

Die Mg/Mg^{2+}-Halbzelle besteht aus Magnesium-Metall und $MgSO_4$, das in Wasser aufgelöst ist. Das Magnesium-Metall will die Elektronen noch lieber abgeben als das Zink. Daher erwarten wir für diese Galvanische Zelle ein noch höheres Potential.

Und tatsächlich: Das Potential der Mg/Mg^{2+}-Halbzelle ist -2,36 Volt. Die gesamte $Cu/Cu^{2+}/Mg/Mg^{2+}$-Zelle kommt auf ein Potential von 0,34 V -(-2.36V) = 2.7 V.

Wir können generell sagen: *Je lieber eine Halbzelle die Elektronen abgeben will, desto negativer wird das elektrische Potential der Halbzelle.* Magnesium will seine Elektronen sehr gerne abgeben, deshalb ist das Potential der Mg/Mg^{2+}-Halbzelle mit -2,36 Volt sehr stark negativ. Natrium will seine Elektronen noch lieber abgeben, daher ist das Potential der Na/Na^{+}-Halbzelle noch stärker negativ: -2,714 V.

Umgekehrt sind Potentiale von Halbzellen um so stärker positiv, je lieber sie Elektronen aufnehmen. Die Halbzelle Pt/Pt^{2+} nimmt sehr gerne Elektronen auf, weil die Pt^{2+}-Ionen viel lieber Platin-Metall wären. Dessen Potential beträgt +1.20 V.

Die Liste, in der die Potentiale aller Halbzellen aufgeschrieben sind, ist die **elektrochemische Spannungsreihe.**

Die elektrochemische Spannungsreihe hängt also sehr stark mit der Elektronegativität zusammen. Je stärker ein Element elektronegativ ist (je mehr Elektronen es will), desto positiver ist das Potential der Halbzelle, die aus diesem Element gebaut wird. (Allerdings ist die elektrochemische Spannungsreihe nicht ganz mit der Elektronegativität vergleichbar.)

Hier die Potentiale einiger Halbzellen:

K/K^+ -2.93 V
Ca/Ca^{2+} -287
Na/Na^+ -2.72V
Mg/Mg^{2+} -2.36
Al/Al^{3+} -1.66
Zn/Zn^{2+} -0.763
Fe/Fe^{2+} -0.4
$H_2/2\ H^+$ 0.0
$Cu/\ Cu^{2+}$ 0.337
Ag/Ag^+ +0.8
Pt/Pt^{2+} + 1.2
Au/Au^{3+} +1.49

Man sieht: **Je edler das Metall, je weniger gerne es seine Elektronen abgibt, desto stärker positiv ist das Potential seiner Halbzelle.** So hat Kalium K, das seine Elektronen sehr gerne abgibt, ein stark negatives Potential. Gold Au, das seine Elektronen gerne behält, aber ein sehr stark positives Potential.

Noch ein Rechenbeispiel: Wir bauen aus der Zn/Zn^{2+}-Halbzelle und aus der Fe/Fe^{2+}-Halbzelle eine Galvanische Zelle (Fe ist Eisen). Wie groß ist das elektrische Potential dieser Zelle? In welche Richtung fließen die Elektronen?

Die Fe/Fe^{2+}+-Halbzelle ist ein Stück Eisen-Metall, und Fe^{2+}-Ionen in Wasser. Die Fe^{2+}-Ionen erhält man, zum Beispiel, indem man $FeSO_4$ in Wasser auflöst. Die Zn/Zn^{2+}-Halbzelle kennen wir schon.

Wir basteln also, wie oben, eine galvanische Zelle. Zwischen den Halbzellen ist eine halbdurchlässige Trennwand, das Eisen-Metall und das Zink-Metall sind durch einen Stromleiter verbunden. Die galvanische Zelle sieht genau so aus, wie die galvanische Zelle, die wir gezeichnet haben, nur dass wir statt einem Kupfer-Metall ein Eisen-Metall verwenden, und statt Cu^{2+}-Ionen verwenden wir Fe^{2+}-Ionen.

Wenn wir das elektrische Potential berechnen wollen, müssen wir einfach nur in der elektrochemischen Spannungsreihe die Potentiale ablesen: Fe/Fe^{2+} : -0.4 Volt.

Zn/Zn^{2+}: -0.76 V (abgerundet).

Die Spannung der galvanischen Zelle ist daher:

$$-0.4\ V - (-0.76)\ V = +0.36\ V.$$

Das bedeutet, in dieser galvanischen Zelle fließt ein Strom von +0.36 Volt

In welche Richtung fließt dieser Strom?
Wir sehen aus der elektrochemischen Spannungsreihe: Die Zn/Zn^{2+}-Halbzelle ist stärker negativ als die Fe/Fe^{2+}-Halbzelle.

Das bedeutet, Zn/Zn^{2+} Halbzelle will ihre Elektronen an die Fe/Fe^{2+} Halbzelle abgeben. **Der Strom fließt also mit 0.36 Volt von der Zink-Halbzelle zur Eisen-Halbzelle.**

Für Interessierte, und die, die es brauchen:
Wie werden die Potentiale von Halbzellen gemessen?
Da haben wir ein gewisses Problem: Man kann von einer Halbzelle allein kein Potential messen. Wir können nur Potentiale **zwischen** zwei Halbzellen messen. Wir können nur aus zwei Halbzellen eine Galvanische Zelle basteln, und von dieser Galvanischen Zelle die Spannung messen.

Wir messen also zum Beispiel die Spannung zwischen der Cu/Cu^{2+}-Halbzelle und der Zn/Zn^{2+}-Halbzelle. Von der Cu/Cu^{2+}-Halbzelle **allein** können wir aber **keine** Spannung messen.

Jetzt könnte man folgendes tun:
Man könnte aus allen Halbzellen, die man kennt, galvanische Zellen bauen. Man kombiniert jede Halbzelle mit allen anderen Halbzellen, und dann misst man das Potential. Heraus kommen würde eine große Tabelle, aus der man alle möglichen Potentiale zwischen den Halbzellen ablesen kann.

Das ist aber zu umständlich und zu unübersichtlich.

Daher macht man folgendes:
Man vergleicht alle Halbzellen nur mit der $H_2/2\ H^+$-Halbzelle. Diese $H_2/2\ H^+$ Halbzelle ist leider ein seltsames Ding, und nicht ganz leicht zu verstehen. Typisch Chemiker: Die wichtigen Dinge müssen immer besonders umständlich werden, damit man sie nicht gut erklären kann...

...ist aber auch ganz egal. Das H_2 kann, wie alle Halbzellen-Metalle auch, Elektronen abgeben, und H+ kann, wie die Metall-Ionen auch, Elektronen aufnehmen. Die $H_2/2\ H^+$ -Halbzelle funktioniert damit wie jede andere Halbzelle auch, nur, dass sie etwas anders aussieht. Wie sie aussieht, ist uns egal.

(Für die, die es unbedingt wissen wollen: In der $H_2/2\ H^+$-Halbzelle perlen H_2-Blasen auf einem Platindraht hinauf. An diesem Platindraht kann das H_2, wenn es will, die Elektronen abgeben. Der Platindraht hängt in Wasser; im Wasser sind H^+-Ionen, also Säuren, gelöst. Die H^+ können Elektronen aufnehmen, wenn sie wollen. Ob diese Halbzelle Elektronen aufnehmen oder abgeben will, hängt natürlich von der anderen Halbzelle ab, mit der sie kombiniert ist....)

Wie dem auch sei: Man vergleicht alle anderen Halbzellen mit der $H_2/2\ H^+$-Halbzelle, indem man sie zu Galvanischen Zellen **kombiniert** und dann das Potential misst. Das Potential der $H_2/2H^+$-Halbzelle wird dabei willkürlich auf Null gesetzt. So dient die $H_2/2H^+$-Halbzelle als Bezugspunkt.

Das klingt alles recht kryptisch: "*willkürlich auf null setzen*": Darf ich das? *Bezugspunkt*: Was bedeutet das?

Keine Panik, wir haben ein Gleichnis:

Stellen wir uns hohe Berge vor, deren Täler immer in dichte Wolken gehüllt sind. Wir kennen also die tatsächliche Höhe der Berge nicht. Wir sind sozusagen Geier, die nie in die Wolken hinunter fliegen, um nachzusehen.....

Wir wissen also nicht,wie hoch die Berge sind (genau so wenig kennen wir das Potential der Halbzellen...), wir sehen aber einige Gipfel aus den Wolken heraus ragen. Und so können wir sagen, welcher Berg höher ist als der andere. Wir brauchen dazu die eigentliche Höhe der Berge nicht zu kennen.

Jetzt sagt ein schlauer Geier: "Der dritte Berg hat die Höhe von Null Metern." Das sagt er ganz einfach so, er setzt es so fest. (Genau so setzen wir die $H_{2}/2\ H^{+}$-Halbzelle auf Null.)

Wenn nun der dritte Berg null Meter hoch ist, so ist der vierte Berg 250 Meter hoch. Das hat der Geier gemessen. Eigentlich stimmt das gar nicht, aber: Der vierte Berg ist um 250 Meter höher als der dritte Berg. Der zweite Berg hat eine Höhe von -180 Metern. Das hat der Geier auch gemessen. Eigentlich stimmt das auch nicht, sondern er ist um 180 Meter niedriger als der dritte Berg. Und genauso hat die Cu/Cu^{2+} -Halbzelle eigentlich nicht +0.34 Volt Potential, sondern **um 0.34 Volt mehr Potential** als die $H_2/2H^+$-Halbzelle!

Und die Zn/Zn^{2+}-Halbzelle hat um 0.76 Volt weniger Potential als die $H_2/2H^+$-Halbzelle!

Jetzt will unser Geier wissen, um wie viel der zweite Berg höher ist, als der vierte. Aber: Das hat der Geier nicht ausgemessen. **Braucht er auch nicht!**

Er weiß: Der zweite Berg ist -180 Meter hoch. Der vierte Berg ist +250 Meter hoch.

Also ist der Höhenunterschied zwischen den beiden Bergen 250 -(-180) Meter, ist gleich 430 Meter.

Und genau so machen wir es mit den Halbzellen: Wir müssen von zwei Halbzellen nur wissen, wie groß der Unterschied zur H_2/ $2H^+$-Halbzelle ist. Den Rest können wir rechnen.

Also: Die Cu/Cu^{2+}-Halbzelle hat 0.34 Volt mehr Potential als die $H_2/2H^+$-Halbzelle. Die Zn/Zn^{2+}-Halbzelle hat 0.76 Volt weniger Potential als die $H_2/2H^+$-Halbzelle. Wir müssen aus Cu/Cu^{2+} und Zn/Zn^{2+} nicht extra eine galvanische Zelle bauen, um die Spannung zwischen den beiden Halbzellen herauszufinden. Es reicht vollkommen, wenn wir es uns mit Hilfe der Elektrochemischen Spannungsreihe ausrechnen.

14.9.2. Einsatzgebiete der Elektrochemie

Die Elektrochemie hat ein weites Wirkungsfeld: Sie forscht an neuen **Batterien** und **Akkumulatoren**.

Sie ist aber auch im **Bauwesen** sehr wichtig. Denn sehr oft werden *unbeabsichtigte galvanische Zellen gebaut,* die den Verfall eines Bauwerkes beschleunigen.

Ein Beispiel: Ein Hausbauer baut ein Haus mit einem prächtigen Kupfer-Dach. An dieses hängt er eine Eisen-Dachrinne. Nun ist das Kupfer edler als das Eisen. das Kupfer nimmt also dem Eisen die Elektronen weg. Sobald es regnet, ist unsere galvanische Zelle perfekt: Die Schadstoffe in der Luft wollen das Kupfer zu Cu^{2+} auflösen. Dieses aber nimmt dem Eisen die Elektronen weg, stattdessen löst sich also das Eisen Fe zu Fe^{2+} oder Fe^{3+} auf, und bildet Rost. Innerhalb kürzester Zeit (einige Wochen können reichen) wird die Dachrinne vollständig verrostet sein.

Um solche Fehlkonstruktionen, die es übrigens immer wieder zu bestaunen gibt, zu verhindern, werden auch oft Elektrochemiker eingesetzt. Das ist auch übrigens der Grund, warum Verliebte keine Vorhängeschlösser auf Brücken hängen sollen, denn die Brücken können dadurch zum Rosten gebracht werden.

Zum Abschluss der anorganischen Chemie sehen wir uns nun noch eine weitere Molekül-Art an:

14.10. Metall-Komplexe

Metall-Komplexe sind Verbindungen, die aus Metall-Atomen oder Metall-Ionen bestehen. An den Metall-Atomen oder Metall-Ionen hängen noch andere Moleküle.

Metall-Komplexe sind recht komplizierte Verbindungen. Es geht in diesem Kapitel nicht darum, genau zu verstehen, warum dieses oder jenes Metall mit so und so vielen anderen Molekülen bindet. Dazu bräuchten wir anorganische Chemie für Fortgeschrittene.

Wir wollen uns nur einen ungefähren Einblick in diese sehr wichtige Molekül-Art verschaffen. Lasst dieses Kapitel also einfach "**auf Euch wirken**"!

Sehen wir uns einmal einen berühmten Komplex an: Den **Kupfer-Tetraaminkomplex.** "*Tetra*" steht für *vier*, "*Amin*" meint: Ammoniak NH_3. Es binden vier NH_3 an ein Cu^{2+} -Ion.

So stellen wir diesen Komplex her:

Wir nehmen Kupfersulfat $CuSO_4$. Dieses blaue Salz lösen wir in Wasser auf. Dadurch spaltet sich $CuSO_4$ auf in Cu^{2+} und SO_4^{2-}.

Die Sulfat-Ionen sind im folgenden unwichtig. Sie schwimmen zwar auch im Wasser herum, aber wir brauchen sie nicht mehr. *Daher zeichnen wir sie nicht ein.*

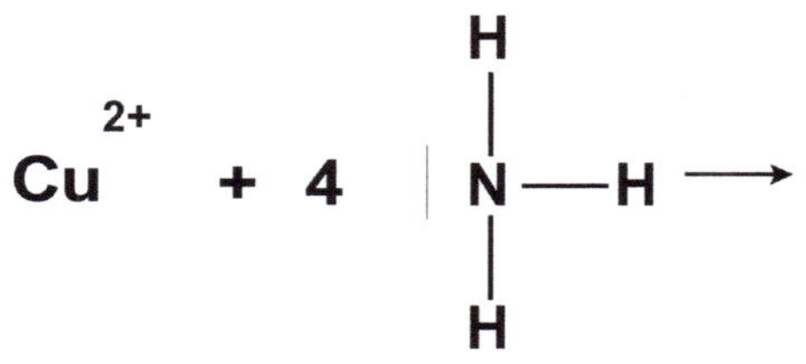

ergibt den Kupfertetraamin-Komplex.
diesen können wir so aufzeichnen....

Dann geben wir zu dieser Kupfersulfatlösung Ammoniak NH_3. Wir sehen: Die Lösung wird *tiefblau.*

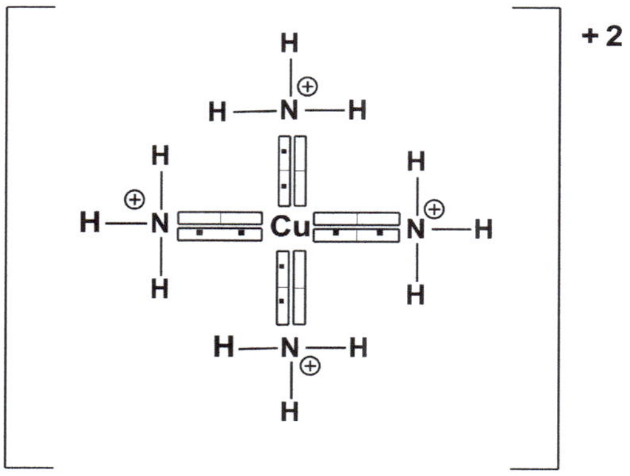

Bild 1: Der Komplex in der Kästchen-Form
(für die wichtigen Elektronen zwischen Cu und N).
Wir interpretieren hier die Bindung zwischen
Cu und N als dative Bindung.

Das Foto rechts zeigt den Kupfertetraaminkomplex (tiefblau, oben), in der Mitte ist $Cu(OH)_2$, unten Cu^{2+}-Ionen in Lösung.

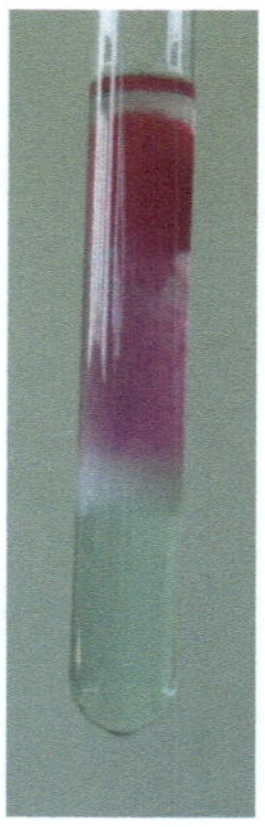

Das Bild links zeigt einen Nickelkomplex:

Das Nickeldiacetyldioxim mit seiner hübschen rosa Farbe. Unten ist $NiSO_4$ mit seinem typischen Grün, das vom Ni^{2+} kommt.

An das Cu^{2+} binden sich die vier NH_3 mit der dativen Bindung. Das Cu^{2+}-Ion hat **vier** leere Orbitale, und die nutzen die NH_3, um sich mit dem Kupfer zu binden. *Warum* das Cu^{2+}-Ion ausgerechnet 4 leere Orbitale zur Verfügung stellt, ist egal. Wichtig ist aber, dass bei diesen Komplexen die **d-Orbitale** eine Rolle spielen. Sie helfen beim Binden.

Bild 1 zeigt den Kupfertetraaminkomplex in einer vereinfachten Kästchen-Schreibweise. Die leeren Kästchen kommen vom Cu^{2+}-Ion, die vollen Kästchen vom nichtbindenden Orbital der NH_3-Moleküle.

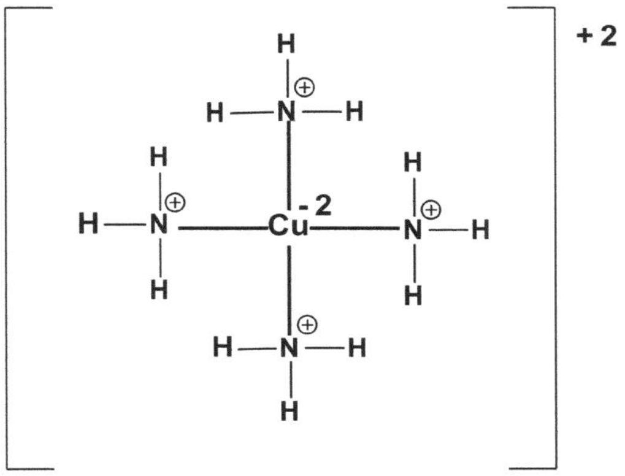

Bild 2: Der Komplex in der Lewis-Schreibweise. Die Bindung zwischen Cu und N wird wieder als dative Bindung interpretiert.Jedes N gibt dem Cu ein Elektron. Daher ist das Cu - 2 geladen.

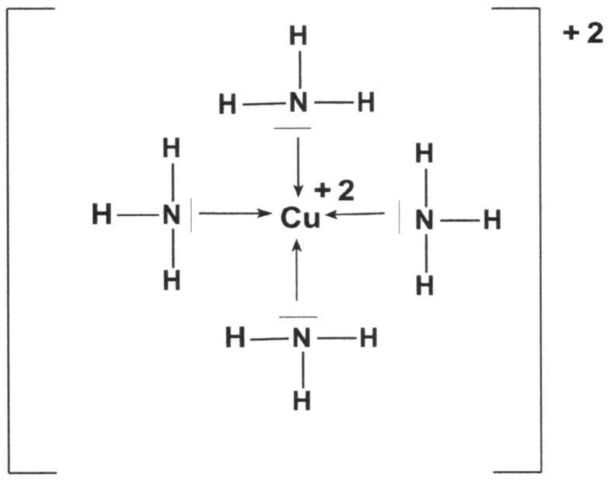

Bild 3: In Wirklichkeit hat das Cu keine 4 Elektronen von den N. Daher zeichnen wir den Komplex mit koordinativen Bindungen (mit Pfeilchen) ein. Die nichtbindenden Elektronen bleiben bei den N. Das Cu ist daher nur + 2 geladen.

Wie wir es bei der dativen Bindung gewohnt sind, ist nun der Stickstoff N positiv geladen, weil er dem Cu^{2+} ein Elektron geschenkt hat. Insgesamt bekommt das Cu^{2+}-Ion also vier Elektronen geschenkt, von jedem NH_3 eines.

Damit ist das Cu^{2+} nun zu einem Cu^{2-} geworden.

Die Ladung des ganzen Komplexes ist aber immer noch +2. Warum?
Einfache Überlegung: Alle NH_3 sind ungeladen, die Ladung ist also null. Das Cu^{2+} hat eine Ladung von 2+. Logisch. Wenn ich nun die Ladungen aller dieser Einzelteile zusammenzähle, komme ich immer noch auf +2, weil: +2 + 0 + 0 + 0 + 0 = +2.

Jetzt müssen wir aber folgendes wissen: Die dative Bindung mit Metallen nennen wir in Zukunft die **koordinative Bindung**. Diesen Namen bitte merken! Dieser Name hat historische Gründe. Man sagt nämlich, die NH_3-Moleküle **koordinieren** am Metall.

Und man zeichnet die koordinative Bindung meistens auch etwas anders ein als die dative Bindung. (Obwohl sie eigentlich das gleiche ist.) Bild 2 ist der selbe Kupfertetraaminkomplex, aber dieses Mal mit dativen Bindungen gezeichnet, so, wie wir es gewohnt sind.

Die **koordinative Bindung** (Bild 3) zeichnen wir aber mit **kleinen Pfeilchen** ein, die vom nichtbindenden Elektronenpaar des NH_3 zum Kupfer-Ion zeigen. Dass der Stickstoff positiv geladen ist, wird auch nicht eingezeichnet. Und auch an der Ladung des Cu^{2+}-Ions ändert sich auch nichts.

Das kommt den Chemikern sehr gelegen, zum einen, weil sie zu faul sind, die Ladungen einzuzeichnen. Die denkt sich der Chemiker einfach dazu. (Und das ist letztlich auch ein Grund, warum Metallkomplexe zu den fortgeschrittenen Dingen der Chemie zählen.). Zum anderen ist die koordinative Bindung nicht mehr wirklich mit der Lewis-Schreibweise zu verstehen. Wie gut etwa unsere NH_3 an das Kupfer-Ion binden, werden wir auf diese Weise nicht herausfinden. **Das müssen wir auch nicht.**. (So ist etwa das Kupfer nicht wirklich mit -2 geladen. All das soll durch die koordinative Bindung und ihre Schreibweise symbolisiert werden.)

Bei einem Komplex nennt man das Metallatom oder Metallion **Zentralatom oder Zentralion.** Die Moleküle, die an dem Komplex koordinieren, nennt man **Liganden**. Im Kupfertetraaminkomplex ist also das Cu^{2+}-Ion das Zentralatom, die NH_3 sind die Liganden.

Komplexe gehören zu den wichtigsten Verbindungsarten in der Natur: Das **Chlorophyll** ist ein Komplex mit einem Mg^{2+}-Ion (Mg ist Magnesium) als Zentrum. Das Chlorophyll ist für die grüne Farbe in Pflanzen verantwortlich. Es wandelt Kohlendioxid CO_2 in Sauerstoff O_2 um, und versorgt unseren Planeten mit Atemluft.

Das **Hämoglobin** ist ein komplizierter Komplex mit einem Fe^{3+}-Ion als Zentralion (Fe ist Eisen). Dieser Komplex ist *tiefrot*, und zeichnet für die rote Farbe des Blutes verantwortlich! Das Hämoglobin nimmt den eingeatmeten Sauerstoff in den Blut auf, und ist daher absolut lebenswichtig.Wir müssen also mit unserer Nahrung genügend Eisen zu uns nehmen, in Form von eisenhaltigem Gemüse oder Fleisch. Bei Eisenmangel kann die **Anämie**, die *Blutarmut,* ausgelöst werden.

Eine weitere wichtige Gruppe Komplex sind die **Cobalamine** mit einem Cobalt-Ion als Zentralion. Dieser Komplex ist das **Vitamin B_{12}**. Es gibt verschiedene Vitamine: B_{12}: B_{12a}, B_{12b} und B_{12c}.

Komplexe sind meistens sehr farbenfrohe Verbindungen. Wissenschaftler haben herausgefunden, dass man mit Cu^{2+}-Ionen also Zentrum Hämoglobin-ähnliche Komplexe herstellen könnte. Würde der Mensch auf der Basis eines Kupfer-Hämoglobins leben, wäre sein Blut blau! Allerdings könnte ein solches Kupfer-Hämoglobin den Sauerstoff nicht so gut binden, und wir wären schlechtere Sportler geworden......

Sehen wir uns noch zwei einfache Eisen-Komplexe an.

Der erste ist der **Pentacarbonyl-Eisen-Komplex.** "*Penta*" heißt "*fünf*", "*Carbonyl*" ist (hier) ein anderer Name für Kohlenmonoxid CO. Hier verbinden sich also fünf Kohlenmonoxid CO mit einem ungeladenen Eisen Fe-Atom. Auch hier zeichnen wir keine Ladung ein, der Chemiker denkt sich die Ladungen dazu. Wir sehen, dass drei der gebundenen CO-Moleküle die Form eines Dreiecks ergeben. Die zwei anderen CO-Moleküle binden von oben und von unten an das Eisen Fe. Weil diese Form aussieht wie zwei Pyramiden, nennt man sie *bi-pyramidal.* "*bi*" steht für "*zwei*".

Dieser Komplex hat eine Ladung von Null. Weil weder Fe noch CO geladen

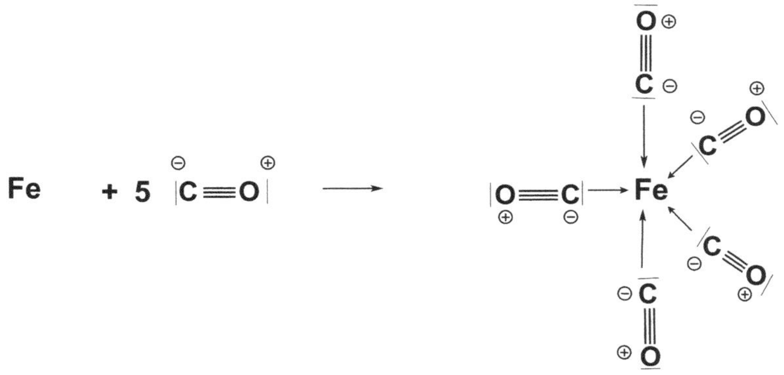

sind.

Der Pentacarbonyl-Eisen-Komplex ist eine rotbraune lüssigkeit und übrigens hochgiftig. Er "konzentriert" sozusagen die Giftigkeit der CO-Moleküle.

Unser letzter Komplex hier ist der **Hexacyanoferrat(III)-Komplex**. "Hexa" steht für "sechs", "cyano" für das Cyanid - Ion CN^-, welches das Anion der

Blausäure HCN ist, und "ferrat(III)" steht für ein Fe^{3+}-Ion. Dieser Komplex setzt sich also aus einem Fe^{3+}-Ion zusammen, an das 6 Cyanid-Ionen gebunden sind.

Wie ist die Ladung dieses Komplexes? Fe hat eine Ladung von +3. An diesem Fe hängen 6 Cyanid-Ionen. Jedes Cyanid -Ion hat eine Ladung von -1. Also hat der Hexacyanoferrat(III)-Komplex eine Ladung von -3, weil: +3 - 6 = -3.

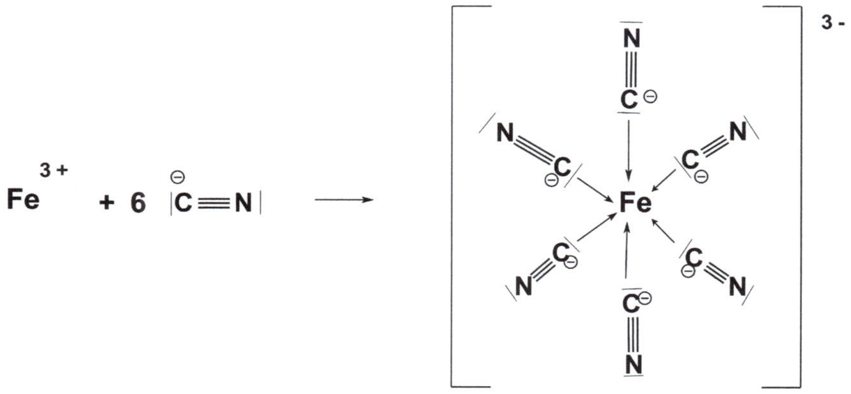

Obwohl dieser Komplex die hochgiftigen Cyanid-Ionen gebunden hat, ist er doch nicht so giftig wie der Pentacarbonyl-Eisen-Komplex. Er gibt nämlich die Cyanid- Ionen nicht so leicht ab.

Wir sehen schon, dass Metallkomplexe schwierig zu verstehen sind, wenn die Ladungen der Liganden nicht extra dazu geschrieben werden. Darum sind kompliziertere Komplexe aber auch nicht mehr Schulstoff! **(Im Bild rechts: Der Kaliumhexacyanoferrat-Komplex (tiefblau), der aus obigem Komplex hergestellt werden kann.)**

Nicht nur in der Natur, auch in Forschung und Industrie werden Komplexe benötigt, nämlich als Katalysatoren. Die wichtigsten Metalle für Katalysator-Komplexe sind Palladium, Platin, Ruthenium, Rhodium und Titan. Mit diesen (und anderen) Metallkomplexen kann man sehr interessante Moleküle aus der organischen Chemie herstellen. (Schöneres Wort für "herstellen": synthetisieren.)

Inzwischen hat Prof T. Rottel eine neue Idee für die Erlangung der Weltherrschaft. Er überlegt: Wenn nun Kupfer-Hämoglobin für schlechte körperliche Leistungen verantwortlich ist, dann nehmen wir ein Osmium-Hämoglobin! Denn Prof. T. Rottel hat verstanden: Osmium (Os) ist unter Eisen im Periodensystem, daher eh fast dasselbe, aber viel edler. Also ersetzt er sich selber Eisen-Hämoglobin durch Osmium-Hämoglobin, damit er zum edlen Helden wird - hochleistungsfähig! Igor denkt sich: "Die Idee ist ja nicht so schlecht, aber...."

Als nämlich Prof T. Rottel ca. 10% seines Blutes ersetzt hatte, kommt er darauf: Osmium ist viel teurer als Gold! Er kann sich diese Kur nicht leisten! Igor hat schon längst für ihn das Schloss verpfändet. Jetzt wird Prof. T. Rottel arbeitslos und verhungert. Und Igor setzt ihn wieder zusammen., denn er ist organischer Chemiker.

Nun gut, aber worum geht es in der organischen Chemie? Wir wissen schon, dass es sich um die Chemie des Kohlenstoffes handelt. Nun wollen wir uns diese Chemie näher ansehen.

15. Organische Chemie

15.1. Was ist organische Chemie?

Wir sind beim letzten großen Teil unserer Reise durch die Chemie angelangt: der **organischen Chemie**.

Die organische Chemie wurde vor 1828 als ein eigenes Gebiet betrachtet, das mit der anorganischen Chemie nichts zu tun hat. Man dachte, die "belebten Stoffe" seien aus gänzlich anderen Grundstoffen zusammengesetzt als die mineralischen Stoffe der anorganischen Chemie.

Das wurde 1828 von **Friedrich Wöhler** widerlegt, dem es gelang, aus anorganischen Ausgangsstoffen eine organische Substanz herzustellen: Den **Harnstoff**.

Heute betrachten wir die organische Chemie als die Chemie des **Kohlenstoffes C**. Der Kohlenstoff kann sich, wie wir schon wissen, als einziges Element zu komplizierteren Molekülen formen: zu langen Ketten oder Ringen und sonstigen Figuren. Einige dieser Moleküle wollen wir im Folgenden kennen lernen.

Die organische Chemie ist eine Mischung aus Verstehen und auswendig Lernen. Das, was wir für die organische Chemie verstehen müssen, haben wir praktisch alles schon gelernt. Nur findet es in der organischen Chemie eine etwas andere Anwendung.

Zum Beispiel kennen wir die dative Bindung. Hier "klappt" ein nichtbindendes Elektronenpaar vom Stickstoff N des Ammoniak NH_3 zu einem H^+.

So ein "Klappen" von Elektronenpaaren haben wir in der organischen Chemie sehr oft: **Zuerst** klappt ein Elektronenpaar von hier nach da, **und darum** klappt ein anderes Elektronenpaar von hier nach dort, **und deshalb** klappt das nächste Elektronenpaar.....und so weiter, und so fort.

Von der Theorie her ist die organische Chemie also leichter als die anorganische Chemie und die chemischen Grundlagen, nur kann es passieren, dass wir mehrere dative Bindungen zugleich betrachten müssen. Oder, besser gesagt: Nicht zugleich, sondern: Wir müssen mehrere dative Bindungen hintereinander betrachten. Diese dative Bindung löst jenes aus, und jenes löst wieder dieses aus.......aber das ist eigentlich nicht schwierig.

Allerdings gibt es in der organischen Chemie sehr viele verschiedene Moleküle. Und die Namen dieser Moleküle muss man leider auswendig lernen.

Zum Glück allerdings setzen sich die meisten dieser Moleküle aus kleineren Molekülen zusammen. Darum braucht man eigentlich nur die Namen der kleineren Moleküle zu wissen, und aus denen setzen wir die Namen die großen Moleküle zusammen. Wie das geht, werden wir sehen.

Es gibt Millionen von organischen Verbindungen, und natürlich kennt kennt kein Mensch alle diese Moleküle, auch wir werden uns auf die wichtigsten Moleküle beschränken.

Ebenso ist es mit den organischen Reaktionen: Da gibt es Millionen von ihnen, und der Chemiker muss einige hundert dieser Reaktionen gelernt haben (von denen er auch die meisten wieder vergisst.....).

Aber alle diese Reaktionen sind ungefähr gleich schwierig (oder gleich leicht) zu verstehen. Nachdem es aber nicht Sinn dieses Buches sein kann, hunderte Reaktionen auswendig zu lernen, werden wir nur einige wenige Reaktionen kennen lernen, und an diesen Reaktionen die Prinzipien der organischen Chemie verstehen.

Wenn man die Prinzipien einmal verstanden hat, kann man jedes weiter führende Chemiebuch problemlos lesen. Sollte man sich also für ein spezielles organisches Thema näher interessieren, kann man, nachdem man einige wenige Grundprinzipien verstanden hat, mühelos in ausführlicheren organisch-chemischen Büchern weiterlesen.

15.2. Die gesättigten Kohlenwasserstoffe: Die Alkane

Kohlenwasserstoffe sind Verbindungen, die nur aus Kohlenstoff C und aus Wasserstoff H bestehen. **Gesättigte Kohlenwasserstoffe** haben **nur Einfachbindungen**, und keine Doppel- oder Dreifachbindungen.

Um Kohlenwasserstoffe zu basteln, müssen wir nur zwei Dinge wissen: H hat eine Hand, und C hat vier Hände.

Wir basteln Kohlenstoffketten aus einem C, aus zwei C, aus drei C....immer ein nach dem anderen, und alle "freien Hände" bekommen ein H.

Wir lernen die gesättigten Kohlenwasserstoffe niemals auswendig, sondern wir basteln sie im Geiste!!!
Die wichtigsten gesättigten Kohlenwasserstoffe sind:

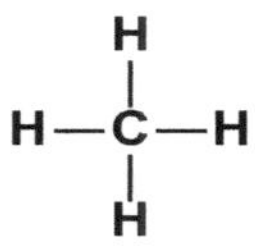
Methan

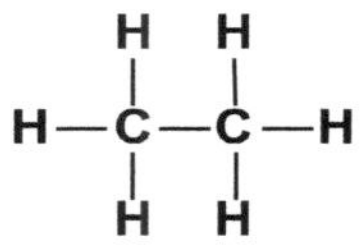
Ethan

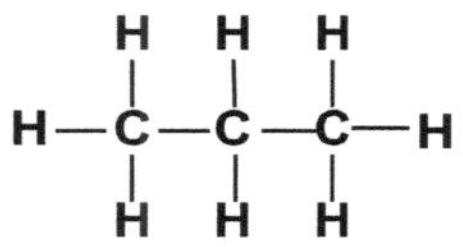
Propan

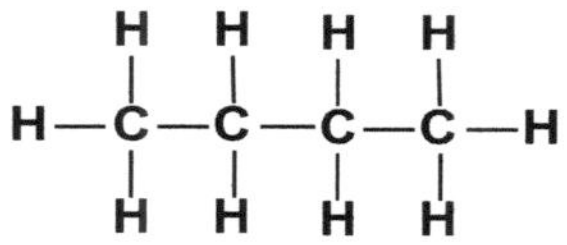
Butan

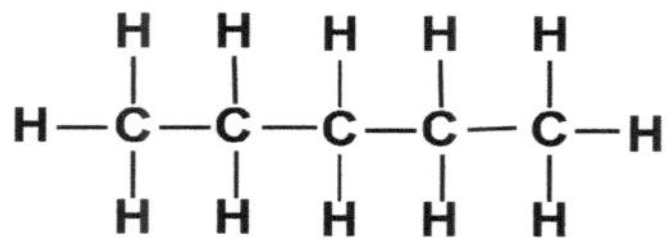
Pentan

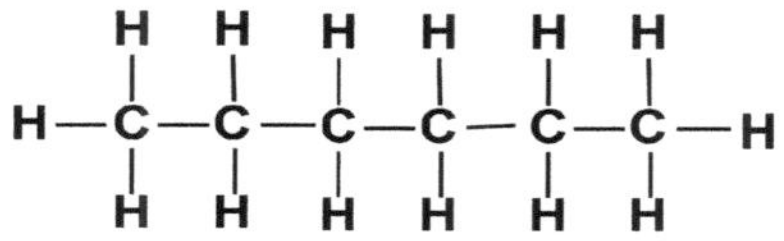
Hexan

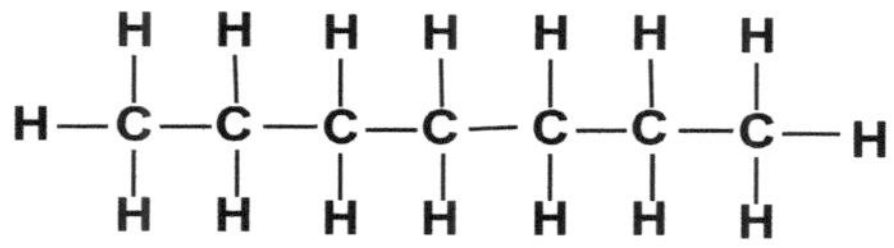
Heptan

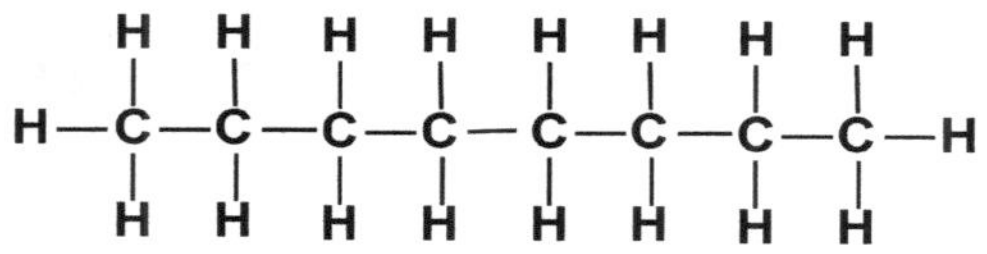
Octan

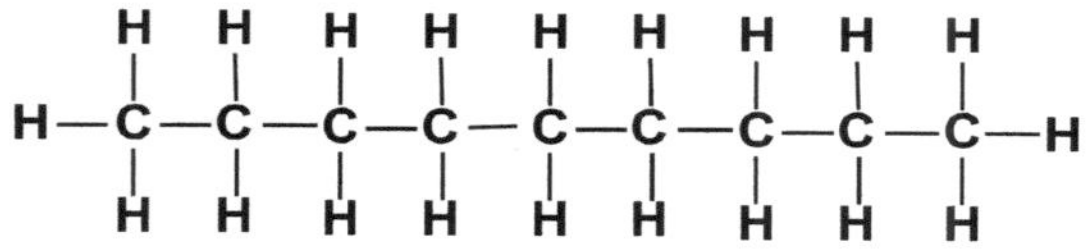
Nonan

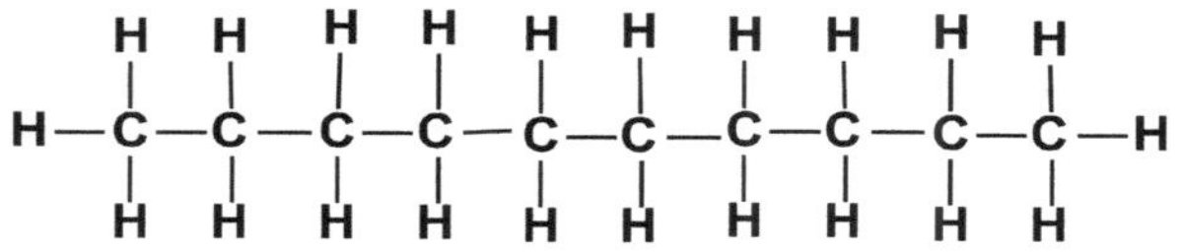
Decan

Was fällt uns auf? Alle diese gesättigten Wasserstoffe enden auf **-an**: Meth**an**, Eth**an**, Prop**an**, usw. Das merken wir uns. Bis **Butan** müssen wir die Namen leider auswendig lernen. Ab **Pentan** haben wir eine Lernhilfe: Ab hier setzen sich die Kohlenwasserstoffe aus lateinischen und griechischen Zahlwörtern zusammen: "*Penta*" heißt "*fünf*", "*hexa*" kommt von "*sechs*", "*hepta*" kommt von "*sieben*", und so weiter.

Merk-Gedicht:

Methan, Ethan sind die kleinen,
Propan, Butan 3, 4 feinen,
Pentan Hexan - Hexerei,
Heptan, Oktan - mit dabei
Nonan, Decan - jetzt sind's 10,
Danke sehr, auf Wiedersehn!

Alle gesättigten Kohlenwasserstoffe nennt man **Alkane**. Also: Methan ist ein Alkan, Ethan ist ein Alkan, und so weiter.

Wir merken uns die Alkane so: Die Namen lernen wir mit dem Gedicht auswendig. Dann merken wir uns: Das kleinste Alkan hat *ein* C. Das nächstgrößere hat *zwei* C, und so fort. Wir hängen immer ein C an das nächste. **Wir brauchen uns also nur die Reihenfolge der Namen zu merken**. Den Rest basteln wir im Geiste.

15.2.1. Eine andere Formel-Schreibweise

Damit wir nicht immer die Bindungsstriche zeichnen müssen, haben Chemiker eine etwas schnellere Schreibweise entwickelt:

Anstelle der Lewis-Formeln kann man die auch so schreiben:

Methan: CH_4.

Gut, das kennen wir schon.

Ab Ethan wird es neu:

Ethan: CH_3CH_3.

Wir schreiben also die C **einzeln** auf, und geben an, an **welchem C wie viele H hängen**. An jedem C hängen 3 H. Also: CH_3CH_3.

Propan: $CH_3CH_2CH_3$.

Propan hat 3 C und insgesamt 8 H. Am ersten C hängen 3 H, am mittleren C hängen nur 2 H, und am letzten C hängen wieder 3 H. Wenn wir für Propan $CH_3CH_2CH_3$ schreiben, können wir das direkt ablesen (und ersparen uns dennoch die Bindungsstriche).

Butan: $CH_3CH_2CH_2CH_3$.
Pentan: $CH_3CH_2CH_2CH_2CH_3$.
Hexan: $CH_3CH_2CH_2CH_2CH_2CH_3$.

Wir sehen, wir können uns hier viel Schreibarbeit ersparen.

15.2.2. Wie sehen die Alkane wirklich aus?

Hier, auf dem Papier, haben wir sie eben eingezeichnet. Tatsächlich aber haben sie eine räumliche Form. Sehen wir uns das am einfachsten Kohlenwasserstoff, am Methan, näher an:

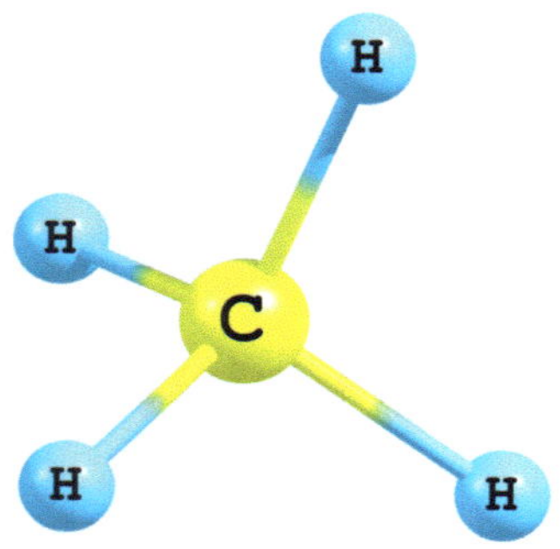

Wir sehen: Das Methan CH_4 ist nicht "flach", sondern die H sind gleichmäßig im Raum angeordnet. So eine Form nennt man **tetraedrisch**.

Das nächstgrößere Alkan, das **Ethan** CH_3CH_3, sieht so aus:

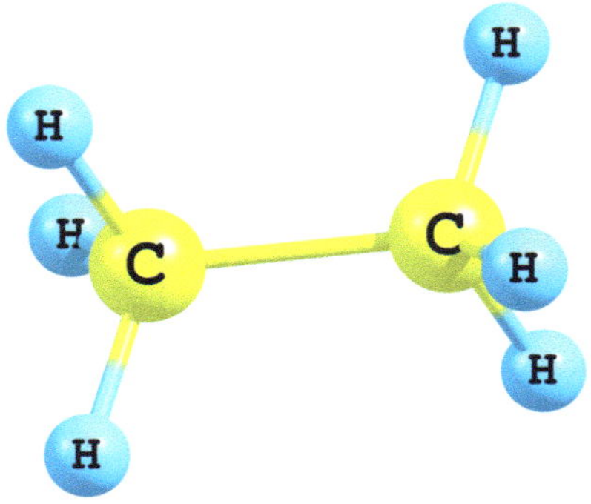

Wenn wir Ethan basteln wollen, nehmen wir ein Methan. An diesem Methan tauschen wir ein H durch ein C aus. Das C hat aber vier "Hände", eine Hand bindet mit dem anderen C. Also müssen wir noch drei H an das neue C binden.

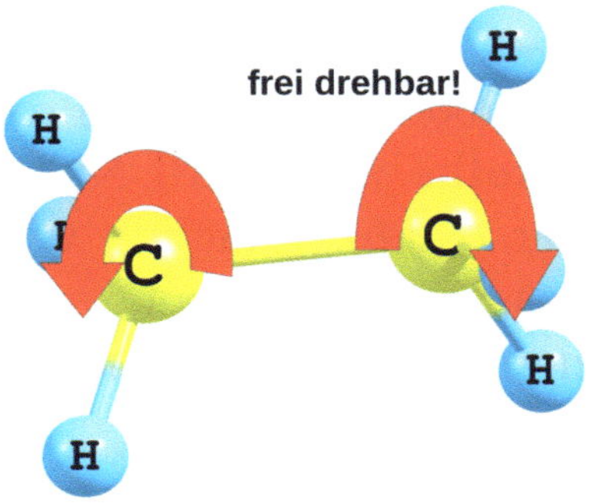

Aus dieser wirklichen Form der Kohlenwasserstoffe sieht man etwas, das man aus der "flachen" Form nicht so gut erkennen kann: Die beiden C-Atome sind durch eine Einfachbindung (eine sigma-Bindung) verbunden. Und diese Einfachbindung kann man drehen! **Das bedeutet, die Kohlenstoffe können sich gegeneinander drehen**.

Und die Wasserstoffe H drehen sich mit dem Kohlenstoff, an den sie gebunden sind, mit. Das bedeutet: **Ein und derselbe Kohlenwasserstoff kann verschiedene Formen annehmen.**

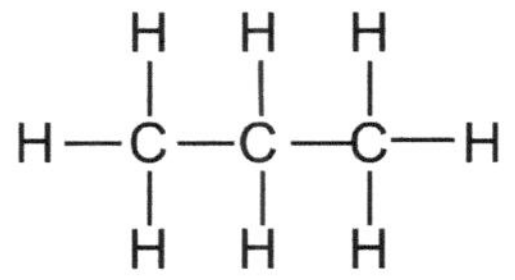

Propan

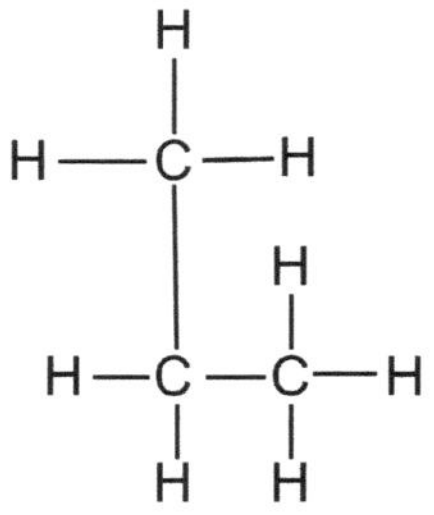

auch Propan

So ist der linke Molekül ein Propan, und das rechte Molekül auch! **Das ist ein und das selbe Molekül!** Nur ist das rechte Propan anders gedreht. Es kann sich aber ganz leicht wieder umdrehen. Tatsächlich drehen sich Kohlenwasserstoffe ununterbrochen auf diese Weise. Grund hierfür ist die Wärmeenergie. Wärme lässt Moleküle bewegen. Und so drehen sie sich eben auch.

Ebenso dreht sich zum Beispiel ein Nonan.

Alles das sind **verschiedene** Formeln **eines** Moleküls:

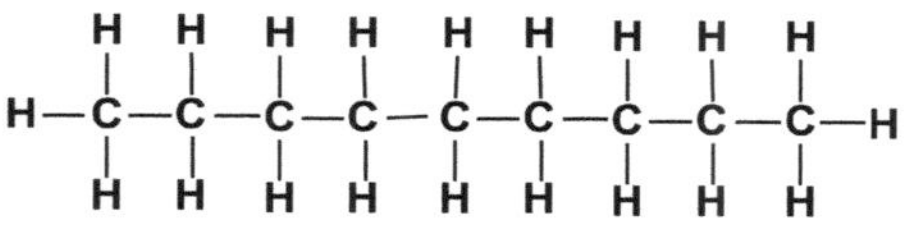

Nonan

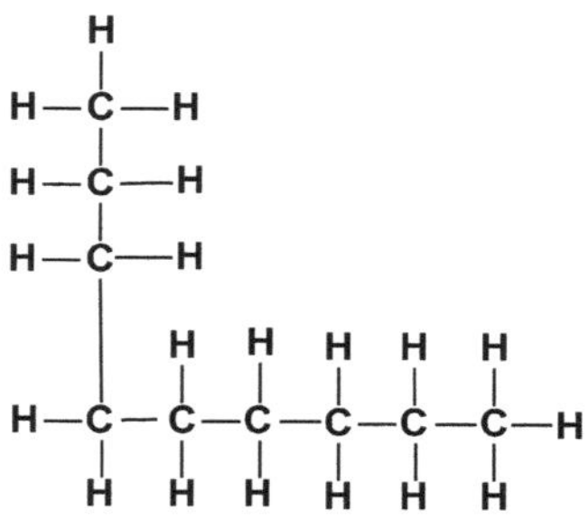

auch Nonan

Wir können es auch ganz verformt aufzeichnen:

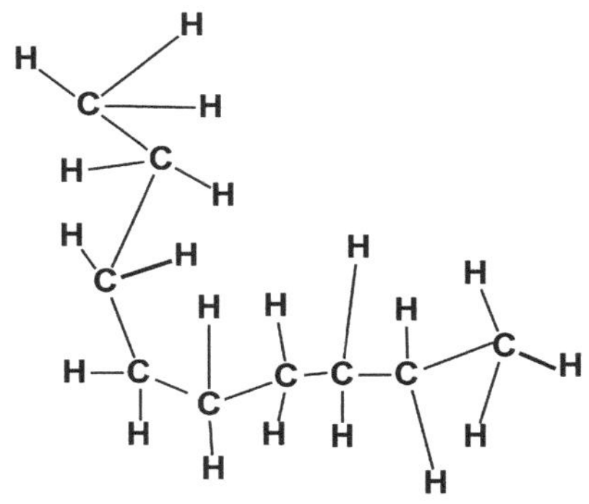

auch Nonan

Auch dieses Ungetüm ist einfach nur Nonan.

15.2.3. Hybridisierung in Kohlenwasserstoffen

Sehen wir uns das **Methan** CH_4 an: Alle H sind **gleich gut an das C gebunden**. Es können vier H an das C binden, weil der Kohlenstoff C vier halb besetzte Orbitale hat.

Nun wissen wir: Eines dieser halb besetzten Orbitale sollte ein s-Orbital sein, und die anderen drei halb besetzten Orbitale sollten p-Orbitale sein.

Das s-Orbital ist das günstigste, die "beste Wohnung", die p-Orbitale sind etwas schlechter.

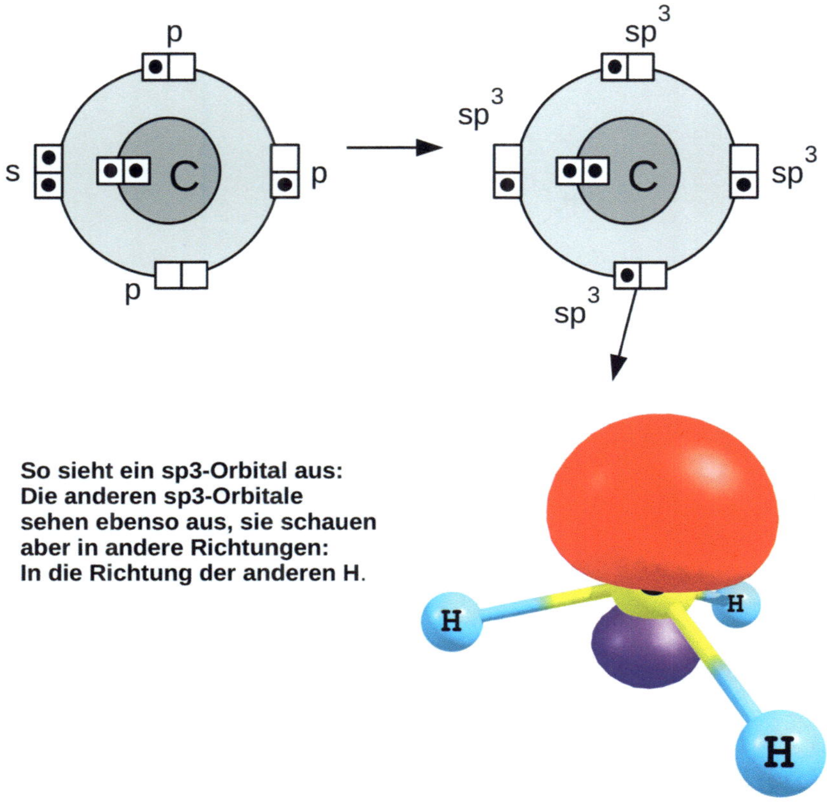

Jenes eine H-Atom, das an das s-Orbital gebunden ist, sollte also *besser* an das C-Atom gebunden sein, als die anderen drei H-Atome, die an die drei p-Orbitale gebunden sind.

Aber das ist nicht so. **Sondern: Alle vier H-Atome im Methan sind gleich gut an das C-Atom gebunden.**

Diesen Widerspruch hat *Linus Pauling*, (den wir von der Elektronegativität schon kennen, nicht verwechseln mit Wolfgang Pauli!) gut erklärt: Pauling hat vorgeschlagen, dass sich das s-Orbital und die drei p-Orbitale des Kohlenstoffs **verformen**, und zwar so, dass **sie genau gleich gut werden**. Dass also vier gleich gute "Elektronenwohnungen" entstehen. Die drei p-Orbitale werden in der Energie etwas günstiger, dafür wird das s-Orbital etwas schlechter.

Durch diese Verformung **vermischen** sich das s-Orbital und die drei p-Orbitale, und heraus kommen wieder vier Orbitale, aber jedes dieser Orbitale besteht zu drei Viertel aus p und zu einem Viertel aus s. Diese vier neuen Orbitale nennt man die **sp^3-Hybridorbitale.** "*Hybrid*" heißt "*Mischung*": Hybride gibt es auch im Tierreich: Wird ein Löwe und ein Tiger gekreuzt, kommt ein Löwen-Tiger-Hybrid heraus. Der hat die Streifen vom Tiger, nur schwächer, und die Mähne vom Löwen, aber auch schwächer ausgeprägt. Ein sp^3-Hybridorbital besteht eben zu **einem** Teil dem **s-Orbital** und aus **drei Teilen** aus **p-Orbitalen**,

Alle vier sp^3-Orbitale sehen von der Form her gleich aus: Wie Keulen. Also wie p-Orbitale, nur ist der obere Nebel größer als der untere. Der einzige Unterschied zwischen den vier sp3-Orbitalen ist, dass sie in eine andere Richtung schauen. Jedes Hybridorbital schaut in die Richtung eines H-Atoms, das an das Kohlenstoff C gebunden ist.

So hat Linus Pauling die Tatsache zu erklären versucht, dass alle 4 H des Methan CH_4 gleich gut an das C-Atom gebunden sind.

Für Interessierte sei dazu gesagt, dass auch die Erklärung von Pauling nur ein Modell ist. Also ein nicht ganz richtiges Bild der Wirklichkeit: Tatsächlich sind nämlich die Elektronen über den ganzen Kohlenwasserstoff "verschmiert" also *delokalisiert*. Im Grunde heben sich dabei die Hybridisierungen wieder auf.

Die Hybridorbitale würden für ein einzelnes C-Ion mit nur einem Elektron *genau* stimmen, für Methan stimmen sie leider nicht ganz. Nur: Das zu verstehen, ist sehr kompliziert, und wir brauchen es nicht zu wissen. **Wir vergessen das gleich wieder, und merken uns die sp3-Hybridorbitale.**

15.2.4. Nomenklatur von Alkanen

Bevor wir loslegen, müssen wir noch zu einem unangenehmen Thema kommen: Die Namensgebung von Alkanen. Ein schöneres Wort für Namensgebung ist **Nomenklatur**. Die Nomanklatur ist wichtig, damit der eine Chemiker weiß, worüber der andere redet. Daher müssen Namensregeln eindeutig sein.

Die Namensregeln, die wir in der organischen Chemie verwenden, nennt man die "*Genfer Nomenklatur*". Diese Nomenklatur ist von der **IUPAC**, der "**I**nternational **U**nion of **p**ure and **a**pplied **C**hemistry" eingeführt worden. IUPAC bedeutet übersetzt "*Internationale Vereinigung der reinen und angewandten Chemie*". Sie ist eine weltweite Chemie-Organisation und kümmert sich, neben der Benennung von Molekülen, auch um die Festlegung wichtiger chemischer Einheiten. So ist auch das Mol von der IUPAC festgelegt worden.

Sehen wir uns nun die Genfer Nomenklatur genauer an.

Wie benennen wir zum Beispiel dieses Alkan?

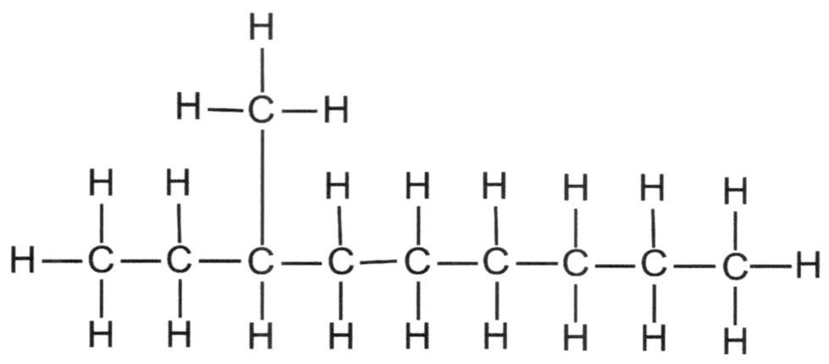

Wir müssen, wenn wir dieses Ding richtig benennen wollen, d**ie längste Kohlenstoffkette** finden. Nach dieser Kette benennen wir das Molekül.

Die längste Kohlenstoffkette in diesem Molekül hat neun C. Also ist es ein **Nonan**.

Aber: hier hängt noch **ein weiteres C** am Nonan, und auf diesem C hängen noch drei H. Dieses CH_3-Anhängsel nennt man **Methylgruppe** oder **Methylrest** oder einfach nur **Methyl**. "**Methylrest**" heißt es deshalb, weil es kein eigenes Molekül ist, sondern am Nonan hängt. Es ist also ein Molekülrest.

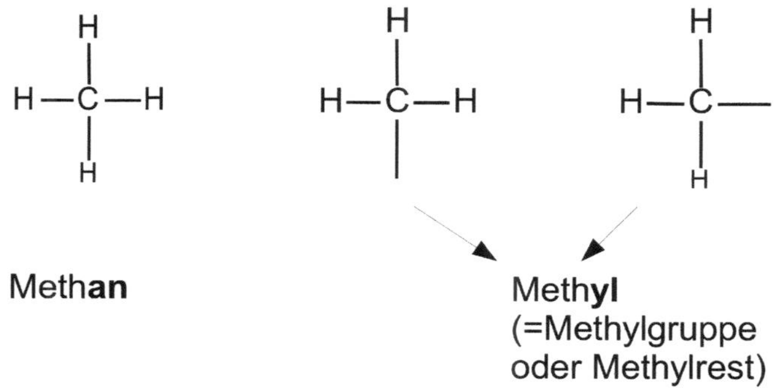

"*Methyl*" heißt dieser Rest, weil er offensichtlich mit dem *Methan* verwandt ist. Das Methyl ist ein Methan, dem ein H fehlt.

Hängt also ein Methan mit seiner vierten Bindung ("Hand") nicht an einem vierten H, sondern an einem anderen Molekül, so wird aus dem Meth**an** ein Meth**yl**. Aus "**-an**" wird "**-yl**". Wir werden uns gleich weitere "Reste" ansehen, fürs erste genügt uns das Methyl.

Es hängt also ein **Methyl** an einem **Nonan**. Darum heißt dieses Molekül

Methylnonan.

Dieser Name ist zu ungenau.

Wo hängt nun das Methyl?

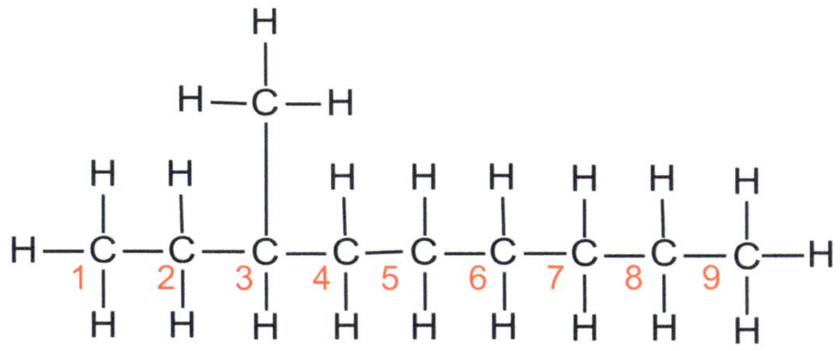

Am **dritten** C von links, oder, anders gesagt, am **siebenten** C von rechts (bitte nachzählen!). Das müssen wir in den Namen einfließen lassen.

Wenn wir die C-Atome des Nonan von links nach rechts nummerieren, so hat das C, an dem das Methyl hängt, die Nummer 3.

Wenn wir das Nonan von rechts nummerieren, so hat das C, an dem das Methyl hängt, die Nummer 7.

Und nun wählen wir die Nummer des C-Atoms so, dass sie möglichst niedrig wird.

Das Methyl hängt also am C-Atom mit der Nummer **3**. Und diese "3" fließt nun in den Namen ein. **Wir schreiben die 3 vor das "Methyl"**. Unser Molekül heißt also:

3-Methylnonan

fertig.

Und wie heißt dieses Molekül?

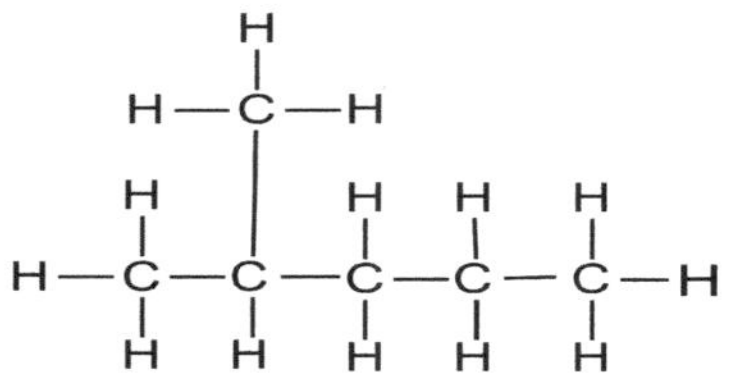

Die längste Kohlenstoff-Kette besteht aus fünf C. Also ist es ein **Pentan**. An diesem Pentan hängt ein **Methylrest**. Das Methyl hängt am **zweiten C von links**. (oder am 4. C von rechts, aber das interessiert uns nicht, weil: 2 ist kleiner als 4, und wir suchen die kleinste Zahl!).

Also ist dieses Molekül ein **2-Methylpentan**.

Es gibt natürlich auch noch andere Reste als den Methylrest. Die müssen wir uns jetzt ansehen. Weil: Wir können an ein Alkan auch einen längeren Rest anhängen! Zum Beispiel Reste, die aus zwei oder drei oder 4 C bestehen, und so weiter.

Wie das Meth**yl** mit dem Methan verwandt ist, so ist das Eth**yl** mit dem Eth**an** verwandt: Das Eth**yl** sieht aus wie das Eth**an**, nur fehlt ihm ein H. So können wir das Eth**yl** an ein anderes Molekül hängen.

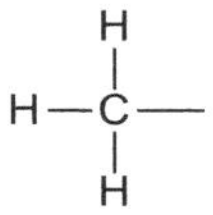

Methyl

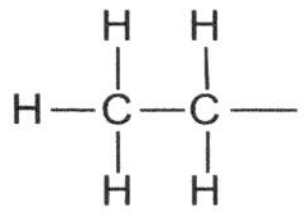

Ethyl

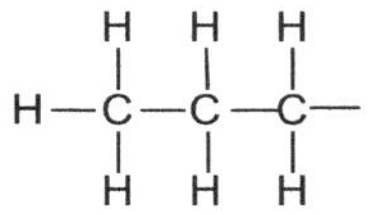

Propyl

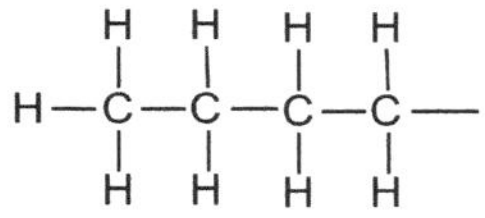

Butyl

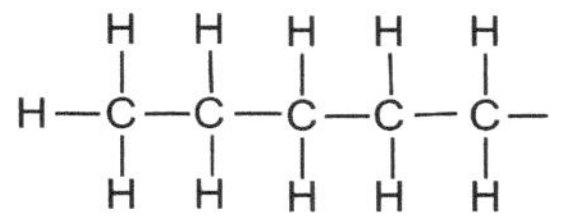

Pentyl

und so weiter....

Ebenso ist das Prop**yl** mit dem Prop**an** verwandt, und das But**yl** mit dem But**an,** das Pent**yl** und das Pent**an**.

Wir sehen, alle diese Reste enden auf **-yl**. Der allgemeine Name dieser Anhängsel ist **Alkylrest**. Aus Alk**an** wir Alk**yl**. Also Ethyl ist ein Alkylrest, Propyl ist ein Alkylrest......

Wie heißt dieses Molekül?

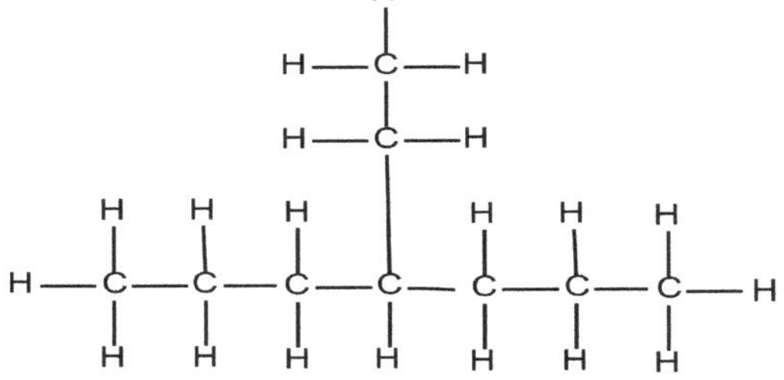

Die lange Kohlenstoff-Kette besteht aus **sieben** C, also ist es ein **Heptan**. An dieses Heptan ist ein **Ethyl** gebunden, und zwar am **4. C** (in diesem Fall ist es egal, ob wir von links oder rechts nummerieren!).
Es ist also ein

4-Ethylheptan.

Das nächste Alkan besteht aus einer Kohlenstoff-Kette aus 8 C. Es ist also ein **Octan.** Dieses hat ein Propyl am 4. C von links hängen. Es ist also ein **4-Propyloctan**.

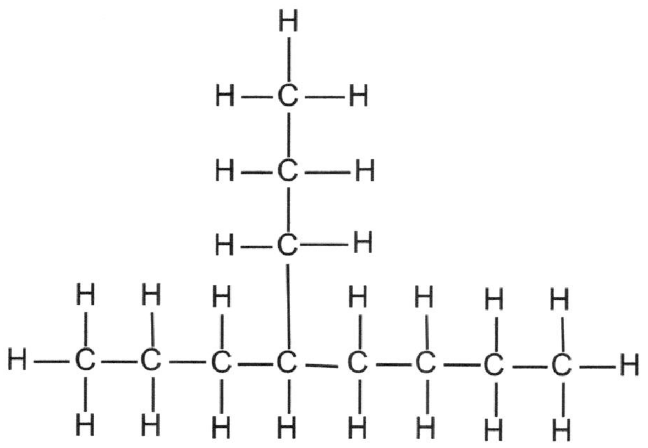

Wie benennen wir aber Moleküle, an denen zwei oder mehrere Reste hängen? Im Grunde genau so. Wir nummerieren so, dass die Zahlen möglichst klein werden.

Wenn wir also zwei mögliche Nummerierungen haben, und in der einen Nummerierung kommt die Zahl 3 als kleinste Zahl vor, in der anderen Nummerierung die Zahl 2, **so wählen wir die Nummerierung mit der Zahl 2.**

Also:

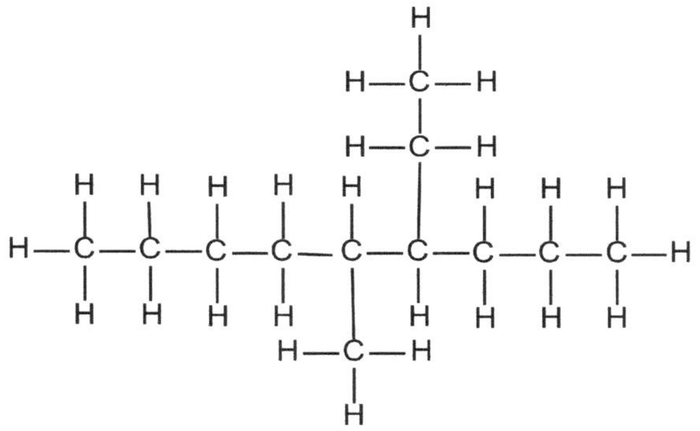

Die lange Kohlenstoffkette in diesem Alkan ist ein **Nonan**. Nummerieren wir von links, so hängt ein Methyl am 5. C, und ein Ethyl am 6. C.

Nummerieren wir von rechts, so hängt das Ethyl am 4. C, und das Methyl am 5. C.

Also nummerieren wir das Nonan von **rechts,** weil hier die Zahlen kleiner werden.

Ob die Alkylreste nach oben oder unten hängen, ist übrigens egal, weil die Alkane alle frei drehbar sind. So können sich die Alkylreste, wie sie wollen, nach oben oder unten drehen.

So ist es ein **4-Ethyl- 5 -Methylnonan**.

Wir schreiben das Ethyl vor dem Methyl, weil es im Alphabet früher kommt!

Noch ein Beispiel:

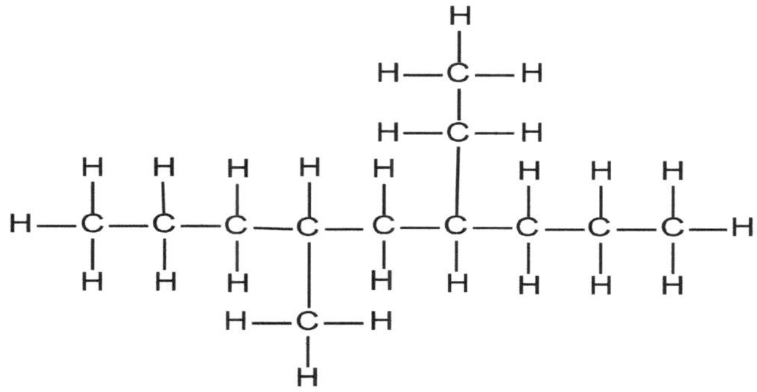

Auch dieses Molekül ist ein **Nonan**. Wieder hängt ein **Ethyl - und ein Methylrest** oben. Aber hier ist es egal, von welcher Seite wir nummerieren. Immer bekommen wir heraus, dass die Reste am 4. C und am 6. C hängen.

Weil aber das Ethyl vor dem Methyl im Alphabet kommt, hat das Ethyl Vorrang. Also hängt das Ethyl am C mit der Nummer 4, das Methyl hängt am C mit der Nummer 6.

Es ist also ein

4-Ethyl- 6-Methylnonan.

Wie benennen wir ein Alkan, an dem zwei gleiche Reste hängen?

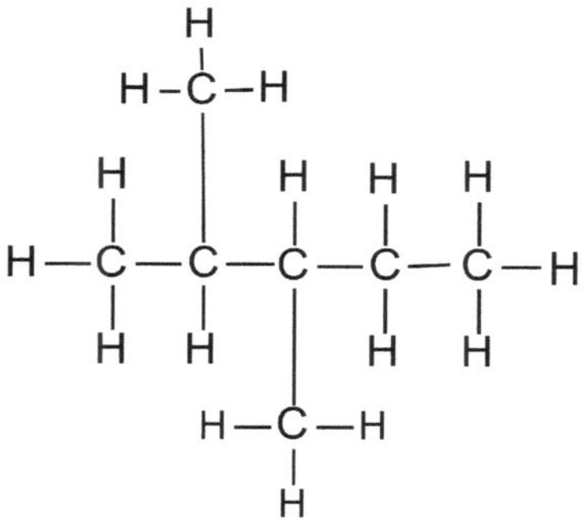

Die lange Kohlenstoffkette besteht aus 5 C, sie ist ein **Pentan**. Am zweiten C von links, und am dritten C von links hängt ein Methyl. Nun müssen wir **dazu sagen**, dass es **zwei Methylreste** sind, die am Pentan hängen. Das griechische Zahlwort für "zwei" ist "**di**".

Es ist also ein

2,3- Dimethylpentan.

Wenn wir an das selbe Pentan noch ein drittes Methyl hängen, brauchen wir das griechische Wort für "drei", das ist "**tri**": Dieses Molekül ist wieder ein Pentan.
Die Methyle hängen hier am 2., 3., und 4. C.

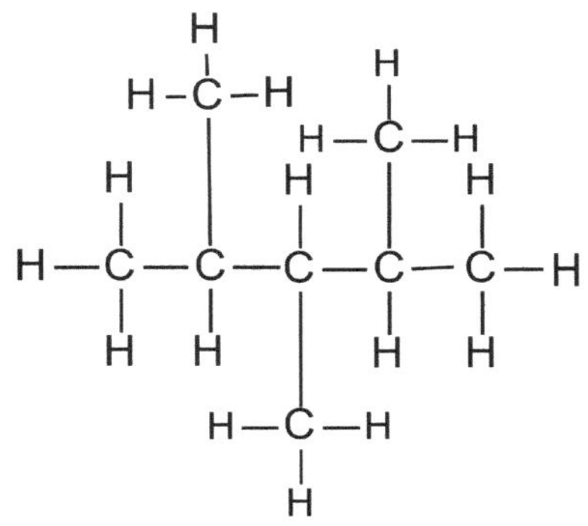

Dieses Alkan ist also ein

2,3,4- Trimethylpentan

Also, nicht vergessen:
Methyl (für ein Methyl)
Dimethyl (für zwei)
Trimethyl (für drei)
Tetramethyl (für vier)
dann geht es weiter mit Penta – Hexa - und so fort....

Ethyl (für ein Ethyl)
Diethyl (für zwei)
Triethyl (für drei) und so weiter.....

Und als letztes Beispiel: Vorsicht, Falle!

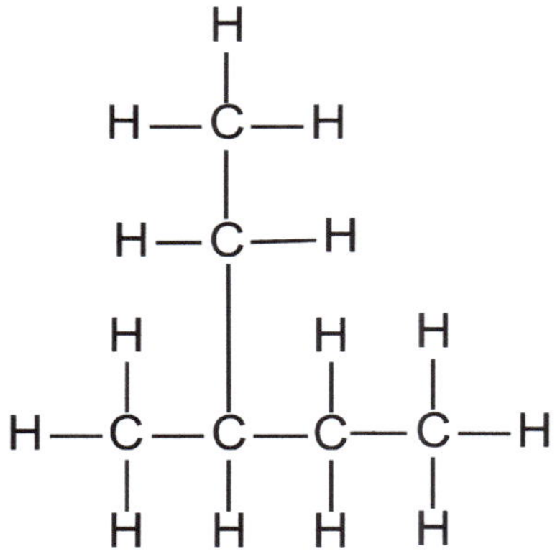

Das sollte doch ein *2-Ethylbutan* sein, oder? Die längste Kette ist ein Butan, und am 2. C hängt ein Ethyl.

Aber das ist falsch!

Die Alkane sind nämlich frei drehbar! **Die längste Kohlenstoffkette kann auch gebogen sein**! Und dann ist die längste Kohlenstoffkette jene mit den nummerierten C. Und diese Kette ist ein **Pentan aus fünf C bestehend.**

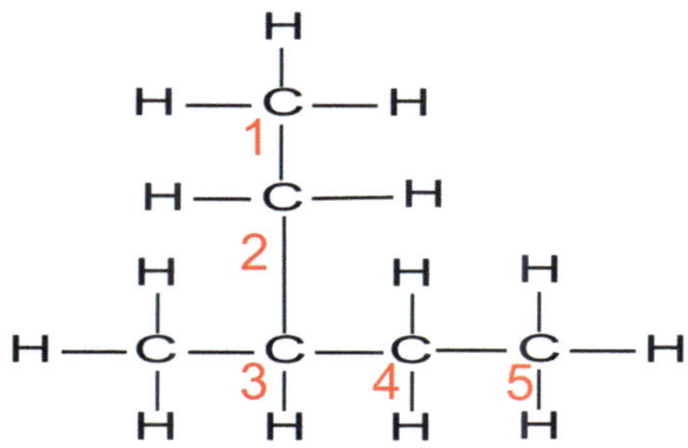

Es ist also ein **3-Methylpentan**! Man darf sich von der Zeichnung nicht täuschen lassen!

Und jetzt versucht bitte, diese Moleküle zu basteln:

3,4- Dimethyloctan

3-Ethyl, -4-Propyldecan

2,3,3- Trimethylpentan.

2-Pentylbutan (Vorsicht, Falle! Wie heißt das Molekül wirklich?)

5,6 Dimethyl- 7,8 Diethyldecan. (Vorsicht! Gibt es eine Möglichkeit, kleinere Zahlen zu erhalten?)

Man sieht: Das Basteln ist leichter als das Benennen!

Wozu braucht man eigentlich eine so genaue Nomenklatur?
Wenn ein Chemiker etwas über ein bestimmtes organisches Molekül herausfinden will, dann muss er es in der Chemie-Bibliothek finden können. Eine gute Chemie-Bibliothek besteht aus tausenden von Bänden, in denen man sich erst einmal zurecht finden muss.

Nun muss man also wissen, in welchem Buch und auf welcher Seite man ein bestimmtes Molekül findet. Dazu gibt es einen Index, also ein **Stichwortverzeichnis**. In jedem guten Sachbuch gibt es so einen Index: meistens ganz hinten und der Index ist einige Seiten lang.

Genau so gibt es für Chemie-Bibliotheken mit ihren Millionen von Buchseiten solche Stichwortverzeichnisse. Nur haben diese nicht 20 Seiten, sondern 20 000 Seiten. Ein berühmter Chemie-Index ist zum Beispiel der "Beilstein-Index". Wenn ich nun nicht genau weiß, wie mein gesuchtes Molekül heißt, finde ich es nie. Daher muss ich mein Molekül genau benennen können.

Aber die Zeiten haben sich geändert: Mit den heutigen Computerprogrammen kann ich die Struktur eines Moleküls zeichnen, und der **Computer findet den Namen heraus.** Obendrein weiß die Suchmaschine auch, wo Informationen über das Molekül zu finden sind. Insofern hat die Nomenklatur etwas an Bedeutung verloren. Für Schüler und Studenten, die Chemie nur als Nebenfach haben, ist eine genaue Nomenklatur mit all ihren Sonderregeln auch nicht wichtig. Daher beschränken wir uns auf die einfachsten Nomenklatur-Regeln.

Ein bisschen Nomenklatur brauchen allerdings auch wir. Es gibt wahrscheinlich keine Wissenschaft, die so komplizierte Namen basteln kann wie die Chemie. Die meisten Wissenschaftler sind ja doch ein bisschen stolz auf ihre Fremdworte, weil man mit ihnen angeben kann. Was das betrifft, sollte sich niemand mit einem Chemiker anlegen. Während zum Beispiel Mediziner (*auch die sind ziemlich stolz auf ihre Fremdworte*) nur Worte wie "Karzinom" (Krebs) oder "Hypertrophie" (Bluthochdruck) auf Lager haben, schafft ein Chemiker ein 5-(4,4-dichlor-3,3-dimethylbutyl)-3-(2,2,2-trimbrom-1-methylethyl)-Decan.

15.2.5. Isomerie

Wir basteln jetzt ein Molekül aus 4 Kohlenstoff C und 10 H. Was bekommen wir dabei?

Es gibt zwei Lösungen. Die eine Lösung ist das Butan, die andere Lösung ist das 2-Methylpropan. Wir sehen also: Es gibt zwei Moleküle mit der **Summenformel** C_4H_{10}. Aber trotzdem sehen diese beiden Moleküle anders aus. Ihre **Strukturformel** ist eine andere.

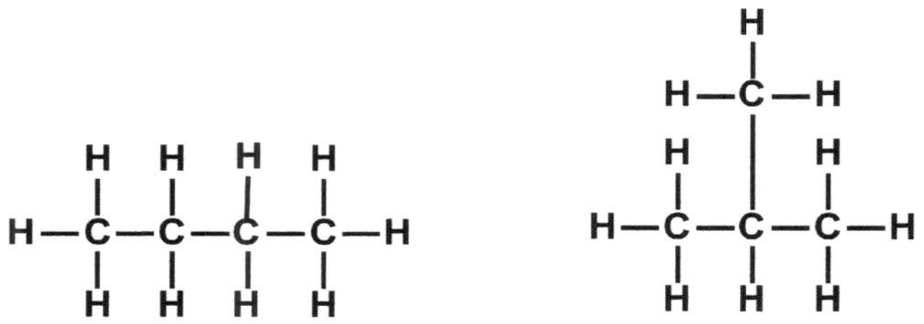

zwei Isomere

Das bedeutet: Nur weil wir die Summenformel kennen, nämlich C_4H_{10}, wissen wir noch nicht, wie das Molekül tatsächlich aussieht. Moleküle, die die selbe **Summenformel** haben aber anders aussehen, nennt man **Isomere**. Isomere haben also die gleiche Summenformel, aber eine andere **Strukturformel**. Isomere können zum Teil ganz andere Eigenschaften aufweisen. Die Struktur eines Moleküls ist viel wichtiger als die Summenformel.

Bei den Alkanen ist der Unterschied zwischen den Isomeren nicht ganz so groß wie bei anderen Stoffarten, aber es gibt sie auch hier.

So hat 1-Methylpropan einen Siedepunkt von -11,7 °C, Butan aber hat einen Siedepunkt von -0,5 °C. Während das eine noch flüssig ist, ist das andere schon ein Gas..

Obwohl sich also Isomere voneinander unterscheiden, gibt es bei den Isomeren der Alkane gewisse Gemeinsamkeiten.

So sind kleine Alkane (von einem bis zu vier Kohlenstoff-Atomen) gasförmig, mittelgroße Alkane (von 5 bis 16 Kohlenstoffatomen) flüssig, und große Alkane (größer als 16 Kohlenstoffatome) fest.

Das sehen wir uns nun genauer an:

15.2.6. Chemie der Alkane

Alkane sind sehr wichtige Stoffe. Aus ihnen lassen sich die verschiedensten organischen Moleküle herstellen, für Medikamente, Kunststoffe, Pflanzenschutzmittel und vieles anderes mehr. Sie sind die Grundbausteine der organischen Chemie.

15.2.6.1 Gewinnung der Alkane

Alkane werden aus **Erdöl** gewonnen, das eine Mischung aus den verschiedensten Alkanen ist. **Das erklärt auch die Wichtigkeit des Erdöls!** Die Alkane werden durch Destillation voneinander getrennt: Die kleinen Alkane sieden schon bei niedrigen Temperaturen, sie verdampfen also sehr bald und werden zuerst als Gas abgetrennt (und dann wieder ausgekühlt und kondensiert). Zu diesen leichten Alkanen gehören zum Beispiel das "**Feuerzeuggas**".

Dann verdampfen die größeren Alkane (wie **Autobenzin oder Diesel**), sie werden auch abgetrennt, und so fort, bis wir zu den größten Alkanen kommen (wie **Paraffin**, das "falsche Kerzenwachs").

Die allergrößten Alkane werden nicht verdampft, sie bleiben beim Destillieren zurück (das nennt man *Destillationsrückstand*). Dieser Rückstand ist das **Bitumen**, der als **Asphalt** verwendet wird. Die aus dem Erdöl gewonnenen Alkane nennt man auch die **Erdöl-Fraktionen**, weil Stoffe, die durch Destillieren getrennt worden sind, Fraktionen genannt werden.

Dieses Destillieren von Erdöl geschieht in den großindustriellen Erdöl - Raffinationsanlagen, wie sie von den großen Erdöl-Konzernen betrieben werden.

Sehen wir uns die Alkane im Detail an:

15.2.6.2. Methan

CH_4 Methan: Methan ist auch als "**Erdgas**" bekannt: es findet sich oft über den Erdöl-Lagerstätten. Es entsteht aber auch bei Fäulnis-Prozessen, wie zum Beispiel in Kläranlagen. Trotzdem ist reines Methan geruchlos.

Methan wird im Haushalt als **Heizgas** verwendet: in Gasheizungen und Gasherden. Methan ist hochexplosiv: Ausströmendes Heizgas ist sehr gefährlich! Darum wird Methan mit stark riechenden versehen: Wenn Methan austritt, nimmt man den typischen Gasgeruch wahr.

Methan verbrennt mit Sauerstoff zu 2 H_2O und CO_2. Wir brauchen also insgesamt vier Sauerstoff-Atome, oder (besser gesagt) zwei O_2, um Methan zu verbrennen:

$$\mathbf{CH_4 + 2\ O_2 \dashrightarrow 2\ H_2O + CO_2.}$$

15.2.6.3. Ethan, Propan, Butan

Ethan, Propan und Butan sind ebenfalls Gase und werden als Heizgas verwendet. Butan ist die Flüssigkeit in den Feuerzeugen!

Alkane mit 5 oder 6 C (und deren Mischungen) nennt man **Petrolether** und werden als **Lösungsmittel** und **Wundbenzin** verwendet. Auch sie verdampfen schon bei knapp über 30°C.

Alkane (und deren Mischungen) **mit 6 oder 7 C** nennt man **Ligroin**, und werden ebenfalls als Lösungsmittel verwendet.

15.2.6.4. Benzin, Kerosin, Petroleum

Benzin ist eine Mischung aus Alkanen mit **7 oder acht C**. Das Alkan mit 8 C ist das **Octan**. Ein Isomer des Octan (also ebenfalls mit acht C) ist das 2,2,4-Trimethylpentan (bitte basteln!). Je mehr davon im Benzin ist, desto besser ist das Benzin. Nun nennt man 2,2,4-Pentan auch **iso - Octan** (weil es ein Isomer des Octans ist).

Also: Je mehr iso - Octan, desto besser. Darum hat man die "**Octanzahl**" eingeführt, die die Qualität von Benzin beschreibt. Super-Benzin hat zum Beispiel eine höhere Octanzahl, als normales Benzin.

Petroleum und Kerosin bestehen aus Alkanen mit 9 C und 10 C. Petroleum ist schon deutlich zähflüssiger als Benzin. Je größer die Alkane werden, desto zähflüssiger

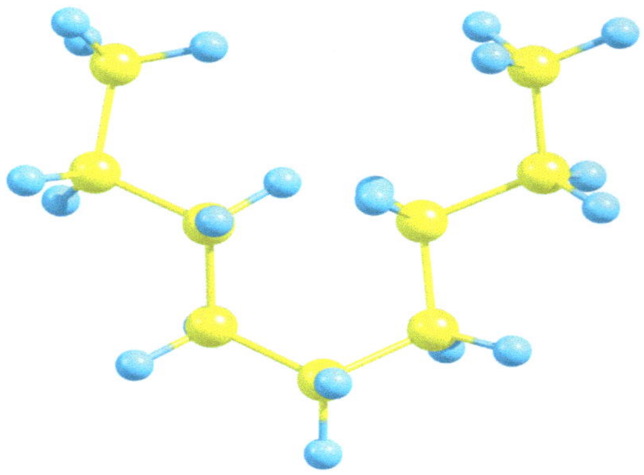

Nonan (gedreht)

werden sie, bis wir irgendwann zu den festen Alkanen kommen. Kerosin wird als Flugzeugtreibstoff verwendet.

Diesel und Heizöl besteht aus Alkanen mit 10 oder 11 C.

15.2.6.5. Höhere Alkane

Alkane mit 12 bis 16 C sind dann schon sehr zähflüssig, man nennt sie **Paraffinöle**. Diese werden als Schmiermittel eingesetzt.

Dann kommt die **Vaseline,** die aus noch größeren Alkanen besteht und das **Paraffin**, aus dem unter anderem Grabkerzen gemacht werden. Paraffin ist das "*Kunstwachs*".

Paraffin ist eine Mischung aus festen Alkanen, die 22 und mehr C haben.

Erdöl besteht aus Meeresablagerungen, die über Millionen von Jahren in Erdöl umgewandelt wurden. **Erdöl gehört also zu jenen Rohstoffen, die nicht nachwachsen können** - jedenfalls nicht in kurzer Zeit. Es ist daher äußerst problematisch, dass Erdöl hauptsächlich für Heizöle und Treibstoffe verwendet wird, wo wir es zu wertlosem CO_2 verbrennen.

Der Erdölverbrauch der Welt ist derartig hoch, dass dieser Rohstoff bereits in einigen Jahrzehnten knapp werden wird. Das ist umso kritischer, als wir die Alkane im Erdöl zur Erzeugung wichtigster Stoffe, wie Kunststoffe, Medikamente, Pflanzenschutzmittel, und vieler anderer Stoffe mehr, brauchen.

Um unsere Erdölreserven auch für künftige Generationen zu schonen, bieten sich zwei prinzipielle Möglichkeiten an: Erstens die Suche nach neuen Energieformen. Etwa, indem statt Erdöl Wasserstoff zum Betreiben von Fahrzeugen verwendet wird.

Hier stellt sich jedoch die Frage: Wie wird der Wasserstoff gewonnen? Wenn man Wasserstoff durch elektrischen Strom, und diesen zum Beispiel in Kohlekraftwerken gewinnt, wird das Problem nur verschoben, aber nicht gelöst. Die elektrolytische Produktion von Wasserstoffgas ist extrem energieaufwändig. *Kann sich die Menschheit einen solch riesigen Energieverbrauch überhaupt leisten?*

Eine andere Alternative ist die drastische Eindämmung des Auto- und Flugverkehrs. Muss es sein, jeden Urlaub tausende Kilometer weit zu fliegen? Muss man jedes Wochenende 100 Kilometer Autobahn fahren? Muss man wirklich jeden Tag 50 Kilometer mit dem Auto in die Arbeit fahren?

Gerade die letzte Frage zeigt aber, dass sich viele Menschen nicht aussuchen können, ob sie Autofahren oder nicht. Sie brauchen das Auto, um ihre Arbeitsstätte zu erreichen. Während Autofahren früher ein Symbol für Freiheit war, ist es heute zum Zwang geworden: Man muss Auto fahren, ob man will oder nicht.

Hier sind die Städteplaner und die Raumplaner gefordert, die Städte und die Verkehrswege so zu entwerfen, dass möglichst jeder Mensch eine Arbeit, einen Supermarkt, eine Schule, und so fort, in seiner Nähe findet.

Nun hat sich interessanterweise gezeigt, dass in Regionen, die für Autofahrer geplant worden sind, die Entfernungen zwischen Wohnung und Arbeit und Supermarkt **immer länger** geworden sind, bis jeder gezwungen war, ein Auto zu benutzen, ob er wollte oder nicht. Regionen, die aber für Fußgänger geplant wurden, haben sich als die insgesamt lebenswerteren Regionen erwiesen. Hier passiert das Umgekehrte: Autofahrer lassen ihr Auto stehen und gehen gerne zu Fuß. Und dadurch ändern sich diese Regionen auf Dauer so, dass man alle wichtigen Orte, wie Arbeit, Schule, Arztpraxis, Restaurant, leicht zu Fuß erreicht. Man sollte also damit beginnen, Regionen für Fußgänger zu planen und nicht nur für den Autoverkehr.

15.2.7. Alkane sind lipophil

Was passiert, wenn wir eine Grabkerze in Wasser tauchen? Löst sie sich auf? Nein!

Alkane lösen sich generell nicht in Wasser auf. Sie mögen Wasser nicht. Das nennt man **hydrophob**. Das griechische "*hydro*" kommt von "**Hydros**"- Wasser, "**phob**" kommt von "*Phobie*"-Angst.

Dafür lassen sich Alkane gut mit Fetten mischen. Sie mögen Fette. Das nennt man **lipophil**. "*Lipos*" ist das Fett, "*phil*" kommt von lieben.

Der Grund dafür ist folgender: Die Bindung zwischen C und H in den Alkanen ist eine **nur wenig polare Atombindung**. Das elektronegativere C zieht die Elektronen des H nur sehr schwach an sich heran, weil es nur **wenig elektronegativer** als das H ist. Mit anderen Worten: Die Elektronen werden geschwisterlich geteilt. Darum ist sowohl das C, als auch das H fast ungeladen. So etwas nennt man ein **apolares** Molekül: In Alkanen gibt es kaum Plus- oder Minuspole.

Ganz anders sieht es im H_2O aus: das O ist viel elektronegativer als das H, und daher zieht das O die Elektronen des H stark an sich heran, das O ist deutlich negativ geladen, die H sind deutlich positiv geladen. Im Wasser gibt es Plus- und Minuspole. Daher ist Wasser ein **polares** Molekül.

Und nun merken wir uns: Polare und apolare Moleküle mögen einander nicht sonderlich. Sie lösen sich nicht ineinander auf. Das kennen wir zum Beispiel auch vom Wasser und vom Öl: das Öl schwimmt auf dem Wasser, und es löst sich nicht auf.

15.2.8. Zyklische Alkane

"*Zyklisch*" heißt **ringförmig**: Kohlenwasserstoffe können sich auch zu Ringen formen:

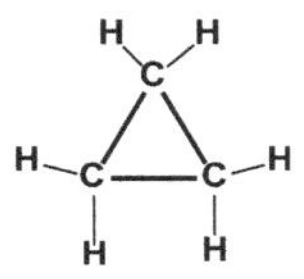

Cyclopropan

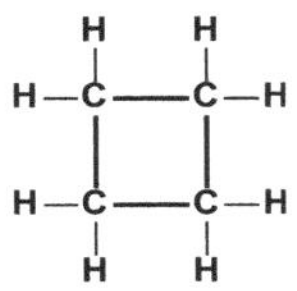

Cyclobutan

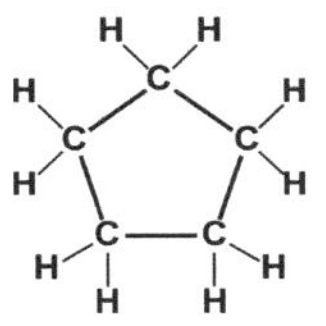

Cyclopentan

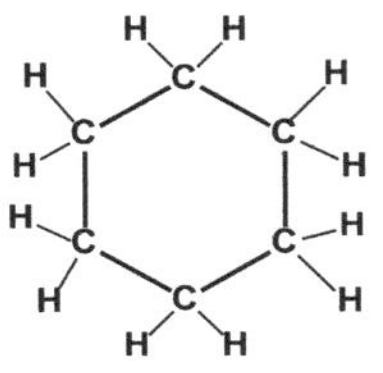

Cyclohexan

Diese Kohlenwasserstoff-Ringe sind **nicht eben** (auch wenn sie in dieser Zeichnung so aussehen). Das Cyclohexan zum Beispiel kann eine "Sesselform" und eine "Wannenform" einnehmen, aber das brauchen wir nicht genauer zu wissen.

Woher kommen die Namen dieser Alkane? Die ringförmigen Alkane heißen genau so wie die geradkettigen, nur dass wir ein "**Cyclo**" davor schreiben. Ein Ring aus 5 C heißt genau so, wie eine Kette aus 5 C, nämlich: Pentan. Nun schreiben wir noch **Cyclo** davor, dann wird ein Ring aus 5 Kohlenstoffen zum **Cyclopentan**.

15.2.9. Halogenierte Alkane

Die Wasserstoffe H in Alkanen können auch (ganz oder teilweise) durch Halogene **Fluor F, Chlor Cl, Brom Br oder Iod I** ersetzt werden. Wie das

Wasserstoff gehen auch die Halogene nur **eine Atombindung** ein. Alkane, wo ein oder mehrere H durch Halogene ersetzt sind, nennt man halogenierte Alkane.

Man stellt halogenierte Alkane her, indem man Alkane mit elementaren Halogenen (also F_2, Cl_2, Br_2 oder I_2) reagieren lässt.

Sehen wir und das am Beispiel Methan und Cl_2 an:

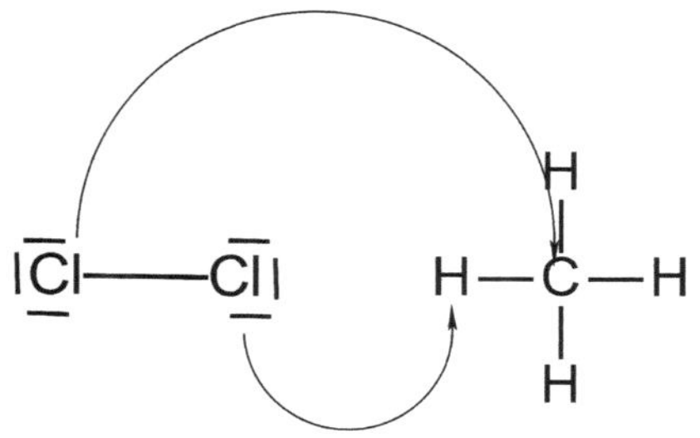

Chlor ist sehr elektronegativ, daher wollen die Chlor-Atome im Cl_2 anderen Atomen Elektronendichte wegnehmen. Trifft also ein Cl_2-Molekül auf ein Methan CH_4, so spaltet sich das Cl_2 auf, das eine Chlor-Atom nimmt sich das H, das andere Cl nimmt sich das C.

Heraus kommt:

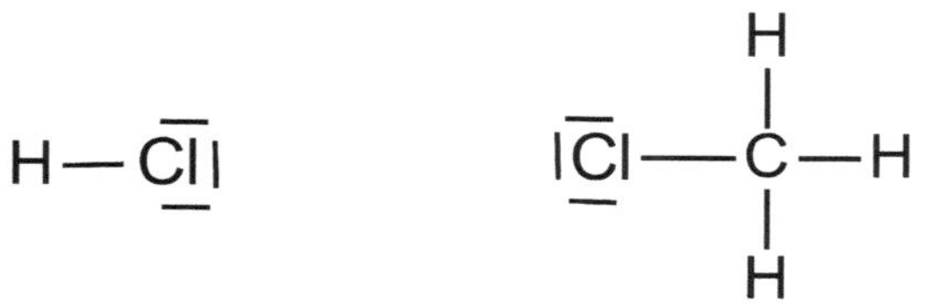

Die altbekannte Salzsäure HCl und ein **1 - Chlormethan** oder einfach nur: Chlormethan. (Die "1" können wir weglassen, weil es ohnehin nur ein C gibt, auf dem das Chlor sitzen kann.)

Sehen wir uns noch einige andere chlorierte Alkane an. Der Übersichtlichkeit halber, und weil wir uns an diese Schreibweise gewöhnen sollten, lassen wir nun beim Chlor die nichtbindenden Elektronen (also die drei Striche am Chlor) weg:

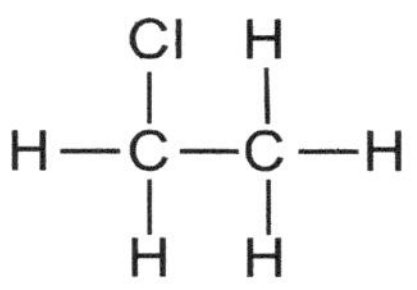

1-Chlorethan

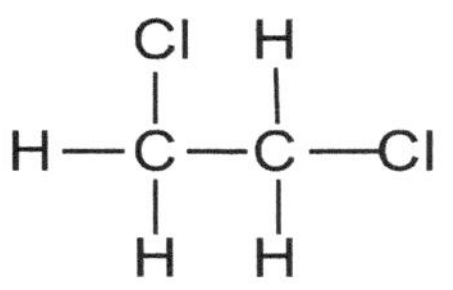

1,2-Dichlorethan

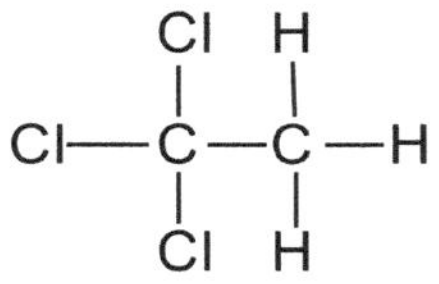

1,1,1-Trichlorethan

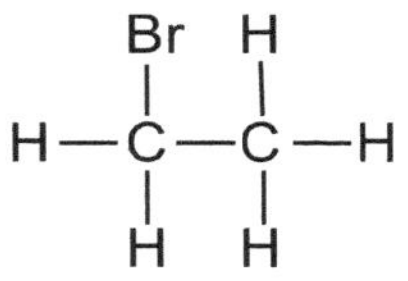

1-Bromethan

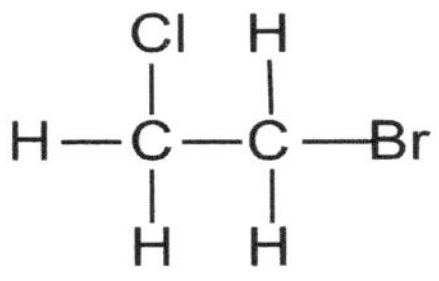

1-Brom, 2-Chlorethan

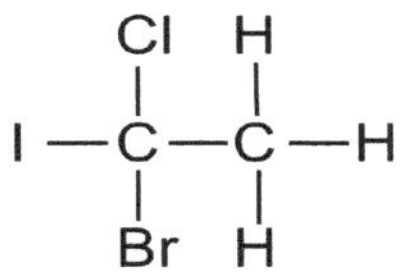

1-Brom, 1-Chlor, 1-Iodethan

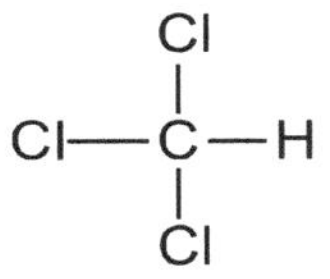

Trichlormethan
„Chloroform“

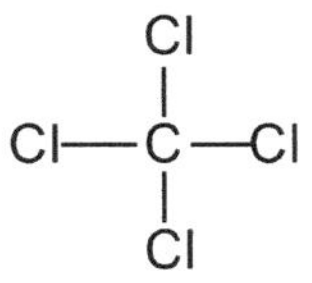

Tetrachlormethan
„Tetrachlorkohlenstoff“

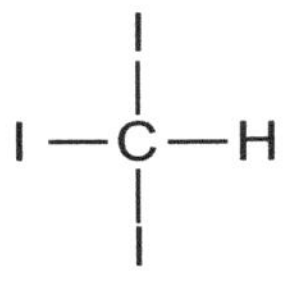

Trijodmethan
„Iodoform“

Wir sehen, die Benennung der chlorierten Alkane funktioniert genau so, wie wir es bisher getan haben. Nur, dass wir statt "Methyl" oder "Ethyl" ganz einfach "Chlor" schreiben.

Mit den anderen Halogenen funktioniert die Benennung genau so. Nur müssen wir dieses Mal auf die *alphabetische* Reihenfolge Rücksicht nehmen: **Brom kommt vor Chlor, kommt vor Iod!** (Darum: ein 1-Brom, 1-Chlor, 1-Iodethan!)

Halogenierte Alkane hat man früher in Kühlschränken als Kühlmittel benutzt (**FCKW: Fluor-Chlor-Kohlen-Wasserstoffe)**. Da FCKW aber die Ozonschicht zerstören und daher ein Umweltgift sind, verwendet man heute andere Mittel.

Trichlormethan "*Chloroform*" $CHCl_3$ ist ein Lösungsmittel, und würde früher als Schlafmittel eingesetzt. Tetrachlormethan CCl_4 ist ebenfalls ein gutes Lösungsmittel, aber noch wesentlich giftiger als Chloroform.

Das CHI_3, das "*Iodoform*", kennen wir vom Zahnarzt: Das Iodoform ist für den typischen Geruch dort verantwortlich!

15.2.10. ...und noch eine neue Schreibweise:

Eine Schreibweise wollen wir noch kennen lernen, und zwar die schnellste und kürzeste Schreibweise überhaupt, wie sie auch von Profi-Chemikern verwendet wird. Diese Schreibweise ist für Riesen-Moleküle sehr praktisch.

Wir zeichnen hierbei nur die Bindungen zwischen C-Atomen ein, die C-Atome und die H-Atome werden aber nicht eingezeichnet.

Sehen wir uns das am Beispiel des Ethan an:

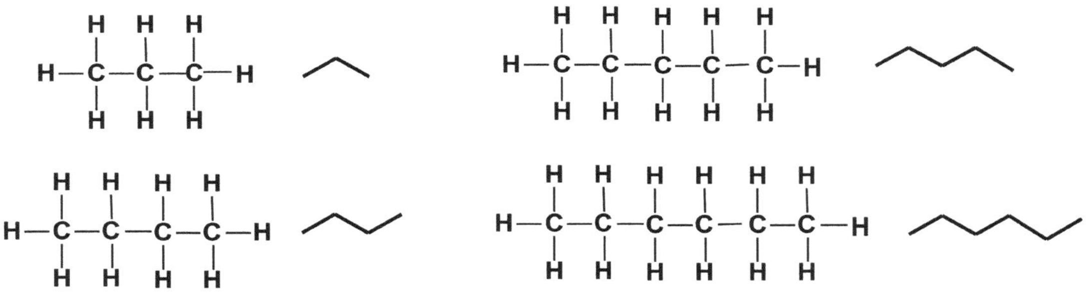

Wir sehen: Da nur die **Bindung zwischen den beiden C** eingezeichnet wird, wird aus Ethan ein einfacher Strich. Die restlichen H-Atome müssen wir uns dazu denken. Aber das ist für uns kein Problem, da wir wissen: Jedes C kann 4 Bindungen eingehen.

Aus Propan $CH_3CH_2CH_3$ werden 2 Striche, aus Butan werden 3 Striche, und so fort.

Wir sehen: *schneller geht´s nicht!*

Natürlich können wir auch verzweigte Alkane so aufschreiben:

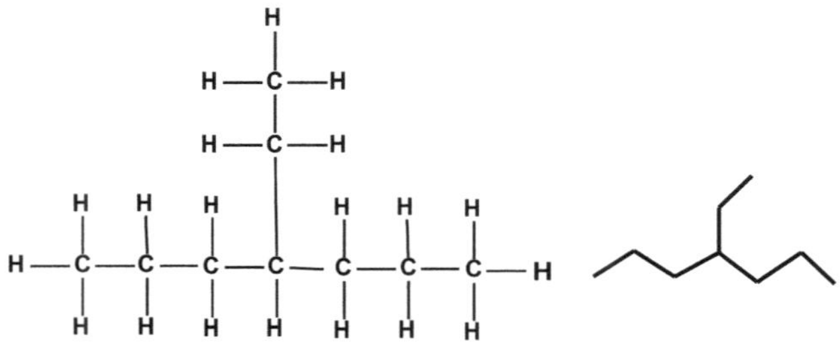

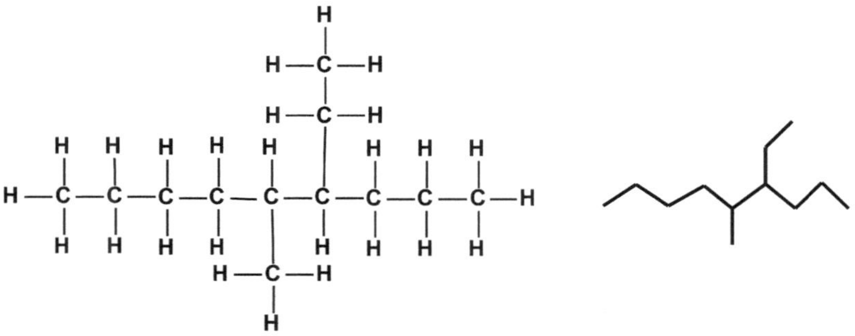

Ihr könnt, als **Übung**, alle Alkane, die ihr bisher kennen gelernt habt, in der Kurzschreibweise aufzeichnen!

Wie komme ich von der Kurzschreibweise zur Lewis - Formel?

Sehen wir uns das obere Molekül in der Kurzschreibweise an (1.).
An jedem Ende und an jeder Verzweigung setzen wir ein C (2.).

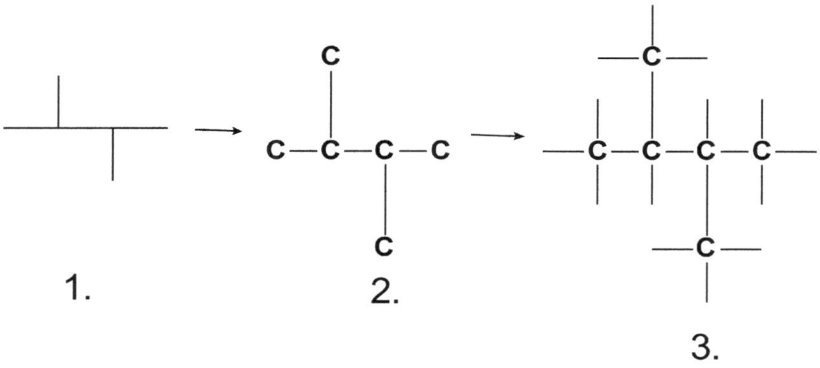

Jedes C hat 4 "Hände". Also bekommt jedes C vier Hände (3.).

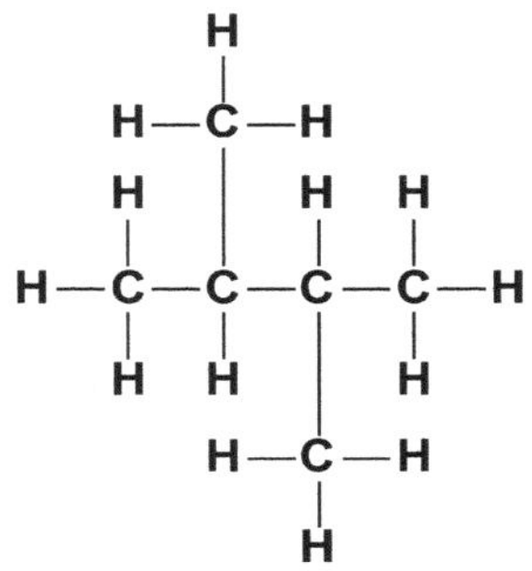

4.

Jede "Hand" bekommt ein H - fertig ist das Molekül!

15.3. Ungesättigte Wasserstoffe- Alkene

Alkene sind sind Kohlenwasserstoffe mit **Doppelbindungen**. Sie können eine oder mehrere Doppelbindungen haben. Sehen wir uns einige Alkene an: Links sehen wir die voll ausgeschriebene Formel, rechts die Kurzschreibweise.
Die Doppelbindungen werden als zwei Striche eingezeichnet.

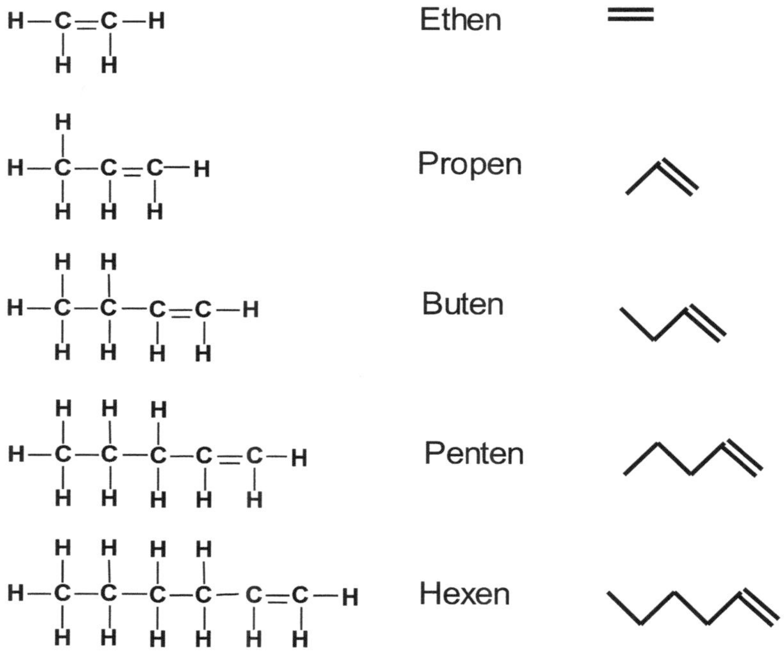

Wir sehen, die Alkene enden auf - **en**: Eth**en**, Prop**en**, But**en**, und so fort. Im übrigen werden sie wie die Alkane benannt: Das Alkan mit zwei C heißt Ethan. das Alken mit zwei C heißt Eth**en**, das Alkan mit drei C heißt Propan, das Alken mit drei C heißt Prop**en**, und so fort. Ein Alken mit sieben C heißt dann **Hepten**, weil das entsprechende Alkan Heptan heißt,und ein Alken mit acht C heißt **Octen** (vom Octan abgeleitet).

In älteren Büchern werden Alkene auch oft als *Olefine* bezeichnet.

Was fällt uns an den Alkenen auf? Dass sie weniger H haben als die Alkane. Ethen zum Beispiel hat 4 H gebunden, Ethan aber 6 H. Man könnte also mehr Wasserstoffe H an die Kohlenstoffe binden als bei den Alkenen. Darum nennt man die Alkene "ungesättigte Kohlenwasserstoffe", weil sie noch H-Atome aufnehmen könnten.

Irgendwie kommt uns dieses Wort "**ungesättigt**" bekannt vor - und dann hören wir die Margarine-Werbung: "*Reich an ungesättigten Fettsäuren!*" Und tatsächlich haben auch diese "ungesättigten Fettsäuren" viele solcher Doppelbindungen! Aber Vorsicht: Trotzdem sind Alkene keine Fette.

Und noch etwas fällt uns auf: Die Doppelbindungen müssen nicht immer zwischen erstem und zweitem C des Alkens stehen: Namen wie Hexen, Hepten, Octen....sind also unexakt. Wir müssen dazu genauer sagen, wo die Doppelbindung ist:

15.3.1. Die Nomenklatur der Alkene

Wir gehen dabei genau so vor, wie wir bisher die Alkane benannt haben. Wir nummerieren die Kohlenstoff-Atome und sagen dann, wo die Doppelbindung ist. Dabei wollen wir auch wieder möglichst kleine Nummern erhalten. Im 1-Hexen (Bild) ist die Doppelbindung zwischen dem C mit Nummer 1 und dem C mit Nummer 2. Also: **1-Hexen**.

Übrigens hat das Hexen nichts mit diesen buckligen Zauberinnen zu tun, und darum spricht man es auch nicht "*Häxn*" aus, sondern "*Hexeeeen*".

Beim unten gezeigten 2-Hexen nummerieren wir von links nach rechts, so wird die Nummerierung niedriger.

Wie wir sehen, kann ein Alken auch **zwei oder mehrere Doppelbindungen** haben: Hier muss man dazu sagen, wie viele Doppelbindungen unser Alken hat: Wir verwenden wieder unsere Zahlwörter "di" (zwei) "tri" (drei) oder "tetra" (vier).

Beim dritten Molekül unten im Bild, dem 1,5 -Hexadien (so, jetzt habe ich die Lösung schon verraten), sind die Doppelbindungen am 1. und am 5. C. Es sind zwei Doppelbindungen vorhanden, also brauchen wir die Silbe "**di**". Das "di" setzen wir vor das "en". Das Molekül hat 6 C, daher beginnt der Name des Moleküls mit "**Hexa**" wie das Hexan.

Es ist also ein **1,5-Hexa-di-en**.

Und jetzt lassen wir die Bindestriche weg: **1,5-Hexadien**.

Das letzte Molekül, rechts unten im Bild, ist das schwierigste:

Wenn wir dieses Alken richtig benennen wollen, müssen wir wissen, dass die Doppelbindung in der Nomenklatur **Vorrang** vor Einfachbindungen hat. (Kartenspieler wissen, was gemeint ist: "Farbzwang vor Stichzwang"!)

An diesem Alken hängt ein Methylrest. Wir müssen aber so nummeriren, dass **die Doppelbindungen, und nicht der Methylrest**, möglichst kleine Nummerierungen erhält.

Wir nummerieren also, in diesem Fall, von rechts nach links, und erhalten ein 3-Methyl, 1,5-Hexadien. Falsch wäre, wenn wir von links nach rechts nummerieren, und ein 4- Methyl- 1,5- Hexadien erhalten würden.

So weit zur Nomenklatur. Wer das verstanden hat, weiß mehr, als wir in Hinkunft brauchen.

Wir müssen zugeben: Die Nomenklatur ist ein trockener Stoff. Überhaupt spiegelt sich in den Anfängen der organischen Chemie der Charakter des Kohlenstoff-Atoms: Ein braver Bürger, ein unauffälliges Vereinsmitglied, das mit anderen Kohlenstoff-Atomen und Wasserstoff-Atomen langweilige Vereine bildet: Die Kohlenwasserstoffe..

Was wir gerade tun, ist, den Namen und die Vereinsstruktur zu lernen: also die Namen und die Formeln unserer Moleküle. Irgendwie wirkt das alles ein bisschen blass, zugegeben. Dabei sind zwar die Alkene schon ein bisschen spannender, als die Alkane, aber auch noch recht brav. Ja, es wirkt auch ein wenig lebensfern.

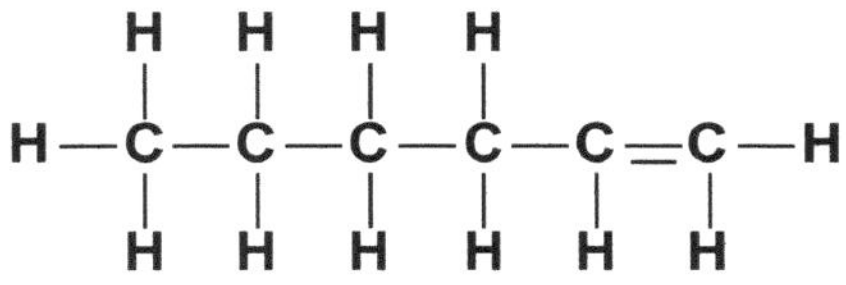

1-Hexen

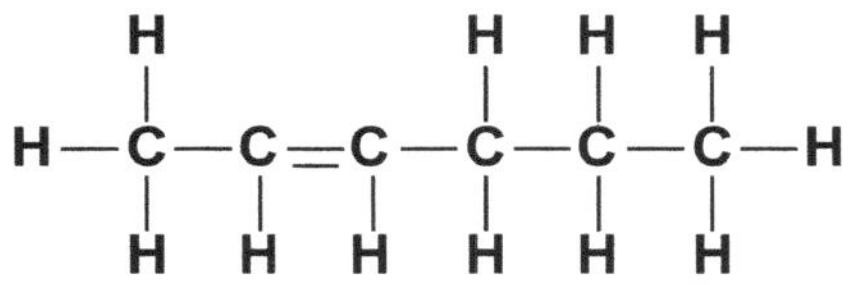

2-Hexen

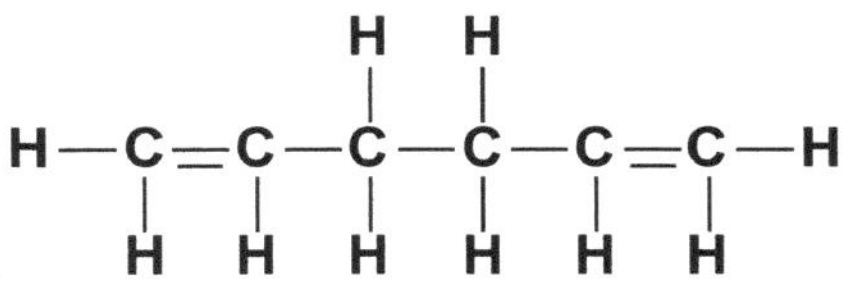

1,5-Hexadien

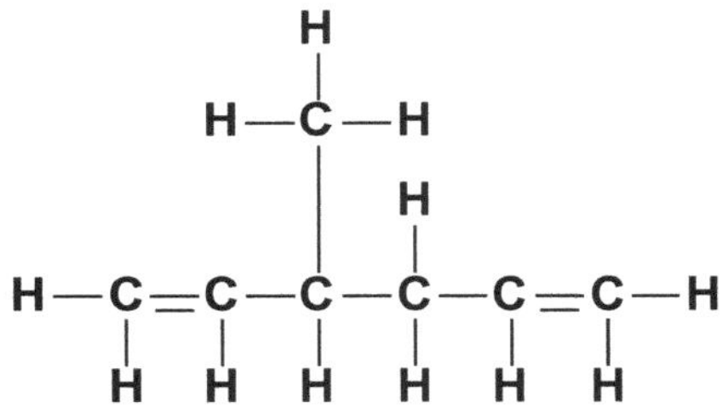

3-Methyl- 1,5-Hexadien
(nicht: 4-Methyl- 1,5- Hexadien!)

Das lässt sich auch chemisch nachvollziehen: Die Alkane riechen nur weng, sie schmecken nicht, sie tun nicht viel (außer brennen).

Nun, was braucht ein langweiliger Verein (soll heißen: ein Kohlenwasserstoff-Molekül), damit es spannender wird?

Die Antwort liegt auf der Hand: neue, lustige Vereinsmitglieder. Interessante Atome. Diese Atome werden der Sauerstoff, der Stickstoff, und hie und da auch Halogene (vor allem Chlor), sowie das Natrium sein.

Diese Elemente kennen wir schon. Bis jetzt aber haben diese "spannenden" Elemente kein Betätigungsfeld gehabt, wo sie ihre "asoziale Ader" voll ausleben konnten. Auch die aggressiven Elemente brauchen einen Verein, wo sie sich austoben können. Das ist eine wichtige Erkenntnis! Die "Revolutionsführer" unter den Atomen können immer nur winzige Banden bilden. Das Kohlenstoff-Atom aber bietet riesige Organisationen, wo auch die radikalen, philosophischen, revolutionären Atome ihren Platz haben.

Eine wichtige Frage ist auch, an welcher Stelle innerhalb der Organisation das aggressive Element sitzt. Ist es Buchhalter? Präsident? Schriftführer? Genaueres werden wir später erfahren.

Das alles soll aber nicht bedeuten, dass Kohlenwasserstoffe prinzipiell fade sind.

Die Alkene sind, in unserem Gleichnis, eine Kohlenstoff-"Organisation", in der es Spannungen gibt. Die Kohlenstoffe mit Doppelbindungen stechen nämlich unter den anderen Kohlenstoffen heraus; es gibt Ungleichheiten in der Organisation! Und Ungleichheiten führen, wie auch bei Menschen, zu Spannungen.......

15.3.2. Chemische Bindung in Alkenen

Sehen wir uns die chemischen Bindungen im einfachsten Alken, dem Ethen, an. Im Gegensatz zum Ethan ist das Ethen flach gebaut. Und es hat eine Doppelbindung. Diese Doppelbindung ist eine pi-Bindung, wie sie zwischen zwei p-Orbitalen gebildet werden kann:

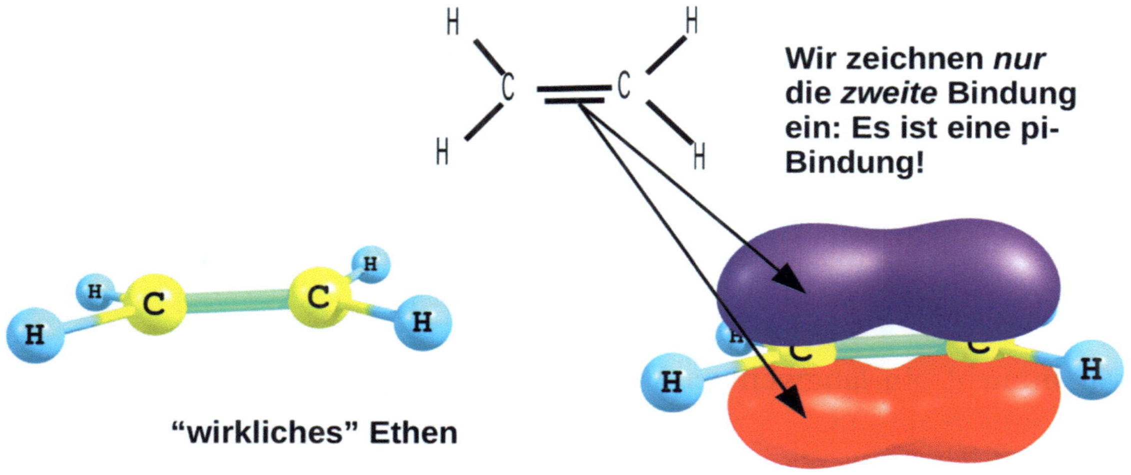

Wir betrachten erst einmal **nur die zweite Bindung** zwischen den beiden C: Diese beiden Elektronen-Nebel sind nur **ein** Bindungs-Strich, hat also Platz für **zwei** Elektronen. (Und **nicht**: zwei Bindungsstriche mit Platz für vier Elektronen!)

Die beiden Nebel sind zusammen nur **eine** Bindung. Das sehr wichtig zu verstehen!

Anders gesagt: Diese beiden Elektronen-Wolken sind **zusammen** nur **ein** Orbital, nämlich ein bindendes Orbital (das aus zwei p-Orbitalen gebildet wird). In diesem einen Orbital sitzen **zwei Elektronen**.

Wir sehen sehr deutlich, dass diese Elektronen in zwei verschmolzenen (also: sich positiv überlappenden) p-Orbitalen wohnen.

Und wir stellen uns die Elektronen so vor, dass **beide Elektronen sowohl in der oberen als auch in der unteren Wolke sind.**

Wir dürfen es uns nicht so vorstellen, dass das eine Elektron nur unten und das andere Elektron nur oben ist. Sondern: **beide** Elektronen sind in **beiden** Nebeln! Das kennen wir längst von den "normalen" p-Orbitalen.

Wir wissen schon, wie das funktioniert, wir müssen das Elektron nur als **Welle** betrachten. Näheres dazu im Kapitel "Das Geheimnis des Elektrons".

Diese pi-Bindung ist die Besonderheit der Alkene.

Sehen wir uns nun die anderen Bindungen der Alkene an: Ein Alken-Kohlenstoff mit Doppelbindung will (die pi-Bindung ausgenommen) **drei gleich gute Bindungen** zu seinen Atom-Nachbarn eingehen.

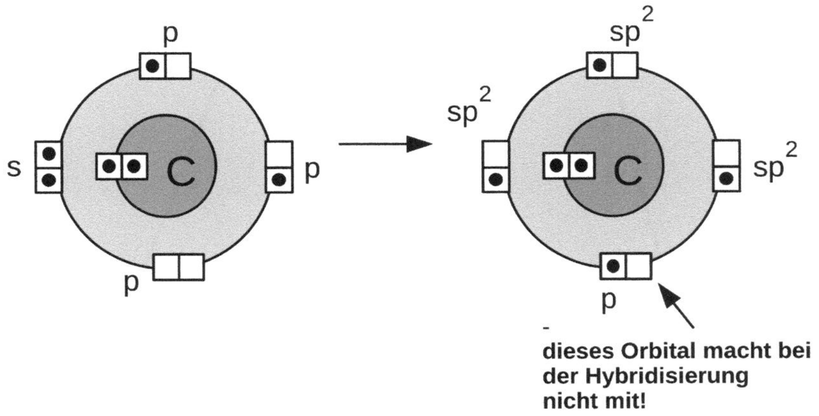

Stellen wir uns vor, unser C-Atom ist die Wirtin. Die hat drei Gäste. Das sind die anderen drei Atome, die an das C-Atom binden. Nun hat das C-Atom drei Zwetschkenknödel (das sind die drei p-Orbitale) und ein Marillenknödel (das ist das eine s-Orbital). Nun will jeder Gast auch einen Teil vom Marillenknödel haben.

Was macht nun die Wirtin? Zuerst legt sie einen Zwetschkenknödel auf die Seite. Um den kümmern wir uns später. Jetzt macht sie aus den übrigen 2 Zwetschkenknödeln und dem einen Marillenknödeln genau drei gleich gute Portionen: Jede Portion besteht aus zwei Dritteln Zwetschkenknödeln und einem Drittel Marillenknödel. Das heißt: Es entstehen **drei neue Orbitale**, die jeweils aus 2/3 p-Orbitalen und 1/3 s-Orbitalen bestehen. Und diese Orbitale nennt man die **sp^2-Orbitale,** weil sie aus einem Teil s und 2 Teilen p bestehen.

Und was ist mit dem übrig gebliebenen Zwetschkenknödel? Das ist ein p-Orbital, wie wir schon gesagt haben. Es bleibt unverändert. Mit diesem p-Orbital kann das C-Atom eine Doppelbindung eingehen. Oder anders gesagt: Die Wirtin gibt das Zwetschkenknödel, das keiner mehr wirklich will, an den einen, der sehr viel Hunger hat, her.

Es ist wie beim Methan. Damit der Kohlenstoff drei gleich gute Bindungen eingehen kann, verformen sich zwei p-Orbitale und das eine s-Orbital zu drei gleich guten Hybridorbitalen. Diese Hybridorbitale bestehen logischerweise aus einem Drittel s und aus zwei dritteln p. Man nennt sie daher **sp^2-Orbitale**. **Mit drei gleich guten Orbitalen kann der Kohlenstoff auch drei fast gleich gute Bindungen eingehen**. (Die Bindung zum Kohlenstoff ist natürlich nicht ganz der Bindung zu den Wasserstoffen gleich.)

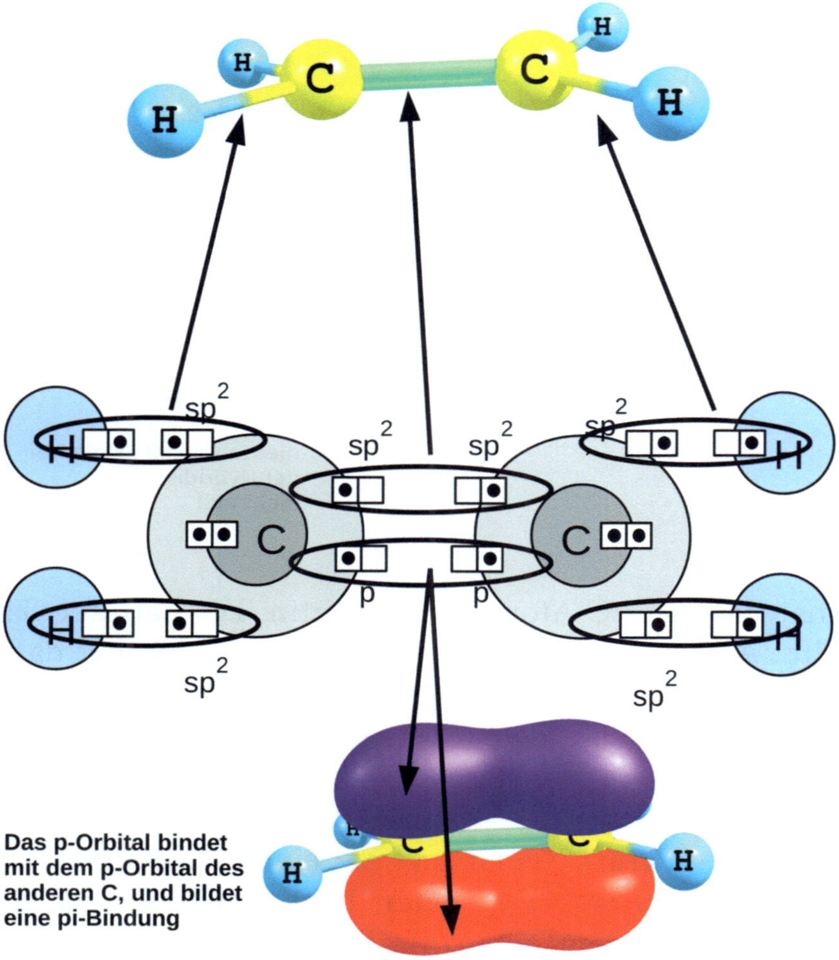

Also: aus **einem** s-Orbital und **zwei** p-Orbitalen werden **drei** gleich gute sp^2-Orbitale (Hybridorbitale). Damit kann man drei gleich gute Bindungen eingehen. Die Form der sp^2-Orbitale ist übrigens jener der sp^3-Orbitale sehr ähnlich, diese brauchen wir nicht extra darzustellen.

Das vierte Orbital, ein p-Orbital, macht aber bei dieser Verformung nicht mit. Denn dieses braucht der Kohlenstoff C für die pi-Bindung!

Eines können wir uns merken: diese sp2 Orbitale stehen in 120° aufeinander und befinden sich in einer Ebene. Das sieht man an den Atomen, die an einem doppelt gebundenen C hängen, denn diese stehen natürlich auch 120° aufeinander.

Sehen wir uns das Ethen in der "Kästchen-Schreibweise" an. Es sind immer zwei Orbitale "eingekreist": Das sind jene Orbitale, die eine gemeinsame Bindung eingehen.

Wir sehen: Alle Bindungen zwischen C und H, sind Bindungen zwischen Kohlenstoff sp^2-Orbitalen und Wasserstoff.-s-Orbitalen. Die eine Bindung zwischen den beiden Kohlenstoffen wird aus zwei sp^2-Orbitalen gebildet. Dann bleiben noch zwei p-Orbitale übrig, und die formen die pi-Bindung.

Die pi-Bindung ist nicht frei drehbar! Das ist ein wesentlicher Unterschied zu den Alkanen. Nur mit "Gewalt" lässt sich diese Bindung verdrehen und wird dadurch aber auch zerstört.

15.3.3. cis und trans

Während es also bei einem Alkan egal ist, wie es verdreht ist (es kann sich ganz leicht wieder zurück drehen) ist es bei einem Alken **nicht egal**!

Das 3-Hexen zum Beispiel gibt es in zwei verschiedenen Formen:

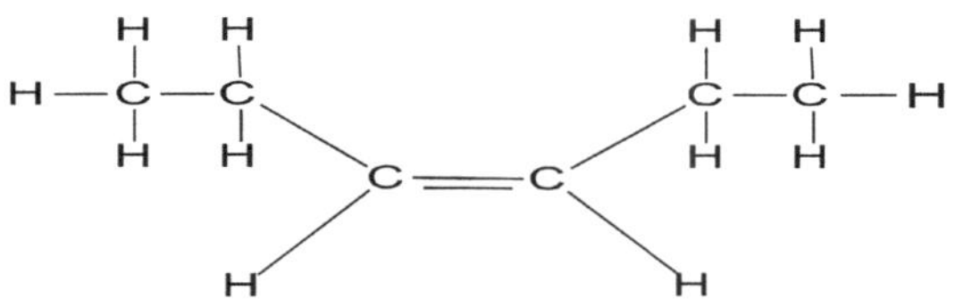

cis-3-Hexen

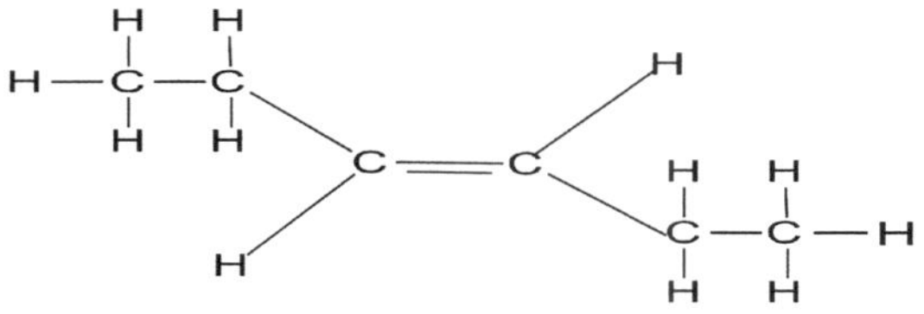

trans-3-Hexen

Diese beiden 3-Hexene sind wirklich verschiedene Moleküle mit unterschiedlichen Eigenschaften!

Übrigens: Auch das Wörtchen "*trans*" kommt uns doch irgendwie bekannt vor: Habt Ihr schon einmal etwas von *trans - Fetten* gehört? Das sind äußerst ungesunde, billige Speisefette, die langfristig großen Schaden im Herz-Kreislauf-System anrichten, weil sie vom Körper kaum abgebaut werden können. Diese Fette zu sich zu nehmen, bedeutet ein enormes Risiko von Herzinfarkt und Schlaganfall. Auch in trans - Fetten findet man eine Stellung der Kohlenstoff-Atome, wie sie oben im Bild zu sehen ist. Aus unverständlichen Gründen sind trans - Fette bis heute nicht verboten.

15.3.4. Chemie der Alkene

Alkene sind reaktionsfähiger als Alkane. Die pi-Bindung kann leicht aufgebrochen werden. Dadurch können sich Atome oder Moleküle an Alkene hängen. Zum Beispiel elementares Brom Br_2.

Das ist unsere erste große organische Reaktion, anhand derer wir einige organische Prinzipien kennen lernen wollen.

15.3.4.1. Reaktion mit Brom

Lassen wir also **Brom** mit **Ethen** reagieren. Wir wollen nun eine Mischform aus der Lewis - und der "Kästchen-Schreibweise" benutzen, wo wir die wichtigen Elektronen und Orbitale als Kästchen einzeichnen, die unwichtigen als Lewis - Striche.

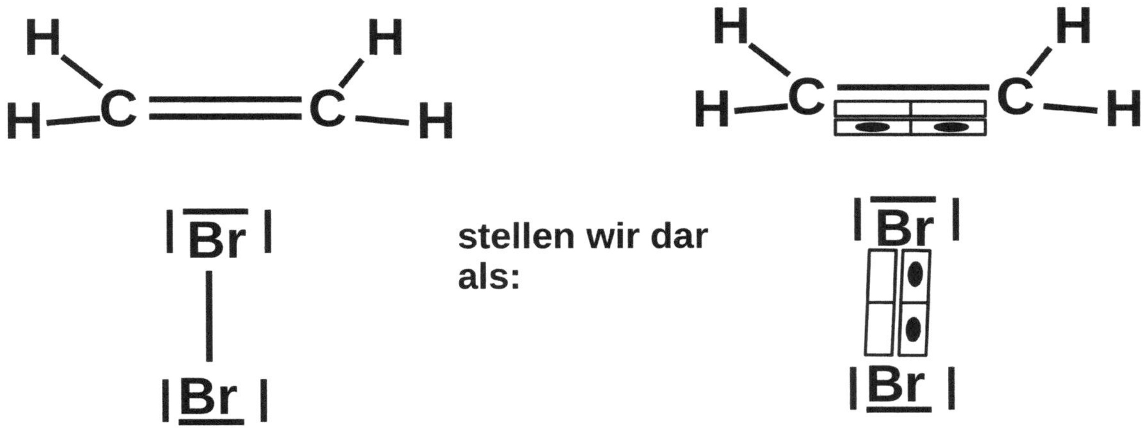

Bild 1

Im Bild 1 werden die wichtigen Bindungen in Kästchen-Form eingezeichnet. das sind: Die pi-Bindung zwischen den beiden C, und die Bindung im Br_2.

Aus einem Bindungsstrich wird ein volles bindendes Orbital und ein leeres antibindendes Orbital.

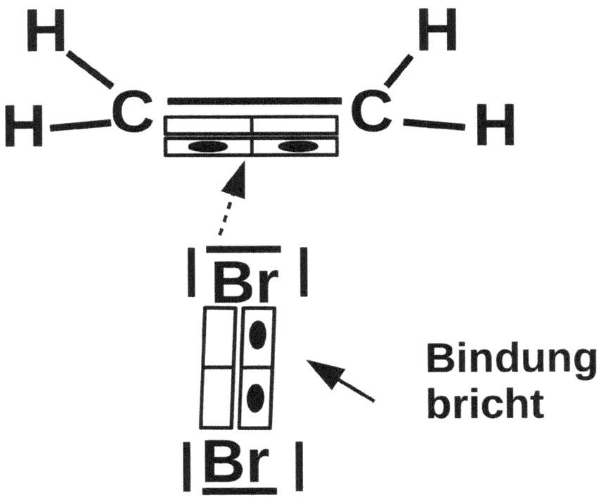

Bild 2

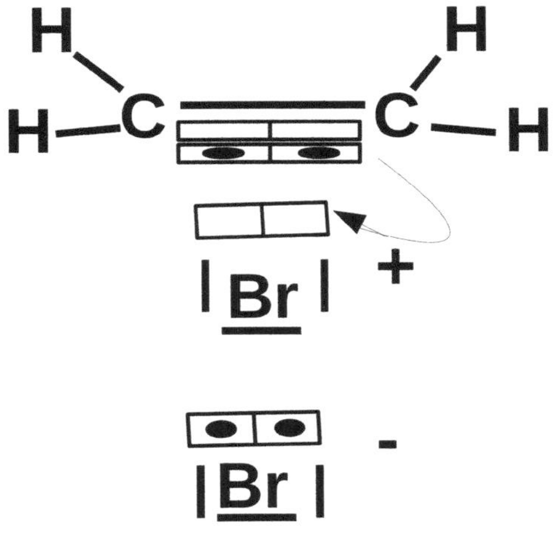

Bild 3

Bild 2: Das Br_2 nähert sich der pi-Bindung. Die Elektronen des oberen Brom werden - ein wenig - von den Elektronen der pi-Bindung verdrängt. *Dadurch* *wandert Elektronendichte vom oberen Brom (näher an der pi-Bindung) zum unteren Brom.*

Das obere Brom wird dadurch leicht + geladen. Das untere Brom wird leicht - geladen.

Das obere Brom kommt der pi-Bindung immer näher, und wird immer stärker + geladen.

Bild 3: Das Brom - Molekül bricht schließlich auf **in Br^+ und Br^-**.

Wie wir sehen, hat das Br^+ nun ein **leeres Orbital**. Es hätte aber lieber ein volles Orbital, oder besser: eine **Atombindung!**

Das **untere Brom** hat dem oberen sein Elektron weg genommen. Daher ist es nun **negativ geladen**. Um dieses kümmern wir uns später.

Unterdessen zieht das **obere Br^+ -Ion** (auch *Bromonium - Ion* genannt) die pi-Bindung der Kohlenstoffe an sich.

Das ist eine leichte Sache für das Brom: Erstens ist es ein sehr elektronegatives Element, und obendrein noch positiv geladen.

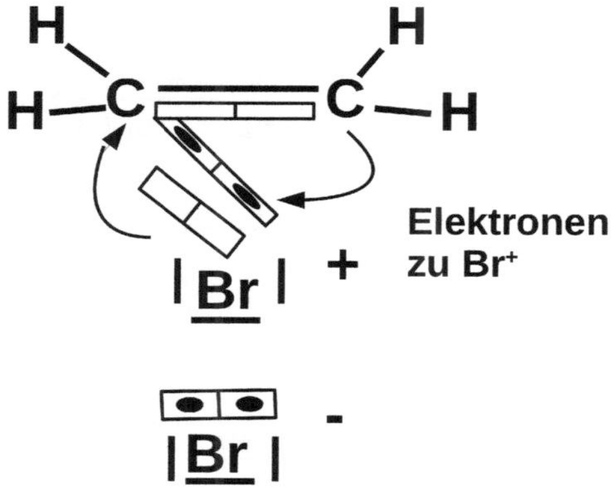

Bild 4

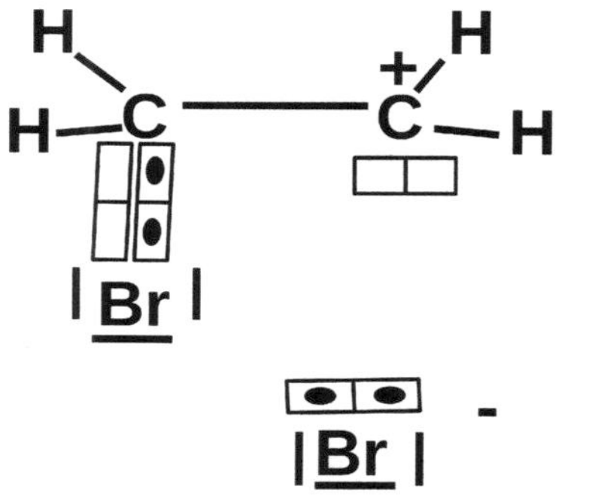

Bild 5

Bild 4: Jetzt wird es dramatisch: Die **pi-Elektronen der Kohlenstoffe klappen zum Br^+!**

Das **rechte C** verliert also eine Bindung zum **linken C**.

Das Br^+ nimmt dem rechten C die Bindung weg.

Bild 5: Das obere Brom hat dem rechten C **ein** Elektron und damit auch **die Bindung** weg genommen.

Weil es dem rechten C **ein** Elektron weg genommen hat, ist das Brom nicht mehr +1 geladen, sondern 0 geladen.

Moment! Eine Bindung hat doch **zwei** Elektronen? Wenn das Brom **eine** Bindung mehr hat, dann hat es doch **zwei** Elektronen mehr? (Nicht nur ein Elektron mehr?)
Müsste das Brom demnach nicht 0, sondern -1 geladen sein?

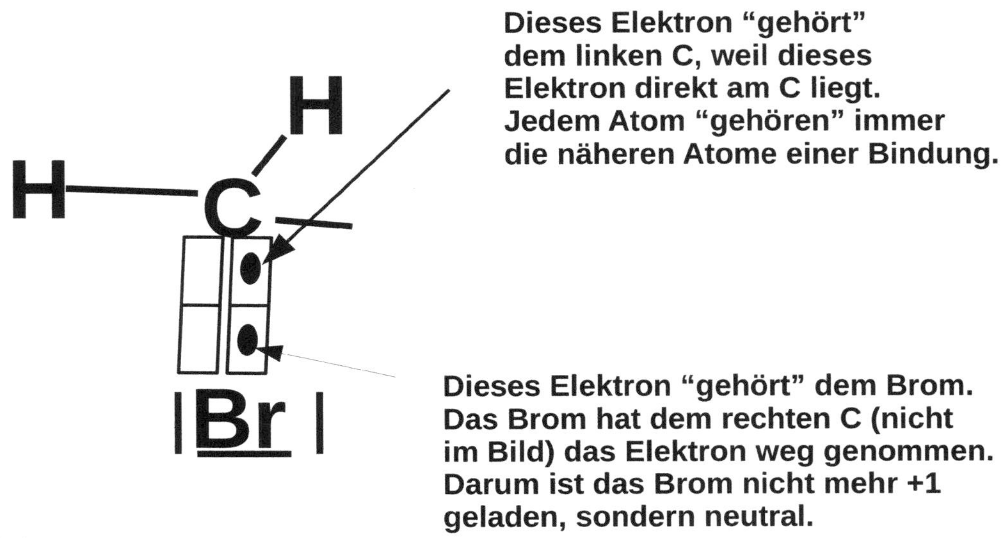

Bild 6

Nein!
Das Brom hat dem rechten C nur **ein** Elektron weg genommen. Nämlich das Elektron, das **näher** beim Brom ist (Bild 6). Das Brom hat nur **ein** Elektron mehr.

Das **andere Elektron** in dieser Bindung gehört nämlich nicht dem Brom, sondern **dem linken C**! Es hat immer nur dem linken C gehört.

Das andere Elektron, (das dem linken C gehört), darf das Brom **nur benützen**. Nämlich für eine chemische Bindung. Aber es gehört ihm nicht.

Das Brom hat also ein Elektron als Eigentum dazu bekommen, und es hat das "Benutzungsrecht" für das andere Elektron bekommen.

Das Benutzungsrecht auf ein Elektron ist aber nichts anderes als eine **chemische Bindung.**

Also hat das Brom **ein Elektron** und **eine chemische Bindung** dazu bekommen.

Weil das Brom ein Elektron dazu bekommen hat, ist es nicht mehr +1 geladen, sondern wieder neutral, also 0 geladen.

Und weil das Brom eine chemische Bindung bekommen hat, hat es nun zwei neue Elektronen, die das Brom benutzen darf. (Das eine Elektron gehört dem Brom, das andere nicht.)

Und damit ist das obere Brom nun zufrieden. Es kann insgesamt **8 Elektronen benutzen, und hat damit eine volle Außenschale.** 7 Elektronen davon gehören dem Brom, und ein Elektron gehört dem linken C.

Das, was wir bis jetzt gesehen haben, ist einer **dativen Bindung** ähnlich: Bindungen werden "umgeklappt".

Bei einer gewöhnlichen dativen Bindung wäre es jetzt vorbei, aber: Wir sind hier in der organischen Chemie, da geht das Drama noch weiter! Ein Shakespeare-Drama mit Nutzungsrechten und Besitzansprüchen und elektronischen Liebesgeschichten....

Wir sind wieder beim **Bild 5**:
Wem geht es schlecht? Wer ist der Verlierer? Das **rechte C**! Weil: Das obere Br hat ihm sein Elektron weg genommen! *Brom, du Schurke!*

Darum ist das rechte C jetzt positiv (+1) geladen. Und mehr noch: Dieses rechte C hat das **ganze bindende Orbital** verloren an das Brom!

Moment! Das rechte C hat doch **eine ganze** Bindung verloren? Und eine Bindung hat doch **zwei** Elektronen? Wenn aber das rechte C zwei Elektronen verloren hat, müsste es doch +2 geladen sein, und nicht nur +1?

Nein!

Es ist das selbe Problem wie beim Brom.

Das rechte C hat nur **ein** Elektron verloren. Nämlich das Elektron, das ganz bei ihm war. Das hat dem rechten C gehört.

Das **andere Elektron** in dieser Bindung gehört nicht dem rechten C. Sondern dem linken C. Man kann nicht verlieren, was einem nicht gehört.

Also hat das rechte C nur **ein** Elektron verloren.

Allerdings hat das rechte C jenes **andere Elektron** (das dem linken C gehört) **benützen dürfen**. Nämlich für eine chemische Bindung; das sieht man im **Bild 2**.

Das rechte C hat also ein Elektron verloren, und es hat das "Benutzungsrecht" für das andere Elektron verloren (das dem linken C gehört). "Benutzungsrecht" für ein Elektron ist aber die chemische Bindung.

Also hat das rechte C **ein Elektron** und **eine chemische Bindung** verloren (**Bild 5**).

Weil das rechte C ein Elektron verloren hat, ist es jetzt +1 geladen.

Und weil das rechte C **eine chemische Bindung** verloren hat, kann es nun **zwei Elektronen nicht mehr benützen**. (Ein Elektron hat dem rechten C gehört, und eines gehört dem linken C.)

Jetzt hat das rechte C nur mehr sechs Elektronen zur gemeinsamen Benutzung. Das rechte C hat also nur mehr **drei Bindungen**. Das sehen wir im Bild 5.
Das, was dem rechten C^+ jetzt bleibt, ist sein leeres Orbital. Dieses hat das C^+ an sich gezogen. Aber das leere Orbital nützt nicht viel.

Das rechte C^+ hätte viel lieber **acht** Außenelektronen, die es benützen kann (und nicht nur sechs Außenelektronen).

Es will also noch zwei Elektronen haben! Nur so kommt das rechte C auf seine 8 Elektronen. Aber woher nehmen?

Wer entreisst das rechte C^+ seiner finsteren Not?

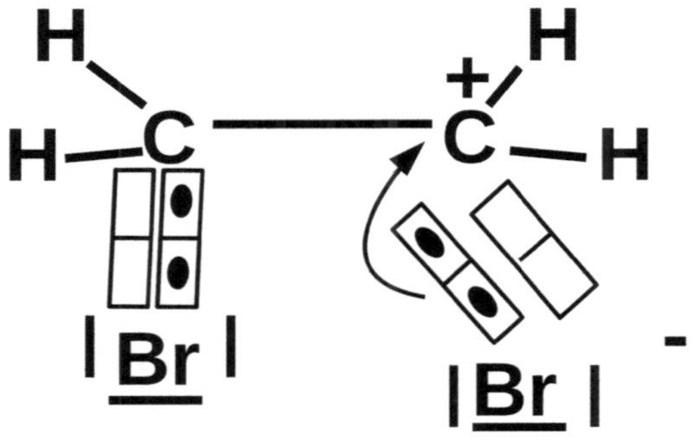

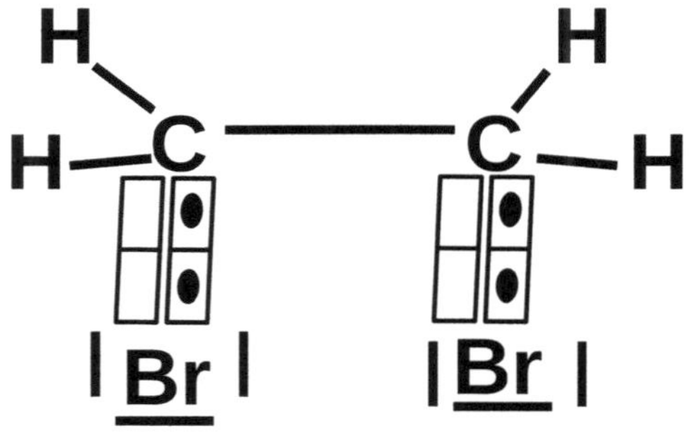

Bild 7 *Bild 8*

Bild 7, Bild 8: Da war doch noch wer: Es ist das **untere Brom, das negativ geladene**! Das Br^-, auch Bromid-Ion genannt! Und dieses würde gerne, weil es ja ein Elektron zu viel hat, eine chemische Bindung eingehen.

Und so bindet es sich mit dem armen C^+, und die beiden teilen volles und leeres Orbital geschwisterlich auf. Dadurch schenkt das untere Brom großmütig dem rechten C ein Elektron. Ganz so großmütig ist das Brom bei näherem Hinschauen freilich nicht. Denn es zieht beide Elektronen stark an sich. Aber „formell" hat es ein Elektron hergeschenkt. Ein Shakespeare-Drama!

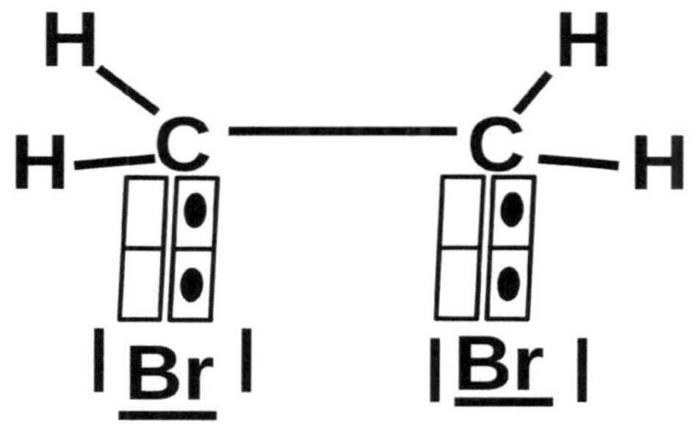

können wir auch so zeichnen:

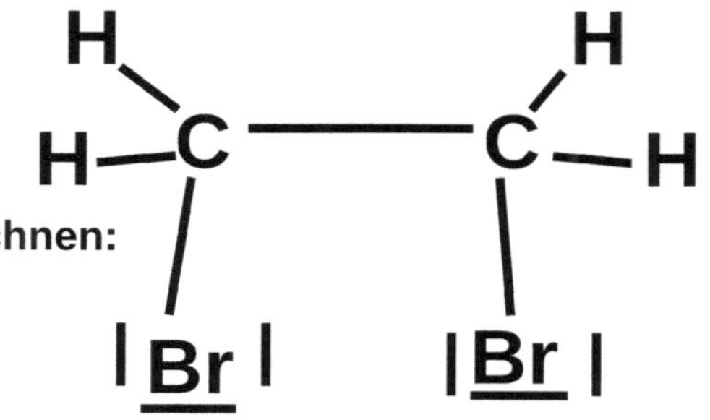

Bild 9 *Bild 10*

Dadurch bekommt nun das C^+ **ein Elektron zurück** und ist wieder neutral geladen.

Und es erhält **eine Bindung dazu**, weil es **das andere Elektron, das dem Brom gehört, auch benützen darf**.

Und damit ist das rechte C wieder glücklich (so einigermaßen).

Und auch beiden Brom geht es gut, sie haben weder zu viel noch zu wenig Ladung.

Ganz zu Ende ist unser Shakespeare-Drama noch nicht.

Im **Bild 9 und 10** sehen wir das Ergebnis dieser Reaktion wieder in der Lewis-Schreibweise.

Alle haben sie 8 Elektronen in der Außenschale. **Happy End**.

Ach ja: Damit haben wir unsere erste große organische Reaktion hinter uns: Die **elektrophile Addition**. Und zugleich auch schon die wichtigsten Dinge verstanden.

Und jetzt sehen wir uns diese Reaktion (genau die selbe!) in der Lewis-Schreibweise an, und überprüfen, ob wir es auch so verstehen:

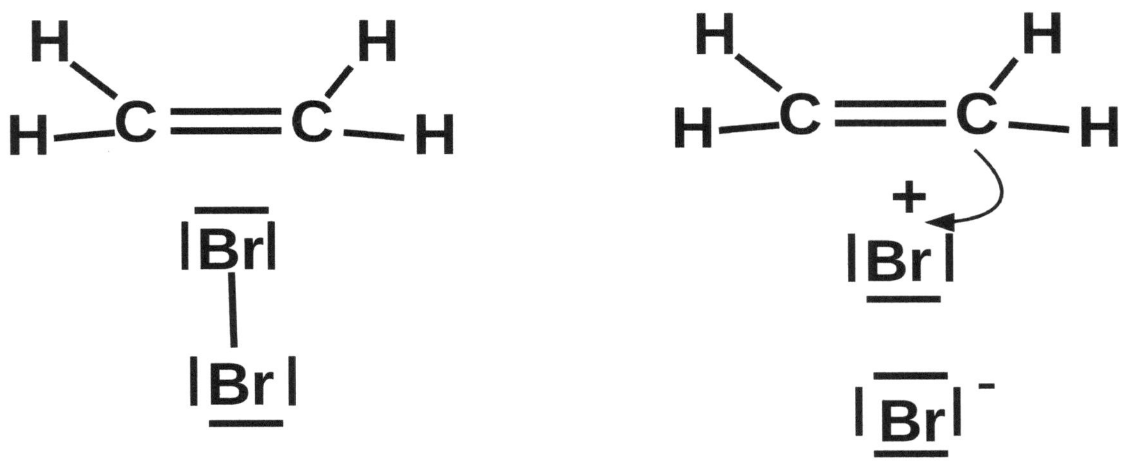

Das Brom nähert sich....und die Br-Br Bindung spaltet sich auf. Das Br^{+} zieht das pi-Elektronenpaar an......

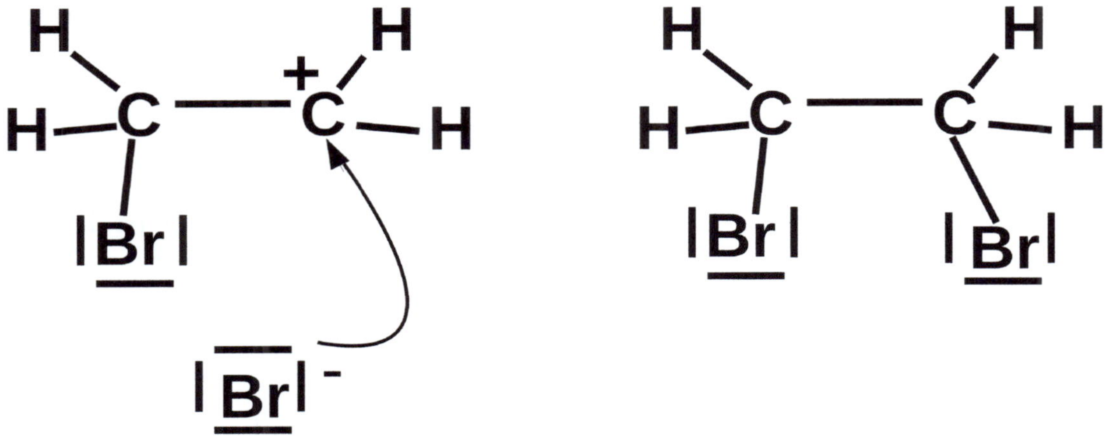

Das Br^+ geht eine Bindung zum linken C ein, das Br^- bindet zum C^+ rechts.

Diese Reaktion nennen wir **elektrophile Addition**. "*Elektrophil*" heißt: "*Elektronen liebend*". Wer liebt die Elektronen? Natürlich das Br_2. Das Br_2 hängt sich also an das Alken (hier: Ethen) an, und es entsteht ein 1,2- Dibromethan.

15.3.4.2. Die elekrophile Addition (nicht nur von Brom)

Diese Reaktion gehört zu den wichtigsten in der organischen Chemie. Man kann nämlich nicht nur Halogene wie Cl_2, Br_2, I_2,.....addieren, sondern auch H_2O oder H_2, oder HCl. Also fast alle Moleküle, die sich in einen positiv geladenen Teil und einen negativ geladenen Teil spalten lassen.

Addieren wir nun HCl - Salzsäure - auf Ethen (Es würde freilich auch mit anderen Alkenen funktionieren). HCl spaltet sich auf in H^+ und Cl^-, darum lässt es sich auch auf das Ethen addieren.

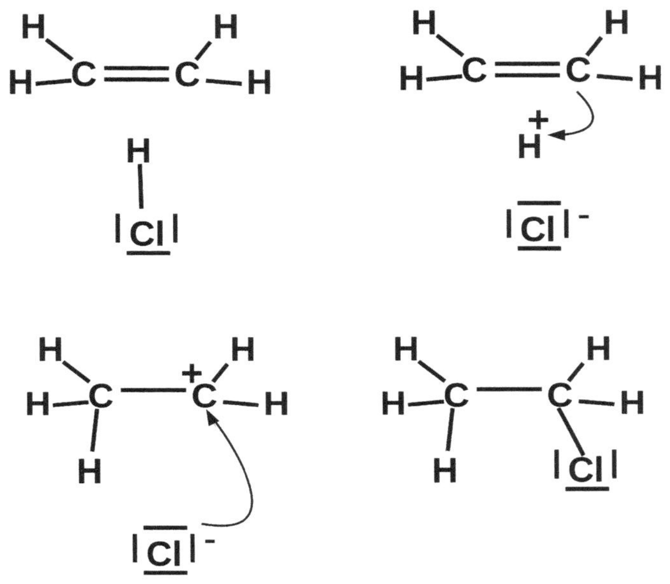

Es kommt ein **1-Chlorethan** heraus.

Ebenso können wir auch Wasser H_2O addieren, denn H_2O spaltet auf in H^+ und OH^-:

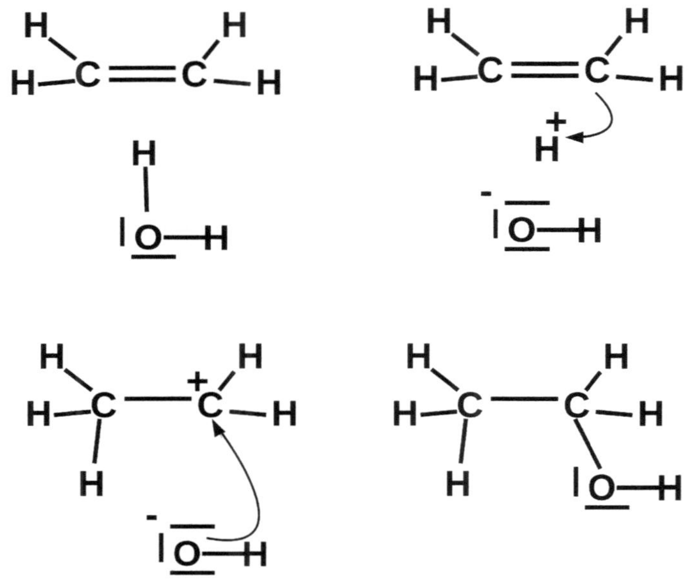

Das Molekül, das dabei heraus kommt, könnte man als ein 1-Hydroxy - Ethan bezeichnen. "*Hydroxy*" steht für die OH-Gruppe.

So bezeichnen wir es aber nicht, sondern als Ethanol, oder, anders gesagt, als Ethyl - Alkohol, oder ganz einfach als Alkohol. Es gibt viele Alkohole, aber der Ethanol ist der berühmteste, nämlich der Alkohol, in Bier, Wein, und Spirituosen. Aus anderen Alkenen lassen sich natürlich auch andere Alkohole herstellen.

Schließlich kann man an Alkene auch Wasserstoff H_2 addieren, das sich H_2 in H^+ und H^- aufspalten kann:

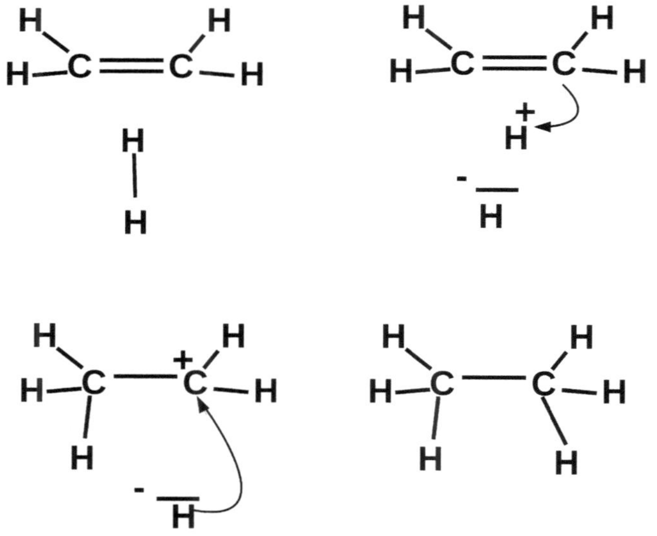

Es entsteht ein Molekül, das wir schon kennen: Das **Ethan**! Nun, da das Ethen zwei Wasserstoffe aufgenommen hat, ist es gesättigt und zum Ethan geworden. Daraus sieht man sehr schön, warum Alkane **gesättigte Kohlenwasserstoffe** genannt werden, und Alkene **ungesättigte Kohlenwasserstoffe**.

15.3.5. Alkene mit mehreren Doppelbindungen - Mesomerie

Bei Alkenen mit mehreren Doppelbindungen müssen wir unterscheiden:

15.3.5.1. Isoliert, kumuliert, oder konjugiert?

Wie groß sind die Abstände zwischen den Doppelbindungen? Kommen sie direkt hintereinander? Oder sind Einfachbindungen dazwischen? Wenn ja, wie viele?

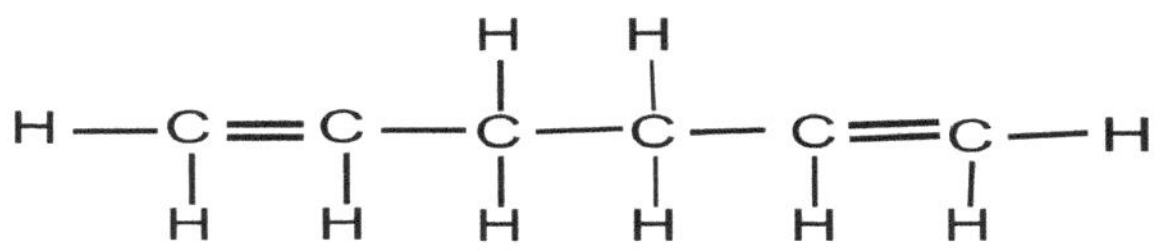

isolierte Doppelbindungen
(1,5- Hexatrien)

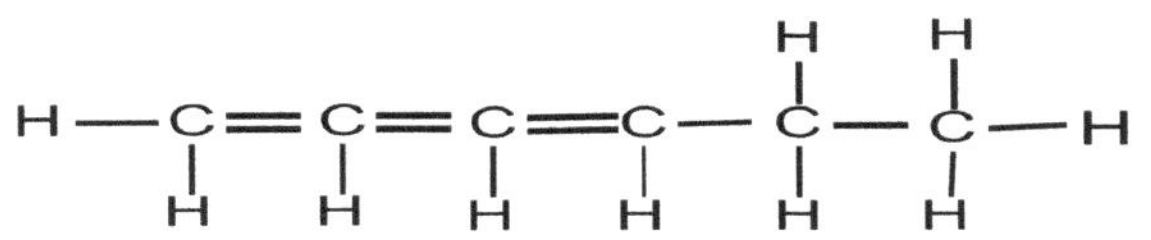

kumulierte Doppelbindungen
(1,2,3- Hexatrien)

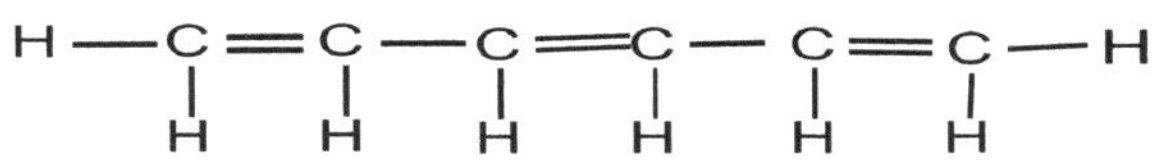

konjugierte Doppelbindungen
(1,3,5- Hexatrien)

Es gibt drei verschiedene Anordnungen für Doppelbindungen. Bei den isolierten Doppelbindungen sind viele (mindestens zwei) Einfachbindungen dazwischen. Die beiden Doppelbindungen sind also voneinander getrennt.

Bei den **kumulierten Doppelbindungen** gibt es keine Einfachbindung dazwischen. Die Doppelbindungen sind nacheinander angeordnet. Kumulierte Doppelbindungen zwischen Kohlenstoff-Atomen finden wir in der organischen Chemie sehr **selten**, weil sie chemisch sehr instabil sind.

Bei **konjugierten Doppelbindungen** kommt immer eine Doppelbindung, dann eine Einfachbindung, dann eine Doppelbindung, dann wieder eine

Einfachbindung- Doppel-Einfach-Doppel-Einfach-Doppel, und so weiter. Und diese konjugierten Doppelbindungen sind die stabilsten!

"*Konjugiert*" kommt vom lateinischen "*verbunden*". Aber diese Doppelbindungen sind doch gar nicht verbunden? Oder doch? Sehen wir uns das an.

15.3.5.2. Die konjugierte Doppelbindung

Als Beispiel nehmen wir ein 1,3-Butadien. Dieses zeichnen wir wieder in einer Mischung aus Lewis - und Kästchen-Schreibweise.

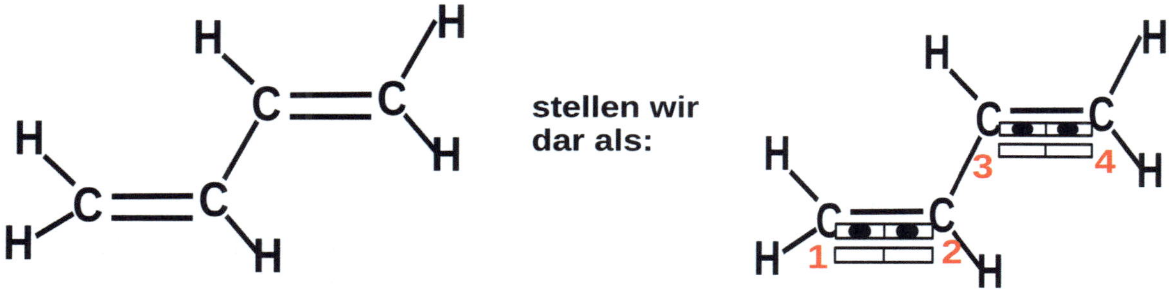

Die pi-Bindungen werden also wieder genau, nämlich als bindendes und antibindendes Orbital, dargestellt. Damit wir wissen, von welchem Kohlenstoff C gerade die Rede ist, haben wir die Kohlenstoffe C mit roten Zahlen 1-4 nummeriert. Bei dieser Nummerierung bleiben wir bei den folgenden Bildern.

Nun kann ein pi-Elektronenpaar zum C1 klappen, das C1 wird dadurch negativ geladen. Das C2 bleibt, mit nur mehr 3 Bindungen (= 6 Aussenelektronen) +1 geladen zurück. Das C1 hat dem C2 ein Elektron weg genommen.

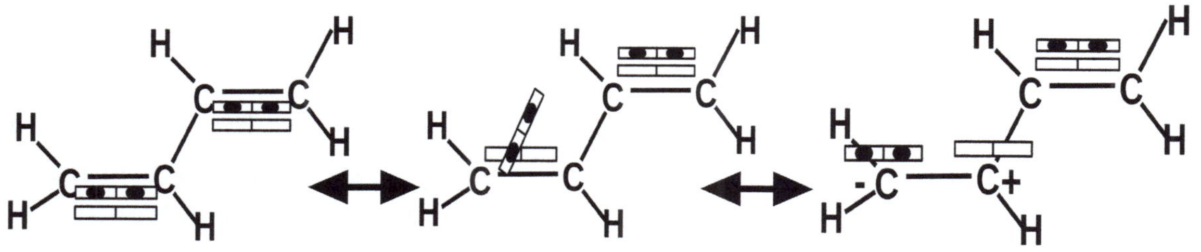

Frage: Warum kann das bindende pi-Elektronenpaar so einfach zum C1 klappen?
Wir dürfen nicht vergessen, dass Elektronen **Wellen** sind, und "unscharf" noch dazu. Auch unser Kästchen-Modell beschreibt die Elektronen nicht ganz richtig. Als Teilchen kann das Elektron auch einmal "woanders" sein und nicht immer nur zwischen C1 und C2. Und tatsächlich fliegt ja das Elektron gerne auch um

das C1 herum. Ebenso kann das Elektronenpaar auch seine ursprüngliche Position wieder einnehmen. (Darum haben die Pfeile auch immer zwei Enden.)

Weiter geht`s:

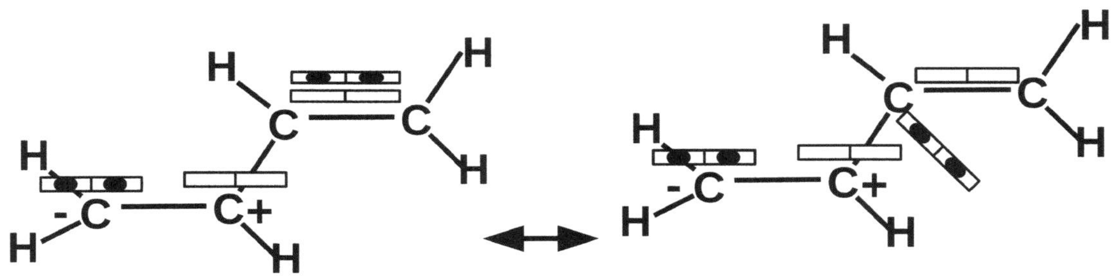

Auch das C2 will nicht gerne positiv geladen sein. Also nimmt es dem C4 die Elektronen weg......

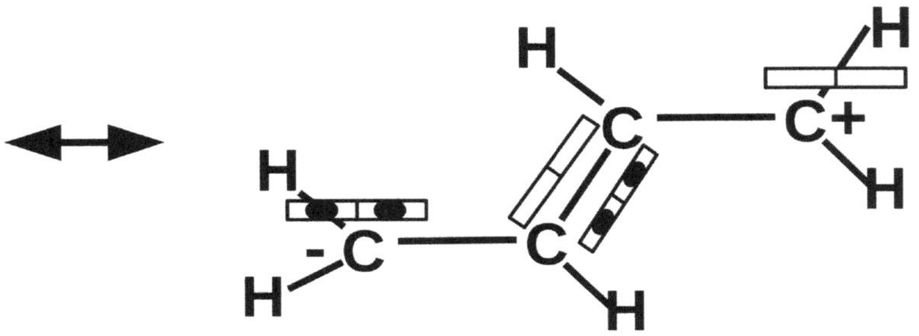

...und wir sehen, dass sich **zwischen C2 und C3 eine Doppelbindung ausgebildet hat!** Bei konjugierten Doppelbindungen können also die Plätze der Doppelbindungen wechseln.

Vor allem aber hängen konjugierte Doppelbindungen insofern zusammen, da sich eine Änderung am ersten Kohlenstoff C1 im Molekül bis zum letzten Kohlenstoff C4 auswirken kann: Weil am C1 ein Elektronenpaar umgeklappt ist (das C1 ist -1 geladen), ist das C4 nun positiv geladen.

Sehen wir uns das selbe Molekül in der Lewis-Schreibweise an:

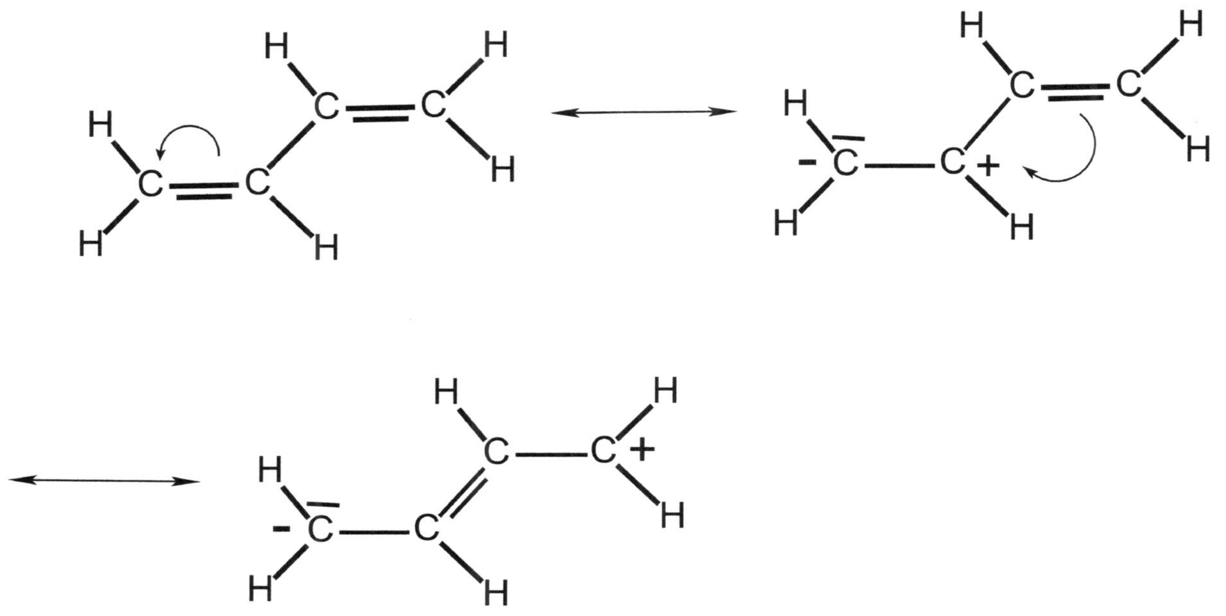

Das ist genau das, was wir zuvor in der Kästchen-Schreibweise betrachtet haben (Die zwischen-Bilder haben wir weg gelassen. Die umklappenden Elektronen werden durch die gebogenen Pfeile dargestellt.)

Die Elektronenpaare können aber auch in diese Richtung umklappen:

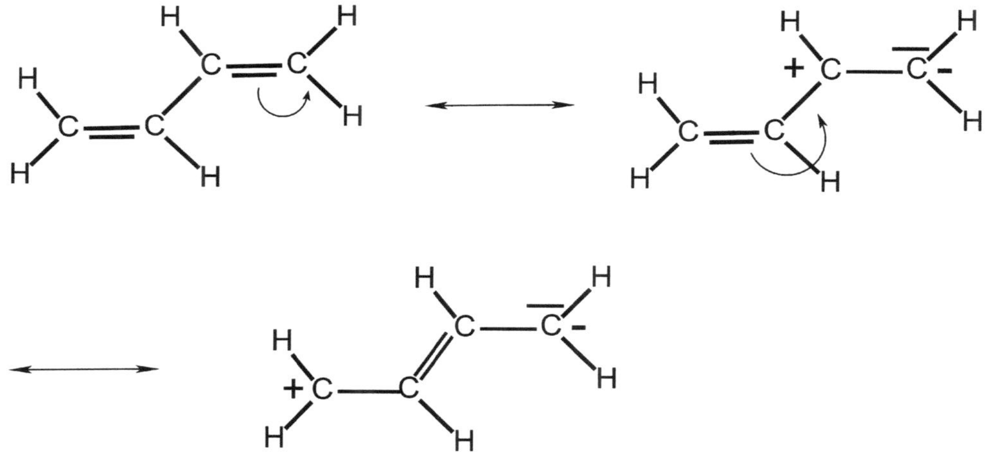

Hier nimmt sich das C4 das pi-Elektronenpaar, dadurch wird das C4 negativ (-1) geladen. Das C3 ist +1 geladen. Darauf nimmt das C3 dem C1 die Elektronen weg. Nun ist das C1 positiv geladen, und wieder hat sich eine Doppelbindung zwischen C2 und C3 gebildet.

Solche Möglichkeiten haben weder kumulierte noch isolierte Doppelbindungen! Wir merken uns: Je mehr Möglichkeiten ein Molekül zum „Umklappen“ hat, desto stabiler ist es.

15.3.5.3. Mesomerie

Jetzt stellt sich uns aber die Frage:
Wie sieht dieses Molekül *tatsächlich* aus? Wo sind die Elektronen in Wirklichkeit?

Die Antwort lautet: Dieses Molekül, das 1,3-Butadien, ist eine **Mischung** aus all diesen Möglichkeiten.

Die Elektronen sind nicht entweder da oder dort, sondern *sowohl da als auch dort.* Wir müssen uns die pi-Elektronen vorstellen, als g**leichmäßig über das ganze Molekül verschmiert**. Die pi-Elektronen sind also **delokalisiert,** ähnlich, wie wir es bei den Metallen kennen gelernt haben.

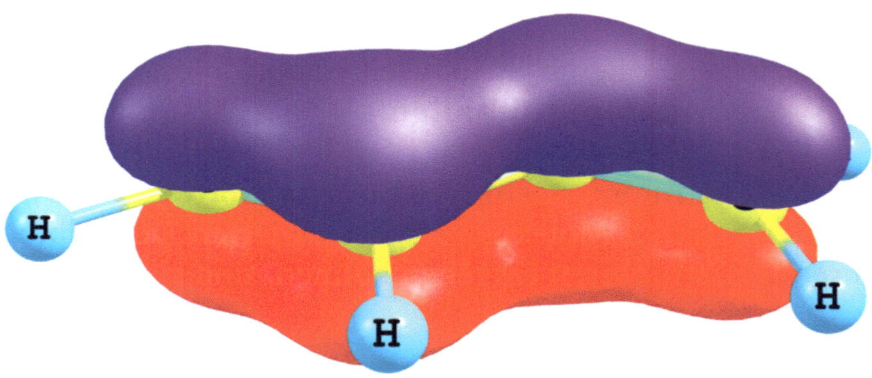

Die Lewis-Schreibweise ist eben auch nur ein Modell, um die Elektronen zu beschreiben. Aber Modelle sind, so praktisch sie auch sein können, nicht ganz richtig. Wir brauchen **mehrere Lewis-Strukturen** wie wir sie oben gezeichnet haben, um die konjugierte pi-Bindung richtig zu beschreiben.

Was sehen wir im oberen Bild? Eine große rote Elektronenwolke und eine große blaue Elektronenwolke. Diese beiden Wolken zusammen sind genau ein pi-Orbital, und darin sitzen zwei Elektronen. Und, wie wir sehen, sind diese zwei Elektronen gleichmäßig über das ganze Molekül "verschmiert". Das haben wir schon bei der Metallbindung kennen gelernt. Diese beiden verschmierten Wolken sind zusammen **nur ein Orbital.** Es bietet, wie jedes andere Orbital auch, Platz für zwei Elektronen. Nur, dass diese beiden Elektronen gleichmäßig über das ganze Butadien-Molekül verteilt sind. Solche verschmierten Elektronen machen konjugierte Doppelbindungen günstiger als isolierte.

Wir haben jetzt also viele Elektronen hin- und zurück geklappt, und dabei aber immer nur das selbe Molekül beschrieben: das 1,3-Butadien. **Wir haben chemisch nichts geändert**! Jedes Elektronen-Umklappen (in diesem Beispiel) zeigt einen anderen Aspekt des selben Moleküls.

Dieses Umklappen von Elektronen, ohne chemisch etwas zu ändern, nennt man **Mesomerie**.

Die Mesomerie hat also die Aufgabe, ein Molekül **mit mehreren Lewis-Formeln zu beschreiben**. Die Mesomerie zeigt auf, dass man mit einer Lewis-Formel *alleine* nicht alle Eigenschaften eines Moleküls beschreiben kann.

Die verschiedenen Lewis-Formeln ein und desselben Moleküls nennt man **mesomere Grenzstrukturen**. Die verschiedenen Lewis-Formeln des 1,3-Butadiens oben sind also alle mesomere Grenzstrukturen.

Also: Durch die Mischung der mesomeren Grenzstrukturen beschreiben wir ein Molekül besser als durch eine Lewis-Formel allein.

Aber welche dieser vielen Lewis-Strukturen ist nun die „Wahrheit"? Antwort: Die Wahrheit ist eine **Mischung aus allen**!

Als grobe Regel gilt: **Je mehr mesomere Grenzstrukturen ein Molekül hat, desto stabiler ist es.** Weil Moleküle mit konjugierten Doppelbindungen sehr viele mesomere Grenzstrukturen eingehen können, sind sie auch sehr stabil.

VAN GOGH, „PORTRAIT EINES ELEKTRONS"

15.3.5.4. Eigenschaften von delokalisierten pi-Elektronen

Noch eine andere interessante Eigenschaft haben lange konjugierte pi-Bindungen: **Sie können sichtbares Licht aufnehmen und abgeben**. Viele wichtige Farbstoffe wie zum Beispiel das **Carotin** haben konjugierte Doppelbindungen. Eine wichtige Eigenschaft der konjugierten Doppelbindungen ist, dass sie sehr "weich" sind und sich leicht verformen lassen. Das sieht man ja auch an der großen Zahl der mesomeren Grenzstrukturen! Je mehr solcher Grenzstrukturen es gibt, desto leichter kann man die Elektronenwolken verformen.: Hier sind die Elektronen beweglicher!

Nun können wir jedes Elektron als eine Verformung eines anderen Elektrons auffassen. Ich "verbiege" und "verdrehe" ein Elektron, bis ein anderes Elektron heraus kommt. Und wenn nun ein pi-Elektron (oder Orbital) sehr leicht verformbar ist, so bedeutet das, dass ich wenig Energie brauche, um aus dem einen pi-Elektron ein anderes pi-Elektron zu machen.

Das bedeutet aber, dass die pi-Elektronen alle energetisch sehr ähnlich sind - wie bei den Metallen - auch dort sind sich alle Elektronen ähnlich!

Und auch die leeren pi-Orbitale sind den pi-Elektronen energetisch ähnlich: Wir brauchen wenig Energie, um ein delokalisiertes pi-Elektron in ein leeres pi-Orbital zu befördern! Wir brauchen nur ein schwaches Photon hierzu.

Und was sind die schwachen Photonen? Das sind die roten Photonen! Und darum sind viele Natur-Farbstoffe mit konjugierten Doppelbindungen rot, wie eben das Karotin. Auch andere Photonen aus dem sichtbaren Bereich (die sind alle nicht allzu stark) können konjugierte pi-Elektronen anregen.

Sehen wir uns also noch einmal die beiden pi-Elektronen des 1,3 Butadiens an:

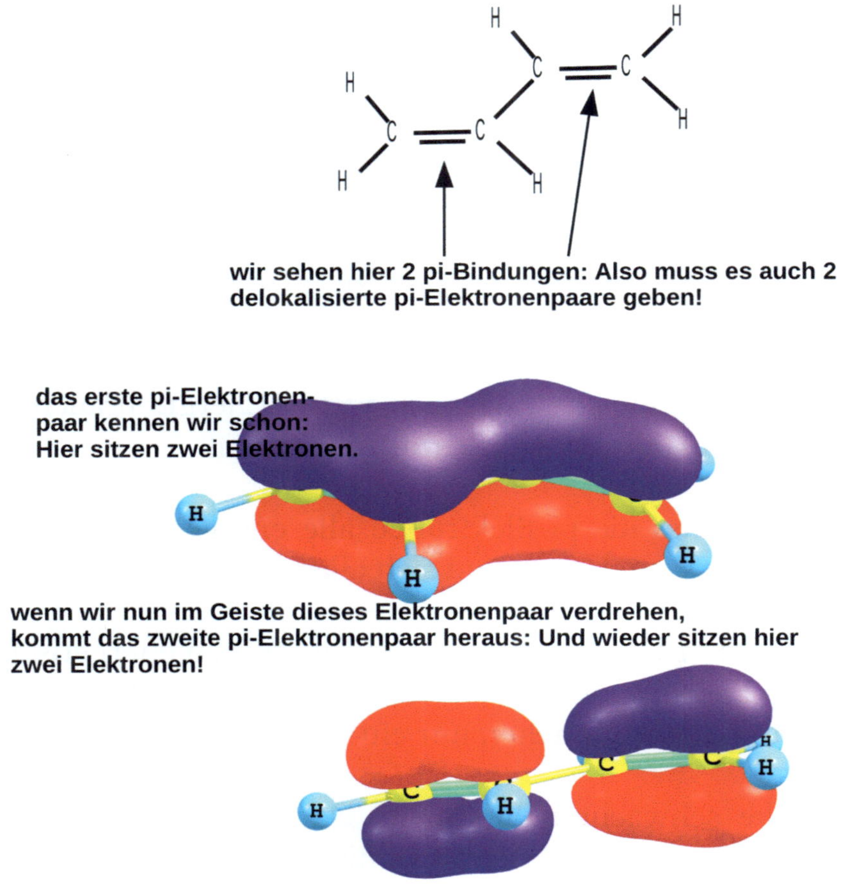

Fassen wir zusammen:

Durch das Hin - und Herklappen von Elektronenpaaren können also **chemische Reaktionen ablaufen und neue Moleküle entstehen.**

Oder: Wir beschreiben durch diese hin - und herklappenden Elektronenpaare nur **ein** Molekül, das sich in Wirklichkeit nicht ändert.
Das nennen wir **Mesomerie**.

15.3.6. Aromatische Kohlenwasserstoffe

Eine besondere Untergruppe der Alkene sind die aromatischen Kohlenwasserstoffe.

Der wichtigste aromatische Kohlenwasserstoff ist das Benzen (das manchmal noch Benzol genannt wird, die Bezeichnung Benzen ist aber chemisch richtiger).

15.3.6.1. Das Benzen

Wir wollen uns am Beispiel des Benzens ansehen, was die typischen Eigenschaften von aromatischen Kohlenwasserstoffen sind.

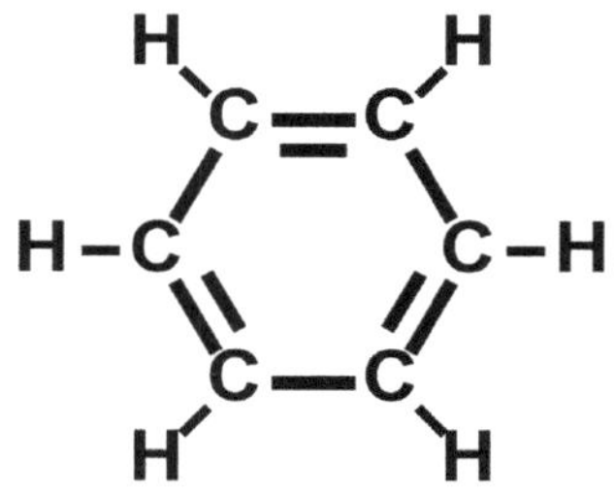

oder, in der Kurzschreibweise:

Das Benzen hat also drei konjugierte Doppelbindungen, die im "Kreis" umklappen können:

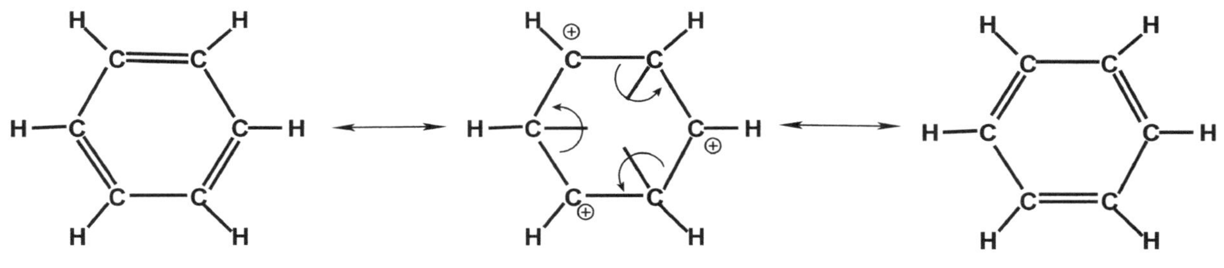

Alle drei Doppelbindungen klappen gleichzeitig um. Während des Umklappens sind drei der C-Atome positiv geladen. Logisch: Man hat ihnen ihr Elektron "weg genommen". Dafür haben diese positiv geladenen C jetzt Platz für andere Elektronen, und diesen Platz nützen sie auch aus: Sie gehen eine neue Doppelbindung ein. Welche dieser beiden mesomeren Grenzstrukturen ist nun die richtige? Da nun jede mesomere Grenzstruktur einen Teil der Wahrheit zeigt, ist die Wahrheit eine Mischung: Die drei Doppelbindungen sind gleichmäßig und ringförmig über das Benzen verteilt. Sie sind delokalisiert:

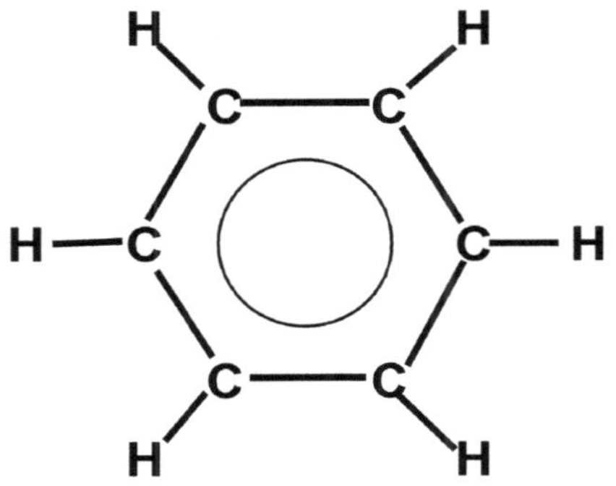

Benzen

Benzen in der Kurzschreibweise

Das erinnert uns an die konjugierten Doppelbindungen.
Beim Benzen sind diese aber noch wesentlich stabiler, denn: Das Benzen ist ein **Aromat**.

15.3.6.2. Was sind Aromaten?

Aromaten sind Moleküle mit ringförmig geschlossenen, konjugierten Doppelbindungen. Die Zahl dieser Doppelbindungen muss 3, 5, 7, 9, 11,.....usw. betragen.

Was "ringförmig geschlossene, konjugierte Doppelbindungen" sind, wissen wir schon: Doppelbindungen, die, wie beim Benzol, ineinander umklappen können.

Ganz wichtig: Die Zahl dieser Doppelbindungen muss 3, 5, 7, 9, 11,......sein!

Dieses Molekül (ein 1,3,5,7-Octa-tetra-en) ist zum Beispiel **kein** Aromat:

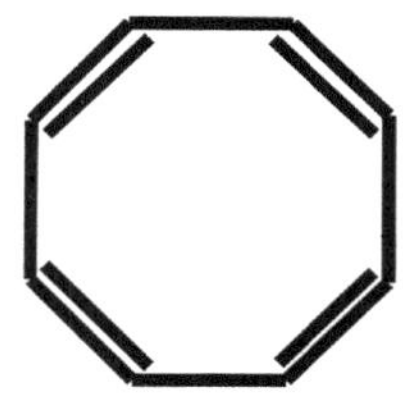

Es hat nämlich **4** Doppelbindungen, und nicht **3 oder 5** Doppelbindungen, und ist auch nicht so stabil.

Warum nun Moleküle mit 3, 5, 7... Doppelbindungen stabiler sind, als jene mit 4, 6, 8,....Doppelbindungen, hat quantenmechanische Gründe, die in der so genannten Hückel - Regel zusammengefasst sind. Wir brauchen das nicht näher zu wissen.

Wichtig ist aber, dass die Doppelbindungen des Benzens wesentlich schwerer aufgebrochen werden können, als jene "normaler" Alkene. So lässt sich zum Beispiel Br_2 nur schwer addieren.

15.3.6.3. Wichtige Aromaten

Wie sind nun die Aromaten zu ihrem Namen gekommen? Moleküle mit Benzen haben tatsächlich oft charakteristische **Gerüche und Aromen**. Viele natürliche Aromastoffe haben ein Benzen in ihrer Formel.

Übrigens können auch andere Atome als C Aromatische Ringe bilden, wir beschränken uns hier aber auf das Benzen und seine Verwandten.

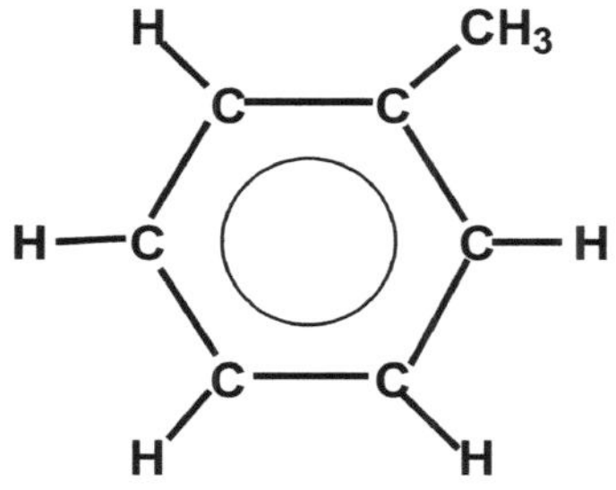

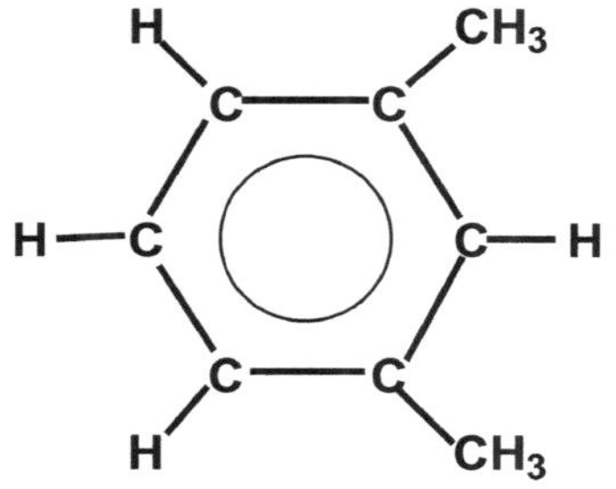

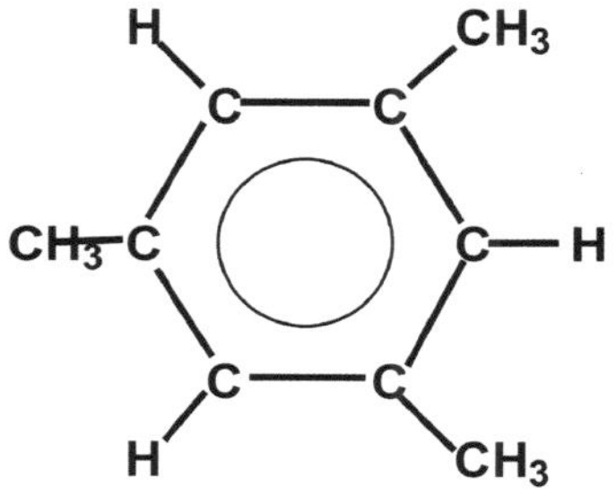

Toluen "Toluol"

Xylol

Kresol

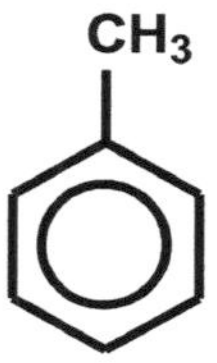

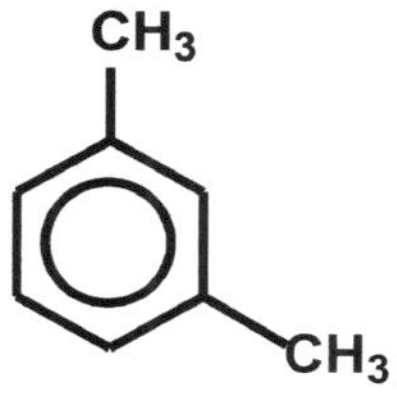

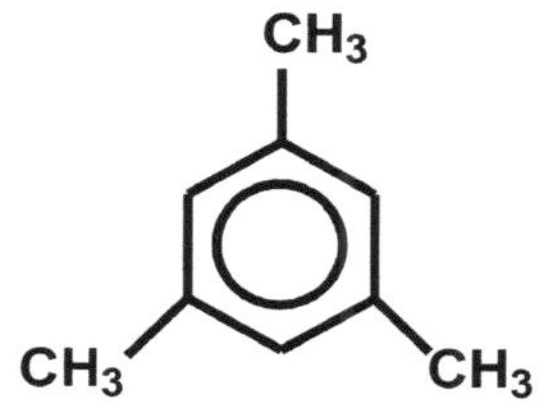

Wird ein H am Benzen durch eine Methylgruppe CH_3 ersetzt, ist es **Toluen**. Während Benzen sehr krebserregend und daher giftig ist, ist Toluen relativ ungefährlich. **Xylen** (auch Xylol genannt) findet man in Holz (griechisch "*Xylos*" ist "*Holz*").

Übrigens nennt man "verwandte" Moleküle in der organischen Chemie **Derivate**. Xylen ist also ein Derivat von Benzen.

Natürlich lassen sich auch andere Elemente an den Benzen-Ring binden:

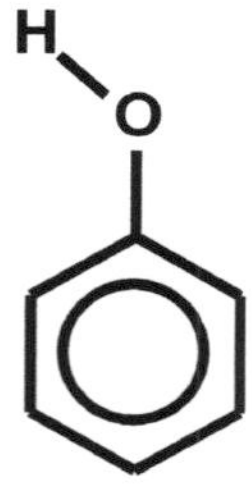

Phenol

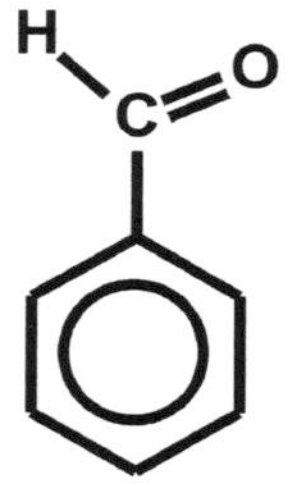

Benzaldehyd
(Marzipan-Aroma)

Anis-Aldehyd

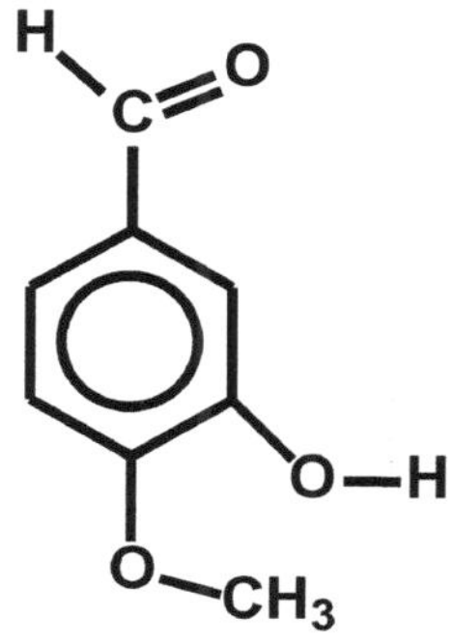

Vanillin

Phenol findet sich im Malkasten (der "Malkastengeruch" kommt vom Phenol!), es wird als Desinfektions- und Konservierungsmittel (etwa für anatomisch zu untersuchende Leichen) verwendet. Anis - Aldehyd liefert das Aroma des Anis, der in Keksen, und als Schnaps ("Raki", "Pastis") verwendet wird. **Vanillin** ist das Vanille-Aroma. Wir sehen, wie eng diese Moleküle verwandt sind - dennoch riechen sie ganz anders!. Aber alleine die Tatsache, dass sie riechen, zeigt ihre Verwandtschaft.

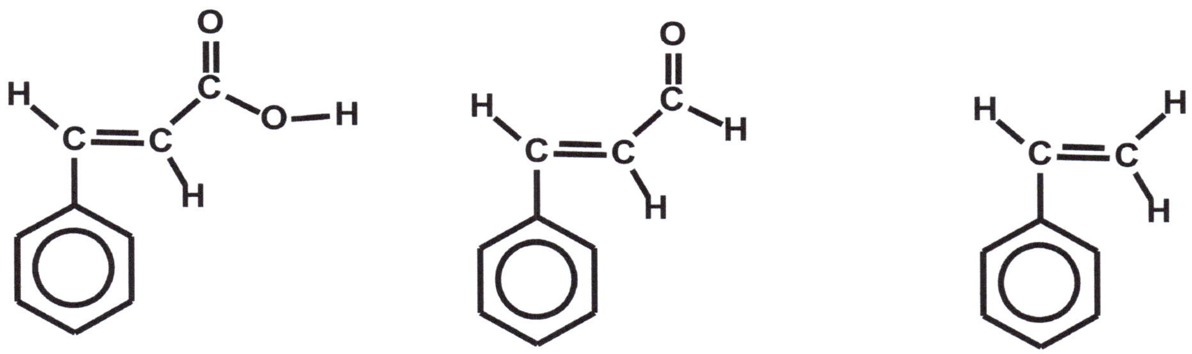

Zimtsäure Zimt-Aldehyd Styren

Zimtsäure und Zimt - Aldehyd findet man im- erraten- Zimt. Styren ist ein Stoff, aus dem man Polystyrol, einen Kunststoff, erzeugt. Styropor® ist geschäumtes Polystyrol.

Philosophisches:

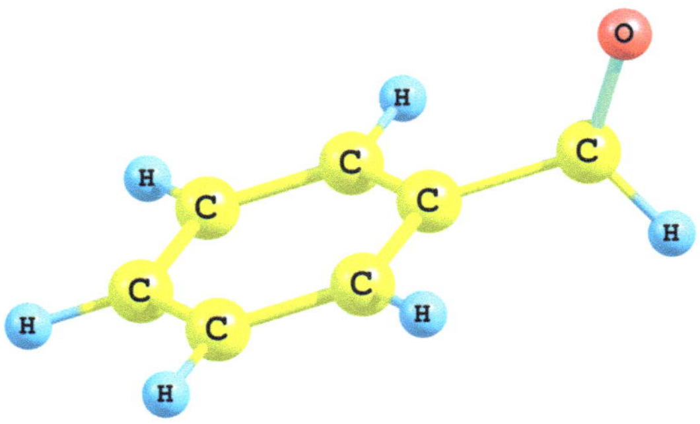

Benzaldehyd

Es ist faszinierend, dass wir Gerüche und Geschmäcker nicht "erklären" können: Versucht einmal, den Geruch "Zimt" zu beschreiben, aber ohne das Wort "Zimt" zu verwenden: Ihr werdet es nicht schaffen! Man kann aber auch den Geschmack von (zum Beispiel) Zimt nicht über den Geschmack von Vanille beschreiben. Es ist, als wären da undurchdringliche Welten dazwischen. Und trotzdem kennen wir die chemische

Strukturen dieser Stoffe! Wir können sogar Vanillin in Zimtsäure umwandeln - aber das Ergebnis können wir nicht als Geschmack beschreiben.

Das ist einerseits das Geheimnisvolle an der Wissenschaft der Chemie: Dass man mit "Unbeschreiblichem" arbeitet, und zwar mit Erfolg!

Wer weiß, vielleicht gibt es Außerirdische, die ein so großes Geruchszentrum im Gehirn haben, dass sie Gerüche und Aromen nicht nur "strukturell" verstehen, so wie wir es tun, sondern tatsächlich aus dem Geruch die Formel der Dinge wissen - oder zumindest die Gerüche so genau beschreiben können, dass sie der andere Außerirdische versteht......

15.3.6.4. Kondensierte Aromaten

In **kondensierten Aromaten** sind zwei Ringe über zwei Kohlenstoff-Atome miteinander verbunden:

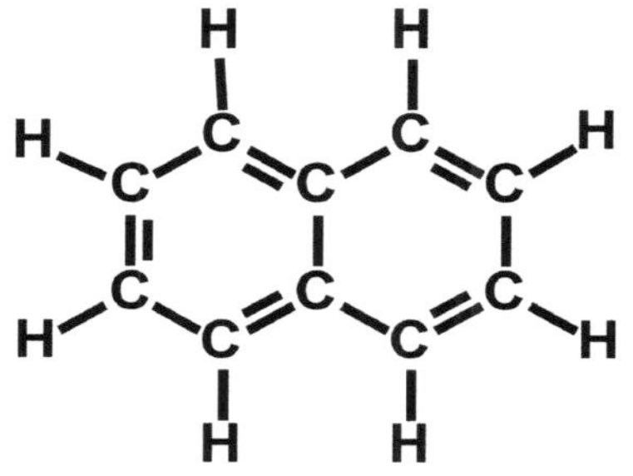

Naphtalin

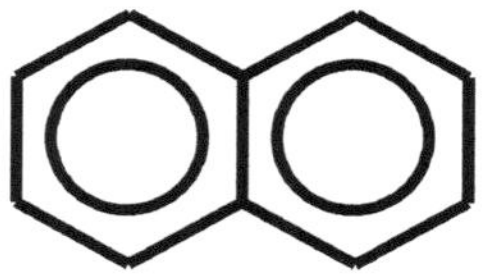

Naphtalin
in der Kurzschreibweise

Naphtalin ist ein typischer kondensierter Aromat. Und es ist tatsächlich aromatisch, da es 5 ringförmig-konjugierte Doppelbindungen hat!

Wir kennen den Naphtalin - Geruch von den Mottenkugeln....

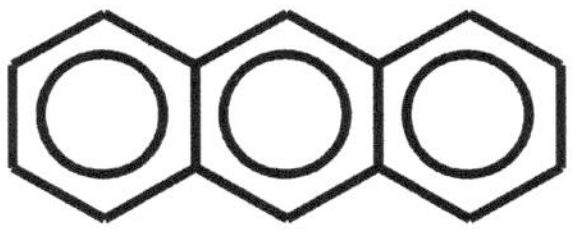

Anthrazen

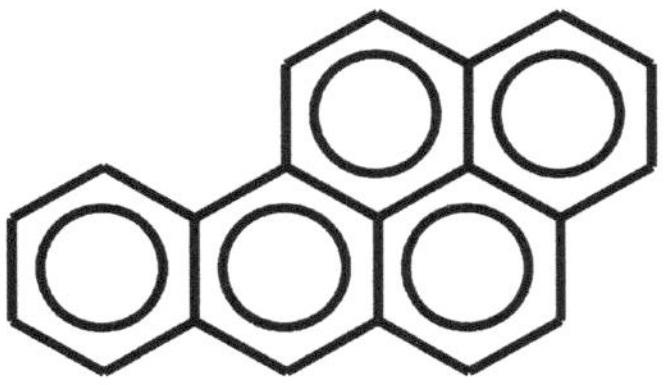

Benzpyrrhen

Benzpyrrhen entsteht bei Verbrennungsreaktionen, etwa beim Grillen. Es ist sehr krebserregend. Daher sollte man beim Grillen darauf achten, die Speisen nicht anbrennen zu lassen. Auch im Zigarettenrauch findet sich diese gefährliche Substanz.

15.3.7. Kunststoffe aus Alkenen

Eine sehr wichtige Verwendung von Alkenen ist die Erzeugung von Kunststoffen. Drei der wichtigsten Kunststoffe, die aus Alkenen gemacht werden sind Polyethylen(kurz: PE), Polypropylen (PP) und Polyvinylchlorid (PVC). (Näheres dazu im Kapitel über Kunststoffe.)

15.4. Alkine

Die Alkine haben eine (oder mehrere) **Dreifachbindungen** zwischen den C:

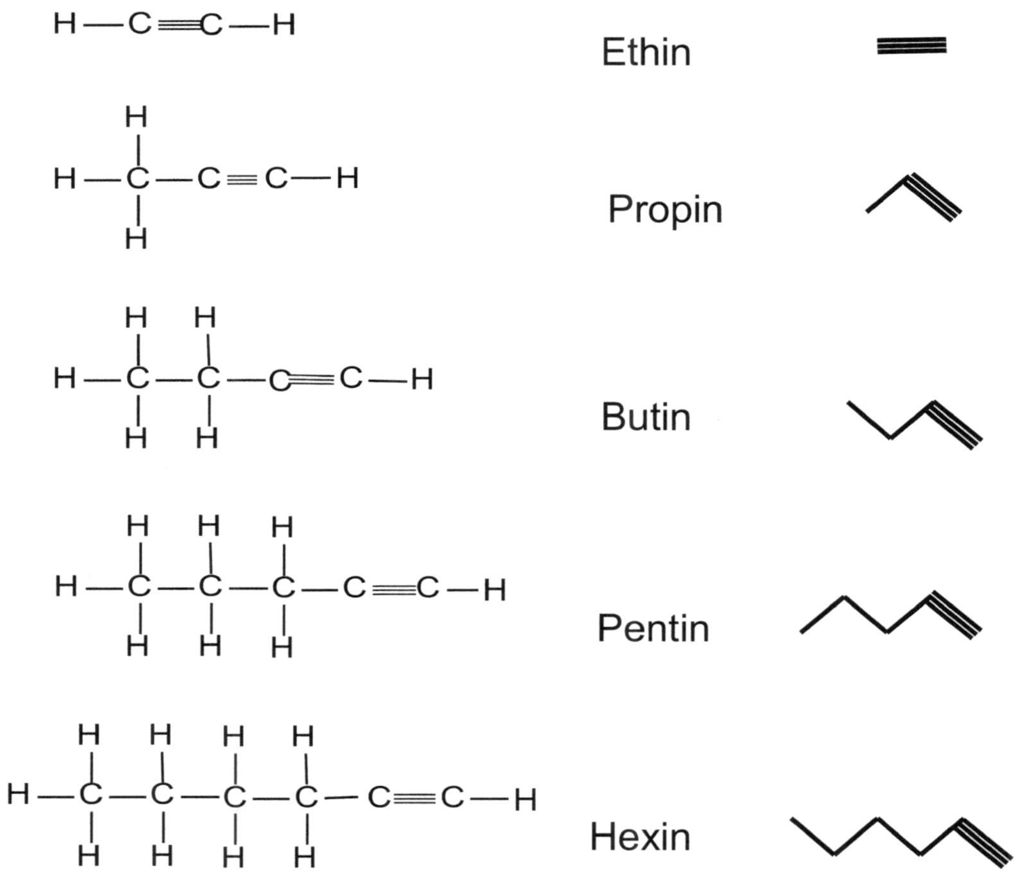

Die Kurzschreibweise der Alkine funktioniert ebenso wie jene für die Alkene, nur dass die Dreifachbindung auch mit einem dreifachen Strich dargestellt wird.

15.4.1. Nomenklatur der Alkine

Auch die Benennung **der Alkine** erfolgt genau so, wie bei den Alkenen, nur: aus - **en** wird - **in**.

Also Eth**in** statt Ethen, Prop**in** statt Propen.........

Und auch bei den Alkinen kann die Dreifachbindung an verschiedenen Stellen stehen:

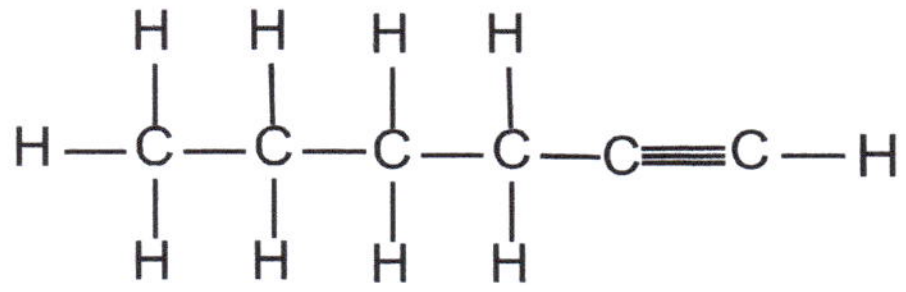

1-Hexin

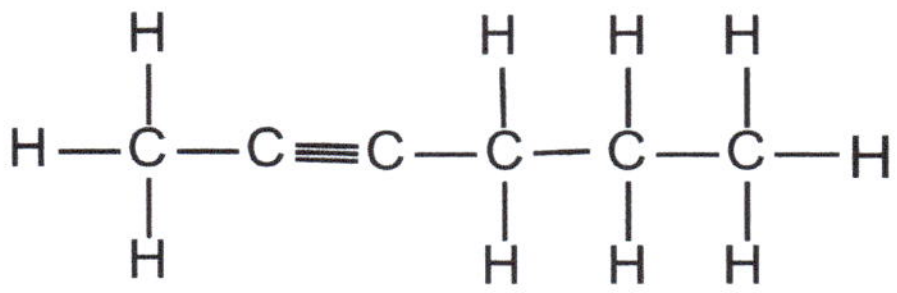

2-Hexin

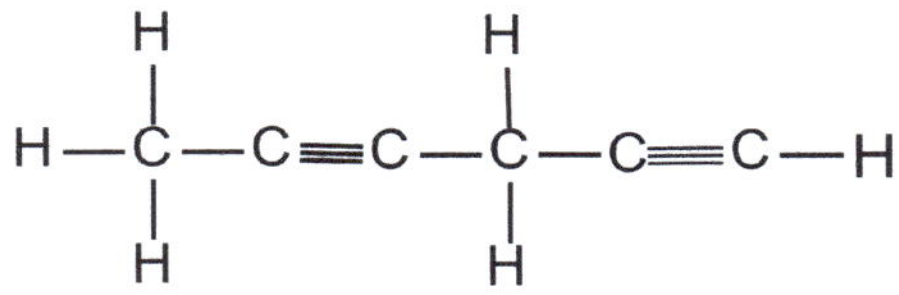

1,4-Hexadiin

Wir benennen die Alkine wieder genau so, wie die Alkene, nur dass wir statt -en **-in** schreiben. Wenn wir zwei Dreifachbindungen in einem Moleküle haben, so wir es ein **Diin**, in diesem Beispiel ein 1,4-Hexa**diin**.

15.4.2. Die chemische Bindung der Alkine

Auch für die dreifach gebundenen C-Atome gibt es eine eigene Hybridisierung. Diese bewirkt, dass Ethin stäbchenförmig ist, oder, wie es die Mathematiker sagen: "linear".

Bei der Dreifachbindung (wir nehmen weiterhin das Ethin als Beispiel) gibt es zwei gleich gute sigma-Bindungen: Die eine geht vom Kohlenstoff C zum H, die andere geht vom C zum anderen C. Damit wir diese gleich guten Bindungen erhalten, hybridisieren das s-Orbital und ein p-Orbital zu zwei gleich guten **sp - Hybridorbitalen**.

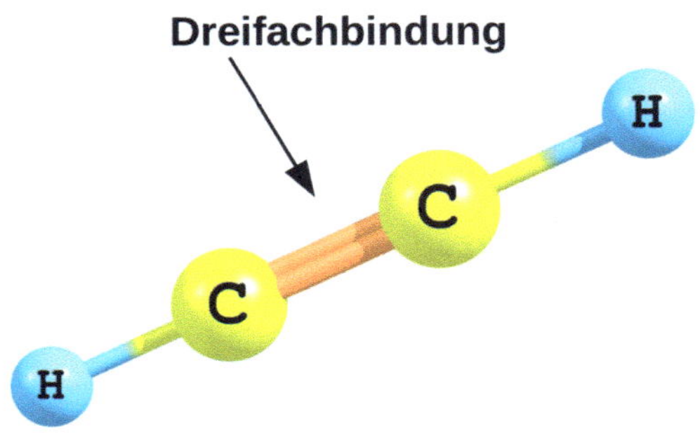

Ethin ist linear

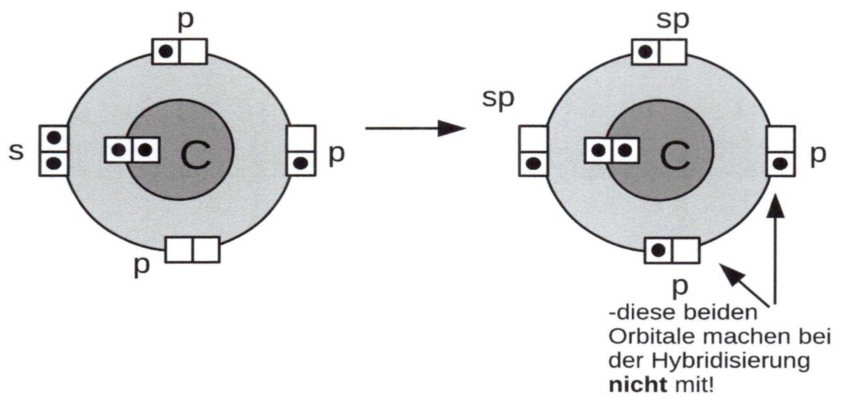

Die beiden anderen p-Orbitale machen bei der Hybridisierung nicht mit: **Sie bleiben p-Orbitale**. Aus diesen beiden p-Orbitalen formen sich dann (mit den beiden p-Orbitalen des anderen C) zwei pi-Bindungen.

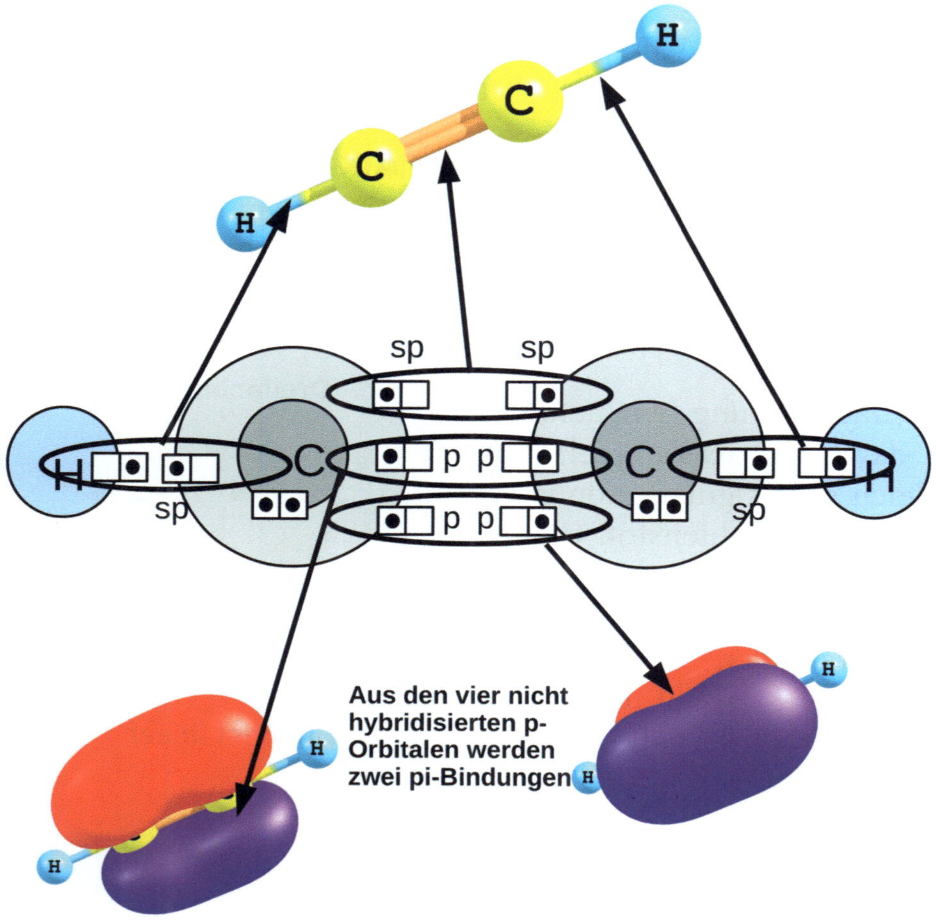

Das macht in Summe **drei Bindungen** zwischen den beiden C: Eine sigma-Bindung und zwei pi-Bindungen.

Die sp - Orbitale sind, weil sie zu 50% aus der "Luxuswohnung" s-Orbital bestehen, ebenfalls sehr günstige Orbitale. Das wiederum bedeutet, dass die Elektronen, die das C mit dem H verbinden, lieber beim C sitzen: Wir haben also eine polare Atombindung! Und deshalb ist das Ethin (jedes Alkin mit einer Dreifachbindung am Ende) leicht sauer: Das C kann unter Umständen die Elektronen einbehalten, und H^+ abspalten.

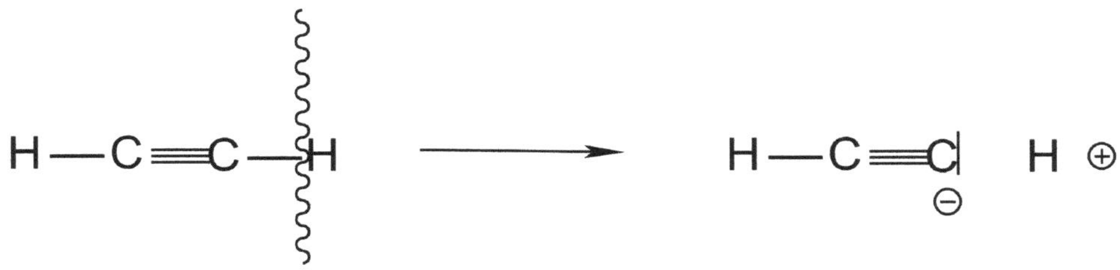

Man darf sich deshalb aber ein Alkin nicht als Säure vorstellen: Sie reagieren nur sehr schwach sauer. Das H^+ spalten sie nur ab, wenn man sie dazu zwingt. (Zum Beispiel durch Zugabe von OH^- Ionen, etwa in Form von NaOH.)

15.4.3. Chemie der Alkine

Alkine sind stärker ungesättigt als Alkane und Alkene. Beim Verbrennen rußen sie sehr stark, da sie verhältnismäßig mehr Kohlenstoff und weniger Wasserstoff haben.

15.4.3.1. Das Ethin

Das Ethin HCCH wird in der chemischen Umgangssprache auch Acetylen genannt.

Man benötigt es zum Schweißen, da man mit Acetylen eine Flamme von bis zu 3300°C erzeugen kann. Das ist eine der heißesten Gasflammen, die es gibt.

Außerdem kann man Alkine dazu benutzen, um Benzene herzustellen.

Diese Reaktion nennt man die **2+2+2-Cycloaddition**. Das "2+2+2" bezieht sich auf die Zahl der Elektronen, die bei dieser Reaktion umklappen: Man braucht für diese Reaktion **drei Alkine**. Bei jedem Alkin klappen zwei Elektronen um, das macht in Summe 2+2+2.

Sehen wir uns das am Beispiel von drei Propin - Molekülen $HCCCH_3$ an:

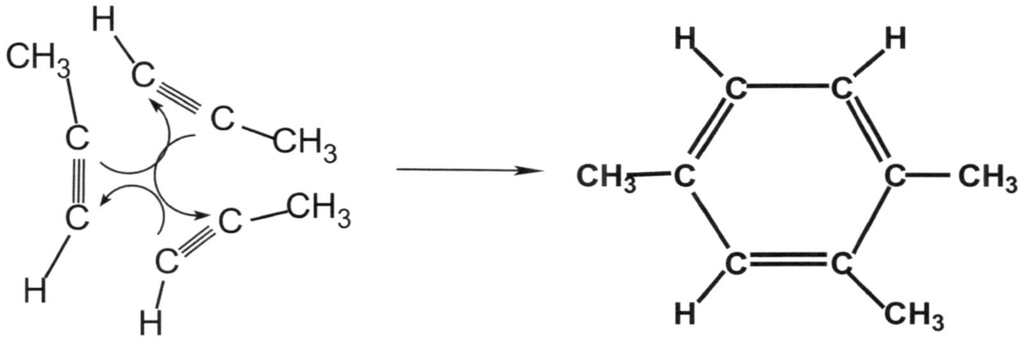

Statt der Methyl - Gruppe CH_3 könnten wir natürlich auch irgend eine andere Gruppe verwenden.

Das Ergebnis ist ein Benzen, das mit drei CH_3-Gruppen **substituiert** ist. Das heißt: Drei H-Atome des Benzen sind durch drei CH_3-Gruppen ausgetauscht.

Substituieren heißt also **ersetzen** oder **austauschen**.

15.4.3.2. Die elektrophile Addition an Alkinen

Der Ausdruck *Substituieren* oder *Substitution* kommt in der organischen Chemie sehr oft vor: wir merken ihn uns.

Ebenso kann man bei Alkinen **elektrophile Additionsreaktionen** durchführen. Die elektrophilen Additionsreaktionen kennen wir schon von den Alkenen: Zum Beispiel, wenn man Br_2 mit einem Ethen reagieren lässt. Dieses Beispiel haben wir genau betrachtet.

Bei den Alkinen funktioniert das genau so, wir brauchen uns daher den Reaktionsmechanismus nicht mehr ansehen.

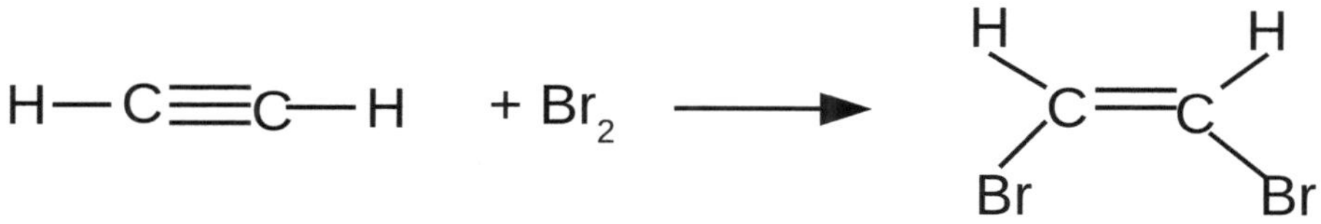

Die nichtbindenden Elektronenpaare des Brom Br sind nicht eingezeichnet - wir wissen einfach, dass es sie gibt, das genügt uns.

Und das war's auch schon mit den Alkinen.

Und jetzt zu etwas ganz Neuem.

15.5. Derivate der Kohlenwasserstoffe im Überblick

Was ist ein "*Derivat*"?

Das Wort "Derivat" kommt vom lateinischen "*derivare*": "*ableiten*".

Derivate der Kohlenwasserstoffe sind Moleküle, wo an einem Kohlenwasserstoff irgend welche anderen Atome angehängt sind, wie zum Beispiel Sauerstoff O oder Stickstoff N oder Phosphor P. Hängen diese Atome an Kohlenwasserstoffen, so nennen wir sie **Heteroatome**. "**Hetero**" kommt aus dem griechischen, und bedeutet: "*anders*". Also andere Atome als C oder H.

Die wichtigsten Derivate der Kohlenwasserstoffe sind die Sauerstoff- und die Stickstoffderivate.

Sie sind so wichtig, dass sie zum Teil eigene Namen haben, wie Alkohole, Aldehyde, Ketone, Amine......

Sehen wir uns nun die wichtigsten Derivate im Überblick an. In den folgenden Kapiteln werden wir diese Derivate dann genauer besprechen. *Hier wollen wir uns diese Derivate nur ansehen und noch nicht auswendig lernen! Wir überprüfen nur, ob wir diese Formeln verstehen.*

In der folgenden Abbildung sehen wir Bindungen, an denen - auf einer Seite - kein Atom hängt. Das bedeutet, dass an dieser Bindung ein H oder eine CH_3-Gruppe oder irgend eine beliebige Kohlenwasserstoff-Gruppe hängen kann. Darum gibt es auch Millionen von verschiedenen Derivaten: weil es so viele Kombinationsmöglichkeiten gibt!

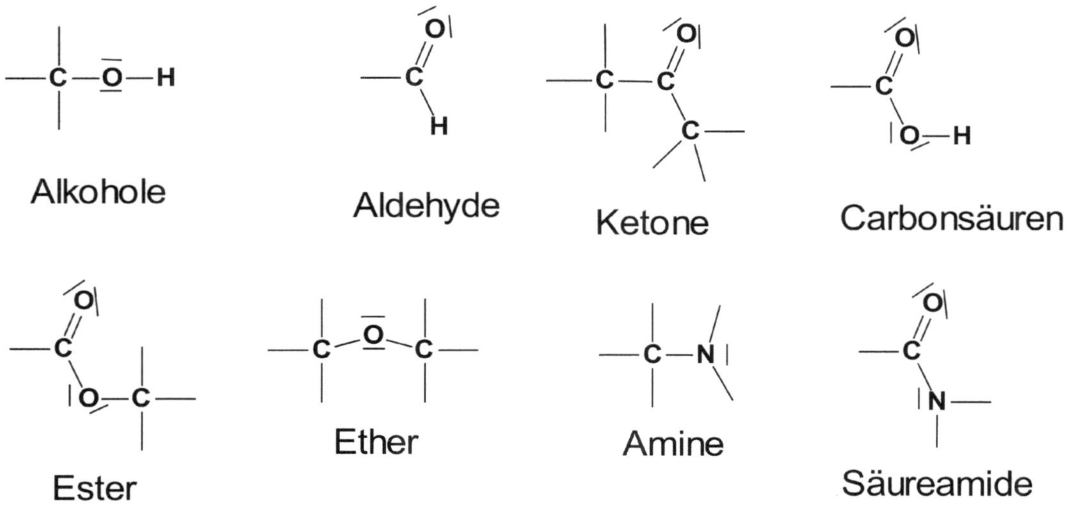

An die Bindungsstriche, die auf einer Seite kein Atom haben, können wir ein H oder eine beliebige Alkylgruppe hängen. Wir können an diese Bindungsstriche also zum Beispiel eine Methylgruppe CH_3 hängen oder eine Ethylgruppe CH_3CH_2, und so fort.

Und, wichtig: Egal, welche Gruppe wir an einen - zum Beispiel- Alkohol hängen: Es ist **immer** ein Alkohol. Also: CH_3OH ist ein Alkohol, CH_3CH_2OH ist ein Alkohol, und so fort. Das selbe gilt für alle anderen Derivate auch: Egal, welche Alkylgruppen wir an die offenen Bindungen hängen, es bleibt immer das gleiche Derivat.

Wir sehen, wenn wir diese Derivate näher betrachten, einige Ähnlichkeiten: Offensichtlich haben sowohl Aldehyde als auch Ketone eine C-O Doppelbindung; Carbonsäuren sehen aus wie Aldehyde, nur, dass sich ein O "*dazwischen geschummelt*" hat.

Und Ester wiederum sehen aus wie Carbonsäuren, nur, dass ein H durch ein C getauscht wird (an diesem C können dann freilich auch andere Atome gebunden sein).

Damit sehen wir uns im folgenden einige dieser Derivate genauer an -und jetzt lernen wir sie wirklich!

15.6. Alkohole

Der Name "Alkohol" stammt aus dem arabischen "*al kohol*" und heißt übersetzt : "*der Geist*". Geister kommen ja bekanntlich aus der Flasche.... ob sich dieser Name nun durch die Wirkung des Alkohols oder durch seinen Geruch etablierte, wissen wir nicht mehr. Aber eines ist geklärt: Bier gab es schon im alten Babylonien. Die Hohepriester wurden mit mehreren Litern Bier pro Tag ausbezahlt (es ist allerdings anzunehmen, dass die Hohepriester nicht alleine vertrunken haben, sondern weiter tauschten.)

Alkohole sind Kohlenwasserstoffe, wo an mindestens einem C eine OH-Gruppe hängt.

Oder, anders gesagt: Ein Alkohol ist ein Alkohol, weil er ein C mit einer OH-Gruppe hat. Das ist seine Besonderheit. Und diese Besonderheit nennt man in der organischen Chemie die **funktionelle Gruppe**.

Die OH-Gruppe nennt man auch **Hydroxylgruppe** (von *Hydro= Wasserstoff* und *Oxy= Sauerstoff*).

Die funktionelle Gruppe der Alkohole ist also ein C mit einer Hydroxylgruppe.

Das können wir uns auch gleich für alle anderen Derivate merken: Jedes Derivat hat seine eigene, besondere funktionelle Gruppe.

15.6.1. Nomenklatur der Alkohole

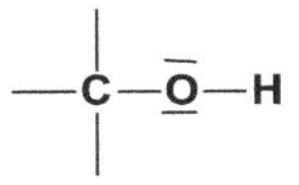

die funktionelle Gruppe der Alkohole

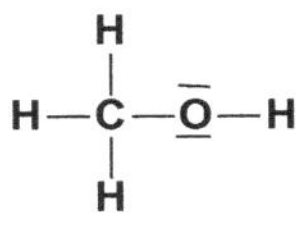

Methanol

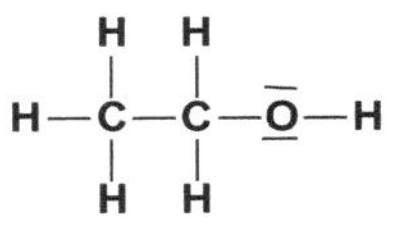

Ethanol

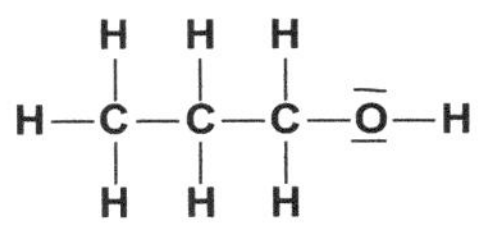

Propanol

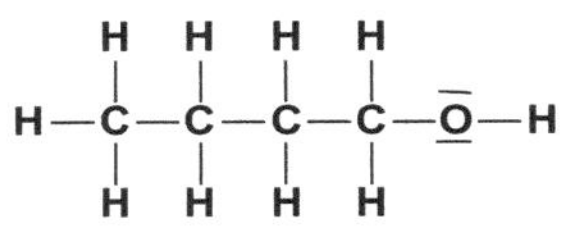

Butanol

Die Namen der Alkohole setzen sich also aus den Namen der Alkane zusammen, aus denen sie gebildet sind, und der Nachsilbe - **ol**.

Zum Beispiel: Der kleinste Alkohol ist der **Methanol.** Der Methanol hat, wie das Methan, ein C. Daher bilden wir den Namen aus "Methan" und aus "-**ol**".Heraus kommt **Methanol**.

Das Alkan mit 2 C ist (wissen wir schon) das Ethan. Der zugehörige Alkohol ist also der Ethanol. Und so weiter. Der Alkohol mit 5 C ist dann der **Pentanol**, dann kommt das **Hexanol**, und so fort.

In neueren Lehrbüchern werden die Alkohole oft **Alkanole** genannt.

Das ist allerdings etwas umständlich, da man natürlich auch an Alkene oder Alkine eine Hydroxylgruppe anhängen kann, und das sind auch Alkohole. Nur heißen diese Alkohole nicht Alkanole, sondern **Alkenole** oder **Alkinole**.

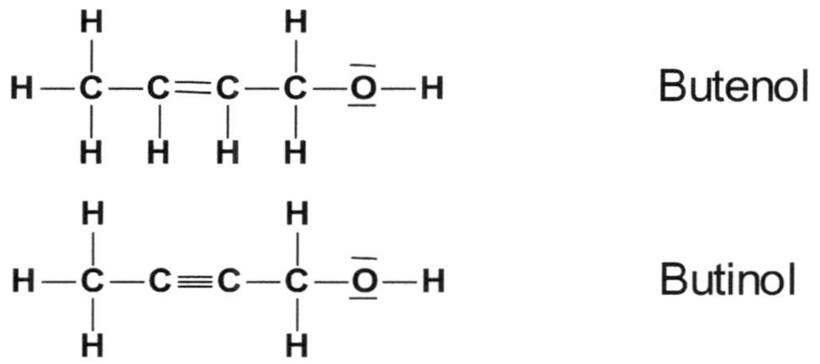

Außerdem kann man sich unter "Alkanol" nicht wirklich etwas vorstellen, während der Name "Alkohol" gleich auf den berühmtesten Vertreter seiner Art verweist, nämlich den **Ethanol**, der in Bier, Wein und Schnäpsen vorkommt (und der Methanol ist der giftige Alkohol, der zur Erblindung führt.)

Die **Hydroxylgruppe OH** muss nicht unbedingt am ersten C hängen, sie kann auch irgendwo dazwischen zu finden sein:

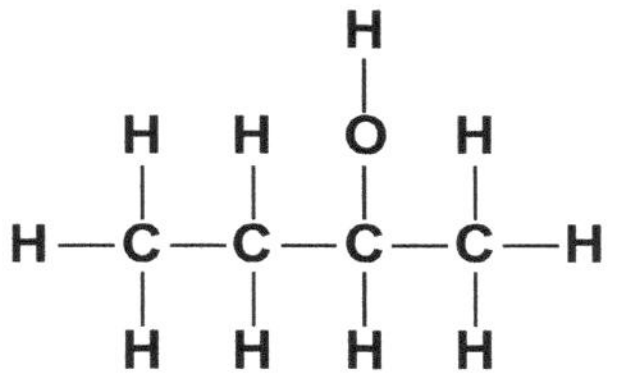

2-Butanol

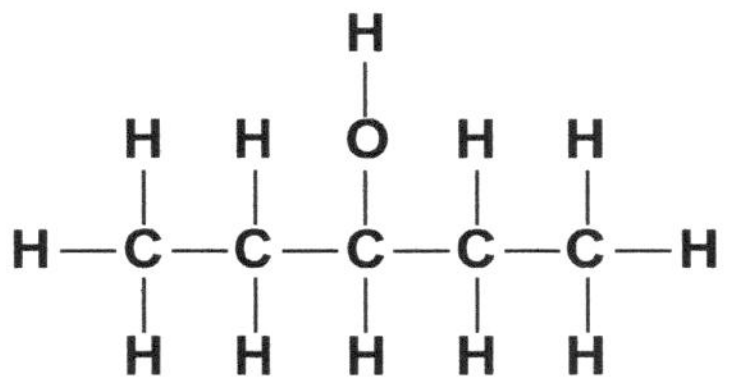

3-Pentanol

Hängt das OH am **2. C** eines Butans, so wird ein **2-Butanol** daraus.
Hängt das OH am **3. C** eines Pentans, erhalten wir ein **3-Pentanol**. (Die nicht bindenden Elektronenpaare am O sind nicht eingezeichnet.)

15.6.2. Eigenschaften und Reaktivität von Alkoholen

Alkohole sind, chemisch gesehen, eng mit dem Wasser H_2O verwandt. Wir könnten (mit Vorbehalten) das Wasser als den kleinsten Alkohol interpretieren: Nämlich als ein H mit einer Hydroxylgruppe OH.

Und ähnlich wie beim Wasser, ist auch beim Alkohol die OH-Gruppe partiell geladen: Das elektronegative O zieht die Elektronen stark zu sich und hat daher eine gewisse **negative Ladung**.Das H der OH-Gruppe ist wiederum deutlich positiv geladen.

Diese positiv geladenen H werden von den negativ geladenen O angezogen und bilden, wie beim Wasser, *Wasserstoffbrückenbindungen.*

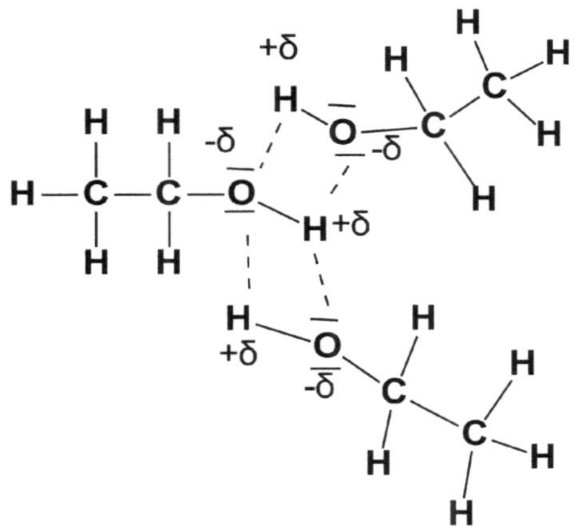

Diese **Wasserstoffbrückenbindungen** bewirken, dass die Alkohol-Moleküle recht gut zusammenhalten. Und das wiederum bedeutet, dass Alkohole im Allgemeinen flüssig sind. Während zum Beispiel **Ethan** bei Raumtemperatur ein *Gas* ist, ist **Ethanol**, wie wir wissen, **flüssig** (sonst würde ja jeder Wodka verdampfen).

Wenn wir die Alkohole in kurzer Schreibweise benennen, so schreiben wir sie so:

CH_3OH Methanol
CH_3CH_2OH Ethanol
$CH_3CH_2CH_2OH$ Propanol
$CH_3CH_2CH_2CH_2OH$ Butanol

und so fort......

Das macht den Eindruck,als wären Alkohole Basen (weil die OH-Gruppe hinten steht). Das stimmt aber nicht! Alkohole reagieren, im Gegenteil, sogar ganz leicht sauer. Sie können H^+ abspalten.

15.6.3.Alkohole sind schwache Säuren

Von alleine werden Alkohole kaum H^+ abspalten. Wenn man aber NaOH dazu gibt, so werden die OH- Ionen des NaOH dem Alkohol ein H^+ "mit Gewalt" entreißen.

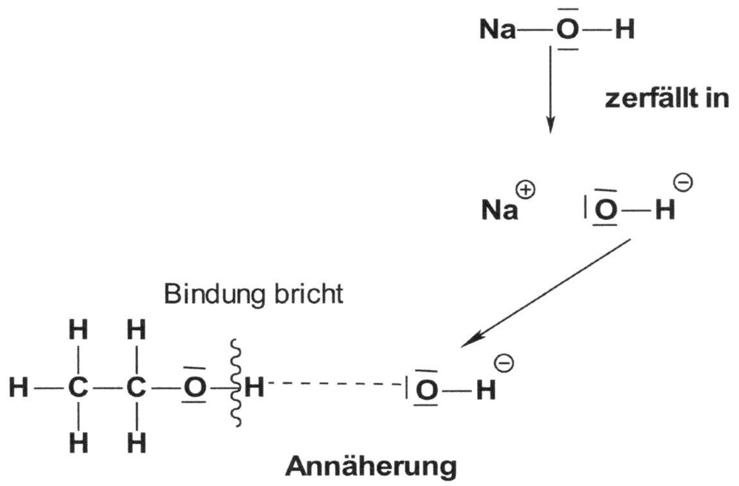

Die Reaktion funktioniert genau so wie eine Neutralisation.

Der Alkohol (Ethanol) ist hier die Säure.

Wir müssen uns also merken: *Wenn vor der OH-Gruppe ein Kohlenwasserstoff-Rest steht*, ist es **keine Base, sondern ein Alkohol**. Hier herrscht - leider! - Verwechslungsgefahr!

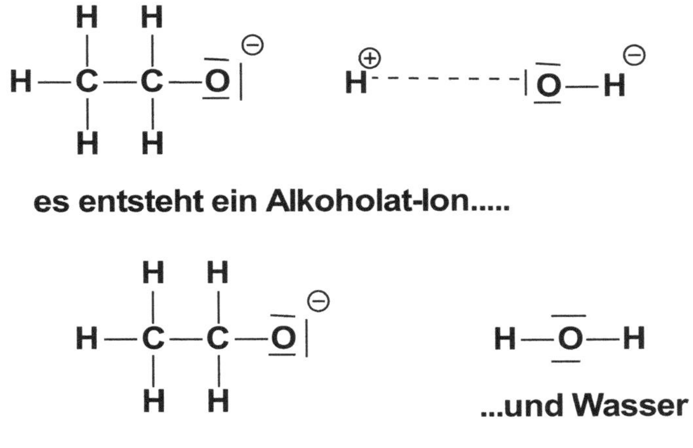

Aus diesen Alkoholat - Ionen kann man unter anderem **Ether** erzeugen. Das werden wir im Kapitel über die Ether besprechen.

Kleinere Alkohole wie Methanol oder Ethanol geben lieber ein H^+ ab als größere Alkohole wie Butanol oder Pentanol.

Warum? Das, was wir jetzt besprechen, erinnert an die Frage, warum manche Moleküle basisch sind und andere Moleküle sauer. Es geht immer um die Elektronen: **Wer kann wem die Elektronen wegnehmen?**

In der organischen Chemie verhält es sich so: lange Kohlenwasserstoff-Ketten können dem Sauerstoff-Atom **mehr** Elektronen liefern als kurze Kohlenwasserstoff-Ketten.

Nachdem der Sauerstoff bekanntlich sehr viel Elektronen will, fühlt er sich also **an langen Kohlenwasserstoff-Ketten wohler,** da diese mehr Elektronen liefern. Hier ist der Sauerstoff recht stark negativ geladen. *Und daher braucht der Sauerstoff fast keine Elektronen mehr.* Also nimmt er dem H seine Elektronen kaum mehr weg.

Das bedeutet aber, dass sich das H, das am O hängt, nur selten als H^+ abspaltet.

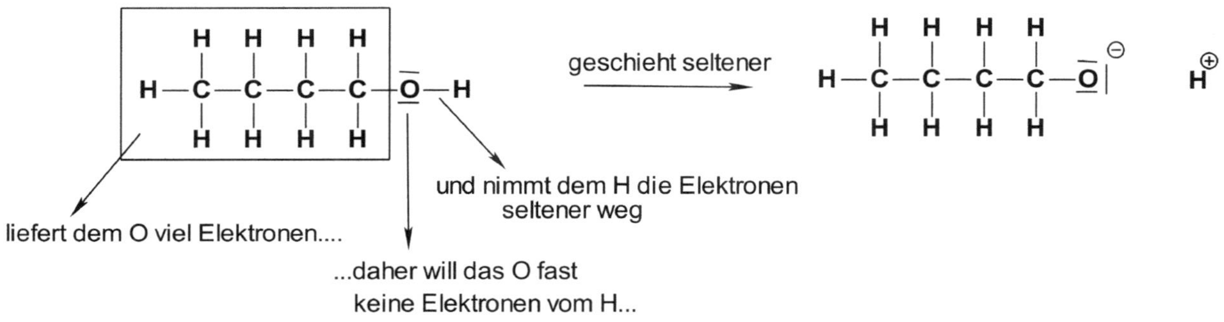

Umgekehrt liefern **kurze** Kohlenwasserstoff - Ketten nur **wenig** Elektronen. Daher ist der Sauerstoff nur schwach negativ geladen. Der Sauerstoff will also mehr Elektronen. Und die nimmt er dem H weg, indem er die Elektronen zwischen O und H ganz zu sich zieht. Das bedeutet: Hier spaltet sich das H^+ leichter ab,

kurze Alkohole sind also saurer als lange Alkohole.

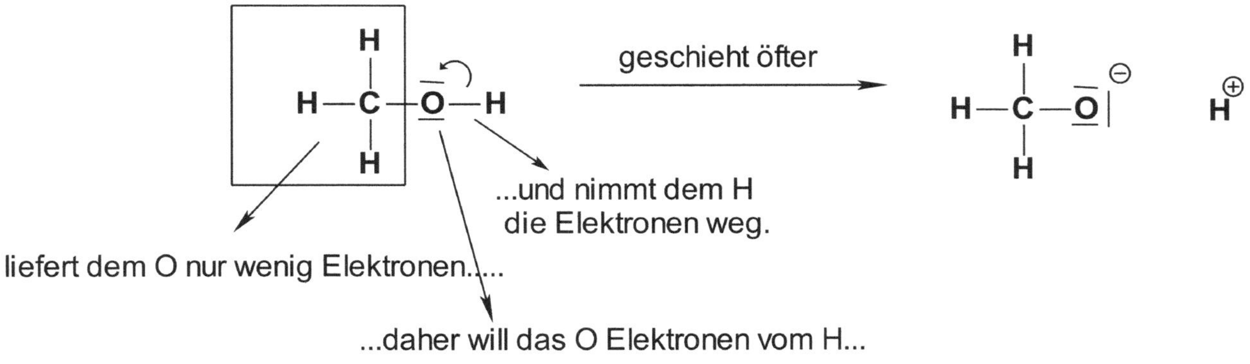

Wir sehen: Es ist der alte Streit um Elektronen, den wir von den Säuren und Basen schon kennen....

Sehen wir uns nun einige spezielle Alkohole an:

15.6.4. Methanol

Der Methanol ist der kleinste aller Alkohole. In der Chemie wir er oft als Lösungsmittel verwendet. Methanol ist ziemlich giftig: Er kann zur Erblindung führen; eine stärkere Vergiftung endet tödlich.

Da sehr minderwertige Schnäpse Ethanol enthalten können, sind früher viele Menschen durch den Genuss dieser Getränke gestorben oder **erblindet**. Heute jedoch kommen solche Vergiftungen - zumindest in Europa- selten vor.

15.6.5. Ethanol

Der Ethanol ist der bekannteste und berühmteste Alkohol: er ist *der* Alkohol. Obwohl er nicht so giftig ist, wie Methanol, ist er doch auch ein schweres Suchtgift. Ethanol wird hauptsächlich durch die alkoholische Gärung gewonnen. Bei der alkoholischen Gärung entsteht Ethanol in mikrobiologischen Prozessen aus Zucker oder Stärke.

15.6.6. Höhere Alkohole

Zu den höheren Alkoholen zählen alle Alkohole,die größer sind als Ethanol. Hierzu gehören also **Propanol, Butanol, Pentanol**.....Diese Alkohole werden auch Fusel - Alkohole genannt und sind für den "Kater" nach übermäßigem Alkoholkonsum mitverantwortlich.

15.6.7. Primäre, sekundäre und tertiäre Alkohole

An der C-O-H Gruppe können ein, zwei oder drei Kohlenwasserstoff-Gruppen hängen. Wir sehen uns das an einem Beispiel an, die Kohlenwasserstoffgruppen sind rot eingezeichnet:

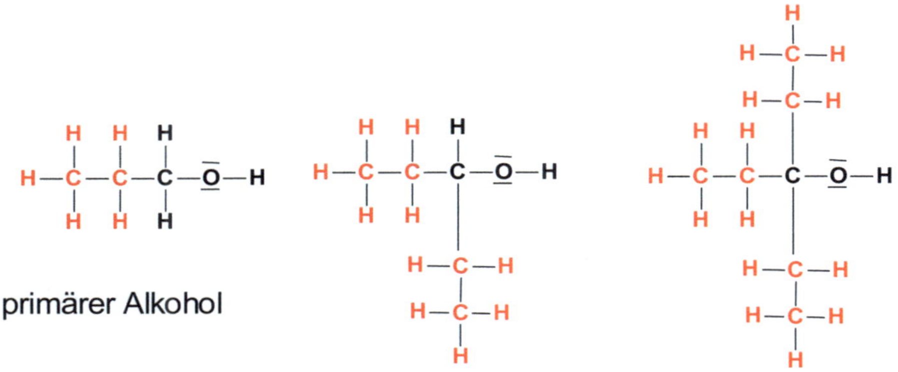

primärer Alkohol

sekundärer Alkohol

tertiärer Alkohol

Bei einem primären Alkohol hängt nur **eine** Kohlenwasserstoff-Gruppe am ersten C. Bis jetzt haben wir es nur mit primären Alkoholen zu tun gehabt.

Statt dem Wort "*Kohlenwasserstoff-Gruppe*" verwenden wir in Zukunft das elegantere Wort "Alkyl - Gruppe".

Also noch einmal: an primären Alkoholen hängt am ersten C (nämlich am ersten C nach dem Sauerstoff-Atom) genau eine Alkyl - Gruppe.

Bei einem sekundären Alkohol hängen zwei Alkyl - Gruppen am ersten C, und bei einem tertiären Alkohol hängen drei Alkyl - Gruppen am ersten C.

Diese Unterteilung in primäre, sekundäre und tertiäre Alkohole ist eine beliebte Prüfungsfrage. Bitte lernen! (Zum Verstehen gibt's ja hier nicht allzu viel...)

Für die, die es genauer wissen wollen:
Bei **sekundären Alkoholen** ist das O stärker negativ geladen als bei den primären. Das O kann bei sekundären Alkoholen nämlich aus **zwei** Alkylgruppen den Elektronen-Nebel zu sich ziehen. (Und nicht nur aus einer Alkylgruppe!)

Bei **tertiären Alkoholen** ist das O noch stärker negativ geladen, als bei sekundären Alkoholen.

Warum? Was glaubt Ihr?

Weil das O nun sogar aus drei Alkyl - Gruppen den Elektronen-Nebel zu sich ziehen kann...

Daher sind tertiäre Alkohole am schwächsten sauer.

Eines können wir uns aber merken: **Alkyl - Gruppen sind gute Elektronen-Lieferanten**!

Noch ein spezielles Wissen:
Tertiäre Alkohole können nicht zu Aldehyden oder Ketonen weiter reagieren. Weil sich das mit der Zahl der Bindungen nicht ausgeht. Das werden wir uns im Kapitel über Aldehyde näher ansehen.

Das brauchen wir meistens nicht zu wissen.

15.6.8. Mehrwertige Alkohole

Mehrwertige Alkohole sind Alkohole, die zwei oder mehrere OH-Gruppen haben.

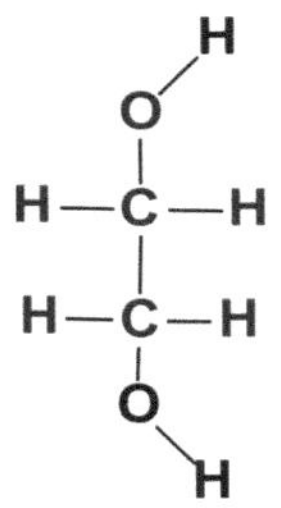

Glykol

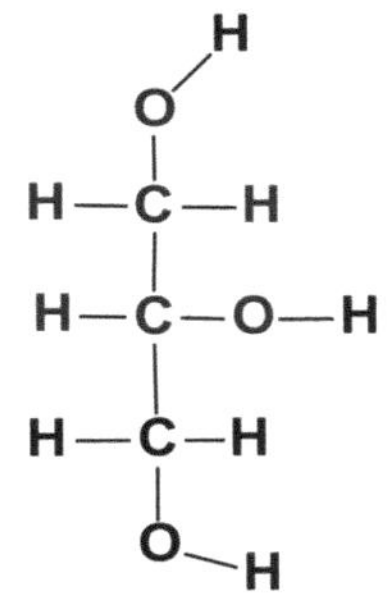

Glyzerin

Glykol ist relativ giftig und darf nicht eingenommen werden. Es wird aber als Frostschutzmittel verwendet.

Glycerin ist ungiftig. Da es stark wasseranziehend ist, wird es als Feuchthaltemittel verwendet. Glycerin hat einen süßlichen Geschmack.

Auch der berühmte Sprengstoff **Nitroglyzerin** wird aus Glyzerin gemacht.

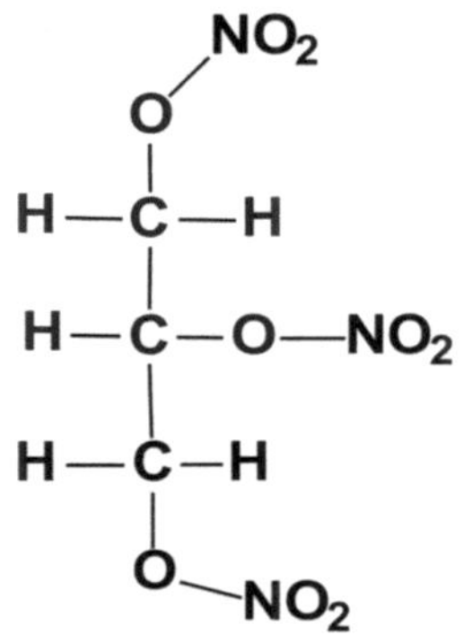

Nitroglyzerin

Nitroglyzerin gehört zu den gefährlichsten Sprengstoffen, weil er schon durch Erschütterungen explodieren kann. Auch die Herstellung von Nitroglyzerin ist extrem gefährlich.

Wenn man allerdings Nitroglyzerin mit Kieselgur aufsaugt, wird dieser Sprengstoff leichter handhabbar: Es entsteht Dynamit.

Kieselgur ist ein poröser, schwammartiger Stoff aus den Skeletten von Meeres-Organismen. Mit ihm kann man das flüssige Nitroglyzerin gut aufsaugen.

Die Idee hierzu hatte Alfred Nobel, ein Chemiker, der damit ein Vermögen machte. Dynamit war der mit Abstand stärkste Sprengstoff, und es war klar, dass die damaligen Großmächte ihre Armeen mit Dynamit aufrüsten würden. Alfred Nobel wusste, dass Dynamit eine der schrecklichsten Waffen sein würde, die die Welt bis dahin gesehen hatte.

Nobel hoffte, dass durch diese Waffe alle Nationen davor zurückschrecken würden, jemals wieder einen Krieg zu führen. Leider täuschte sich Nobel, und die Kriege wurden noch schrecklicher. Aus Enttäuschung darüber gründete Nobel mit seinem ungeheuren Vermögen eine Stiftung, die jedes Jahr einen Preis für besondere Leistungen um den Frieden, und für besondere wissenschaftliche Leistungen vergibt: den **Nobelpreis**.

Interessanterweise gibt es keinen Mathematik-Nobelpreis. Angeblich deshalb, weil die Ehefrau Nobels einen Mathematiker als Geliebten hatte und ihm deshalb alle Mathematiker unsympathisch waren.....

15.7. Aldehyde

In **Aldehyden** gibt es einen **Sauerstoff**, der mit **Doppelbindung** an ein Kohlenstoff-Atom gebunden ist. An diesem Kohlenstoff-Atom muss auch noch **ein H hängen**.
Der Name "*Aldehyd*" kommt von "*Alkohol dehydrogenatus*", also ein Alkohol, dem Wasserstoff-Atome fehlen. Und tatsächlich "fehlen" den Aldehyden zwei Wasserstoff-Atome, das sehen wir uns gleich genauer an.

15.7.1. Nomenklatur von Aldehyden

Die Benennung der Aldehyde ist sehr einfach, sie funktioniert genau so wie die Benennung der Alkohole, nur enden Aldehyde auf "-al":

Die funktionelle Gruppe der Aldehyde ist ein Kohlenstoff C, an dem ein doppelt gebundener Sauerstoff hängt: Diese Gruppe nennt man die **Carbonylgruppe**.

Aldehyde haben also Carbonylgruppen, und: **an der Carbonylgruppe muss ein H hängen (oder auch zwei H)**. Dann ist es ein Aldehyd.

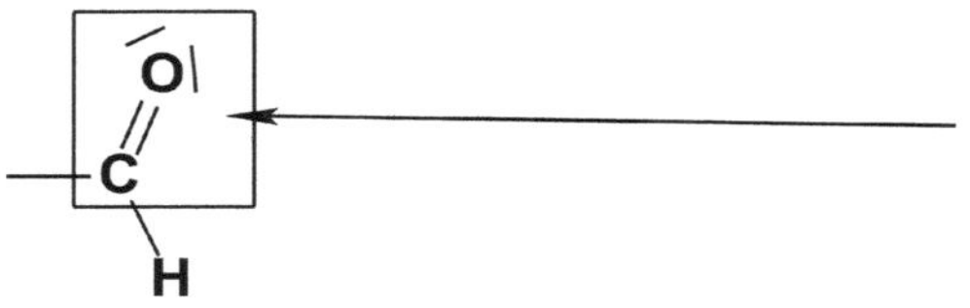

die funktionelle Gruppe der Aldehyde

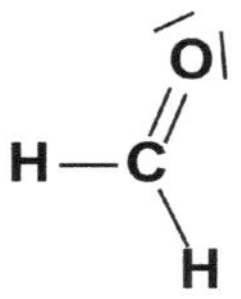

Methanal
"Form-Aldehyd"

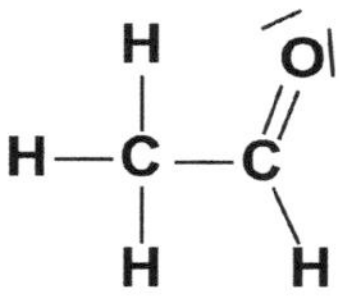

Ethanal
"Acet-Aldehyd"

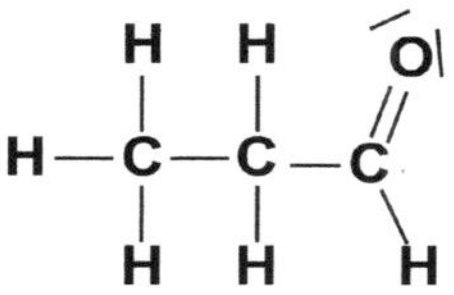

Propanal

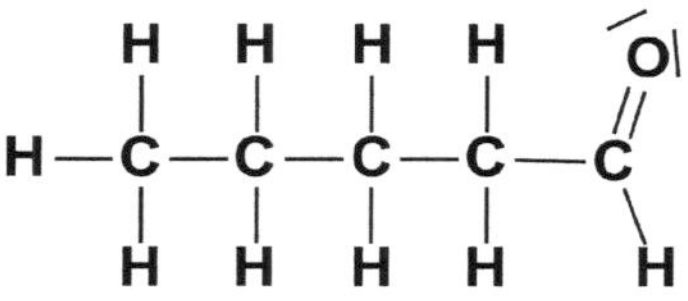

Butanal

Einfache Merkregel:
Alkoh**ol** endet auf "**-ol**"
Aldehyd auf "**-al**"

In der kürzeren Summenformel - Schreibweise schreiben wir die Aldehyde so:

$HCHO$ Methanal
CH_3CHO Ethanal
CH_3CH_2CHO Propanal

und so weiter......

Wenn wir am Ende einer Formel **CHO** sehen, wissen wir: das ist ein Aldehyd!

So halten wir Aldehyde und Alkohole auseinander: Alkohole haben am Ende ihrer Formel OH stehen, Aldehyde haben ein CHO.

15.7.2. Eigenschaften und Reaktivität von Aldehyden

Was ist nun der **wichtigste Unterschied** zwischen Aldehyden und Alkoholen?

Im Aldehyd ist das **O-Atom doppelt an das C-Atom gebunden**. Dadurch kann das O-Atom noch mehr Elektronen-Nebel vom C-Atom abziehen. Das C im Aldehyd ist also stärker positiv geladen als das C im Alkohol.

Das sieht man auch an den Oxidationszahlen. Wir erinnern uns: Die Oxidationszahlen sind ein ungefähres Maß für die Ladung von Atomen in Molekülen. Und wenn es nach den Oxidationszahlen geht, ist das C im Aldehyd stärker positiv geladen.

Bei den Oxidationszahlen **tun wir so**, als würde das elektronengierigere Atom die Elektronen der schwächeren Atome ganz an sich ziehen. **Die Ladungen, die die Atome dann hätten, sind die Oxidationszahlen.**

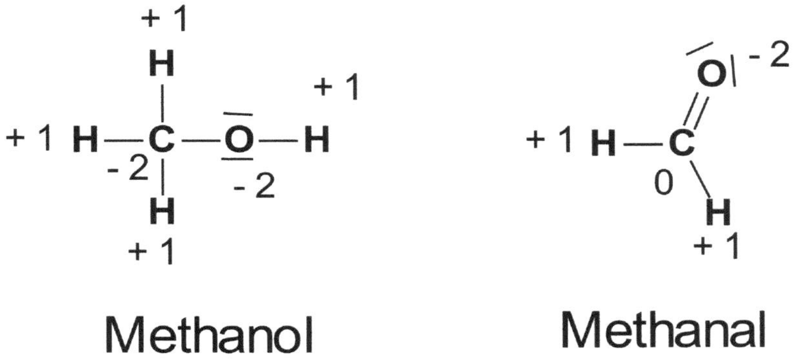

Im Methanol hat das C eine Oxidationszahl von -2: Von jedem H, das am C hängt, nimmt sich das C ein Elektron. das ergibt eine Ladung von -3. Aber der Sauerstoff O nimmt sich vom C ein Elektron, und daher hat das C eine Ladung von -2. Weil:

-3 -(-1) = -2.

Im Methanal hat das C nur mehr 2 H, denen es die Elektronen wegnehmen kann. Dafür hängt das C mit einer Doppelbindung am O. Daher nimmt das O dem armen C nicht nur ein, sondern zwei Elektronen weg.

In Summe holt sich das Methanal - C zwei Elektronen von den beiden H-Atomen, aber es verliert zwei Elektronen an den Sauerstoff. Macht in Summe: Null. Das C im Methanal hat also eine Oxidationszahl von Null.

Was wir richtigerweise aus den Oxidationszahlen ablesen können, ist also, dass das C im Aldehyd stärker positiv geladen ist als im Alkohol. (Weil: die Oxidationszahl 0 ist stärker positiv als die Oxidationszahl -2!).

Im Vergleich zu den Alkoholen hat das C in den Aldehyden **zwei Elektronen abgegeben.** Ein anderes Wort für "**Elektronen abgegeben**" ist aber: **Oxidiert**.

Wir können also auch sagen:

Im Vergleich zu den Alkoholen ist das C in den Aldehyden **oxidiert.**

Wir überlegen uns: Das Konzept der Oxidationszahlen ist auch nur ein Bild für die Wirklichkeit. Und ein Bild kann immer nur einen Teil der Wirklichkeit wiedergeben.

Um die Aldehyde besser zu verstehen, verwenden wir noch ein zweites Bild, nämlich die Mesomerie:

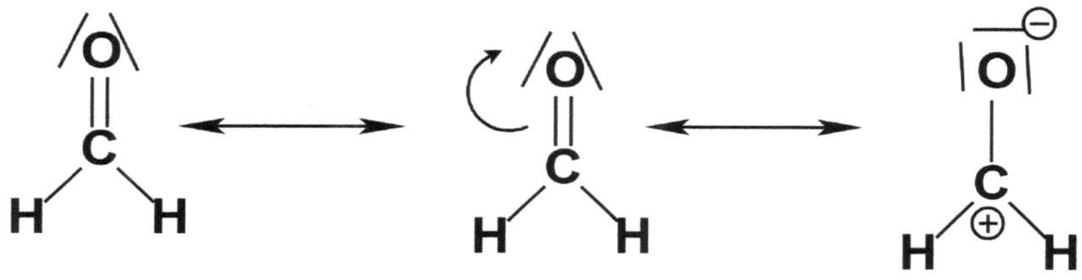

Wir sehen, dass eine der beiden Bindungen vom C zum O klappt. Und dadurch wird das C positiv geladen, und das O wird negativ geladen.

Wir haben also wieder zwei Lewis - Formeln vor uns, die aber beide nur ein Molekül darstellen: Das bedeutet, diese beiden Formeln sind mesomere Grenzstrukturen, die beide nur einen Teil der Wahrheit zeigen.

Die Wahrheit liegt wieder in der Mitte: Sie ist eine Mischung aus der linken und der rechten Formel oben.

Das bedeutet, dass das C ungefähr eine Ladung von +0,3 hat und das O hat eine Ladung von -0,3.(Diese Zahlen bitte nicht zu genau nehmen! Es geht hier nur ums Prinzip.)

Also das C ist nicht null geladen, aber auch nicht +1, sondern irgendwo in der Mitte, also bei +0,3. Und genau so ist der Sauerstoff O nicht null oder -1 geladen, sondern -0,3. Die beiden Atome sind also nur "ein bisschen" geladen, oder "teilweise" geladen.In anderen Worten: Es ist zu 30 % geladen. Den Ausdruck dafür nennen wir **Partialladung** (vom lateinischen "Pars": "Teil").

Und dieses Bild zeigt am besten, wie es in den Aldehyden aussieht: **In Aldehyden ist das C ziemlich stark positiv geladen**, viel stärker als in Alkoholen.

Das Symbol für Partialladungen kennen wir schon, es ist δ+ und δ-.

Wir beschreiben Aldehyde also sehr gut durch folgendes Bild:

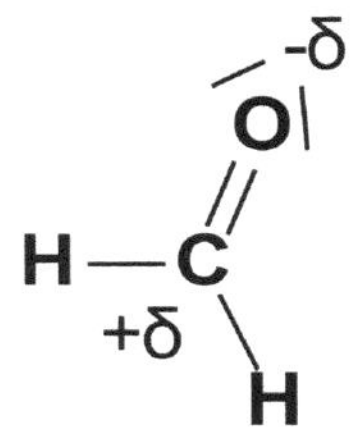

Damit weiß jeder Chemiker, was gemeint ist.

Die starke positive Partialladung des Kohlenstoffs kann der Chemiker nützen, um an das positiv geladene C andere Moleküle anzudocken. Das macht Aldehyde sehr interessant. Auch Ketone können das, da sie einander sehr ähnlich sind. Wir werden eine typische Andock-Reaktion bei den Ketonen kennen lernen.

15.7.3. Synthese von Aldehyden

Wie synthetisiert man Aldehyde? (Synthetisieren ist ein schöneres Wort für "machen".)

Das Wort Aldehyd kommt, wie gesagt, von "*Alkohol dehydrogenatus*" - Ein Alkohol, dem zwei Wasserstoff-Atome abgezogen worden sind. **Und genau das müssen wir tun!** Ein Sauerstoff-Atom muss die H des Alkohols abziehen.

Dieses Sauerstoff-Atom erhalten wir zB. vom Kupferoxid CuO, das in Kupfer und Sauerstoff zerfällt - zumindest denken wir uns das so. In Wirklichkeit geht die Reaktion etwas komplizierter, aber für ein Grundverständnis reicht das.

Uns reicht für das Verständnis dieser Reaktion das allereinfachste Bild aus: Das Bild der "Hände", wo jedes Atom mehrere Hände hat. Und wir wissen schon: In der Lewis - Scheibweise werden die Hände als Punkte gezeichnet, und zwei verbundene Hände werden zu einem Bindungsstrich - mehr brauchen wir hier nicht!

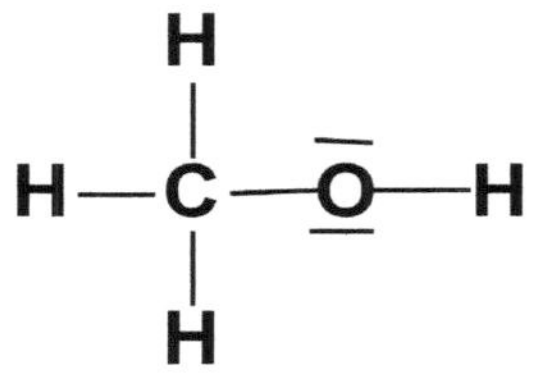

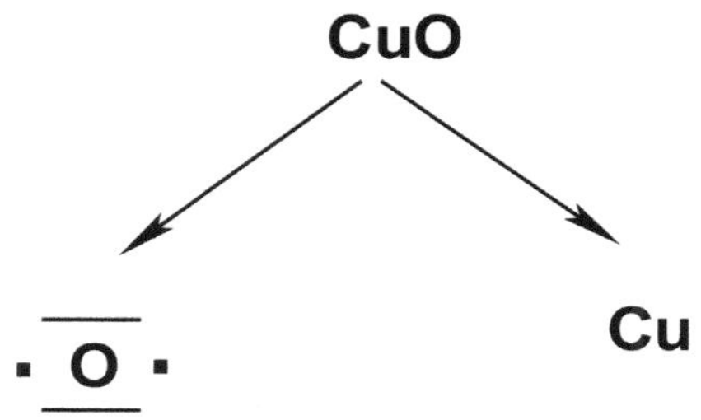

Dieses frei gewordene O greift sich nun zwei H vom Alkohol:

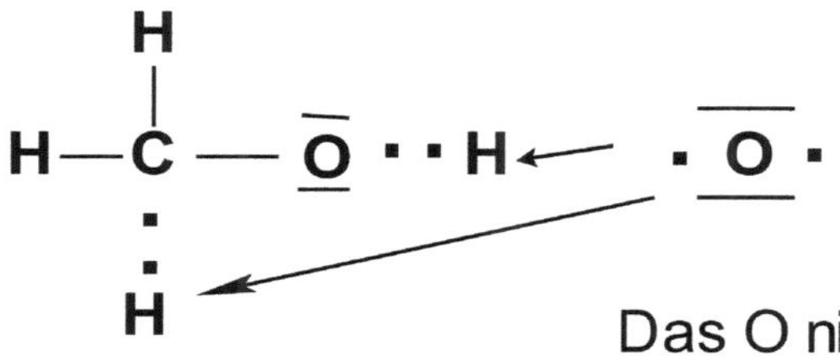

Das O nimmt sich die beiden H

Jedes der beiden H nimmt "sein" Elektron zum O mit, und die beiden H und das eine O bilden Wasser. Übrig bleibt unser Alkohol, dem zwei H fehlen. Außerdem hat dieser Alkoholrest zwei "ungebundene Hände", also zwei einzelne Elektronen, die noch nicht verbunden sind:

die ungebunden Elektronen verbinden sich

Diese ungebunden Elektronen verbinden sich, das bedeutet: "C und O geben sich die Hand". Die Hände sind die beiden Punkte. Aus zwei Punkten wird ein Strich: Heraus kommt das Aldehyd (und Wasser):

Wir brauchen also Sauerstoff (oder irgend einen anderen Elektronen-Räuber), um aus einem Alkohol ein Aldehyd zu machen. Wir müssen, mit anderen Worten, Alkohol oxidieren, um ein Aldehyd zu erhalten.

15.7.4. Chemie der Aldehyde

Methanal findet in der Medizin Verwendung, vor allem als Konservierungsmittel für anatomische Präparate (=Leichen).

Alle Aldehyde sind in der organischen Chemie sehr wichtig, weil sie sehr reaktionsfreudig sind. Eine dieser Reaktionen, die auch Aldehyde eingehen können, besprechen wir im Kapitel der Ketone.

Viele Aldehyde sind überdies Aromastoffe, von denen wir einige schon kennen gelernt haben:

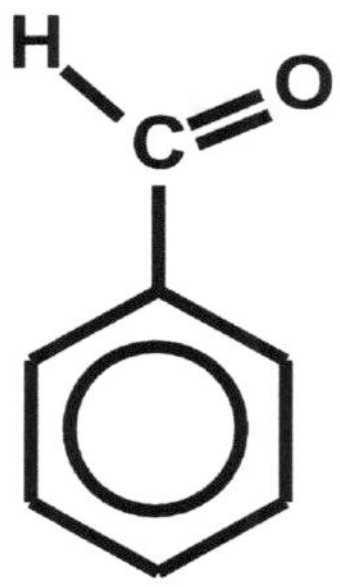

Benzaldehyd
(Marzipan-Aroma)

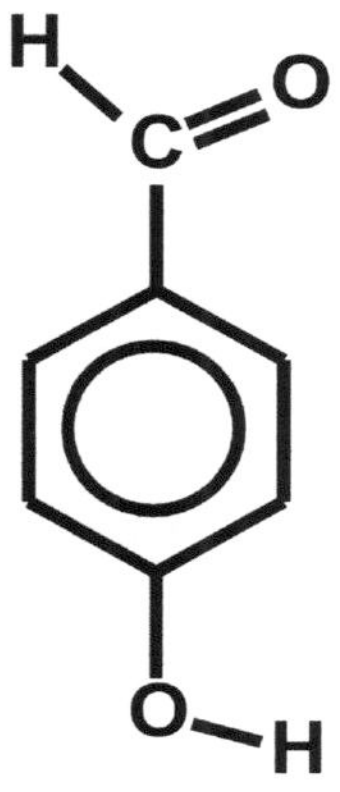

Anis-Aldehyd

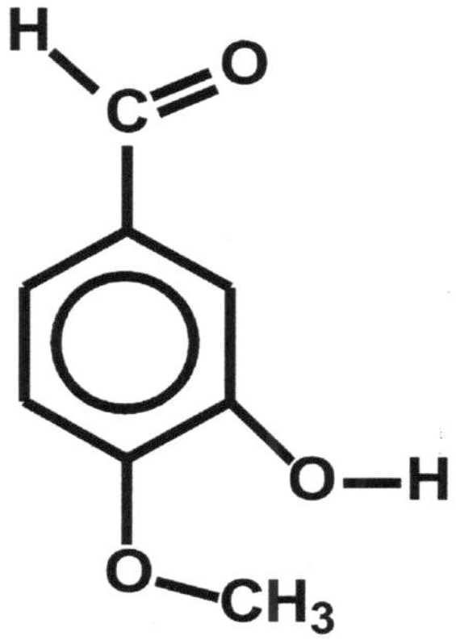

Vanillin

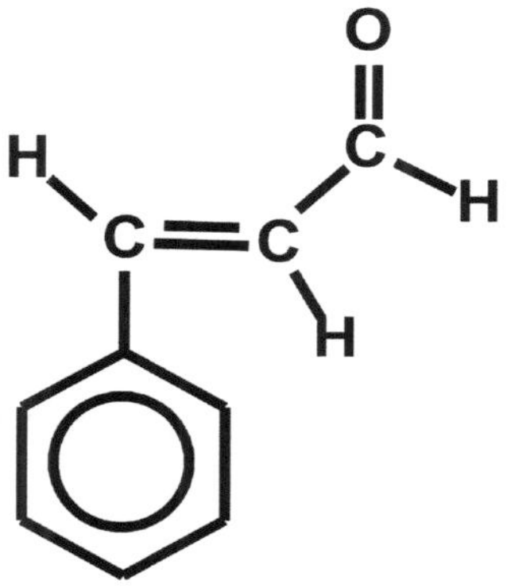

Zimt-Aldehyd

15.8. Ketone

Von den Aldehyden ist es nur ein kleiner Schritt zu den **Ketonen**: Ketone haben, wie Aldehyde auch, eine Carbonyl - Gruppe als funktionelle Gruppe. Also wieder ein C, an dem ein O mit einer Doppelbindung hängt.

Aber: beim **Keton hängt kein H an der Carbonylgruppe, sondern irgendwelche Kohlenwasserstoff-Reste.**

Oder, etwas unwissenschaftlich ausgedrückt: beim Aldehyd ist die Carbonylgruppe am Rand des Moleküls, **beim Keton aber mittendrin**.

15.8.1. Nomenklatur der Ketone

Sehen wir uns einfach ein paar Ketone an:

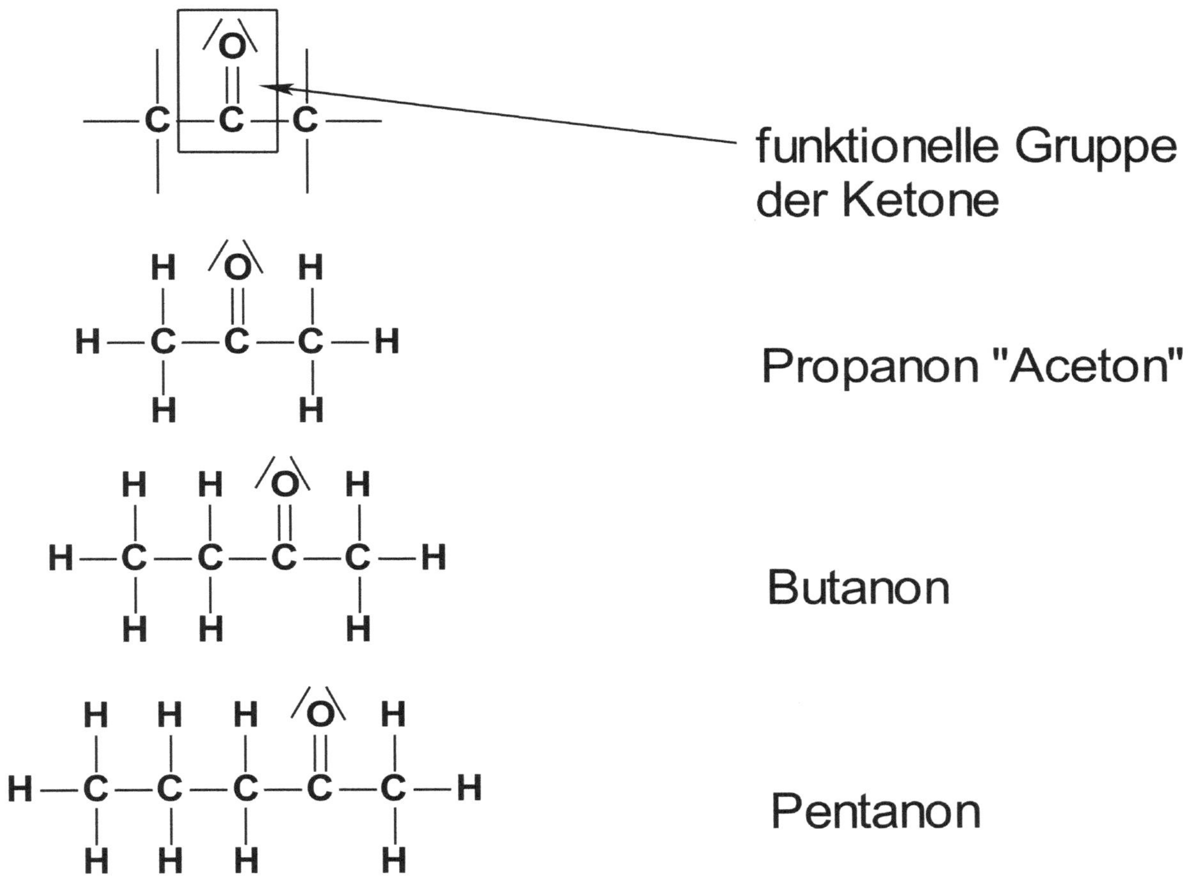

Wir sehen: **Beim Keton hängt an der funktionellen Gruppe kein H**. Das ist der Unterschied zu den Aldehyden.

Die Namen der Ketone formt man wieder aus den Namen der Alkane und der Nachsilbe **-on**. Das kleinste Keton hat drei C, wie auch das Propan drei C hat.

Darum heißt dieses Keton **Propanon**. Das Butan hat vier C, und darum heißt das Keton mit den vier C **Butanon**, und so fort.

Jetzt sehen wir aber, dass der Sauerstoff des Ketons auf verschiedenen Kohlenstoff-Atomen sitzen kann:

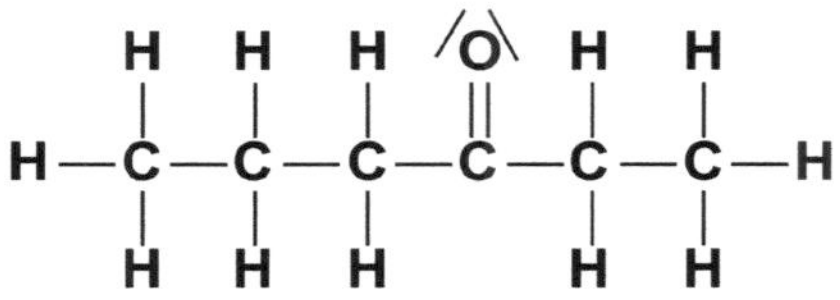

3-Hexanon

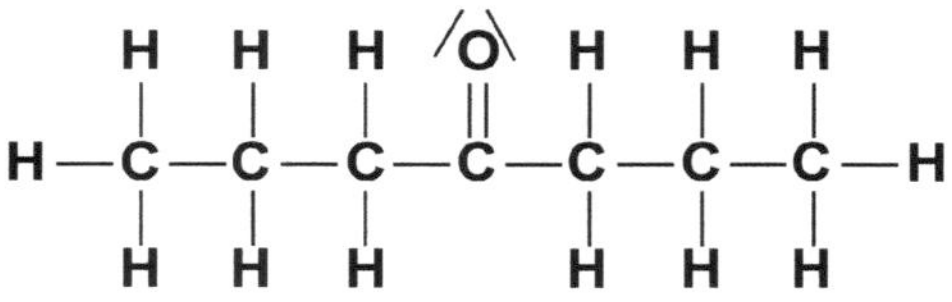

4-Heptanon

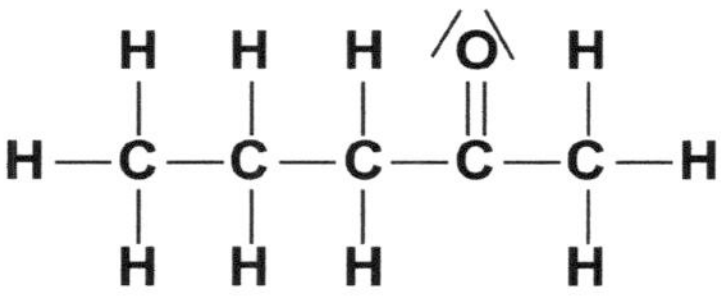

2-Pentanon

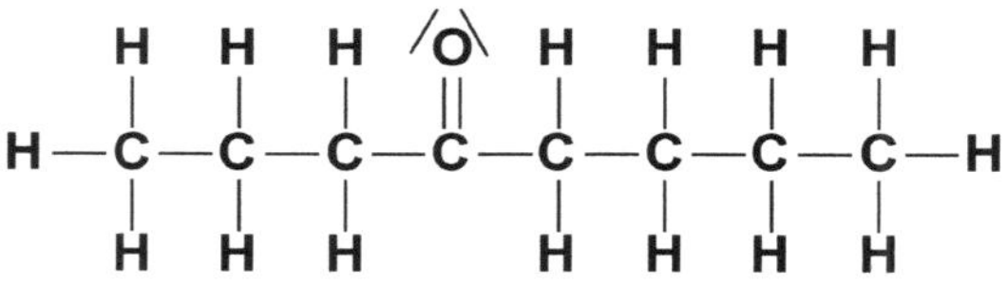

4-Octanon

Gehen wir es der Reihe nach durch: das erste Keton hat sechs C, und ist daher mit dem **Hexan** verwandt: Es muss also ein **Hexanon** sein. Das O sitzt am dritten C von rechts, also ist es ein **3-Hexanon**. Das zweite Keton hat sieben C, es ist mit dem **Heptan** verwandt, und also ein **Heptanon**. Das O sitzt am vierten C (egal, ob von rechts oder von links), also ist es ein **4-Heptanon**.

Wir zählen immer so, dass die Zahlen vor dem Keton möglichst klein sind. Also ist das nächste Molekül ein **2-Pentanon**, und kein 4-Pentanon!
Ebenso ist das letzte Molekül hier ein **4-Octanon** (wir zählen von links) und kein 5-Octanon.

Die Namensgebung in der organischen Chemie funktioniert, wie wir sehen, immer gleich. Wenn wir sie einmal verstanden haben, ist sie kein Problem.

Wir erweitern unsere Namens-Merkregel:

Alkoh**ol** endet auf "**-ol**"
Aldehyd auf "**-al**"
und das Ket**on** auf "**-on**"

15.8.2.Eigenschaften von Ketonen

Der elektronengierige Sauerstoff zieht (wieder einmal, das kennen wir schon) dem C etwas von seinem Elektronen-Nebel ab. Wir können das- genau wie beim Aldehyd- so darstellen, dass ein Elektronenpaar vom C zum O klappt: das C ist dann positiv geladen, und das O negativ.

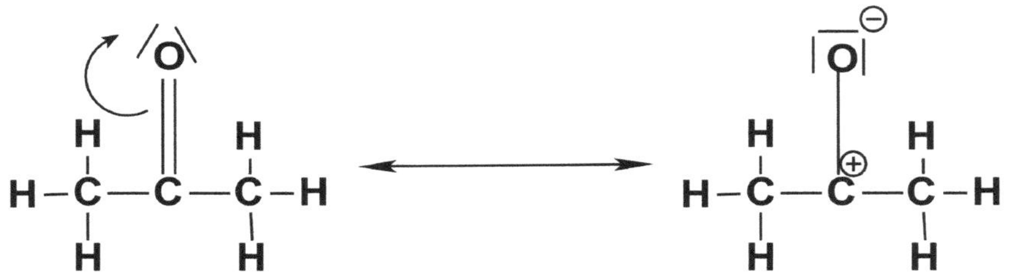

Wiederum hat also (wie bei den Aldehyden) der eine Kohlenstoff ein starkes δ+, und der daran gebundene Sauerstoff ein deutliches δ-.

15.8.3. Reaktivität der Ketone

Nun wollen wir uns eine Reaktion ansehen, wo wir dieses deutlich positiv geladene C brauchen können, nämlich um Moleküle anzudocken! *Diese Reaktion bitte nicht auswendig lernen, sondern auf sich wirken lassen!*

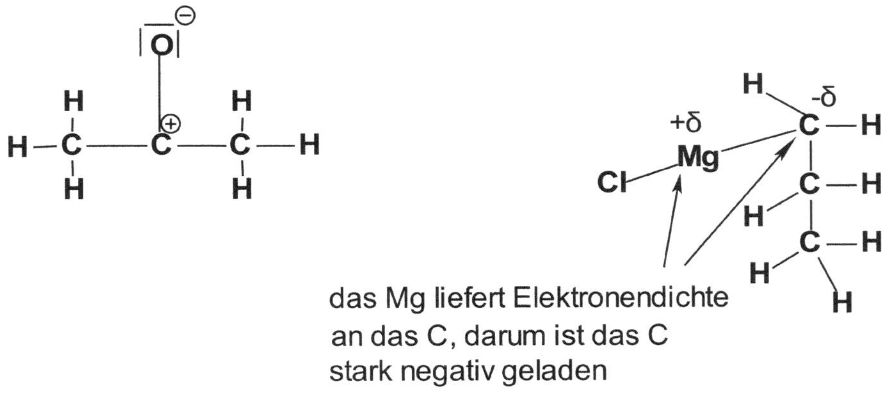

Wir nehmen Propanon und zeichnen es gleich so, dass das C positiv geladen ist. Wir lassen dieses Keton mit einem **Propyl – Magnesium - Chlorid $ClMgCH_2CH_2CH_3$** reagieren (das Molekül rechts im Bild).

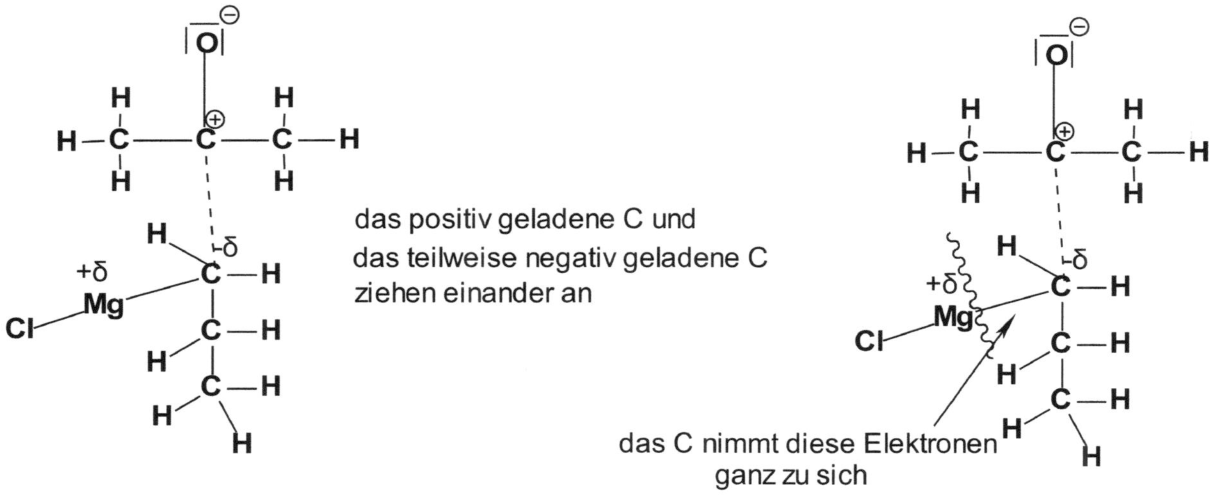

Im Ethyl – Magnesium - Chlorid ist das C, das am Magnesium hängt, **negativ geladen**.

Warum? Das Magnesium will, (das wissen wir schon), seine **Elektronen loswerden**. Also schiebt es seine Elektronen auf das C, so gut es geht. (Es geht sehr gut.) Das C hat also eine **negative Partialladung δ-**.

Das andere C-Atom im Keton hat aber eine **positive (Partial -)Ladung!**

Und positiv und negativ ziehen einander bekanntlich an......

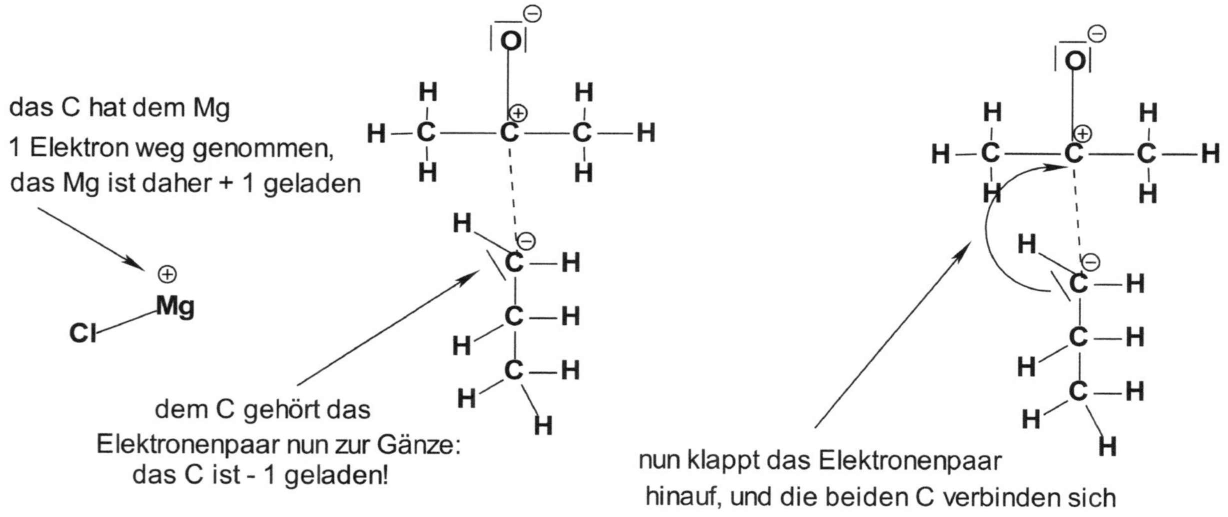

....und das C, das am Magnesium Mg hängt, nimmt dem Mg die Elektronen ganz weg, die Bindung zwischen den beiden Atomen bricht auf.....

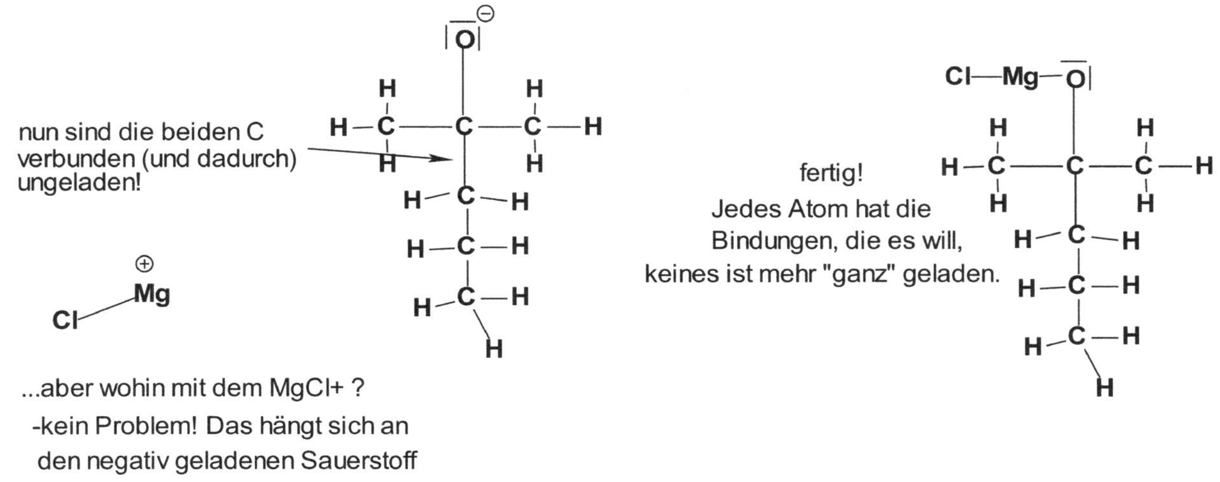

Wir sehen, dass aus **den Partialladungen nun ganze Ladungen werden**: Das Magnesium hat sein Elektron ganz verloren, und das C hat das Elektron ganz aufgenommen! Jetzt hat das C, das -1 geladen ist, ein nichtbindendes Elektronenpaar!

Das positiv geladene C will aber auch was von diesem Elektronenpaar haben: Es will eine Bindung eingehen, und darum klappt das Elektronenpaar vom positiven C zum negativen C........

.....und die Andockreaktion war erfolgreich! Jetzt hängt ein Propylrest am Keton. Der "Rest" $MgCl^+$ hängt sich an den negativ geladenen Sauerstoff, und die Reaktion ist beendet.

Aldehyde machen diese Reaktion übrigens genau so.

Zusammenfassend können wir sagen: Wenn das positiv geladene C im Keton auf ein negativ geladenes C trifft, dann kann sich dieses negative C "andocken".

Das ist eine tolle und praktische Reaktion! Und natürlich können Ketone und Aldehyde viele weitere interessante Reaktionen eingehen, aber die brauchen wir nicht zu wissen. Es geht auch nicht darum, diese Reaktion auswendig zu lernen, sondern "eine Ahnung" zu bekommen.

15.8.4. Chemie der Ketone

Neben solchen Reaktionen, wie wir sie oben gesehen haben, verwendet man Ketone vor allem als Lösungsmittel. Hier ist das kleinste Keton das **Propanon** oder "**Aceton**" besonders wichtig. Wir kennen den Geruch des Acetons von Nagellackentfernern!

Außerdem werden finden sich Ketone als Abbau- und Zwischenprodukte im menschlichen Organismus. So deutet zum Beispiel Aceton-Geruch im Urin auf Diabetes hin.

Wird im Aceton ein Wasserstoff H durch ein Chlor Cl ersetzt, so erhält man Chloraceton. Dieses kann als Tränengas eingesetzt werden, weil es extrem reizend ist.

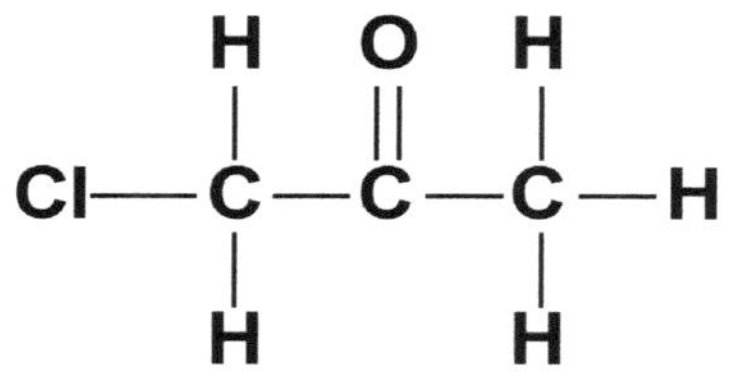

Chloraceton

Im Bild sehen wir das **Chloraceton** (nicht bindende Elektronen sind nicht eingezeichnet). Oft passiert es unachtsamen Chemie-Anfängern, dass sie eine leere Brom - Flasche mit Aceton auswaschen wollen. Da Brom aber, ebenso wie Chlor, mit Aceton Tränengas bildet, erfüllt dann ein beißender Geruch das Labor.....

15.8.5. Zucker

Auch die **Zucker** sind mit den Aldehyden und den Ketonen verwandt: Sie haben auch eine Carbonylgruppe, also eine C-O-Doppelbindung. Außerdem haben Zucker jede Menge OH-Gruppen (wie die Alkohole).

Es gibt nicht nur einen Zucker, sondern viele verschiedene Arten von Zucker. Der Zucker, den wir in den Kaffee geben, ist die Saccharose. Wir merken uns: Alle Zucker-Namen enden auf **-ose**. Es gibt zum Beispiel: Glucose, Fructose, Maltose, Lactose.....

Sehen wir uns nun zwei typische Zucker-Moleküle an (*bitte nicht auswendig lernen!*):

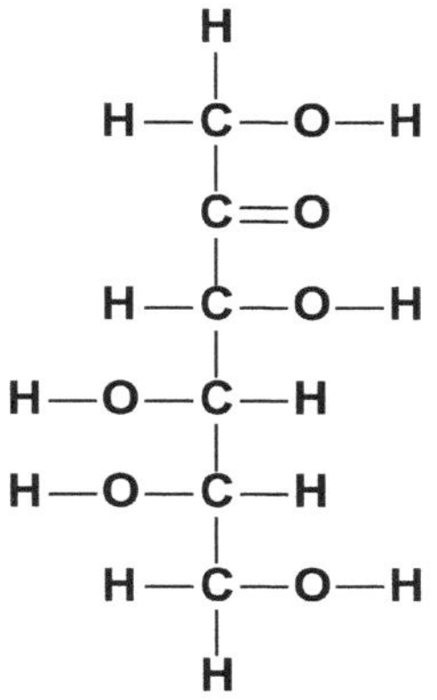

Fructose

Fruchtzucker

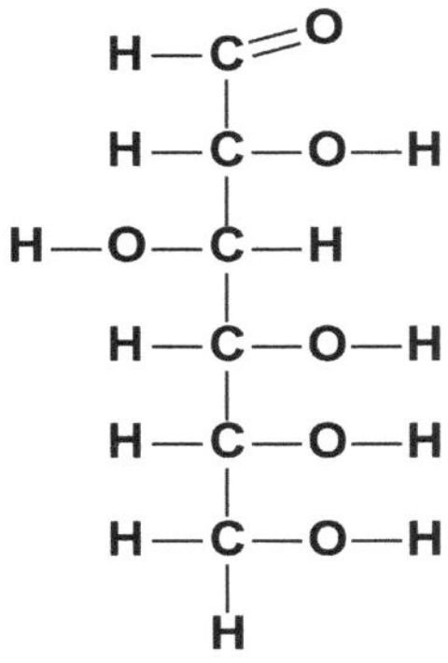

Glucose

Traubenzucker

Scherzfrage:

Was davon ist kein Zucker?

Glucose
Fructose
Kolchose
Arbeitslose
Saccharose
Allose
Rose
Galactose
Ribose
Unterhose
Mimose
Lactose
Maltose
Psychose
Herbstzeitlose

Man muss zur Lösung dieser Scherzfrage kein Zucker – Experte sein....

...Zurück zu den „echten“ Zuckern: Sehen wir uns die Fructose und die Glucose noch einmal an: Alle beide bestehen aus **sechs C-Atomen, sechs O und zwölf H.** Sie haben **beide** die Summenformel $\mathbf{C_6H_{12}O_6}$.

Wir können es aber auch so sehen: Für **jedes** C gibt es **ein** O und **zwei** H. Aus einem O und 2 H können wir aber H_2O, das Wasser, basteln!

Also: Ein Zucker besteht aus **Kohlenstoff C und Wasser** $\mathbf{H_2O}$. Für jedes Kohlenstoff C gibt es **ein** H_2O.

Darum nennt man Zucker auch **Kohlenhydrate**. "*Hydrat*" ist das "*Wasser*".

Wenn wir Zucker erwärmen und karamellisieren, so wird der Zucker immer dunkler: er verliert H_2O. Würden wir Zucker bis zum Ende karamellisieren, bliebe reiner Kohlenstoff C übrig........

Das merken wir uns am besten so: Karamelltorte - lecker! Kohlenstofftorte - bäh!

Die **Fructose** ist der **Fruchtzucker**. Er ist wesentlich süßer, als der "normale" Zucker (die Saccharose). Die **Glucose**, der **Traubenzucker**, ist weniger süß, aber ein sehr guter und schnell wirkender Energielieferant, etwa für Sportler.

Es gibt viele andere Zucker: Die Galactose (Milchzucker), die Ribose, ein Grundbaustein unserer Gene, und viele andere mehr.

Wieder andere Zucker setzen sich aus einzelnen kleinen Zuckern zusammen, wie zum Beispiel der "normale" Zucker, die **Saccharose**.

Unsere Saccharose setzt sich aus dem Fruchtzucker und dem Traubenzucker zusammen. Diese beiden Zucker-Moleküle verbinden sich unter Wasser-Abspaltung (wie das genau geht, brauchen wir nicht zu wissen, es ist aber in jedem universitären Lehrbuch für organische Chemie nachzulesen).

Solche kleinen Zucker, wie Fructose oder Glucose, aus denen man größere Zucker bilden kann, nennt man **Monosaccharide**. Das heißt übersetzt so viel wie "Einzelzucker".

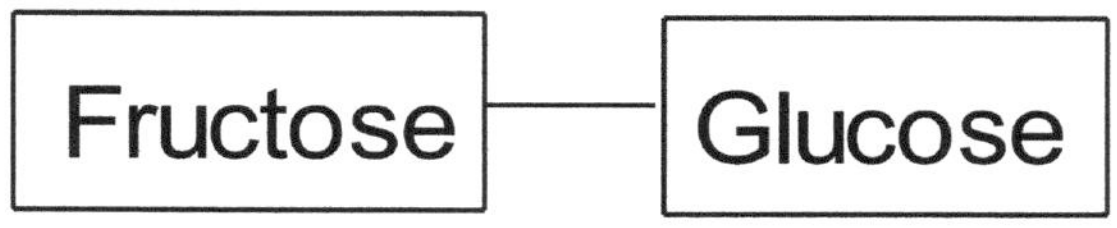

Saccharose
"normaler" Zucker

Saccharose ist ein typisches **Disaccharid**, also ein "*Doppelzucker*".

Dann gibt es auch viele andere Disaccharide, zum Beispiel **Lactose**, sie besteht aus **Glucose** und **Galactose** (Galactose heißt übersetzt so viel wie "Milchzucker", und Lactose heißt auch Milchzucker). Oder die **Maltose**, den Malzzucker, der aus zwei verbundenen **Glucose - Molekülen** besteht.

Außerdem können sich auch viele Zucker-Moleküle zu einem riesigen Molekül verbinden. Solche riesigen Moleküle sind die **Polysaccharide**, also die "**Vielzucker**".

Die wichtigsten Polysaccharide sind die **Stärke**, wie sie im Mehl zu finden ist, und die **Cellulose**.

Die Stärke kann vom Menschen verdaut werden. Dabei wird sie wieder in Zucker zerlegt, weshalb auch Mehl ein guter Energielieferant ist, und zu viel Gebäck dick macht.

Die **Cellulose** ist, wie die Stärke, ein Riesenmolekül aus Zuckern, hauptsächlich Glucose, aber das Cellulose-Molekül ist stärker verzweigt. Darum sind manche Arten von Cellulose nicht verdaulich für den Menschen. Cellulose ist für die Festigkeit von Holz, Gemüse, Früchten, und so weiter, verantwortlich.

Ein weiteres wichtiges Polysaccharid ist das **Chitin**. Im Chitin sind auch Stickstoff N-Atome eingebaut. Insektenpanzer bestehen aus Chitin.

15.8.6. Chiralität

Jetzt, da wir die großen Zucker-Moleküle kennen gelernt haben, müssen wir von etwas sprechen, das solche großen Moleküle betrifft (nicht nur die Zucker): von der **Chiralität**.

Habt ihr schon einmal versucht, einen Handschuh für die linke Hand, der rechten Hand anzuziehen? Er werdet bemerkt haben: Der linke Handschuh passt nicht auf die rechte Hand, der rechte Handschuh passt nicht auf die linke Hand. Das bedeutet, dass die rechte und die linke Hand auf den ersten Blick **gleich aussehen, aber nicht gleich sind**!

Die rechte und die linke Hand sind **spiegelverkehrt**. Diesen Unterschied von linker und rechter Hand nennt man **Chiralität**. Dieses Wort kommt aus dem griechischen und heißt übersetzt: "*Händigkeit*". Man hat diesen Unterschied zwischen links und rechts zum ersten mal an den Händen bemerkt.

Und diesen Unterschied, wie zwischen linker und rechter Hand- gibt es auch bei Molekülen. *Sie sehen gleich aus, sind aber nicht gleich, sondern spiegelverkehrt.*

Sehen wir uns zum Beispiel diese beiden Moleküle an:

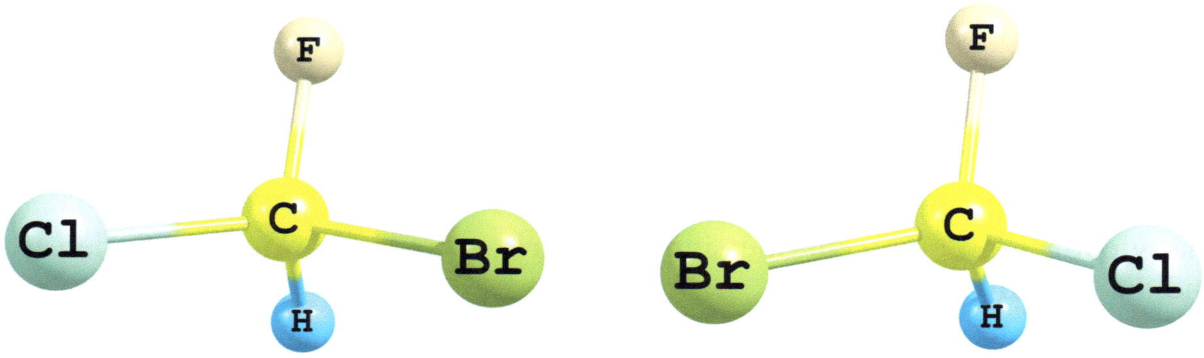

Wir haben hier ein dem Methan ähnliches Molekül, nur, dass hier ein Wasserstoff H, ein Fluor F, ein Chlor Cl, und ein Brom Br am Kohlenstoff bindet.

Wir können das linke Molekül drehen, so viel wir wollen, wir werden nie das rechte Molekül heraus bekommen: Sie sind spiegelverkehrt oder **chiral**.

Ebenso gibt es auch **spiegelverkehrte Zucker und andere Moleküle**.

Das ist aus biochemischer Sicht sehr wichtig, denn der Körper kann oft nur das "**rechtshändige**" Molekül brauchen, das "**linkshändige**" aber nicht, oder umgekehrt.

Natürlich gibt es auch eine Nomenklatur zur richtigen Benennung chiraler Moleküle. Aber die ist sehr kompliziert, und wir brauchen sie nicht.

Wichtig für uns ist: Hängen an einem Atom **vier unterschiedliche Reste**, dann ist das Molekül **chiral**. Die Reste können einzelne Atome sein oder auch andere, längere Reste.

Wir brauchen nur wissen, dass es die Chiralität gibt, anwenden werden wir sie nicht.

Eines aber sollten wir wissen: Auch Zucker haben eine **linkshändige und eine rechtshändige** Form, und unser Traubenzucker ist die rechtshändige Form, die **Dextrose**. "*Dexter*" ist lateinisch, und heißt "*rechts*". Dieser Name findet sich auch bei vielen Traubenzucker - Marken wieder, wie zum Beispiel in "*Dextro-Energen®*".

15.9. Carbonsäuren

Jetzt wird es sauer: Die **Carbonsäuren**.

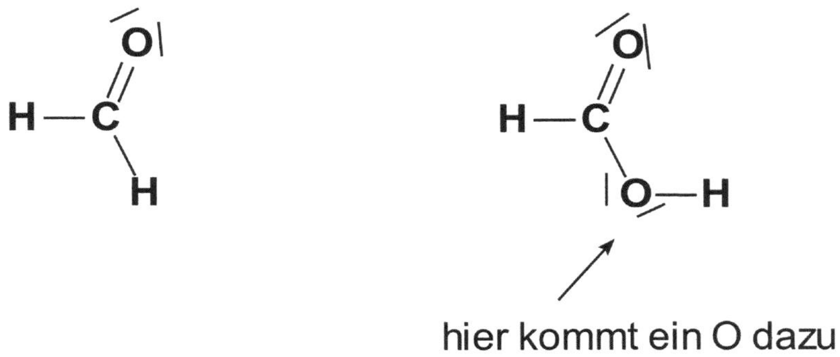

Methanal

Methansäure

Die Strukturformel der Carbonsäuren kann man sich relativ leicht merken: Sie sehen aus wie die Aldehyde, bei denen **zwischen C und H ein O dazu kommt**.

Die funktionelle Gruppe der Carbonsäuren ist die **Carboxylgruppe**.

Nicht verwechseln: Die funktionelle Gruppe der Aldehyde ist die **Carbonylgruppe**, die funktionelle Gruppe der Carbonsäuren ist die **Carboxylgruppe**.

15.9.1. Nomenklatur der Carbonsäuren

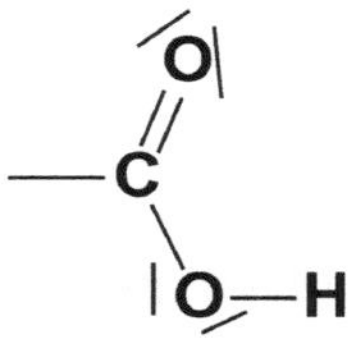

Carboxylgruppe

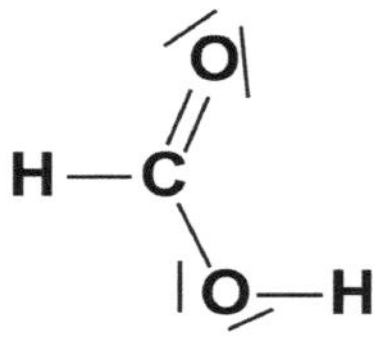

Methansäure
Ameisensäure

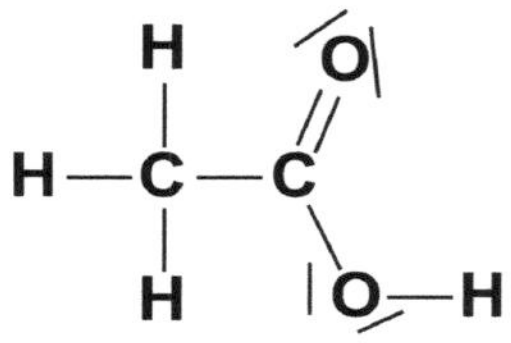

Ethansäure
Essigsäure

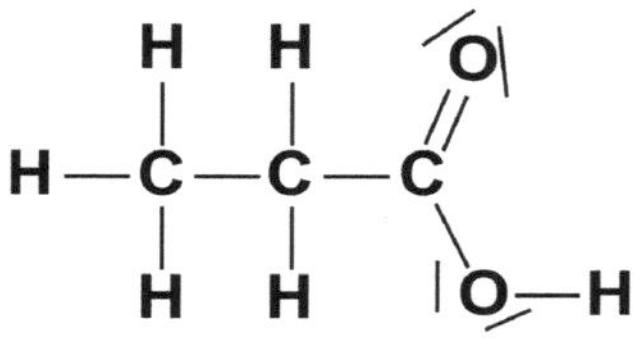

Propansäure
Propionsäure

Bei den ersten zwei Carbonsäuren ist der Trivialname "*Ameisensäure*" und "*Essigsäure*" gebräuchlicher als Ethansäure und Methansäure.

Die Nomenklatur der Carbonsäuren ist sehr einfach. Das Methan hat **ein C**. Daher heißt die Carbonsäure, die aus einem C besteht, **Methansäure**. Ethan hat **zwei C**. Die Carbonsäure, die aus zwei C besteht, heißt also **Ethansäure**, und so fort.

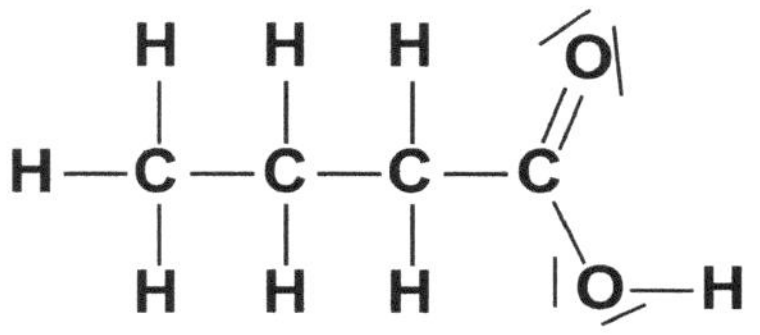

Butansäure
Buttersäure

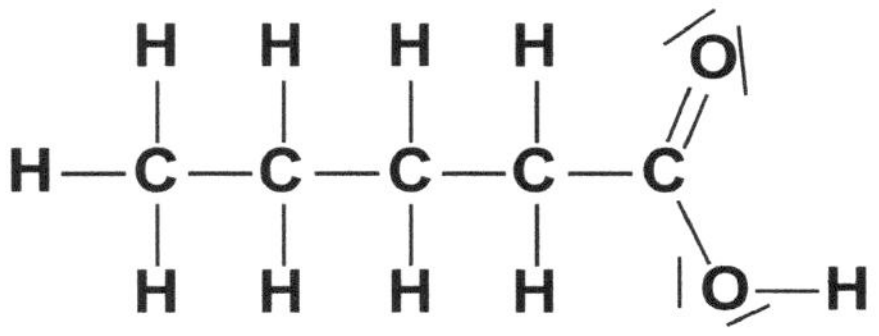

Pentansäure

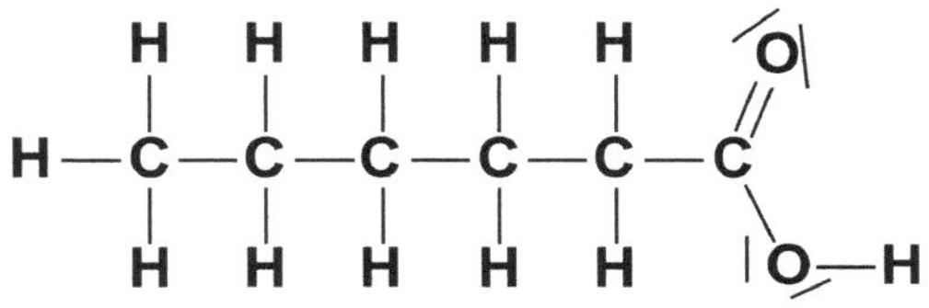

Hexansäure

In der Summenformel - Schreibweise schreibt der Chemiker die Carbonsäuren so auf:

H**COOH** Methansäure
CH3**COOH** Ethansäure
CH3CH2**COOH** Propansäure

und so weiter.

Wir erkennen eine Carbonsäure also daran, dass sie mit **-COOH** endet. Dieses **-COOH** ist natürlich die Carboxylgruppe.

Hier besteht eine **Verwechslungsgefahr mit Basen und mit Alkoholen**: Auch diese enden mit - OH. Also Vorsicht: Moleküle, die auf **COOH enden, sind Carbonsäuren!**

Carbonsäuren sind sehr viel sauerer als Alkohole oder Aldehyde. Das bedeutet, sie spalten sehr leicht ein H+-Ion ab.

Nur starke anorganische Säuren wie Salzsäure oder Schwefelsäure sind noch saurer.

15.9.2. Warum sind Carbonsäuren so sauer?

Sehen wir uns zuerst an, wer wem die Elektronen weg nimmt. Mit anderen Worten: Sehen wir uns die Ladungsverteilung an!

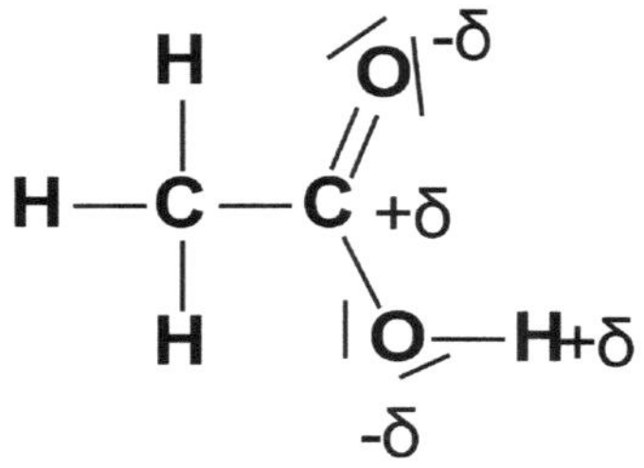

An **einem** C binden **zwei O-Atome**. Und beide O-Atome sind gierig nach Elektronen.Sie ziehen sowohl dem C als auch dem H die Elektronen ab: Diese beiden sind also δ+ geladen. Die Sauerstoffe sind δ- geladen..

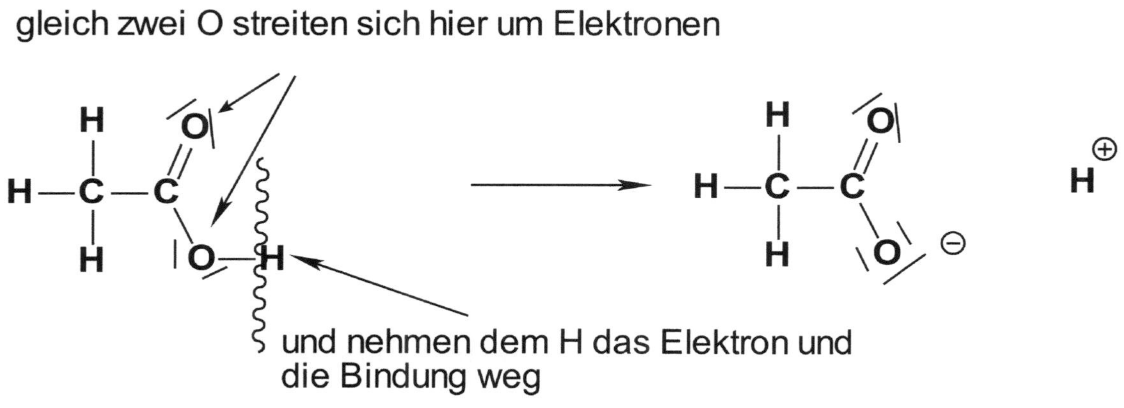

Also nehmen sie dem "schwächsten" Atom in diesem Elektronenstreit die Elektronen weg: dem H. Das H spaltet sich als H^+ ab.

15.9.2.1. Wie sauer sind die Carbonsäuren?

Jetzt überlegen wir uns: Je mehr Elektronendichte die beiden Sauerstoffe O hätten, desto zufriedener sind sie. Desto weniger müssen sie sich um die Elektronen streiten,

Und je weniger sich die Sauerstoff-Atome um Elektronen streiten müssen, desto weniger müssen sie dem H seine Elektronen wegnehmen.

Jetzt wissen wir schon (wir haben es bei den Alkoholen gehört): Lange Alkan -Ketten liefern sehr viel Elektronendichte!

Also müssen die beiden O-Atome zufriedener sein, wenn sie von einer langen Alkan -Kette viel Elektronen-Dichte bekommen!

Und was heißt das?

Dass Carbonsäuren mit langen Kohlenwasserstoff-Ketten (wie die Hexansäure) weniger sauer sind als "kurze" Carbonsäuren (wie die Ameisensäure)!

Einfach gesagt: "Kurz" ist sauerer als "lang"!

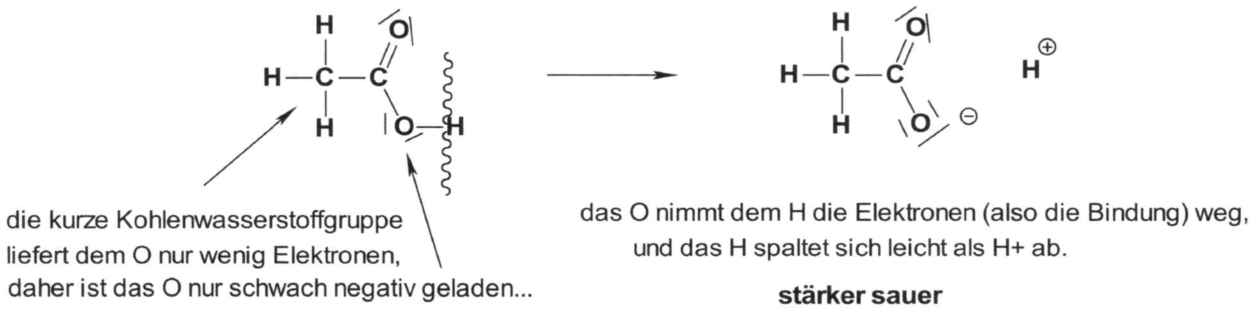

Sehen wir uns die "kurze" Essigsäure an: Die **kurze** Alkan-Gruppe (nur CH_3) liefert **wenig** Elektronen. Darum hat auch das O nur wenig Elektronen. Es will aber mehr Elektronen haben.

Was macht also das O? Es nimmt dem H die Elektronen weg!

Darum ist Essigsäure *ziemlich sauer.*

Kommen wir nun zur Hexansäure: Sie hat einen langen Alkan -Rest.

Über diesen Alkan -Rest bekommen die Sauerstoffe O **viel** Elektronendichte. Also sind die Sauerstoffe hier relativ zufrieden. Und darum ziehen sie dem H die Elektronen weniger stark ab. Also wird das H **seltener** als H^+ abgespalten - sie ist weniger sauer.

Hexansäure ist also weniger sauer als Essigsäure.

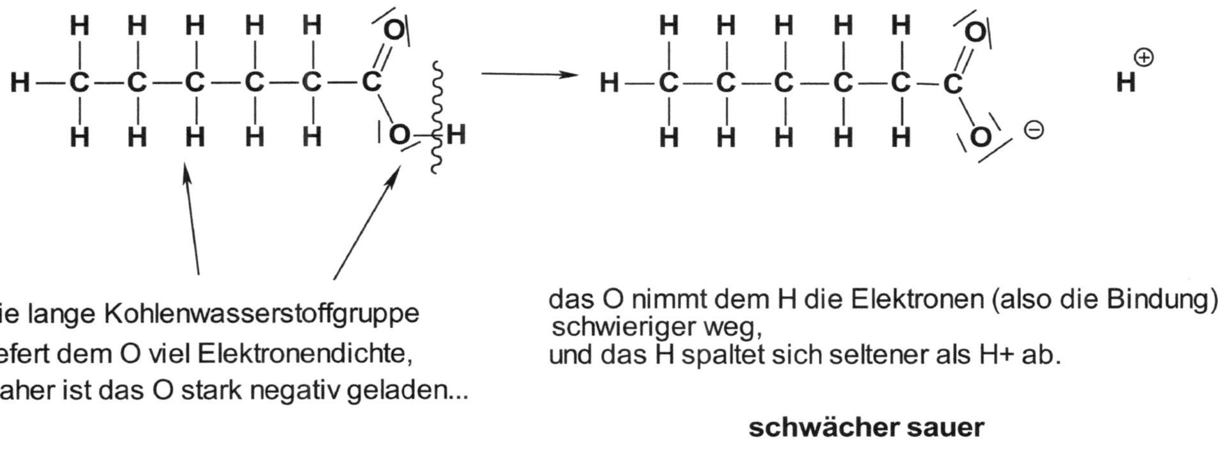

15.9.3. Synthese von Carbonsäuren

Unkundige Menschen verwenden das Wort "Chemie" falsch. Sie sagen zum Beispiel: "In diesem Joghurt ist Chemie drin." Wir wissen aber, dass im Grunde alles Chemie ist. Sie verwechseln das Wort "Chemie" mit "künstlich hergestellten Stoffen". Ein anderes Wort für "künstlich hergestellt" ist in der Chemie "synthetisch". Also sollte man richtigerweise sagen: in diesem Joghurt sind Synthetische Stoffe enthalten."
"Synthese" ist ein anderes Wort für "Erzeugung". ("Synthetisch erzeugte" Sachen gibt es nicht.)

Sehen wir uns nun eine Synthese an:
Wie erzeugen wir Carbonsäuren?

Vielleicht habt ihr schon einmal an einem Wein gerochen, der sehr lange an der Luft gestanden ist: *der Wein riecht nach Essig!*

Der Grund liegt darin, dass Wein **Ethanol**, also Alkohol, enthält. Und dieser Alkohol wird an der Luft zu **Essigsäure**. Der Sauerstoff O in der Luft macht den Alkohol zu Essigsäure.

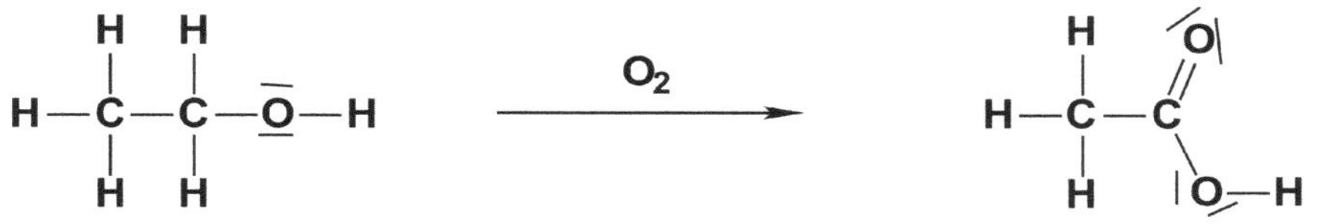

Ethanol Essigsäure

Wie diese Reaktion genau funktioniert, müssen wir nicht wissen. Wichtig ist nur, dass wir **Alkohol und Sauerstoff** dafür brauchen.

Das kommt in der organischen Chemie oft vor, dass man sich nicht genau für den Ablauf einer chemischen Reaktion interessiert. Die Hauptsache, es kommt das richtige heraus.

Zum Beispiel ist es uns bei dieser Reaktion egal, wie viele Sauerstoff-Atome O (oder Sauerstoff-Moleküle O_2) gebraucht werden.

Es ist uns auch egal, dass bei dieser Reaktion auch H_2O entstehen muss. Die beiden H des Alkohols, das wissen wir, können ja nicht einfach "verschwinden". Aber: Trotzdem kümmern wir uns nicht darum, weil wir uns nur für die Essigsäure interessieren.

Um das deutlich zu machen, schreibt der Chemiker den Sauerstoff O_2 **über** den Pfeil. Dann weiß jener Chemiker, der das liest: "Aha, dem Kollegen ist gleichgültig, wie viele Sauerstoffe man braucht".

Wir müssen das deshalb wissen, weil es in fortgeschrittenen Chemiebüchern oft solche "*halben Reaktionen*" gibt.

Sehen wir uns noch so eine "halbe Reaktion" an:

Ebenso kann man Carbonsäuren auch aus Aldehyden machen. Auch hier ist uns der genaue Hergang der Reaktion egal.

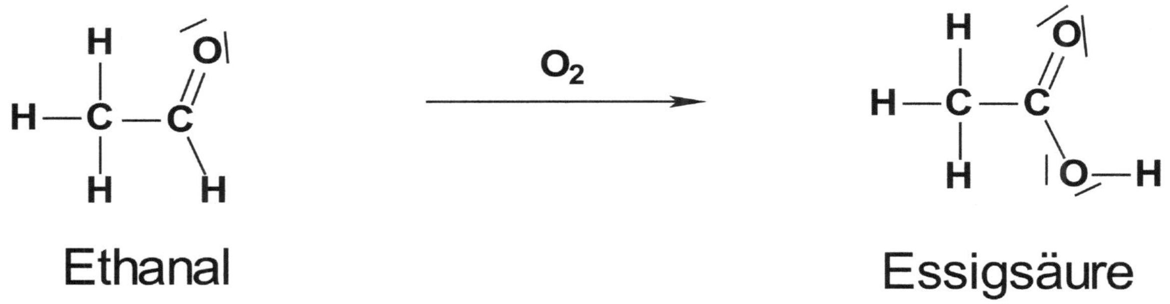

Diese Reaktion kommt aber eher selten vor. Meistens reagieren die Alkohole zu Carbonsäuren.

15.9.4. Wichtige Carbonsäuren

15.9.4.1. Ameisensäure

Die **Ameisensäure** (Methansäure) HCOOH riecht ähnlich wie die Essigsäure, aber stechender und aggressiver. Sie ist auch saurer als die Essigsäure (Warum?). Sie wird manchmal in Putzmitteln eingesetzt.

15.9.4.2. Essigsäure

Prof. T. Rottel sagt: "Der Wein hier ist sehr gut - es fehlt nur noch Salat und Öl."

Die Essigsäure (Ethansäure) müssen wir nicht näher vorstellen. Wir kennen sie vom Speiseessig (Hesperidenessig, Apfelessig, Balsamico-Essig).

Eine mit der Essigsäure "verwandte" Säure ist die **Trichloressigsäure**. Sie hat drei Chlor-Atome, anstelle von drei H-Atomen:

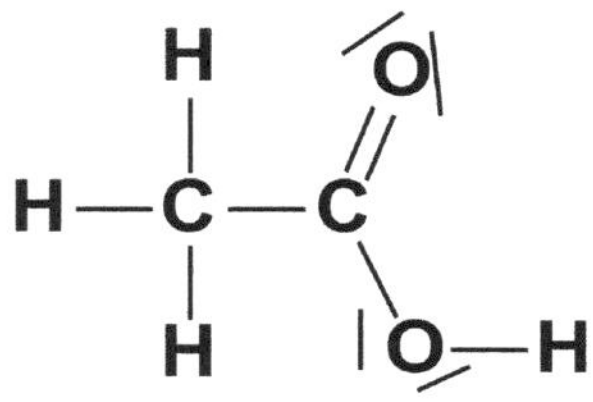

Essigsäure

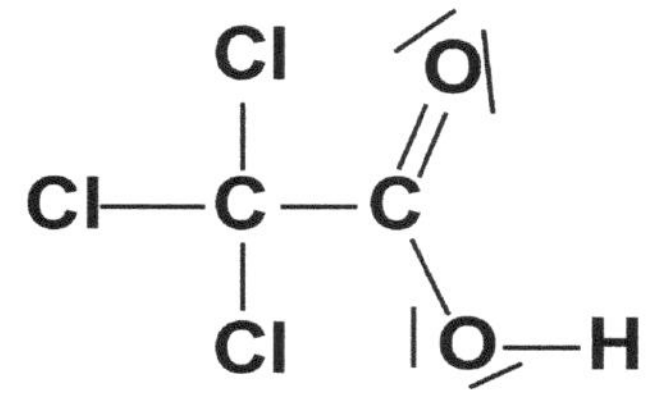

Trichloressigsäure

Die Trichloressigsäure ist **viel saurer** als die Essigsäure- Warum?

Die Chlor-Atome sind sehr elektronegativ. Sie ziehen also dem C sehr viel Elektronendichte ab. Daher kann der Sauerstoff nicht genügend Elektronendichte vom Kohlenstoff bekommen - er ist wenig negativ geladen.

Also muss der Sauerstoff dem H die Elektronen wegnehmen.

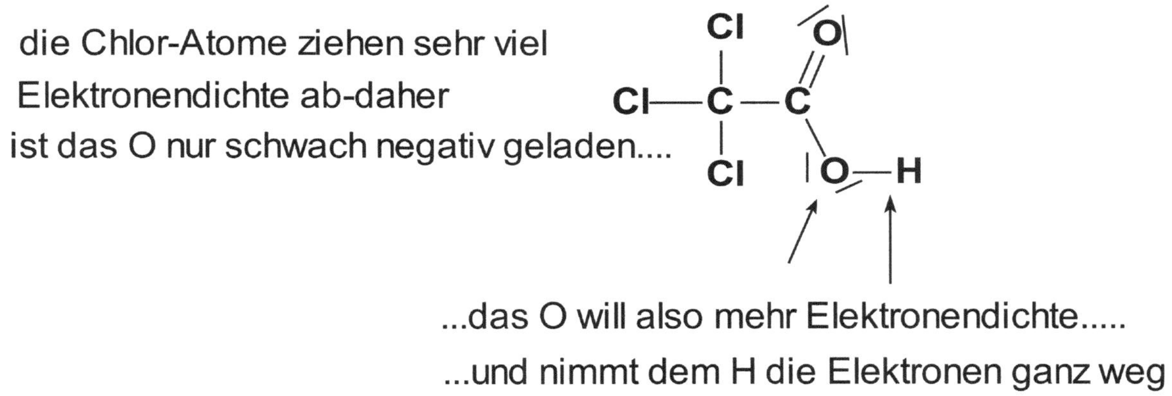

Man kann es sich so vorstellen: Die O-Atome sind Elektronen-Räuber. Die Cl-Atome aber auch. Und beide wollen sie das arme C berauben! Das bedeutet aber, dass weder für die O-Atome, noch für die H-Atome genug "Elektronen-Beute" bleibt. Also nimmt das O dem H seine Elektronen weg.

Die Trichloressigsäure ist also sehr sauer.

15.9.4.3. Weitere Carbonsäuren

Eine weitere wichtige Säure ist die **Propionsäure** (Propansäure) CH_3CH_2COOH, die ziemlich widerlich riecht.

Noch widerlicher riecht aber die **Buttersäure** (Butansäure) $CH_3CH_2CH_2COOH$, nämlich nach einem Konzentrat aus verschwitzten Turnschuhen. Trotzdem ist die Buttersäure ein Ausgangsstoff für viele wichtige Natur-Aromen.

Die noch größeren Säuren wie die **Pentansäure** oder die **Hexansäure** riechen nicht mehr ganz so widerlich.

15. 9.5. Fettsäuren und Seife

Es gibt aber auch noch längere Carbonsäuren mit Ketten von über zwanzig C-Atomen: Solche Carbonsäuren sind **Fettsäuren**.

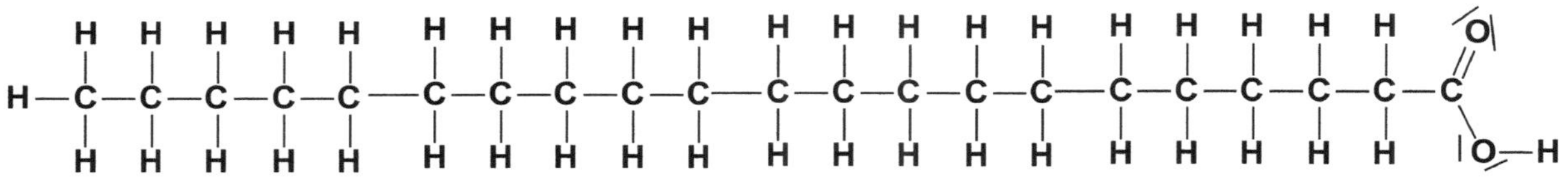

eine gesättigte Fettsäure

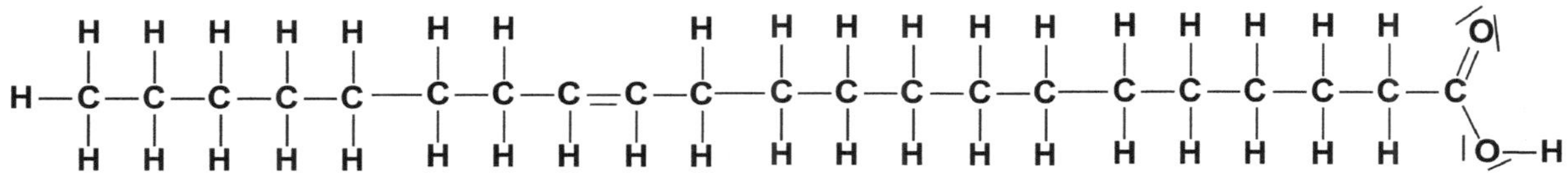

eine ungesättigte Fettsäure

Wenn eine Fettsäure **keine** Doppelbindung enthält, ist es eine **gesättigte Fettsäure**.

Wenn es nun in dieser langen Kohlenstoffkette eine Doppelbindung gibt, haben wir eine ungesättigte Fettsäure. Diese Fettsäuren gelten als gesund - aber sie sind es nicht immer.

Wir müssen nämlich zwischen **cis und trans** unterscheiden (siehe "*Alkene*").

Das hier ist eine ungesättigte cis - Fettsäure. Und diese sind zumeist gesund:

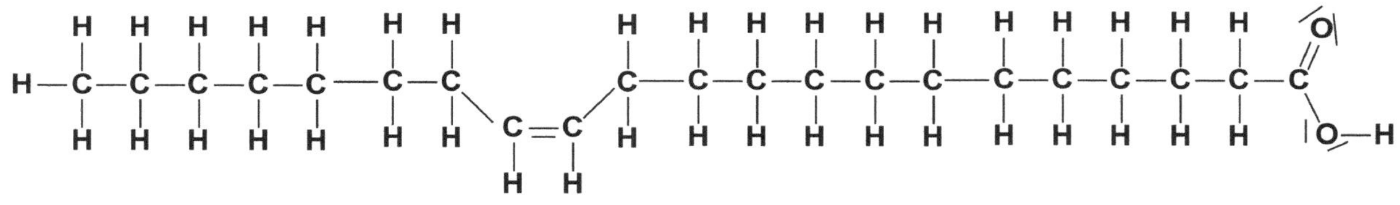

eine ungesättigte cis-Fettsäure

Die ungesättigten **trans - Fettsäuren** hingegen kann der Körper nicht gut verarbeiten. Leider enthalten viele billige Speisen solche trans - Fettsäuren (in Form von trans - Fetten, dazu kommen wir später), die langfristig zu schweren Herz-Kreislauf-Erkrankungen führen:

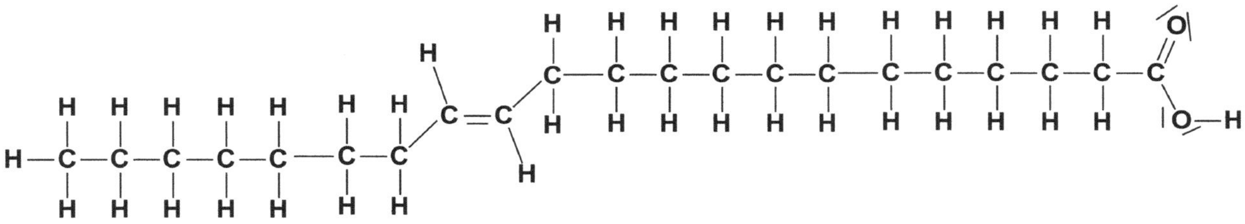

eine ungesättigte trans-Fettsäure

Daher sollte man diese Fettsäuren als Zutat im Essen verbieten! Besonders viele trans-Fettsäuren enthalten die gehärteten Pflanzenfette. Diese sollten in unserer Ernährung nichts zu suchen haben!

15.9.5.1. Seifen

Fettsäuren sind aber nicht nur Bestandteil von Fetten, sondern auch von **Seifen**. Seifen sind, chemisch gesehen, **Salze von Fettsäuren**.

Bevor wir das nun erklären, wollen wir eine Abkürzung einführen, damit wir nicht immer diese schrecklich langen Fettsäuren aufzeichnen müssen - das wird nämlich auf Dauer zu unübersichtlich.

Statt der langen Kohlenwasserstoffketten schreiben wir einfach LR - das steht für **L**anger **R**est.

Wir kürzen also alle Fettsäuren so ab:

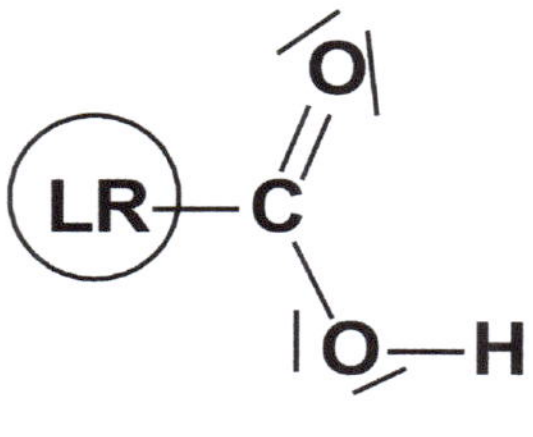

LR kann jeder lange Alkylrest sein, egal ob er gesättigt oder ungesättigt ist.

Wir wissen: Salze entstehen durch Neutralisation von Sauren und Basen. wenn wir nun eine Fettsäure mit einer Base, zum Beispiel NaOH, neutralisieren, erhalten wir ein Salz:

Das H^+ der Fettsäure und das OH^- der NaOH wird zu Wasser H_2O. Der Rest wird zum **Natrium-Salz der Fettsäure**. Es handelt sich also um eine ganz normale Neutralisation.

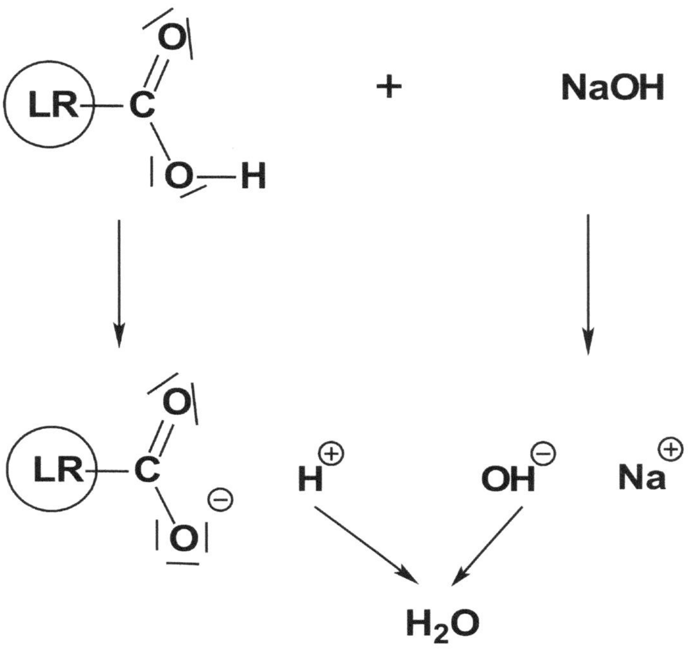

Was ist nun das Besondere an Seifen? Dass sie Fett und Wasser gleichzeitig auflösen können! Das wissen wir aus dem Alltag. Wasser alleine kann das nicht.

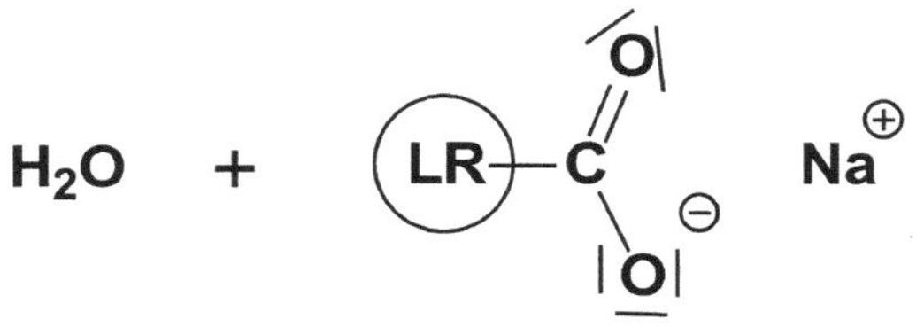

Natrium-Salz einer Fettsäure - Seife!

Eine lateinische Chemie-Weisheit erklärt, warum: "*similia a similiis solvuntur*", das heißt übersetzt: *Gleiches wird von Gleichem gelöst.*

Das heißt: **Fette lösen gut fett-ähnliche Stoffe auf**,

und

Wasser löst gut wasserähnliche Stoffe auf.

Was sind wasserähnliche Stoffe? Stoffe, die **partiell geladen** sind. Im Wasser ist nämlich der Sauerstoff O recht stark negativ geladen, und die Wasserstoffe H sind recht stark positiv geladen.

Stoffe, die recht stark geladen sind, nennt man **polar**. Typische polare Stoffe sind zum Beispiel Salze, wie das NaCl. Da ist das Na stark positiv geladen, und das Cl ist stark negativ geladen. Und Salze lösen sich (meistens) gut in Wasser auf.

Die **fettähnlichen Stoffe** sind Stoffe, deren Atome nur **schwach geladen** oder ungeladen sind. Auch solche Stoffe kennen wir schon, das sind, zum Beispiel, die Kohlenwasserstoffe: die Alkane, die Alkene, die Alkine,und auch die Fette. In solchen Stoffen sind die Elektronen gleichmäßig verteilt.
Solche ungeladenen Stoffe nennt man, das wissen wir schon, **apolar** oder **unpolar**.

Die Seife kann nun sowohl polare als auch apolare Stoffe auflösen.

Das liegt daran, dass die Seife aus **zwei Teilen** besteht: Dem langen Rest **LR** und der Säuregruppe.

Der Lange Rest LR ist apolar und die Säuregruppe ist polar.

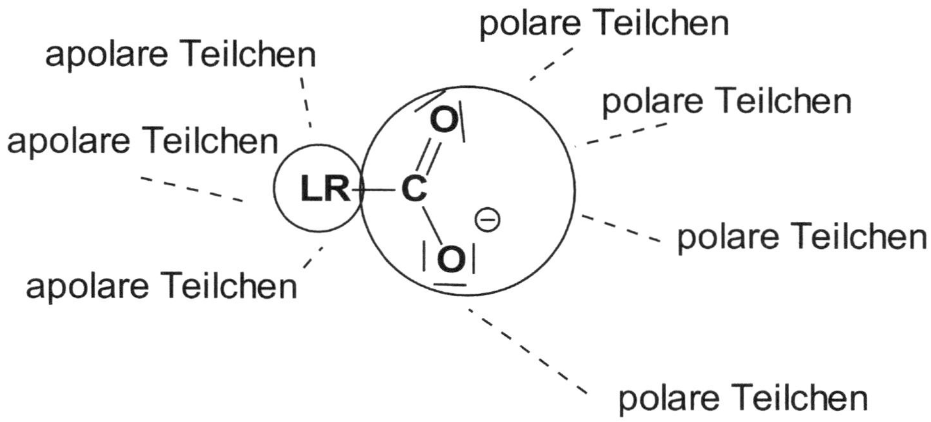

Nun zieht der **lange Rest die apolaren Moleküle**, wie etwa Fette, an, und die **Säuregruppe zieht polare Moleküle**, wie Wasser an.

Die Anziehung zwischen den apolaren Teilchen und dem langen Rest nennt man übrigens die **van der Waals - Bindung**. Mit der van der Waals - Bindung ziehen einander alle apolaren Stoffe an.

Die Säuregruppe zieht die polaren Stoffe aufgrund ihrer Ladung an: Wir wissen ja, dass positive und negative Ladungen einander anziehen. Die Säuregruppe ist negativ geladen (-1) und kann daher positiv geladene Teilchen anziehen.

Das Seifen-Teilchen zieht sowohl die Fett-Moleküle als auch die Wasser-Moleküle an. Und so können die Seifen-Teilchen **Fett und Wasser miteinander vermischen**: Sie können die Fett-Moleküle in das Wasser "mitnehmen", und umgekehrt Wasser-Moleküle in das Fett "mitnehmen".

Allerdings gibt es heute längst andere und hautfreundlichere Seifen. Seifen aus Fettsäuren haben nämlich das Problem, dass sie stark basisch sind. Fettsäuren sind nämlich schwache Säuren, und NaOH ist eine starke Base. In Summe kommt ein Salz heraus, das ebenfalls stark basisch ist. Und das zerstört den Säure-Schutzmantel der Haut.

Moderne Duschgels oder Flüssigseifen verwenden daher Fettsäure-ähnliche Substanzen, die stärker sauer sind.

15.9.6. Carbonsäuren aus Biologie und Medizin

Viele weitere wichtige Verbindungen gehören zur Gruppe der Carbonsäuren. Es geht hier nicht darum, diese Säuren auswendig zu lernen, sondern nur um einen Überblick.

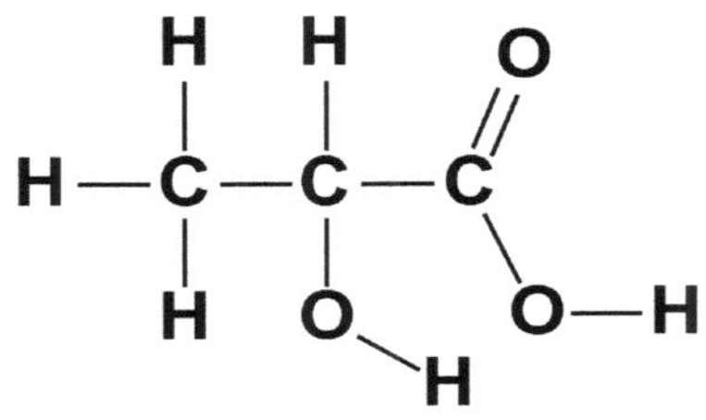

Milchsäure

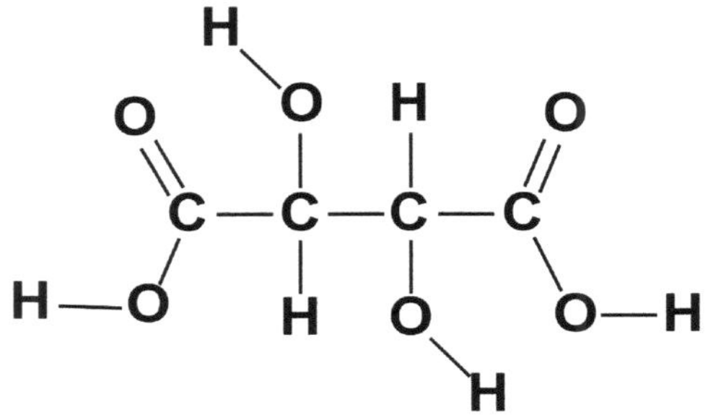

Weinsäure

Die **Milchsäure** entsteht unter anderem beim im menschlichen Muskel (beim Sport), und wird unter anderem für den Muskelkater verantwortlich gemacht. Wir könnten die Milchsäure als eine "Kreuzung" von Alkohol und Säure betrachten, weil sie auch eine OH-Gruppe hat.

Die **Weinsäure** finden wir - erraten! - im Wein. Weinsäure wird oft bei Gummibärchen etc. als Säuerungsmittel verwendet. Wir sehen bei der Weinsäure, dass sie zwei OOH - Gruppen hat, eine links, eine rechts. So etwas nennt man eine **zweiwertige Carbonsäure**.

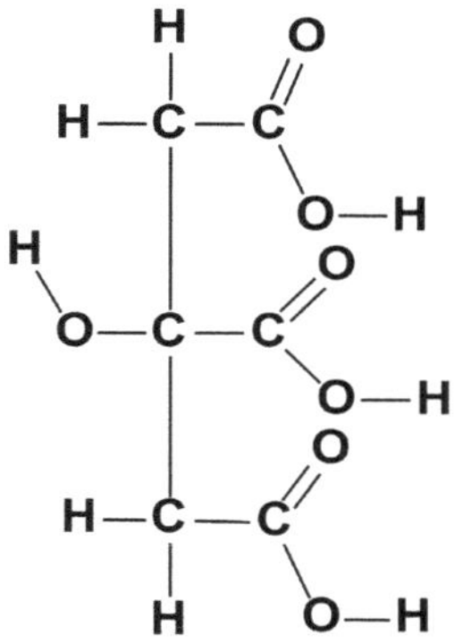

Zitronensäure

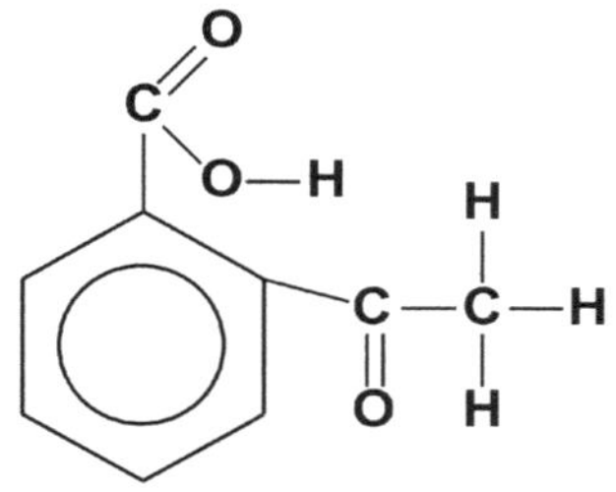

Acetyl-Salicylsäure
"Aspirin"

Wo die Zitronensäure in der Natur vorkommt, könnt Ihr wahrscheinlich selber erraten. Die Zitronensäure hat drei COOH Gruppen, sie ist also eine **dreiwertige Carbonsäure**.

Die **Acetyl-Salicylsäure** gehört zu den **aromatischen Säuren**, weil sie einen Benzen-Ring hat. Sie gehört zu den am meisten verwendeten Medikamenten überhaupt. Allerdings sollte man sie mit Maß einnehmen, da sie bei zu hoher Dosierung aggressiv auf die Magenschleimhäute wirkt.

Das sind nur einige wenige von hunderten wichtigen Carbonsäuren.

15.10. Ester

Die Ester sind sehr eng mit den Carbonsäuren verwandt. Der Unterschied ist: Am O des Ester hängt kein H, sondern irgendeine beliebige Kohlenwasserstoff-Gruppe.

Aber das hat mächtige Auswirkungen: Ester sind kaum sauer, sie verdampfen wesentlich leichter als Carbonsäuren - und sie riechen meistens besser. Viele Ester sind natürliche Aromastoffe.

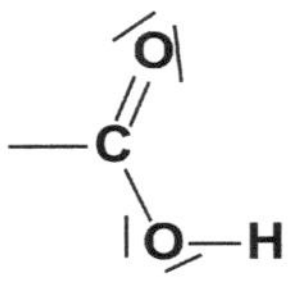

Carbonsäuren

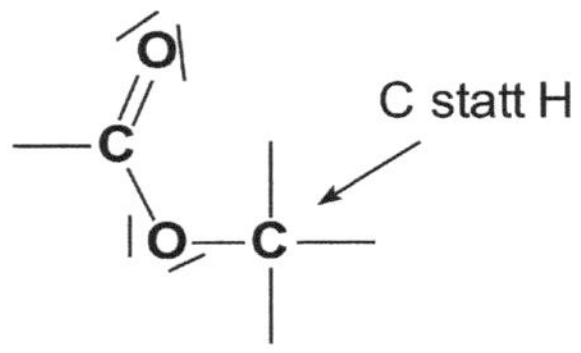

Ester

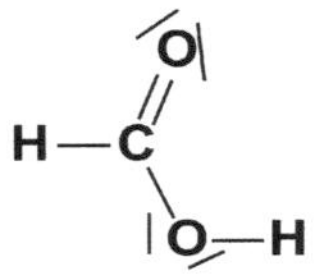

Ameisensäure

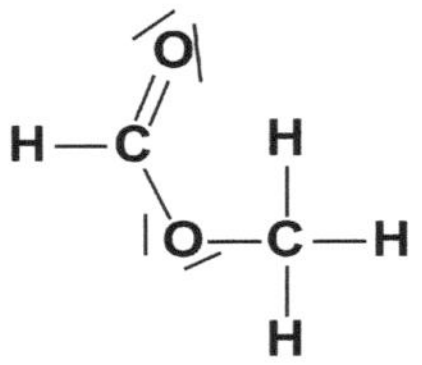

Ameisensäuremethylester

Ein Bild sagt mehr als tausend Worte, darum: das obige Bild bitte wirken lassen.

Man kann Ester als eine Kreuzung von Carbonsäuren und Alkohol verstehen. warum, das sehen wir uns jetzt an.

15.10.1. Was passiert, wenn wir Ameisensäure und Ethanol miteinander reagieren lassen?

Wir nehmen hier - zum Beispiel- Ameisensäure und Ethanol. Wir könnten aber auch irgend eine andere Carbonsäure und irgend einen anderen Alkohol wählen.

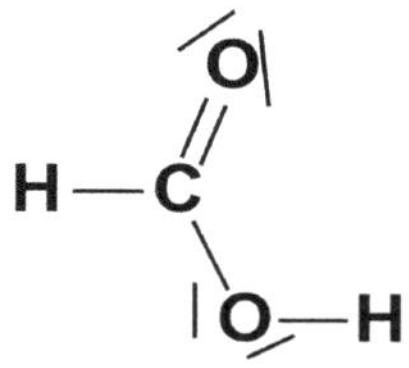

Ameisensäure

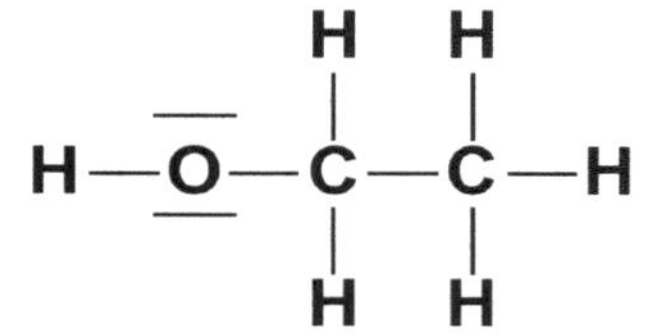

Ethanol

Um zu verstehen, was jetzt passiert, brauchen wir nur das **allereinfachste Bild der Atome**. Damit können wir uns die Veresterung in einer **vereinfachten Variante** ansehen, um selbstständig Ester basteln zu können.Wir können uns alle Atome mit ihren "Händen" vorstellen - mehr brauchen wir nicht. Wir wissen: Ein Punkt ist eine Hand, und zwei Punkte sind zwei Hände, die einander halten - also eine Bindung.

Und: Wir dürfen eine Bindung auch als **zwei Punkte** einzeichnen. So viel zur Erinnerung. Damit können wir loslegen.

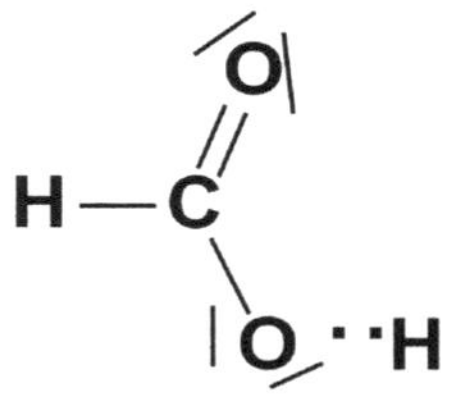

Ameisensäure

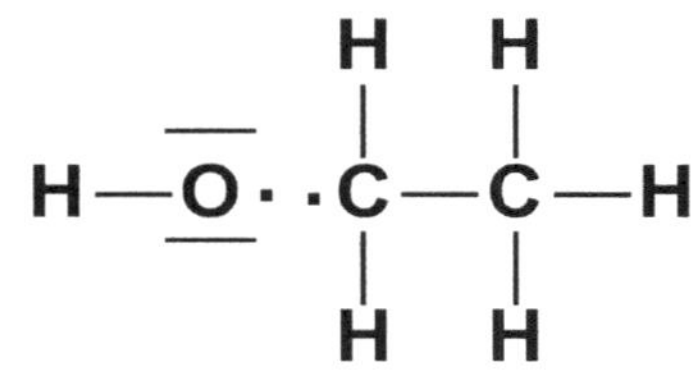

Ethanol

Wir zeichnen die beiden Bindungen, die sich aufspalten werden, in Punkt-Form ein. Und jetzt brechen wir diese Bindungen auf:

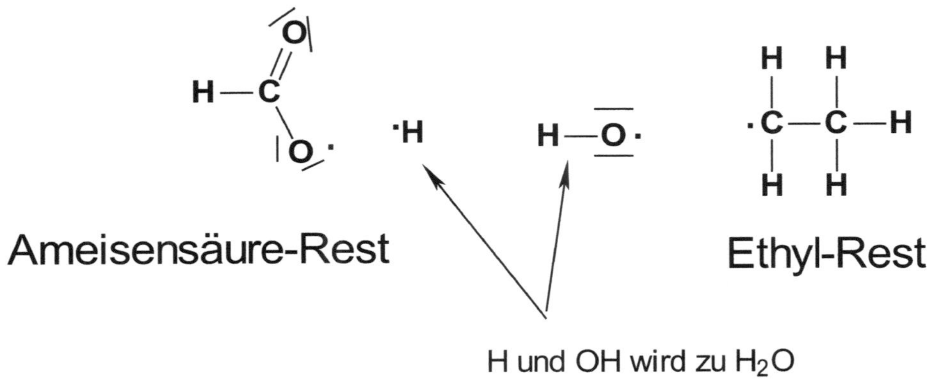

Jedem Atom, bei dem eine Bindung gebrochen ist, bleibt ein ungebundenes Elektron, also "eine Hand". Was wir mit dem H und dem OH machen werden, ist klar: Wir bilden H_2O daraus.

Übrig bleibt ein **Ameisensäure-Rest** und ein **Ethyl - Rest**. Den Ethyl - Rest kennen wir schon. Das ist ein Ethan, dem ein H fehlt. Dafür kann aber der Ethyl - Rest eine Bindung eingehen! Er hat ja "eine Hand übrig".

Und jetzt verbinden wir einfach den Ameisensäure-Rest mit dem Ethyl - Rest, und fertig ist der **Ameisensäureethylester**. Bei der Reaktion von Ameisensäure und Ethanol entsteht also Ameisensäureethylester und Wasser.

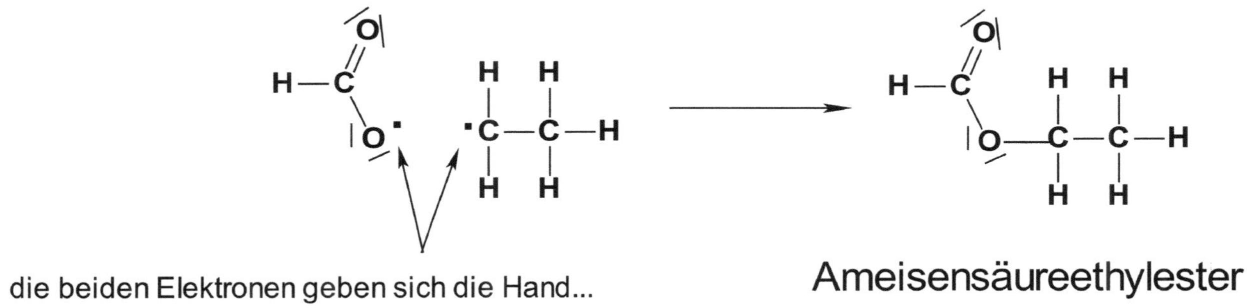

Die Namensgebung für die Ester funktioniert also ganz logisch. Der Ameisensäure-Ethylester setzt sich aus einem Ameisensäure-Rest und einem Ethylrest zusammen. Daher heißt er **Ameisensäureethylester.**

Wir können es auch so sehen. Der Ameisensäure-Ethylester entsteht, wenn wir **Ameisensäure** und **Ethanol** miteinander reagieren lassen. Ethanol besteht aus einer Ethylgruppe und einer OH-Gruppe. Und die Ethylgruppe hängt sich an den Säurerest.

Diese Reaktion nennt man die **Veresterung**. *Es ist nun so, dass wir diese Reaktion hier vereinfacht dargestellt haben.* Um zu verstehen, was ein Ester überhaupt ist, reicht uns diese Vereinfachung aus.

Lange Zeit war der wirkliche Reaktionsmechanismus der Veresterung unbekannt. Mittlerweile ist er aber entschlüsselt worden. Tatsächlich läuft diese Reaktion über Umklappen von Elektronenpaaren (ähnlich wie bei der dativen Bindung):

Wir brauchen zur Veresterung die Hilfe einer starken Säure, die uns ein H^+ liefert, das die Reaktion „startet", besser gesagt: **katalysiert**.

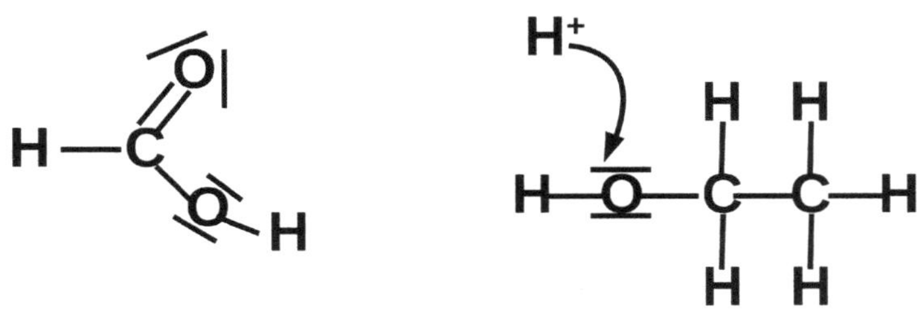

Gut geeignet ist zb. Schwefelsäure H_2SO_4. Ihr H^+ greift ein nichtbindendes Elektronenpaar des Sauerstoff im Ethanol an.

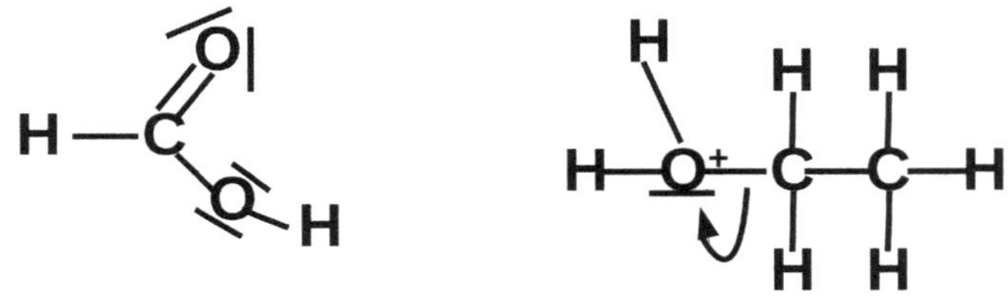

Jetzt ist der Sauerstoff positiv geladen. Dieser reißt nun die Bindung zum Kohlenstoff ganz zu sich, damit er wieder neutral sein kann:

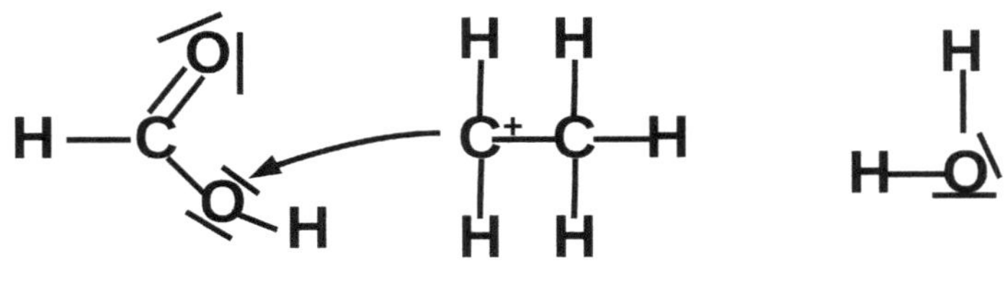

Das Ergebnis: Es spaltet sich Wasser H_2O ab. Der Kohlenstoff C bleibt positiv geladen zurück. Dieser schnappt sich nun ein Elektronenpaar eines anderen Sauerstoffes, nämlich dessen, der zur Carbonsäure gehört!

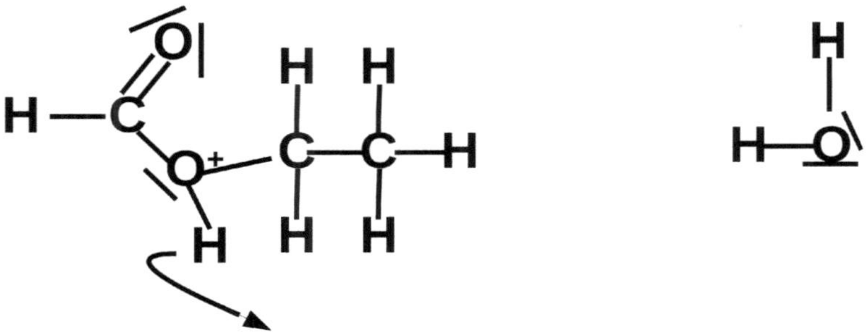

Jetzt ist, wie wir sehen, das C wieder neutral und „zufrieden". Dafür aber hat nun das O der Carbonsäure die positive Ladung. Dieses Ladung wird also von einem Atom zum nächsten weiter gereicht, sie ist wie ein unerwünschter Gast, den jeder los werden will!

Damit nun das O diese Ladung loswerden kann, spaltet es H^+ ab und nimmt sich die ganze Bindung:

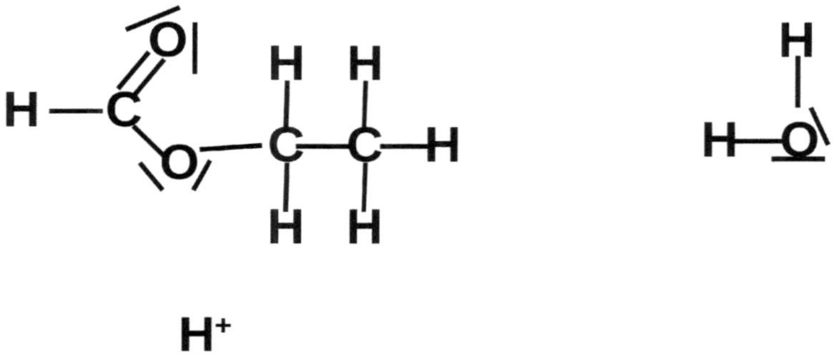

Jetzt ist der Ester fertig! Die plus-Ladung sitzt wieder auf einem H, als ob nichts geschehen wäre. Das ist typisch für einen Katalysator. Freilich stimmt das nicht ganz. Es ist etwas geschehen. Aus einem Alkohol und einer Carbonsäure wurde ein Ester und Wasser, und die positive Ladung sitzt auf einem anderen H als zuvor.

Sollte bei einer Prüfung der **Reaktionsmechanismus** der Veresterung gefragt werden, muss man natürlich diese (kompliziertere) Version hinschreiben. Wenn wir nur einen Ester selbstständig basteln müssen, nützt uns die vereinfachte Version als Gedächtnishilfe.

Wenn wir die Veresterung einmal verstanden haben, können wir sie uns noch einfacher merken. Wir ziehen ein Kästchen um das H der Säure und um das OH der Base. Wir merken uns: Die werden zu Wasser H_2O. Was übrig bleibt, wird zum Ester.

Woran erinnert uns diese Reaktion eigentlich? Natürlich an die **Neutralisation von**
Säuren und Basen! Auch da entsteht Wasser.

15.10.2. Weitere Ester

Man kann praktisch alle Alkohole (nicht nur Ethanol) und alle Carbonsäuren (nicht nur Ameisensäure) zu Estern machen.

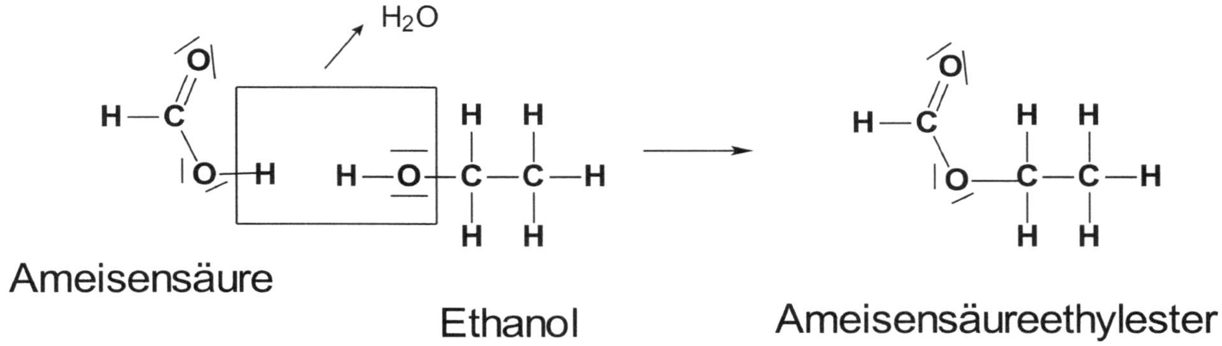

Es ist eigentlich völlig egal, was an der Säure hängt, und was am Alkohol hängt, es kommt ein Ester heraus. Aus Essigsäure und Propanol erhalten wir logischerweise einen **Essigsäurepropylester.**

Essigsäure und Ethanol ergibt einen Ester, dessen Geruch jeder von den Allesklebern her kennt: der **Essigsäureethylester.** Dieser Ester dient in Allesklebern als Lösungsmittel („UHU-Geruch").

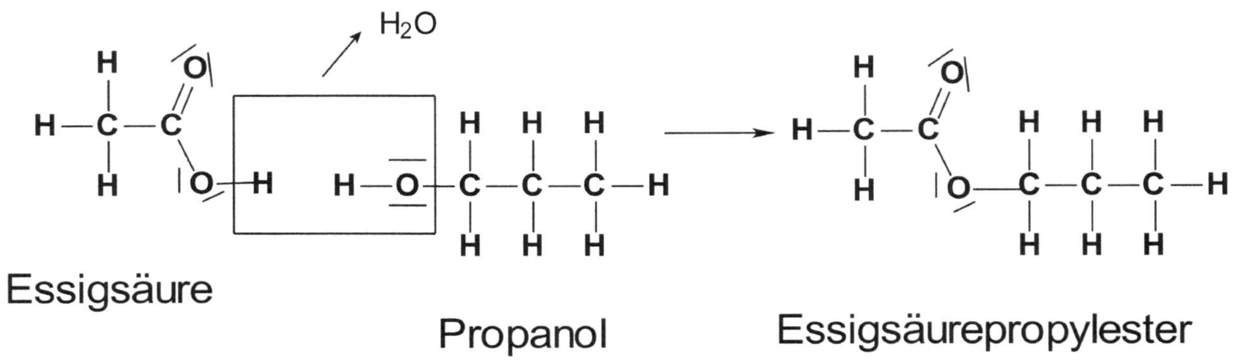

Eine Veresterung kann die erstaunlichsten Veränderungen bewirken. Aus der fürchterlich stinkenden Buttersäure und Ethanol (der nicht besonders stark riecht) wird duftendes Ananas-Aroma.

Tatsächlich ist der Buttersäureethylester jener Stoff, der für den Duft der Ananas verantwortlich ist.

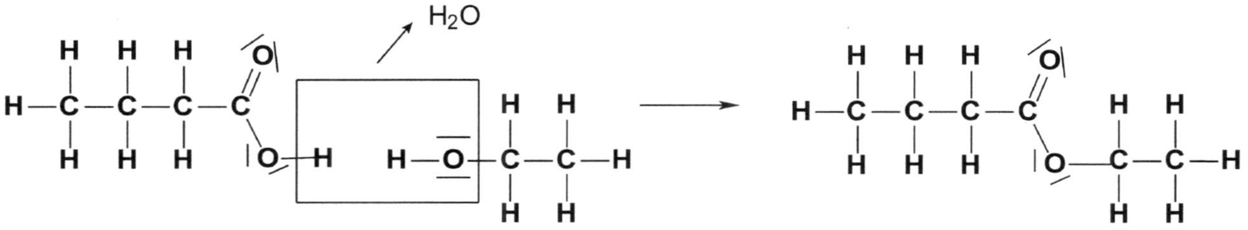

Buttersäure

Ethanol

Buttersäureethylester
(Ananas-Aroma!)

Zwei ganz wichtige Stoffgruppen gehören ebenfalls zu den Estern: die **Wachse** und die **Fette**.

15. 10.3. Wachse und Fette

Wachse sind Fettsäure - Glykolester. Zur Erinnerung: Wir kürzen die langen Kohlenstoff-Ketten der Fettsäuren mit **LR** ab.

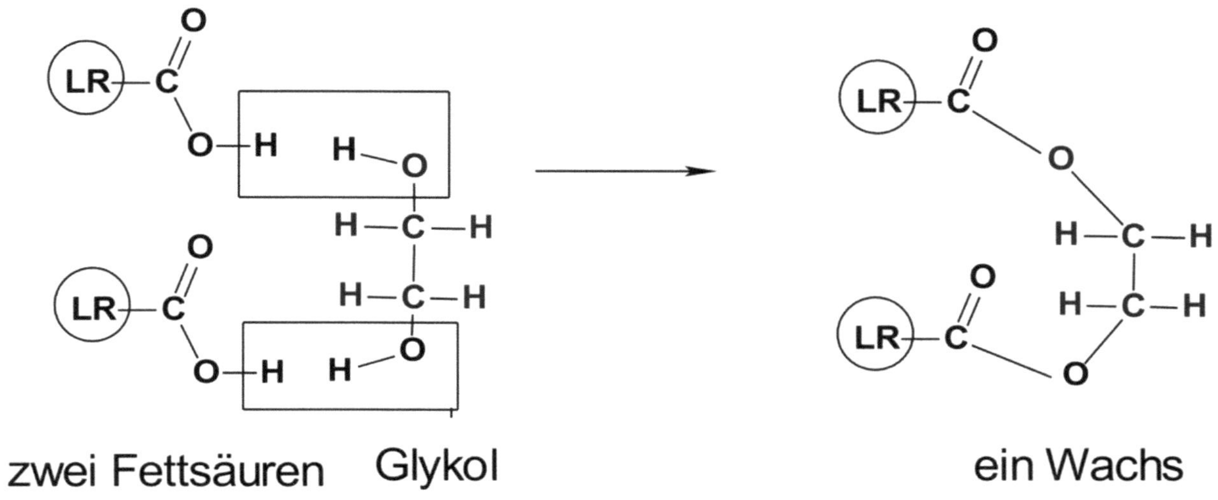

Da der Glykol **zwei** OH-Gruppen hat, können wir auch **zwei** Fettsäuren anhängen. Heraus kommt ein Wachs. Warum sagen wir "ein" Wachs und nicht "das" Wachs?

Weil es viele verschiedene Wachse gibt! Es gibt ja auch viele verschiedene Fettsäuren. Und die können wir alle, in verschiedenen Kombinationen, an die Wachse hängen.

Fette sind Fettsäureester des Glycerin. Und auch hier gibt es viele verschiedene Fette, wie Kokosfett, Palmöl, tierisches Fett.....

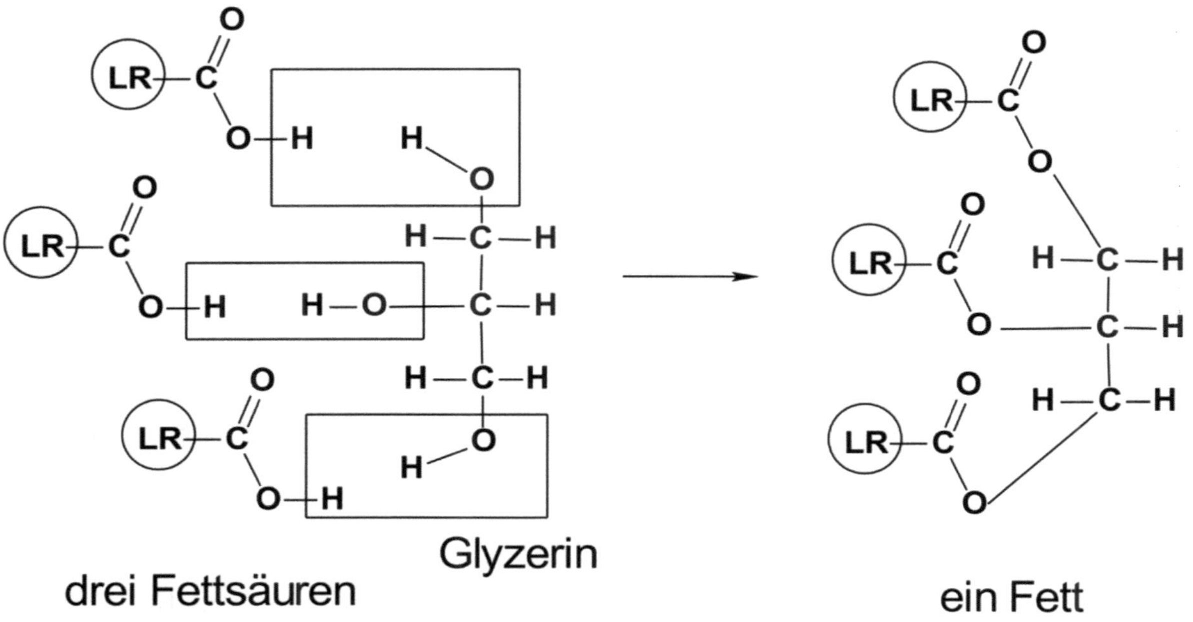

Wenn die Fettsäuren ungesättigte cis - Fettsäuren sind, erhalten wir gesunde Fette, wenn die Fettsäuren aber ungesättigte trans - Fettsäuren sind, so erhalten wir die trans - Fette, die wir schon besprochen haben und die sehr ungesund sind.

Tatsächlich gibt es Millionen von verschiedenen Fetten.

15.11. Ether

Wir kommen zum letzten Sauerstoffderivat: Dem **Ether**.
Ether haben den typisch "ätherischen" Geruch (leider gibt es kein Geruchs-Chemiebuch, dann könnte man das leichter erklären!).

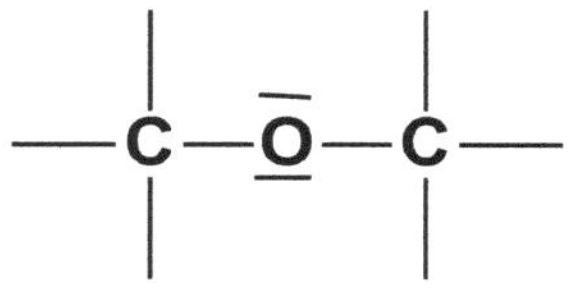

die funktionelle Gruppe der Ether

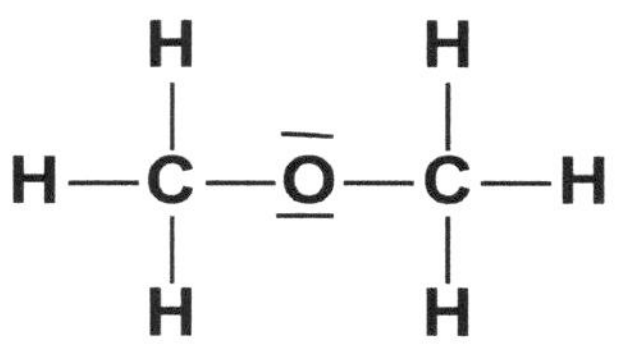

Dimethylether

Ether haben einen Sauerstoff O, und an beiden Bindungen des O hängen Kohlenstoff-Reste. Ether verdampfen sehr leicht, das heißt, sie haben einen niedrigen Siedepunkt im Vergleich zu Wasser oder Alkohol. Ether haben nämlich keine OH-Gruppe, wie Wasser oder Alkohole. Nun wissen wir aber, dass sich Wasser-Moleküle über die OH-Gruppen "agglomerieren" können das heißt, sie bilden große Molekül-Ansammlungen, die man nicht so leicht auseinander reißen kann. Sie bilden diese Molekül-Ansammlungen über Wasserstoff-Brückenbindungen, für die man OH-Gruppen braucht. Wir können uns also viele Wasser-Moleküle als ein ein einziges Wasser-Riesenmolekül denken. Und ein Riesen-Molekül verdampft nicht so leicht wie ein kleines Molekül. Daher verdampft Wasser erst bei 100°C.

Und eben das können Ether nicht. Sie können keine Wasserstoffbrückenbindungen ausbilden, weil sie keine OH-Gruppen haben! Sie verdampfen also schon viel früher.

Trotzdem sind die Ether mit Wasser und den Alkoholen verwandt. Alle haben sie einen Sauerstoff O in der Mitte, und links und rechts hängt ein H oder ein Kohlenstoff C.

Wasser

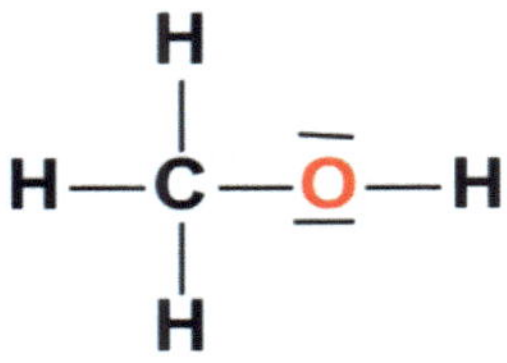

Methanol

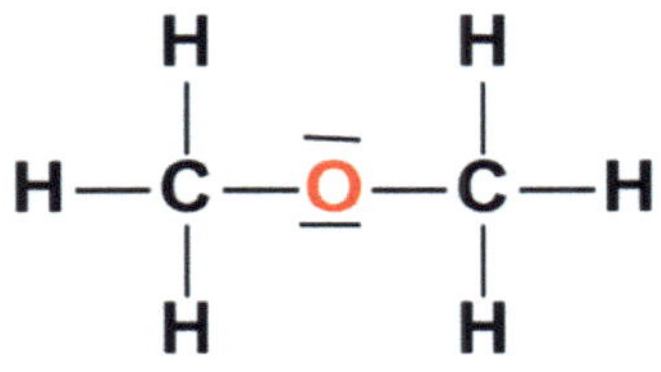

Dimethylether

15.11.1. Nomenklatur der Ether

Die Nomenklatur der Ether ist auch recht einfach.

Wir bilden die Namen so: Jeder Ether endet auf -ether. Und davor stehen die Kohlenstoffreste, die am Ether hängen.

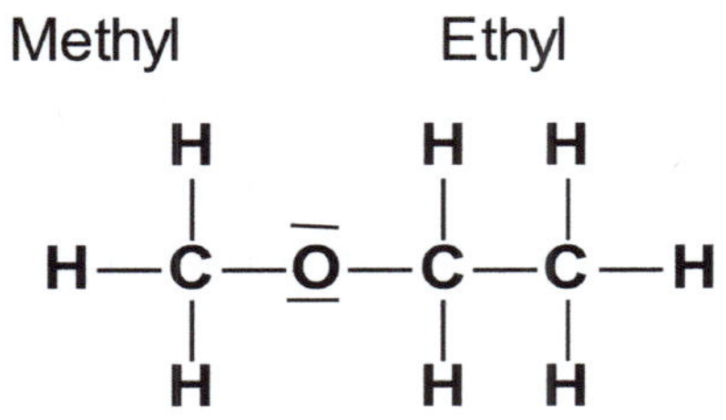

Ethylmethylether

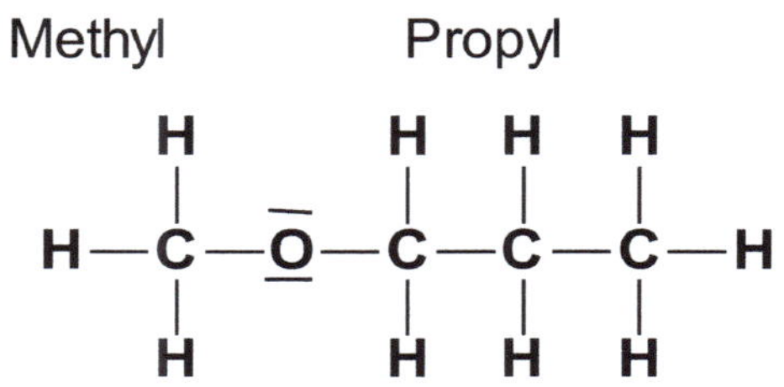

Methylpropylether

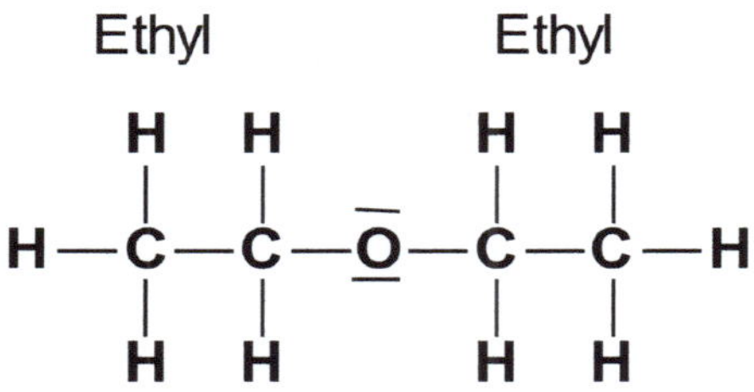

Diethylether

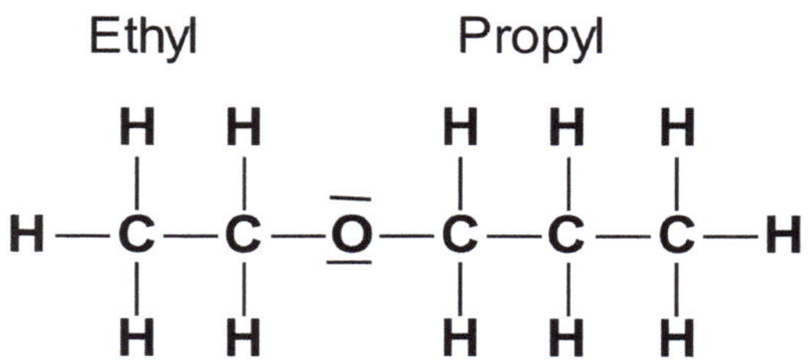

Ethylpropylether

Zum Beispiel **Ethylmethylether**. Links am O hängt ein Methylrest, rechts hängt ein Ethylrest. Weil nun Ethyl im Alphabet vor Methyl hängt, ist es ein **Ethylmethylether,** und **kein** Methylethylether.

Hängen zwei gleiche Reste am Sauerstoff, zum Beispiel zwei Ethylreste, verwendet man das Zahlwort "Di": Es ist ein **Diethylether**, und **kein** Ethylethylether.

15.11.2. Synthese von Ethern

Die Herstellung von Ethern ist ein schönes Beispiel für eine organisch-chemische Reaktion, darum sehen wir sie uns an. Diese Reaktion ist die **Ethersynthese nach Williamson**.

Man nehme ein **Chloralkan** (zum Beispiel 1-Chlorpropanol), und ein **Natriumalkoholat** (zum Beispiel Natriumethanolat.)

Das Natriumethanolat ist ein Ethanol, bei dem ein H (das H der OH-Gruppe) durch ein Na ersetzt worden ist. Wie man das macht, wissen wir aus dem Kapitel "*Alkohole*".

Das Natriumethanolat ist also das Natriumsalz des Ethanol.

Das ist jetzt nicht so wichtig, wir müssen uns aber die Elektronenverteilung im Natriumethanolat ansehen.

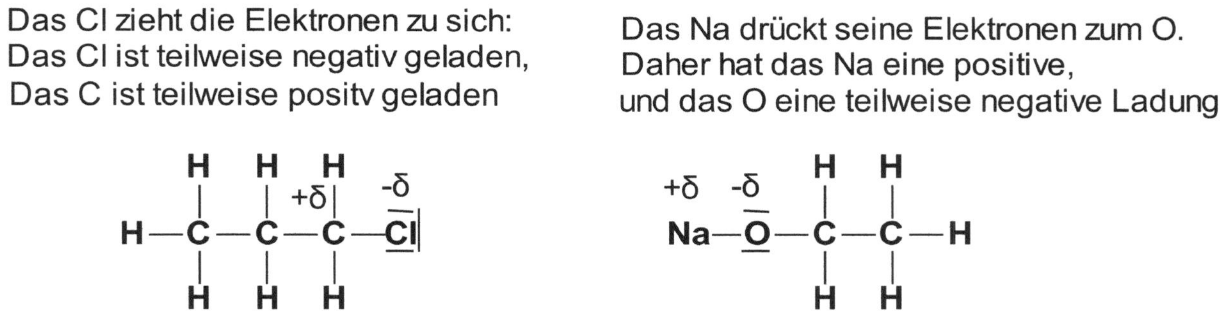

1-Chlorpropan

Natriumethanolat

Im 1-Chlorpropan ist also das C, welches am Chlor hängt, δ+ geladen. Im Natriumalkoholat ist der Sauerstoff, welcher am Na hängt, δ- geladen. Das sind unsere beiden wichtigsten Atome. Diese werden einander näher kommen. Denn wir wissen: plus und minus ziehen einander an.

Wir stellen uns jetzt der Einfachheit halber vor, dass das O im Natriumalkoholat die Elektronen des Na ganz zu sich nimmt:

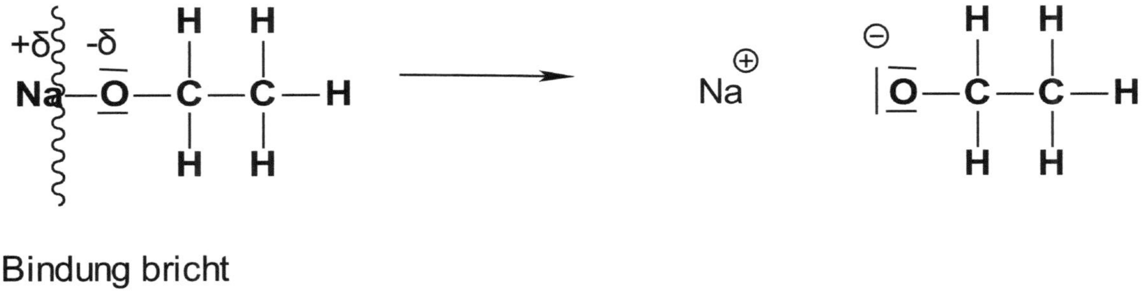

Jetzt ist das O **-1** geladen, und das Na ist **+1** geladen. Im folgenden tut das Na^+ aber nicht mehr viel, der Sauerstoff O ist uns wichtiger. Das Na^+ schwimmt einfach nur unbeteiligt herum.

Und nun nähert sich der negativ (-1) geladene Sauerstoff bedrohlich dem positiv geladenen C im 1-Chlorpropanol!

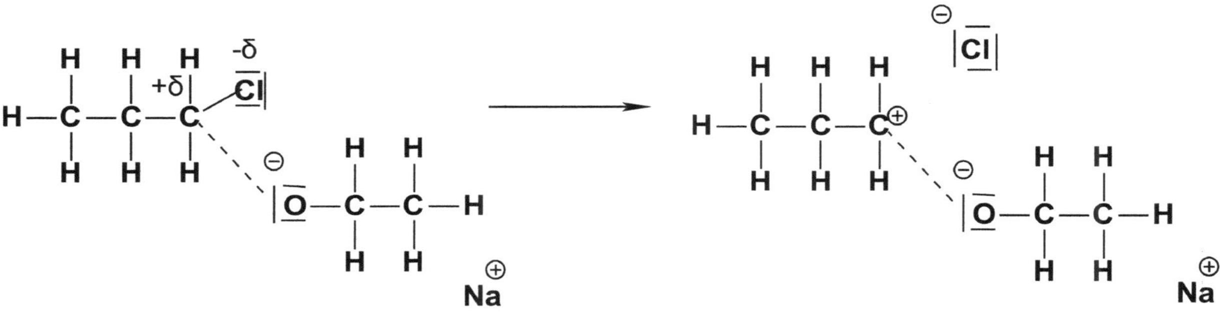

Das C im 1-Chlorpropanol "spürt" den Sauerstoff, der sich nähert. Es stößt das Chlor ab.

Jetzt ist das C "ganz" positiv geladen, und das O ist "ganz" negativ geladen. Das O hat also ein Elektron zu viel, das C hat ein Elektron zu wenig. Und so können die beiden eine Atombindung eingehen:

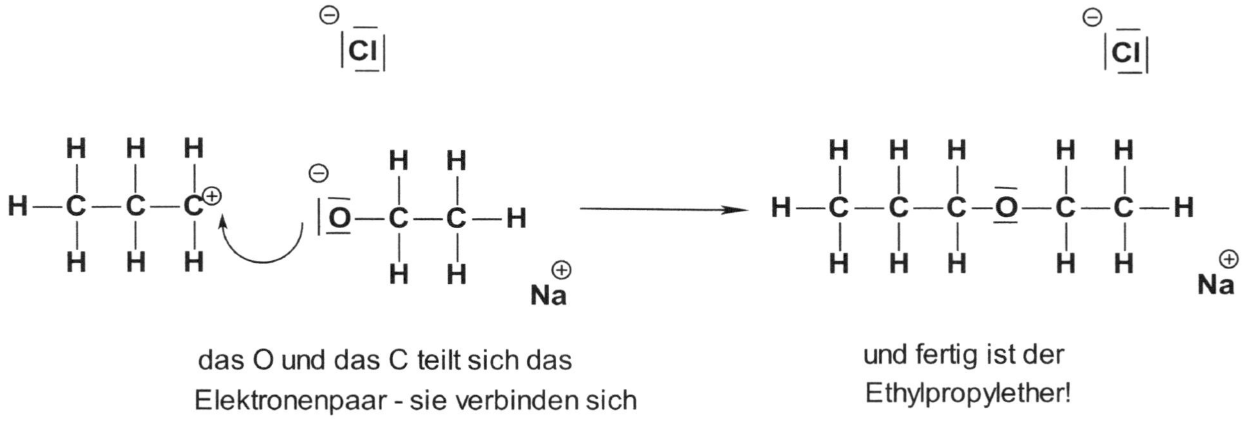

Zum Schluss kommt noch das Na^+ und das Cl^- zusammen, und sie bilden NaCl, das Kochsalz.

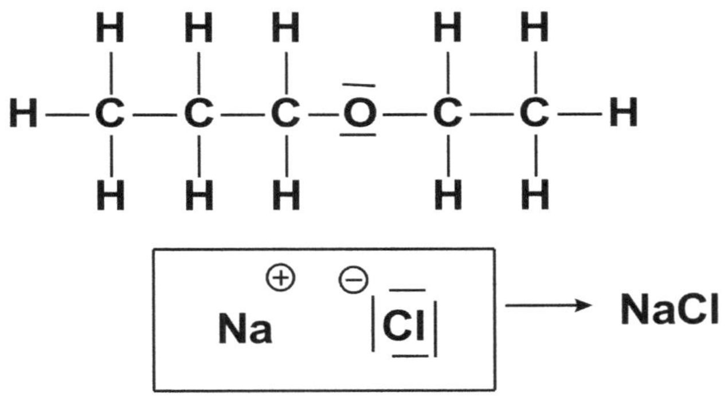

Auf diese Art können wir alle möglichen Ether herstellen. *Man sieht: Diese Reaktion ist mit der Neutralisation verwandt! Nur kommt dieses Mal statt Wasser ein Ether heraus. Würden wir die Alkylgruppen durch Wasserstoff ersetzen, hätten wir die Neutralisation von Salzsäure HCl und Natronlauge NaOH zu NaCl und* H_2O *vor uns. Immer wieder finden wir also die selben Grundreaktionen, die wir, wenn wir sie einmal verstanden haben, nicht mehr auswendig lernen müssen*!

15.11.3. Der Diethylether

Wir wollen uns aber nur den wichtigsten Ether, den **Diethylether**, näher ansehen.

Wenn wir den Diethylether mit seinem verwandten Alkohol vergleichen, dann fällt sofort auf, dass der Diethylether, obwohl er das größere Molekül ist, schon bei 34,6°C siedet, Ethanol, unser Alkohol, siedet erst bei 78°C.

Das ist ungewöhnlich, wir wissen aber schon, warum: Ether hat keine OH-Gruppe, und kann sich nicht zu großen Molekül-Ansammlungen zusammentun.

Wenn wir den Geruch von Ethanol und Diethylether vergleichen, so fällt auf, dass der Ether noch wesentlich bitterer riecht.

Zu lange sollte man aber nicht am Ether riechen, weil er narkotisierend wirkt.

Hierfür ist Diethylether früher auch verwendet worden: Als Narkotikum.
Bis heute ist er ein sehr wichtiges Lösungsmittel.

Diethylether vermischt sich nicht mit Wasser, **er schwimmt auf dem Wasser**. Für manche Dinge kann das sehr praktisch sein. Angenommen, zum Beispiel, im Wasser sind mehrere Stoffe aufgelöst. Und ich will einen dieser Stoffe (der muss in Ether besser löslich sein) aus dem Wasser heraus bekommen. dann nehme ich Diethylether, und schüttele ihn mit dem Wasser durch. Dann habe ich das Wasser gesäubert und kann den Ether leicht vom Wasser trennen, weil er oben schwimmt.

Das nur nebenbei.

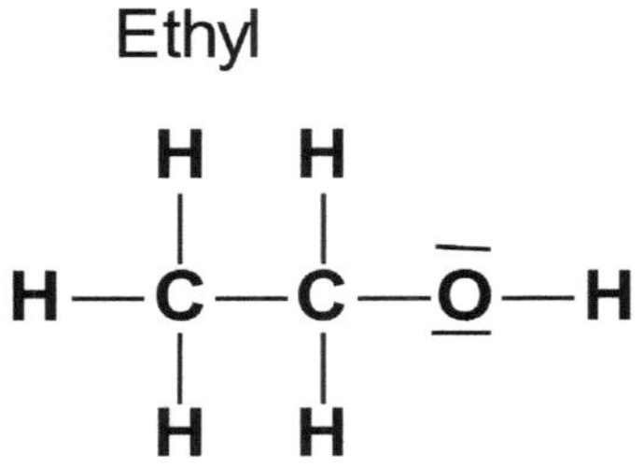

Ethanol

siedet bei 78°C

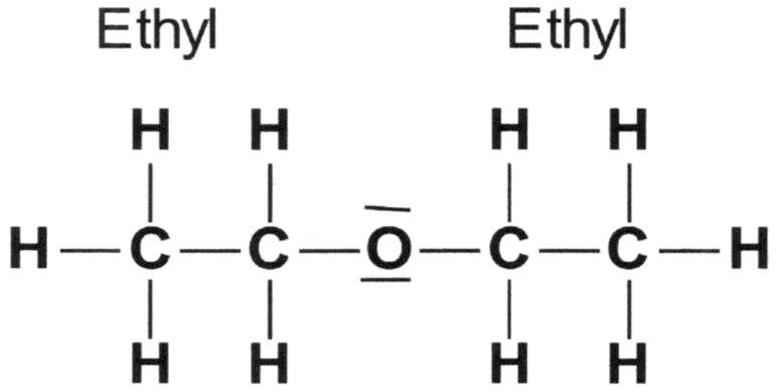

Diethylether

siedet bei 36,4°C

Mit den Ethern haben wir die Sauerstoffderivate der Kohlenwasserstoffe abgeschlossen.

Nun kommen wir zu den Stickstoffderivaten der Kohlenwasserstoffe, von denen es zwei wichtige gibt: die Amine und die Amide.

15.12. Amine

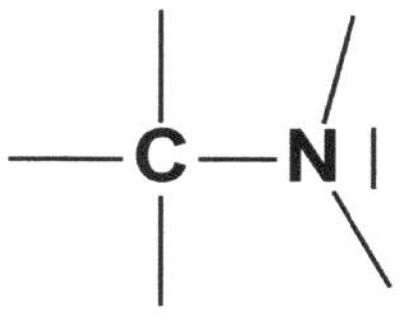

Amine

Der Stickstoff N zählt zu den wichtigsten Elementen. Ohne ihn wäre Leben undenkbar, weil der Stickstoff ein ganz zentrales Element in den Proteinen, also den Eiweißen ist, aus denen alles besteht, was irgendwie mit Fleisch zu tun hat.

Die Amine sind mit dem Ammoniak eng verwandt: Bei ihnen sind ein oder mehrere Wasserstoffe des NH_3 durch Alkylgruppen ausgetauscht.

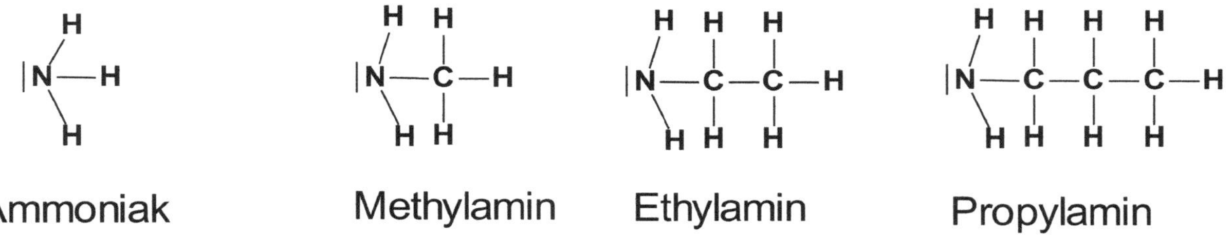

(p r i m ä re A m i ne)

Diese Amine haben **eine** Alkylgruppe: Methyl, Ethyl, Propyl, und so weiter. Weil sie **eine** Alkylgruppe haben, sind sie **primäre** Amine.

Wir sehen aus der Zeichnung, wie wir die Amine benennen: Sie enden alle mit dem Wort - **amin**, und vorne steht die Kohlenwasserstoffgruppe, die an sie gehängt ist: Ist eine Methylgruppe am Stickstoff N, so ist es ein **Methylamin**,
hängt eine Ethylgruppe am Stickstoff N, so ist es ein **Ehylamin**,
hängt eine Propylgruppe am Stickstoff N, so ist es ein **Propylamin**,

hängt eine Butylgruppe am Stickstoff N, so ist es ein **Butylamin**,

und so weiter. (nicht vergessen: alphabetisch ordnen!)

Wir können aber auch **zwei Alkylgruppen** an den Stickstoff hängen: dann handelt es sich um **sekundäre Amine.** Die Namensgebung funktioniert genau so wie bei den Ethern, nur dass wir statt - ether, **- amin** schreiben:

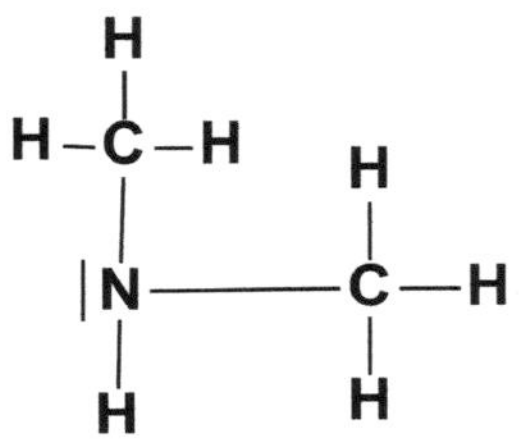

Dimethylamin

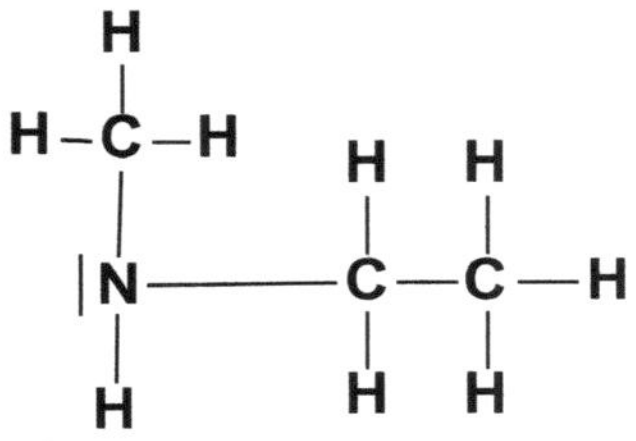

Ethylmethylamin

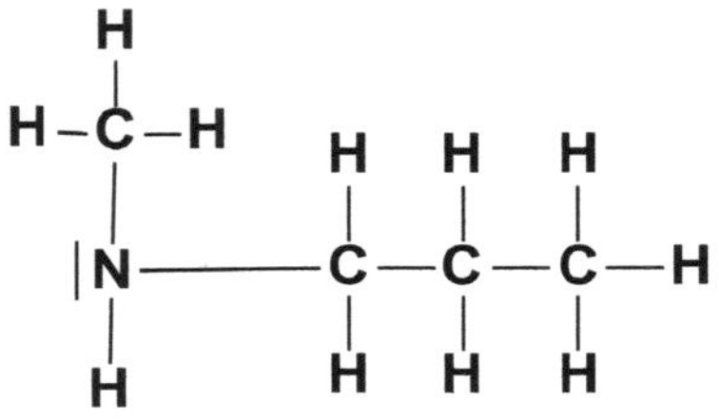

Methylpropylamin
(nicht: Propylmethylamin!)

(s e k u n d ä re A m i ne)

Wenn an einem Amin zwei gleiche Alkylreste hängen, zum Beispiel zwei Methylreste, dann ist es ein **Dimethylamin** (wie bei den Ethern). Das dritte Amin im Bild ist das **Methylpropylamin**, und nicht das Propylmethylamin, weil Methyl im Alphabet vor Propyl kommt.

Wenn am Stickstoff **drei** Alkylreste hängen, so sind es **tertiäre Amine**.

Methylamin

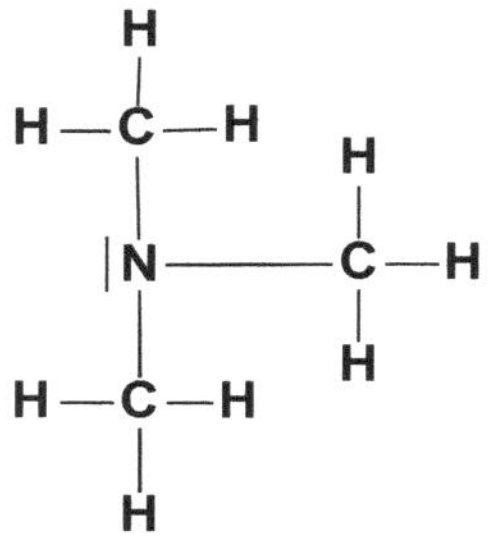

Trimethylamin

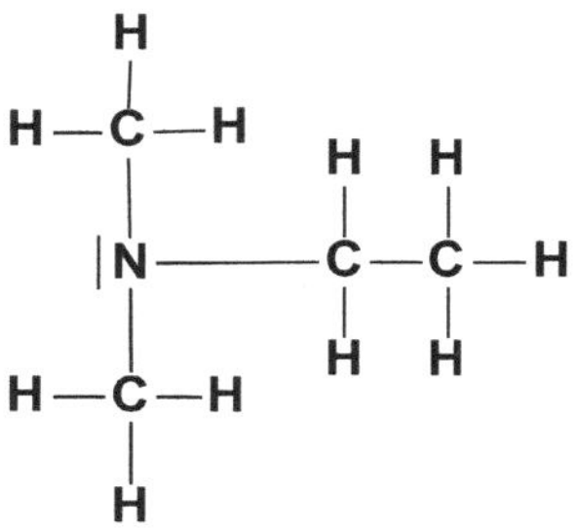

Ethyldimethylamin

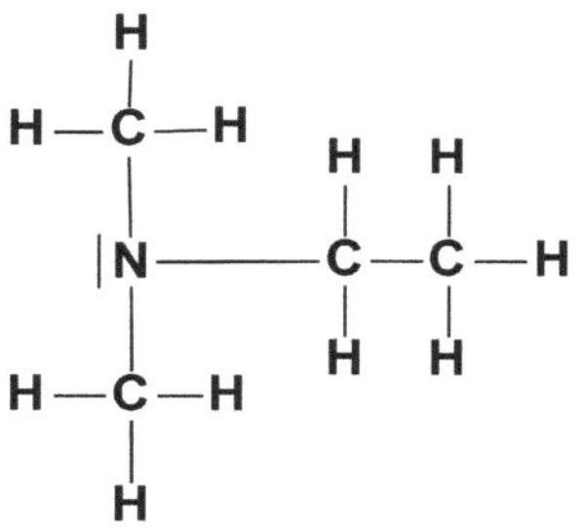

Dimethylpropylamin

(t e r t i ä r e   A m i n e)

Auch hier schreiben wir die Alkylgruppen in alphabetischer Reihenfolge vor das Wort - amin. Bei tertiären Aminen kann es sein, dass drei gleiche Rest am Stickstoff hängen: dann muss man "Tri" davor schreiben, also zum Beispiel **Trimethylamin**.

So gesehen könnten wir den Ammoniak NH_3 auch "*Trihydrogenamin*" nennen. Das macht natürlich niemand. (Es wäre auch falsch, weil ein Amin zumindest einen Kohlenstoff enthalten muss.)

Genau so gut könnten wir auch das Wasser als einen Ether mit zwei Wasserstoffen sehen, dann wäre das Wasser ein "Dihydrogenether". (Das darf man bei Prüfungen freilich auch nicht sagen.)

Somit könnte Prof T.Rottel eine neue Vorlesung starten, mit dem Titel „Die Namen des Wassers“:
Der erste Name des Wassers ist natürlich ***Wasser****. Dann könnte er das Wasser als ein Oxid des Wasserstoff formulieren:* ***Dihydrogenmooxi****d. Also eine Sauerstoffverbindung mit zwei H. Dann ist Wasser natürlich auch eine Säure: Die* ***Hydroxylsäure*** *mit einem H^+ (darum: Säure) und dem Hydroxid – Ion (OH^-). Da das Wasser theoretisch auch in zwei H^+ und ein O^{2-} aufspalten kann, empfiehlt sich der Name* ***Sauerstoffsäure*** *oder* ***Oxygeniumsäure****, sowie natürlich:* ***Monosauerstoffsäure****. Natürlich ist das Wasser dann auch eine Base: Das* ***Hydrogenhydroxid****, oder* ***Wasserstoffhydroxid*** *oder* ***Wasserstofflauge****, also eine Base, deren Kation H^+ ist. Selbstverständlich ist das Wasser auch ein Salz, das* ***Hydrogeniumhydroxid.****, also ein Neutralisationsprodukt aus dem Hydrogeniumion - und dem Hydroxidion. Außerdem kann das Wasserstoff nicht mehr als ein O aufnehmen, daher ist es ein* ***Hydrat****. Dann ist das Wasser*

selbstverständlich der kleinste Alkohol, wir brauchen also die Endung – ol: ***Hydrogenol*** *(oder so ähnlich). Außerdem ist das Wasser der kleinste Ether: der* ***Dihydroether.*** *Prof T.Rottel schlägt vor, alle Begriffe abwechselnd zu verwenden...*

15.12.1. Chemie der Amine

Amine erkennt man am Geruch: Sie riechen unangenehm nach Fisch!
Da Amine Abbauprodukte von Urin sind, riechen sie auch nach öffentlichen Toiletten.....

In ihrem chemischen Verhalten sind die Amine dem Ammoniak sehr ähnlich. Wie der Ammoniak sind auch die Amine Lewis-Basen. Das heißt, sie können ein H^+ mit der dativen Bindung aufnehmen. Wie das geht, haben wir schon beim **Ammoniak NH_3** gesehen. Die Amine machen das genau so.

Aber: **Die Amine sind sogar noch stärkere Lewis-Basen**! Sie nehmen das H^+ noch lieber auf als der Ammoniak NH_3.

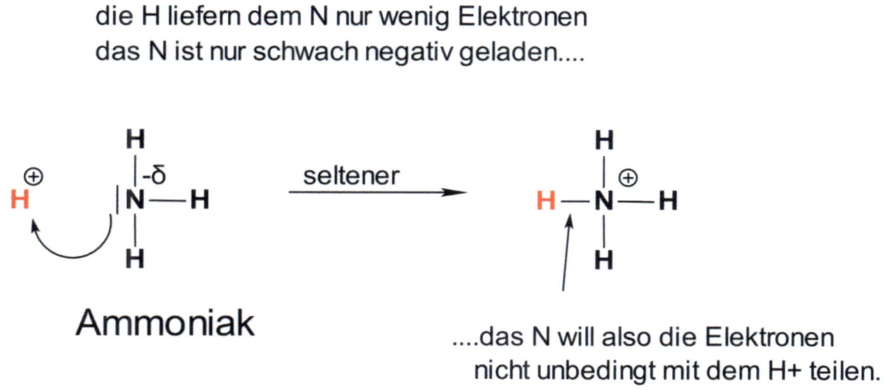

Das liegt daran, dass bei Aminen, die ja Alkylgruppen haben, das N noch stärker negativ geladen ist als im Ammoniak.

Die Alkylgruppen, das wissen wir schon, sind nämlich sehr gute Elektronen-Lieferanten. Sie liefern dem Stickstoff N Elektronendichte.

Das bedeutet, bei den Aminen drängeln sich die Elektronen am Stickstoff, und es ist ihnen zu eng. Daher will der Stickstoff seine Elektronendichte los werden. Und das tut er, indem er seine nichtbindenden Elektronen mit einem H^+-Ion teilt (wie wir das in der dativen Bindung gesehen haben).

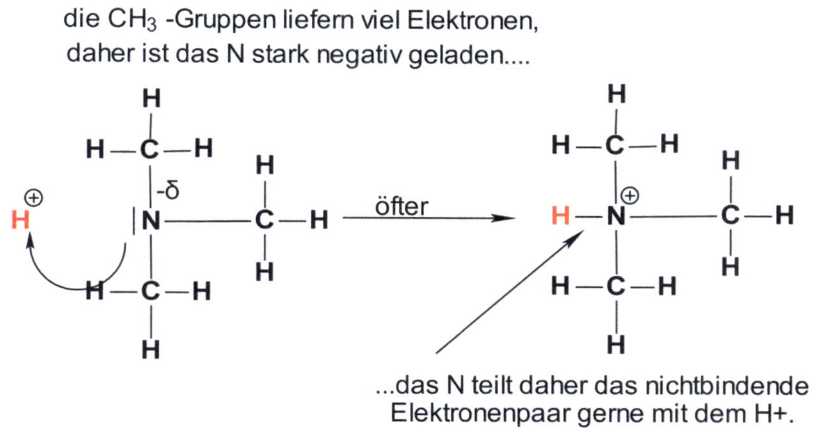

Je **mehr Alkylgruppen** am Amin hängen, desto basischer ist es. Ein tertiäres Amin (zwei Alkylgruppen) ist also basischer als ein primäres Amin.

Und tertiäre Amine (drei Alkylgruppen) sind basischer als sekundäre Amine.

Und: Ein tertiäres Amin mit drei **langen Alkylgruppen** ist basischer als ein tertiäres Amin, mit drei kurzen Alkylgruppen.

So ist also zum Beispiel ein Tripropylamin basischer als ein Trimethylamin. Und so fort.

Wir können aber nicht nur H^+-Ionen an Amine hängen, sondern alle möglichen positiv geladenen Ionen, wie zum Beispiel das CH_3^+-Ion.

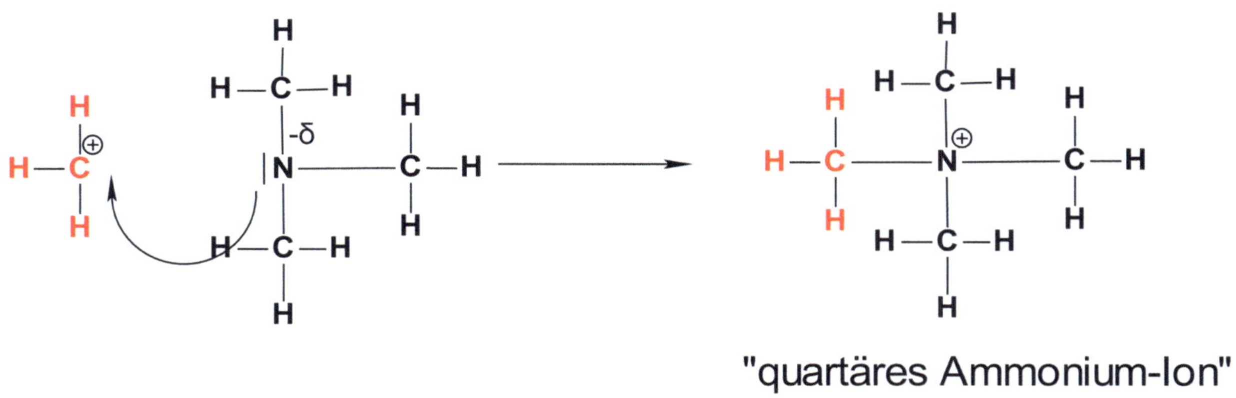

Wir können also noch eine vierte CH_3-Gruppe an das N hängen. Dann ist allerdings das N positiv geladen. Solche Verbindungen nennt man "**quartäre Ammonium-Ionen**".

Aber: wo bekommen wir das CH_3^+ her? Zum Beispiel von einem CH_3Cl, dem Chlorethan, das zerfällt in Cl^- und CH_3^+.

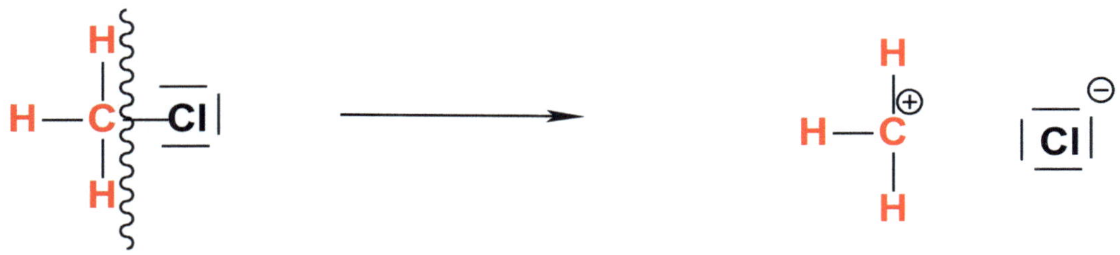

hier bricht die Bindung des Chlorethan auseinander...

Das Chlor nimmt dem C also die Bindung und das Elektron weg. Es bleibt ein CH_3^+ und ein Cl^- übrig.

Wir können nicht nur CH_3-Gruppen an den Stickstoff N hängen, sondern auch "lange Reste", die **LR**.

Dann kommt so etwas heraus:
Solche **quartären Ammonium-Ionen** werden in Waschmitteln verwendet. Sie haben eine ähnliche Wirkung wie Seifen.

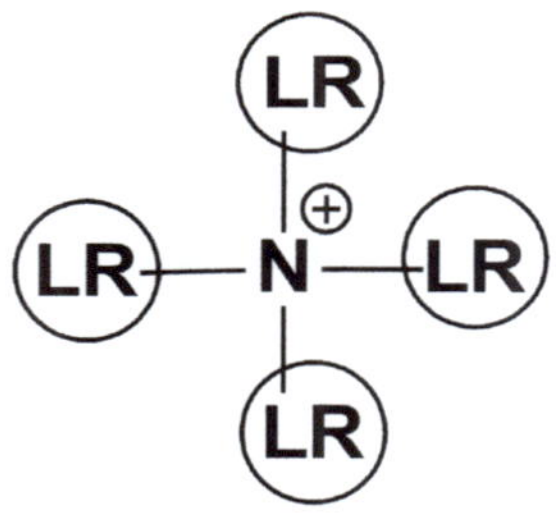

15.12.3. Eiweiße- Grundbausteine des Lebens

Eiweiße - ein anderes Wort: **Proteine**, sind für unser Leben hauptverantwortlich. Unsere Muskeln sind ebenso aus Proteinen aufgebaut wie unsere Organe. Eiweiße sind im Blut enthalten, im Eiklar, in Muskeln und in den Hormonen, die unseren Körper regulieren.

Um die Eiweiße zu verstehen, müssen wir uns eine Reaktion von Aminen ansehen, die der Veresterung sehr ähnlich ist.

Wir lassen eine Carbonsäure mit einem Amin reagieren und das Amin nimmt nun die Rolle des Alkohols ein.

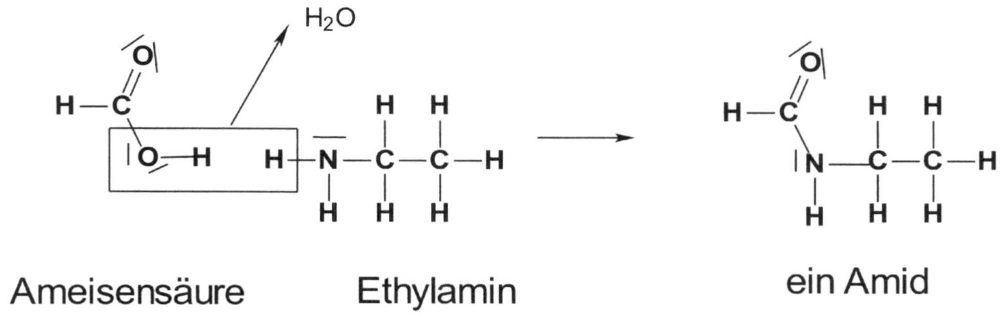

Die Carbonsäure (hier: Ameisensäure) und das Amin reagieren miteinander. Sie spalten, wie bei der Ester - Herstellung, **Wasser H_2O** ab. (Wir können wieder alle Bindungen als "Hände" denken.)

Heraus kommt ein **Säureamid** (kurzer Name: **Amid**) (welches Amid das genau ist, ist für uns gleichgültig).

wir merken uns nur: Säureamide sehen so aus:

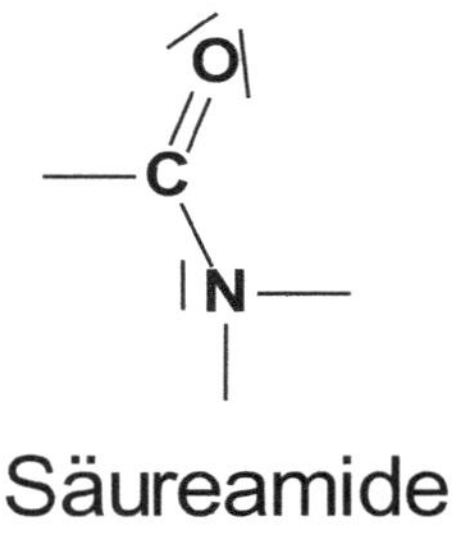

Wichtig ist nun folgendes: Carbonsäuren können sich mit Aminen verbinden, und es kommen Amide heraus.

Nun denken wir uns folgendes Molekül:

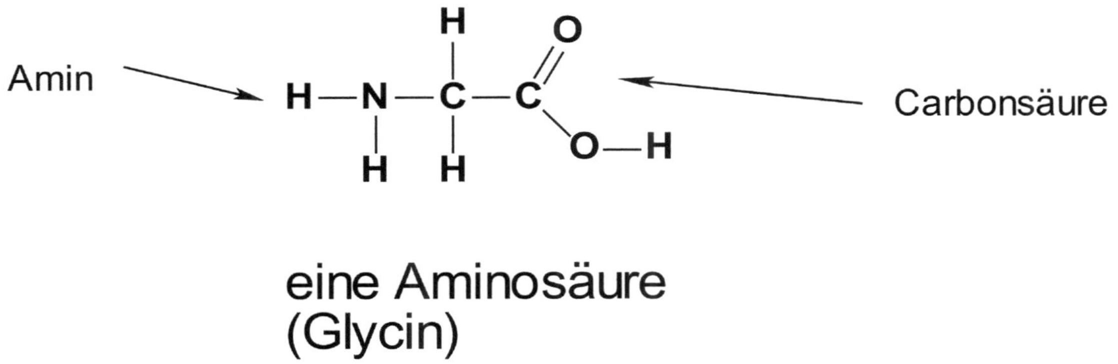

Dieses Molekül ist ein Amin und eine Carbonsäure gleichzeitig! Dieses Molekül ist eine **Aminosäure**. Auf der einen Seite hat sie ein **Amin-Ende**, und auf der anderen Seite ein **Carbonsäure - Ende**.

Und Eiweiße sind nichts anderes als lange Ketten von Aminosäuren, die miteinander reagiert haben!

Und zwar so: Jedes Carbonsäure-Ende reagiert mit einem Amin-Ende, und jedes Amin-Ende reagiert mit einem Carbonsäure-Ende.

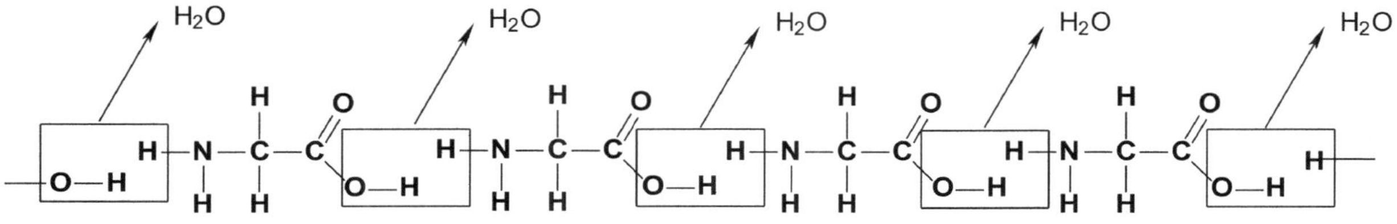

heraus kommt:

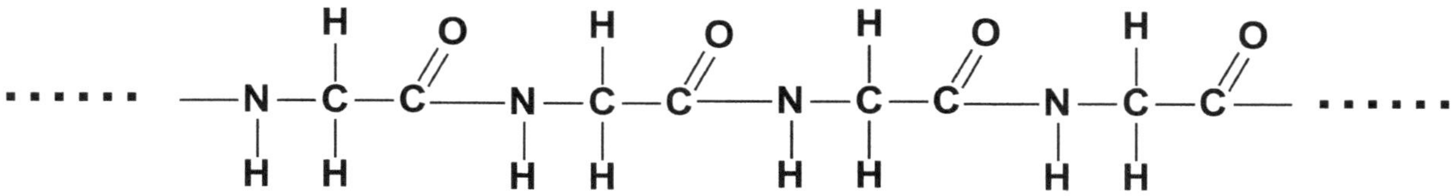

ein Protein

Dieses Protein ist aus der Aminosäure Glycin gebaut.

Die Bindung von Aminosäuren nennt man die **Peptid - Bindung**. Peptid ist ein anderer Name für Aminosäuren. Heraus kommen **Polypeptide**, das ist ein anderer Name für Eiweiß. "*Poly*" ist griechisch und heißt "*viele*". Das Wort "Poly" werden wir im Kapitel über die Kunststoffe noch brauchen.

Es gibt aber noch viele andere Aminosäuren, und die können sich genau so verketten. Hier sehen wir einige Beispiele für Aminosäuren (nicht auswendig lernen!):

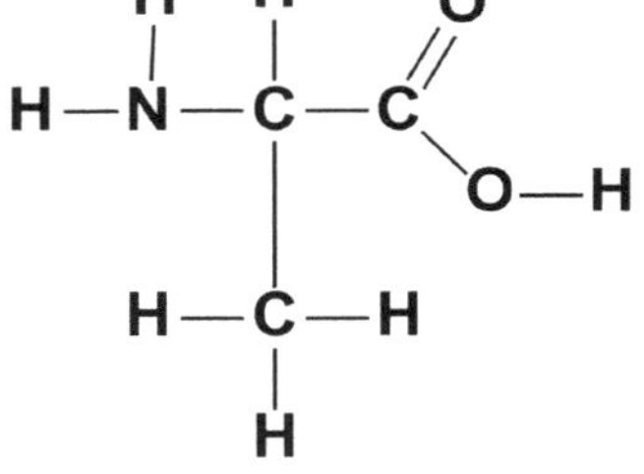

Alanin

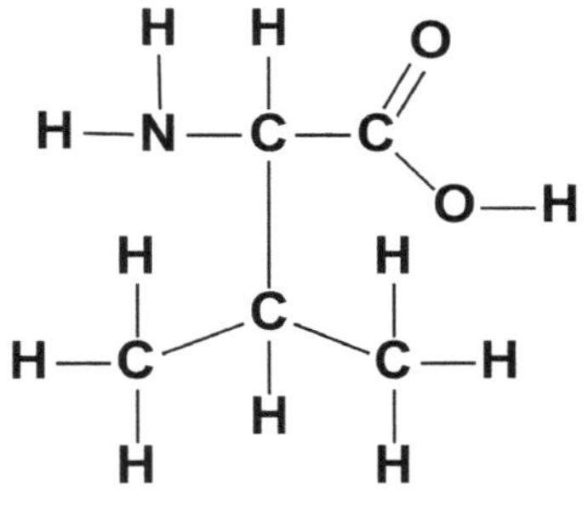

Valin

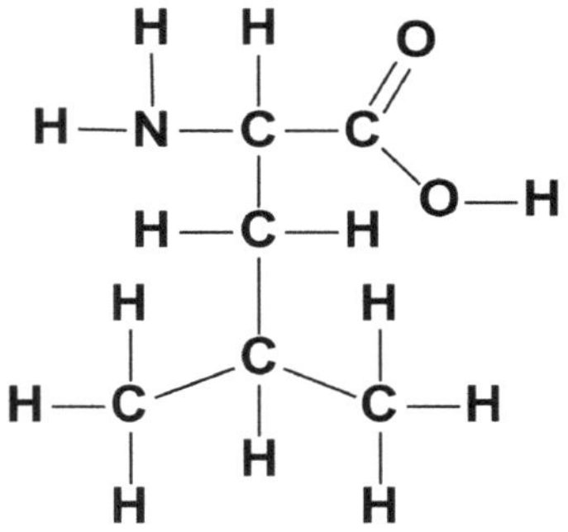

Leucin

Wenn man nun bedenkt, dass es viele hundert Aminosäuren gibt, und weiters, dass man alle Aminosäuren miteinander verketten kann, (Alanin mit Valin, Alanin mit Leucin, und so weiter), so gibt es Milliarden über Milliarden mögliche Eiweiße. Das macht die Vielfalt des Lebens aus!

Prof. T. Rottel hat sich ein Esoterik-Meisterwerk gekauft und macht Wellness-Yoga. Er sagt zu seinem Assistenten Igor: "Du musst immer bedenken: 'Cis' heißt 'Diesseits' und 'Trans' heißt 'Jenseits'. Ich will nun die Kräfte aus dem Jenseits aktivieren! Möge die Macht mit mir sein! Deswegen werde ich jetzt pure Transfette essen - und du, Igor, besorgst sie mir: gehärtetes Kokosöl, gehärtetes Palmenöl und alle anderen guten Trans-Sachen!" Igor schüttelte den Kopf und kaufte all diese grauslichen Fette ein.
Vier Monate später wog T. Rottel 400kg. Er hatte gerade seine 17. Herzoperation hinter sich und sehen konnte er auch nicht mehr gut. Da betrat Igor das Zimmer und T. Rottel verwechselte ihn mit einem Geist.
"Bist du es, großer Hakamaguri? Bist du das Chi?" Vor lauter Freude bekam er seinen 18. Herzinfarkt und verschied.

15.13. Kunststoffe

Wir sind im letzten Kapitel angelangt! Und dieses Kapitel gehört den Kunststoffen, oder, wie der Chemiker sagt: den **Polymeren**.

"*Poly*" ist griechisch und kommt von "*viele*": Denn Kunststoffe sind, ganz ähnlich wie die Eiweiße, aus vielen kleineren Molekülen zusammengesetzt. Und zwar aus wirklich vielen Molekülen: Ein typisches Kunststoff-Molekül besteht nicht selten aus mehr als 100 000 Kohlenstoffen! Und, natürlich, aus entsprechend vielen Wasserstoffen.

Wir unterscheiden drei verschiedene Kunststoff-Arten:
die Polymerisations - Kunststoffe
die Polykondensations - Kunststoffe,
und
die Polyadditions - Kunststoffe.

Wir fangen mit den Polymerisations - Kunststoffen an.

15.13.1. Die Polymerisations - Kunststoffe

Wir sehen uns die Polymerisations - Kunststoffe am Beispiel des **Polyethylen**, das korrekterweise *Polyethen* heißen sollte, genauer an.

Polyethylen besteht nämlich aus vielen Ethen - Molekülen:

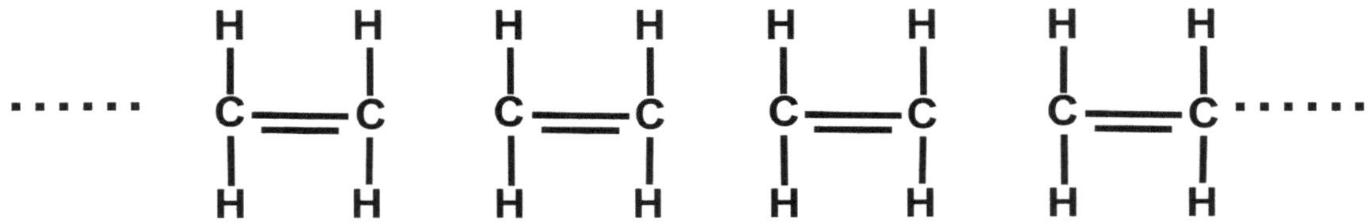

viele Ethene "Ethylene" verbinden sich...

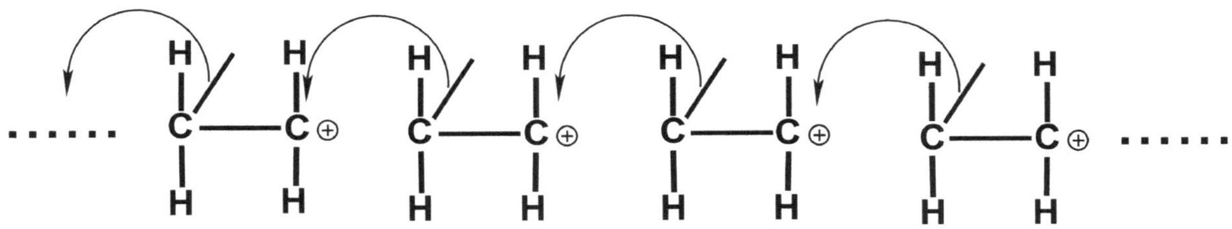

Die Elektronenpaare der Doppelbindungen klappen von einem Ethen zum nächsten, heraus kommt eine riesige Kohlenwasserstoff-Kette:

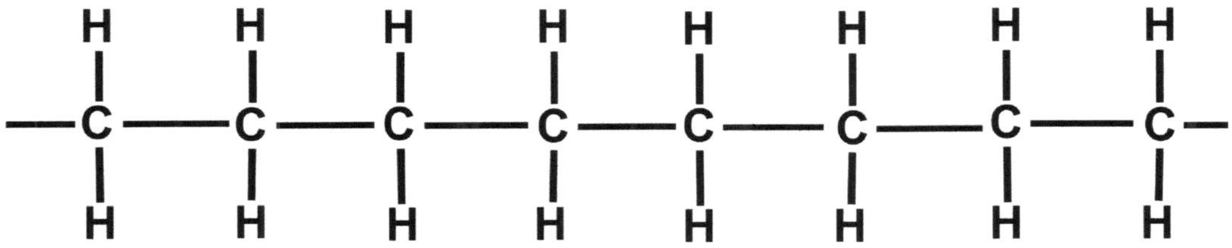

Diese Wasserstoffkette kann problemlos 100 000 Kohlenstoffe lang sein!

Irgendwie müssen wir die Elektronen dazu bringen, umzuklappen. Das macht man durch zum Teil durch extrem hohen Druck, zum Teil durch den Einsatz von "**Starter-Molekülen**". Von diesen Starter-Molekülen braucht man nur ganz wenige.

Man muss sich das vorstellen wie eine riesige Schlange aus Domino-Steinen: Man braucht nur einen winzigen Stoß, und schon fällt der erste Domino-Stein um, und der wirft den zweiten um, und der wirft den dritten um...und am Ende sind eine Million Domino-Steine umgeworfen worden.

Die Starter-Moleküle sind sozusagen der winzige Stoß, und die Domino-Steine sind die Ethen - Moleküle. Als Startermolekül verwendet man zum Beispiel **Natrium-Atome**, die ihre Elektronen bekanntlich gerne loswerden wollen. Sie bringen das erste Ethen dazu, die Elektronen umzuklappen, und damit startet die Kettenreaktion.

Diese Kettenreaktion nennt man die **Polymerisation**. Also: Ethen **polymerisiert** zu Polyethylen.

Man kann aber auch aus anderen Alkenen Kunststoffe machen, und zwar auf die selbe Weise:

Aus **Propen** (das Alken aus 3 Kohlenstoffen) entsteht **Polypropylen**. Das Propen reagiert genau so wie das Ethen.

Propen

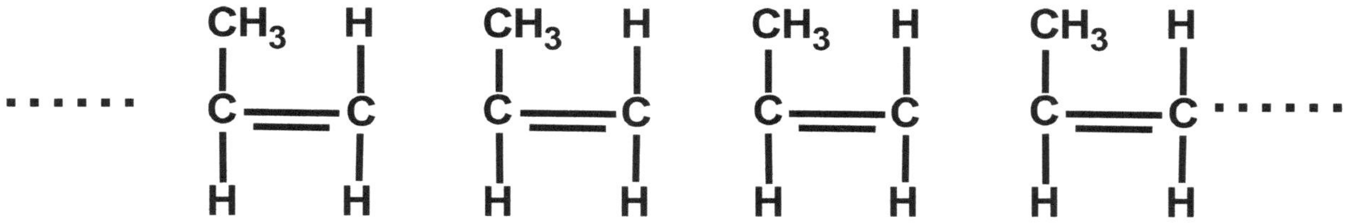

viele Propene verbinden sich zu Polypropylen

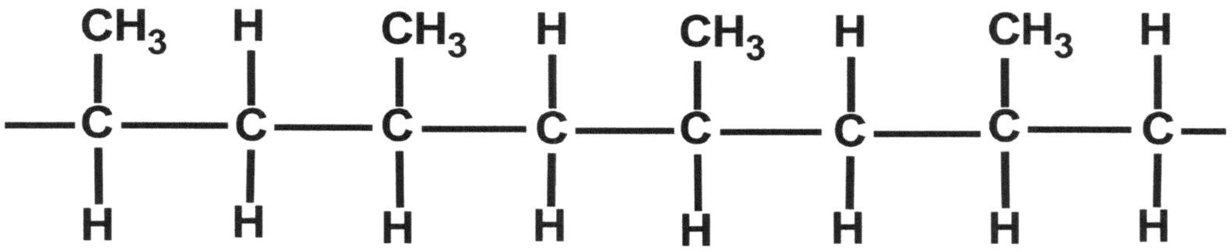

Polyethylen und Polypropylen kennen wir typischerweise von Verpackungsmaterial wie Pralinenpackungen, und so weiter.

Wenn wir das H von Ethen durch ein Chlor Cl ersetzen, haben wir das Chlorethen, auch **Vinylchlorid** genannt.

Auch das Vinylchlorid reagiert genau so wie das Ethen oder das Propen. Es ergibt **Polyvinylchlorid PVC**.

Chlorethen ("Vinylchlorid")

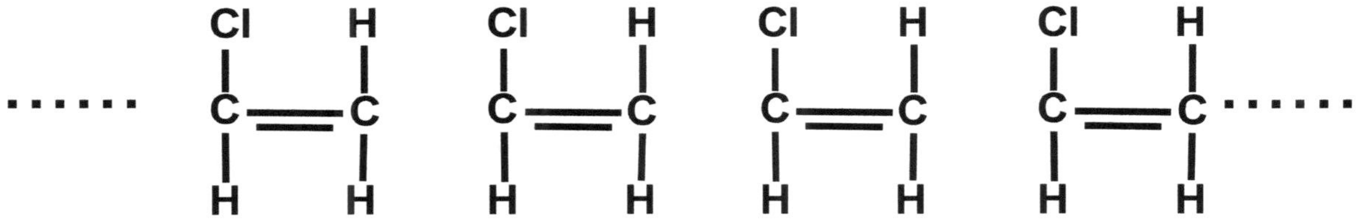

viele Vinylchloride verbinden sich zu Polyvinylchlorid PVC

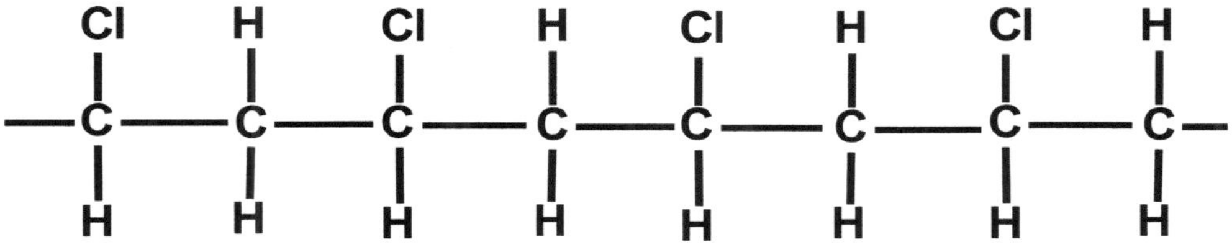

Das PVC ist ein hochwertigerer Kunststoff, der etwa für Uhrbänder benutzt wird. PVC bringt aber zwei Probleme mit sich:
Erstens benötigt das PVC Zusatzstoffe, so genannte Weichmacher, um es als biegbaren Kunststoff zu benutzen.
Zweitens entstehen bei der Verbrennung von PVC giftige, chlorhaltige Stoffe.

Darum wird heute die Verwendung dieses Kunststoffs vermieden.

Wenn wir an das Ethen einen Benzenring statt eines H hängen, erhalten wir das **Styrol**.

Dieses polymerisiert zum **Polystyrol**. Dieser Kunststoff ist in seiner geschäumten Form sehr bekannt (Styropor®), die meisten Joghurtbecher bestehen ebenfalls daraus.

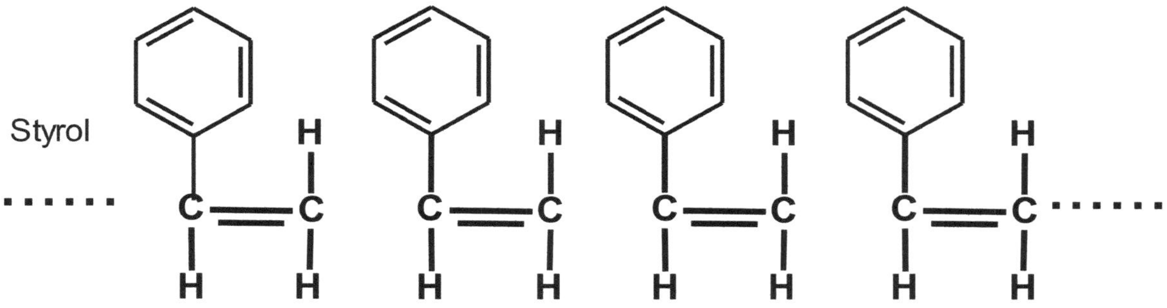

viele Styrole verbinden sich zu Polystyrol PS

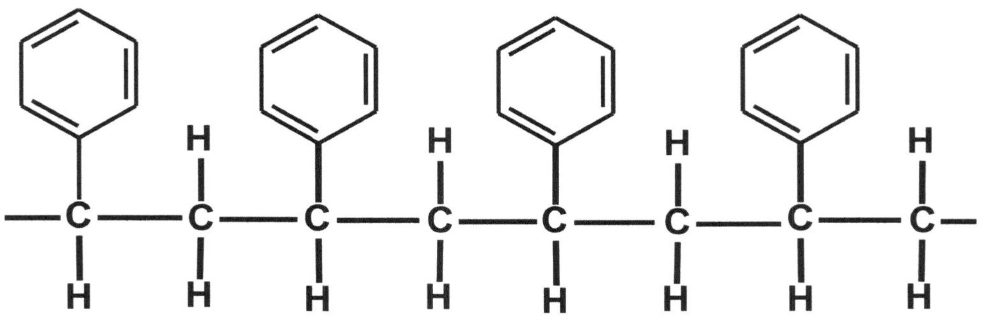

Was haben alle Polymerisations - Kunststoffe gemeinsam?

Sie entstehen aus kleineren Molekülen, und zwar nur durch **Umklappen von Elektronenpaaren**. Kein Atom ändert seinen Platz, und kein Atom geht verloren.

15.13.2. Polyadditions - Kunststoffe

Die Polyadditions - Kunststoffe sind die kompliziertesten Kunststoffe, aber sie sind zum Teil auch sehr hochwertig. Bei den Polyadditions - Kunststoffen werden, wie bei den anderen Kunststoffen auch, kleinere Moleküle zu Riesenmolekülen verbunden.

Die chemischen Reaktionen dahinter sind aber schwerer zu verstehen und eher etwas für Chemie-Studenten. Wir müssten sie auswendig lernen.

Das ist aber nicht der Sinn der Sache.

Daher wollen wir uns hier mit einigen Namen begnügen.

Wichtige Kunststoffe dieser Art sind **Polyurethane PU** und Epoxidharze **EP**. Epoxidharze finden Verwendung in "Superklebern". Generell finden sich unter den Polyadditions-Kunststoffen recht hochwertige Polymere.

15.13.3. Polykondensations-Kunststoffe

Die Polykondensations-Kunststoffe entstehen durch Kondensationsreaktionen. Bei Kondensationsreaktionen wird Wasser H_2O abgespalten. Diese Art von Reaktion kennen wir schon: die Veresterung! Carbonsäure und Alkohol ergeben einen Ester und Wasser.

Und tatsächlich kann man aus Carbonsäuren und Alkoholen auch Kunststoffe herstellen, und wieder kommen "unendlich lange" Ketten heraus.

Dazu brauchen wir aber Carbonsäuren mit zwei Säure-Enden und auch Alkohole mit zwei Alkohol-Enden, damit wir eine Kette bilden können. Wir brauchen also zweiwertige Säuren und zweiwertige Alkohole.

Für die Herstellung von **Polyethylenterephtalat** (schrecklicher Name!) kurz: PET (schon besser!) brauchen wir **Terephtalsäure** und **Glykol**.

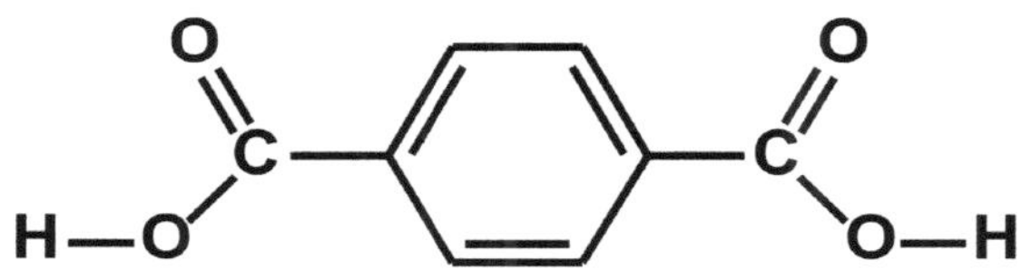

Terephtalsäure

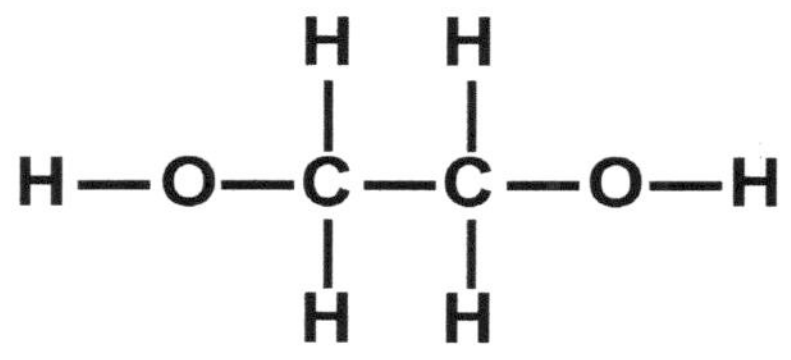

Glykol

Und aus vielen dieser Moleküle machen wir nun eine lange Kette. Um diese Reaktion zu verstehen, brauchen wir nur die Veresterung verstanden zu haben.

Nur finden hier viele Veresterungen gleichzeitig statt.

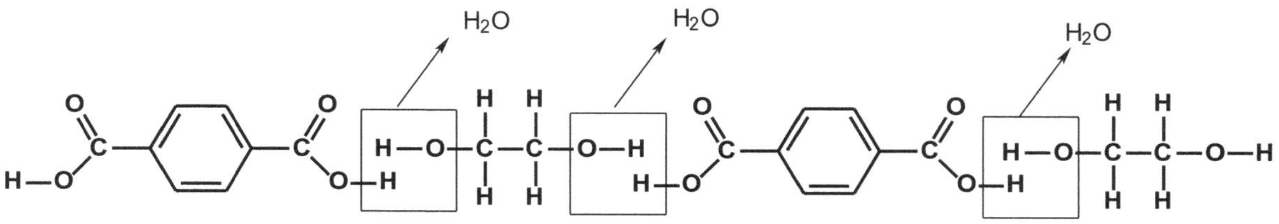

heraus kommt:

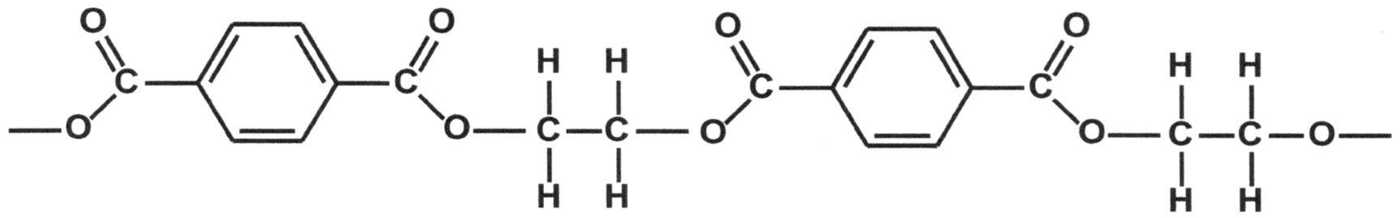

Das PET, das wir von den Kunststoff-Flaschen kennen.

Ein anderer wichtiger Polykondensations - Kunststoff ist das **Polycarbonat PC**, aus dem zum Beispiel die Compact – Disc - Beschichtungen bestehen. Überhaupt ist es gut für durchsichtige Stoffe und Folien geeignet.

Schließlich gehört noch das **Nylon** zu den Polykondensations - Kunststoffen.

Irrtümlicherweise werden die Einkaufs-Plastiksäcke "Nylonsackerln" genannt. Nur bestehen diese Säcke nicht aus Nylon, sondern aus minderwertigeren Kunststoffen.

Nylon selbst ist ein sehr hochwertiger Kunststoff, aus dem unter anderem Motorradhelme gefertigt werden.

Der Name Nylon leitet sich ab von den Namen "New York" (NY) und "London" (LON).

Was? Wir sind in London?

Ja! Weil in London gibts viele schöne grüne Gärten.

Und: In Gärten gibt es oft Gärtner.

Und in London spielen viele Krimis. Denkt nur an den Sherlock Holmes.

Und Krimis haben meistens so etwas wie ein Happy - End.

Und die Mörder sind immer die Gärtner.

Ein Chemie-Lehrbuch sollte auch ein Happy - End haben.

Also müssen wir jetzt in London sein, und der Mörder ist der Gärtner.

Happy End.

Anhang: Periodensysteme

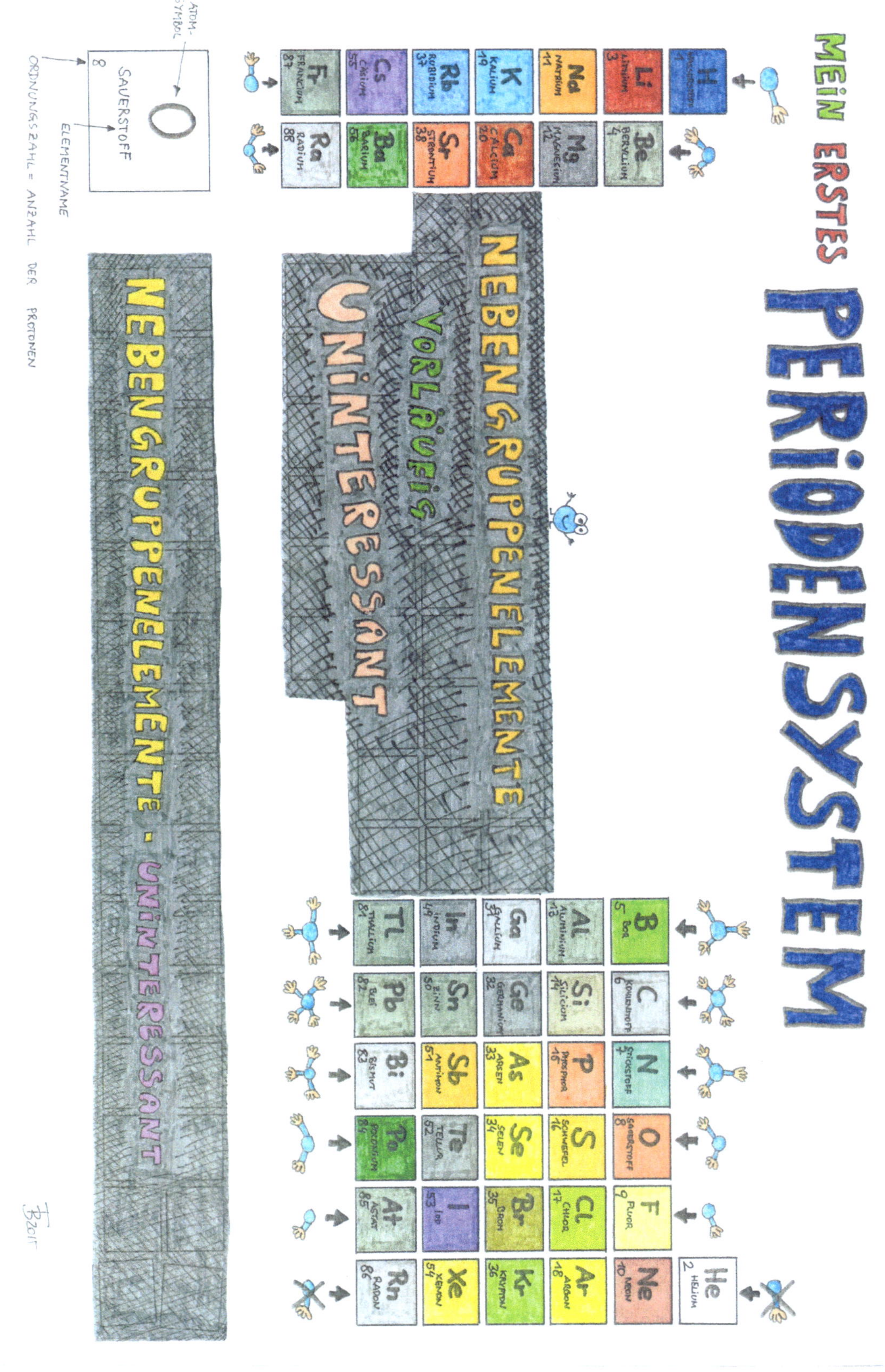

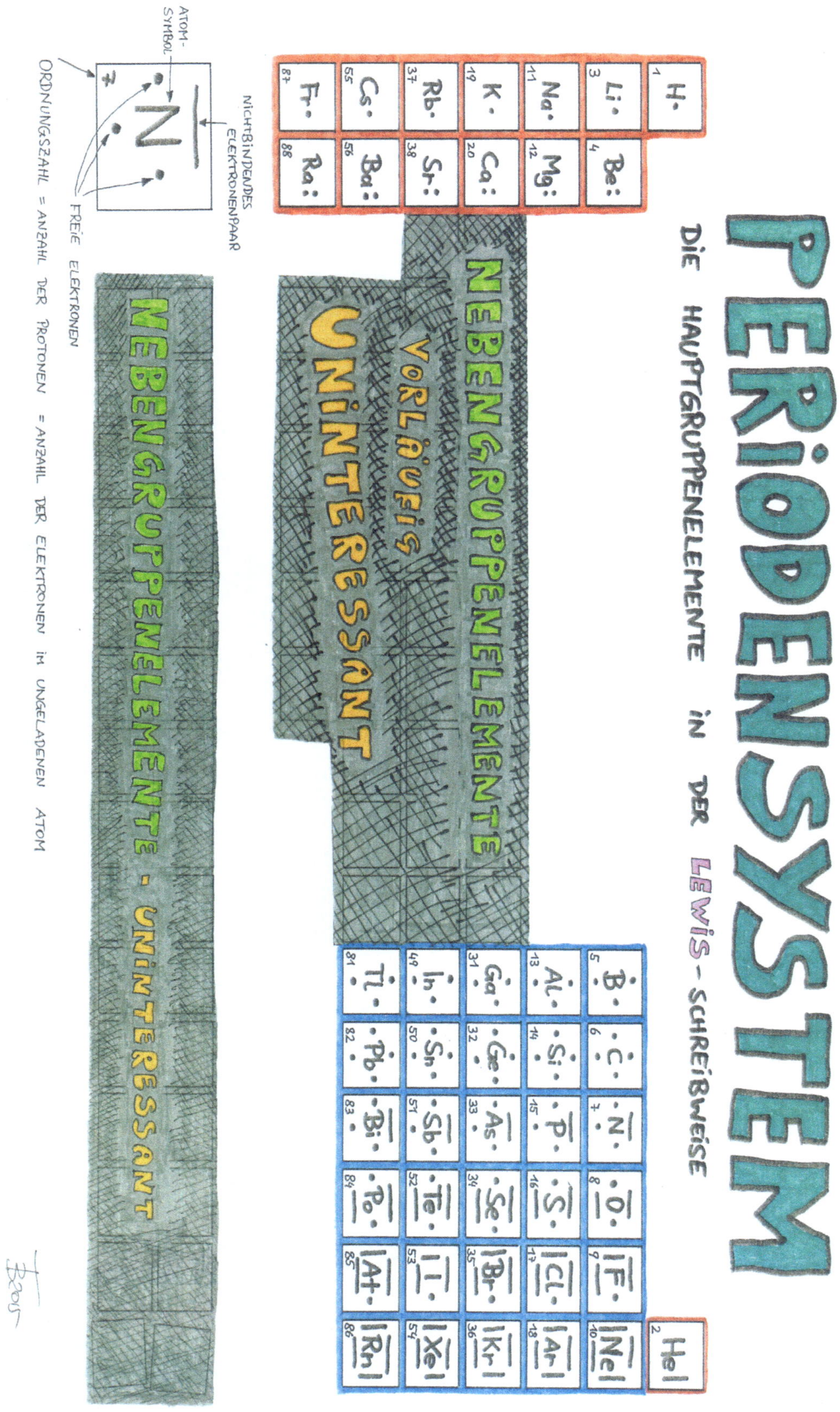
PERIODENSYSTEM
DIE HAUPTGRUPPENELEMENTE IN DER LEWIS-SCHREIBWEISE
NEBENGRUPPENELEMENTE
VORLÄUFIG UNINTERESSANT
NEBENGRUPPENELEMENTE - UNINTERESSANT
NICHTBINDENDES ELEKTRONENPAAR
ATOM-SYMBOL
FREIE ELEKTRONEN
ORDNUNGSZAHL = ANZAHL DER PROTONEN = ANZAHL DER ELEKTRONEN IM UNGELADENEN ATOM

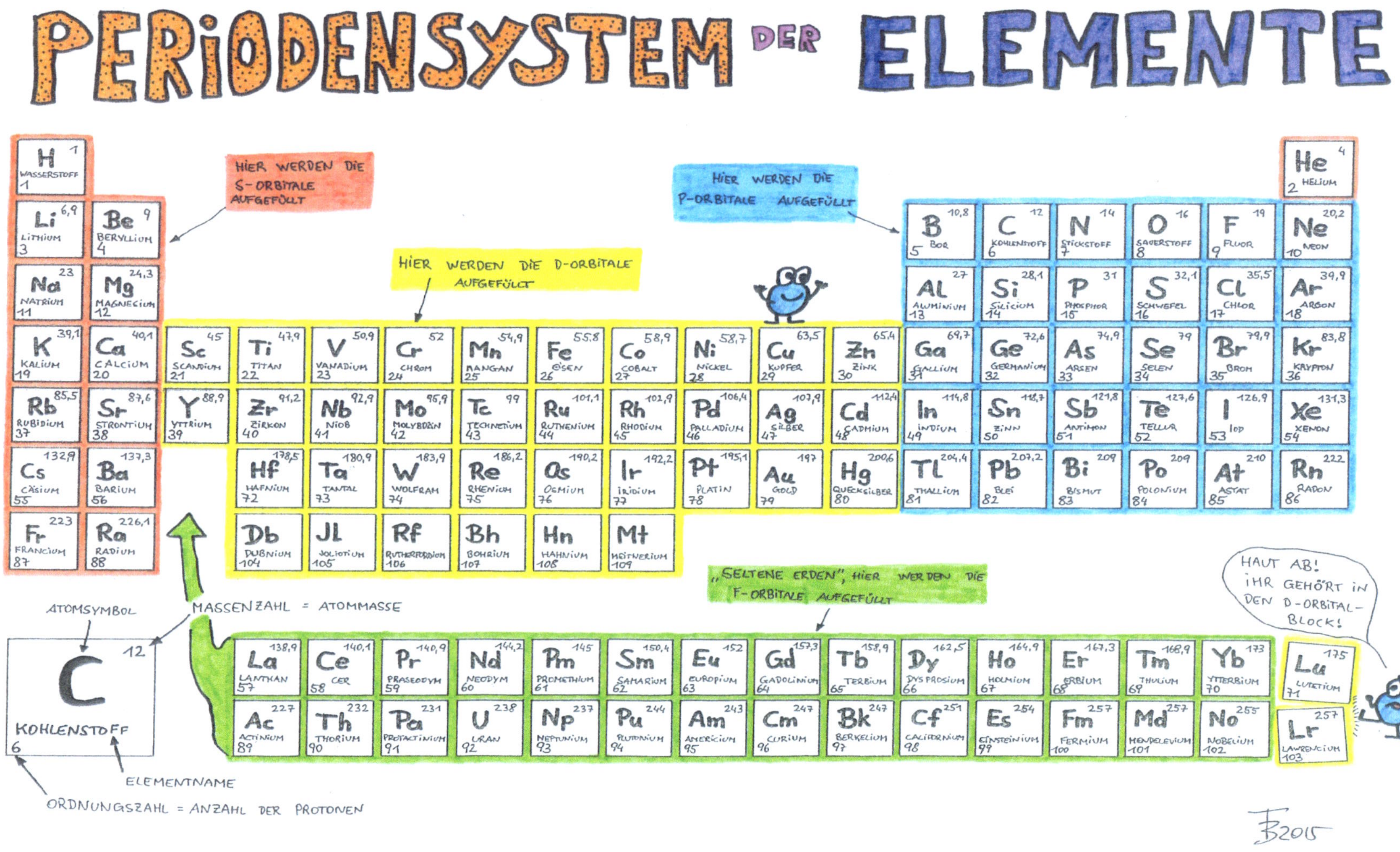
PERIODENSYSTEM DER ELEMENTE
HIER WERDEN DIE S-ORBITALE AUFGEFÜLLT
HIER WERDEN DIE D-ORBITALE AUFGEFÜLLT
HIER WERDEN DIE P-ORBITALE AUFGEFÜLLT
„SELTENE ERDEN", HIER WERDEN DIE F-ORBITALE AUFGEFÜLLT
HAUT AB! IHR GEHÖRT IN DEN D-ORBITAL-BLOCK!
ATOMSYMBOL
MASSENZAHL = ATOMMASSE
C
12
KOHLENSTOFF
6
ELEMENTNAME
ORDNUNGSZAHL = ANZAHL DER PROTONEN
B2015

Stichwortverzeichnis